MANUEL

DE

MÉCANIQUE APPLIQUÉE

PARIS. — IMPRIMERIE ARNOUS DE RIVIÈRE ET Cᵉ

26, RUE RACINE, 26

MANUEL

DE

MÉCANIQUE APPLIQUÉE

PAR

WILLIAM JOHN MACQUORN RANKINE

INGÉNIEUR CIVIL. LL.D. TRIN. COLL. DUBL., F.R SS. LOND. AND EDIN. F.R.S.S.A.,
PROFESSEUR DE GÉNIE CIVIL ET DE MÉCANIQUE A L'UNIVERSITÉ DE GLASGOW

TRADUIT DE L'ANGLAIS SUR LA SEPTIÈME ÉDITION

Par A. VIALAY

INGÉNIEUR CIVIL,
ANCIEN ÉLÈVE DE L'ÉCOLE CENTRALE DES ARTS ET MANUFACTURES

———— >·«← ————

PARIS

DUNOD, ÉDITEUR

LIBRAIRE DES CORPS NATIONAUX DES PONTS ET CHAUSSÉES, DES MINES
ET DES TÉLÉGRAPHES

49, QUAI DES AUGUSTINS, 49

1876

AVERTISSEMENT DU TRADUCTEUR.

C'est à la suite d'une note de M. de Saint-Venant, publiée dans un numéro des *Annales des ponts et chaussées*, et signalant l'utilité qu'il y aurait à traduire l'ouvrage si estimé de M. Macquorn Rankine, *A Manual of applied Mechanics*, que nous avons entrepris ce travail. La hauteur de vues, l'originalité et l'étendue des recherches du savant ingénieur et géomètre anglais apparaissent à chaque page sous une forme toujours simple.

Nous n'analyserons pas l'ouvrage; la préface de l'auteur, qui contient l'énumération des sujets traités avec les noms de ceux qui les ont inspirés nous en dispense. Nous voulons cependant faire une remarque sur le développement de la deuxième partie. On y trouvera ébauchée une méthode qui a marché à grands pas dans ces dernières années: c'est celle qui consiste à substituer des tracés géométriques à la détermination algébrique des forces qui sollicitent les pièces des systèmes articulés, et à laquelle on a donné le nom de statique graphique. Au moment où, grâce à l'initiative et aux recherches de M. Maurice Lévy et d'autres savants, on doit espérer qu'elle va prendre dans la pratique des ingénieurs, en France, la place qui lui revient et qu'elle y occupe à l'étranger, en Allemagne, en Angleterre, en Italie, depuis plusieurs années, nous pensons qu'il est juste de rappeler que cette étude de la statique sous une forme géométrique ·doit beaucoup à M. Macquorn Rankine, qui l'a étudiée, comme tant d'autres questions, avec ce talent de savant pratique qu'il possédait à un si haut degré.

Nous avons cherché, dans cette traduction, à rendre le plus scrupuleusement possible les idées et les expressions de l'auteur. Toutes les fois que nous avons vu la correspondance à des expressions françaises, nous avons simplement employé ces dernières. Quand il y a eu doute ou que l'expression nous a semblé neuve, nous avons eu soin de faire suivre le mot français du mot anglais; de cette façon, le lecteur pourra mieux juger de l'idée.

Les résultats sont tous donnés en unités françaises; nous avons cependant laissé subsister dans le texte des données en unités anglaises, dans la pensée qu'elles seront utiles à quelques-uns; mais elles ont été placées entre les signes [ ]. La même remarque s'applique à quelques passages qu'il ne nous a pas semblé convenable d'introduire directement.

D'autres passages, en très-petit nombre, contenant des idiotismes dont la traduction eût été impossible sans commentaire, ont dû être supprimés. Cette suppression ne nuit pas d'ailleurs à l'intelligence du sujet.

Les erreurs évidentes du texte anglais ont été rectifiées.

Au moment de faire paraître la traduction de l'ouvrage de M. Macquorn Rankine, nous recevons de M. Belgrand, dont les bienveillants encouragements nous ont été d'un grand appui dans le cours de ce travail, la lettre suivante, que nous transcrivons ici :

MON CHER VIALAY,

Je vous remercie de l'exemplaire que vous venez de me remettre de votre traduction du *Traité de mécanique appliquée* de M. Macquorn Rankine. C'est après avoir lu une note de M. de Saint-Venant sur les travaux de ce géomètre, que je vous engageai à faire cette traduction ; mais, tout en connaissant votre amour de la science, je ne m'étais pas bien rendu compte de l'énorme travail que je vous imposais.

Je vous félicite doublement et de la persévérance que vous y avez apportée et du soin avec lequel ce travail a été mené à bonne fin.

L'ouvrage, si estimé en Angleterre de M. Macquorn Rankine (*Manual of applied Mechanics*) était peu connu en France faute d'être traduit. La mort de l'auteur, qui a été un deuil pour tous les amis de la science, rendait cette entreprise encore plus nécessaire : on oublie si vite dans notre siècle, qu'on aurait bientôt perdu de vue l'originalité des recherches du savant ingénieur et géomètre anglais.

Je ne doute pas qu'un travail aussi pénible pour vous, mais aussi utile pour les ingénieurs français, n'ait tout le succès qu'il mérite.

Recevez, etc.

BELGRAND.

Paris, le 28 juillet 1876.

ERRATA.

—

Pages	Lignes	Lire	au lieu de
440,	6, 8, 22, 31 ;	mouvement comparé,	mouvement relatif.
445,	21 ;	mouvement comparé,	mouvement relatif.
455,	9 ;	position,	quest'on.
479,	1 ;	de molécule,	molécule.
513,	18 ;	dents,	roues.
560,	25 et suiv. ;	h, sa hauteur au-dessus du niveau moyen de la mer, $g_1 = 9,8088$, la valeur de g dans le cas où $\lambda = 45°$ et $h = 0$, et R, le rayon moyen de la terre $= 6.370.000$ mètres environ,	hg_1 . . . . moyen de la mer.
579,	20 ;	*augmentée du,*	*augmentée au.*
583,	9 ;	$\frac{Q_1}{x_1} \int_0^x x\,dx,$	$\frac{Q_1}{x_1} \int_0^x$
592,	19 ;	moment résultant de la quantité de mouvement,	moment de la quantité de mouvement résultant.
605,	31 ;	$\cos^2 \widehat{xz'},$	$\cos^2 \widehat{zz'}.$
672,	14 et 29 ;	onde,	vagne.
707,	11 ;	256,340,	256,340.
746.	colonne 5 ;	308,	208.

PRÉFACE DE L'AUTEUR.

————

Nous nous sommes proposé, dans ce livre, de réunir toutes les parties de la science de la mécanique qui s'appliquent d'une façon pratique aux constructions et aux machines. La table des matières, l'introduction et la division du sujet en six parties, expliquent suffisamment notre plan.

Cet ouvrage, comme d'autres du même genre, renferme des faits et des principes qui sont parfaitement et depuis longtemps connus, avec d'autres qui ont paru dans des publications scientifiques ou périodiques, et qui ont fait l'objet de leçons, mais qui ne sont pas connus de tous ou que l'on commence seulement à publier. Nous avons toujours cherché, autant que possible, à citer les auteurs des recherches et des perfectionnements récents, et à renvoyer aux mémoires scientifiques où nous avons puisé des informations.

Nous avons traité dans cet ouvrage une branche de la mécanique que l'on ne trouve pas habituellement dans les ouvrages élémentaires : celle qui se rapporte à l'équilibre entre les actions moléculaires en un point d'une masse solide, ainsi que la théorie générale de l'élasticité des solides. C'est la base de la connaissance exacte des principes qui régissent la stabilité des ouvrages en terre, ainsi que la résistance et la raideur des matériaux. A notre connaissance, le seul traité élémentaire qui ait été publié jusqu'à ce jour sur ce sujet est celui de M. Lamé, intitulé : *Leçons sur la théorie mathématique de l'élasticité des corps solides*.

En traitant de la stabilité des voûtes, nous avons tenu compte le la poussée latérale de la charge. Le seul auteur qui l'ait fait d'une façon exacte jusqu'ici est M. Yvon Villarceau, dans les *Mémoires des savants étrangers*.

Le principe de la transformation des constructions et ses applications n'ont encore paru que dans les *Proceedings of the royal Society*.

Les lois exactes de l'écoulement des fluides élastiques, trouvées par les docteurs Joule et Thomson, ainsi que les équations exactes de l'action de la vapeur d'eau et d'autres vapeurs contre des pistons, que nous avons déduites, en même temps que M. le professeur Clausius, de principes de la thermodynamique, sont données pour la première fois dans un ouvrage élémentaire.

Nous avons eu soin d'indiquer les parties de cet ouvrage qui sont ou complétement ou à peu près neuves.

Nous avons cherché à classer d'une façon méthodique les sujets à traiter, et nous n'avons jamais perdu de vue la distinction entre la comparaison des mouvements entre eux, et les relations entre les mouvements et les forces qui a été signalée pour la première fois par Monge et Ampère, et dont M. Willis a fait si heureusement l'application aux mécanismes. A la condition d'observer cette distinction, on comprendra vite et bien les applications des principes de la mécanique.

W. J. M. R.

Université de Glasgow, Mai 1858.

DISSERTATION PRÉLIMINAIRE

SUR

L'HARMONIE DE LA THÉORIE ET DE LA PRATIQUE

EN MÉCANIQUE (*).

Les mots *théorie* et *pratique* sont d'origine grecque ; quand nous les employons, nos pensées se reportent au temps reculé des philosophes qui les ont imaginés et qui ont voulu représenter deux idées parfaitement opposées l'une à l'autre.

Les Grecs sont nos maîtres par leurs travaux de géométrie, de philosophie, de poésie, de rhétorique, et par leurs travaux d'art ; et nous leur avons grande obligation pour les idées et les modèles qu'ils nous ont laissés.

Mais en physique et en mécanique les notions qu'ils avaient étaient empreintes d'une grande erreur, erreur qui alla toujours en croissant pour atteindre son complet développement dans la scolastique du moyen âge, et dont l'influence n'a pas encore disparu complètement de nos jours. Cette erreur consistait dans l'existence d'un *double système de lois naturelles* : l'un serait théorique, géométrique, rationnel ; il résulterait de la contemplation, s'appliquerait aux corps célestes, éthérés, indestructibles, et son étude constituerait les arts nobles et libéraux ; l'autre serait pratique, mécanique, empirique, résulterait de l'expérience, s'appliquerait aux corps terrestres, grossiers, destructibles ; et donnerait naissance à ce que l'on appelait autrefois les arts vulgaires.

Les théories, dites physiques, qui sont nées d'une pareille erreur, et qui n'étaient que des songes-creux, avec des traces de vérité çà et là, en complète opposition avec les résultats des observations de chaque jour sur notre planète, étaient bien faites pour l'entretenir.

(*) Cette dissertation renferme la substance d'un discours « *De concordiâ inter scientiarum machinalium contemplationem et usum,* » lu devant le Sénat de l'Université de Glasgow, le 10 décembre 1855, ainsi que d'une lecture d'ouverture faite à la classe du génie civil et de mécanique de cette Université, le 3 janvier 1856.

Pour ces philosophes les étoiles étaient des corps célestes, incorruptibles ; leurs orbites étaient circulaires et leurs mouvements éternels ; et en effet n'était-ce pas là la perfection du mouvement ? A la surface de la terre, au contraire, les objets étaient terrestres et périssables ; leurs mouvements qui devaient accuser l'imperfection se composaient d'un mélange de lignes droites et courbes, et n'avaient qu'une durée limitée. La mécanique rationnelle et la mécanique pratique (ainsi que Newton le fait remarquer dans sa préface des *Principia*), étaient regardées comme étant en parfaite opposition ; c'était s'abaisser que d'étudier la seconde, et l'on ne pouvait le faire que pour en retirer un certain gain ou des avantages matériels. Il est vrai qu'Archytas de Tarente, imaginait des dispositifs mécaniques pour mieux faire sentir des vérités géométriques. Mais pour Platon, son élève, de pareilles méthodes enlevaient à la science de sa dignité. Archimède, qui ne fut pas seulement le premier géomètre et mathématicien, mais encore le premier mécanicien et physicien de son temps, réussit bien en agissant seul sur un mécanisme convenable, à faire mouvoir sur le sol un navire chargé ; il inventa et construisit des engins de guerre si redoutables que les soldats romains en furent épouvantés ; il arriva, par un artifice que l'on a regardé comme fabuleux jusqu'à l'époque de Buffon, à enflammer des flottes en concentrant les rayons du soleil ; mais cette connaissance de la mécanique, cette habileté, qui, à nos yeux, donnent tant d'éclat à ce grand homme, appartenaient, pour les hommes d'alors et pour leurs successeurs, à un ordre de choses tout à fait inférieur, et auquel les philosophes quittant les hauteurs des abstractions géométriques ne devraient s'abaisser qu'en vue de rendre service à l'État. Il était admis alors que les hommes de science étaient impropres aux affaires de la vie ordinaire : de là plus d'une anecdote amusante qui a circulé d'âge en âge et qui, à chaque époque, a été appliquée, avec de légères variantes, aux philosophes du temps.

Il suffit pour reconnaître l'habileté extrême des Romains dans ce qui touche la mécanique pratique, et surtout dans les maçonneries, la construction des routes et les travaux d'hydraulique, de regarder les restes de leurs magnifiques travaux d'ingénieurs et d'architectes, qui sont certainement des modèles. Mais l'erreur du désaccord supposé entre la mécanique rationnelle et céleste et la mécanique pratique et terrestre continuait de leur temps ; elle prenait chaque jour plus de force, jusqu'au moyen âge, où elle atteignit son complet développement. C'est à cette époque que furent élevées ces incomparables cathédrales dont la beauté, qui dépend surtout de l'harmonie d'une part entre la forme, la résistance et la position de chaque partie, et de l'autre entre les forces qu'elle a à supporter, témoigne que leurs architectes, connaissaient à fond les principes de l'équilibre. Cependant les vrais noms de ces architectes, à quelques rares et douteuses exceptions près, ne sont pas arrivés jusqu'a nous ; les principes qui les guidaient n'ont pas été conservés et nous avons dû les découvrir à nouveau de nos jours ; et tout cela parce que les savants d'alors, prenant en pitié la pratique et l'observation, ne songeaient qu'à développer et à accroître les nombreuses erreurs, et à obscurcir les vérités beaucoup plus nombreuses que l'on trouve dans Aristote; et les quelques hommes qui, comme Roger Bacon, possédaient des connaissances à la fois scientifiques et pratiques étaient un objet d'effroi et de persécution : on les supposait alliés aux puissances infernales.

Enfin, avec la grande renaissance du savoir, avec la réforme de la science, c'est-à-dire au XVᵉ, au XVIᵉ et au XVIIᵉ siècle, le système appelé à tort système d'Aristote s'écroula, et il en fut de même de l'erreur d'un double système de lois naturelles ; on commença à reconnaître que les théories saines dans les sciences physiques dépendent essentiellement des faits, et qu'elles consistent à mettre sous une forme systématique les conclusions que le bon sens tire de ces derniers. Galilée découvrait la science du mouvement et Newton la perfectionnait. On établit alors que la mécanique céleste et la mécanique terrestre sont des branches d'une seule science, qu'elles dépendent d'un seul et même système de premiers principes clairs et simples, et que les lois qui régissent le mouvement et la stabilité des corps sur la terre gouvernent aussi la révolution des étoiles et étendent leur empire à travers l'immensité de l'espace. On reconnut alors qu'il n'y a pas d'objet matériel, si petit soit-il, qu'il n'y a pas de force, si faible qu'elle soit, qu'il n'y a pas de phénomène, si familier qu'il nous paraisse, qui soit insignifiant et indigne de l'attention du philosophe ; que les procédés de l'atelier, que les travaux de l'artisan, sont pleins d'enseignements pour l'homme de science, et que l'étude scientifique de la mécanique pratique est complétement digne de l'attention du mathématicien le plus accompli. On commença à comprendre que les hommes de science étaient faits pour les occupations de la vie. Ce ne fut certes pas à la faveur de la cour, à de hautes relations ou à l'influence du Parlement que Newton dut d'être nommé conservateur, puis directeur de la Monnaie ; un ministre sage avait compris que Newton, par son talent à la fois théorique et pratique dans la branche des connaissances qui se rattache à cet emploi, était l'homme le plus à même d'opérer une grande réforme dans la fabrication de la monnaie. Un auteur que l'on ne peut pas accuser de partialité pour la science spéculative et pour ceux qui la cultivent, lord Macaulay, nous dit comment Newton remplit la charge qui lui fut confiée :

« Le talent, le travail et la droiture du grand philosophe amenèrent au bout de peu de temps une complète révolution dans le service qu'il dirigeait. Il se dévoua à sa tâche avec une activité qui ne lui laissait pas le temps de s'occuper d'études dans lesquelles il a surpassé Archimède et Galilée. Tant que son grand travail ne fut pas achevé il résista avec force, et presque avec colère, aux tentatives des savants d'Angleterre et du continent pour le détourner de ses devoirs (*). »

L'historien nous expose ensuite le résultat des travaux de Newton ; il nous montre que, peu de temps après sa nomination, la Monnaie produisait en pièces d'argent plus de *huit fois* ce que ses prédécesseurs regardaient comme le chiffre le plus difficile à atteindre.

Par suite de l'extension des méthodes expérimentales de recherche, on est arrivé à honorer même l'habileté manuelle dans la mécanique pratique, toutes

_____

(*) Vol. IV, page 703.

les fois qu'elle est guidée par la science; nous sommes donc loin de ces époques reculées où on la regardait comme indigne d'elle.

A ne considérer que la doctrine avouée systématiquement, il n'y a aucun doute que l'erreur du désaccord entre la mécanique rationnelle et la mécanique pratique n'existe plus depuis longtemps, que tous les hommes instruits et sains d'esprit, s'ils avaient à donner leur opinion sur les relations mutuelles de ces deux branches de la science, reconnaîtraient qu'elles découlent des mêmes principes, qu'elles aident au progrès l'une de l'autre, et que la distinction que l'on peut faire entre elles résulte de la différence des *buts* qu'elles poursuivent en s'appuyant sur le même corps de principes.

Si cette doctrine influait autant sur les actions des hommes qu'elle influe maintenant sur leurs raisonnements, je n'aurais pas cherché à vous décrire, comme je l'ai fait, l'erreur scientifique capitale dans laquelle étaient les anciens. Je l'eusse passée sous silence comme chose morte et oubliée. Mais malheureusement ce désaccord entre la théorie et la pratique, qui pour un vrai savant n'est qu'une erreur, existe encore réellement dans l'esprit des hommes, et quoique repoussée par leur jugement, elle continue à influer sur leurs actes. Voilà pourquoi j'ai voulu remonter avec vous à l'origine de ce préjugé, surtout dans le domaine de la mécanique, et vous faire voir que ce n'est plus que l'ombre d'une erreur qui fut puissante chez les Grecs et durant le moyen âge.

Ce préjugé, ainsi que je l'ai dit, ne se retrouve plus de nos jours sous la forme d'un principe défini et avoué; mais on peut en constater les effets pernicieux dans la marche de la science spéculative et de la pratique, et aussi dans une sorte d'influence tacite qu'il exerce sur la forme de beaucoup d'écrits, qui n'ont assurément pas l'intention de perpétuer une erreur.

Pour vous donner un exemple de cette influence, je vous citerai un passage de ce même écrivain dont je vous ai parlé plus haut à un autre point de vue. Lord Macaulay, parlant de l'acte de tolérance de Guillaume III, compare, par une métaphore, la science de la politique à la science de la mécanique, et continue comme il suit :

« Le mathématicien peut facilement démontrer qu'une force déterminée, en agissant sur un certain système de leviers et de poulies, suffira pour élever un certain poids. Mais sa démonstration est basée sur l'hypothèse que sa machine est telle qu'il n'y a pas de charge qui puisse la faire fléchir ou la briser. Si l'ingénieur qui a à élever un bloc de granite de grandes dimensions, au moyen d'appareils en bois et en chanvre, se fiait absolument aux propositions qui sont contenues dans les traités de dynamique, et ne tenait aucun compte de l'imperfection de ces matériaux. tout l'appareil de poulies, de roues et de câbles, serait bientôt en ruines et, avec toute sa science géometrique. il serait un bien plus mauvais constructeur que ces barbares tatoués qui, quoique n'ayant jamais entendu parler du parallélogramme des forces, sont arrivés à construire Stonehenge. »

On ne peut lire ce passage sans admirer la force et la clarté (je puis ajouter l'éclat et l'esprit) d'un pareil langage; ces qualités du style, ainsi que la grandeur de l'auteur, sont bien un des meilleurs exemples de l'influence cachée qu'exerce l'erreur en question.

Par le fait, les mathématiciens, pour faciliter les recherches, ont partagé en deux parties la théorie mathématique des machines, c'est-à-dire l'ensemble des principes qui permettent à un ingénieur de calculer la disposition et les dimensions des différentes parties d'une machine, qui est destinée à effectuer des opérations données. La première partie, qui est la plus simple, se rapporte aux mouvements et aux actions mutuelles des pièces de la machine, et aux forces qu'elles exercent les unes sur les autres, chacune des pièces solides étant considérée comme formant un tout et comme ayant une figure sensiblement invariable. La seconde partie, la plus compliquée, comprend l'étude des actions des forces qui tendent à briser ou à altérer la figure de ces pièces solides, et des dimensions et de la forme à leur donner pour leur permettre d'y résister; cette partie de la théorie dépend, comme la première, des lois générales de la mécanique; comme la première elle est digne de l'attention du mathématicien, et elle fait nécessairement partie du traité mathématique que l'ingénieur est supposé consulter. Il est vrai que, si l'ingénieur se fiait implicitement à un prétendu mathématicien ou à un traité incomplet, le système qu'il aurait édifié tomberait en ruine, comme le disait l'historien; il est vrai également qu'il arriverait au même résultat s'il n'avait pas appris par une longue observation à distinguer les bons des mauvais matériaux, un bon d'un mauvais travail; mais le passage que j'ai cité comporte une idée différente de celles-ci; il procède de cette hypothèse que la première partie de la théorie des machines est la théorie complète, et qu'elle n'a rien de commun avec une autre partie, qui est indépendante des mathématiques, et qui forme la base de la mécanique pratique.

On retrouve encore de temps à autre, mais moins facilement que dans l'antiquité et au moyen âge, l'influence pernicieuse qu'exerce sur la science spéculative cette prétendue contradiction entre la théorie et la pratique. C'est là la raison qui s'oppose à l'échange mutuel des idées entre les savants et les praticiens, et qui fait que les premiers consacrent quelquefois à des problèmes qui ne sont que d'ingénieux exercices de mathématiques un temps et une intelligence qui seraient plus utilement appliqués aux arts, ou qu'ils donnent sous une forme beaucoup trop abstraite leurs recherches réellement importantes sur des sujets pratiques. Il en résulte que le bénéfice à tirer de leur application est perdu pendant longtemps pour le public, et qu'il faut découvrir à grands frais et avec beaucoup d'efforts ces principes pratiques, auxquels conduirait le raisonnement.

Mais c'est surtout dans la pratique des mécaniciens et des ingénieurs que l'on voit le mieux l'influence, le plus souvent fatale, de cette grande erreur. Nous ne manquons certainement pas en Angleterre d'hommes habiles a juger de la qualité des matériaux et d'un travail, à diriger des ouvriers, en un mot, d'hommes qui possèdent cette habileté purement pratique que donnent l'observation et l'expérience. Mais combien est rare ce talent scientifiquement pratique qui arrive au meilleur résultat avec le moins de frais et de travail! Trop souvent la résistance et la stabilité, qui devraient résulter d'un habile arrangement des parties de la construction, sont obtenues par un entassement grossier et au prix d'une dépense exagérée de matériaux, de travail et d'argent; ce qui augmente encore le mal, c'est cette perversion du goût public qui fait que l'on admire les travaux d'art, non pas en proportion de l'habileté déployée pour atteindre un but déterminé, mais bien en raison de ce qu'ils ont coûté.

Je ne dirai qu'un mot de ces ouvrages qui, reposant sur des idées étrangères à la science, tombent pendant ou après leur construction ; car avec tous leurs maux, ils ajoutent à nos connaissances expérimentales et sont pour nous une leçon, leçon chèrement payée. Mais il existe en grande quantité dans ce pays des constructions plus mauvaises encore : ce sont celles dans lesquelles les défauts résultant de l'absence de toute science sont rachetés par un excès de résistance, par l'emploi de bons matériaux et par un excellent travail manuel, au point qu'elles possèdent momentanément de la stabilité ; il suffit cependant à un homme de science de les examiner pour voir qu'elles portent en elles le sceau d'une destruction prochaine.

Un autre mal, le pire de tous ceux qui résultent de la séparation des connaissance théoriques et pratiques, c'est ce fait que beaucoup de gens, qui possèdent une grande ingéniosité et qui sont très-habiles dans les opérations manuelles de la mécanique pratique, sont privés de cette connaissance des principes scientifiques qui est indispensable pour guider leur esprit dans les voies où il peut s'engager. Il n'arrive que trop souvent que ces gens dépensent ce qu'ils possèdent, se perdent la santé, quand ils n'y laissent pas leur raison, dans la vaine poursuite d'inventions chimériques dont ils reconnaîtraient si facilement la fausseté avec les moindres connaissances théoriques, et, parce que ces connaissances leur manquent, beaucoup d'entre eux qui auraient pu vivre heureux dans la société, tombent au rang des plus misérables créatures.

Le nombre de ces malheureux — à en juger d'après les brevets et d'après quelques journaux de mécanique — doit être beaucoup plus grand qu'on ne le croit généralement... La plus absurde de leurs erreurs — celle qu'on appelle habituellement le mouvement perpétuel, ou pour parler plus exactement, la source inépuisable de force, — est, sous des formes différentes, le sujet de plusieurs brevets chaque année.

L'insuccès de travaux mal dirigés a eu tout naturellement pour effet de pousser les hommes habiles qui, sans avoir de connaissances scientifiques, possèdent de la prudence et du sens commun, de les pousser, dis-je, à un excès de précautions contraires, et de les engager à éviter toutes les expériences et à copier exactement les constructions et les machines établies dans de bonnes conditions ; bien que ce mode de faire écarte tout danger, il aurait bientôt, en se généralisant, arrêté tout progrès et toute amélioration. Ce système a été suivi, il est vrai, quelquefois par des hommes qui possédaient à la fois la science et une grande habileté pratique ; mais ces hommes, par déférence pour un préjugé populaire, ou par crainte de passer pour des théoriciens, ont pensé qu'il valait mieux adopter les procédés anciens les meilleurs, que de faire quelque chose de nouveau et de plus parfait.

Il faut reconnaître maintenant que tous ces maux, qui résultent de l'idée fausse qu'il y a incompatibilité entre la théorie et la pratique, tendent à décroître tous les jours. Le commerce, l'appui mutuel, entre les hommes de science et les praticiens, les connaissances pratiques que possèdent les gens de science et les connaissances scientifiques que possèdent les hommes pratiques, sont allés en grandissant constamment, et cette harmonie des connaissances théoriques et pratiques, ce talent dans l'application de principes scientifiques à un but pratique, qui autrefois appartenait seulement à quelques individus remarquables, tendent maintenant à se répandre d'une façon générale. C'est dans le but d'accroître la diffusion de ces idées que l'on a institué, il y a dix ans et plus, des chaires dans les deux collèges de l'Université de Londres, dans l'Université de Dublin, dans les trois collèges de la Reine, à Belfast, Cork et Galway, et dans cette Université de Glasgow.

Pour établir un parallèle, je veux vous dire quelques mots d'une autre branche de la science pratique, celle de la médecine. Depuis que l'on a établi des écoles de médecine dans les Universités, il y a existé des chaires non-seulement pour l'enseignement des branches purement scientifiques de la médecine, telles que l'anatomie et la physiologie, mais encore pour l'enseignement des applications des principes scientifiques à la pratique, comme des chaires de chirurgie, de médecine pratique, etc. L'institution d'une chaire de mécanique et de génie civil dans une Université où il a longtemps existé des chaires de mathématiques et de philosophie naturelle, est donc une tentative pour placer la mécanique sur le même pied que la médecine.

Nous pouvons trouver un autre parallèle dans une institution qui, bien qu'elle ne soit pas une Université, et qu'elle soit établie autant pour l'avancement que pour la dissémination des connaissances, a eu ce beau résultat de permettre au public d'apprécier plus facilement la science ; je veux parler de l'association britannique. Lorsque cette société fut instituée, l'avancement théorique et les applications pratiques de la mécanique, ainsi que les différentes branches de la physique, étaient réunies dans une même section, la section A. Mais les occupations de cette section devinrent bientôt tellement importantes et prirent un caractère si varié que l'on reconnut la nécessité d'établir une section G, destinée à étudier l'application pratique de ces branches de la science, dont le côté théorique restait seul maintenant à la section A ; eh bien ! malgré cette séparation, ces deux sections travaillent ensemble de la façon la plus harmonieuse à l'avancement d'objets du même ordre, et les mêmes hommes sont, dans beaucoup de cas, les membres les plus influents des deux sections. Ce que la section G est à la section A dans l'association britannique, cette classe du génie et de la mécanique l'est à celles de physique et de mathématiques dans l'Université.

Étant admis que la mécanique théorique et la mécanique pratique sont en harmonie l'une avec l'autre, qu'elles dépendent des mêmes premiers principes, et qu'elles ne diffèrent que par le but auquel les principes s'appliquent, il nous reste à examiner comment cette distinction doit affecter le mode d'instruction pour que ces branches de la science restent en communication.

Les connaissances de la mécanique peuvent être partagées en trois espèces : les connaissances purement scientifiques, les connaissances purement pratiques, et ces connaissances intermédiaires qui se rapportent à l'application de principes scientifiques à un but pratique et qui résultent de l'harmonie de la théorie et de la pratique.

L'instruction purement scientifique en mécanique et en physique a pour premier résultat d'accroître chez celui qui les étudie cet entendement qui résulte de la culture de connaissances naturelles, et cette élévation de l'esprit qui naît de la contemplation de l'ordre qui règne dans l'univers ; comme second effet, elle lui donnera peut-être les qualités qui font les inventeurs scientifiques. Dans cette branche d'études, l'exactitude est un trait essentiel, et il ne faut pas reculer devant les difficultés mathématiques auxquelles conduit la nature du sujet. La découverte et la mise en lumière de la vérité, tel est le but ; quant aux constructions et aux machines, on doit les regarder simplement comme des corps naturels, c'est-à-dire comme fournissant des données pour la recherche des principes et des exemples pour leur démonstration.

Dans les connaissances purement pratiques, l'étudiant acquiert son instruction par sa propre expérience et par l'observation de la conduite des affaires. Elle lui permet de juger de la qualité des matériaux et du travail, des questions de convenance et de profits commerciaux, de diriger les opérations des ouvriers, d'imiter des constructions et des machines existantes, de suivre des règles pratiques et de traiter toutes les affaires commerciales qui touchent à ses travaux mécaniques.

La troisième espèce d'instruction, qui sert de lien entre les deux autres et pour laquelle cette chaire a été établie, comprend l'application des principes scientifiques à un but pratique. Elle donne à l'élève les qualités pour approprier une machine à un but donné, et pour sortir heureusement de situations dont il n'a pas d'exemples. Grâce à elle il peut déterminer la limite théorique de la résistance ou de la stabilité d'une construction, ou le rendement d'une machine d'une espèce toute particulière ; il trouvera de combien il s'en faut qu'une construction donnée ou une machine atteigne cette limite ; il découvrira les causes des différences et il imaginera des modifications pour y obvier ; enfin il pourra juger si une règle pratique est basée sur le raisonnement, sur la routine ou sur une erreur.

Il y a certains caractères qui distinguent l'instruction pratique et scientifique à la fois de l'instruction purement scientifique.

Et d'abord nous dirons qu'il faut autant que possible écarter les difficultés auxquelles donnent lieu les mathématiques.

Lorsqu'il s'agit de déduire une proposition d'une utilité pratique de principes généraux et de données expérimentales, il faut le plus souvent recourir à des recherches algébriques très-complexes ; mais lorsque l'on a à exposer cette proposition comme une partie de la science pratique, et à l'appliquer à un but pratique, la simplicité est de la première importance, et par le fait, plus on a étudié les mathématiques élevées, plus on reconnaît facilement cette vérité, et je puis ajouter, plus on est apte à débarrasser des mathématiques l'exposition et l'application des principes scientifiques. Je ne puis mieux faire à ce propos que de renvoyer aux *Outlines of Astronomy* de John Herschel ; on y verra comment un des plus savants mathématiciens du monde a réussi à expliquer simplement les principes de cette science naturelle qui demande l'emploi des mathématiques supérieures.

Par le fait, les symboles d'algèbre, lorsqu'on s'en sert dans des recherches théoriques obscures et complexes, constituent une sorte de mécanisme économique pour la pensée, à l'aide duquel une personne exercée peut résoudre des problèmes sur des quantités, et se dispenser de réfléchir aux quantités que ces symboles représentent, si ce n'est au commencement et à la fin des opérations. Lorsque l'on s'occupe de l'application pratique de principes scientifiques, on ne devrait se servir de formules algébriques que lorsqu'elles ont le mérite, par leur concision et leur simplicité, de rendre une loi ou une règle plus clairement que le langage ordinaire, et lorsqu'il n'y a pas de difficulté à se rappeler ce que représente chaque symbole.

Un autre caractère de la distinction entre l'instruction pratique et l'instruction purement scientifique, c'est qu'elles me semblent mettre en jeu deux facultés de l'esprit bien différentes.

Dans la science théorique, la question est de savoir *ce que l'on doit penser;* et lorsqu'un point douteux se présente, pour la solution duquel les données expérimentales manquent, ou les méthodes scientifiques ne sont pas suffisamment avancées, c'est le devoir d'un esprit philosophique de ne pas discuter la probabilité d'hypothèses qui sont en contradiction, mais de travailler à l'avancement des recherches expérimentales et mathématiques, et d'attendre patiemment le temps où elles lui permettront de résoudre la question.

Dans la science pratique, la question posée est : *que doit-on faire?* Cette question exige impérieusement l'adoption immédiate d'une règle de travail. Dans les cas douteux, nos machines et nos ouvrages ne peuvent pas attendre que la science ait fait un pas en avant, et si les données existantes ne suffisent pas pour résoudre la question d'une façon exacte, il faudra prendre la solution approchée qui semble le plus probable. C'est dans des cas de ce genre que l'on reconnaît l'HOMME vraiment PRATIQUE à la promptitude et à la justesse de son jugement.

Pour terminer, je veux vous faire remarquer que la culture de l'harmonie entre la théorie et la pratique en mécanique — de l'application de la science aux arts mécaniques — outre qu'elle nous profite en augmentant le bien-être et la prospérité des individus, en accroissant la richesse et la puissance de la nation, fournit l'immense avantage d'élever le caractère des arts mécaniques et de ceux qui s'en occupent. Un grand philosophe en mécanique, feu le docteur Robison d'Édimbourg, après avoir montré que les principes de la charpenterie dépendent de deux branches de la science de la statique, ajoute : « C'est là ce qui fait de la charpenterie un art libéral. »

La maçonnerie est, elle aussi, un art libéral; il en est de même de la métallurgie et d'un art quelconque quand il a pour guide des principes scientifiques. Toute construction ou machine dont la disposition témoigne que la science est là qui lui sert de guide ne doit pas être regardée simplement comme un instrument qui donne avantage et profit; c'est un monument et un témoignage que ceux qui l'ont projetée et exécutée avaient étudié les lois de la nature; et c'est là ce qui la rend intéressante, ce qui lui donne de la valeur, quelque petites que soient ses dimensions, quelque communs que soient les matériaux qui y entrent.

Depuis près d'un siécle, il y a dans une salle de ce collége un petit modèle bien grossier et bien simple, si singulier d'aspect que dernièrement un artiste l'ayant reproduit dans un tableau historique, ceux qui virent le tableau et qui ne connaissaient pas l'original, se demandaient ce que l'artiste avait voulu représenter par cet objet si peu attrayant.

L'artiste avait raison; car il y a quatre-vingt-onze ans un homme a pris ce modèle, lui a appliqué sa connaissance des lois naturelles et a fait la première de ces machines à vapeur qui couvrent maintenant la terre et l'Océan; et depuis, pour l'homme raisonnable, cette petite masse si singulière de bois et de métal brille d'un éclat impérissable, car c'est en elle que s'est personnifié le génie de Jacques Watt.

De même que les objets les plus communs acquièrent ainsi du prix par la science, de même l'ingénieur ou le mécanicien qui calcule et travaille en prenant les lois de la nature pour guide, s'élève au rang des sages.

MANUEL

DE

MÉCANIQUE APPLIQUÉE

INTRODUCTION.

DÉFINITION DES TERMES GÉNÉRAUX ET DIVISION DU SUJET.

1. La **mécanique** est la science du repos, du mouvement et des forces.

Les *lois*, ou *premiers principes* de la mécanique, sont les mêmes pour tous les corps célestes et terrestres, naturels et artificiels.

La *manière d'appliquer* les principes de la mécanique, dans les différents cas, varie plus ou moins suivant les circonstances; il en résulte plusieurs branches pour la mécanique.

2. Mécanique appliquée. La branche que l'on a coutume d'appeler *mécanique appliquée*, comprend les conséquences des lois de la mécanique qui sont relatives aux travaux d'art.

Un traité de mécanique appliquée devra commencer par exposer les lois qui sont communes à toutes les branches de la mécanique, mais il ne contiendra que les conséquences de ces principes qui sont applicables dans les arts.

3. La **matière**, considérée au point de vue mécanique, est ce qui remplit l'espace.

4. Les **corps** sont des portions limitées de matière. Les corps existent sous trois états : solide, liquide et gazeux. Les corps solides tendent à conserver une forme et un volume constants. Dans les corps liquides, le volume seul tend à rester constant. Les corps gazeux tendent à augmenter de volume indéfiniment. Les corps se présentent aussi sous des états intermédiaires entre l'état solide et l'état liquide.

5. Un **volume matériel** ou **physique** est l'espace qu'occupe un corps ou une portion d'un corps.

6. Une **surface matérielle** ou **physique** est ce qui limite un corps, ou ce qui sépare deux parties d'un même corps.

7. **Ligne, point, point physique, mesure des longueurs.** En mécanique, comme en géométrie, on appelle LIGNE ce qui limite une surface, ou ce qui sépare deux parties d'une même surface, et POINT ce qui limite une ligne, ou ce qui sépare deux parties d'une ligne. Quelques auteurs emploient le mot *point physique* pour désigner un corps *démesurément* petit ; cette acception est en contradiction avec le sens précis du mot *point*, cependant elle n'amènera pas d'erreurs si on l'entend convenablement.

[L'unité-type adoptée en Angleterre pour mesurer les dimensions d'un corps est le *yard*; c'est la longueur, à la température de 16°,6 C. ou de 62° F., et à la pression atmosphérique moyenne, d'une règle qui est conservée dans les bureaux du ministère des finances à Westminster.

Dans les calculs de mouvement et de forces, et quand il s'agit de grandes constructions, on emploie ordinairement en Angleterre comme unité de longueur le *pied*, qui est un tiers du *yard*.

Dans le cas de machines, l'unité de longueur usitée en Angleterre est le *pouce*, qui est la 36me partie du yard. Les ouvriers et autres artisans comptent habituellement par 1/2, 1/4, 1/8, 1/16 et 1/32 de pouce ; mais à la suite des séances de l'institution des ingénieurs-mécaniciens, tenues à Manchester, en juin 1857, on est convenu d'adopter les fractions décimales du pouce.]

L'unité de longueur *française* est le mètre, qui est à peu près la $\dfrac{1}{10\,000\,000}$ partie du méridien terrestre. (V. la table à la fin du vol.)

8. On appelle **repos** la relation entre deux points, lorsque la ligne droite qui les réunit ne varie ni en grandeur ni en direction.

Un corps est en repos relativement à un point, quand tous les points du corps sont en repos relativement à ce point.

9. On désigne sous le nom de **mouvement** la relation entre deux points, quand la ligne droite qui les réunit varie en grandeur ou en direction, ou en grandeur et en direction à la fois.

Un corps se meut relativement à un point, quand un point quelconque du corps est en mouvement relativement à ce point.

10. **Point fixe.** Quand on dit d'un point qu'il est en mouvement ou en repos, on donne ou l'on conçoit toujours un autre point réel ou idéal, relativement auquel se produit l'état de mouvement ou de repos. Un pareil point porte le nom de *point fixe*.

Au point de vue des phénomènes de mouvement seuls, le choix du point fixe auquel on rapporte les positions des autres points semble être arbitraire, mais lorsqu'on considère les forces dans leurs rapports avec le mouvement, il y a des raisons pour préférer certains points fixes à d'autres, comme on le verra plus tard.

Dans la mécanique du système solaire, le point fixe est ce qui est connu sous le nom de *centre de gravité commun* aux corps dont se compose le système. En mécanique appliquée, le point fixe est ou un point qui est en repos relativement à la terre, ou (si la *construction* ou la machine peut se déplacer par rapport à la terre) un point qui est en repos relativement à la *construction* ou au bâti de la machine, suivant les cas.

On dit que des points, des lignes, des surfaces et des volumes sont fixes, quand ils sont en repos relativement à un point fixe.

11. **Cinématique.** La branche de la géométrie qu'on appelle *cinématique* traite de la comparaison des différents mouvements, indépendamment de leurs causes.

12. On désigne sous le nom de **force** une action entre deux corps, qui amène ou tend à amener un changement dans leur état de repos ou de mouvement relatif.

C'est par des sensations que nous avons la première notion des forces; chacun ressent les forces qui résultent des contractions musculaires. Quant aux forces différentes de ces dernières, c'est par leurs effets que nous sommes avertis de leur existence.

13. On dit que deux ou plusieurs forces se font **équilibre**, quand la combinaison de leurs actions sur un corps n'entraîne aucun changement dans son état de repos ou de mouvement.

Ce sont des sensations qui nous donnent les premières notions de l'équilibre; nous constatons que les forces qui résultent de contractions musculaires volontaires peuvent ou se faire équilibre entre elles ou faire équilibre à des pressions venant du dehors.

14. Statique et **Dynamique**. Les forces peuvent ou faire équilibre à d'autres forces, ou entraîner un changement dans l'état de mouvement des corps. L'étude du premier de ces effets constitue la *statique;* l'étude du second, la *dynamique*. Nous avons ainsi, avec la *cinématique* définie ci-dessus, les trois grandes divisions de la mécanique pure, abstraite ou générale.

15. Constructions et machines. Les travaux d'art se divisent en deux classes, suivant que les parties dont ils se composent sont destinées à être en repos ou en mouvement les unes par rapport aux autres. Dans le premier cas, ils portent le nom de *constructions;* dans le second, de *machines*. Les constructions sont du domaine de la statique seule; les machines, quand on n'envisage que le mouvement de leurs parties, se rattachent à la cinématique; mais quand on considère en même temps les forces qui les sollicitent, les machines dépendent à la fois de la statique et de la dynamique.

16. Disposition générale du sujet. Ce traité sera partagé en six parties, qui sont :

I. Premiers principes de statique.

II. Théorie des constructions.

III. Premiers principes de cinématique.

IV. Théorie des mécanismes.

V. Premiers principes de dynamique.

VI. Théorie des machines.

PREMIÈRE PARTIE.

PRINCIPES DE STATIQUE.

CHAPITRE I.

ÉQUILIBRE ET MESURE DES FORCES AGISSANT SUIVANT UNE MÊME LIGNE DROITE.

17. De la manière de déterminer les forces. Quoique toute force (12) soit une action entre deux corps, il est utile, pour simplifier les choses, de ne considérer tout d'abord que l'état de l'un des deux corps.

La nature d'une force, en ce qui concerne l'un des corps, est déterminée quand on connaît à la fois : 1° *le lieu* ou la partie du corps où elle est appliquée; 2° *la direction* de son action; 3° *sa grandeur*.

18. Lieu d'application. Point d'application. Le lieu d'un corps où est appliquée une force peut être la totalité ou seulement une partie de sa masse intérieure; dans ce cas la force est une attraction ou une répulsion, selon qu'elle tend à rapprocher ou à éloigner les corps sur lesquels elle agit. Le lieu d'application d'une force peut encore être la surface suivant laquelle deux corps se touchent, ou la surface de séparation de deux parties d'un même corps; dans ce cas la force sera une tension, une pression, ou bien résultera d'actions moléculaires latérales, selon les circonstances.

Ainsi l'action d'une force est toujours répartie sur un certain espace, volume ou surface; une force concentrée en un point unique n'existe pas en réalité. Néanmoins il est nécessaire, quand on traite des principes de la statique, de commencer par démontrer les propriétés de forces idéales, que l'on supposerait concentrées en certains points. Nous montrerons ensuite comment on peut appliquer aux forces, qui agissent réellement dans la nature, les conclusions auxquelles conduit l'étude de forces *uniques* (comme on pourrait les appeler).

On arrive à un résultat assez voisin de la vérité, en se représentant une force qui serait concentrée en un point unique, comme une force qui agirait sur un espace suffisamment petit.

19. Hypothèse d'une rigidité parfaite. Quand on raisonne sur des forces qui sont concentrées en certains points, on admet qu'elles sont appliquées à des corps solides *parfaitement rigides*, c'est-à-dire qui ne peuvent changer de forme sous l'action de ces forces. C'est là une hypothèse qui n'est pas réalisée dans la nature. Nous montrerons comment les conséquences de cette étude peuvent être étendues aux corps naturels.

20. Direction. Ligne d'action. La *direction* d'une force est celle du mouvement qu'elle tend à produire. Une ligne droite menée par le point d'application d'une force unique, et dans sa direction, représente la LIGNE D'ACTION de cette force.

21. Grandeur. Unité de force. Deux forces sont égales en grandeur quand, appliquées au même corps dans des directions opposées et suivant la même ligne d'action, elles se font équilibre.

La grandeur d'une force est exprimée par le nombre d'unités d'une force-type, qui est ordinairement le *poids* (ou le résultat de l'action de la pesanteur) d'une masse connue d'une certaine matière, à une latitude et à une altitude déterminées.

[L'unité de force-type adoptée en Angleterre est la *livre avoirdupois;* c'est le poids, à la latitude de Londres, d'une certaine masse de platine qui est conservée dans les bureaux du ministère des finances. (Voir actes 18 et 19 Vict., chap. 72, et un mémoire du professeur W. H. Miller dans les *Philosophical Transactions* de 1856.)

Dans un but de commodité, et pour se conformer aux coutumes, on se sert parfois des unités de force suivantes.

Le grain $= \dfrac{1}{7\,000}$ de la livre avoirdupois.

La livre poids de *troy* $= 5\,760$ grains $= 0,82285714$ livres avoirdupois.

Le quintal $= 112$ livres avoirdupois.

La tonne $= 2\,240$ livres avoirdupois.]

L'unité de force-type adoptée en France est le *kilogramme*, qui est le poids, à la latitude de Paris, d'un décimètre cube d'eau distillée, mesuré à la température du maximum de densité de l'eau, $4°,1$ C., ou $39°,4$ F., et sous une pression barométrique de $0^m,760$ de mercure.

On trouvera à la fin de ce volume une table de comparaison entre les unités de force et de volume françaises et anglaises.

22. Résultante de forces agissant suivant une même ligne droite. La *résultante* d'un certain nombre de forces données appliquées à un même corps, est une force unique qui peut faire équilibre à la force unique qui fait équilibre aux forces données; c'est-à-dire que la résultante des forces données est égale et directement opposée à la force qui fait équilibre aux forces données; et elle est *équivalente* à ces forces en ce qui concerne l'équilibre du corps. Les forces données sont appelées les *composantes* de leur résultante.

La résultante d'un nombre quelconque de forces, qui agissent sur un corps suivant la même ligne, agit suivant cette ligne, et est représentée en grandeur par la somme des forces composantes; le mot *somme* doit être pris dans son sens algébrique, c'est-à-dire que l'on doit ajouter toutes les forces qui agissent dans un sens, et retrancher de la somme les forces qui agissent en sens contraire.

23. Représentation des forces par des lignes. Une force unique peut être figurée par une ligne droite; une des extrémités de la ligne indique le point d'application de la force; la direction de la ligne donne la direction de la force; et la longueur de la ligne représente la grandeur de la force à une certaine échelle.

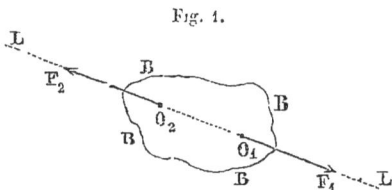

Fig. 1.

Par exemple, dans la *fig. 1*, pour exprimer que le corps BBBB est sollicité au point O_1 par une force donnée, on mènera à partir de O_1 une ligne droite O_1F_1 dans la direction de la force, la longueur de cette ligne représentant la grandeur de la force.

Si une force agissant au même point ou en un autre point O_2 (le point O_2 doit se trouver sur la ligne d'action LL pour qu'il y ait équilibre) fait équilibre à la force représentée par $\overline{O_1F_1}$, elle sera figurée par la ligne droite $\overline{O_2F_2}$ en sens contraire de $\overline{O_1F_1}$, de même longueur qu'elle, et située sur la même ligne d'action LL.

Si le corps BBBB (*fig. 2*) est en équilibre sous l'action de plusieurs forces dirigées suivant la même ligne droite LL, appliquées aux points O_1, O_2, etc., et représentées par les lignes $\overline{O_1F_1}$, $\overline{O_2F_2}$, etc., on devra considérer l'une des directions de la ligne LL comme positive (par exemple la direction vers $+L$), et la direction opposée (vers $-L$)

comme négative ou inversement, et si la somme de toutes les lon-
gueurs qui représentent les forces considérées comme po-sitives est égale à la somme de celles qui sont considérées comme négatives, la somme algébrique de toutes ces forces sera nulle, et le corps sera en équilibre.

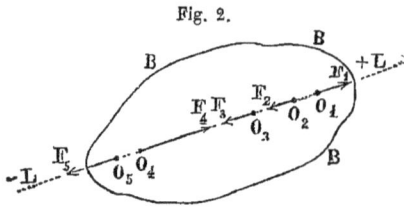

Fig. 2.

[24. **Pression.** Dans la plupart des traités de statique, on trouve le mot *pression* employé pour représenter *une force qui est équi-librée*.

Dans le sens vulgaire, qui est aussi celui accepté en mécanique appliquée, le mot *pression* sert à représenter une force analogue à une poussée, qui est répartie sur une certaine surface; en d'autres termes, c'est la force avec laquelle un corps tend à se dilater ou à résister à des efforts de compression.

Nous aurons soin, dans ce traité, de définir exactement le sens que nous donnons à ce mot.]

CHAPITRE II.

THÉORIE DES COUPLES ET DE L'ÉQUILIBRE DES FORCES PARALLÈLES.

SECTION 1. — *Couples ayant même axe.*

25. Couples. Deux forces de même grandeur qui sont appliquées à un même corps suivant des directions parallèles et opposées, mais qui ne sont pas dans le prolongement l'une de l'autre, constituent ce qu'on appelle un *couple*.

26. Force d'un couple. Bras de levier. On appelle *force* d'un couple la grandeur commune des deux forces égales, et *bras de levier* du couple, la longueur de la perpendiculaire comprise entre les lignes d'action des deux forces égales.

27. Tendance d'un couple. Plan d'un couple. Couples de gauche à droite et couples de droite à gauche. Un couple tend à faire tourner le corps auquel il est appliqué, dans le plan du couple, c'est-à-dire dans le plan qui passe par les lignes d'action des deux forces. (Le plan dans lequel tourne un corps est un plan quelconque parallèle aux plans du corps dont la position n'est pas modifiée par la rotation.) L'*axe* d'un couple est une ligne quelconque perpendiculaire à son plan. On dit qu'un corps tourne *de gauche à droite* quand, pour un observateur, il tourne dans le même sens que les aiguilles d'une montre, et *de droite à gauche* quand il tourne en sens contraire; les couples sont désignés sous le nom de couples de gauche à droite, ou couples de droite à gauche, suivant le sens dans lequel ils tendent à produire le mouvement de rotation.

Ainsi, dans la *fig.* 3, les forces égales et opposées $\overline{O_1F_1}$, $\overline{O_2F_2}$, qui ont $\overline{L_1L_2}$ pour bras de levier, forment

Fig. 3.

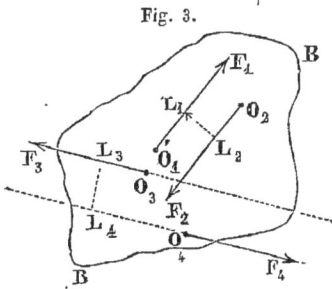

un couple de gauche à droite, et les forces égales et opposées $\overline{O_3F_3}$, $\overline{O_4F_4}$, forment un couple de droite à gauche.

28. Équivalence des couples de force et de bras de levier égaux. Pour que deux couples de même direction, de même force et de même bras de levier soient *équivalents* dans leur tendance à faire tourner le corps, il faut et il suffit que leurs plans coïncident ou soient parallèles.

Deux couples appliqués à un corps dans un même plan, ou dans des plans parallèles, et ayant même force et même bras de levier, mais agissant en sens contraire, se font équilibre, et si à l'un d'eux on vient à substituer un couple équivalent, on n'altère en rien l'équilibre.

29. Moment d'un couple. Le *moment* d'un couple est le produit de la grandeur de sa force par la longueur de son bras de levier. Si la force est représentée par un certain nombre de kilogrammes, et le bras de levier par un certain nombre de mètres, le produit de ces deux nombres est appelé le moment en *kilogrammètres*.

30. Addition de couples de même force. LEMME. *Deux couples de même force agissant dans le même sens et ayant même axe sont équivalents à un couple qui aurait pour moment la somme de leurs moments.* Soient A et B les deux couples, $F_A = F_B$ leurs forces qui sont égales, et L_A et L_B leurs bras de levier respectifs; ils auront respectivement pour moments $F_A L_A$ et $F_B L_B$, moments qui, vu l'égalité des forces, sont proportionnels à leurs bras de levier. Dans la *fig.* 4, nous supposerons que les forces F_A, qui constituent le couple A, passent aux points a et c, ac ou L_A étant perpendiculaire à la direction des forces; si les forces qui constituent B ne sont pas disposées comme l'indique la figure, nous pouvons substituer à B un couple équivalent de même force et de même bras de levier, et dans lequel la direction des forces F_B soit parallèle à celle des forces F_A, l'une des forces F_B passant au point c et l'autre au point b, de telle façon que le bras de levier cb ou L_B soit dans le prolongement de ac ou de L_A. Les forces égales et opposées F_A, F_B, qui sont appliquées au point c, se feront alors équilibre, et il ne restera plus que les forces égales et opposées F_A, F_B, appliquées en a et b; ces forces forment un couple qui a pour force $F_A = F_B$, et pour bras de levier

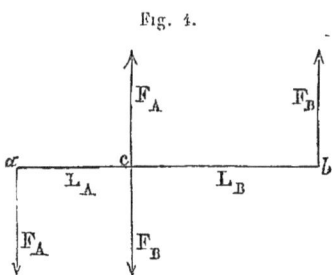

Fig. 4.

$\overline{ab} = L_A + L_B$, somme des bras de levier des deux couples A et B; ce couple a donc pour moment la somme de leurs moments, et il est équivalent aux deux couples A et B.

31. **Équivalence de deux couples ayant même moment.** THÉORÈME. *Si les moments de deux couples qui agissent dans le même sens et qui ont même axe sont égaux, ces couples sont équivalents.* Désignons par A l'un des couples, par F_A, L_A et $F_A L_A$ sa force, son bras de levier et son moment; désignons par B l'autre couple et par F_B, L_B et $F_B L_B$ sa force, son bras de levier et son moment. L'égalité des moments de ces couples est exprimée par l'équation

$$F_A L_A = F_B L_B.$$

Si les forces et les bras de levier des deux couples sont commensurables, nous pouvons écrire

$$\frac{F_A}{F_B} = \frac{L_B}{L_A} = \frac{m}{n}$$

(m et n étant deux nombres entiers).

Posons alors

$$f = \frac{F_A}{m} = \frac{F_B}{n}$$

et

$$l = \frac{L_B}{m} = \frac{L_A}{n}.$$

Nous voyons que le couple A est équivalent à mn couples dont le moment serait fl, et qu'il en est de même du couple B; les deux couples A et B sont donc équivalents.

Si les forces et les bras de levier sont incommensurables, on peut toujours trouver des forces et des bras de levier commensurables, dont la différence avec les forces et les bras de levier donnés soit inférieure à une quantité donnée; il en résulte que si le théorème est faux pour des forces et des bras de levier incommensurables, il le sera également pour des forces et des bras de levier commensurables, ce qui est impossible; le théorème s'applique donc aussi bien quand les forces et les bras de levier sont incommensurables que lorsqu'ils sont commensurables.

32. **Résultante de couples ayant même axe.** COROLLAIRE. *Si l'on combine des couples ayant même axe, on obtient un couple équivalent dont le moment est égal à la somme algébrique des moments des couples composants.*

33. Équilibre de couples ayant même axe. Deux couples qui ont des moments égaux et même axe, et qui agissent en sens contraire, se font équilibre. Des couples en nombre quelconque, qui ont même axe, se font équilibre quand les moments des couples de gauche à droite sont égaux à ceux des couples de droite à gauche, en d'autres termes, quand le moment de la résultante est nul.

34. Représentation des couples par des lignes. Un couple est complétement déterminé quand on connaît son moment, le sens dans lequel il agit, et la position de son axe. On peut représenter ces différentes circonstances au moyen d'une ligne, de la manière suivante.

Dans la *fig.* 5 on mènera, à partir d'un point O, une ligne droite

Fig. 5.

OM parallèle à l'axe (c'est-à-dire perpendiculaire au plan) du couple qu'il s'agit de représenter, et dans une direction telle que, pour un observateur regardant de O vers M, le couple soit dirigé de gauche à droite, et l'on portera à une certaine échelle une longueur $\overline{OM}$ pour représenter le moment du couple.

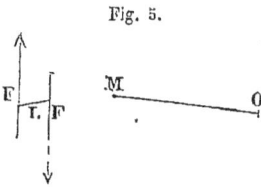

SECTION 2. — *Couples ayant des axes différents.*

35. Résultante de deux couples ayant des axes différents. THÉORÈME. *Si les côtés d'un parallélogramme représentent chacun la position des axes, le sens et le moment de deux couples qui agissent sur un même corps, la position de l'axe, le sens et le moment du couple résultant, qui est équivalent aux deux premiers, seront figurés par la diagonale de ce parallélogramme.*

Dans la *fig.* 6, nous supposons que le plan du papier représente

Fig. 6.

un plan qui contient les axes des deux couples et qui est, par conséquent, perpendiculaire aux plans de ces couples. Soient *ac*, *cb* les lignes suivant lesquelles les plans des couples A, B coupent respectivement le plan du papier. Si les couples ne sont pas de même force, nous les ramènerons à des couples équivalents de même force. Soient alors F la grandeur commune des forces des couples, et L_A et L_B leurs bras de levier respectifs. A partir de *c*, point d'intersection des trois plans

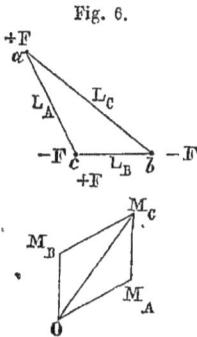

précités, prenons $\overline{ca} = L_A$, $\overline{cb} = L_B$ et joignons $\overline{ab}$. Supposons que le couple A (ou un couple équivalent) se compose de la force $+F$ agissant d'arrière en avant au point a, et de la force égale et opposée $-F$ agissant d'avant en arrière en c; supposons également que le couple B (ou un couple équivalent) se compose de la force $+F$ agissant d'arrière en avant en c, et de la force $-F$ égale et opposée agissant d'avant en arrière en b. Les forces $+F$ et $-F$ appliquées en c se font équilibre, et il reste les deux forces égales et opposées $+F$ en a et $-F$ en b, qui donnent lieu au couple résultant, lequel est équivalent aux deux couples A et B, et a pour bras de levier le troisième côté $\overline{ab} = L_c$ du triangle abc.

Abaissons maintenant du point O les lignes $\overline{OM_A}$ perpendiculaire sur ac et $\overline{OM_B}$ perpendiculaire sur bc; ces perpendiculaires représentent les axes, les sens et les moments des couples A et B; puis complétons le parallélogramme qui aurait ces longueurs pour côtés, et menons la diagonale $\overline{OM_c}$. Cette diagonale sera perpendiculaire à ab, et représentera par conséquent l'axe et la direction du couple résultant; la similitude des deux triangles abc, OM_cM_B nous donnera les proportions suivantes :

$$\frac{\overline{OM_A}}{L_A} = \frac{\overline{OM_B}}{L_B} = \frac{\overline{OM_c}}{L_c}.$$

Par conséquent $\overline{OM_c}$ représentera également le moment du couple résultant. — Q. E. D.

36. **Équilibre de trois couples avec axes différents dans le même plan.** COROLLAIRE. *Un couple égal et opposé à celui qui est représenté par la diagonale $\overline{OM_c}$ fait équilibre aux couples figurés par les côtés $\overline{OM_A}$, $\overline{OM_B}$. En d'autres termes, trois couples représentés par les trois côtés d'un triangle se font équilibre.*

37. **Équilibre d'un nombre de couples quelconque.** COROLLAIRE. *Si des couples en nombre quelconque agissant sur un corps*

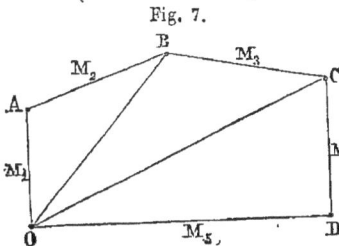
Fig. 7.

sont représentés par une suite de lignes formant les côtés d'un polygone, et si le polygone est fermé, ces couples se font équilibre. Pour fixer les idées, supposons qu'il y ait cinq couples dont les moments sont respectivement M_1, M_2, M_3, M_4, M_5, et qu'ils soient

représentés par les côtés d'un polygone (*fig.* .7) de la manière sui
vante :

M_1 est représenté par $\overline{OA}$, et est dirigé de gauche à droite quand on regarde de A vers O.

M_2	—	$\overline{AB}$	—	—	de B vers A.
M_3	—	$\overline{BC}$	—	—	de C vers B.
M_4	—	$\overline{CD}$	—	—	de D vers C.
M_5	—	$\overline{DO}$	—	—	de O vers D.

. Alors, en vertu du théorème (35), la résultante de M_1 et de M_2 est
représentée par $\overline{OB}$, celle de $\overline{OB}$ et de M_3, par $\overline{OC}$, celle de $\overline{OC}$ et de
M_4, par $\overline{OD}$, qui est de gauche à droite quand on regarde de D vers O,
et qui par conséquent est égale et opposée à M_5, lequel couple lui
fait équilibre et annule la résultante finale. — Q. E. D.

Cette proposition a lieu évidemment pour des couples en nombre
quelconque, que le polygone fermé soit plan ou *gauche* (c'est-à-dire
non situé dans un plan).

La résultante des couples représentés par tous les côtés du polygone, moins un, est égale et opposée au couple que représente le
côté retranché.

SECTION 3. — *Forces parallèles.*

38. Forces parallèles se faisant équilibre. Un système
de forces parallèles qui se font équilibre consiste en forces égales et
directement opposées deux à deux, ou en couples d'égales forces.
ou en une combinaison de ces forces et de ces couples.

On comprendra facilement par suite les propositions suivantes
relatives aux *grandeurs* de systèmes de forces parallèles.

I. Dans un système de forces parallèles se faisant équilibre, la
somme des forces agissant dans un sens est égale à celle des forces
agissant en sens contraire; en d'autres termes, la somme algébrique des grandeurs de toutes les forces prises avec leurs signes est
nulle.

II. La grandeur de la résultante d'une combinaison de forces parallèles est la somme algébrique des grandeurs des forces.

Il reste à chercher les relations entre les *positions* des lignes
d'action de forces parallèles se faisant équilibre; nous pourrons,
dans cette étude, négliger toutes les forces égales et directement opposées deux à deux, car un pareil système est en équilibre quelle que

soit sa position; la question est donc ramenée dans chaque cas à la théorie des couples.

39. Équilibre de trois forces parallèles dans un même plan. Principe du levier. THÉORÈME. *Si trois forces parallèles appliquées à un même corps se font équilibre, elles doivent être dans un même plan; les deux forces extrêmes doivent agir dans le même sens, la force du milieu en sens contraire; et la grandeur de chacune des forces doit être proportionnelle à la distance des lignes d'action des deux autres.*

Supposons qu'un corps (*fig.* 8) soit en équilibre sous l'action de deux couples ayant même axe et des moments égaux,

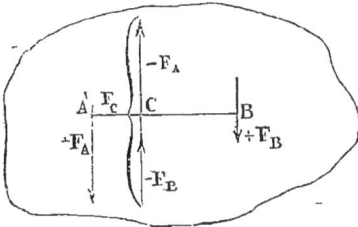

Fig. 8.

$$F_A L_A = F_B L_B,$$

d'après la notation déjà employée, mais agissant en sens inverse, et que ces couples soient disposés de telle sorte que les lignes d'action de deux des forces — F_A, — F_B, qui agissent dans la même direction, coïncident. Ces deux forces seront alors équivalentes à la force unique $F_c = - (F_A + F_B)$, qui est égale et opposée à la somme des forces extrêmes $+ F_A, + F_B$, et qui est située dans le même plan qu'elles; et si l'on mène la ligne ACB qui est perpendiculaire aux lignes d'action des forces, alors

$$\overline{AC} = L_A; \quad \overline{CB} = L_B; \quad \overline{AB} = L_A + L_B;$$

et par conséquent

$$\frac{F_A}{\overline{CB}} = \frac{F_B}{\overline{AC}} = \frac{F_c}{\overline{AB}}.$$

Chacune des trois forces est donc proportionnelle à la distance des lignes d'action des deux autres; et si trois forces parallèles quelconques se font équilibre, elles doivent être équivalentes à deux couples, comme le montre la figure.

40. Résultante de deux forces parallèles. La résultante de deux quelconques des trois forces F_A, F_B, F_c est égale et opposée à la troisième.

La résultante de deux forces parallèles leur est donc parallèle, et est située dans leur plan; si elles agissent dans le même sens, leur résultante est égale à leur somme, agit dans le même sens et est située dans leur intervalle ; si elles agissent en sens contraire, leur résultante est égale à leur différence, agit dans le sens de la force la plus grande et est située du côté de cette dernière en dehors de leur intervalle, et la distance entre les lignes d'action de deux quelconques des trois forces, résultante et ses deux composantes, est proportionnelle à la troisième.

Pour que deux forces parallèles agissant en sens contraire aient une résultante, il faut qu'elles soient inégales, la résultante étant égale à leur différence. Si elles étaient égales, elles constitueraient un couple, lequel n'a pas de résultante unique.

41. Résultante d'un couple et d'une force unique situés dans des plans parallèles. Soient M le moment d'un couple appliqué à un corps (*fig.* 9), et F une force unique appliquée au point O dans un plan parallèle à celui du couple ; nous pourrons substituer au couple donné un couple équivalent, composé d'une force —F égale et directement opposée à F au point O, et d'une force F appliquée au point A, ayant pour bras de levier $\overline{AO} = \dfrac{M}{F}$, et

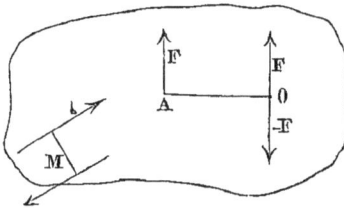

Fig. 9.

situé dans un plan parallèle au plan du couple M. Les forces appliquées en O se feront équilibre, et il restera comme résultante de la force F et du couple M la force F qui agit en A, c'est-à-dire que si l'on combine une force unique F avec un couple M dont le plan est parallèle à la force, le résultat obtenu est le même que si l'on déplace la ligne d'action de la force parallèlement à elle-même d'une longueur $\overline{OA} = \dfrac{M}{F}$, vers la gauche si M est de gauche à droite, vers la droite si M est de droite à gauche.

42. Moment d'une force par rapport à une droite. Représentons par la ligne F la force appliquée à un corps. Soient OX une droite dont la direction est perpendiculaire à celle de la ligne d'action de la force et qui ne rencontre pas cette dernière, et AB la perpendiculaire commune à ces deux lignes. Supposons que l'on applique au point B deux forces égales et directement opposées parallèlement à F, à savoir : F′=F et F′=—F. Nous ne modifierons en rien par là les conditions d'équilibre du corps. La force unique F, appliquée au point A, est alors équivalente à la force F

Fig. 10.

appliquée au point B de la droite OX qui est le plus rapproché de A, et à un couple composé des forces F et — F', et qui a pour moment F $\overline{AB}$. Cette expression est ce que l'on appelle le *moment de la force* F *par rapport à l'axe* OX, ou encore le *moment de la force* F *par rapport au plan* qui passe par OX et par une parallèle à la direction de la force.

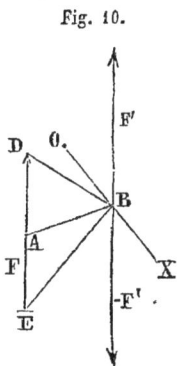

Si nous joignons le point B aux extrémités D et E de la force F, la surface du triangle BDE qui est

égale à $\frac{1}{2}$ F $\overline{AB}$ représente la moitié du moment de la force F par rapport à la droite OX.

43. Équilibre d'un système quelconque de forces parallèles situées dans un plan. Pour que des forces parallèles dont les lignes d'action sont situées dans un même plan se fassent équilibre, il faut et il suffit qu'elles satisfassent aux conditions suivantes.

I. (Comme nous l'avons déjà établi au n° 38), la somme algébrique des forces doit être égale à zéro.

II. La somme algébrique des moments des forces par rapport à un axe quelconque perpendiculaire au plan dans lequel elles agissent doit être égale à zéro.

Ces deux conditions peuvent être exprimées d'une façon symbolique, comme il suit. Soient F une quelconque des forces, considérée comme étant positive ou négative suivant le sens dans lequel elle agit, et y la plus courte distance de la ligne d'action de la force à une droite quelconque OX prise comme axe, y étant considéré comme positif ou négatif, selon sa direction, nous aurons alors

somme des forces, $\Sigma F = 0$,
somme des moments, $\Sigma yF = 0$.

Nous avons vu en effet (42) que chaque force F est équivalente à une force égale et parallèle F' appliquée directement à OX, et à un couple yF; le système des forces F' et le système des couples yF se feront donc séparément équilibre, puisqu'ils sont équivalents ensemble au système des forces F qui se font équilibre.

Quand on fait la somme des moments, on a l'habitude de regarder comme positifs les couples de gauche à droite, et comme négatifs les couples de droite à gauche.

44. Résultante de forces parallèles en nombre quelconque situées dans un plan. La résultante de forces parallèles en nombre quelconque situées dans un plan est une force qui est située dans ce plan, et qui a pour grandeur la somme algébrique des grandeurs des forces composantes; sa position est déterminée par la condition que son moment, par rapport à un axe quelconque perpendiculaire au plan des forces, est égal à la somme algébrique des moments des composantes. Si nous désignons par F_r la résultante d'un nombre quelconque de forces parallèles situées dans un plan, et par y_r la plus courte distance de la ligne d'action de cette résultante à l'axe OX, auquel sont rapportées les forces données, nous aurons alors

$$F_r = \Sigma F,$$
$$y_r = \frac{\Sigma y F}{\Sigma F}.$$

Il se peut, dans certains cas, que la résulante ΣF soit nulle; les forces données auront alors pour résultante un couple dont le moment est égal à $\Sigma y F$, à moins qu'elles ne se fassent complétement équilibre.

45. Moments d'une force par rapport à deux axes rectangulaires. Soient, *fig.*11, F une force unique, 0 un point quelconque pris pour origine des coordonnées, — YO + Y, — XO +.X, les deux axes de coordonnées perpendiculaires l'un à l'autre et à la ligne d'action de F. Soient AB $= y$ la perpendiculaire commune à F et à OX, AC$=x$ la perpendiculaire commune à F et à OY. x et y sont les coordonnées rectangulaires de la ligne F, relativement aux axes — YO + Y — XO + X.

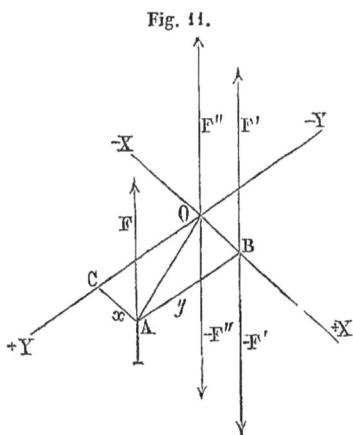

Fig. 11.

Dans la figure ci-contre, on devra considérer x comme étant positif à droite, et négatif à gauche, de — YO + Y; et y comme positif à gauche, et négatif à droite, de — XO + X; les mots à droite et à gauche correspondant à la droite et à la gauche du spectateur. Dans le cas présent, x et y sont tous deux positifs. Les forces de la figure sont regardées comme positives, quand elles agissent de bas en haut, et comme négatives, quand elles agissent de haut en bas ; dans le cas présent, F est positive.

Supposons qu'au point B on applique deux forces égales et opposées F' et — F', F' étant égale et parallèle à F et agissant dans le même sens. Alors, comme on l'a vu au n° 42, F est équivalente à la force unique F'=F, appliquée en B et au couple composé des deux forces F et—F', ayant y comme bras de levier et yF comme moment; ce moment est positif dans l'exemple actuel, le couple étant de gauche à droite. Supposons maintenant que l'on applique à l'origine O deux forces égales et opposées F'' et — F'', F'' étant égale et parallèle à F et F' et agissant dans le même sens. La force unique F est alors équivalente à la force unique F''=F'=F appliquée en O et au couple formé par F' et — F'', ayant OB $= x$ comme bras de levier et — xF comme moment; ce moment est négatif dans le cas actuel, parce que le couple est de droite à gauche.

Il en résulte finalement, qu'une force F agissant suivant une ligne qui aurait pour coordonnées x et y, relativement à un système de deux axes rectangulaires, qui lui seraient perpendiculaires, est équivalente à une force égale et parallèle appliquée à l'origine des coordonnées et à deux couples dont les moments sont : yF relativement à l'axe OX, et — xF relativement à l'axe OY; les couples de gauche à droite étant regardés comme positifs, et +Y se trouvant à la gauche de + X pour un observateur qui regarderait de X+ vers O, la tête placée dans la direction des forces positives.

46. Équilibre d'un système de forces parallèles. Pour que des forces parallèles, situées ou non dans un plan, se fassent équilibre, il faut et il suffit qu'elles satisfassent aux trois conditions suivantes.

I. La somme algébrique des forces doit être nulle (comme nous l'avons établi au n° 38).

II et III. La somme algébrique des moments des forces, relativement à deux axes perpendiculaires à la fois l'un à l'autre et aux lignes d'action des forces, doit être nulle pour chacun de ces axes. Ces conditions sont exprimées par les équations symboliques suivantes :

$$\Sigma F = 0,\ \Sigma y F = 0,\ \Sigma x F = 0,$$

car nous avons vu (45) qu'une force [quelconque F est équivalente à une force égale et parallèle F'' appliquée directement en O, et à deux couples dont les moments sont yF par rapport à l'axe OX, et — xF par rapport à l'axe OY; et le système des forces F″, ainsi que les deux systèmes de couples indiqués, doivent satisfaire séparément aux conditions d'équilibre, puisque, combinés, ils sont équivalents au système des forces F qui se font équilibre.

47. Résultante de forces parallèles en nombre quelconque. La résultante de forces parallèles en nombre quelconque, situées ou non dans un plan, est une force qui a pour grandeur la somme algébrique des grandeurs des forces composantes, et dont les moments par rapport à deux axes perpendiculaires l'un à l'autre et aux lignes d'action des forces, sont respectivement égaux à la somme algébrique des moments des forces composantes par rapport aux mêmes axes. Si F$_r$ représente la résultante, et x_r et y_r les coordonnées de sa ligne d'action, on aura·

$$F_r = \Sigma F,$$
$$x_r = \frac{\Sigma x F}{\Sigma F},$$
$$y_r = \frac{\Sigma y F}{\Sigma F}.$$

Il se peut, dans certains cas, que les forces n'aient pas de résultante unique, ΣF étant nulle; alors, si les forces ne se font pas complétement équilibre, elles ont pour résultante un couple, dont on peut déterminer l'axe, le sens et le moment de la manière suivante.

Soient M$_x$ = ΣyF, M$_y$ = — ΣxF, les moments des couples partiels résultants par rapport aux axes OX et OY respectivement. Portons à partir du point O, le long de ces axes, deux longueurs représentant respectivement M$_x$ et M$_y$, d'après la règle du n° 34, c'est-à-dire, deux longueurs proportionnelles à ces moments et dirigées de telle sorte que ces couples soient vus de gauche à droite. Complétons le rectangle qui aurait ces lignes pour côtés, sa diagonale (35) représentera l'axe, le sens et le moment du couple final résultant. Si M$_r$ est le moment de ce couple, nous aurons alors

$$M_r = \sqrt{M_x^2 + M_y^2},$$

et l'angle θ que fait l'axe avec OX sera donné par la relation

$$\cos \theta = \frac{M_x}{M_r}.$$

SECTION 4. — *Centre de forces parallèles.*

48. Centre d'un système de deux forces parallèles.

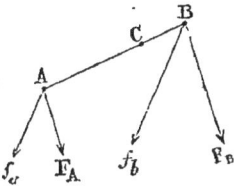

Fig. 12.

·Soient, *fig.* 12, A et B, deux points auxquels sont respectivement appliquées les deux forces parallèles F_A et F_B de grandeurs données. Déterminons sur la droite qui joint A et B le point C, de telle façon que ses distances aux points A et B soient inversement proportionnelles aux forces appliquées en ces points. On voit facilement (40) que la résulante de F_A et de F_B passe en ce point. On voit également que la position du point C ne dépend que des grandeurs relatives des forces parallèles F_A et F_B et nullement de leurs grandeurs absolues, non plus que de la direction de leurs lignes d'action, de telle sorte que si l'on substitue à ces forces un autre système de forces parallèles f_a, f_b, autrement dirigées, et si les nouvelles forces restent proportionnelles aux premières :

$$\frac{f_a}{f_b} = \frac{F_A}{F_B} = \frac{\overline{BC}}{\overline{AC}},$$

le point C où la résultante rencontre AB ne changera pas.

Ce point porte le nom de *centre de forces parallèles*, pour deux forces appliquées en A et en B et qui sont entre elles dans le rapport donné $\dfrac{\overline{BC}}{\overline{AC}}$.

49. Centre d'un système quelconque de forces parallèles. Soient deux forces parallèles F_0, F_1, appliquées aux points A_0 et A_1 (*fig.* 13). Menons la droite $A_0 A_1$, sur laquelle nous déterminerons le point C de telle sorte que

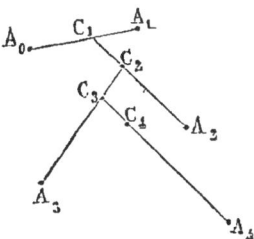

Fig. 13.

$$\frac{F_0}{F_1} = \frac{\overline{C_1 A_1}}{\overline{C_1 A_0}},$$

C_1 sera alors le centre d'un système quelconque de deux forces parallèles appliquées en A_0 et A_1, qui sont entre elles dans le rapport $\dfrac{F_0}{F_1}$. Soit une troisième force parallèle F_2 appliquée au point A_2. Les forces F_0 et F_1

étant équivalentes à une force parallèle $F_0 + F_1$ appliquée en C_1, menons la droite $C_1 A_2$ sur laquelle nous déterminerons le point C_2 par la relation

$$\frac{F_0 + F_1}{F_2} = \frac{\overline{C_2 A_2}}{\overline{C_2 C_1}},$$

C_2 sera le centre de trois forces quelconques parallèles appliquées aux points A_0, A_1, A_2, et respectivement proportionnelles à F_0, F_1, F_2. Soit une quatrième force parallèle F_3 appliquée en un quatrième point A_3. Les forces F_0, F_1, F_2, étant équivalentes à une force parallèle $F_0 + F_1 + F_2$ appliquée en C_2, nous mènerons la ligne $C_2 A_3$, sur laquelle nous déterminerons le point C_3 par la relation suivante

$$\frac{F_0 + F_1 + F_2}{F_3} = \frac{\overline{C_3 A_3}}{\overline{C_3 C_2}}.$$

C_3 représentera le centre de quatre forces parallèles quelconques appliquées aux points A_0, A_1, A_2, A_3, et respectivement proportionnelles à F_0, F_1, F_2, F_3. En continuant de la même manière, on trouvera le centre d'un système de forces parallèles en nombre quelconque ; il en résulte le *théorème* suivant : *étant donnés un système de points et les rapports mutuels de forces parallèles qui y sont appliquées, il y a un point, et ce point est unique, par lequel passe la ligne d'action d'un système quelconque de forces parallèles appliquées à ce système de points et offrant les rapports donnés, et cela quelles que soient les grandeurs absolues de ces forces et la direction de leurs lignes d'action.*

50. Coordonnées du centre de forces parallèles. La méthode que nous venons d'indiquer pour déterminer le centre de forces parallèles, quoique convenant très-bien pour la démonstration du théorème ci-dessus, est longue et incommode, lorsqu'il s'agit d'un nombre de forces assez considérable ; il vaut mieux alors déterminer les coordonnées de ce point relativement à trois axes rectangulaires.

Fig. 14.

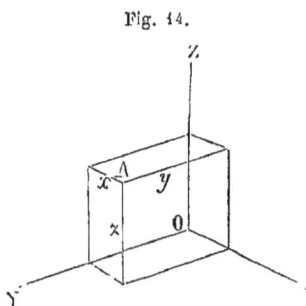

Soient O un point convenable pris comme origine des coordonnées, et OX, OY, OZ, trois axes de coordonnées rectangulaires.

Soit A un des points auxquels est appliqué le système des forces parallèles en question. Menons par le point A ses trois coordonnées ;

cès coordonnées x, y et z étant connues, permettent de déterminer la position du point A. Désignons par F la grandeur de la force qui y est appliquée, ou une grandeur qui lui est proportionnelle. Nous supposerons que x, y, z et F sont connus pour chacun des points du système donné.

Nous imaginerons d'abord que les forces parallèles agissent parallèlement au plan YZ. Alors la somme de leurs moments, par rapport à un axe situé dans ce plan, est égale à

$$\Sigma x\mathrm{F},$$

et par conséquent la distance de leur résultante, ou du centre des forces parallèles à ce plan, est donnée (44 et 47) par la relation

$$x_r = \frac{\Sigma x\mathrm{F}}{\Sigma \mathrm{F}}.$$

Imaginons maintenant que toutes les forces parallèles agissent parallèlement au plan ZX. La somme de leurs moments, par rapport à un axe situé dans ce plan, est égale à

$$\Sigma y\mathrm{F},$$

et par conséquent la distance de leur résultante, et celle du centre des forces parallèles à ce plan, est donnée par l'équation

$$y_r = \frac{\Sigma y\mathrm{F}}{\Sigma \mathrm{F}}.$$

Enfin imaginons que toutes les forces parallèles agissent parallèlement au plan XY. Alors la somme de leurs moments, par rapport à un axe situé dans ce plan, est égale à

$$\Sigma z\mathrm{F},$$

et par conséquent la distance de leur résultante, et aussi du centre des forces parallèles à ce plan, est donnée par l'équation

$$z_r = \frac{\Sigma z\mathrm{F}}{\Sigma \mathrm{F}}.$$

Nous déterminerons ainsi les trois coordonnées rectangulaires x_r, y_r, z_r, du centre de forces parallèles, pour un système de forces appliquées à un système de points donné, et ayant entre elles des rapports donnés.

Si les forces parallèles appliquées à un système de points sont toutes égales, on voit que la distance à un plan donné du centre des forces parallèles est égale à la moyenne des distances des points du système à ce plan.

CHAPITRE III.

ÉQUILIBRE DE FORCES NON PARALLÈLES.

SECTION 1. — *Forces non parallèles appliquées en un point.*

51. Parallélogramme des forces. — THÉORÈME. *Si deux forces dont les lignes d'action passent par un point quelconque sont représentées en direction et en grandeur par les côtés d'un parallélogramme, leur résultante est représentée par la diagonale.*

1ʳᵉ Démonstration. Considérons deux forces appliquées au

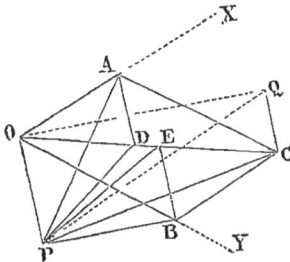

Fig. 15.

point O qui sont représentées en direction et en grandeur par $\overline{OA}$ et $\overline{OB}$. La résultante ou la force unique équivalente à ces deux forces doit être telle, que son moment par rapport à un axe quelconque perpendiculaire au plan de OA et de OB, soit égal à la somme des moments de $\overline{OA}$ et de $\overline{OB}$ par rapport au même axe.

Je dis d'*abord* que la force représentée en direction et en grandeur par la diagonale $\overline{OC}$ du parallélogramme AB satisfait à cette condition. Soit, en effet, P un point quelconque du plan de OA et de OB, par lequel nous ferons passer un axe perpendiculaire à ce plan. Joignons PA, PB, PC, PO. Les moments des forces $\overline{OA}$, $\overline{OB}$, $\overline{OC}$, par rapport à l'axe P, sont alors représentés respectivement par le double des triangles POA, POB, POC (42). Menons les lignes AD, BE et OP parallèles entre elles, et joignons PD, PE. La surface du triangle POD est égale à la surface du triangle POA, et la surface du triangle POE est égale à celle du triangle POB; mais $\overline{OD} + \overline{OE} = \overline{OC}$; par suite, surf. POC = surf. POD + surf. POE = surf. POA + surf. POB, et le moment de $\overline{OC}$, par rapport à P, est égal à la somme des moments de $\overline{OA}$ et de $\overline{OB}$, et cela quelle que soit la position de P.

Je dis *maintenant* que la force représentée par $\overline{OC}$ est la seule qui satisfasse à cette condition. Soit, en effet, $\overline{OQ}$ une force dont le moment, par rapport à P, est égal à la somme des moments de $\overline{OA}$ et de $\overline{OB}$. Joignons PQ. On a alors surf. OPQ = surf. POC, et CQ est parallèle à PO, de telle sorte que OQ ne satisfait à la condition demandée que pour les axes qui sont situés sur une ligne OP parallèle à CQ.

La diagonale $\overline{OC}$ du parallélogramme AB représente donc la résultante des forces représentées par $\overline{OA}$ et $\overline{OB}$, et elle est la seule qui la représente. — Q. E. D.

2ᵉ Démonstration. Supposons que l'on élève au point O au plan OAB une perpendiculaire d'une longueur quelconque. Appelons R l'autre extrémité de cette perpendiculaire, et imaginons qu'on applique en R deux forces respectivement égales, parallèles et opposées à $\overline{OA}$ et $\overline{OB}$. OR sera alors le bras de levier commun à deux couples dont les axes et les moments sont représentés (34) par des lignes perpendiculaires et proportionnelles respectivement à OA et à OB. Sur les lignes qui représentent ces couples construisons un parallélogramme; la diagonale de ce parallélogramme représentera (35) le couple résultant formé par la résultante de $\overline{OA}$ et de $\overline{OB}$ agissant en O et par une force égale et opposée agissant en R, et comme le parallélogramme des couples a ses côtés perpendiculaires et proportionnels à $\overline{OA}$ et $\overline{OB}$, sa diagonale sera perpendiculaire et proportionnelle à $\overline{OC}$, qui représente par conséquent la résultante de $\overline{OA}$ et de $\overline{OB}$. — Q. E. D.

Il y a beaucoup d'autres manières de démontrer le théorème du parallélogramme des forces; on pourra les étudier toutes avec profit, surtout celles qui ont été données par M. le docteur Whewell dans son *Elementary Treatise on Mechanics*, et par M. Moseley dans ses *Mechanics of Engineering and Architecture*.

52. Équilibre de trois forces concourantes situées dans un plan. Il faut, pour faire équilibre aux forces $\overline{OA}$ et $\overline{OB}$, une force égale et directement opposée à leur résultante $\overline{OC}$. On peut exprimer autrement ce fait, en disant que si les directions et les grandeurs de trois forces sont représentées par les trois côtés d'un triangle, tels que $\overline{OA}$, $\overline{AC}$, $\overline{CO}$, ces trois forces concourantes se font équilibre.

53. Équilibre d'un système quelconque de forces concourantes. — COROLLAIRE. *Si des forces concourantes en nombre quel-*

conque sont représentées par des lignes égales et parallèles aux côtés d'un polygone fermé, ces forces se font équilibre.

Pour fixer les idées, supposons que le point O soit sollicité par

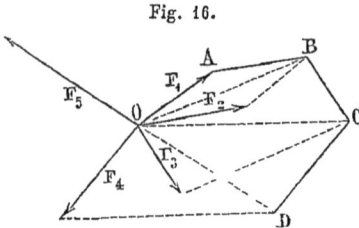

Fig. 16.

cinq forces, représentées en direction et en grandeur par les lignes F_1, F_2, F_3, F_4, F_5, qui sont égales et parallèles aux côtés du polygone fermé OABCDO, à savoir : F_1 égale et parallèle à OA, F_2 égale et parallèle à AB....., F_5 égale et parallèle à DO : alors, en vertu du théorème du n° 52, la résultante de F_1 et F_2 est $\overline{OB}$; la résultante de F_1, F_2 et F_3 est $\overline{OC}$; la résultante de F_1, F_2, F_3 et F_4 est $\overline{OD}$, égale et opposée à F_5, de telle sorte que la résultante finale est nulle.

Le polygone fermé peut être plan ou gauche.

54. **Parallélipipède des forces.** Le polygone gauche le plus simple est celui qui a quatre côtés. Soit OABCEFGH (*fig.* 17) un

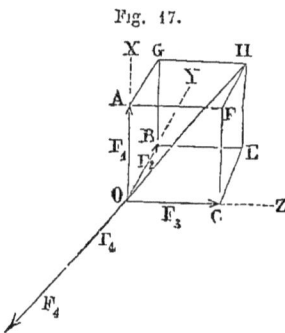

Fig. 17.

parallélipipède dont la diagonale est OH. Trois côtés successifs, commençant en O et finissant en H, forment, avec la diagonale OH, un quadrilatère fermé ; par suite, si les trois forces F_1, F_2, F_3, qui agissent en O sont représentées par les trois côtés $\overline{OA}$, $\overline{OB}$, $\overline{OC}$ d'un parallélipipède, la diagonale $\overline{OH}$ représentera leur résultante, et une quatrième force F_4 égale et opposée à $\overline{OH}$ leur fera équilibre.

55. **Décomposition d'une force en deux composantes.** Le théorème du n° 54 montre que, pour que l'on puisse décomposer une force unique en deux autres agissant suivant des directions données, il faut *d'abord* que les lignes d'action de ces composantes rencontrent en un même point la ligne d'action de la force donnée, et *en second lieu* que ces trois lignes d'action soient dans un même plan.

Reportons-nous à la *fig.* 15, et représentons par $\overline{OC}$ la force donnée qu'il s'agit de décomposer en deux autres, agissant suivant les lignes OX, OY, qui sont situées dans le même plan que OC et la rencontrent au point O.

- Menons par le point C, CA parallèle à OY, laquelle ligne rencontrera OX en A, et CB parallèle à OX, qui coupera OY en B. $\overline{OA}$ et $\overline{OB}$ représenteront alors les composantes cherchées.

Deux forces égales et directement opposées respectivement à $\overline{OA}$ et à $\overline{OB}$ feront équilibre à $\overline{OC}$.

56. Décomposition d'une force en trois composantes. Pour qu'une force unique donnée puisse être décomposée en trois autres forces agissant suivant des directions données non parallèles, il faut simplement que les lignes d'action des composantes rencontrent en un même point la ligne d'action de la force donnée.

Revenons à la *fig.* 17, et représentons par $\overline{OH}$ la force donnée qu'il s'agit de décomposer en trois forces composantes, agissant suivant les lignes OX, OY, OZ, qui rencontrent OH en un même point O.

Menons par H trois plans parallèles respectivement aux plans YOZ, ZOX, XOY, qui rencontrent respectivement OX en A, OY en B et OZ en C. $\overline{OA}$, $\overline{OB}$, $\overline{OC}$ représenteront alors les forces composantes cherchées.

Trois forces égales et directement opposées respectivement à $\overline{OA}$, $\overline{OB}$ et $\overline{OC}$ feront équilibre à $\overline{OH}$.

57. Composantes rectangulaires. Lorsque l'on décompose une force suivant trois lignes rectangulaires entre elles, on obtient les composantes rectangulaires de cette force.

Supposons. par exemple, *fig.* 17, que OX, OY, OZ soient trois axes de coordonnées rectangulaires. On déterminera les trois composantes rectangulaires de $\overline{OH}$, en abaissant du point H des perpendiculaires sur les lignes OX, OY, OZ, qui couperont celles-ci respectivement aux points A, B, C.

Désignons par $F = \overline{OH}$ la force qu'il s'agit de décomposer.

Soient

$$\alpha = XOH, \beta = YOH, \gamma = ZOH,$$

les angles que sa ligne d'action fait avec les trois axes rectangulaires. Ces trois angles sont, comme on sait, reliés par l'équation

$$\cos^2\alpha + \cos^2\beta + \cos^2\gamma = 1. \tag{1}$$

Soient

$$F_1 = \overline{OA}, \quad F_2 = \overline{OB}, \quad F_3 = \overline{OC},$$

les trois composantes rectangulaires de la force, nous aurons

$$\left.\begin{array}{l} F_1 = F\cos\alpha, \\ F_2 = F\cos\beta, \\ F_3 = F\cos\gamma. \end{array}\right\} \tag{2}$$

Pour déterminer le sens de la résultante F par rapport à la direction des axes, nous rappellerons que le cosinus d'un angle est positif, lorsque cet angle est aigu, et négatif, lorsqu'il est obtus.

En vertu d'une propriété connue des triangles rectangles contenue
également dans l'équation (1), nous aurons

$$F^2 = F_1^2 + F_2^2 + F_3^2. \tag{3}$$

Dans le cas où il s'agirait de décomposer la force en deux composantes rectangulaires situées dans le même plan qu'elle, nous supposerons que ce plan soit le plan de OX et de OY. Nous aurons alors
entre les angles les relations suivantes

$$\gamma = \frac{\pi}{2}, \quad \alpha + \beta = \frac{\pi}{2},$$

$$\cos\gamma = 0, \quad \cos\beta = \sin\alpha, \quad \cos\alpha = \sin\beta, \tag{4}$$

et par conséquent les équations (2) et (3) seront ramenées aux suivantes :

$$\left. \begin{array}{l} F_1 = F\cos\alpha = F\sin\beta, \\ F_2 = F\sin\alpha = F\cos\beta, \\ F_3 = 0, \quad F^2 = F_1^2 + F_2^2. \end{array} \right\} \tag{5}$$

Quand on emploie ces équations, il faut faire attention au signe
des cosinus ; il faut également remarquer que l'angle α est compté
de OX vers Y, et que l'angle β est compté en sens inverse, c'est-à-dire
vers X, et que le sinus d'un angle compris entre 0° et 180° est positif,
tandis qu'il est négatif quand l'angle varie entre 180° et 360°.

Lorsque des forces agissant en un point se font équilibre, leur
résultante est nulle, et par conséquent, les composantes rectangulaires de leur résultante qui sont les résultantes des composantes rectangulaires parallèles de ces forces, sont séparément nulles ; on a
alors les relations

$$\Sigma F_1 = 0, \quad \Sigma F_2 = 0, \quad \Sigma F_3 = 0. \tag{6}$$

SECTION 2. — *Forces non parallèles appliquées à un système de points.*

58. Forces agissant dans un plan. Solution graphique.
Considérons un système quelconque de forces agissant sur un corps
rigide et situées dans un même plan, et proposons-nous de trouver
leur résultante.

Soit un axe perpendiculaire à ce plan, élevé en un point quelconque et que nous désignerons par OZ. Nous pouvons substituer à chacune des forces, une force égale et parallèle menée par le point O, et un couple qui tend à entraîner le système autour de OZ (42), de telle façon que si une force F est appliquée suivant une ligne distante du point O de la longueur L, nous pouvons la remplacer par la force

F′ égale et parallèle à F

agissant au point O, et par un couple dont le moment

$$M = LF,$$

et qui est de gauche à droite ou de droite à gauche, selon que le point O est à droite ou à gauche de la direction de F.

On déterminera *la grandeur* et *la direction* de la résultante en traçant un polygone avec des lignes égales et parallèles à celles qui représentent les forces (53); si ce polygone est fermé, les forces n'ont pas de résultante unique; s'il n'est pas fermé, la résultante est égale, parallèle et opposée à la ligne qui complète le polygone. Soit R la grandeur de cette résultante, quand elle existe.

Nous déterminerons comme il suit la *position* de la ligne d'action de la résultante.

Soit ΣM la résultante des moments de tous les couples M considérés avec leurs signes (27 et 32). Si ΣM et R sont séparément nuls, les forces et les couples se font équilibre et il n'y a pas de résultante. Si ΣM = 0 tandis que R a une certaine valeur, la résultante passe par le point O. Si ΣM et R ont tous deux une certaine valeur, la ligne d'action de la résultante R est à une distance du point O donnée par l'équation

$$L_r = \frac{\Sigma M}{R};$$

la direction de cette perpendiculaire est donnée par le signe de ΣM. Si R = 0 tandis que ΣM a une certaine valeur, la résultante du système donné est le couple ΣM.

59. Forces agissant dans un plan. Emploi de coordonnées rectangulaires. — Menons par le point O pris comme origine des coordonnées deux axes OX et OY perpendiculaires l'un à l'autre et à OZ, et situés dans le plan d'action des forces; supposons qu'en regardant de Z vers O, Y soit à la droite de X, de telle sorte que la rotation de X vers Y soit de gauche à droite. Représentons, comme ci-dessus, par F l'une des forces, par α l'angle que sa ligne d'action fait à droite de OX, et par x et y les coordonnées de son point d'application, ou d'un point quelconque situé sur sa ligne d'action. Décomposons chacune des forces F en ses deux composantes rectangulaires (57)

$$F_1 = F \cos \alpha, \ \ F_2 = F \sin \alpha;$$

les composantes rectangulaires de la résultante sont respectivement

$$\left. \begin{aligned} \text{parallèlement à OX,} \ \Sigma F \cos \alpha = R_1, \\ \text{parallèlement à OY,} \ \Sigma F \sin \alpha = R_2; \end{aligned} \right\} \tag{1}$$

sa grandeur est donnée par l'équation

$$R^2 = R_1^2 + R_2^2; \tag{2}$$

et l'angle α qu'elle fait à droite de OX résulte des deux équations

$$\cos \alpha_r = \frac{R_1}{R}, \ \ \ \sin \alpha_r = \frac{R_2}{R}. \tag{3}$$

Le quadrant dans lequel se trouve la direction de R est déterminé par les signes algébriques de R_1 et de R_2 (57).

La longueur de la perpendiculaire abaissée du point O sur la ligne d'action d'une force quelconque F est

$$L = x \sin \alpha - y \cos \alpha,$$

qui est positive ou négative, selon que O est à droite ou à gauche de cette ligne d'action; le moment résultant du système des forces relativement à l'axe OZ est donc

$$\begin{aligned} \Sigma FL &= \Sigma F(x \sin \alpha - y \cos \alpha) \\ &= \Sigma(x F_2 - y F_1), \end{aligned} \tag{4}$$

d'où l'on déduit pour la longueur de la perpendiculaire abaissée de O sur la force résultante.

$$L_r = \frac{\Sigma(x F_2 - y F_1)}{R}. \tag{5}$$

Soient x_r et y_r les coordonnées d'un point quelconque de la ligne d'action de la résultante, l'équation de cette ligne sera

qui équivaut à

$$\left. \begin{aligned} x_r R_2 - y_r R_1 &= R L_r, \\ x_r \sin \alpha_r - y_r \cos \alpha_r &= L_r. \end{aligned} \right\} \tag{6}$$

Comme nous l'avons vu plus haut (58), si $\Sigma FL = 0$, la résultante passe par l'origine O ; si ΣFL a une certaine valeur, et si $R = 0$ (auquel cas $R_1 = 0$, $R_2 = 0$) la résultante est un couple. Les conditions d'équilibre du système de forces sont

$$R_1 = 0, \quad R_2 = 0, \quad \Sigma FL = 0,$$

ou, avec d'autres symboles,

$$\left. \begin{array}{l} R_1 = 0, \quad R_2 = 0, \quad \Sigma FL = 0, \\ \Sigma F_1 = 0, \quad \Sigma F_2 = 0, \quad \Sigma(xF_2 - yF_1) = 0. \end{array} \right\} \quad (7)$$

On peut encore obtenir le moment de la résultante par rapport à l'axe OZ en considérant le moment FL de chacune des forces comme la résultante de xF_2, qui est de gauche à droite quand x et F_2 sont tous les deux positifs, et de $-yF_1$, qui est de droite à gauche quand y et F_1 sont tous les deux positifs.

60. Système quelconque de forces. Pour trouver la résultante et les conditions d'équilibre d'un système quelconque de forces agissant sur un système quelconque de points, nous rapporterons les forces et les points à trois axes coordonnés rectangulaires.

Représentons, comme au n° 57, par O l'origine des coordonnées, et par OX, OY, OZ, les trois axes rectangulaires, et supposons-les disposés de telle façon (comme dans la *fig.* 17) qu'en regardant

$$\begin{array}{l} \text{de} \left. \begin{array}{c} X \\ Y \\ Z \end{array} \right\} \text{ vers O, la rotation de} \left\{ \begin{array}{c} Y \text{ vers } Z \\ Z \text{ vers } X \\ X \text{ vers } Y \end{array} \right\} \end{array}$$

soit de gauche à droite.

Représentons par F une quelconque des forces, par x, y, z, les coordonnées d'un point de sa ligne d'action, et par α, β, γ, les angles que sa direction fait respectivement avec les axes. Les trois composantes rectangulaires de la force F étant (57)

$$\left. \begin{array}{l} F_1 = F \cos \alpha \quad \text{suivant} \quad OX, \\ F_2 = F \cos \beta \quad \text{suivant} \quad OY, \\ F_3 = F \cos \gamma \quad \text{suivant} \quad OZ, \end{array} \right\} \quad (1)$$

on peut montrer, par un raisonnement analogue à celui du n° 59, que les moments totaux de ces composantes, par rapport aux trois axes, sont respectivement

$$\left. \begin{array}{l} yF_3 - zF_2 = F(y \cos \gamma - z \cos \beta) \quad \text{par rapport à} \quad OX, \\ zF_1 - xF_3 = F(z \cos \alpha - x \cos \gamma) \quad \text{par rapport à} \quad OY, \\ xF_2 - yF_1 = F(x \cos \beta - y \cos \alpha) \quad \text{par rapport à} \quad OZ, \end{array} \right\} \quad (2)$$

de telle sorte que la force F est équivalente aux trois forces des formules 1 agissant en O suivant les trois axes, et aux trois couples des formules 2 par rapport à ces mêmes axes.

Si nous faisons les sommes algébriques de toutes les forces qui agissent suivant les mêmes axes, et de tous les couples qui sont relatifs à ces mêmes axes, nous trouvons les six quantités suivantes, qui composent la résultante du système des forces données.

FORCES.

$$\left.\begin{array}{l} \text{Suivant OX}; \ R_1 = \Sigma F \cos\alpha; \\ \quad\quad\text{OY}; \ R_2 = \Sigma F \cos\beta; \\ \quad\quad\text{OZ}; \ R_3 = \Sigma F \cos\gamma. \end{array}\right\} \tag{3}$$

COUPLES.

$$\left.\begin{array}{l} \text{Autour de OX}; \ M_1 = \Sigma\{F(y\cos\gamma - z\cos\beta)\}; \\ \quad\quad\quad\text{OY}; \ M_2 = \Sigma\{F(z\cos\alpha - x\cos\gamma)\}; \\ \quad\quad\quad\text{OZ}; \ M_3 = \Sigma\{F(x\cos\beta - y\cos\alpha)\}. \end{array}\right\} \tag{4}$$

Les trois forces R_1, R_2, R_3 sont équivalentes à une force unique

$$R = \sqrt{R_1^2 + R_2^2 + R_3^2}, \tag{5}$$

agissant au point O suivant une ligne qui fait avec les axes les angles donnés par les équations suivantes :

$$\cos\alpha_r = \frac{R_1}{R}, \quad \cos\beta_r = \frac{R_2}{R}, \quad \cos\gamma_r = \frac{R_3}{R}. \tag{6}$$

Les trois couples M_1, M_2, M_3 sont équivalents à un couple (37) dont le moment est donné par l'équation

$$M = \sqrt{M_1^2 + M_2^2 + M_3^2}, \tag{7}$$

et dont l'axe fait avec les axes des coordonnées les angles donnés par les équations

$$\cos\lambda = \frac{M_1}{M}, \quad \cos\mu = \frac{M_2}{M}, \quad \cos\nu = \frac{M_3}{M}, \tag{8}$$

dans lesquelles λ, μ, ν, représentent les angles que l'axe de M fait respectivement avec OX, OY, OZ.

Les **conditions d'équilibre** du système de forces peuvent être exprimées par l'un des deux systèmes de formules qui suivent :

$$R_1 = 0, \quad R_2 = 0, \quad R_3 = 0, \quad M_1 = 0, \quad M_2 = 0, \quad M_3 = 0, \quad (9)$$

ou
$$R = 0, \quad M = 0. \qquad (10)$$

Lorsque les forces du système donné ne se font pas équilibre, on peut avoir les cas suivants.

I. *Lorsque* $M = 0$, la résultante est la force unique R appliquée au point O.

II. *Lorsque l'axe de* M *est perpendiculaire à la direction de* R, auquel cas on a l'une ou l'autre des relations suivantes :

$$\left. \begin{array}{l} \cos \alpha_r \cos \lambda + \cos \beta_r \cos \mu + \cos \gamma_r \cos \nu = 0, \\ R_1 M_1 + R_2 M_2 + R_3 M_3 = 0, \end{array} \right\} \quad (11)$$

ou

la résultante de M et de R est une force unique égale et parallèle à R, agissant dans un plan perpendiculaire à l'axe de M, et située à une distance du point O donnée par l'équation

$$L = \frac{M}{R}. \qquad (12)$$

III. *Lorsque* $R = 0$, il n'y a pas de résultante unique ; la résultante des forces est le couple M.

IV. *Lorsque l'axe de* M *est parallèle à la ligne d'action de* R, c'est-à-dire lorsqu'on a

$$\lambda = \alpha_r, \quad \mu = \beta_r, \quad \nu = \gamma_r, \qquad (13)$$

ou
$$\lambda = -\alpha_r, \quad \mu = -\beta_r, \quad \nu = -\gamma_r, \qquad (14)$$

il n'y a pas de résultante unique ; le système des forces est équivalent à la force R et au couple M, qu'il est impossible de simplifier davantage.

V. *Lorsque l'axe de* M *est oblique à la direction de* R, et fait avec lui l'angle θ donné par l'équation

$$\cos \theta = \cos \lambda \cos \alpha_r + \cos \mu \cos \beta_r + \cos \nu \cos \gamma_r, \qquad (15)$$

on décomposera le couple M en deux composantes rectangulaires :

M sin θ autour d'un axe perpendiculaire à R, et dans
le plan qui contient la direction de R et de l'axe
de M ;

M cos θ autour d'un axe parallèle à R.

$$\left. \right\} \quad (16)$$

La force R et le couple M sin θ sont équivalents, comme dans le
cas II, à une force unique égale et parallèle à R, dont la ligne
d'action est située dans un plan perpendiculaire à celui qui passe
par R et par l'axe de M, et est distante du point O de la longueur

$$L = \frac{M \sin \theta}{R}. \qquad (17)$$

Quant au couple M cos θ, dont l'axe est parallèle à la ligne d'action de R, il n'est pas susceptible de simplification.

On en conclut qu'un système quelconque de forces qui ne se font
pas équilibre est équivalent ; ou (A) à une force unique, comme dans
les cas I et II ; ou (B) à un couple, comme dans le cas III ; ou (C) à
une force combinée avec un couple dont l'axe est parallèle à la ligne
d'action de la force, comme dans les cas IV et V. Ces remarques
s'appliquent seulement aux forces qui ne sont pas parallèles, car on
a démontré (47) que la résultante de forces parallèles en nombre
quelconque est ou une force unique ou un couple.

CHAPITRE IV.

PROJECTIONS PARALLÈLES EN STATIQUE.

---

61. Définition de la projection parallèle d'une figure.
S'il existe entre deux figures une relation telle, que pour chaque
point de l'une il y ait un point correspondant dans l'autre, et qu'à
chaque système de deux lignes égales et parallèles de l'une corres-
ponde dans l'autre un système de deux lignes égales et parallèles,
on dit que ces figures sont les *projections parallèles* l'une de l'autre.

On peut mettre sous une autre forme la relation qui existe entre
ces figures. Supposons qu'une figure quelconque soit rapportée à des
axes de coordonnées, rectangulaires ou obliques, et soient x, y, z
les coordonnées d'un point quelconque de cette figure, que nous désignerons par A. Considérons maintenant une deuxième figure rapportée à des axes de coordonnées, qui font entre eux des angles égaux
ou non à ceux du premier système d'axes, et soient x', y', z' les coordonnées dans la deuxième figure du point A', qui correspond au
point A de la première. Si pour chaque groupe de points A et A' qui
se correspondent dans les deux figures, on a entre leurs coordonnées les relations suivantes

$$\frac{x'}{x}=a,\ \frac{y'}{y}=b,\ \frac{z'}{z}=c,$$

a, b, c étant des nombres constants, on dit que ces figures sont les
projections parallèles l'une de l'autre.

**62. Propriétés géométriques des projections paral-
lèles.** Nous allons donner les propriétés géométriques des projections
parallèles qui sont les plus importantes en statique. Comme ce sont
des propositions purement géométriques, nous ne les démontrerons
pas ici.

I. La projection parallèle d'un système de trois points, qui sont situés sur une même ligne droite, et qui la partagent dans un rapport donné, est aussi un système de trois points en ligne droite, lesquels partagent cette dernière droite dans le même rapport.

II. La projection parallèle d'un système de lignes parallèles, dont les longueurs sont entre elles dans des rapports donnés, est aussi un système de lignes parallèles, dont les longueurs sont entre elles dans les mêmes rapports.

III. La projection parallèle d'un polygone fermé est un polygone fermé.

IV. La projection parallèle d'un parallélogramme est un parallélogramme.

V. La projection parallèle d'un parallélipipède est un parallélipipède.

VI. La projection parallèle d'un système de deux surfaces planes parallèles, dont les aires sont dans un certain rapport, est aussi un système de deux surfaces planes parallèles, dont les aires sont dans le même rapport.

VII. La projection parallèle de deux volumes ayant entre eux un certain rapport se compose de deux volumes qui sont dans le même rapport.

63. **Application aux forces parallèles**. Nous avons démontré au chap. II, sect. 3, que l'équilibre d'un système quelconque de forces parallèles dépend des rapports mutuels tant des forces que des distances de leurs lignes d'action à des plans donnés. On voit facilement alors, en se reportant aux principes I et II du n° 62, que si un système de forces parallèles se faisant équilibre est représenté par un système de lignes, un système quelconque de lignes qui est la projection parallèle du premier système, représentera également un système de forces parallèles se faisant équilibre. Il est évident, de plus, que si l'on a deux systèmes de forces parallèles, représentés par des systèmes de lignes qui sont les projections parallèles les unes des autres, les résultantes respectives de ces systèmes de forces, que ce soient des forces uniques ou des couples, sont représentées par des lignes qui sont les projections parallèles les unes des autres, et qui ont entre elles la même relation que celle qui existe entre les lignes qui se correspondent dans les deux systèmes. Lorsqu'on applique ce principe aux *couples*, il faut remarquer qu'ils *ne* doivent pas être représentés par des lignes uniques, comme au n° 34, mais

par un système de deux lignes égales et opposées, comme dans les numéros précédents, ou par des aires, comme dans les n°ˢ 42 et 51.

64. Application aux centres de forces parallèles. Si deux systèmes de points sont des projections parallèles l'un de l'autre, et si à chacun de ces systèmes on applique un système de forces parallèles qui présentent entre elles le même système de rapports, on voit facilement, en se reportant aux principes I et II du n° 62, et à ceux du chap. II, sect. 4, que les centres de forces parallèles pour ces deux systèmes de points seront les projections parallèles l'un de l'autre, et qu'il y aura entre eux les mêmes relations qu'entre les autres points qui se correspondent dans les deux systèmes.

65. Application aux forces agissant en un même point. Il résulte des principes III, IV et V du n° 62, et des principes du chap. III, sect. 1, que si un système de lignes donné représente un système de forces concourantes qui se font équilibre, une projection parallèle quelconque de ce système de lignes représentera aussi un système de forces agissant en un même point et se faisant équilibre, et que si deux systèmes de forces agissant chacun en un point sont représentés par deux systèmes de lignes qui sont les projections parallèles les unes des autres, les résultantes respectives de ces deux systèmes de forces seront représentées par deux lignes qui sont les projections parallèles l'une de l'autre, et qui offrent la même relation que les autres lignes qui se correspondent dans les deux figures.

66. Application à un système de forces quelconque. Comme tout système de forces appliquées à un système quelconque de points peut être ramené (voir le n° 60) à un système de forces agissant en un point, et à certains systèmes de forces parallèles, il s'ensuit que si un système de forces qui se font équilibre et qui agissent sur un système quelconque de points, est représenté par un système de lignes, une projection parallèle quelconque de ce système de lignes représentera un système de forces qui se font équilibre, et que si deux systèmes quelconques de forces sont représentés par des lignes qui sont les projections parallèles les unes des autres, les lignes ou les systèmes de lignes, qui représentent leurs résultantes, seront les projections parallèles les uns des autres. Il faut encore remarquer, comme au n° 63, que chaque couple doit être représenté par deux lignes ou par une surface et non par une ligne unique dirigée suivant son axe.

CHAPITRE V.

DES FORCES RÉPARTIES.

67. Restriction apportée au sujet. — Nous avons déjà dit (18) que toute force réelle agit sur un certain volume ou sur une certaine surface. On peut cependant toujours trouver soit une *résultante unique*, soit un *couple résultant*, soit une *combinaison d'une force unique et d'un couple* (60), auquel une force donnée, qui est répartie sur un volume ou sur une surface, est équivalente, en tant qu'il s'agit de l'équilibre du corps ou d'une partie d'un corps.

Dans les applications de la mécanique à l'astronomie, à l'électricité et au magnétisme, on a souvent à chercher la résultante d'une attraction ou d'une répulsion qui est ainsi répartie, et dont la direction varie aux différents points du corps, et il en résulte des problèmes très-complexes et très-difficiles. Mais dans les applications de la mécanique aux constructions et aux machines, la seule force répartie sur le volume du corps qu'il soit nécessaire de considérer, est son *poids* ou la force qui l'attire vers la terre; et les corps considérés sont dans tous les cas si petits relativement à la terre, que l'on peut admettre, sans erreur appréciable, que cette attraction agit suivant des directions parallèles aux différents points d'un corps. De plus, les forces qui sont réparties sur des surfaces et que l'on a à considérer en mécanique appliquée, sont ou parallèles en chaque point de leurs surfaces d'application, ou susceptibles d'être décomposées en systèmes de forces parallèles. On n'aura donc à s'occuper, en mécanique appliquée, que de *forces parallèles réparties;* ces forces sont, au point de vue statique, équivalentes à une résultante unique, ou à un couple résultant, et le problème qui consiste à trouver cette résultante est relativement simple.

68. L'intensité d'une force répartie est le rapport entre la grandeur de cette force exprimée en unités de force et l'espace sur lequel elle est répartie, exprimé en unités de volume ou en unités de surface, suivant les cas. Une *unité d'intensité* est une unité de force répartie soit sur une unité de volume, soit sur une unité de surface; il en résulte deux espèces d'unités d'intensité. Par exemple, *un kilogramme par mètre cube* est l'unité d'intensité pour une force répartie sur un volume, telle qu'un poids; et *un kilogramme par mètre carré* est l'unité d'intensité pour une force répartie sur une surface, telle qu'une pression ou un frottement.

L'intensité d'une force qui agirait en un seul point serait infinie, en supposant que la chose fût possible.

SECTION 1. — *Poids, centres de gravité.*

69. Le poids spécifique d'un corps est un nombre proportionnel au poids de son unité de volume, par exemple le poids en kilogrammes d'un mètre cube du corps. L'unité de poids spécifique qui se prête le mieux aux besoins de la pratique, est le *kilogramme par mètre cube*, mais dans les tables des poids spécifiques on se sert habituellement d'une unité particulière qui est le poids, à une température déterminée, de l'unité de volume d'eau. En Angleterre, la température choisie est habituellement 62° F. ou 16°,6 C.; en France et sur le continent, la température usitée est celle qui correspond au maximum de densité de l'eau, soit 4°,1 C. ou 39°,4 F.

Dans une table qui est à la fin de cet ouvrage, nous donnons les poids spécifiques des matières que l'on rencontre ordinairement dans les constructions et dans les machines. En ce qui concerne les corps solides, cette table et toutes celles du même genre ne donnent que des résultats approximatifs, car le poids spécifique de ces substances varie non-seulement suivant les échantillons, mais encore suivant les parties d'un même échantillon; néanmoins ces valeurs approximatives sont suffisamment exactes pour les besoins de la pratique.

70. Le centre de gravité d'un corps, ou d'un système de corps, est le point par lequel passe la résultante du poids du corps ou du système de corps; en d'autres termes, c'est le *centre de forces parallèles* pour le poids du corps ou du système de corps.

Pour *soutenir* un corps, c'est-à-dire pour faire équilibre à son poids, il faut que la résultante des forces qui réagissent sur lui passe par son centre de gravité.

71. Centre de gravité d'un corps homogène qui a un centre de figure. Considérons un corps *homogène*, c'est-à-dire un corps qui offre en chaque point le même poids spécifique, et supposons qu'il ait *un centre de figure*, c'est-à-dire qu'il y ait dans son intérieur un point tel que toutes les lignes qui y passent y soient divisées en deux parties égales; il est bien évident alors que le centre coïncidera avec ce centre de figure.

Parmi les corps qui satisfont à cette condition, nous citerons la sphère, l'ellipsoïde, le cylindre circulaire, le cylindre elliptique, les prismes dont les bases ont un centre de figure, et les parallélipipèdes droits ou obliques.

72. Corps ayant des plans ou des axes de symétrie. Si un corps homogène est symétrique par rapport à un plan donné, son centre de gravité doit se trouver dans ce plan. Si deux ou plusieurs *plans de symétrie* se rencontrent suivant une même ligne, ou *axe de symétrie*, le centre de gravité sera sur cette ligne. Si trois ou plusieurs plans de symétrie se rencontrent en un même point, ce point sera le centre de gravité.

Voici quelques exemples.

I. Soit, *fig.* 18, ABC un triangle équilatéral, base d'*un prisme droit*.

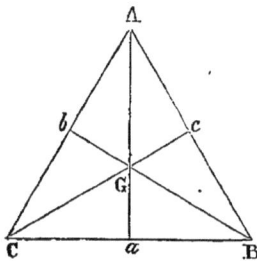

Fig. 18.

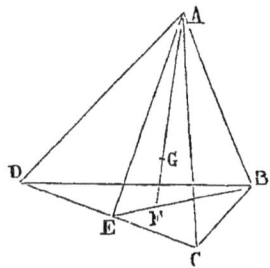

Fig. 19.

Ce prisme a un plan de symétrie parallèle à cette base et situé au milieu de sa hauteur. Il a aussi trois plans de symétrie, A*a*, B*b*, C*c*, chacun d'eux passant par une arête et coupant en deux parties égales le côté opposé, et ces trois plans se rencontrent suivant un axe G dont la distance à l'une quelconque des arêtes est égale aux

$\dfrac{2}{3}$ de la distance de cette arête à la face opposée; on a ainsi les relations

$$\frac{\overline{GA}}{\overline{Aa}} = \frac{\overline{GB}}{\overline{Bb}} = \frac{\overline{GC}}{\overline{Cc}} = \frac{2}{3}.$$

Le centre de gravité du prisme est situé au milieu de cet axe.

II. Soit ABCD, *fig.* 19, un *tétraèdre régulier*, ou pyramide triangulaire limitée par quatre triangles équilatéraux. Prenons le milieu E d'une des arêtes; le plan ABE passant par le point E et par l'arête opposée est un plan de symétrie. Nous pouvons mener cinq autres plans tels que celui-ci; ils se rencontrent tous en un même point G, qui sera par conséquent le centre de gravité du tétraèdre.

La géométrie permet de déterminer ce point. Menons par l'un des sommets B la médiane BE de l'arête DC. Prenons sur BE une longueur $\overline{BF} = \dfrac{2}{3}\,\overline{BE}$. Joignons AF sur laquelle nous prendrons $\overline{AG} = \dfrac{3}{4}\,\overline{AF}$; le point G ainsi obtenu sera le centre de gravité cherché.

73. Système de corps symétriques. Considérons un système de corps reliés entre eux dont les poids absolus ou proportionnels sont donnés, et dont les centres de gravité sont connus, par suite de la symétrie et de l'homogénéité de chacun d'eux, considérons, dis-je, un pareil système disposé d'une façon quelconque; le *centre de gravité commun* au système entier de ces corps est le même que le *centre de forces parallèles*, correspondant à des forces égales ou proportionnelles aux poids de chacun de ces corps et passant par leurs centres de gravité respectifs. Si nous appliquons à ce cas les principes du chap. II, sect. 4 (30), nous déterminerons le centre de gravité de la manière suivante. Soient $\overline{yz}$ un plan fixe, x la distance du centre de gravité de l'un des corps à ce plan, et W le poids de ce corps, Wx représentera alors le moment du poids du corps en question par rapport à un axe quelconque situé dans le plan $\overline{yz}$.

Soit x_0, la distance du centre de gravité commun au plan $\overline{yz}$. Nous aurons alors pour le moment total du système, par rapport à un axe quelconque dans le plan $\overline{yz}$,

$$x_0 \Sigma W = \Sigma W x,$$

et par suite

$$x_0 = \frac{\Sigma Wx}{\Sigma W}.$$

En procédant de même, on trouvera les distances du centre de gravité commun à deux autres plans fixes, perpendiculaires ou obliques entre eux et à $\overline{yz}$, ce qui permettra de le déterminer complétement.

Cette méthode trouve son application dans le cas d'un corps qui est susceptible d'être partagé en parties symétriques.

74. Corps homogène de forme quelconque. Soient w le poids spécifique d'un corps homogène de forme quelconque, V son volume, et $W = wV$ son poids. Prenons trois plans coordonnés, $\overline{yz}$, $\overline{zx}$ et $\overline{xy}$, perpendiculaires entre eux, et désignons par x_0, y_0, z_0 les coordonnées du centre de gravité cherché; wVx_0, wVy_0, wVz_0 seront respectivement les moments du corps par rapport aux trois plans coordonnés. Menons au travers du corps et dans son voisinage immédiat trois séries de plans équidistants parallèles respectivement aux plans coordonnés; ils le partageront en petits parallélipipèdes rectangles égaux et semblables, dont les dimensions parallèlement à x, y et z sont respectivement

$$\Delta x, \ \Delta y, \ \Delta z.$$

Soient x, y, z les coordonnées du centre de l'un de ces volumes. Son volume aura pour expression

$$\Delta x \Delta y \Delta z,$$

son poids,

$$w\Delta x \Delta y \Delta z;$$

il aura respectivement pour moments, par rapport aux trois plans coordonnés,

$$xw\Delta x \Delta y \Delta z, \quad yw\Delta x \Delta y \Delta z, \quad zw\Delta x \Delta y \Delta z.$$

Quelle que soit la forme du corps dont on cherche le centre de gravité, on le *reconstituera* d'une façon *très-approchée*, en réunissant tous ces petits parallélipipèdes d'une façon convenable, et l'on aura *approximativement* alors :

$$V = \Sigma \Delta x \Delta y \Delta z,$$
$$W = wV = w\Sigma \Delta x \Delta y \Delta z,$$
$$wVx_0 = w\Sigma x \Delta x \Delta y \Delta z,$$

ce qui nous donnera, en négligeant le facteur commun et constant w,

$$x_0 = \frac{\Sigma x \Delta x \Delta y \Delta z}{\Sigma \Delta x \Delta y \Delta z}$$

(1)

pour la valeur *approchée* de l'une des coordonnées du centre de gravité.

Les mêmes formules approchées existeront pour y_0 et z_0.

Il est évident, maintenant, que plus les dimensions Δx, Δy, Δz iront en diminuant, ou en d'autres termes, que plus les plans qui donnent lieu aux petits parallélipipèdes rectangles iront en se rapprochant, plus le corps qu'ils constituent se rapprochera du corps donné, et plus par suite les résultats des formules approchées 1 se rapprocheront des résultats vrais; ces derniers sont donc les limites vers lesquelles tendent ces résultats approchés à mesure que Δx, Δy, Δz, vont en diminuant indéfiniment. Ces limites sont données par l'*intégration* (*) et sont exprimées de la manière suivante :

volume
$$V = \iiint dx\,dy\,dz\,;$$

poids
$$W = wV = w\iiint dx\,dy\,dz\,;$$

(2)

moments
$$Wx_0 = w\iiint x\,dx\,dy\,dz\,;$$
$$Wy_0 = w\iiint y\,dx\,dy\,dz\,;$$
$$Wz_0 = w\iiint z\,dx\,dy\,dz\,:$$

(3)

(*) On trouvera au n° 81 de ce chapitre l'explication plus complète des symboles d'intégration et des moyens par lesquels on peut trouver d'une manière approchée la valeur des intégrales

$$
\text{coordonnées} \atop \text{du centre} \atop \text{de gravité}
\left\{
\begin{array}{l}
x_0 = \dfrac{\iiint x\,dx\,dy\,dz}{\iiint dx\,dy\,dz}; \\[2mm]
y_0 = \dfrac{\iiint y\,dx\,dy\,dz}{\iiint dx\,dy\,dz}; \\[2mm]
z_0 = \dfrac{\iiint z\,dx\,dy\,dz}{\iiint dx\,dy\,dz};
\end{array}
\right\}
\qquad (4)
$$

Telles sont les formules qui permettent de déterminer le centre de gravité d'un corps homogène, d'une forme quelconque.

75. **Centre de gravité trouvé par addition**. Lorsqu'un corps est composé de parties dont on connaît respectivement les centres de gravité, on trouvera le centre de gravité de l'ensemble par la méthode du n° 73.

76. **Centre de gravité trouvé par différence**. Lorsque l'on peut considérer le corps homogène, dont on cherche le centre de gravité, comme étant la différence entre deux volumes dont on connaît respectivement les centres de gravité, on recourra au procédé suivant.

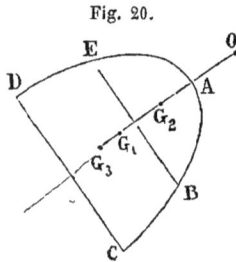

Fig. 20.

Soient ACD le corps le plus grand, G_1 son centre de gravité qui est connu, W_1 son poids. Soit ABE le corps plus petit, dont on connaît le centre de gravité G_2 et le poids W_2. Soit EBCD le corps dont on cherche le centre de gravité G_3, et qu'on obtient en retranchant ABE de ACD, on aura pour son poids

$$W_3 = W_1 - W_2.$$

Joignons $G_1 G_2$; G_3 se trouvera sur le prolongement de cette ligne en arrière du point G_1. Prenons sur cette même ligne prolongée un point O quelconque comme origine des coordonnées et un axe élevé en ce point perpendiculairement à $OG_2 G_1$ pour axe des moments. Posons $\overline{OG_1} = x_1$, $\overline{OG_2} = x_2$, $\overline{OG_3}$ (quantité cherchée) $= x_3$.

Le moment de W_3 par rapport à l'axe en O est

$$x_3 W_3 = x_1 W_1 - x_2 W_2,$$

et par suite

$$x_3 = \frac{x_1 W_1 - x_2 W_2}{W_1 - W_2}.$$

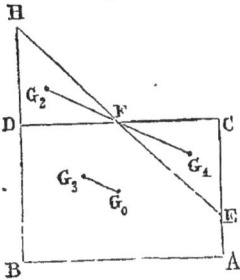

77. Centre de gravité modifié par transposition. Soit (*fig.* 21) ABCD un corps dont le poids est W_0, et dont le centre de gravité G_0 est connu. Supposons que l'on change la forme du corps en transportant une de ses parties dont le poids est W_1, de la position ECF à la position FDH, d'où résultera pour le corps la nouvelle figure ABHE. Soient G_1 la première position et G_2 la nouvelle position du centre de gravité de la partie que l'on a déplacée.

Fig. 21.

Le moment du corps par rapport à un axe quelconque dans un plan perpendiculaire à $G_1 G_2$ sera altéré de la quantité $W_1 \overline{G_1 G_2}$, et le centre de gravité cherché se trouvera rejeté en G_2 sur une parallèle $G_0 G_3$ à $G_1 G_2$ et à une distance de G_0 donnée par l'équation

$$\overline{G_0 G_3} = \overline{G_1 G_2}\, \frac{W_1}{W_0}.$$

78. Centres de gravité de prismes et de plaques planes. Nous avons établi les formules générales (74), non pas tant pour pouvoir rechercher directement les centres de gravité, que pour en déduire des formules plus simples applicables à des cas particuliers. En voici un exemple.

Le centre de gravité d'un prisme droit à bases parallèles est situé dans un plan à égale distance de ses deux faces; celui d'une plaque plane d'épaisseur uniforme, que l'on peut regarder de fait comme un prisme très-court, se trouve dans un plan à égale distance des deux faces. Prenons ce plan pour plan des $\overline{xy}$, un point O dans ce plan comme origine et deux axes de coordonnées rectangulaires OX, OY, auxquels nous rapporterons la section transversale AB de la plaque. Supposons que la figure AB soit divisée en bandes étroites par des lignes parallèles à l'un des axes de coordonnées OY et distantes entre elles de la quantité Δx.

Fig. 22.

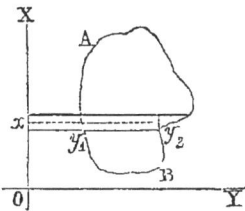

Désignons par x la distance à OY de la ligne qui passe par le milieu de l'une de ces bandes, et par y_1, y_2 les distances à OX des deux extrémités de cette ligne médiane. La bande sera très-approximativement égale à un rectangle ayant $y_2 - y_1$ comme longueur et Δx comme largeur; les coordonnées de son centre seront x et $\dfrac{y_1 + y_2}{2}$.

Si z est l'épaisseur uniforme de cette plaque et w son poids spécifique, nous aurons *approximativement* pour l'une des bandes :

$$\text{aire} = (y_2 - y_1)\Delta x;$$
$$\text{volume} = z(y_2 - y_1)\Delta x;$$
$$\text{poids} = wz(y_2 - y_1)\Delta x;$$

La valeur *approchée* de son moment par rapport à OY

$$= wzx(y_2 - y_1)\Delta x.$$

Son moment *approché* par rapport à OX est

$$= wz\frac{y_2^2 - y_1^2}{2}\Delta x,$$

ce qui nous donne pour la plaque totale les valeurs *approchées* :

$$\text{aire} = \Sigma(y_2 - y_1)\Delta x;$$
$$\text{volume}\quad V = z\Sigma(y_2 - y_1)\Delta x;$$
$$\text{poids}\quad W = wz\Sigma(y_2 - y_1)\Delta x;$$

moment *approché* par rapport à OY

$$x_0 W = wz\Sigma x(y_2 - y_1)\Delta x;$$

moment *approché* par rapport à OX

$$y_0 W = wz\Sigma\frac{y_2^2 - y_1^2}{2}\Delta x. \qquad (1)$$

Les coordonnées *approchées* du centre de gravité seront par suite (en laissant de côté le facteur commun wz) :

$$x_0 = \frac{\Sigma x(y_2 - y_1)\Delta x}{\Sigma(y_2 - y_1)\Delta x};$$
$$y_0 = \frac{\Sigma(y_2^2 - y_1^2)\Delta x}{2\Sigma(y_2 - y_1)\Delta x}.$$

Plus les bandes dans lesquelles on a partagé la surface AB seront étroites, plus les formules approchées ci-dessus se rapprocheront de la vérité, de telle sorte que les valeurs exactes sont les limites vers lesquelles tendent les formules 1 à mesure que Δx décroît indéfiniment, c'est-à-dire que ces valeurs sont, en adoptant la notation du calcul intégral :

$$\text{aire} \qquad = \int (y_2 - y_1) dx;$$

$$\text{volume} \qquad V = z \int (y_2 - y_1) dx;$$

$$\text{poids} \qquad wV = wz \int (y_2 - y_1) dx; \tag{2}$$

$$\text{moments} \qquad
\begin{cases}
x_0 W = wz \int x (y_2 - y_1) dx; \\[2mm]
y_0 W = \dfrac{wz}{2} \int (y_2^2 - y_1^2) dx;
\end{cases} \tag{3}$$

$$\text{coordonnées} \atop \text{du centre de gravité}
\begin{cases}
x_0 = \dfrac{\int x (y_2 - y_1) dx}{\int (y_2 - y_1) dx}; \\[3mm]
y_0 = \dfrac{\int (y_2^2 - y_1^2) dx}{2 \int (y_2 - y_1) dx}.
\end{cases} \tag{4}$$

Les traités de mécanique donnent ordinairement cette méthode sous le titre : *détermination du centre de gravité d'une surface plane;* il faut toujours entendre par ces mots *la détermination du centre de gravité d'une plaque homogène d'épaisseur uniforme, dont les faces sont des surfaces planes d'une figure donnée.*

79. Corps offrant des sections transversales semblables. Supposons que toutes les sections transversales d'un corps par des plans parallèles à un plan donné (que nous prendrons pour plan des $\overline{xy}$) soient des figures semblables, mais de dimensions différentes. Les aires des différentes sections transversales sont entre elles comme les carrés de leurs lignes homologues.

Désignons par ς la longueur d'une dimension linéaire déterminée d'une section transversale dont la distance au plan $\overline{xy}$ est z, l'aire de cette section aura pour valeur

$$a \varsigma^2, \tag{1}$$

a étant un facteur constant. Soient x_1, y_1, z_1 les coordonnées du centre de gravité d'une plaque plane dont le plan médian coïncide avec la section donnée. Nous trouverons, par un raisonnement analogue à celui des n°^{s} 74 et 78, les résultats suivants pour le corps entier :

volume

$$V = a \int \varsigma^2 dz;$$

poids

$$W = wa \int \varsigma^2 dz;$$

$$\left.\right\} \quad (2)$$

moments

$$\begin{cases} x_0 W = wa \int x_1 \varsigma^2 dz; \\ y_0 W = wa \int y_1 \varsigma^2 dz; \\ z_0 W = wa \int z \varsigma^2 dz; \end{cases} \quad (3)$$

coordonnées
du centre de gravité

$$\begin{cases} x_0 = \dfrac{\int x_1 \varsigma^2 dz}{\int \varsigma^2 dz}; \\ y_0 = \dfrac{\int y_1 \varsigma^2 dz}{\int \varsigma^2 dz}; \\ z_0 = \dfrac{\int z \varsigma^2 dz}{\int \varsigma^2 dz}. \end{cases} \quad (4)$$

Lorsque les centres de toutes les sections transversales sont situés sur une même ligne droite, comme dans les pyramides, les cônes et les solides de révolution en général, le centre de gravité se trouve sur cette ligne, que l'on peut prendre pour axe des z; alors $x_0 = 0$, $y_0 = 0$, de telle façon que z_0 est la seule coordonnée à déterminer.

80. **Tige courbe.** La *fig.* 23 représente en RR une tige courbe assez mince pour que l'on puisse, sans erreur sensible, négliger son diamètre par rapport au rayon de courbure en un point quelconque; nous désignerons par a sa section transversale uniforme et par w son poids spécifique; le poids de l'unité de longueur de la tige sera alors wa. Soient OX, OY, OZ des axes de coordonnées rectangulaires. Supposons que la tige soit partagée en arcs assez petits pour qu'on puisse les supposer à peu près droits; représentons par Δs la longueur de l'un de ces arcs; il est figuré en SS, M représentant le milieu de sa longueur. M sera très-*approximativement* le centre de gravité de $\Delta\varsigma$. Soit $MP = x$ la distance du point M au plan $\overline{yz}$. Nous aurons alors pour le petit arc SS

$$\text{poids} = wa\Delta\varsigma.$$

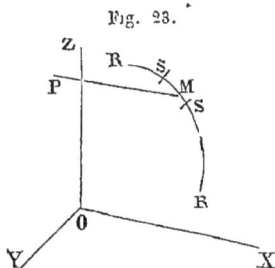
Fig. 23.

Son moment par rapport à un axe situé dans le plan $\overline{yz}$ sera représenté *approximativement* par

$$wax\Delta\varsigma.$$

Pour la tige entière, nous aurons *approximativement*

$$W = wa\Sigma\Delta\varsigma.$$

Son moment pris comme ci-dessus et la coordonnée x_0 de son centre de gravité seront représentés d'une façon *approchée* par les deux formules

$$\left.\begin{aligned} x_0 W &= wa\Sigma x\Delta\varsigma, \\ x_0 &= \frac{\Sigma x\Delta\varsigma}{\Sigma\Delta\varsigma}. \end{aligned}\right\} \qquad (1)$$

On obtiendra de même les valeurs de y_0 et de z_0. Si nous passons aux limites, comme nous l'avons fait dans les exemples antérieurs, nous trouverons les formules exactes :

$$\left.\begin{aligned} W &= wa\int d\varsigma; \\ x_0 W &= wa\int xd\varsigma; \\ x_0 &= \frac{\int xd\varsigma}{\int d\varsigma}. \end{aligned}\right\} \qquad (2)$$

Nous aurons pour y_0 et z_0 des valeurs analogues. Les traités de mécanique désignent ordinairement cette méthode sous le titre : *détermination du centre de gravité d'une ligne courbe;* il serait plus convenable de l'intituler : *recherche du centre de gravité d'une tige courbe mince d'épaisseur uniforme.*

81. Intégrales obtenues approximativement. Nous avons dit dans les numéros précédents que la recherche *des intégrales* était intimement liée à la solution du plus grand nombre des problèmes sur les forces réparties. Nous allons tâcher maintenant de donner une idée élémentaire de l'intégration pour ceux qui n'ont pas étudié spécialement cette branche des mathématiques.

La signification du symbole d'une intégrale

$$\int udx$$

est la suivante.

Soit ACDB, *fig.* 24, une aire plane limitée par les lignes suivantes : AB qui est une portion d'un
axe d'abscisses OX, CD qui est une
courbe de forme quelconque, et enfin
AC et BD qui sont des ordonnées
perpendiculaires à OX correspondant
respectivement aux abscisses ou distances à partir de l'origine O

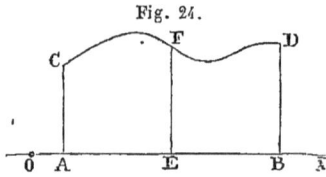
Fig. 24.

$$\overline{OA} = a, \quad \overline{OB} = b.$$

Soient $\overline{EF} = u$ une ordonnée quelconque de la courbe CD, et OE $= x$
l'abscisse correspondante. L'intégrale représentée par le symbole

$$\int_a^b u\,dx$$

signifie *l'aire de la figure* ACDB. Les abscisses a et b, qui sont la
plus petite et la plus grande des valeurs de x et qui indiquent la
longueur de l'aire, sont appelées les *limites d'intégration;* mais lorsque l'étendue de la surface est indiquée autrement, on omet quelquefois (comme dans les numéros précédents) les symboles de ces
limites.

Lorsque la relation entre u et x est exprimée par une équation
algébrique ordinaire, la valeur de l'intégrale pour deux valeurs données de ses limites se trouve généralement au moyen de formules
qui sont contenues dans les traités de calcul intégral, ou au moyen
de tables mathématiques.

Il y a des cas cependant où l'on ne peut pas exprimer ainsi u en
fonction de x; il faut alors avoir recours à des méthodes d'approximation. Ces méthodes sont basées sur la division de la surface que l'on veut évaluer en bandes au moyen d'ordonnées parallèles et équidistantes; on évalue approximativement les aires de
chacune de ces bandes et l'on en fait la somme; plus les ordonnées
seront multipliées et plus le résultat obtenu sera voisin de la vérité.
Nous indiquerons les deux procédés suivants.

PREMIER PROCÉDÉ.

On partage la surface ACDB, comme dans la *fig.* 25, en un nombre
arbitraire de bandes par des ordonnées parallèles et équidistantes,

Désignons par Δx l'intervalle qui les sépare et par n le nombre des

Fig. 25.

bandes; $n+1$ sera alors le nombre des ordonnées, et l'on aura pour la longueur de la figure

$$b - a = n\Delta x.$$

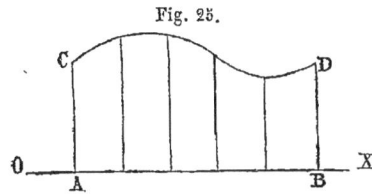

Soient u', u'', les deux ordonnées qui limitent une des bandes; l'aire de cette bande aura pour valeur *approchée*

$$\frac{u' + u''}{2}\Delta x;$$

si l'on fait la somme des valeurs approchées qui correspondent à toutes ces bandes, et si l'on désigne les ordonnées extrêmes par

$$\overline{AC} = u_a, \quad \overline{BD} = u_b,$$

et les ordonnées intermédiaires par u_i, on aura pour la valeur approchée de l'intégrale

$$\int_a^b u\,dx = \left(\frac{u_a}{2} + \frac{u_b}{2} + \Sigma u_i\right)\Delta x. \qquad (1)$$

DEUXIÈME PROCÉDÉ.

Nous partagerons, comme dans la *fig.* 26, l'aire ACDB en un

Fig. 26.

nombre *pair* de bandes par des ordonnées parallèles distantes d'une même longueur Δx. Les ordonnées sont figurées alternativement par des traits pleins et ponctués, de façon qu'on puisse grouper les bandes par deux. Considérons l'une de ces bandes, telle que EFHG, et admettons que la courbe FH diffère peu d'une parabole, nous pourrons d'après les propriétés de cette dernière courbe, prendre pour l'aire des deux bandes considérées la valeur *approchée*

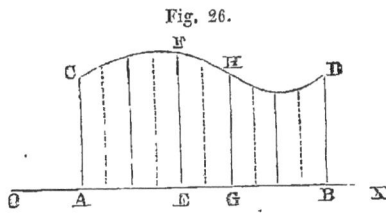

$$\frac{(u' + 4u'' + u''')\Delta x}{3},$$

dans laquelle u' et u''' représentent les ordonnées en traits pleins $\overline{EF}$ et $\overline{GH}$, et u'' l'ordonnée intermédiaire en traits ponctués; si nous faisons la somme des valeurs approchées de ces bandes prises deux à deux, nous trouverons pour la valeur approchée de l'intégrale

$$\int_a^b u\,dx = \left(u_a + u_b + 2\Sigma u_i \text{ (t. pleins)} + 4\Sigma u_i \text{ (t. ponctués)}\right) \frac{\Delta x}{3}. \quad (2)$$

Il est bien évident, que si l'on peut calculer les valeurs u des ordonnées qui entrent dans ces calculs, il est inutile de faire une figure, bien que les diagrammes aient l'avantage de soulager la mémoire.

Lorsque le symbole de l'intégration est répété, auquel cas on a une *intégrale double*, telle que

$$\iint u\,dx\,dy,$$

ou une *intégrale triple*, telle que

$$\iiint u\,dx\,dy\,dz,$$

sa signification est la suivante.

Soit

$$v = \int u\,dx$$

la valeur de cette intégrale simple pour une valeur donnée de y. Construisons une courbe qui ait pour abscisses les différentes valeurs de y dans les limites indiquées, et pour ordonnées les valeurs correspondantes de v. L'aire de cette courbe sera représentée par

$$\int v\,dy = \iint u\,dx\,dy.$$

Supposons maintenant que

$$t = \int v\,dy$$

soit la valeur de cette intégrale double pour une valeur donnée de z. Construisons une courbe qui ait pour abscisses les différentes valeurs de z dans les limites indiquées, et pour ordonnées les valeurs correspondantes de t. L'aire de cette courbe sera représentée par

$$\int tdz = \iint vdydx = \iiint udxdydz,$$

et ainsi de suite pour un nombre quelconque d'intégrations successives.

82. Centre de gravité trouvé par projection. Nous avons dit au n° 62, chap. IV, que la projection parallèle de deux volumes qui sont entre eux dans un rapport donné, se compose de deux volumes qui sont entre eux dans le même rapport ; il en résulte que si l'on partage un corps quelconque par un système de surfaces planes ou autres, en parties ou molécules qui soient égales ou qui soient entre elles dans un rapport donné, et que si l'on partage un autre corps, qui est la projection parallèle du premier, de la même manière par un système de surfaces planes ou autres qui sont les projections correspondantes du premier système de surfaces, les parties ou les molécules du second corps seront entre elles dans le même rapport que les parties du premier.

Les centres de gravité des parties du second corps seront aussi les projections parallèles des centres de gravité des parties du premier corps.

Il en résulte (d'après le n° 64) que si *deux corps sont les projections parallèles l'un de l'autre, les centres de gravité de ces deux corps sont les points qui se correspondent dans ces projections parallèles.*

Pour mettre ces relations sous une forme symbolique, comme au n° 61, désignons par x, y, z, les coordonnées rectangulaires ou obliques d'un point quelconque du premier corps, par x', y', z', celles du point correspondant du second corps, par x_0, y_0, z_0, les coordonnées du centre de gravité du premier corps, par x'_0, y'_0, z'_0, celles du centre de gravité du second corps, nous aurons :

$$\frac{x'_0}{x_0} = \frac{x'}{x} ; \quad \frac{y'_0}{y_0} = \frac{y'}{y} ; \quad \frac{z'_0}{z_0} = \frac{z'}{z}.$$

Ce théorème facilite beaucoup la recherche des centres de gravité de figures qui sont des projections parallèles de figures plus simples ou plus symétriques.

Par exemple, il résulte de la symétrie, comme au n° 72, que le centre de gravité d'un prisme qui a pour base un triangle équilatéral se trouve au point d'intersection des lignes qui joignent les trois sommets de la section médiane du prisme aux milieux des côtés opposés de cette section. Mais tous les prismes triangulaires sont des projections parallèles les uns des autres; le point d'intersection que nous venons de définir est par suite le centre de gravité d'un prisme triangulaire quelconque.

Le centre de gravité d'un tétraèdre régulier se trouve (72) au point d'intersection des plans qui joignent chacune des arêtes au milieu de l'arête opposée. Mais tous les tétraèdres sont des projections parallèles les uns des autres; ce point d'intersection sera donc également le centre de gravité d'un tétraèdre quelconque.

Comme troisième exemple, nous nous proposerons de déterminer

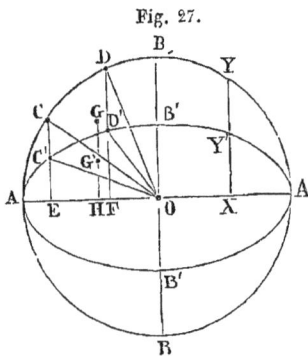

Fig. 27.

le centre de gravité d'un secteur elliptique, sachant déterminer le centre de gravité d'un secteur circulaire. (Voir dans les exemples donnés plus loin.) Soient, *fig.* 27, AB'AB' une ellipse, AO'A $= 2a$, et B'OB' $= 2b$, ses axes, et C'OD le secteur dont on cherche le centre de gravité. L'une des projections parallèles de l'ellipse est un cercle ABAB qui a pour rayon le demi grand axe a. L'ellipse et le cercle étant tous deux rapportés à des axes de coordonnées rectangulaires passant par leur centre, x et y représentant les coordonnées parallèles à OA et à OB respectivement d'un point quelconque du cercle, et x' et y' celles du point correspondant de l'ellipse, nous avons entre ces coordonnées les relations

$$\frac{x'}{x} = 1, \quad \frac{y'}{y} = \frac{b}{a}.$$

Menons par les points C' et D' respectivement les droites EC'C et FD'D parallèles à OB, qui coupent le cercle respectivement aux points C et D; le secteur circulaire COD ainsi déterminé est la projection parallèle du secteur elliptique C'OD'. Soient G le centre de gravité du premier secteur, et

$$\overline{OH} = x_0, \quad \overline{HG} = y_0$$

ses coordonnées.

Les coordonnées du centre de gravité G' du secteur elliptique seront :

$$\overline{OH} = x'_0 = x_0,$$
$$\overline{HG'} = y'_0 = \frac{b}{a}\, y_0.$$

On trouvera dans le numéro suivant d'autres résultats de l'application de cette méthode.

83. Exemples de centres de gravité. — Nous donnons dans chacun des exemples suivants des formules pour déterminer le poids, le moment par rapport à un axe spécifié, et la position du centre de gravité des corps homogènes que l'on a à considérer ordinairement dans la pratique. Dans ces formules, comme dans celles des numéros précédents, w représente le poids spécifique du corps, W, son poids, et x_0, etc., les coordonnés de son centre de gravité qui est indiqué par G dans les figures, l'origine des coordonnées étant représentée par O.

A. — PRISMES ET CYLINDRES A BASES PARALLÈLES.

Le mot *cylindre* est pris ici dans le sens le plus général; il comprend tous les solides engendrés par le mouvement d'une figure plane curviligne parallèlement à elle-même.

Les exemples donnés s'appliquent par conséquent aux plaques plates d'épaisseur uniforme.

Dans les formules qui donnent les poids et les moments, on a supposé que l'épaisseur est égale à l'*unité*.

Le centre de gravité est situé dans chaque cas au milieu de l'épaisseur, et les formules donnent sa position dans la figure plane qui représente la section transversale du prisme ou du cylindre, et qui est indiquée au commencement de chaque exemple.

I. *Triangle* (*fig.* 28). Soit O un angle quelconque.

Joignons le point O au point D milieu du côté opposé BC.

Fig. 28.

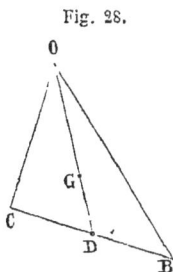

$$x_0 = \overline{OG} = \frac{2}{3}\,\overline{OD}.$$
$$W = w\, \frac{\overline{OD}\ \overline{BC}\sin ODC}{2}.$$

II. *Polygone.* Nous le partagerons en triangles; nous déterminerons le centre de gravité de chacun d'eux, puis le centre de gravité commun, comme au n° 75.

III. *Trapèze (fig. 29).* AB est parallèle à CE. Le plus grand côté $\overline{AB} = B$, le plus petit côté $\overline{CE} = b$.

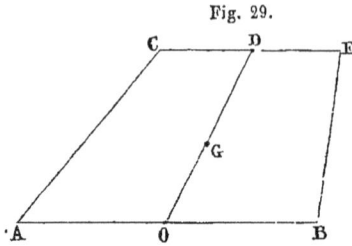

Fig. 29.

Joignons le point O, milieu de $\overline{AB}$, au point D milieu de $\overline{CE}$.

$$x_0 = \overline{OG} = \frac{\overline{OD}}{2} \left(1 - \frac{1}{3} \frac{B-b}{B+b} \right)$$

$$W = w\overline{OD} \frac{B+b}{2} \sin ODE.$$

IV. *Trapèze* (deuxième solution) *(fig. 30.)* Soit O le point d'intersection des côtés non parallèles. Posons

Fig. 30.

$$\overline{OF} = x_1, \quad \overline{OD} = x_2, \quad \overline{OG} = x_0.$$

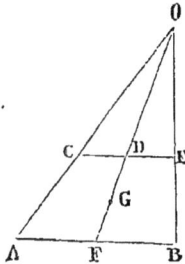

$$x_0 = \frac{2}{3} \frac{x_1^3 - x_2^3}{x_2^2 - x_2^2}$$

$$W = w \frac{x_1^2 - x_2^2}{2} \sin^2 OFB (\cot OAB + \cot OBA).$$

$$x_0 W = w \frac{x_1^3 - x_2^3}{3} \sin^2 OFB (\cot OAB + \cot OBA).$$

V. *Demi-segment parabolique* (OAB, *fig.* 31). Soient O l'extrémité d'un diamètre OX, $\overline{OA} = x_1$, et $\overline{AB} = y_1$, l'ordonnée parallèle à la tangente OCY.

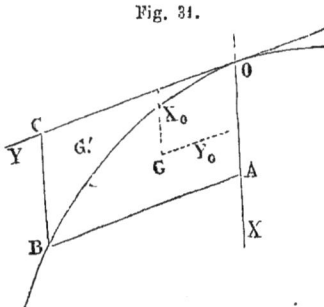

Fig. 31.

$$x_0 = \frac{3}{5} x_1.$$

$$y_0 = \frac{3}{8} y_1.$$

$$W = \frac{2}{3} w x_1 y_1 \sin XOY.$$

VI. *Tympan parabolique* (OBC, *fig.* 31). G' est le centre de gravité.

$$x_0 = \frac{3}{10} x_1. \qquad y_0 = \frac{3}{4} y_1.$$

$$W = \frac{1}{3} w x_1 y_1 \sin XOY.$$

VII. *Secteur circulaire* (OAC, *fig.* 32). Menons la ligne OX bissec-

Fig. 32.

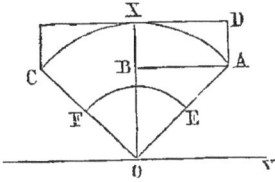

trice de l'angle AOC, et la ligne OY perpendiculaire à OX.

Posons $\overline{AO} = r$,

» $\dfrac{AC}{2\overline{AO}}$ ou le demi-arc correspondant, dans la circonférence qui a l'unité pour rayon, $= \theta$.

$$x_0 = \frac{2}{3} r \frac{\sin\theta}{\theta}, \quad y_0 = 0.$$
$$W = wr^2\theta.$$

VIII. *Demi-segment circulaire* (ABX, *fig.* 32).

$$x_0 = \frac{2}{3} r \frac{\sin^3\theta}{\theta - \sin\theta\cos\theta}.$$

$$y_0 = r \frac{4\sin^2\dfrac{\theta}{2} - \sin^2\theta\cos\theta}{3(\theta - \cos\theta\sin\theta)}.$$

$$W = \frac{1}{2} wr^2(\theta - \cos\theta\sin\theta).$$

IX. *Tympan circulaire* (ADX, *fig.* 32).

$$x_0 = \frac{1}{3} r \frac{\sin^3\theta}{2\sin\theta - \sin\theta\cos\theta - \theta}.$$

$$y_0 = \frac{1}{3} r \frac{3\sin^2\theta - 2\sin^2\theta\cos\theta - 4\sin^2\dfrac{\theta}{2}}{2\sin\theta - \sin\theta\cos\theta - \theta}.$$

$$W = wr^2\left(\sin\theta - \frac{1}{2}\sin\theta\cos\theta - \frac{\theta}{2}\right).$$

X. *Secteur d'anneau* (ACFE, *fig.* 32). $\overline{OA} = r$; $\overline{OE} = r'$.

$$x_0 = \frac{2}{3} \frac{r^3 - r'^3}{r^2 - r'^2} \frac{\sin\theta}{\theta}.$$

$$y_0 = 0$$
$$W = w(r^2 - r'^2)\theta.$$

XI. *Secteur, demi-segment et tympan elliptiques.* On trouvera le centre de gravité de chacune de ces figures par la projection de celui de la figure circulaire correspondante, comme au n° 82.

B. — COINS.

Un *coin* est un solide limité par deux plans qui se rencontrent suivant une arête, et par une surface cylindrique ou prismatique (le mot *cylindrique* étant pris, comme ci-dessus, dans son acception la plus générale).

XII. *Formules générales pour les coins (fig. 33).* Tous les coins peuvent être divisés en parties telles que celle figurée ci-contre. OAY, OXY, sont deux plans qui se coupent suivant l'arête OY; AXY est une surface cylindrique (ou prismatique) perpendiculaire au plan OXY; OXA, un triangle perpendiculaire à l'arête OY; OZ, un axe perpendiculaire à XOY.

Fig. 33.

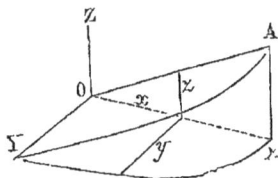

Posons $\qquad \overline{OX} = x_1, \quad \overline{XA} = z_1.$

Nous aurons alors

$$z = \frac{z_1 \, x}{x_1},$$

$$W = w \frac{z_1}{x_1} \int xy \, dx,$$

$$x_0 = \frac{\int x^2 y \, dx}{\int xy \, dx},$$

$$y_0 = \frac{\int xy^2 \, dx}{2 \int xy \, dx}.$$

$$z_0 = \frac{z_1 x_0}{2 \, x_1}.$$

(Cette dernière équation indique que G est situé dans le plan qui passe par OY et qui partage AX en deux parties égales.)

Dans un coin symétrique, si l'on prend pour O le milieu de l'arête, $y_0 = 0$. Tel est le cas dans les exemples qui suivent; la longueur de l'arête y est égale à $2y_1$.

XIII. *Coin rectangulaire*, ou *prisme triangulaire (fig. 34).*

Fig. 34.

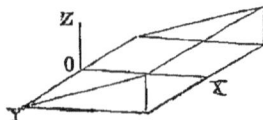

$$y = y_1.$$
$$W = w x_1 y_1 z_1.$$
$$x_0 = \frac{2}{3} x_1.$$

XIV. *Coin triangulaire*, ou *pyramide triangulaire* (*fig.* 35).

Fig. 35.

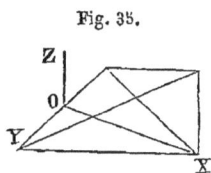

$$y = y_1 \left(1 - \frac{x}{x_1} \right).$$

$$W = \frac{1}{3} w x_1 y_1 z_1.$$

$$x_0 = \frac{1}{2} x_1$$

XV. *Coin demi-circulaire* (*fig.* 36).

Fig. 36.

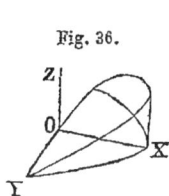

Le rayon $\overline{OX} = \overline{OY} =$

$$y = \sqrt{r^2 - x^2}$$

$$W = \frac{2}{3} w r^2 z_1.$$

$$x_0 = \frac{3\pi}{16} r.$$

($\pi = 3,1416$ *environ*).

XVI. *Coin annulaire correspondant à un demi-cercle.*

r est le rayon du cercle extérieur.

Fig. 37.

r' est le rayon du cercle intérieur.

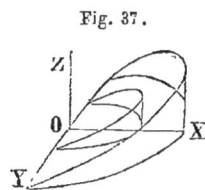

$$W = \frac{2}{3} w \left(r^3 - r'^3 \right) \frac{z_1}{r}.$$

$$x_0 = \frac{3\pi}{16} \frac{r^4 - r'^4}{r^3 - r'^3}.$$

C. — CÔNES ET PYRAMIDES.

Soient O le sommet du cône ou de la pyramide, que nous prendrons comme origine, et X le centre de gravité d'un prisme dont la section du milieu coïnciderait avec la base du cône ou de la pyramide. Le centre de gravité sera situé sur l'axe OX.

Représentons par A l'aire de la base, et par θ l'angle qu'elle fait avec l'axe.

XVII. *Cône ou pyramide entiers.* Désignons la longueur $\overline{OX}$ par h.

$$x_0 = \frac{3}{4} h.$$

$$W = \frac{1}{3} w A h \sin \theta.$$

XVIII. *Cône tronqué*, ou *pyramide tronquée*. La longueur de la portion tronquée $= h'$.

$$x_0 = \frac{3}{4}\, \frac{h^4 - h'^4}{h^3 - h'^3}$$

$$W = \frac{1}{3}\, wAh \left(1 - \frac{h'^3}{h^3}\right) \sin \theta.$$

D. — PORTIONS DE SPHÈRE.

XIX. *Anneau d'écorce sphérique*, limité par deux surfaces coniques ayant pour sommet commun le centre O de la sphère (*fig.* 38).

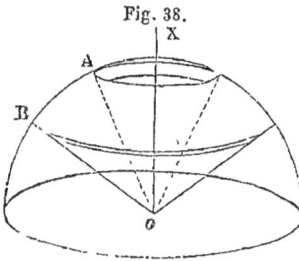

Fig. 38.

OX_1, axe des cônes et de l'anneau.

r, rayon extérieur $\Big\}$ de l'écorce.
r', rayon intérieur $\Big\}$

$XOA = \alpha$, demi-angle du plus petit $\Big\}$ cône.
$XOB = \beta$, demi-angle du plus grand $\Big\}$

$$x_0 = \frac{3}{4}\, \frac{r^4 - r'^4}{r^3 - r'^3}\, \frac{\cos \alpha + \cos \beta}{2}$$

$$W = \frac{2\pi w}{3}\, (r^3 - r'^3)\,(\cos \beta - \cos \alpha).$$

XX. *Secteur d'écorce hémisphérique* (CXD, *fig.* 39). OX est la bissectrice de l'angle DOC; $\frac{1}{2} DOC = \theta$.

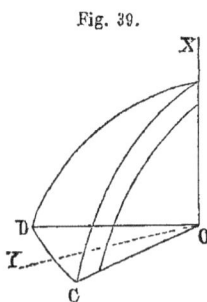

Fig. 39.

$$x_0 = \frac{3}{8}\, \frac{r^4 - r'^4}{r^3 - r'^3}$$

$$y_0 = \frac{3\pi}{16}\, \frac{r^4 - r'^4}{r^3 - r'^3}\, \frac{\sin \theta}{\theta}$$

$$W = \frac{2\theta w}{3}\, (r^3 - r'^3).$$

84. Corps hétérogène. Lorsqu'un corps se compose de plusieurs parties, séparément homogènes, de dimensions données, on trouvera le centre de gravité de chacune d'elles, comme aux n°ˢ 74 et suivants, et le centre de gravité commun à l'ensemble par la méthode donnée ci-dessus (73).

85. Détermination expérimentale des centres de gra-

vité. Lorsqu'il s'agit d'un corps de dimensions assez restreintes, on peut trouver son centre de gravité d'une façon approchée par l'expérience suivante. On le suspend à une corde dans deux positions différentes, et l'on détermine le point du corps où se rencontrent les deux directions de la corde. La résistance de la corde est, en effet, sensiblement équivalente à une force unique qui agirait suivant sa direction ; et comme cette force fait équilibre au poids du corps, sa ligne d'action doit, dans toutes les positions du corps, passer par son centre de gravité.

SECTION 2. — *Actions moléculaires, leurs résultantes et leurs centres.*

86. Actions moléculaires, leur nature et leur intensité. Le mot *actions moléculaires* ou *forces moléculaires* est un terme général qui s'applique à toutes les forces qui s'exercent entre des corps contigus ou entre les parties d'un corps, et qui sont réparties sur la surface de contact des masses entre lesquelles elles agissent.

L'*intensité* des actions moléculaires est le rapport entre ces forces et la surface sur laquelle elles agissent. Nous donnons, à la fin de ce volume, la comparaison entre les unités françaises et anglaises d'intensité d'actions moléculaires.

[Le tableau qui suit donne la comparaison entre les différentes unités d'intensité d'actions moléculaires usitées en Angleterre :

	Livres au pied carré.	Livres au pouce carré.
Livre au pouce carré.	144	1
Livre au pied carré..	1	$\frac{1}{144}$
Pouce de mercure (c'est-à-dire poids d'une colonne de mercure à 32° Fahrenheit (0° C.), d'un pouce de hauteur).	70,73	0,4912
Pied d'eau (à 39°,4 Fahrenheit ou 4°,4 C.). .	62,425	0,4335
Pouce d'eau.	5,2021	0,036125
Une atmosphère de 29 922 pouces de mercure.	2116,4	14,7]

87. Des différentes espèces d'actions moléculaires. Les actions moléculaires peuvent être classées de la manière suivante.

I. *Poussée ou pression*. C'est la force qui agit entre deux corps contigus ou entre des parties d'un corps, quand il y a pression de l'un sur l'autre. Elle tend à *comprimer* chacun des corps sur lesquels elle agit ou à réduire leurs dimensions dans le sens de son action. Tel est le cas des forces exercées contre les corps qui l'entourent par un fluide qui tend à augmenter de volume.

La pression peut être *normale ou oblique*, relativement à la surface sur laquelle elle agit.

II. Une *tension* est la force qui agit entre deux corps contigus ou entre des parties d'un corps, quand il y a entraînement de l'un vers l'autre. Elle tend à allonger chacun des corps sur lesquels elle agit, dans la direction de son action.

Une tension peut être, comme une pression, *normale ou oblique*, relativement à la surface sur laquelle elle agit.

III. *Actions moléculaires tranchantes ou tangentielles.* Ce sont les forces qui agissent entre deux corps contigus ou entre des parties d'un corps, quand il y a déplacement de l'un par rapport à l'autre dans une direction parallèle à leur surface de contact. Sous l'action de ces forces, les corps tendent à se déformer.

Quand on aura à exprimer algébriquement des tensions et des pressions dans des directions parallèles, on devra considérer les unes comme positives, les autres comme négatives. On choisira le signe $+$ ou le signe $-$ pour les unes, suivant les circonstances. Dans les théorèmes généraux sur les actions moléculaires, on a l'habitude de regarder les *tensions* comme affectées du signe $+$, et les *pressions* comme affectées du signe $-$; ainsi, p désignant l'intensité d'actions moléculaires, et n un certain nombre de kilogrammes par mètre carré, $p = n$ indiquera une *tension*, et $p = -n$ une *pression* de même intensité. Mais lorsque l'on a à appliquer la théorie à des cas dans lesquels les seules actions moléculaires ou les actions moléculaires prédominantes sont des pressions, il vaudra mieux faire l'inverse, et traiter les pressions comme des forces positives, et les tensions comme des forces négatives.

[Le mot « pression », quoique étant rigoureusement équivalent au mot *poussée*, est quelquefois employé pour désigner des *actions moléculaires* en général; lorsque ce dernier cas se présentera, on devra regarder les poussées comme étant positives.]

88. Résultante d'actions moléculaires; sa grandeur. Considérons une figure plane quelconque dont l'aire est égale à S, et supposons qu'elle soit soumise à des actions moléculaires, normales, obliques ou tangentielles ayant des directions paral-

lèles aux différents points (conformément aux restrictions du n° 67).
Si l'intensité de ces actions moléculaires est uniforme sur toute la
surface, on aura, en la désignant par p, pour la grandeur de leur
résultante

$$P = pS. \qquad (1)$$

Si l'intensité des actions moléculaires n'est pas uniforme, on trouvera la grandeur de leur résultante par une
intégration. AAA (*fig.* 40) étant la surface
plane en question, nous la rapporterons à
deux axes de coordonnées situés dans son
plan, OX, OY, puis nous mènerons un système de lignes parallèles respectivement aux
deux axes et équidistantes. Soient Δx et Δy
les dimensions d'un des petits rectangles a, que nous formerons ainsi.
Nous pouvons, avec une certaine approximation, considérer la figure
donnée comme résultant de la combinaison des petits rectangles
qui y sont tracés; nous aurons ainsi *approximativement*

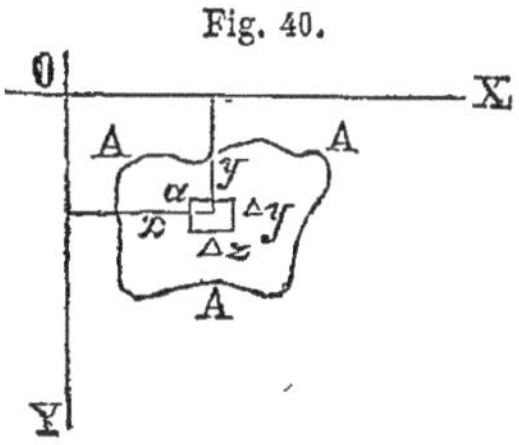

$$S = \Sigma \Delta x \Delta y. \qquad (2)$$

Si p est l'intensité des actions moléculaires au centre de l'un quelconque de ces rectangles, les actions moléculaires sur ce rectangle
auront *approximativement* pour valeur

$$p \, \Delta x \Delta y.$$

La grandeur de la résultante aura alors pour valeur *approchée*

$$P = \Sigma p \Delta x \Delta y. \qquad (3)$$

Si nous passons maintenant aux intégrales ou aux limites vers
lesquelles tendent les sommes des équations 2 et 3, à mesure que
les dimensions des rectangles vont en diminuant indéfiniment, nous
aurons finalement pour les valeurs cherchées

$$\left. \begin{aligned} S &= \iint dx dy, \\ P &= \iint p dx dy. \end{aligned} \right\} \qquad (4)$$

L'intensité moyenne des actions moléculaires sera donnée par

Fig. 40.

l'équation suivante :

$$p_0 = \frac{P}{S} = \frac{\iint p\,dx\,dy}{\iint dx\,dy}. \tag{5}$$

On peut interpréter géométriquement la méthode ci-dessus de la manière suivante.

Soient, *fig.* 41, AA la surface plane donnée, OX, OY, les deux axes de coordonnées situés dans son plan, OZ un troisième axe perpendiculaire à ce plan. Imaginons un corps solide limité inférieurement par la surface plane donnée AA, latéralement par une surface cylindrique ou prismatique dont les génératrices sont parallèles à OZ et s'appuient sur le contour de AA, supérieurement par une surface BB telle que la coordonnée z un point quelconque soit proportionnelle à l'intensité des actions moléculaires au point de la surface AA par lequel elle est menée. Prenons pour la valeur de cette coordonnée l'expression

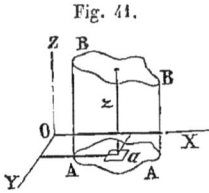

Fig. 41.

$$z = \frac{p}{w}. \tag{6}$$

Le volume ainsi formé aura pour expression

$$V = \iint z\,dx\,dy. \tag{7}$$

Si maintenant nous supposons que le poids spécifique de ce solide soit égal à w, la grandeur des actions moléculaires sera égale à son poids, c'est-à-dire que l'on aura

$$P = wV. \tag{8}$$

Si les actions moléculaires n'ont pas le même signe aux différents points de la surface plane AA, la surface BB et le solide qu'elle limite seront situés en partie d'un côté de AA, en partie du côté opposé, comme dans la *fig.* 42, et dans ce cas on devra donner des signes différents aux deux parties du solide qui sont situées de part et d'autre du plan XOY, et V représentera la *différence* de leurs volumes.

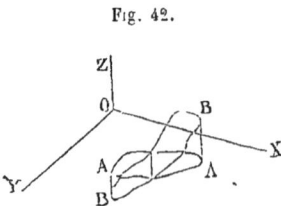

Fig. 42.

L'intensité moyenne des actions moléculaires donnée par l'équation 5 est évidemment égale à wz_0,

$$p_0 = wz_0, \tag{9}$$

z_0 étant la hauteur d'un prisme ou d'un cylindre à bases parallèles, qui est élevé sur AAA comme base, et dont le volume est égal au volume ABAB.

89. Le centre d'actions moléculaires, ou de pression, sur une surface quelconque, est le point par lequel passe la résultante de toutes les actions moléculaires, ou en d'autres termes, le *centre de forces parallèles* correspondant à toutes les actions moléculaires. Il résulte des principes que nous avons établis, chap. II, sect. 4, que la position de ce point *ne dépend pas* de la direction des actions moléculaires, non plus que de leur grandeur absolue, mais seulement de la forme de la surface sur laquelle elles s'exercent, et du rapport entre les intensités des actions moléculaires aux différents points.

Supposons que l'on substitue à la surface plane donnée AAA (*fig.* 40), une figure composée d'une multitude de petits rectangles, comme au n° 88, et désignons par α, β, les angles que la direction des actions moléculaires fait respectivement avec les axes OX, OY.

Les moments, par rapport aux plans coordonnés, ZOX, ZOY, des composantes des actions moléculaires sur $\Delta x \Delta y$ parallèles à ces plans, sont représentés *approximativement* par les valeurs suivantes :

moment par rapport à ZOX, $yp\Delta x\Delta y \sin \beta$,

»   »   à ZOY, $-xp\Delta x\Delta y \sin \alpha$.

Si nous faisons les sommes de tous ces moments et si nous passons aux intégrales ou aux limites vers lesquelles elles tendent, comme dans les exemples précédents, nous aurons les expressions suivantes, dans lesquelles x_0 et y_0 représentent les coordonnées du centre d'actions moléculaires :

$$\left.\begin{aligned} y_0 \mathrm{P} \sin \beta = \sin \beta \iint yp\,dx\,dy, \\ x_0 \mathrm{P} \sin \alpha = \sin \alpha \iint xp\,dx\,dy. \end{aligned}\right\} \tag{1}$$

Les coordonnées du centre d'actions moléculaires seront par suite

5

$$x_0 = \frac{\iint xp\,dx\,dy}{\iint p\,dx\,dy};$$
$$y_0 = \frac{\iint yp\,dx\,dy}{\iint p\,dx\,dy};$$
$$\tag{2}$$

elles sont évidemment les mêmes que les coordonnées, parallèles à OX et à OY, *du centre de gravité* du solide idéal de la *fig 41*, dont les coordonnées z sont proportionnelles à l'intensité de la pression aux points par lesquels elles sont menées.

Lorsque l'intensité des actions moléculaires est positive et négative en différents points de la surface AAA, il peut arriver que la partie positive des actions moléculaires soit égale à la partie négative; les actions moléculaires totales sont alors nulles, c'est-à-dire que l'on a

$$\iint p\,dx\,dy = 0.$$

Dans ce cas, la résultante des actions moléculaires (si elle existe) est un *couple*, et il n'y a pas de centre d'actions moléculaires. Nous examinerons ce cas plus loin.

90. **Centre d'actions moléculaires uniformes.** Si l'intensité des actions moléculaires est uniforme, le facteur p des équations 2 du n° 89 est constant; on peut alors le supprimer au numérateur et au dénominateur des valeurs de x_0 et de y_0, qui deviennent simplement les coordonnées *du centre de gravité d'une plaque plane* ayant pour figure AAA.

On peut arriver au même résultat en remarquant que la surface BB (*fig.* 41) devient un plan parallèle à AA, et que le solide ABAB se transforme en prisme ou en cylindre à bases parallèles.

91. **Moment d'actions moléculaires variant d'une façon uniforme.** Par *actions moléculaires variant d'une façon uniforme* il faut entendre des actions moléculaires dont l'intensité, au point de la surface où elles sont appliquées, est proportionnelle à la distance de ce point à une ligne droite donnée. Supposons, par exemple, que nous prenions pour l'axe OY la ligne donnée, l'équation suivante

$$p = ax, \tag{1}$$

dans laquelle a est une quantité constante, représente la loi de la variation de l'intensité de ces actions moléculaires.

La *somme* d'actions moléculaires variant d'une façon uniforme est donnée par l'équation

$$P = \iint p\,dx\,dy = a\iint x\,dx\,dy. \qquad (2)$$

Cette somme devient *nulle* lorsque l'axe OY passe par *le centre de gravité d'une plaque qui a pour figure la surface d'action donnée* AAA, car alors les valeurs positives et négatives de p se détruisent mutuellement. Dans ce cas on donne à OY le nom d'AXE NEUTRE de la surface AAA.

Dans la *fig.* 43, AAA représente la surface plane d'action de

Fig. 43.

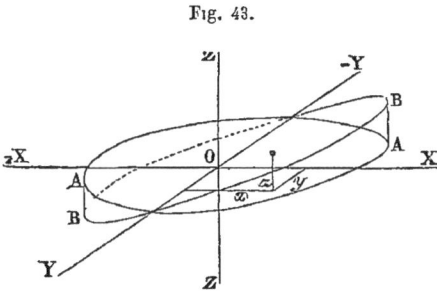

forces moléculaires, O est son centre de gravité, c'est-à-dire le centre de gravité d'une plaque plane qui a pour figure AAA. — YOY est l'axe neutre des actions moléculaires qui lui sont appliquées, — XOX est une perpendiculaire à — YOY située dans le plan de AAA, et — ZOZ est une perpendiculaire à ce plan. Imaginons une surface cylindrique ou prismatique dont les génératrices soient parallèles à — ZOZ et s'appuient sur le contour de la figure AAA, et considérons les deux volumes en forme de coins qui sont limités par cette surface cylindrique, par le plan AAA et par un plan BB qui est incliné sur AAA, et qui passe par l'axe neutre. La coordonnée z comprise entre les deux plans AAA et BB sera proportionnelle à l'intensité des actions moléculaires au point correspondant et indiquera, suivant qu'elle sera en dessus ou en dessous de AAA, si ces actions sont positives ou négatives; et l'égalité des deux volumes en forme de coins au-dessus et au-dessous du plan AAA indiquera que les actions moléculaires totales sont nulles. La résultante de toutes les actions moléculaires est un couple dont on trouvera le moment et la position de l'axe de la manière suivante, par l'application de la méthode du chap. III, sect. 2 (60).

Soient α, β, γ, les angles que la direction des actions moléculaires fait avec les axes OX, OY, OZ, respectivement. Désignons, comme ci-dessus, par $\Delta x \Delta y$ l'aire d'une petite portion rectangulaire de la surface, par x et y, les coordonnées de son centre (pour lequel $z = 0$), et par $p = ax$, l'intensité des actions molécu-laires en ce point, nous aurons pour l'expression de la force qui sol-licite ce rectangle

$$\Delta P = p \Delta x \Delta y = ax \Delta x \Delta y.$$

Nous trouverons, en appliquant l'équation 2 du n° 60, pour les moments de cette force par rapport aux trois axes de coordonnées :

autour de OX, $\Delta P y \cos \gamma$,
—   de OY, $-\Delta P x \cos \gamma$,
—   de OZ, $\Delta P (x \cos \beta - y \cos \alpha)$.

Si nous faisons les sommes de ces moments, et si nous prenons les intégrales, nous aurons pour les moments totaux :

$$
\left.
\begin{aligned}
&\text{autour de OX, } M_1 = a \cos \gamma \iint xy\,dx\,dy, \\
&\quad - \quad \text{de OY, } M_2 = - a \cos \gamma \iint x^2\,dx\,dy, \\
&\quad - \quad \text{de OZ, } M_3 = a \left(\cos \beta \iint x^2\,dx\,dy - \cos \alpha \iint xy\,dx\,dy \right).
\end{aligned}
\right\} \quad (3)
$$

Posons, pour simplifier,

$$\iint x^2\,dx\,dy = I, \quad \iint xy\,dx\,dy = K, \qquad (3A)$$

nous aurons alors, comme dans l'équation 7 du n° 60, pour le mo-ment du couple résultant,

$$
\begin{aligned}
M &= \sqrt{M_1^2 + M_2^2 + M_3^2} \\
&= a\sqrt{(I^2 + K^2) \cos^2 \gamma + I^2 \cos^2 \beta + K^2 \cos^2 \alpha - 2IK \cos \alpha \cos \beta} \\
&= a\sqrt{I^2 \sin^2 \alpha + K^2 \sin^2 \beta - 2IK \cos \alpha \cos \beta}. \qquad (4)
\end{aligned}
$$

Quant aux angles λ, μ, ν, que l'axe de ce couple fait avec les axes de coordonnées, leurs cosinus sont donnés par les équations

$$\cos \lambda = \frac{M_1}{M}, \quad \cos \mu = \frac{M_2}{M}, \quad \cos \nu = \frac{M_3}{M}. \qquad (5)$$

Ces valeurs permettent de vérifier facilement l'équation sui-vante :

$$\cos \alpha \cos \lambda + \cos \beta \cos \mu + \cos \gamma \cos \nu = 0. \qquad (5A)$$

Cette équation exprime, ce que l'on sait déjà, que l'axe du couple résultant M est perpendiculaire à la direction des actions moléculaires.

On trouve commode de mettre la constante a sous la forme suivante. Désignons par p_1 l'intensité des actions moléculaires à une certaine distance x_1 de l'axe neutre, nous aurons

$$a = \frac{p_1}{x_1}. \qquad (6)$$

92. Moment d'actions moléculaires de flexion. Si les actions moléculaires variant d'une façon uniforme sont normales à la surface, c'est-à-dire si l'on a

$$\cos \alpha = 0, \quad \cos \beta = 0, \quad \cos \gamma = 1, \qquad (1)$$

il est évident que l'on a alors

$$M_3 = 0, \quad \cos \nu = 0, \qquad (2)$$

ce qui veut dire que l'axe du couple résultant est situé dans le plan de la surface AAA. Dans ce cas, les actions moléculaires portent le nom d'*actions moléculaires de flexion*, pour des raisons que nous donnerons plus loin en traitant de la résistance des matériaux.

Les équations du n° 91 deviennent dans ce cas :

$$\left. \begin{array}{l} M_1 = aK, \quad M_2 = -aI, \\[2mm] M = a \sqrt{I^2 + K^2}, \\[2mm] \cos \lambda = \sin \mu = \dfrac{K}{\sqrt{I^2 + K^2}}, \\[4mm] \cos \mu = \sin \lambda = \dfrac{-I}{\sqrt{I^2 + K^2}}, \\[4mm] \tang \mu = -\dfrac{K}{I}. \end{array} \right\} \qquad (3)$$

Si la figure AAA est symétrique par rapport à l'axe OX, les valeurs de y sont deux à deux égales et de signe contraire; on a alors

$$K = \iint xy\,dx\,dy = 0.$$

La même équation peut être également satisfaite pour certaines figures qui ne sont pas symétriques. Nous avons, dans ce cas,

$$M_1 = 0, \quad M = M_2 = -a\mathrm{I}, \quad \mu = 0, \qquad (4)$$

de telle façon que l'axe du couple coïncide avec l'axe neutre.

93. Moment d'actions moléculaires de torsion. Si les actions moléculaires sont tangentielles, elles tendent évidemment à *tordre* la surface AAA autour de l'axe OZ. Nous avons, dans ce cas,

$$\left.\begin{array}{l} \cos\gamma = 0, \quad \cos\alpha = \sin\beta, \quad \cos\beta = \sin\alpha, \\ M_1 = 0, \quad M_2 = 0, \\ M = M_3 = a(\mathrm{I}\sin\alpha - \mathrm{K}\cos\alpha), \\ \cos\lambda = 0, \quad \cos\mu = 0, \quad \cos\nu = 1. \end{array}\right\} \qquad (1)$$

Dans les cas spécifiés au n° 92, où l'on a $K = 0$, nous trouvons

$$M = a\mathrm{I}\sin\alpha; \qquad (2)$$

dans ces cas c'est seulement la composante des actions moléculaires parallèle à l'axe neutre qui produit le couple de torsion.

94. Centre d'actions moléculaires qui varient d'une façon uniforme. Lorsque la somme d'actions moléculaires variant d'une façon uniforme a une certaine valeur, on peut considérer ces actions moléculaires comme composées de deux parties, qui sont :

1° Des actions moléculaires uniformes dont l'intensité est égale à l'intensité *moyenne* des actions moléculaires entières, et dont le centre coïncide avec le centre de figure O de la surface d'action. Cette intensité moyenne peut, comme au n° 88, équation 5, être représentée par

$$p_0 = \frac{\mathrm{P}}{\mathrm{S}} = \frac{\text{actions moléculaires totales}}{\text{surface d'action}}. \qquad (1)$$

2° Des actions moléculaires variant uniformément, dont l'axe neutre passe par le point O. La somme de ces dernières actions est nulle; leur intensité p' en un point donné est la *différence* entre l'intensité des actions moléculaires en ce point et l'intensité moyenne des actions moléculaires, de telle façon que l'intensité des actions moléculaires entières est donnée par l'équation

$$p = p_0 + p' = p_0 + ax. \qquad (2)$$

Désignons par M le moment des actions moléculaires comprises dans la deuxième partie; elles auront pour effet de rejeter la résultante P parallèlement à elle-même (voir n° 60, cas n° 2) d'une longueur L,

$$L = \frac{M}{P};\qquad(3)$$

(l'explication du n° 41 indiquera le côté vers lequel la résultante P se trouvera déplacée); la direction de la ligne L est perpendiculaire à la fois à la direction des actions moléculaires et à celle de l'axe du couple M.

Les coordonnées, par rapport au point 0, du centre d'actions moléculaires ainsi déplacé étant celles du point où la ligne d'action de la résultante déplacée rencontre le plan AAA, se trouvent facilement; si l'on applique au cas actuel l'équation 2 du n° 89, on obtient

$$
\begin{aligned}
\text{perpendiculairement à l'axe neutre} \quad & x_0 = \frac{\iint xp'dxdy}{P} = \frac{a\iint x^2dxdy}{P} = \frac{aI}{P}, \\
\text{suivant l'axe neutre} \quad & y_0 = \frac{\iint yp'dxdy}{P} = \frac{a\iint xydxdy}{P} = \frac{aK}{P}.
\end{aligned}
\qquad(4)
$$

L'angle θ, que la ligne qui joint le point 0 au centre d'actions moléculaires fait avec l'axe neutre OY, a pour cotangente

$$\cot g\,\theta = \frac{y_0}{x_0} = \frac{K}{I}.\qquad(5)$$

Nous appellerons cette ligne l'axe *conjugué* à l'axe neutre — YOY. Lorsque K = 0, cette ligne est perpendiculaire à l'axe neutre.

95. Moments d'inertie d'une surface. L'intégrale $I = \iint x^2dxdy$ est appelée quelquefois le *moment d'inertie* de la surface AAA par rapport à l'axe neutre — YOY. Cette expression a été adoptée en dynamique pour des raisons que nous indiquerons. Nous allons seulement donner maintenant les relations qui existent entre les moments d'inertie d'une figure plane donnée par rapport à différents axes neutres; leur connaissance est nécessaire pour la détermination du moment d'actions moléculaires de flexion ou de torsion.

Soient AA, *fig.* 44, une surface plane d'une figure quelconque, O son centre de gravité, YOY, XOX, deux axes rectangulaires passant par le point O, dans une position quelconque. Désignons par

Fig. 44.

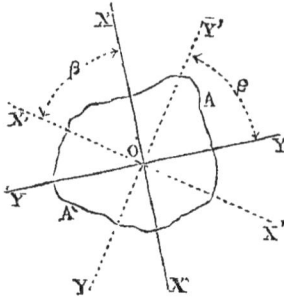

$$I = \iint x^2 dx dy,$$

le moment d'inertie de la surface par rapport à YOY, considéré comme axe neutre, et par

$$J = \iint y^2 dx dy$$

$$(1)$$

le moment d'inertie de la même surface par rapport à XOX, considéré comme axe neutre, et posons :

$$K = \iint xy dx dy.$$

Menons maintenant un système de deux autres axes rectangulaires Y'OY', X'OX', faisant l'angle

$$YOY' = XOX' = \beta$$

avec le premier système d'axe, et posons :

$$I' = \iint x'^2 dx' dy',$$

$$J' = \iint y'^2 dx' dy',$$

$$K' = \iint x'y' dx' dy'.$$

$$(2)$$

Nous avons entre les coordonnées x, y, d'un point, par rapport au premier système d'axes, et les coordonnées x', y', du même point, par rapport au deuxième système, les relations :

$$\begin{cases} x' = x \cos\beta - y \sin\beta, \\ y' = x \sin\beta + y \cos\beta, \\ x'^2 + y'^2 = x^2 + y^2. \end{cases} \qquad (3)$$

(Cette dernière quantité, qui est le carré de la distance du point donné au point O, est ce que l'on appelle une *fonction isotrope* des coordonnées; elle conserve la même valeur quelle que soit la position des axes de coordonnées rectangulaires.)

Les équations 3 permettent d'obtenir facilement les relations suivantes entre les premières intégrales I, J, K, et les nouvelles intégrales I', J', K' :

$$
\begin{aligned}
I' &= I\cos^2\beta + J\sin^2\beta - 2K\cos\beta\sin\beta, \\
J' &= I\sin^2\beta + J\cos^2\beta + 2K\cos\beta\sin\beta, \\
K' &= (I-J)\cos\beta\sin\beta + K(\cos^2\beta - \sin^2\beta).
\end{aligned}
\right\}
\tag{4}
$$

On trouve que les fonctions suivantes de ces intégrales :

$$
I + J = I' + J' = \iint (x^2 + y^2)\,dx\,dy, \tag{5}
$$

(cette expression porte le nom de *moment d'inertie polaire*)

et
$$
IJ - K^2 = I'J' - K'^2, \tag{6}
$$

sont également des fonctions *isotropes*.

On peut traduire l'équation 5 de la manière suivante :

Théorème I. *La somme des moments d'inertie d'une surface par rapport à deux axes neutres rectangulaires est une fonction isotrope.*

En combinant les équations 5 et 6, on arrive aux conséquences suivantes. La somme $I' + J'$ étant constante, I' sera maximum et J' minimum pour la position des axes rectangulaires qui rend la différence $I' - J'$ maximum. Et comme

$$
(I' - J')^2 = (I' + J')^2 - 4I'J',
$$

$I' - J'$ sera maximum pour la position des axes qui rend $I'J'$ minimum. Mais, en vertu de l'équation 6, la quantité $I'J' - K'^2$ est constante, quelle que soit la position des axes; $I'J'$ sera donc minimum et par suite $I' - J'$ sera maximum, et I' maximum et J' minimum, lorsque l'on aura $K' = 0$.

On en conclut :

Théorème II. *Il existe pour toute surface plane deux axes neutres rectangulaires tels, que pour l'un le moment d'inertie est plus grand, et que pour l'autre le moment d'inertie est plus petit que pour n'importe quel autre axe neutre.*

Ces axes neutres portent le nom d'*axes principaux*. Soient I_1 et J_1

les moments d'inertie maximum et minimum respectivement par rapport à ces axes, et β_1 l'angle que leur position fait avec les premiers axes; par suite de ce que $K_1 = 0$, nous tirerons de la troisième des équations 4

$$\tan g\, 2\beta = \frac{2\cos\beta\sin\beta}{\cos^2\beta - \sin^2\beta} = \frac{-2K}{I - J}, \qquad (7)$$

et comme

$$I_1 + J_1 = I + J, \quad \text{et} \quad I_1 J_1 = IJ - K^2,$$

nous aurons, par la résolution d'une équation du deuxième degré,

$$\left.\begin{aligned} I_1 &= \frac{I+J}{2} + \sqrt{\frac{(I-J)^2}{4} + K^2}, \\ J_1 &= \frac{I+J}{2} - \sqrt{\frac{(I-J)^2}{4} + K^2}. \end{aligned}\right\} \qquad (8)$$

La position des axes principaux et les valeurs de I_1 et J_1 étant une fois connues, les intégrales I', J', K', pour un système quelconque de deux axes faisant l'angle β' avec les axes principaux, sont données par les équations

$$\left.\begin{aligned} I' &= I_1 \cos^2\beta' + J_1 \sin^2\beta', \\ J' &= I_1 \sin^2\beta' + J_1 \cos^2\beta', \\ K' &= (I_1 - J_1)\cos\beta'\sin\beta'. \end{aligned}\right\} \qquad (9)$$

Si $I_1 = J_1$, alors $I' = J' = I_1$ et $K' = 0$, pour tous les axes quels qu'ils soient, et dans ce cas on peut dire que le moment d'inertie de la figure donnée est *complétement isotrope*.

Passons maintenant aux *axes conjugués*.

Nous avons trouvé (94) que l'angle, que l'axe conjugué à OY fait avec OY, était donné par l'équation 5

$$\cot g\, \theta = \frac{K}{I}.$$

Dans le cas où les axes sont les axes principaux, $K=0$, $\cot g\, \theta=0$, et θ est un angle droit, d'où l'on conclut :

THÉORÈME III. *Les axes principaux sont conjugués entre eux*, c'est-à-dire que si l'un est pris pour axe neutre, l'autre sera l'axe conjugué.

Reprenons les équations 4 données ci-dessus, et supposons que YOY soit l'axe neutre choisi, et que l'axe qui lui est conjugué soit Y'OY', qui fait avec lui l'angle

$$\beta = 0.$$

Prenons maintenant cet axe conjugué pour axe neutre. On trouvera les intégrales I', J', K' qui lui correspondent en substituant θ à β dans les équations 4, c'est-à-dire en remplaçant cos β et sin β par les valeurs de cos θ et de sin θ exprimées en fonction de K et de I, à savoir :

$$\cos \theta = \frac{K}{\sqrt{I^2 + K^2}}; \quad \sin \theta = \frac{I}{\sqrt{I^2 + K^2}}.$$

On aura, en faisant les substitutions

$$I' = \frac{I(IJ - K^2)}{I^2 + K^2}, \\ K' = \frac{-K(IJ - K^2)}{I^2 + K^2}. \Bigg\} \qquad (10)$$

Quant à l'ang θ' que le *nouvel axe conjugué* fait avec le *nouvel axe neutre* Y'OY', il est donné par l'équation

$$\cotg \theta' = \frac{K'}{I'} = -\frac{K}{I} = -\cotg \theta,$$

d'où

$$\theta' = -\theta, \qquad (11)$$

ce que l'on peut énoncer ainsi :

THÉORÈME IV. *Si l'on prend pour axe neutre l'axe conjugué à un axe neutre donné, ce dernier axe sera le nouvel axe conjugué.*

On peut représenter géométriquement, en s'appuyant sur des propriétés connues de l'ellipse, les théorèmes et les relations qui précèdent.

Soient (*fig.* 45) deux lignes perpendiculaires entre elles OX₁, OY₁ représentant les axes principaux d'une surface. Décrivons une ellipse avec les demi-axes,

Fig. 45.

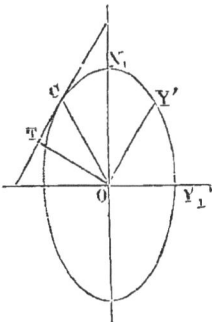

$$a = \overline{OX_1} = \sqrt{I_1}, \\ b = \overline{OY_1} = \sqrt{J_1}; \Bigg\} \qquad (12)$$

(le carré de chacun des demi-axes représente le moment d'inertie par rapport à l'autre axe.)

Menons un demi-diamètre OY', considérons-le comme un axe neutre, et désignons par β' l'angle Y₁OY'. Menons maintenant le demi-diamètre OC, conjugué à OY' (la tangente CT sera parallèle à

OY'). Posons $\overline{CT} = t$, et $\overline{OT}$ (distance du centre à la tangente)$= n$. On sait que l'on a les relations

$$\left.\begin{aligned} n^2 &= a^2 \cos^2 \beta' + b^2 \sin^2 \beta', \\ nt &= (a^2 - b^2) \cos \beta' \sin \beta'. \end{aligned}\right\} \tag{13}$$

Si l'on compare ces équations avec les équations 9, on trouve

$$\left.\begin{aligned} I' &= n^2, \\ K' &= nt, \\ \cotg \theta = \frac{K}{I} &= \frac{t}{n} = \cotg Y'OC; \end{aligned}\right\} \tag{14}$$

le carré de la normale OT représente donc le moment d'inertie par rapport à l'axe neutre OY', et le demi-diamètre $\overline{OC}$ conjugué à OY est également l'axe conjugué à l'axe neutre OY', et *vice versa*.

Lorsque l'on a à déterminer le moment d'inertie d'une figure un peu compliquée, on cherche quelquefois à la décomposer en plusieurs parties plus simples dont on calcule séparément les moments d'inertie, et l'on fait ensuite la somme de ces différentes quantités.

Il arrive le plus souvent, en pareil cas, que l'axe neutre de la surface totale ne passe pas par le centre de gravité de chacune des parties, et l'on est ainsi conduit à chercher le moment d'inertie d'une figure par rapport à un axe qui ne passe pas par son centre de gravité.

Soient OY cet axe, x la distance d'un point de la figure à cet axe, et x_0 la distance du centre de gravité de la figure donnée à l'axe OY. Supposons que l'on mène par ce centre de gravité un axe O'Y' parallèle à OY; le point, qui est à la distance x de OY, est à la distance

$$x' = x - x_0$$

de O'Y'.

Le moment d'inertie cherché est

$$I = \iint x^2 dx dy;$$

mais

$$x^2 = x_0^2 + 2x_0 x' + x'^2;$$

on a donc,

$$I = x_0^2 S + 2x_0 \iint x' dx dy + \iint x'^2 dx dy;$$

mais O'Y' passant par le centre de gravité de S,

$$\iint x'dxdy = 0.$$

Le terme du milieu de l'expression de I disparaît donc, et il reste :

$$I = x_0^2 S + \iint x'^2 dxdy, \qquad (15)$$

ce que l'on peut exprimer ainsi :

THÉORÈME V. *Le moment d'inertie d'une surface plane par rapport à un axe qui ne passe pas par son centre de gravité est égal au moment d'inertie autour d'un axe parallèle au premier et passant par le centre de gravité, augmenté du produit de l'aire de la figure par le carré de la distance des deux axes.*

Nous donnons dans le tableau qui suit *les moments d'inertie principaux* (moments d'inertie maxima et minima) des figures, que l'on rencontre le plus souvent dans la pratique :

FIGURE.	Maximum I_1 (axe neutre OY).	Minimum J_1 (axe neutre OX).
I. RECTANGLE. Longueur suivant OX, h. Largeur suivant OY, b.	$\dfrac{h^3 b}{12}$	$\dfrac{h b^3}{12}.$
II. CARRÉ. Côté $= h$.	$\dfrac{h^4}{12}$	$\dfrac{h^4}{12}.$
III. ELLIPSE. Grand axe, h. Petit axe, b. $\left(\text{N. B. } \dfrac{\pi}{64} = \dfrac{1}{20,4} \ environ\right).$	$\dfrac{\pi h^3 b}{64}$	$\dfrac{\pi h b^3}{64}.$
IV. CERCLE. Diamètre, h.	$\dfrac{\pi h^4}{64}$	$\dfrac{\pi h^4}{64}.$
V. FIGURES SYMÉTRIQUES ÉVIDÉES. Il faut retrancher les valeurs I ou J correspondant à la figure intérieure des valeurs I ou J correspondant à la figure extérieure.		
VI. ASSEMBLAGE SYMÉTRIQUE DE RECTANGLES. Dimensions de l'un d'eux : h parallèle à x; b parallèle à y; distance de son centre : à OY, x_0; à OX, y_0.	$\Sigma \dfrac{h^3 b}{12} + \Sigma h b x_0^2$	$\Sigma \dfrac{h b^3}{12}. + \Sigma h b y_0^2.$

SECTION 3. — *Actions moléculaires intérieures, leur composition
et leur décomposition.*

96. Actions moléculaires intérieures en général. Si
l'on imagine un plan qui traverse un corps solide dans une certaine
direction et le divise ainsi en deux parties, les forces qui s'exercent
entre elles de chaque côté du plan portent le nom d'*actions moléculaires intérieures.* La détermination de la résultante et du centre
d'actions moléculaires, pour des actions moléculaires intérieures, dépend des principes qui se rapportent aux actions moléculaires en
général, et qui ont été donnés dans la section précédente. La présente section comprend des problèmes d'un genre différent; nous
y étudierons les relations entre les différentes actions moléculaires
qui peuvent exister en un point d'un corps.

On peut partager d'une infinité de manières un corps en deux parties par un plan qui passe par un point donné, en faisant varier la
position angulaire du plan, et les forces moléculaires qui agissent
entre les deux parties peuvent varier en direction ou en intensité, ou
en direction et en intensité à la fois, avec la position du plan. Nous
nous proposons dans cette section de donner les lois de cette variation et le résultat de l'application simultanée de différentes actions
moléculaires à un même corps.

Nous supposerons, dans cette étude, qu'il s'agit uniquement d'actions moléculaires *d'intensité uniforme,* mais nous pourrons cependant
appliquer les résultats obtenus à des actions moléculaires d'intensité
variable; il suffira pour cela de réduire assez l'espace considéré, pour
que la différence entre les actions moléculaires réelles et les actions
moléculaires, considérées comme uniformes, soit inférieure à une
quantité donnée.

**97. Actions moléculaires simples ; leur intensité nor-
male.** Des actions moléculaires simples sont des
tensions ou des pressions. Dans l'étude suivante,
nous regarderons les tensions comme des forces
positives, et les pressions comme des forces négatives.

Fig. 46.

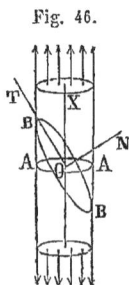

Supposons (*fig.* 46) qu'un corps solide prismatique ou une partie d'un corps solide, dont les faces
sont parallèles à l'axe OX, soit en équilibre sous
l'action de tensions d'intensité uniforme, qui sont

appliquées en sens contraire à ses deux extrémités, et dont la somme est égale à P.

Imaginons un plan AA, perpendiculaire à OX, qui partage le corps en deux parties, et désignons par S l'aire de la section résultante. Pour que les deux parties soient séparément en équilibre, il est nécessaire que chacune d'elles soit soumise de la part de l'autre à des tensions agissant sur le plan AA, dirigées suivant OX, et ayant P pour somme. Leur intensité

$$p_x = \frac{P}{S}.$$

On peut donner le nom d'*intensité normale* à l'intensité de ces actions moléculaires, qui sont réparties sur un plan normal à leur direction.

98. Actions moléculaires simples rapportées à un plan oblique. Supposons maintenant que le plan sécant ait la position BB, oblique à OX; soient ON une ligne normale à BB, et OT la ligne d'intersection des plans BB et XON. Désignons par

$$\theta = XON = TOA$$

l'*obliquité* du plan sécant.

Les deux parties du corps de part et d'autre de BB doivent exercer l'une sur l'autre, comme dans le cas examiné ci-dessus, des tensions ayant pour somme P et dirigées suivant OX; mais l'aire sur laquelle ces tensions sont réparties est maintenant

$$\text{aire} \quad BB = \frac{S}{\cos\theta};$$

il en résulte pour l'intensité des actions moléculaires, *rapportées au plan oblique de section*,

$$p_r = \frac{P\cos\theta}{S} = p_z \cos\theta.$$

99. Décomposition d'actions moléculaires obliques en composantes normale et tangentielle. Les actions moléculaires obliques P sur le plan sécant BB, peuvent être décomposées (55 et 57) en deux composantes qui sont :

composante normale suivant ON . . . . $P\cos\theta$,
composante tangentielle suivant OT. . . . . . . $P\sin\theta$.

Les intensités p_n et p_t de ces composantes sont :

composante normale : $p_n = p_r \cos \theta = p_x \cos^2 \theta,$

»   tangentielle : $p_t = p_r \sin \theta = p_x \cos \theta \sin \theta.$ $\left.\right\}$ (1)

Considérons un autre plan oblique qui coupe le corps normalement à BB, son obliquité est alors

$$\theta' = 90° - \theta.$$

Nous désignerons l'intensité des actions moléculaires sur ce nouveau plan, en accentuant les lettres ci-dessus, et nous aurons

$$p_n' = p_x \cos^2 \theta' = p_x \sin^2 \theta, \quad \left.\right\}$$
$$p'_t = p_t,\ p_n + p'_n = p_x. \qquad \right\} \qquad (2)$$

On en conclut :

THÉORÈME. *Si l'on considère deux plans sécants, qui sont perpendiculaires entre eux, les composantes tangentielles d'actions moléculaires simples ont même intensité, et la somme des intensités des composantes normales est égale à l'intensité normale des actions moléculaires.*

100. Les actions moléculaires composées résultent de la combinaison de deux ou plusieurs actions moléculaires simples ayant des directions différentes. Elles sont déterminées quand on connaît la direction et l'intensité, relativement à des plans donnés, de chacun des systèmes d'actions moléculaires simples qui les composent. On peut les décomposer à leur tour de différentes manières en groupes d'actions moléculaires simples ; et l'on dit que ces groupes d'actions moléculaires simples sont *équivalents* entre eux. On arrive à trouver un groupe équivalent à un autre, et à déterminer les relations qui doivent exister entre des actions moléculaires simultanées, en considérant les conditions d'équilibre d'une partie intérieure du solide, de forme prismatique ou pyramidale, limitée par des plans idéaux.

101. Actions moléculaires conjuguées deux à deux.

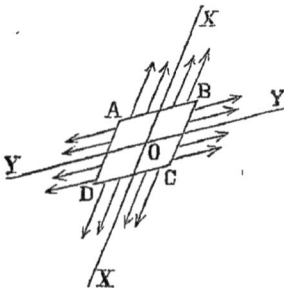
Fig. 47.

THÉORÈME. *Si les actions moléculaires sur un plan donné d'un corps ont une direction donnée, les actions moléculaires sur un plan parallèle à cette direction doivent avoir une direction parallèle au premier plan.*

Soient YOY (*fig.* 47) la trace d'un plan qui coupe le corps, et XOX la direction des actions moléculaires sur ce plan. Considérons une portion prismatique du corps représentée en coupe par ABCD, limitée par deux plans AB, DC, parallèles au plan donné, et par un système de deux autres plans AD, BC, parallèles entre eux et à la direction donnée XOX, et ayant pour axe une ligne située dans le plan YOY, qui rencontre XOX en O.

Les résultantes égales des forces qu'exercent les autres parties du corps sur les faces AB et DC de ce prisme sont directement opposées, leur ligne d'action commune rencontrant l'axe O ; elles se font donc séparément équilibre. Les forces, qu'exercent les autres parties du corps sur les faces AD et BC du prisme, doivent par suite se faire équilibre séparément et avoir leurs résultantes directement opposées, ce qui ne peut avoir lieu que si leur direction est parallèle au plan YOY. — Q. E. D.

On dit que deux résultantes d'actions moléculaires sont *conjuguées*, quand l'une agit sur un plan qui est parallèle à la direction de l'autre. Dans un corps solide, il est évident que leurs intensités sont indépendantes l'une de l'autre, et qu'elles peuvent être de même espèce ou d'espèces différentes ; ce seront ou des tensions, ou des pressions pour chacune des deux résultantes d'actions moléculaires, ou des tensions pour l'une et des pressions pour l'autre.

Un cas qui se présente fréquemment dans la pratique, c'est celui où les plans d'action de deux résultantes conjuguées sont tous deux perpendiculaires au plan qui contient leurs deux directions ; l'obliquité de ces résultantes d'actions moléculaires est alors la même, elle est égale au complément de l'angle que les plans font entre eux.

102. Trois résultantes d'actions moléculaires sont conjuguées entre elles quand la direction de chacune d'elles est parallèle à la ligne d'intersection des plans d'action des deux autres ; dans un corps solide, les espèces et les intensités de ces résultantes sont indépendantes les unes des autres. Ainsi, *fig.* 47, si XOX et YOY représentent les directions de deux résultantes d'actions moléculaires, chacune d'elles agissant sur un plan qui rencontre la direction de l'autre, l'intersection de ces deux plans (qui peut faire un angle quelconque avec XOX et YOY) donnera une troisième direction qui sera celle d'une troisième résultante d'actions moléculaires de l'une ou l'autre espèce et d'une intensité quelconque, qui peuvent agir sur le plan XOY, et cette résultante sera conjuguée à chacune des deux autres.

6

Le nombre des résultantes conjuguées d'actions moléculaires ne peut pas dépasser *trois ;* il est en effet impossible d'introduire une quatrième résultante d'actions moléculaires qui soit en même temps conjuguée à chacune des trois autres.

Les trois angles que les directions de trois résultantes conjuguées font entre elles, les trois *obliquités* de ces résultantes (ce sont les angles qu'elles font avec les perpendiculaires à leurs plans d'action respectifs), et les trois angles que ces perpendiculaires font entre elles, sont reliés par les formules suivantes qui sont déduites de la trigonométrie sphérique.

CAS GÉNÉRAL. Soient x, y, z, les directions des trois résultantes conjuguées ; $\widehat{yz}$, $\widehat{zx}$, $\widehat{xy}$, les angles qu'elles font entre elles ; u, v, w, les directions des perpendiculaires à leurs plans d'action. u étant perpendiculaire au plan yz, v au plan zx, et w au plan xy ; $\widehat{vw}$, $\widehat{wu}$, $\widehat{uv}$, les angles que ces perpendiculaires font entre elles ; $\widehat{ux}$, $\widehat{vy}$, $\widehat{wz}$, les obliquités respectives des résultantes.

Nous avons entre ces neuf angles les relations suivantes.

Posons

$$1 - \cos^2 \widehat{yz} - \cos^2 \widehat{zx} - \cos^2 \widehat{xy} + 2 \cos \widehat{yz} \cos \widehat{zx} \cos \widehat{xy} = \mathrm{C}. \quad (1)$$

Alors

$$\left.\begin{array}{l}
\sin \widehat{vw} = \dfrac{\sqrt{\mathrm{C}}}{\sin \widehat{zx} \sin \widehat{xy}} ; \quad \cos \widehat{vw} = \dfrac{\cos \widehat{zx} \cos \widehat{xy} - \cos \widehat{yz}}{\sin \widehat{zx} \sin \widehat{xy}} ; \\[3mm]
\sin \widehat{wu} = \dfrac{\sqrt{\mathrm{C}}}{\sin \widehat{xy} \sin \widehat{yz}} ; \quad \cos \widehat{wu} = \dfrac{\cos \widehat{xy} \cos \widehat{yz} - \cos \widehat{zx}}{\sin \widehat{xy} \sin \widehat{yz}} ; \\[3mm]
\sin \widehat{uv} = \dfrac{\sqrt{\mathrm{C}}}{\sin \widehat{yz} \sin \widehat{zx}} ; \quad \cos \widehat{uv} = \dfrac{\cos \widehat{yz} \cos \widehat{zx} - \cos \widehat{xy}}{\sin \widehat{yz} \sin \widehat{zx}} ;
\end{array}\right\} \quad (2)$$

$$\cos \widehat{ux} = \dfrac{\sqrt{\mathrm{C}}}{\sin \widehat{yz}} ; \quad \cos \widehat{vy} = \dfrac{\sqrt{\mathrm{C}}}{\sin \widehat{zx}} ; \quad \cos \widehat{wz} = \dfrac{\sqrt{\mathrm{C}}}{\sin \widehat{xy}} ; \quad (3)$$

CAS PARTICULIER I. Supposons que deux résultantes d'actions moléculaires, par exemple, celles qui sont parallèles à x et à y soient perpendiculaires entre elles, et obliques à la troisième. Alors

$$\left.\begin{array}{l} \cos\widehat{xy}=0; \quad \sin\widehat{xy}=1; \\ C=1-\cos^2\widehat{yz}-\cos^2\widehat{zx}; \end{array}\right\} \quad (4)$$

$$\left.\begin{array}{ll} \sin\widehat{vw}=\dfrac{\sqrt{C}}{\sin\widehat{zx}}: & \cos\widehat{vw}=\dfrac{-\cos\widehat{yz}}{\sin\widehat{zx}}; \\[2mm] \sin\widehat{wu}=\dfrac{\sqrt{C}}{\sin\widehat{yz}}; & \cos\widehat{wu}=\dfrac{-\cos\widehat{zx}}{\sin\widehat{yz}}; \\[2mm] \sin\widehat{uv}=\dfrac{\sqrt{C}}{\sin\widehat{yz}\sin\widehat{zx}}: & \cos\widehat{uv}=\dfrac{\cos\widehat{yz}\cos\widehat{zx}}{\sin\widehat{yz}\sin\widehat{zx}}; \end{array}\right\} \quad (5)$$

$$\cos\widehat{ux}=\dfrac{\sqrt{C}}{\sin\widehat{yz}}; \quad \cos\widehat{vy}=\dfrac{\sqrt{C}}{\sin\widehat{zx}}; \quad \cos\widehat{wz}=\sqrt{C}. \quad (6)$$

CAS PARTICULIER II. Supposons qu'une des résultantes d'actions moléculaires (z par exemple) soit perpendiculaire aux deux autres, qui sont obliques entre elles. Alors

$$\left.\begin{array}{l} \cos\widehat{yz}=0; \quad \cos\widehat{zx}=0; \\ \sin\widehat{yz}=1; \quad \sin\widehat{zx}=1; \\ C=\sin^2\widehat{xy}. \end{array}\right\} \quad (7)$$

$$\left.\begin{array}{l} \sin\widehat{vw}=1: \quad \cos\widehat{vw}=0; \quad \left(\text{ou } \widehat{vw}=\dfrac{\pi}{2}\right); \\ \sin\widehat{wu}=1; \quad \cos\widehat{wu}=0; \quad \left(\text{ou } \widehat{wu}=\dfrac{\pi}{2}\right); \\ \sin\widehat{uv}=\sin\widehat{xy}; \quad \cos\widehat{uv}=-\cos\widehat{xy}; \\ \quad\quad (\text{ou } \widehat{uv}+\widehat{xy}=\pi). \end{array}\right\} \quad (8)$$

$$\left.\begin{array}{l} \cos\widehat{ux}=\sin\widehat{xy}; \quad \cos\widehat{vy}=\sin\widehat{xy}; \quad \cos\widehat{wz}=1; \\ \text{ou } \widehat{ux}=\widehat{vy}=\dfrac{\pi}{2}-\widehat{xy}; \quad \widehat{wz}=0. \end{array}\right\} \quad (9)$$

Ces résultats sont identiques avec ceux donnés à la fin du n° 101.

CAS PARTICULIER III. Les trois résultantes d'actions moléculaires sont perpendiculaires entre elles. Dans ce cas les normales aux trois plans d'action sont perpendiculaires entre elles, et coïncident avec les directions des résultantes d'actions moléculaires.

103. Plans d'actions moléculaires tranchantes ou tangentielles égales. THÉORÈME. *Si les actions moléculaires sur deux*

plans sont tangentielles à ces plans, et parallèles à un troisième plan qui
est perpendiculaire aux deux premiers, ces actions moléculaires doivent
avoir même intensité.

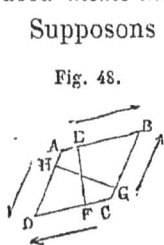

Supposons que le troisième plan soit représenté par le plan du
papier, *fig.* 48, et que les deux plans sur lesquels les
actions moléculaires sont tangentielles et parallèles
au plan du papier, soient respectivement parallèles
à AB et à AD. Considérons un prisme droit d'une
longueur quelconque, représenté en coupe par
ABCD, et limité d'une part par deux plans parallèles
AB, CD, de l'autre par deux plans parallèles AD, CB. Soient p_t l'intensité des actions moléculaires tangentielles sur AB, CD, et sur les
plans qui leur sont parallèles, et p'_t l'intensité des actions moléculaires tangentielles sur AD, CB, et sur les plans qui leur sont parallèles. Les forces exercées par les autres parties du corps sur les deux
faces AB, CD, forment un couple (de gauche à droite sur la figure),
dont le bras de levier est égal à la longueur de la perpendiculaire $\overline{EF}$
comprise entre AB et CD, et dont le moment a pour expression

$$p_t \text{ aire AB } \overline{EF}.$$

Les forces exercées par les autres parties du corps sur les deux
faces AD, CB, forment un couple (de droite à gauche sur la figure),
dont le bras de levier a pour longueur la perpendiculaire $\overline{GH}$ comprise entre AD et CB, et dont le moment a pour expression

$$p'_t \text{ aire AD } \overline{GH}.$$

Pour que le prisme soit en équilibre, il faut que ces moments qui
sont de sens contraire soient égaux. Mais les produits, aire AB $\overline{EF}$,
et aire AD $\overline{GH}$ sont égaux, chacun d'eux représentant le volume du
prisme; il en résulte que les intensités des actions moléculaires tangentielles sont égales

$$p_t = p'_t. \qquad\qquad \text{— Q. E. D.}$$

La démonstration ci-dessus montre que des actions moléculaires
tangentielles sur un plan donné ne peuvent pas exister seules, mais
qu'elles doivent se combiner avec des actions moléculaires tangentielles sur un plan différent, qui ont même intensité. Les deux résultantes d'actions moléculaires tangentielles qui sollicitent le prisme
ABCD tendent évidemment à le *déformer*, en allongeant la diagonale

Fig. 48.

DB, et en diminuant la diagonale AC, de façon à rendre les angles D et B plus aigus, et les angles A et C plus obtus.

104. Actions moléculaires sur trois plans rectangulaires. *Si trois plans rectangulaires entre eux sont sollicités par des actions moléculaires obliques, les composantes tangentielles des actions moléculaires sur deux quelconques de ces plans suivant des directions parallèles au troisième plan doivent avoir même intensité.*

Soient $\overline{yz}$, $\overline{zx}$, $\overline{xy}$, les trois plans rectangulaires qui se coupent suivant les axes rectangulaires des x, des y, et des z. Considérons une portion du corps ayant ses trois systèmes de faces respectivement parallèles aux trois plans, et son centre au point d'intersection des trois axes. Soit ABCD (*fig.* 49) la coupe de ce solide par le plan $\overline{xy}$, les faces AB, CD, étant parallèles au plan $\overline{yz}$, et les faces AD, CB, au plan $\overline{zx}$. Représentons par les lignes égales et parallèles $\overline{XR}$ les intensités des forces qu'exercent les autres parties du corps sur les deux faces AB, CD. Décomposons chacune de ces forces en deux composantes, l'une $\overline{XN}$, parallèle au plan $\overline{zx}$, l'autre $\overline{XT}$, composante tangentielle, parallèle à l'axe des y ; les résultantes des composantes $\overline{XN}$ passeront par l'axe des z et ne donneront pas de couple autour de cet axe ; les composantes $\overline{XT}$ produiront un couple autour de cet axe. On décomposera de même les intensités des forces qui s'exercent sur les faces AD, CB, et qui sont représentées par les lignes égales et parallèles, $\overline{Yr}$, dans les composantes $\overline{Yn}$, qui donnent lieu à des résultantes passant par l'axe des z, et dans les composantes $\overline{Yt}$, qui forment un couple autour de cet axe ; ce couple doit être égal et opposé au premier couple, pour que le solide ABCD soit en équilibre. En raisonnant comme au n° 103, on montrerait que les intensités des actions moléculaires tangentielles qui constituent ces couples doivent être égales

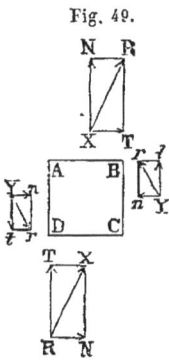

$$\overline{XT} = \overline{Yt} ;$$

des démonstrations analogues s'appliquent aux autres plans et aux autres actions moléculaires.

Nous représenterons symboliquement ce résultat de la manière

Fig. 49.

suivante ; supposons que p soit l'intensité d'actions moléculaires, nous affecterons la lettre p de deux sous-lettres se suivant, la première représentant la direction perpendiculaire au plan sur lequel les actions moléculaires s'exercent, la seconde, la direction des actions moléculaires elles-mêmes ; par exemple p_{yz} représentera l'intensité des actions moléculaires *sur* le plan normal à l'axe des y (c'est-à-dire sur le plan $\overline{zx}$), *dans* la direction des z. Nous aurons les notations suivantes, si nous décomposons les actions moléculaires sur les trois plans rectangulaires suivant trois composantes rectangulaires.

Plan.		Direction.	
	x	y	z
$\overline{yz}$	p_{xx}	p_{xy}	p_{xz}
$\overline{zx}$	p_{yx}	p_{yy}	p_{yz}
$\overline{xy}$	p_{zx}	p_{zy}	p_{zz}

$\left. \right\}$ intensités.

Alors, en vertu des théorèmes des n°s 101 et 102, *les actions moléculaires normales* p_{xx}, p_{yy}, p_{zz}, sont conjuguées et indépendantes, et en vertu du théorème du présent numéro, les *six actions moléculaires tangentielles ont même intensité deux à deux,*

$$p_{yz} = p_{zy}, \quad p_{zx} = p_{xz}, \quad p_{xy} = p_{yx}.$$

105. Tétraèdre d'actions moléculaires. PROBLÈME I. *Étant données les intensités d'actions moléculaires conjuguées sur trois plans d'un corps, on se propose de déterminer la direction et l'intensité des actions moléculaires sur un quatrième plan, qui rencontre le corps dans une direction quelconque.*

Soient, *fig.* 50, YOZ, ZOX, XOY, les trois plans sur lesquels

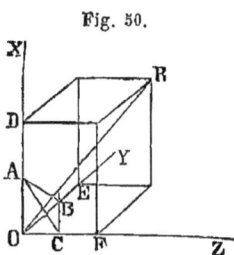
Fig. 50.

agissent des actions moléculaires conjuguées dirigées suivant OX, OY, OZ et ayant respectivement pour intensités, p_x, p_y, p_z. Menons un plan parallèle au quatrième plan ; il coupera les trois plans conjugués suivant le triangle ABC et formera avec eux la pyramide triangulaire ou tétraèdre OABC. Les actions moléculaires sur les quatre faces triangulaires de ce tétraèdre doivent se faire équilibre, et la résultante des actions moléculaires sur ABC doit être égale et opposée à la résultante des résultantes des actions moléculaires sur OBC, OCA, et OAB.

Prenons respectivement sur OX, OY, OZ, les longueurs

$\overline{OD}=$ résultante des actions moléculaires sur $OBC = p_x$ aire OBC,

$\overline{OE}=$ résultante des actions moléculaires sur $OCA = p_y$ aire OCA,

$\overline{OF}=$ résultante des actions moléculaires sur $OAB = p_z$ aire OAB.

Complétons le parallélipipède ODEFR, sa diagonale $\overline{OR}$ représentera en direction et en grandeur la résultante des actions moléculaires sur une aire du quatrième plan égale à celle de ABC, et l'intensité de ces actions moléculaires aura pour expression $\dfrac{\overline{OR}}{\text{aire ABC}}$. — Q. E. I.

On voit ainsi que, si les actions moléculaires sur trois plans conjugués d'un corps sont données, on peut déterminer les actions moléculaires sur un autre plan quelconque, d'où l'on conclut *que tout système possible d'actions moléculaires qui peuvent coexister dans un corps, peut être décomposé en un système de trois résultantes conjuguées d'actions moléculaires, ou exprimé au moyen de ce système.*

PROBLÈME II. *Les directions et les intensités des actions moléculaires sur trois plans rectangulaires coordonnés étant données, on demande de trouver la direction et l'intensité des actions moléculaires sur un quatrième plan ayant une position quelconque.*

Soient YOZ, ZOX, XOY, *fig.* 50, trois plans coordonnés rectangulaires (les lignes OX, OY, OZ, sont *maintenant* perpendiculaires entre elles au lieu de se rencontrer sous des angles quelconques comme dans le problème I). Décomposons les actions moléculaires données en leurs composantes rectangulaires, en employant la notation que nous avons expliquée plus haut (104).

Soit ABC, comme dans le problème I, un triangle parallèle au quatrième plan; il limite avec les trois triangles sur les plans coordonnés le tétraèdre OABC. La résultante des actions moléculaires sur ABC sera égale et opposée à la résultante de toutes les composantes rectangulaires des résultantes des actions moléculaires sur OBC, OCA, et OAB.

Prenons donc sur OX, OY, OZ, respectivement les longueurs

$$\overline{OD} = p_{xx} \text{ aire OBC} + p_{xy} \text{ aire OCA} + p_{zx} \text{ aire OAB},$$

$$\overline{OE} = p_{xy} \text{ aire OBC} + p_{yy} \text{ aire OCA} + p_{yz} \text{ aire OAB},$$

$$\overline{OF} = p_{zx} \text{ aire OBC} + p_{yz} \text{ aire OCA} + p_{zz} \text{ aire OAB}.$$

Complétons le parallélipipède rectangle ODEFR, sa diagonale $\overline{OR}$ représentera en direction et en grandeur la résultante des actions moléculaires sur une aire du quatrième plan égale à ABC, et l'intensité de ces actions moléculaires aura pour expression $\dfrac{\overline{OR}}{\text{aire ABC}}$. — Q. E. I.

Pour en donner une expression algébrique, représentons par $\widehat{xn}$, $\widehat{yn}$, $\widehat{zn}$, les angles qu'une normale au quatrième plan fait respectivement avec les trois axes rectangulaires, par $\widehat{xr}$, $\widehat{yr}$, $\widehat{zr}$, les angles que la direction des actions moléculaires sur ce plan fait respectivement avec les trois axes rectangulaires, et par p_r l'intensité de ces actions moléculaires. On sait que l'on a

$$\text{aire OBC} = \text{aire ABC} \cos\widehat{xn},$$
$$\text{aire OCA} = \text{aire ABC} \cos\widehat{yn},$$
$$\text{aire OAB} = \text{aire ABC} \cos\widehat{zn},$$

de telle sorte que les composantes rectangulaires de l'intensité p_r sont

$$\left.\begin{aligned}
p_{nx} &= p_{xx}\cos\widehat{xn} + p_{xy}\cos\widehat{yn} + p_{zz}\cos\widehat{zn}, \\
p_{ny} &= p_{xy}\cos\widehat{xn} + p_{yy}\cos\widehat{yn} + p_{yz}\cos\widehat{zn}, \\
p_{nz} &= p_{zx}\cos\widehat{xn} + p_{yz}\cos\widehat{yn} + p_{zz}\cos\widehat{zn}.
\end{aligned}\right\} \qquad (1)$$

L'intensité résultante des actions moléculaires sera donnée par l'équation

$$p_r = \sqrt{p_{nx}^2 + p_{ny}^2 + p_{nz}^2}, \qquad (2)$$

et sa direction, par les équations

$$\cos\widehat{xr} = \frac{p_{nx}}{p_r}, \quad \cos\widehat{yr} = \frac{p_{ny}}{p_r}, \quad \cos\widehat{zr} = \frac{p_{nz}}{p_r}. \qquad (3)$$

Il en résulte que, si l'on donne les composantes rectangulaires des actions moléculaires sur trois plans rectangulaires d'un corps, on peut déterminer les actions moléculaires sur un quatrième plan, d'où l'on conclut, *que tout système possible d'actions moléculaires qui peuvent coexister dans un corps est susceptible d'être décomposé dans les trois composantes normales, et dans les trois couples des composantes tangentielles des actions moléculaires, sur trois plans coordonnés rectangulaires.*

106. Transformation d'actions moléculaires. — Supposons que l'on prenne successivement pour la direction de la normale au nouveau plan d'action ABC, direction que nous avons représentée par n dans le problème II du n°105, les directions de *trois nouveaux axes rectangulaires x', y', z'*, et que l'on demande d'exprimer les composantes rectangulaires $p_{x'x'}$, etc., relativement à ces nouveaux axes, d'un système donné d'actions moléculaires composées, en fonction des composantes rectangulaires p_{xx}, etc., des mêmes actions moléculaires composées relativement aux premiers axes rectangulaires x, y, z.

Pour résoudre cette question, nous supposerons que n représente *un quelconque* des trois nouveaux axes. Les trois composantes, parallèles aux premiers axes, des actions moléculaires sur le plan normal à n, sont données par les équations 1 du n° 105. Si l'on décompose maintenant chacune de ces composantes en ses composantes parallèles aux nouveaux axes, et si l'on forme avec les neuf composantes ainsi trouvées trois sommes d'intensités parallèles aux nouveaux axes, on a

$$p_{nx'} = p_{nx} \cos \widehat{xx'} + p_{ny} \cos \widehat{yx'} + p_{nz} \cos \widehat{zx'},$$
$$p_{ny'} = p_{nx} \cos \widehat{xy'} + p_{ny} \cos \widehat{yy'} + p_{nz} \cos \widehat{zy'},$$
$$p_{nz'} = p_{nx} \cos \widehat{xz'} + p_{ny} \cos \widehat{yz'} + p_{nz} \cos \widehat{zz'}.$$

Il faudra maintenant substituer successivement à n dans $p_{nx'}$, etc., et dans les valeurs de p_{nx}, etc., données par les équations 1 du n° 105, les symboles x', y', z'; on obtiendra ainsi finalement les *équations de transformation* suivantes.

ACTIONS MOLÉCULAIRES NORMALES.

$$p_{x'x'} = p_{xx} \cos^2 \widehat{xx'} + p_{yy} \cos^2 \widehat{yx'} + p_{zz} \cos^2 \widehat{zx'}$$
$$+ 2p_{yz} \cos \widehat{yx'} \cos \widehat{zx'} + 2p_{zx} \cos \widehat{zx'} \cos \widehat{xx'} + 2p_{xy} \cos \widehat{xx'} \cos \widehat{yx'};$$

$$p_{y'y'} = p_{xx} \cos^2 \widehat{xy'} + p_{yy} \cos^2 \widehat{yy'} + p_{zz} \cos^2 \widehat{zy'}$$
$$+ 2p_{yz} \cos \widehat{yy'} \cos \widehat{zy'} + 2p_{zx} \cos \widehat{zy'} \cos \widehat{xy'} + 2p_{xy} \cos \widehat{xy'} \cos \widehat{yy'};$$

$$p_{z'z'} = p_{xx} \cos^2 \widehat{xz'} + p_{yy} \cos^2 \widehat{yz'} + p_{zz} \cos^2 \widehat{zz'}$$
$$+ 2p_{yz} \cos \widehat{yz'} \cos \widehat{zz'} + 2p_{zx} \cos \widehat{zz'} \cos \widehat{xz'} + 2p_{xy} \cos \widehat{xz'} \cos \widehat{yz'}.$$

ACTIONS MOLÉCULAIRES TANGENTIELLES.

$$p_{y'z'} = p_{xx} \cos \widehat{xy'} \cos \widehat{xz'} + p_{yy} \cos \widehat{yy'} \cos \widehat{yz'} + p_{zz} \cos \widehat{zy'} \cos \widehat{zz'}$$
$$+ p_{yz}(\cos \widehat{zy'} \cos \widehat{yz'} + \cos \widehat{yy'} \cos \widehat{zz'}) + p_{zx}(\cos xy' \cos \widehat{zz'} + \cos \widehat{zy'} \cos \widehat{xz'})$$
$$+ p_{xy}(\cos \widehat{yy'} \cos \widehat{xz'} + \cos \widehat{xy'} \cos \widehat{yz'});$$

$$p_{z'x'} = p_{xx} \cos \widehat{xz'} \cos \widehat{xx'} + p_{yy} \cos \widehat{yz'} \cos \widehat{yx'} + p_{zz} \cos \widehat{zz'} \cos \widehat{zx'}$$
$$+ p_{yz}(\cos \widehat{zz'} \cos \widehat{yx'} + \cos \widehat{yz'} \cos \widehat{zx'}) + p_{zx}(\cos \widehat{xz'} \cos \widehat{zx'} + \cos \widehat{zz'} \cos \widehat{xx'})$$
$$+ p_{xy}(\cos \widehat{yz'} \cos \widehat{xx'} + \cos \widehat{xz'} \cos \widehat{yx'});$$

$$p_{x'y'} = p_{xx} \cos\widehat{xx'} \cos\widehat{xy'} + p_{yy} \cos\widehat{yx'} \cos\widehat{yy'} + p_{zz} \cos\widehat{zx'} \cos\widehat{zy'}$$

$$+ p_{yz}(\cos\widehat{zx'} \cos\widehat{yy'} + \cos\widehat{yx'} \cos\widehat{zy'}) + p_{zx}(\cos\widehat{xx'} \cos\widehat{zy'} + \cos\widehat{zx'} \cos\widehat{xy'})$$

$$+ p_{xy}(\cos\widehat{yx'} \cos\widehat{xy'} + \cos\widehat{xx'} \cos\widehat{yy'}).$$

On dit que les deux systèmes d'actions moléculaires composantes, p_{xx}, etc., relatives aux axes x, y, z, et d'actions moléculaires composantes, $p_{x'x'}$, etc., relatives aux axes x', y', z', lesquels *constituent les mêmes actions moléculaires composées*, sont *équivalents* l'un à l'autre.

107. Axes principaux d'actions moléculaires. Théorème. *Étant donné un état quelconque d'actions moléculaires dans un corps, il existe un système de trois plans perpendiculaires entre eux, à chacun desquels les actions moléculaires sont normales.*

On voit facilement, en se reportant aux équations 3 du n° 105, que la condition, pour que la direction des actions moléculaires sur un plan soit normale à ce plan, est exprimée par les équations

$$\cos\widehat{xr} = \frac{p_{nx}}{p_r} = \cos\widehat{xn}, \quad \cos\widehat{yr} = \frac{p_{ny}}{p_r} = \cos\widehat{yn},$$

$$\cos\widehat{zr} = \frac{p_{nz}}{p_r} = \cos\widehat{zn}. \tag{1}$$

Si nous substituons ces valeurs dans les équations 1 du n° 105, nous aurons les équations suivantes :

$$\left. \begin{array}{l} (p_{xx} - p_r) \cos\widehat{xn} + p_{xy} \cos\widehat{yn} + p_{zx} \cos\widehat{zn} = 0, \\[4pt] p_{xy} \cos\widehat{xn} + (p_{yy} - p_r) \cos\widehat{yn} + p_{yz} \cos\widehat{zn} = 0, \\[4pt] p_{zx} \cos\widehat{xn} + p_{yz} \cos\widehat{yn} + (p_{zz} - p_r) \cos\widehat{zn} = 0. \end{array} \right\} \tag{2}$$

En éliminant les trois cosinus et en posant

$$\left. \begin{array}{l} p_{xx} + p_{yy} + p_{zz} = \mathrm{A}, \\[4pt] p_{yy}p_{zz} + p_{zz}p_{xx} + p_{xx}p_{yy} - p_{yz}^2 - p_{zx}^2 - p_{xy}^2 = \mathrm{B}, \\[4pt] p_{xx}p_{yy}p_{zz} + 2p_{yz}p_{zx}p_{xy} - p_{xx}p_{yz}^2 - p_{yy}p_{zx}^2 - p_{zz}p_{xy}^2 = \mathrm{C}, \end{array} \right\} \tag{3}$$

nous obtenons l'équation du troisième degré

$$p_r^3 - \mathrm{A}p_r^2 + \mathrm{B}\,p_r - \mathrm{C} = 0. \tag{4}$$

La résolution de cette équation donne *trois racines* ou valeurs des actions moléculaires p_r, qui satisfont à la condition d'être normales

à leurs plans d'action, et d'après les propriétés des actions moléculaires conjuguées données au n⁰ 102, les directions de ces actions moléculaires normales doivent être perpendiculaires entre
elles. — Q. E. D.

Les trois résultantes conjuguées normales d'actions moléculaires
sont appelées résultantes d'*actions moléculaires principales*, et leurs
directions *axes principaux* d'actions moléculaires.

Si p_r représente l'intensité d'une des résultantes de ces actions
moléculaires principales, les angles qu'elle fait avec les premiers
axes des x, des y, et des z, sont déterminés au moyen des équations
suivantes, qui sont déduites par élimination de l'équation 2 donnée
plus haut :

$$\cos \widehat{xn} \left\{ p_{zz}p_{xy} + (p_r - p_{xx})p_{yz} \right\} = \cos \widehat{yn} \left\{ p_{xy}p_{yz} + (p_r - p_{yy})p_{zx} \right\}$$
$$= \cos \widehat{zn} \left\{ p_{yz}p_{zx} + (p_r - p_{zz})p_{xy} \right\}. \qquad (5)$$

Désignons par p_1, p_2, p_3, les trois valeurs de p_r qui satisfont à
l'équation 4. En vertu de propriétés connues des équations, on
aura pour les coefficients de cette équation les valeurs suivantes :

$$\left. \begin{array}{l} A = p_1 + p_2 + p_3, \\ B = p_2 p_3 + p_3 p_1 + p_1 p_2, \\ C = p_1 p_2 p_3. \end{array} \right\} \qquad (6)$$

On voit donc que, pour un état donné d'actions moléculaires,
les trois fonctions désignées par A, B, C, dans les équationt 3 et
6, sont les mêmes pour toutes les positions du système des axes rectangulaires des x, des y, et des z, ou qu'elles sont *isotropes*, dans
le sens indiqué au n° 95.

Supposons que l'on prenne maintenant comme axes de coordonnées rectangulaires les axes principaux d'actions moléculaires; dési-
gnons-les par x, y, z, et proposons-nous de trouver la direction
et l'intensité p des actions moléculaires sur un plan dont la nor-
male fait avec ces axes les angles $\widehat{xn}$, $\widehat{yn}$, $\widehat{zn}$. Il faudra pour cela
modifier les équations 1, 2 et 3 du n° 105 en faisant

$$p_{xx} = p_1, \quad p_{yy} = p_2, \quad p_{zz} = p_3, \quad p_{yz} = p_{zx} = p_{xy} = 0.$$

Nous aurons alors

$$p \cos \widehat{xp} = p_1 \cos \widehat{xn}, \quad p \cos \widehat{yp} = p_2 \cos \widehat{yn},$$

$$p \cos \widehat{zp} = p_3 \cos \widehat{zn}. \tag{7}$$

$$p = \sqrt{p_1^2 \cos^2 \widehat{xn} + p_2^2 \cos^2 \widehat{yn} + p_3^2 \cos^2 \widehat{zn}}. \tag{8}$$

Les équations 7 sont facilement transformées dans les suivantes :

$$\frac{\cos \widehat{xn}}{p} = \frac{\cos \widehat{xp}}{p_1}, \quad \frac{\cos \widehat{yn}}{p} = \frac{\cos \widehat{yp}}{p_2}, \quad \frac{\cos \widehat{zn}}{p} = \frac{\cos \widehat{zp}}{p_3}. \tag{9}$$

Si l'on élève ces équations au carré, qu'on les ajoute et qu'on extraie la racine carrée de la somme, on trouve la valeur suivante pour *l'inverse* de l'intensité cherchée :

$$\frac{1}{p} = \sqrt{\frac{\cos^2 \widehat{xp}}{p_1^2} + \frac{\cos^2 \widehat{yp}}{p_2^2} + \frac{\cos^2 \widehat{zp}}{p_3^2}}. \tag{10}$$

Cette équation est celle *d'un ellipsoïde*, dans laquelle p_1, p_2, p_3, représentent les trois demi-axes, et p un demi-diamètre quelconque.

Le cosinus de *l'obliquité* des actions moléculaires p est donné par l'équation

$$\cos \widehat{np} = \cos \widehat{xn} \cos \widehat{xp} + \cos \widehat{yn} \cos \widehat{yp} + \cos \widehat{zn} \cos \widehat{zp}$$

$$= p \left(\frac{\cos^2 \widehat{xp}}{p_1} + \frac{\cos^2 \widehat{yp}}{p_2} + \frac{\cos^2 \widehat{zp}}{p_3} \right)$$

$$= \frac{1}{p} \left(p_1 \cos^2 \widehat{xn} + p_2 \cos^2 \widehat{yn} + p_3 \cos^2 \widehat{zn} \right), \tag{11}$$

et suivant que ce cosinus sera positif, nul ou négatif, les actions moléculaires p seront des forces de tension, des actions moléculaires tangentielles, ou des forces de pression.

108. Actions moléculaires parallèles à un plan. Dans la plupart des cas qui sont relatifs aux actions moléculaires dans les constructions, les directions des actions moléculaires que l'on a surtout à considérer sont parallèles à un plan, auquel leurs plans d'action sont perpendiculaires; les autres actions moléculaires, quand elles existent, sont des actions moléculaires principales et elles sont perpendiculaires au plan auquel les autres sont parallèles.

On pourrait résoudre les problèmes relatifs au actions molécu-

laires parallèles à un plan en les considérant comme des cas particuliers de problèmes plus généraux sur les actions moléculaires
dans des directions quelconques, problèmes qui ont été traités
complétement dans les n°ˢ 105, 106 et 107; mais la méthode employée et les résultats obtenus étant assez complexes, nous préfére-
rons établir directement les principes relatifs aux actions moléculaires parallèles à un plan.

PROBLÈME I. *Étant données les intensités et les directions d'actions
moléculaires conjuguées parallèles à un plan, qui est perpendiculaire à
leurs deux plans d'action respectifs, on demande de trouver la direction et l'intensité des actions moléculaires sur un quatrième plan également perpendiculaire au premier.*

Dans la *fig.* 51, le plan du papier représente le plan auquel les

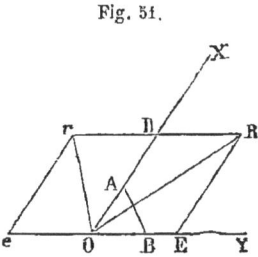
Fig. 51.

actions moléculaires sont parallèles; OX et
OY représentent les directions des actions
moléculaires conjuguées, dont les intensités sont p_x et p_y; et AB, le plan sur lequel
on veut déterminer les actions moléculaires. Considérons les conditions d'équilibre d'un prisme, OAB, limité par le plan
AB, et par des plans respectivement paral-
lèles à OX et à OY. La force exercée par les autres parties du corps
sur la face OA du prisme sera proportionnelle à

$$p_y \, \overline{OA}.$$

Prenons sur OY la longueur $\overline{OE}$ pour représenter cette force.
La force exercée par les autres parties du corps sur la face OB du
prisme sera proportionnelle à

$$p_x \, \overline{OB}.$$

Prenons sur OX la longueur $\overline{OD}$ pour représenter cette force. La
force exercée par les autres parties du corps sur la face AB du
prisme doit faire équilibre aux forces exercées sur OA et sur OB.
Complétons donc le parallélogramme ODRE; sa diagonale $\overline{OR}$ représentera en direction et en *grandeur* la résultante des actions moléculaires sur $\overline{AB}$; quant à *l'intensité* de ces actions moléculaires, elle
a pour valeur

$$p_r = \frac{\overline{OR}}{\overline{AB}} = \sqrt{\frac{p_x^2 \, \overline{OB}^2 + p_y^2 \, \overline{OA}^2 + 2 p_x p_y \, \overline{OB} \, \overline{OA} \cos XOY}{\overline{OB}^2 + \overline{OA}^2 - 2\overline{OB} \, \overline{OA} \cos XOY}}.$$

Le parallélogramme figuré avec les lettres majuscules R, E, correspond au cas où p_x et p_y sont de la *même* espèce, représentant ou des tensions ou des pressions, auquel cas p_r est aussi de la même espèce. Le parallélogramme marqué avec les petites lettres *r, e*, correspond au cas où les forces d'intensité p_x et p_y sont d'espèces *différentes*, les unes étant des tensions et les autres des pressions; dans ce cas p_r est de même espèce que les actions moléculaires conjuguées dont la direction tombe du même côté qu'elle de AB. Quand O*r* est parallèle à AB, p_r correspond à des actions moléculaires tranchantes ou tangentielles.

PROBLÈME II. *Les intensités et les directions des actions moléculaires sur deux plans qui sont perpendiculaires entre eux et à un plan auquel les actions moléculaires sont parallèles, étant données, on demande de trouver l'intensité et la direction des actions moléculaires sur un plan quelconque perpendiculaire au plan auquel les actions moléculaires sont parallèles.*

Dans la *fig. 52*, le plan du papier représente le plan auquel les

Fig. 52.

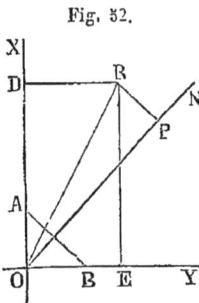

actions moléculaires sont parallèles, et OX, OY, sont les deux plans perpendiculaires entre eux sur lesquels les actions moléculaires sont données. Décomposons ces actions moléculaires, comme au n° 99, en leurs composantes rectangulaires normales et tangentielles. Représentons par p_{xx} l'intensité des actions moléculaires normales au plan OY, actions qui sont parallèles à OX, et par p_{yy} l'intensité des actions moléculaires normales au plan OX, actions moléculaires qui sont parallèles à OY.

En vertu du théorème du n° 103, les actions moléculaires tangentielles sur ces deux plans doivent avoir même intensité; on peut, par suite, les représenter par un même symbole p_{xy} qui exprimera aussi bien l'intensité, suivant l'axe des x, des actions moléculaires sur un plan perpendiculaire à l'axe des y, que l'intensité suivant l'axe des y des actions moléculaires sur un plan perpendiculaire à l'axe des x.

Soit ON une perpendiculaire au plan sur lequel on cherche les actions moléculaires, laquelle fait avec l'axe des x l'angle $\mathrm{XON} = \widehat{xn}$. Considérons un prisme OAB ayant *l'unité* pour longueur, limité par les plans OA perpendiculaire à l'axe des y, OB perpendiculaire à l'axe des x, et AB perpendiculaire à ON. Nous avons les relations

$$\overline{OB} = \overline{AB} \cos \widehat{xn}, \quad \overline{OA} = \overline{AB} \sin \widehat{xn}.$$

Les forces qui s'exercent sur les faces OA et OB, dans une direction parallèle à l'axe des x, se composent des actions moléculaires normales à OB et des actions moléculaires tangentielles sur OA; on a donc

$$p_{xx}\,\overline{OB} + p_{xy}\,\overline{OA} = \overline{AB}\left\{ p_{xx}\cos\widehat{xn} + p_{xy}\sin\widehat{xn} \right\}.$$

Représentons cette quantité par $\overline{OD}$.

Les forces qui s'exercent sur les faces OA et OB, dans une direction parallèle à l'axe des y, se composent des actions moléculaires normales à OA et des actions moléculaires tangentielles sur OB; on a alors

$$p_{xy}\,\overline{OB} + p_{yy}\,\overline{OA} = \overline{AB}\left\{ p_{xy}\cos\widehat{xn} + p_{yy}\sin\widehat{xn} \right\}.$$

Nous représenterons cette quantité par $\overline{OE}$.

Si nous complétons le rectangle ODRE, sa diagonale représentera en grandeur et en direction la résultante des actions moléculaires qui s'exercent sur AB;

$$\overline{OR} = \sqrt{\overline{OD}^2 + \overline{OE}^2}.$$

L'*intensité* de ces actions moléculaires sera donnée par l'équation

$$p_r = \frac{\overline{OR}}{\overline{AB}}$$

$$= \sqrt{p_{xx}^2\cos^2\widehat{xn} + p_{yy}^2\sin^2\widehat{xn} + p_{xy}^2 + 2p_{xy}(p_{xx}+p_{yy})\cos\widehat{xn}\sin\widehat{xn}}.\quad(1)$$

Abaissons du point R la ligne RP perpendiculaire sur la normale ON: les composantes *normale* et *tangentielle* de la résultante des actions moléculaires sur AB seront représentées respectivement par

$$\overline{OP} = \overline{OD}\cos\widehat{xn} + \overline{OE}\sin\widehat{xn},$$
$$\overline{PR} = \overline{OE}\cos\widehat{xn} - \overline{OD}\sin\widehat{xn},$$

et les *intensités* de ces composantes par

$$\left.\begin{aligned}
p_n &= \frac{\overline{OP}}{\overline{AB}} = p_{xx}\cos^2\widehat{xn} + p_{yy}\sin^2\widehat{xn} + 2p_{xy}\cos\widehat{xn}\sin\widehat{xn},\\
p_t &= \frac{\overline{PR}}{\overline{AB}} = (p_{yy}-p_{xx})\cos\widehat{xn}\sin\widehat{xn} + p_{xy}(\cos^2\widehat{xn}-\sin^2\widehat{xn}).
\end{aligned}\right\}\quad(2)$$

L'obliquité NOR $= \widehat{nr}$ des actions moléculaires sur AB est donnée par l'équation

$$\tang \widehat{nr} = \frac{p_t}{p_n}. \tag{3}$$

**109. Axes principaux d'actions moléculaires parallèles
à un plan.** Théorème. *Un état d'actions moléculaires parallèles à
un plan étant donné, il existe deux plans perpendiculaires entre eux,
sur lesquels il n'y a pas d'actions moléculaires tangentielles.*

Nous supposerons que l'on donne, comme au nᵒ 108, les trois
composantes rectangulaires p_{xx}, p_{yy}, p_{xy}, des actions moléculaires
sur deux plans perpendiculaires entre eux, OY, OX. On exprimera
qu'il n'y a pas d'actions moléculaires tangentielles sur un plan
normal à ON, en faisant $p_t = 0$ dans la seconde des équations 2
du nᵒ 108; pour que cette condition soit remplie, nous devons
avoir

$$\frac{\cos \widehat{xn} \sin \widehat{xn}}{\cos^2 \widehat{xn} - \sin^2 \widehat{xn}} = \frac{p_{xy}}{p_{xx} - p_{yy}},$$

ou, ce qui revient au même,

$$\tang 2\widehat{xn} = \frac{2 p_{xy}}{p_{xx} - p_{yy}}. \tag{1}$$

Pour deux valeurs de $\widehat{xn}$ différant d'un angle droit, les valeurs de
$\tang 2\widehat{xn}$ sont égales; il y a donc pour la normale ON deux directions
perpendiculaires entre elles, qui satisfont à la condition de ne pas
donner d'actions moléculaires tangentielles.

Ces deux directions sont nommées *axes principaux d'actions moléculaires*, et les actions moléculaires suivant ces deux directions
(qui sont conjuguées entre elles) portent le nom d'*actions moléculaires
principales*.

Il peut exister une troisième résultante d'actions moléculaires principales qui soit conjuguée et perpendiculaire aux deux premières;
mais comme à une exception près, les recherches qui suivent sont
relatives aux actions moléculaires sur des plans parallèles à la direction de cette troisième résultante d'actions moléculaire principales, qui n'affecte pas ces plans, on peut ne pas s'en occuper.

La manière la plus simple d'exprimer les relations entre des actions moléculaires intérieures parallèles à un plan consiste à prendre les deux axes principaux d'actions moléculaires dans ce plan pour axes des coordonnées; c'est ce que nous ferons dans les numéros suivants.

110. Actions moléculaires principales égales. Pression d'un fluide. THÉORÈME I. *Si deux résultantes d'actions moléculaires principales sont de même espèce et si leur intensité est la même, toute résultante d'actions moléculaires parallèles au même plan est de même espèce, a même intensité, et est normale à son plan d'action.*

Dans la *fig.* 53, OX, OY, sont les directions des actions moléculaires principales données; p_x, p_y, sont leurs intensités. Par suite des conditions indiquées, ces intensités sont égales, ou

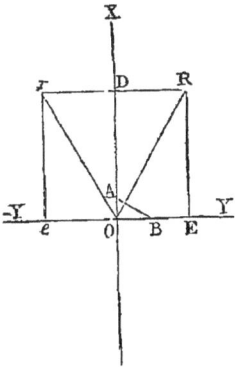

Fig. 53.

$$p_x = p_y.$$

Proposons-nous de déterminer la direction et l'intensité des actions moléculaires sur un plan quelconque AB. Nous considérerons, comme au n° 108, un prisme triangulaire OAB, et nous supposerons que sa longueur perpendiculairement au plan XOY soit l'unité. Les résultantes des actions moléculaires sur les faces $\overline{OB}$ et $\overline{OA}$ seront respectivement

$$p_x \, \overline{OB} \quad \text{et} \quad p_y \, \overline{OA}.$$

Portons respectivement sur OX et sur OY les lignes $\overline{OD}$ pour représenter $p_x\overline{OB}$, et $\overline{OE}$ pour représenter $p_y\overline{OA}$. Complétons le rectangle ODRE; sa diagonale $\overline{OR}$ représentera en grandeur et en direction la résultante des actions moléculaires sur la face $\overline{AB}$ du prisme, et l'intensité de ces actions moléculaires sera

$$\frac{\overline{OR}}{\overline{AB}} = p_r.$$

Par suite de ce que $p_x = p_y$, nous avons

$$\frac{\overline{OD}}{\overline{OB}} = \frac{\overline{OE}}{\overline{OA}} = \frac{\overline{OR}}{\overline{AB}},$$

7

et par conséquent

$$p_r = p_x = p_y;$$

par suite de la similitude des triangles AOB, OER, $\overline{OR}$ est perpendiculaire à $\overline{AB}$. Les actions moléculaires sur un plan quelconque perpendiculaire à XOY lui sont donc normales, et ont même intensité dans toutes les directions. — Q. E. D.

On voit, dans ce cas, qu'une direction quelconque dans le plan XOY jouit de la propriété d'être un *axe d'actions moléculaires*.

COROLLAIRE. Si les actions moléculaires dans toutes les directions parallèles à un plan donné sont normales, elles doivent avoir même intensité dans toutes ces directions.

THÉORÈME II. *Dans un fluide parfait, la pression en un point donné est normale et a même intensité dans toutes les directions.*

Le mot FLUIDE est opposé au mot *solide;* il s'applique aux corps liquides et gazeux, que nous avons définis au n° 4.

Les liquides et les gaz jouissent d'une propriété commune, qui est celle de *ne pas tendre à conserver une forme déterminée;* lorsqu'un corps possède cette propriété d'une façon parfaite dans toutes ses parties, on dit que c'est un *fluide parfait.* Les parties d'un corps qui résistent à des changements de forme, doivent exercer des actions moléculaires tangentielles; or un fluide parfait ne résiste à aucun changement de forme; les parties d'un fluide parfait ne peuvent donc pas exercer d'actions moléculaires tangentielles, et, par suite, les actions moléculaires en un point quelconque et dans une direction quelconque sont normales; elles doivent donc avoir en un point donné la même intensité dans toutes les directions. — Q. E. D.

Ce théorème et les conséquences que l'on en tire forment la branche de la statique, à laquelle on donne le nom d'*hydrostatique;* on l'étudie séparément le plus souvent, mais nous avons pensé, dans cet ouvrage, qu'il valait mieux la rattacher à la statique des forces réparties en général.

Les fluides gazeux tendent toujours à augmenter de volume; les actions moléculaires qu'ils exercent sont donc toujours des *pressions.* Les fluides liquides sont capables de résister à des *tensions* dans une certaine limite; mais, dans tous les cas de la pratique, on ne considère pour leurs actions moléculaires que les forces de *pression* qui ont seules de l'importance.

On emploie ces mots, *pression d'un fluide,* pour exprimer une pression normale et de même intensité dans toutes les directions autour d'un point.

De tous les liquides connus il n'y en a pas un qui réalise l'idée que l'on peut se faire d'un fluide parfait; ils possèdent tous plus ou moins une tendance à résister aux déformations; cette tendance porte le nom de *viscosité;* par là ils se rapprochent un peu des corps solides, néanmoins, dans les problèmes d'hydrostatique appliquée, l'hypothèse de la fluidité parfaite donne des résultats suffisamment exacts pour la pratique.

111. Actions moléculaires principales opposées. THÉO-RÈME. *Si deux résultantes d'actions moléculaires principales ont même intensité, mais sont d'espèces différentes, les actions moléculaires sur un plan quelconque perpendiculaire au plan des directions des actions moléculaires principales ont même intensité qu'elles, et les axes des actions moléculaires principales sont les bissectrices des angles que leur direction fait avec la normale à leur plan d'action.*

Reprenons la figure 53, et supposons que les actions moléculaires qui agissent suivant les axes rectangulaires OX, OY, aient, comme ci-dessus, même intensité, mais soient d'espèces différentes, que les unes soient des forces de pression et les autres des forces de tension. Cette condition sera exprimée par l'équation

$$p_y = -p_x.$$

Proposons-nous, dans ces conditions, de trouver la direction et l'intensité des actions moléculaires sur le plan AB auquel la ligne OR est normale.

Nous prendrons $\overline{OD}$, comme ci-dessus, pour représenter $p_x \overline{OB}$, ou la résultante des actions moléculaires sur la face $\overline{OB}$ du prisme triangulaire OAB, mais au lieu de prendre $\overline{OE}$ dans la direction de O vers B, pour représenter la résultante des actions moléculaires sur $\overline{OA}$, à savoir, $p_y \overline{OA}$, nous porterons la même longueur $\overline{Oe}$ en sens contraire. Complétons le rectangle OD*r*e; la diagonale $\overline{Or}$ représentera la résultante des actions moléculaires sur $\overline{AB}$. L'intensité de ces actions moléculaires est la même que celle trouvée ci-dessus, à savoir

$$p_r = p_x;$$

mais leur *direction* O*r*, au lieu d'être perpendiculaire à AB, fait avec l'axe OX un angle XO*r* égal à l'angle XOR que la normale fait avec le même axe de l'autre côté de cet axe, et OX est la bissectrice de l'angle d'obliquité ROr. — Q. E. D.

Les actions moléculaires p_r sont de même espèce que les actions moléculaires principales dont l'axe est le plus rapproché de leur direction; quand leur direction fait un angle de 45° avec chacun des axes, on a des *actions moléculaires tranchantes* ou *tangentielles*, de telle sorte qu'une tension et une pression de même intensité agissant respectivement sur deux plans perpendiculaires l'un à l'autre, équivalent à deux résultantes d'actions moléculaires tangentielles de même intensité qu'elles, appliquées sur deux plans qui sont perpendiculaires l'un à l'autre et qui font des angles de 45° avec le premier système de plans.

112. Ellipse d'actions moléculaires. PROBLÈME I. *Deux résultantes d'actions moléculaires principales, d'intensités quelconques, de même espèce ou d'espèces différentes, étant données, on demande de trouver la direction et l'intensité des actions moléculaires sur un plan quelconque perpendiculaire au plan parallèlement auquel agissent les deux résultantes d'actions moléculaires principales.*

Soient OX et OY (*fig.* 54 et 55) les deux directions des actions

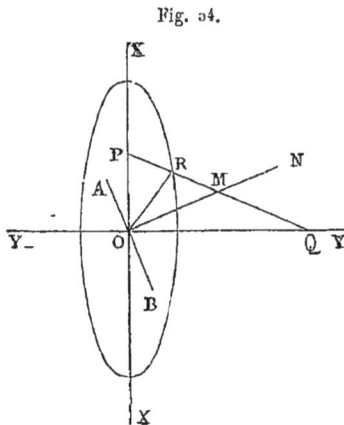

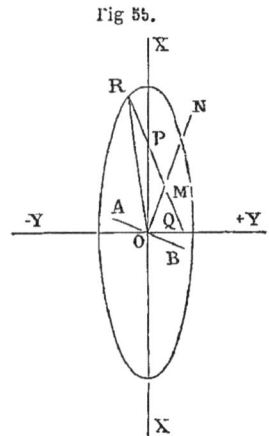

Fig. 54.   Fig 55.

moléculaires principales, OX étant la direction des actions moléculaires les plus grandes.

Représentons par p_x l'intensité de ces dernières et par p_y l'intensité des plus petites.

Nous désignerons par le signe + ou le signe — l'espèce des actions moléculaires, tension ou pression, à laquelle chacune d'elles appartient. Si l'on considère les tensions comme positives, on considérera les tensions comme négatives, et *vice versa*. Il est commode en général de considérer comme positives les actions moléculaires qui sont de même espèce que celle des deux résultantes d'actions moléculaires principales données qui a la plus grande intensité. Dans la figure 54, p_x et p_y sont de même espèce; dans la figure 55, elles sont d'espèces différentes.

Dans les équations qui suivent, le signe de p_y est *compris* dans ce symbole.

Considérons les deux équations

$$p_x = \frac{p_x + p_y}{2} + \frac{p_x - p_y}{2},$$

$$p_y = \frac{p_x + p_y}{2} - \frac{p_x - p_y}{2}.$$

On voit de suite que le couple des actions moléculaires, p_x et p_y, peut être considéré comme composé d'un couple d'actions moléculaires de même intensité et de même espèce, ayant pour intensité commune $\frac{p_x + p_y}{2}$, et d'un couple d'actions moléculaires de même intensité, mais d'espèces différentes, ayant pour intensité $\pm \frac{p_x - p_y}{2}$.

Soient maintenant AB le plan sur lequel on se propose de déterminer la direction et l'intensité des actions moléculaires, et ON une normale à ce plan, qui fait avec l'axe des actions moléculaires les plus grandes l'angle

$$\text{XON} = \widehat{xn}.$$

Prenons sur ON, $\overline{\text{OM}} = \frac{p_x + p_y}{2}$; cette ligne représentera l'intensité d'actions moléculaires normales à AB, de même espèce que les actions moléculaires principales les plus fortes; cette intensité, qui est la moyenne des actions moléculaires principales, résulte, d'après le théorème I du n° 110, du couple des actions moléculaires $\frac{p_x + p_y}{2}$.

Menons par le point M une ligne PMQ, telle que l'axe des actions moléculaires soit la bissectrice de l'angle qu'elle fait avec QN, c'est-à-dire prenons $\overline{\text{MP}} = \overline{\text{MQ}} = \overline{\text{MO}}$. Portons sur cette ligne, à partir de M, du côté de l'axe des actions moléculaires les plus grandes, la longueur $\overline{\text{MR}} = \frac{p_x - p_y}{2}$. Cette longueur représentera (111), en direction et en intensité, les actions moléculaires obliques sur AB, qui résultent du couple des actions moléculaires

$$\frac{p_x - p_y}{2}.$$

Joignons $\overline{\text{OR}}$. Cette ligne représentera la résultante des forces représentées par OM et MR, c'est-à-dire la direction et l'intensité des actions moléculaires entières sur AB. — Q. E. I.

La trigonométrie plane permet de résoudre algébriquement la question; elle donne les deux équations suivantes.

$$\text{Intensité, } \overline{\text{OR}} \text{ ou } p_r = \sqrt{p_x^2 \cos^2 \widehat{xn} + p_y^2 \sin^2 \widehat{xn}}. \qquad (1)$$

On aurait pu trouver cette équation en faisant $p_{xy} = 0$ dans l'é-quation 1 du n° 108, problème II.

$$\text{Obliquité, NOR ou } \widehat{nr} = \arc \sin \left(\sin 2\widehat{xn} \frac{p_x - p_y}{2p_r} \right). \qquad (2)$$

La direction des actions moléculaires résultantes est toujours si-tuée du côté de l'axe des actions moléculaires les plus grandes.

Dans la figure 54, p_x et p_y sont représentés comme étant de même espèce; $\overline{\text{MR}}$ est, par conséquent, plus petite que $\overline{\text{OM}}$, de telle façon que $\overline{\text{OR}}$ tombe du même côté de OX que ON, c'est-à-dire que l'on a $\widehat{nr} < \widehat{xn}$.

Dans la figure 55, p_x et p_y sont d'espèces différentes; $\overline{\text{MR}}$ est plus grande que $\overline{\text{OM}}$, et OR tombe du côté de OX qui est opposé à OM, c'est-à-dire que l'on a $\widehat{nr} > \widehat{xn}$.

Le lieu du point M est un cercle ayant pour rayon $\frac{p_x + p_y}{2}$, et ce-lui du point R, une ellipse ayant pour demi grands axes p_x et p_y; on peut donner à cette ellipse le nom d'ELLIPSE D'ACTIONS MOLÉCULAIRES, parce qu'un demi-diamètre quelconque représente l'intensité des actions moléculaires qui ont la même direction.

Les *actions moléculaires principales*, représentées par les demi grands axes de cette ellipse, sont respectivement les *plus grandes* et les *plus petites* actions moléculaires parallèles au plan XOY.

Les composantes *directe* et *tranchante*, ou *normale* et *tangentielle* de OR $= p_r$, s'obtiennent en abaissant du point R une perpendiculaire sur ON ; on a alors

$$composante\ directe,\qquad p_n = p_x \cos^2 \widehat{nx} + p_y \sin^2 \widehat{xn}, \qquad (3)$$

$$composante\ tranchante,\quad p_t = (p_x - p_y) \cos \widehat{xn} \sin \widehat{xn}. \qquad (4)$$

On aurait pu déduire ces équations des équations 2 du n° 108, problème II.

Les équations 3 montrent que la *somme des actions moléculaires normales sur deux plans perpendiculaires l'un à l'autre est égale à la somme des actions moléculaires principales*. On déduit de l'équation 4 le principe que nous avons établi autrement au n° 104, de l'égalité des actions moléculaires tranchantes, sur un système de deux plans perpendiculaires l'un à l'autre.

PROBLÈME II. *Étant données les actions moléculaires principales, on demande de trouver la position des plans pour lesquels la composante tangentielle des actions moléculaires est la plus grande, ainsi que l'intensité de ces forces tangentielles.* Il est évident que les actions moléculaires tangentielles ont leur plus grande valeur lorsque MR est perpendiculaire à OM ; $\overline{MR}$ représente alors leur intensité, c'est-à-dire que

$$\text{le maximum de } p_t = \frac{p_x - p_y}{2}. \qquad (5)$$

Dans ce cas, AB est l'un ou l'autre des deux plans qui font des angles de 45° avec les axes des actions moléculaires.

PROBLÈME III. *On demande de déterminer les plans pour lesquels l'obliquité des actions moléculaires est la plus grande, l'intensité de ces actions et l'angle d'obliquité correspondant.*

CAS 1. *Les actions moléculaires principales sont de même espèce* (fig. 54). Dans ce cas $\overline{MR} < \overline{MO}$, et il est évident que l'angle d'obliquité MOR $= \widehat{nr}$ est le plus grand, lorsque MR est perpendiculaire à OR, et que sa valeur est donnée par l'équation

$$\text{maximum de } \widehat{nr} = \arcsin \frac{\overline{MR}}{\overline{OM}} = \arcsin \frac{p_x - p_y}{p_x + p_y}. \qquad (6)$$

Pour déterminer la *position* de la normale ON au plan AB, remarquons que

$$\widehat{xn} = \frac{1}{2}\ \text{PMN}.$$

Mais

$$\mathrm{PMN} = \mathrm{MRO} + \mathrm{MOR} = \frac{\pi}{2} + \text{maximum de } \widehat{nr};$$

nous aurons donc, dans ce cas,

$$\widehat{xn} = \frac{\frac{\pi}{2} + \text{maximum de } \widehat{nr}}{2}. \qquad (7)$$

($\widehat{xn}$ est un angle obtus).

Nous aurons, pour déterminer la position du plan AB lui-même, l'équation

$$\mathrm{XOA} = \frac{\pi}{2} - \widehat{xn} = \frac{\frac{\pi}{2} - \text{maximum de } \widehat{nr}}{2}; \qquad (8)$$

(XOA est un angle aigu).

Ces équations s'appliquent à un système de deux plans faisant des angles égaux de chaque côté de OX.

L'*intensité* des actions moléculaires les plus obliques a évidemment pour expression

$$p_r = \sqrt{\overline{\mathrm{OM}}^2 - \overline{\mathrm{MR}}^2} = \sqrt{\frac{(p_x + p_y)^2}{4} - \frac{(p_x - p_y)^2}{4}} = \sqrt{p_x p_y}. \qquad (9)$$

C'est donc une *moyenne proportionnelle* entre les actions moléculaires principales. On peut le voir autrement en remarquant que, lorsque OR est perpendiculaire à PRQ, $\overline{\mathrm{OR}} = \sqrt{\overline{\mathrm{PR}}\,\overline{\mathrm{RQ}}}$, et que $\overline{\mathrm{RQ}} = p_x$ et $\overline{\mathrm{PR}} = p_y$.

Cas 2. *Les actions moléculaires principales sont d'espèces différentes* (*fig.* 55). Il est évident que les actions moléculaires les plus obliques sont des actions moléculaires tangentielles et que le problème revient à chercher les circonstances dans lesquelles OR se trouve dans le plan AB. On voit facilement, dans ce cas, que le triangle OMR devient rectangle en O, et par conséquent que l'intensité des actions moléculaires est donnée par l'équation

$$p_r = \sqrt{\overline{\mathrm{MR}}^2 - \overline{\mathrm{OM}}^2} = \sqrt{\frac{(p_x - p_y)^2}{4} - \frac{(p_x + p_y)^2}{4}} = \sqrt{-p_x p_y}; \qquad (10)$$

c'est encore une moyenne proportionnelle entre les actions moléculaires principales. Le produit $-p_x p_y$ est positif malgré son signe négatif, la quantité p_y étant dans ce cas négative.

On obtient la position de la normale ON en remarquant que

$$\widehat{xn} = \frac{1}{2}\,\mathrm{PMN},$$

et que

$$\mathrm{PMN} = \mathrm{MOR} + \mathrm{MRO} = \frac{\pi}{2} + \arcsin\frac{p_x + p_y}{p_x - p_y};$$

par conséquent

$$\widehat{xn} = \frac{1}{2}\left(\frac{\pi}{2} + \arcsin\frac{p_x + p_y}{p_x - p_y}\right), \qquad (11)$$

($\widehat{xn}$ est un angle obtus),

$$\mathrm{XOA} = \frac{\pi}{2} - \widehat{xn} = \frac{1}{2}\left(\frac{\pi}{2} - \arcsin\frac{p_x - p_y}{p_x - p_y}\right),$$

(XOA est un angle aigu).

Dans ces formules, comme dans celles qui sont relatives au cas dans lequel p_x et p_y sont d'espèces différentes, il ne faut pas oublier que p_y est une *quantité négative*, et que par conséquent $p_x + p_y$ représente la *différence*, et $p_x - p_y$ la *somme*, des *valeurs arithmétiques* des actions moléculaires principales.

PROBLÈME IV. *Étant données les intensités, les espèces et les obliquités de deux résultantes quelconques d'actions moléculaires sur deux plans d'action qui sont perpendiculaires au plan de leurs directions, on demande de trouver les actions moléculaires principales et les axes de ces actions.*

Fig. 56.

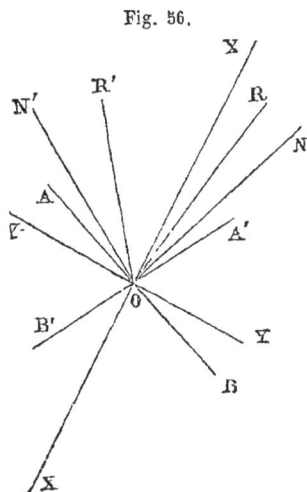

CAS 1. *Les actions moléculaires données sont de même espèce, et inégales.*

Dans la *fig.* 56, AB, A'B', représentent les plans donnés, ON, ON', leurs normales, OR, OR', les actions moléculaires sur ces plans.

Représentons algébriquement les intensités par

$$p = \mathrm{OR}, \quad p' = \mathrm{OR'},$$

et les obliquités par

$$\mathrm{NOR} = \widehat{nr}, \quad \mathrm{N'OR'} = \widehat{n'r'}.$$

Dans la *fig.* 57, nous prendrons la ligne ON pour représenter en même temps les normales aux deux plans.

Faisons

$$\text{NOR} = \widehat{nr}, \quad \text{NOR}' = \widehat{n'r'}, \quad \text{OR} = p, \quad \text{OR}' = p'.$$

Joignons RR', prenons le milieu S de cette ligne, et par ce point élevons la perpendicu-

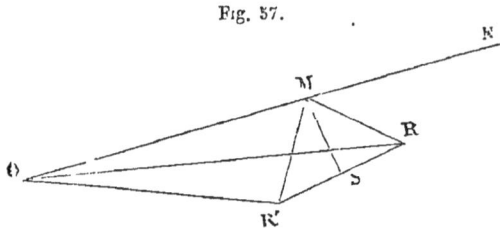

Fig. 57.

laire SM à RR'; cette perpendiculaire coupe la ligne OM en M. Joignons MR, MR'; ces lignes sont évidemment égales. Si l'on compare cette figure avec l'ellipse d'actions moléculaires, telle que nous l'avons construite (problème I), on voit facilement que

$$\overline{\text{OM}} = \frac{p_x + p_y}{2}, \quad \overline{\text{MR}} = \overline{\text{MR}'} = \frac{p_x - p_y}{2},$$

et par suite que les actions moléculaires principales sont

$$p_x = \overline{\text{OM}} + \overline{\text{MR}}. \quad p_y = \overline{\text{OM}} - \overline{\text{MR}}. \tag{12}$$

Il est évident également que les angles, que l'axe des actions moléculaires les plus grandes fait respectivement avec les deux normales, sont

$$\widehat{xn} = \frac{1}{2}\text{NMR}, \quad \widehat{xn'} = \frac{1}{2}\text{NMR'}. \tag{13}$$

Ces quantités suffisent pour déterminer la position des axes. —Q. E. I.

Cas 2. *Les actions moléculaires données sont d'espèces différentes.* La construction ne diffère de celle que nous venons d'indiquer qu'en ce que les actions moléculaires les plus petites doivent être représentées dans la *fig.* 57 par une ligne qui est située dans le *prolongement* de sa direction, de l'autre côté du point O, et qui fait avec ON un angle obtus égal au supplément de son obliquité.

Dans l'un ou l'autre des deux cas que nous venons d'examiner, l'angle que font entre elles les normales aux deux plans donnés doit avoir l'une ou l'autre des valeurs suivantes :

$$nn' = \begin{cases} \text{ou } \widehat{xn'} + \widehat{xn} = \text{NMS} \\ \text{ou } \widehat{xn'} - \widehat{xn} = \text{RMS} \end{cases} \tag{14}$$

selon que les deux normales sont de côtés différents ou d'un même côté de l'axe des actions moléculaires les plus grandes.

On déduit de la solution géométrique que nous venons de donner, les équations suivantes qui sont la solution algébrique du problème; il suffit pour cela de se reporter à des formules connues de trigonométrie.

$$\frac{p_x+p_y}{2} = \overline{OM} = \frac{p^2-p'^2}{2\,(p\cos\widehat{nr} - p'\cos\widehat{n'r'})}; \qquad (15)$$

$$\frac{p_x-p_y}{2} = \overline{MR} = \overline{MR}'$$

$$= \sqrt{\frac{(p_x+p_y)^2}{4} + p^2 - (p_x+p_y)p\cos\widehat{nr}}$$

$$= \sqrt{\frac{(p_x+p_y)^2}{4} + p'^2 - (p_x+p_y)p'\cos\widehat{n'r'}}. \qquad (16)$$

$$\left.\begin{array}{l} \cos 2\,\widehat{xn} = \dfrac{2p\cos\widehat{nr} - p_x - p_y}{p_x-p_x} \\[2mm] \cos 2\,\widehat{xn'} = \dfrac{2p\cos\widehat{n'r'} - p_x - p_y}{p_x-p_y} \end{array}\right\}. \qquad (17)$$

Il ne faut pas oublier, lorsqu'on applique ces équations, que le cosinus d'un angle obtus est négatif.

CAS 1 ET 2 SIMPLIFIÉS.

CAS 3. *Lorsque les deux résultantes d'actions moléculaires sont conjuguées*, elles ont même obliquité, et les points O, R', S, R, de la *fig.* 57 sont situés sur une même ligne droite, à laquelle MS est perpendiculaire, l'angle compris entre les deux normales étant

$$\text{NMS} = \widehat{nn'} = \frac{\pi}{2} + \widehat{nr}. \qquad (18)$$

Dans ce cas, l'équation 15 devient

$$\frac{p_x+p_y}{2} = \overline{OM} = \frac{p+p'}{2\cos\widehat{nr}}, \qquad (19)$$

l'équation 16 devient

$$\frac{p_x-p_y}{2} = \overline{MR} = \overline{MR}' = \sqrt{\frac{(p_x+p_y)^2}{4} - pp'} = \sqrt{\frac{(p+p')^2}{4\cos^2\widehat{nr}} - pp'}. \quad (20)$$

Quant aux équations 17, elles ne sont modifiées que par suite de l'égalité de $\widehat{nr}$ et de $\widehat{n'r'}$.

CAS 4. *Lorsque les plans d'action des deux résultantes d'actions moléculaires données sont perpendiculaires l'un à l'autre,* MS *est perpendiculaire, et* RR′ *parallèle à* ON, *dans la fig.* 57, de telle sorte que nous avons pour la composante tangentielle de chacune de ces résultantes d'actions moléculaires

$$\overline{\text{MS}} = p \sin\widehat{nr} = p' \sin\widehat{n'r'} = p_t.$$

Représentons les composantes normales des actions moléculaires données par

$$p_n = p \cos\widehat{nr}, \qquad p'_n = p'\cos\widehat{n'r'}.$$

L'équation 15 devient alors

$$\frac{p_x + p_y}{2} = \frac{p_n + p'_n}{2}, \qquad (21)$$

et l'équation 16

$$\frac{p_x - p_y}{2} = \sqrt{\frac{(p_n - p'_n)^2}{4} + p_t^2}. \qquad (22)$$

Quant aux équations (17), elles deviennent

$$\left. \begin{array}{c} \cos 2\widehat{xn} = -\cos 2\widehat{x'n'} = \dfrac{p_n - p'_n}{p_x - p_y}, \\[2mm] \text{ou, ce qui revient au même,} \\[2mm] \tan g\, 2\widehat{xn} = -\tan g\, 2\widehat{x'n'} = \dfrac{2p_t}{p_n - p'_n} \end{array} \right\}. \qquad (23)$$

Cette équation est la même que l'équation (1) du n° 109.

PROBLÈME V. *Les actions moléculaires dans toutes les directions étant des forces de pression, et l'obliquité la plus grande étant donnée, on demande de trouver le rapport entre deux pressions conjuguées dont on donne l'obliquité commune.*

Soit φ la plus grande obliquité donnée. Nous avons, d'après le problème III,

$$\frac{p_x - p_y}{p_x + p_y} = \sin\varphi.$$

Soit $\widehat{nr}$ l'obliquité commune de deux pressions conjuguées, laquelle ne doit pas être supérieure à φ, nous aurons comme dans le problème IV, cas 3,

$$\frac{\pi}{2} + \widehat{nr}$$

pour l'angle que font entre elles les normales à leurs plans d'action, et

$$\frac{\pi}{2} - \widehat{nr}$$

pour l'angle de ces plans eux-mêmes. Désignons par p l'intensité de la plus grande, et par p' l'intensité de la plus petite, de ces pressions conjuguées dont on cherche le rapport; nous aurons, en divisant l'équation 20 ci-dessus par l'équation 19, et en élevant le résultat au carré,

$$\sin^2 \varphi = \left(\frac{p_x - p_y}{p_x + p_y}\right)^2 = 1 - \frac{4pp' \cos^2 \widehat{nr}}{(p + p')^2} \qquad (24)$$

ou

$$\frac{(p + p')^2}{4pp'} = \frac{\cos^2 \widehat{nr}}{\cos^2 \varphi}. \qquad (25)$$

Il en résulte que le rapport entre les actions moléculaires conjuguées p, p', est celui qui existe entre les racines de l'équation du second degré

$$v^2 - 2 \cos \widehat{nr}\, u + \cos^2 \varphi = 0, \qquad (26)$$

c'est-à-dire que si p est la pression la plus grande, et p' la pression la plus petite, on a

$$\frac{p'}{p} = \frac{\cos \widehat{nr} - \sqrt{\cos^2 \widehat{nr} - \cos^2 \varphi}}{\cos \widehat{nr} + \sqrt{\cos^2 \widehat{nr} - \cos^2 \varphi}}. \qquad (27)$$

Lorsque $nr = 0$, ce rapport est égal au rapport entre les pressions principales, à savoir:

$$\frac{p_y}{p_x} = \frac{1 - \sin \varphi}{1 + \sin \varphi}. \qquad (28)$$

Lorsque $nr = \varphi$, ce rapport devient l'unité.

113. **Combinaison d'actions moléculaires dans un plan.** PROBLÈME. *Étant données les intensités normales et les directions d'un nombre quelconque de résultantes d'actions moléculaires simples dont les directions sont dans le même plan, on demande de trouver les*

directions et les intensités du couple d'actions moléculaires principales qui résultent de leur combinaison.

Nous distinguerons les tensions des pressions en regardant l'espèce des forces dont la somme est la plus grande comme positive et l'autre espèce comme négative. Nous prendrons deux plans rectangulaires entre eux (que nous appellerons plans de réduction), et nous rapporterons à chacun d'eux les actions moléculaires données, par la méthode indiquée au nᵒ 98; nous décomposerons ensuite les actions moléculaires ainsi rapportées, comme au nᵒ 99, en leurs composantes directes ou normales et en leurs composantes tranchantes ou tangentielles. Nous évaluerons (en faisant attention aux signes + et —) les deux sommes des actions moléculaires composantes directes sur les deux plans de réduction respectivement; nous ferons la somme des composantes tangentielles, qui sera la même pour chacun des plans de réduction: enfin, au moyen des actions moléculaires normales totales et des actions moléculaires tangentielles totales ainsi obtenues, relativement aux plans de réduction rectangulaires, nous déterminerons, comme dans le nᵒ 112, problème II, cas 4, les directions et les intensités des actions moléculaires principales qui en résultent. — Q. E. I.

Voici la solution algébrique de ce problème. Représentons par n la normale à l'un des plans rectangulaires de réduction.

Désignons par p *l'intensité normale* de l'une quelconque des résultantes des actions moléculaires directes données, et par $\widehat{np}$ l'angle que sa direction fait avec la normale n. Le symbole Σ représentera, comme dans les exemples précédents, la somme de quantités en ayant égard à leurs signes algébriques, c'est-à-dire en ajoutant les quantités positives et retranchant les quantités négatives.

Les composantes directe et tangentielle de la résultante d'actions moléculaires d'intensité p, ramenées aux plans rectangulaires de réduction, conformément aux principes du nᵒ 99, sont les suivantes :

$$\text{composante normale} \begin{cases} \text{sur le plan normal à } n. \quad p\cos^2\widehat{np}; \\ \text{sur l'autre plan.} \ldots \quad p\sin^2\widehat{np}; \end{cases}$$

composante tangentielle sur chacun des plans. . $p\cos\widehat{np}\sin\widehat{np}$.

Les actions moléculaires totales, directes et tangentielles sur les plans de réduction, seront alors :

normales. . . . . $\left\{\begin{array}{l} p_n = \Sigma(p \cos^2 \widehat{np}); \\ p'_n = \Sigma(p \sin^2 \widehat{np}); \end{array}\right.$

tangentielles. . . $p_t = \Sigma(p \cos \widehat{np} \sin \widehat{np})$.

Si nous substituons ces valeurs dans les équations 21, 22 et 23 du n° 112; et si nous remarquons que

$$\cos^2 \widehat{np} + \sin^2 \widehat{np} = 1, \quad \cos^2 \widehat{np} - \sin^2 \widehat{np} = \cos 2\widehat{np},$$
$$\cos \widehat{np} \sin \widehat{np} = \frac{1}{2} \sin 2\widehat{np},$$

nous obtiendrons les résultats suivants :

$$\frac{p_x + p_y}{2} = \frac{1}{2} \Sigma p. \tag{1}$$

$$\frac{p_x - p_y}{2} = \frac{1}{2} \sqrt{\left(\Sigma p \cos 2\widehat{np}\right)^2 + \left(\Sigma p \sin 2\widehat{np}\right)^2}. \tag{2}$$

$$\widehat{nx} = \frac{1}{2} \text{ arc tang} \frac{\Sigma p \sin 2\widehat{np}}{\Sigma p \cos 2\widehat{np}}. \tag{3}$$

On peut mettre l'équation 2 sous une autre forme, qui est la suivante. Soient a, a' *deux* angles *quelconques*, on a

$$\cos a \cos a' + \sin a \sin a' = \cos (a - a').$$

Maintenant la quantité placée sous le radical, dans l'équation 2, se compose des groupes de termes suivants :

    1. tous les carrés $p^2 \cos^2 2\widehat{np}$;

    2. tous les produits $2pp' \cos 2\widehat{np} \cos 2\widehat{np'}$;

dans lesquels p, p' représentent deux intensités *quelconques* d'actions moléculaires données ;

    3. tous les carrés $p^2 \sin^2 2\widehat{np}$;

    4. tous les produits $2pp' \sin 2\widehat{np} \sin 2\widehat{np'}$.

Si l'on ajoute les groupes des termes 1 et 3, on a l'expression $\Sigma(p^2)$; si l'on ajoute les groupes 2 et 4, on obtient l'expression $2\Sigma(pp' \cos 2\widehat{pp'})$, $\widehat{pp'}$ étant l'angle de p et de p'. L'équation 2 devient alors

$$\frac{p_x - p_y}{2} = \frac{1}{2} \sqrt{\Sigma(p)^2 + 2\Sigma(pp' \cos 2\widehat{pp'})}. \qquad (4)$$

On voit, d'après les équations 1 et 4, que l'on peut obtenir les *intensités* des actions moléculaires principales p_x et p_y sans prendre de plans de réduction; car les seuls angles qui figurent dans ces deux équations sont les divers angles $\widehat{pp'}$ que les actions moléculaires données font entre elles, quand on les groupe deux à deux de toutes les manières possibles. Mais pour trouver les *directions* de ces actions moléculaires principales, il faudra recourir aux plans de réduction.

Quand on fait usage de l'équation 4, il faut se rappeler que, lorsque $2\widehat{pp'}$ est supérieur à $\frac{\pi}{2}$, on a

$$\cos 2\widehat{pp'} = - \cos (\pi - 2\widehat{pp'}).$$

SECTION 4. — *Équilibre intérieur entre les actions moléculaires et le poids, et principes d'hydrostatique.*

114. Actions moléculaires intérieures non uniformes. Dans les questions de la section précédente, nous avons supposé que les actions moléculaires intérieures, simples ou composées, étaient uniformes dans toute l'étendue du corps considéré; les résultats que nous avons obtenus sont néanmoins applicables à des actions moléculaires intérieures qui varient d'un point à l'autre du corps. Nous sommes en effet arrivés à ces résultats en envisageant les conditions d'équilibre d'une portion prismatique ou pyramidale du corps qui contenait le point pour lequel nous avions à déterminer les relations entre les composantes des actions moléculaires; or lorsque les actions moléculaires varient d'un point à l'autre, on peut supposer le prisme ou la pyramide assez petits pour que l'erreur commise, en regardant les actions moléculaires comme uniformes, soit inférieure à toute quantité donnée; mais l'exactitude des propositions de la section précédente pour des actions moléculaires uniformes est indépendante des dimensions du prisme ou de la pyramide; on peut donc dire que ces propositions approchent de la vérité d'aussi peu que l'on veut dans le cas d'actions moléculaires qui varient; elles sont donc vraies aussi bien quand les actions moléculaires ne sont pas uniformes que lorsqu'elles sont uniformes.

115. Causes des variations des actions moléculaires. Les variations des actions moléculaires d'un point à un autre d'un corps sont dues aux causes suivantes :

I. attractions et répulsions mutuelles entre les parties du corps;

II. attractions et répulsions entre les parties du corps en question et les corps extérieurs;

III. actions moléculaires entre le corps en question et les corps extérieurs à leurs surfaces de contact.

I. Nous ne nous occuperons pas de la première de ces causes dans le présent traité; les attractions et répulsions mutuelles des parties d'une construction sont en effet trop faibles pour qu'il y ait lieu d'en tenir compte dans la pratique.

II. De la seconde de ces causes nous ne considérerons que le *poids* du corps.

III. La troisième cause se rattache à la résistance des matériaux que nous étudierons plus tard.

Nous allons, dans cette section, nous occuper de rechercher la relation qui existe entre le poids des parties d'un corps, et la variation de ses actions moléculaires d'un point à un autre.

116. Problème général de l'équilibre intérieur. Désignons par w le poids de l'unité de volume d'un corps ou d'une partie d'un corps, et proposons-nous de déterminer de quelle façon ce poids spécifique fait varier les actions moléculaires intérieures.

Isolons par la pensée un volume élémentaire parallélipipédique A

Fig. 58.

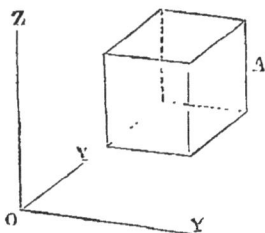

(*fig.* 58), dont les arêtes sont parallèles aux trois axes rectangulaires OX, OY, OZ. Le résultat est indépendant de la position de ces axes; mais pour simplifier les formules algébriques, il convient de prendre un des axes vertical; soit OZ cet axe et supposons que les distances sur cet axe soient positives quand elles sont dirigées de bas en haut. On devra alors regarder un poids comme une force négative, et le poids d'une portion du corps qui a pour volume V sera représenté par

$$- w\mathrm{V}.$$

8

Représentons par

$$\Delta x \text{ parallèlement à OX},$$
$$\Delta y \quad \text{»} \quad \text{à OY},$$
$$\Delta z \quad \text{»} \quad \text{à OZ},$$

les dimensions du volume A; son poids sera exprimé par

$$- w\Delta x\Delta y\Delta z.$$

Les six faces seront désignées de la façon suivante :

	la plus éloignée de 0.	la plus rapprochée de 0.
deux faces parallèles à YOZ	$+ \Delta y\Delta z$	$- \Delta y\Delta z$
» à ZOX	$+ \Delta z\Delta x$	$- \Delta z\Delta x$
» à XOY	$+ \Delta x\Delta y$	$- \Delta x\Delta y$
(qui sont les deux faces horizontales).	(supérieure).	(inférieure).

Représentons, comme au n° 104, les six intensités des composantes des actions moléculaires de la façon suivante :

$$\text{composantes normales} \ldots \ldots p_{xx}, \; p_{yy}, \; p_{zz},$$
$$\text{»} \qquad \text{tangentielles} \ldots p_{yz}, \; p_{zx}, \; p_{xy}.$$

Quant aux signes des actions moléculaires normales, nous supposerons que les forces de tension sont positives, et les forces de pression négatives. Pour les signes des actions moléculaires tangentielles, nous supposerons qu'elles sont positives quand elles tendent à rendre plus aigus les deux angles du volume élémentaire qui sont le plus rapproché et le plus éloigné de 0, et négatives quand elles tendent à rendre ces mêmes angles plus obtus.

Nous supposerons en premier lieu que les actions moléculaires, quelle que soit leur espèce, varient suivant un *taux* uniforme d'un point à un autre, c'est-à-dire, par exemple, que si l'intensité moyenne d'une des composantes des actions moléculaires sur la face $- \Delta x\Delta y$ est p, l'intensité moyenne de la même composante sur la face $+ \Delta x\Delta y$ dont la distance à la face $- \Delta x\Delta y$ est Δz sera

$$p + \frac{dp}{dz} \Delta z,$$

expression dans laquelle $\frac{dp}{dz}$ est un coefficient ou facteur constant, représentant le *taux de la variation de* p *le long de l'axe des* z, qui sera positif ou négatif, selon que la variation de p est de même espèce que celle de z ou d'espèce différente. *Les taux de variation* sont encore désignés par le nom de *coefficients différentiels*. Comme il y a six composantes des actions moléculaires et trois axes de coordonnées, il y a *dix-huit* coefficients différentiels possibles des actions moléculaires relativement aux coordonnées; mais on va voir que dans la résolution du problème actuel, il n'y a que *neuf* de ces coefficients en cause.

Les relations entre le poids du volume élémentaire A et les variations des intensités des actions moléculaires composantes sur ses différentes faces, résultent de ce principe, que *la force qui provient des variations des actions moléculaires doit faire équilibre au poids de l'élément de volume,* c'est-à-dire, que la force résultante parallèle à chacun des axes horizontaux, qui provient de la variation des actions moléculaires, doit être *nulle,* et que la force résultante parallèle à l'axe vertical, qui résulte de la variation des actions moléculaires, doit être dirigée de *bas en haut,* et être *égale au poids du volume élémentaire;* ce principe est exprimé par les trois équations suivantes :

$$\left.\begin{aligned}
\frac{dp_{xx}}{dx}\Delta x \Delta y \Delta z + \frac{dp_{xy}}{dy}\Delta y \Delta z \Delta x + \frac{dp_{zx}}{dz}\Delta z \Delta x \Delta y = 0; \\
\frac{dp_{xy}}{dx}\Delta x \Delta y \Delta z + \frac{dp_{yy}}{dy}\Delta y \Delta z \Delta x + \frac{dp_{yz}}{dz}\Delta z \Delta x \Delta y = 0; \\
\frac{dp_{zx}}{dx}\Delta x \Delta y \Delta z + \frac{dp_{yz}}{dy}\Delta y \Delta z \Delta x + \frac{dp_{zz}}{dz}\Delta z \Delta x \Delta y = w\Delta x \Delta y \Delta z.
\end{aligned}\right\} \quad (1)$$

Chacun des neuf termes qui composent les premiers membres des équations 1 est le produit de quatre facteurs; le premier de ces facteurs est le taux de la variation d'actions moléculaires; le second, la distance entre les deux faces sur lesquelles ces actions moléculaires s'exercent; le troisième et le quatrième, les dimensions de ces faces, le produit de ces dimensions représentant leur surface commune.

Chacun des termes de ces trois équations contient comme facteur commun le volume élémentaire $\Delta x \Delta y \Delta z$; si nous divisons chacune d'elles par cette valeur, nous les ramènerons à la forme suivante :

$$\left.\begin{aligned}
\frac{dp_{xx}}{dx} + \frac{dp_{xy}}{dy} + \frac{dp_{zx}}{dz} = 0; \\
\frac{dp_{xy}}{dx} + \frac{dp_{yy}}{dy} + \frac{dp_{yz}}{dz} = 0; \\
\frac{dp_{zx}}{dx} + \frac{dp_{yz}}{dy} + \frac{dp_{zz}}{dz} = w.
\end{aligned}\right\} \quad (2)$$

Sous cette seconde forme, les équations sont applicables aussi bien quand le taux de la variation n'est pas uniforme que lorsqu'il est uniforme. L'élément de volume, dont les conditions d'équilibre ont donné lieu aux équations ci-dessus, étant en effet d'une grandeur quelconque, on peut le supposer aussi petit que l'on veut; et quand le taux de la variation des actions moléculaires n'est pas uniforme, on peut toujours, en supposant le volume suffisamment petit, faire en sorte que le taux de la variation des actions moléculaires diffère d'être uniforme d'une quantité plus petite qu'un nombre donné.

On peut facilement modifier les équations 2 de façon à les approprier à une disposition quelconque des axes de coordonnées. Ainsi, si l'on regarde l'axe des z comme positif quand il est dirigé vers le bas au lieu d'être dirigé vers le haut, on devra substituer $- w$ à w dans la troisième équation. Si l'on prend l'axe des x ou l'axe des y comme axe vertical, au lieu de l'axe des z, on devra substituer w à 0 dans la première ou dans la seconde équation, suivant les cas, et 0 à w dans la troisième équation. Si les axes des x, des y et des z font respectivement les angles α, β et γ, avec une ligne dirigée verticalement de bas en haut, on décomposera la force due à la gravité en trois composantes rectangulaires, et chacune d'elles devra faire séparément équilibre à la variation des actions moléculaires, de telle sorte qu'aux valeurs

$$0, \qquad\qquad 0, \qquad\qquad w,$$

on devra substituer dans la première, dans la seconde et dans la troisième équation respectivement, les valeurs

$$w \cos \alpha, \qquad\qquad w \cos \beta, \qquad\qquad w \cos \gamma.$$

Les équations ci-dessus ne suffisent pas en général pour qu'on puisse déterminer le mode de variation de l'intensité des actions moléculaires dans un corps solide, attendu que leur nombre est inférieur au nombre des quantités inconnues à déterminer. On devra donc les combiner avec d'autres équations déduites des relations que l'expérience fournit entre les changements de forme qui résultent pour les parties d'un corps solide de l'action de forces extérieures, et les forces moléculaires qui agissent en même temps sur les parties déformées. Mais ces relations dépendent de l'élasticité et de la résistance des matériaux, et ne résultent pas de principes de statique. Nous allons examiner maintenant quelques problèmes plus simples que les équations 2 à elles seules permettent de résoudre.

117. Équilibre des fluides. Nous avons déjà dit au n° 110, que les seules actions moléculaires qu'il y a lieu de considérer, en pratique, dans les fluides sont des forces de pression ou de poussée normales et de même intensité dans toutes les directions.

On peut exprimer ce fait d'une façon symbolique de la manière suivante :

$$p_{yz} = 0; \quad p_{zx} = 0; \quad p_{xy} = 0; \quad \Big\rangle$$
$$p_{xx} = p_{yy} = p_{zz} = p; \qquad \Big\rangle \qquad (1)$$

en employant, pour simplifier, le symbole unique p pour représenter l'*intensité de la pression du fluide* en un point quelconque du fluide.

Si l'on applique à ce cas les équations 2 du n° 116, il est commode de prendre l'axe des x comme axe des coordonnées verticales, et de les supposer *positives de haut en bas*. Alors, si l'on remarque que p représente maintenant une force de pression qui est positive (et non une force de tension quand il est positif, et une force de pression quand il est négatif, comme dans le problème général), on obtient les équations suivantes :

$$\frac{dp}{dx} = w; \qquad \Big\rangle$$
$$\frac{dp}{dy} = 0; \quad \frac{dp}{dz} = 0. \quad \Big\rangle \qquad (2)$$

La première de ces équations exprime ce fait, que *dans un fluide en équilibre, la pression croît avec la hauteur verticale, et que le taux de la variation est exprimé par le poids du fluide par unité de volume;* la seconde et la troisième équation montrent que *dans un fluide en équilibre, la pression ne varie pas dans une direction horizontale,* en d'autres termes, *que la pression est égale aux différents points d'une même surface de niveau.*

(La forme exacte d'une surface de niveau est celle d'une sphère, mais dans les différents cas que l'on a à traiter en mécanique appliquée, on peut admettre, sans erreur sensible, que cette surface est plane.)

On peut établir ces principes directement. La *fig.* 59 représente la section verticale d'un fluide; YOY est un plan horizontal quelconque, et OX un axe vertical. Représentons par BB un plan horizontal situé à une distance x au-dessous de O, et par CC un autre plan horizontal situé à une distance $x + \Delta x$. Soit A un

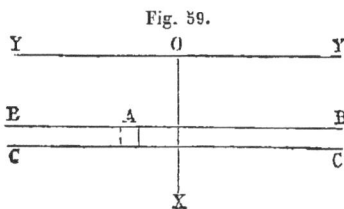
Fig. 59.

parallélipipède rectangle élémentaire compris entre ces deux plans horizontaux; nous supposerons qu'il ait pour dimensions horizontales Δy et Δz; son poids aura alors pour expression

$$w\Delta x \Delta y \Delta z.$$

Les pressions exercées par les autres parties du fluide contre les faces verticales de ce volume sont horizontales et doivent se faire équilibre mutuellement; il n'y a donc pas de variation de pression dans un plan horizontal. Soient alors p_0 la pression uniforme qui s'exerce sur le plan horizontal YOY, p celle qui s'exerce sur le plan BB, et $p + \dfrac{dp}{dx} \Delta x$ celle qui a lieu sur le plan CC, $\dfrac{dp}{dx}$ étant le taux de l'augmentation de pression avec la hauteur. Le volume élémentaire est pressé de haut en bas par une force qui a pour grandeur

$$p\Delta y \Delta z,$$

et de bas en haut par une force qui a pour grandeur

$$\left(p + \frac{dp}{dx} \Delta x \right) \Delta y \Delta z.$$

La différence entre ces deux forces

$$\frac{dp}{dx} \Delta x \Delta y \Delta z$$

doit faire équilibre au poids du volume considéré; si l'on écrit l'équation correspondante, et qu'on divise les deux termes par le facteur commun $\Delta x \Delta y \Delta z$, on obtient la première des équations 2 du présent numéro.

La pression p_0 qui s'exerce sur la surface YY étant donnée, la pression p à une profondeur x au-dessous de YY est donnée par l'intégrale

$$\left. \begin{aligned} p &= p_0 + \int_0^x \frac{dp}{dx}\, dx \\ &= p_0 + \int_0^x w\, dx, \end{aligned} \right\} \tag{3}$$

c'est-à-dire, que cette pression est égale à la pression sur le plan YY, augmentée du poids d'une colonne verticale du fluide qui aurait pour base l'*unité*, et pour hauteur la distance comprise entre le plan YY et le plan situé à une distance x au-dessous de ce plan.

Il est évidemment nécessaire pour l'équilibre d'un fluide, que le poids spécifique et la pression soient les mêmes aux différents points d'une même surface de niveau.

Les principes qui précèdent sont la base de l'hydrostatique.

118. **Équilibre d'un liquide.** Un liquide est un fluide dont les parties tendent à conserver un volume constant, c'est-à-dire qu'une portion d'un liquide d'un poids donné tend à occuper un volume bien défini ; pour changer ce volume, on devra lui appliquer des forces de tension ou des forces de pression. Le volume occupé par l'unité de poids est l'inverse du poids de l'unité de volume, de telle sorte qu'on pourrait exprimer le principe qui précède en disant qu'un liquide tend à conserver un poids spécifique défini, qui peut être augmenté par des forces de pression ou diminué par des forces de tension.

L'étude des phénomènes calorifiques permet de déterminer les lois qui régissent les changements de volume d'un poids donné de liquide avec la température.

Les changements dans le poids spécifique des liquides par suite de certaines pressions, tels qu'ils se présentent en pratique, sont assez petits pour que, dans la plupart des problèmes relatifs à l'équilibre des liquides, on puisse, sans erreur sensible, regarder le poids spécifique w comme une quantité constante, indépendante de la pression p. Dans le cas de l'eau, par exemple, la diminution de volume et l'augmentation de poids spécifique, résultant d'une pression *d'une atmosphère*, est environ $\dfrac{1}{20\,000}$.

Si l'on regarde le poids spécifique w comme une quantité constante dans l'équation 3 du n° 117, elle devient

$$p = p_0 + wx, \qquad (1)$$

c'est-à-dire, que si p_0 est la pression à la surface supérieure YOY (*fig.* 59) d'une masse de liquide, la pression p à une profondeur x au-dessous de cette surface est égale à la pression p_0 augmentée du produit de cette profondeur par le poids de l'unité de volume du liquide.

Quand la masse de liquide est à l'air libre, la pression p_0 à la surface résulte du poids de l'atmosphère, et on lui assigne comme valeur au niveau de la mer 10 330 kilogrammes par mètre carré. Dans un vase fermé, la pression à la surface du liquide peut être plus [grande ou plus petite que la pression atmosphérique.

119. Équilibre de différents liquides en contact les uns avec les autres. Si deux fluides différents se trouvent dans le même espace, ils peuvent s'unir entre eux de façon à se trouver tous les deux répartis dans tout l'espace, soit par diffusion, soit en vertu d'une combinaison chimique; mais, en pareils cas, ils ne forment plus par le fait qu'un seul liquide, qui est un composé ou un mélange. Nous allons nous occuper actuellement du cas où des fluides de nature différente se trouvent en contact les uns avec les autres sans former de combinaison ni de mélange. Il faut alors, pour qu'il y ait équilibre, que les pressions des deux fluides en chaque point de leur surface de contact soient égales l'une à l'autre; cette condition, lorsque les deux fluides ont des poids spécifiques différents, ne peut être remplie que lorsque la surface de contact est horizontale.

Par conséquent, si deux ou plusieurs fluides de poids spécifiques différents qui ne sont ni combinés ni mélangés, sont contenus dans un même vase, sans qu'il y ait de cloisons qui les séparent, ils se disposeront par couches horizontales, les fluides plus lourds étant au-dessous des fluides plus légers.

Si deux fluides de poids spécifique différents sont contenus dans les deux branches d'un tube en U (désigné sous le nom de *siphon renversé*), ou si l'un des deux fluides est contenu dans un tube vertical ouvert à la partie inférieure, et si l'autre se trouve dans l'espace enveloppant ce tube, ou, plus généralement, si les deux fluides sont séparés en partie l'un de l'autre par une cloison verticale, ou presque verticale, en dessous de laquelle il y a communication entre eux, la surface horizontale de contact des fluides sera située du même côté de la cloison que le fluide le moins' dense, ce dernier se trouvera donc au-dessus, tandis que le fluide le plus dense sera au-dessous de la surface de contact.

Désignons par p_0 la pression commune des deux fluides à leur surface de contact, et par x une ordonnée comptée de *bas en haut* à partir de cette surface. Soient w' le poids spécifique, et p' la pression du fluide le plus léger, w'' le poids spécifique et p'' la pression du fluide le plus dense. Nous aurons, pour une hauteur x au-dessus de la surface de contact

$$p' = p_0 - \int_0^x w'dx, \ \Bigg\} \atop p'' = p_0 - \int_0^a w''dx. \ \Bigg\} \qquad (1)$$

Ces équations, lorsque les fluides sont des *liquides*, et lorsque w' et w'' sont constants, deviennent

$$p' = p_0 - wx; \quad p'' = p_0 - w''x. \qquad (2)$$

De même que pour le baromètre et les manomètres à mercure, la hauteur à laquelle un liquide s'élève dans un tube fermé et vide à la partie supérieure, comptée à partir de la surface de contact avec un autre fluide, peut servir de mesure à la pression que cet autre fluide exerce à la surface de contact. Dans ce cas, $p'' = 0$, ou à peu près. et par conséquent

$$p_0 = w''x. \qquad (3)$$

Représentons par x', x'' deux hauteurs au-dessus de la surface de contact pour lesquelles les pressions respectives du fluide le plus léger et du fluide le plus dense sont ou égales entre elles ou toutes les deux égales à zéro, on a alors $p'' = p'$, et par conséquent, pour des fluides en général,

$$\int_0^{x'} w'dx = \int_0^{x''} w''dx. \qquad (4)$$

Si les deux fluides sont tous les deux des liquides, cette équation devient

$$w'x' = w''x'', \qquad (5)$$

c'est-à-dire que les hauteurs sont en raison inverse des poids spécifiques.

Dans le cas où le fluide le plus dense est un liquide (comme le mercure dans le baromètre) et le fluide le plus léger un gaz (comme l'atmosphère), l'équation devient

$$\int_0^{x'} w'dx = w''x''. \qquad (6)$$

La détermination des différences de niveau de deux points par des observations barométriques repose sur cette dernière formule.

120. Équilibre d'un corps flottant. THÉORÈME. *Un corps solide* *flottant à la surface d'un liquide est en équilibre lorsque le poids du volume de liquide qu'il déplace est égal à son poids, et lorsque son centre de gravité et celui du volume de liquide déplacé se trouvent sur la même verticale.*

Soit (*fig.* 60) un corps solide (un navire par exemple) qui flotte sur un liquide dont YY est la surface supérieure horizontale. Supposons d'abord qu'aucune pression ne s'exerce sur la surface YY. Considérons une petite portion S de la surface de la partie immergée du corps solide. Le liquide exerce sur S une pression normale qui a pour grandeur

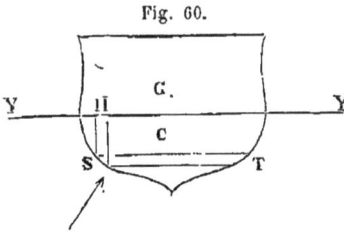

Fig. 60.

$$Sp = Swx.$$

Dans cette expression, S est l'aire de la petite portion de la surface immergée, x la distance de son centre au-dessous de la surface de niveau YY, et w le poids de l'unité de volume du liquide.

Soit α l'angle que fait la surface S avec un plan horizontal, ou, ce qui revient au même, l'angle que la pression sur S fait avec la verticale. Imaginons un prisme vertical HS, qui s'appuie sur la surface S : l'aire de la section transversale horizontale de ce prisme est ce qu'on appelle *la projection horizontale* de l'aire S, et a pour valeur

$$S \cos \alpha.$$

Imaginons un prisme horizontal ST dont l'axe soit situé dans le plan vertical qui est perpendiculaire à S et qui ait pour section oblique la surface S ; la section transversale verticale de ce prisme est ce qu'on appelle la *projection verticale* de l'aire S, et elle a pour valeur

$$S \sin \alpha.$$

Ce prisme horizontal coupe la surface immergée suivant une autre petite surface T, dont la projection sur un plan vertical perpendiculaire à l'axe du prisme ST est égale à celle de S, et qui est immergée à la même profondeur qu'elle, et supporte une pression de même intensité.

Décomposons la pression totale sur S en une composante horizontale et en une composante verticale. La composante horizontale a pour valeur

$$S p \sin \alpha = S w x \sin \alpha;$$

elle est égale au produit de l'intensité p par la *projection verticale* de S; mais cette composante est équilibrée par une composante égale et opposée de la pression totale sur T; et l'on peut en dire autant pour toutes les parties telles que S dans lesquelles on peut diviser la surface immergée du corps solide; la résultante de toutes les composantes horizontales de la pression qu'exerce le liquide sur le corps solide est donc *nulle*.

La composante verticale de la pression sur S est

$$S p \cos \alpha = S w x \cos \alpha;$$

elle est égale au produit de l'intensité p par la *projection horizontale* de S. Mais $S x \cos \alpha$ est l'expression du *volume du prisme vertical* HS élevé sur la petite surface S, et limité à la surface horizontale SS, et w est le poids de l'unité de volume du liquide; $S w x \cos \alpha$ représente donc le poids du liquide qui serait contenu dans le prisme HS, de telle sorte que la composante verticale de la pression sur S est une force dirigée de bas en haut, *égale et opposée au poids du liquide que déplace la portion prismatique du corps solide élevée verticalement sur* S. Si donc on divise la totalité de la surface immergée en petites surfaces telles que S, la résultante de la pression du liquide sur la surface entière est la somme de toutes les composantes verticales des pressions sur les petites surfaces considérées, c'est-à-dire une force égale et opposée à la somme des poids du liquide déplacé par l'ensemble des prismes analogues à HS, ou mieux une force égale et opposée au poids du volume total du liquide déplacé par le corps flottant, et la ligne d'action de cette résultante passe par le centre de gravité du volume du liquide ainsi déplacé.

Représentons par C ce centre de gravité, auquel on donne aussi le nom de *centre de poussée;* par G le centre de gravité du corps flottant; par W le poids du corps flottant, et par V le volume de liquide qu'il déplace. Les conditions d'équilibre sont les suivantes :

1° $W = w V$, ou bien le poids du corps doit être égal au poids du volume de liquide qu'il déplace.

2° Le centre de gravité G et le centre de poussée C doivent se trouver sur une même ligne verticale. — Q. E. D.

La démonstration que nous venons de donner se rapporte au cas où la pression sur la surface horizontale YY est nulle. Dans le cas d'un corps flottant sur l'eau, cette surface, de même que la partie du corps flottant qui n'est pas immergée, est soumise à la pression de l'air. Nous allons indiquer dans le numéro suivant la modification qui en résulte.

121. Pression sur un corps immergé. THÉORÈME. *Si un corps solide est complétement plongé dans un fluide, la résultante des pressions du fluide sur le corps solide est une force verticale, égale et directement opposée au poids de la portion de fluide que le corps solide déplace.*

La *fig.* 61 représente un corps solide complétement immergé dans un fluide soit liquide, soit gazeux.

Fig. 61.

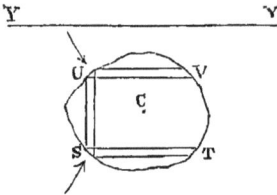

Imaginons un petit prisme vertical SU qui soit limité aux deux surfaces S et U du corps, la surface U étant au-dessus de S ; un prisme horizontal ST ayant pour section oblique S ; et un prisme horizontal UV ayant pour section oblique U, comme au n° 120.

Il est facile de prouver, comme au n° 120, que la composante horizontale de la pression sur S est équilibrée par une composante égale et opposée de la pression sur T, et que la composante horizontale de la pression sur U l'est également par une composante égale et opposée de la pression sur V, de telle sorte que la composante horizontale de la résultante des pressions du fluide sur le corps entier est nulle, et que cette résultante est verticale.

La composante verticale de la pression sur S est dirigée de bas en haut, et est égale au poids de la portion prismatique du fluide qui se trouverait au-dessus de S, si une partie de ce fluide n'était pas déplacée par le corps solide. La composante verticale de la pression sur U est dirigée de haut en bas, et est égale au poids de la portion prismatique de fluide qui se trouve au-dessus de U. La force verticale qui résulte des pressions sur S et sur U est dirigée de bas en haut, et est égale à la différence entre ces deux poids, c'est-à-dire qu'elle est égale et directement opposée au poids de la portion de fluide que déplace la portion prismatique SU du corps immergé.

La résultante des pressions du fluide sur la surface entière du corps immergé est donc égale et directement opposée au poids de la portion de fluide qu'il déplace. — Q. E. D.

Le centre de gravité C de la portion de fluide qui occuperait la position du corps, si ce dernier n'était pas immergé, est appelé *le centre de poussée*, comme dans le numéro précédent; la résultante des pressions du fluide, à laquelle on donne le nom de *poussée* du corps immergé, et quelquefois de *perte de poids apparente*, est une force verticale qui passe par ce point.

Pour maintenir un corps immergé en équilibre, il faudra lui appliquer, suivant les cas, une force ou un couple égal et directement opposé à la résultante de son poids et de la pression du liquide; les principes établis aux n°s 39 et 40 permettront de déterminer cette résultante.

Lorsqu'un corps flotte dans un fluide tel que de l'eau, et que sa partie supérieure·est entourée par un fluide moins dense, tel que de l'air, la poussée totale qu'il reçoit est égale et opposée aux poids des deux portions des fluides qu'il déplace.

Dans les questions de la pratique relatives à l'équilibre des vaisseaux, la poussée qui résulte du déplacement de l'air est trop faible, comparée à celle qui provient du déplacement de l'eau, pour que l'on ait à en tenir compte dans les calculs.

122. Poids apparent. La seule méthode qui soit suffisamment exacte pour vérifier si deux corps ont même poids, consiste à les suspendre aux extrémités opposées d'un levier dont les bras ont même longueur.

Si l'on faisait cette opération dans le vide, l'équilibre prouverait que les deux corps ont même poids; mais lorsqu'on fait l'expérience dans l'air, l'équilibre prouve seulement que les deux corps ont *même poids apparent dans l'air*, c'est-à-dire que la différence entre le poids du corps et le poids d'un même volume d'air est la même pour les deux corps. Les poids réels des deux corps ne sont donc égaux que si leurs volumes le sont également. Si leurs volumes sont inégaux, le poids réel du plus grand des deux corps dépasse celui de l'autre corps du poids d'un volume d'air égal à la différence entre les volumes des deux corps.

Le poids de 1 mètre cube d'air sec à la pression d'une atmosphère et à la température de la glace fondante est

$$1^k,293.$$

Désignons-le par w_0. Le poids de 1 mètre cube d'air sous une pression de p atmosphères et à la température de t degrés centigrades est donnée par la formule suivante suffisamment exacte dans le plus grand nombre des cas :

$$w = w_0 p \frac{273}{273 + t}, \qquad (1)$$

et si w, w' sont les poids d'un volume donné d'air mesuré respectivement sous les pressions p et p' et aux températures centigrades t et t', on a

$$\frac{w'}{w} = \frac{p'}{p} \times \frac{273 + t}{273 + t'}. \qquad (2)$$

Soient W_1 le poids vrai d'un corps, V_1 son volume, w_1 le poids de l'unité de son volume, w le poids de l'unité de volume d'air, on a

$$W_1 = w_1 V_1,$$

et le poids apparent du même corps dans l'air,

$$W' = (w_1 - w)V_1 = \frac{w_1 - w}{w_1} W_1. \qquad (3)$$

Supposons maintenant que ce corps fasse équilibre à un autre corps sur une balance exacte et que leurs poids apparents soient égaux. Si W_2 représente le poids exact, et w_2 le poids par unité de volume du second corps, nous aurons

$$\frac{w_1 - w}{w_1} W_1 = \frac{w_2 - w}{w_2} W_2, \qquad (4)$$

de telle sorte que l'on aura entre les poids réels des deux corps la relation suivante :

$$\frac{W_2}{W_1} = \frac{w_1 w_2 - w_2 w}{w_1 w_2 - w_1 w}. \qquad (5)$$

123. Poids spécifiques relatifs. Si l'on connaît le poids vrai d'un corps solide, et qu'on le pèse ensuite alors qu'il est plongé dans un liquide, on peut déduire le rapport entre le poids spécifique du corps solide et le poids spécifique du corps liquide de la perte apparente de poids, qui est égale au poids du volume du liquide que le corps déplace.

Représentons, comme dans l'équation 3 du n° 122, par W_1 le poids vrai du corps solide, par w_1 le poids de l'unité de son volume, par w_2 le poids de l'unité de volume du liquide dans lequel on a déterminé le poids apparent, et par W'' le poids apparent, nous aurons, en nous reportant à l'équation indiquée,

$$W'' = \frac{w_1 - w_2}{w_1} W_1 = \left(1 - \frac{w_2}{w_1}\right) W_1 .$$

et par suite,

$$\frac{w_2}{w_1} = \frac{W_1 - W''}{W_1} . \qquad (1)$$

Supposons que l'on fasse la première pesée dans l'air et la seconde dans le liquide, et soit W' le poids apparent dans l'air; alors

$$W' = \frac{w_1 - w}{w_1} W_1 ,$$

et par suite,

$$\frac{W''}{W'} = \frac{w_1 - w_2}{w_1 - w} , \qquad (2)$$

de telle façon que si l'on connaît $\dfrac{w}{w_2}$, le rapport $\dfrac{w_1}{w_2}$ sera donné par l'équation

$$\frac{w_1}{w_2} = \frac{W' - W'' \dfrac{w}{w_2}}{W' - W''} . \qquad (3)$$

Lorsque l'on se propose, en faisant des pesées de cette nature, de déterminer les poids spécifiques des solides; le liquide employé ordinairement est l'eau pure, et les résultats que l'on obtient sont les *rapports* entre le poids spécifique du corps solide et celui de l'eau pure. Si l'on multiplie ensuite ces rapports ou densités relatives par le poids de 1 mètre cube d'eau pure, on obtient le poids de 1 mètre cube du corps solide.

Le poids du mètre cube d'eau pure à la température de son maximum de densité (laquelle est, d'après Playfair et Joule, de 3°,9 C.), est de

1 000 kilogrammes.

Pour une autre température t° C., le poids de 1 mètre cube d'eau pure sera

$$\frac{1\,000}{v},\qquad(4)$$

v représentant le volume à $t°$ d'une masse d'eau qui occupe un volume de 1 mètre cube à 3°,9 ; on peut se servir pour déterminer ce volume, pour des températures variant entre 0° et 25°, de la formule empirique suivante, extraite d'un mémoire du professeur W. H. Miller, dans les *Philosophical Transactions* de 1856 :

$$\log v = 10,1(1,8\,t - 7,1)^2 - \frac{0,0369(1,8\,t - 7,1)^2}{10.000.000}.\qquad(5)$$

On détermine les poids spécifiques relatifs de deux liquides en pesant le même corps plongé successivement dans chacun d'eux et comparant les pertes de poids apparentes.

124. Pression sur une surface plane immergée. Si

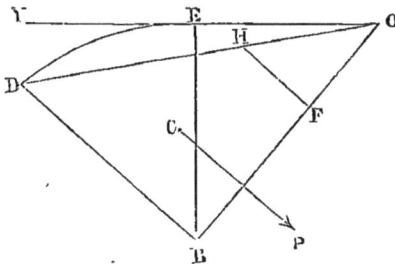

Fig. 62.

une surface horizontale plane d'une figure quelconque est plongée dans un fluide, les pressions qui s'exercent sur elle sont verticales et uniformément réparties ; leur résultante est égale au produit de l'aire de la figure par l'intensité de la pression à la profondeur qui correspond au plan immergé et le *centre de pression* (comme nous l'avons montré au n° 90) est le centre de gravité d'une plaque plane qui aurait pour figure la surface plane donnée, ou suivant une expression usuelle, le centre de gravité de la surface plane.

Considérons maintenant le cas d'une surface plane inclinée ou verticale plongée dans un liquide ; représentons par OY une section du plan horizontal sur lequel la pression est nulle, et par BF une section verticale de la surface plane immergée. Soit $x_1 = \overline{BE}$ la profondeur au-dessous de OY du bord inférieur de ce plan. Menons par le point B la ligne $\overline{BD} = \overline{BE}$, et perpendiculaire à BF, et prolongeons le plan BF jusqu'à sa rencontre avec le plan horizontal de pression nulle, OY ; la ligne d'intersection se projettera en O sur le plan de la figure. Menons maintenant par O et D le plan OHD, et imaginons un prisme BDHF dont les arêtes sont normales au plan de base BF et qui est limité supérieurement par le plan DH. La pression sur le plan BF est une pression normale; elle est égale au poids du fluide contenu dans le volume BDHF, c'est-à-dire que, si x_0 représente la distance du centre de gravité de la surface à OY, et w le poids de l'unité de volume du liquide, *l'intensité moyenne* de la pression sur BF est

$$p_0 = wx_0, \qquad (1)$$

et la pression *totale*

$$P = wx_0 \text{ aire BF.} \qquad (2)$$

Soit C le centre de gravité du volume BDHF; le *centre de pression* de la surface BF est le point où elle est rencontrée par la perpendiculaire CP abaissée sur elle du point C.

Comme l'intensité de la pression en un point quelconque de BF est proportionnelle à la distance de ce point à OY, et par suite, à la distance de ce point à la ligne O, nous retombons dans le cas d'*actions moléculaires variant d'une façon uniforme*, et nous pouvons appliquer les formules du n° 94. Nous remarquerons, pour l'emploi de ces formules, que les coordonnées y doivent être mesurées horizontalement dans le plan BF, et qu'elles ont pour origine le centre de gravité de ce plan; que les coordonnées x doivent être mesurées dans le même plan, suivant la ligne de *plus grande pente*, et comptées positivement de haut en bas, et que la valeur de la constante a, dans les équations du n° 94, est donnée par la formule

$$a = w \sin \alpha, \qquad (3)$$

dans laquelle α est l'angle que le plan BF fait avec un plan horizontal.

125. Pression dans un corps solide indéfini incliné d'une façon uniforme. Imaginons un corps solide homogène qui s'étende à l'infini latéralement et de haut en bas, et qui soit limité supérieurement par une surface plane faisant un angle donné θ avec un plan horizontal. YOY représente (*fig.* 63) une section verticale de la surface supérieure suivant sa ligne de plus grande pente, et OX, un plan vertical perpendiculaire au plan de la section verti-

Fig. 63.

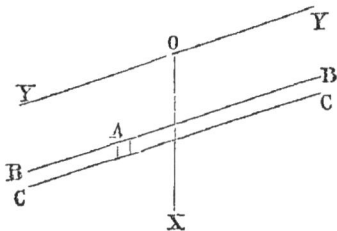

cale qui est représenté par le plan du papier. Soient w le poids uniforme de l'unité de volume de la substance, et BB un plan quelconque parallèle au plan YY et situé à une distance verticale x au-dessous de lui. Si la substance n'est soumise à aucune force extérieure autre que son poids, la seule pression qu'aura à supporter une partie quelconque du plan BB est le poids de la matière qui se trouve immédiatement au-dessus d'elle. D'où l'on conclut :

THÉORÈME I. *Dans un corps solide homogène indéfini limité à sa partie supérieure par un plan incliné, la pression sur un plan quelconque parallèle à cette surface inclinée est verticale et a une intensité uniforme; cette intensité est égale au poids du prisme vertical construit sur l'unité de surface du plan donné.*

L'aire de la section horizontale de ce prisme est $\cos \theta$, par conséquent l'intensité de la pression verticale sur le plan BB situé à la profondeur x est

$$p_x = wx \cos \theta. \tag{1}$$

Si l'on combine le théorème ci-dessus avec le principe des actions moléculaires conjuguées donné au n° 101, on en conclut :

THÉORÈME II. *Les actions moléculaires, si elles existent, sur un plan vertical quelconque sont parallèles à la surface inclinée, et sont conjuguées aux actions moléculaires sur un plan parallèle à cette surface.*

Considérons maintenant un petit volume prismatique A limité supérieurement et inférieurement par les plans BB, CC, parallèles à la surface inclinée YY, et latéralement par deux couples de plans verticaux parallèles. Supposons que nous prenions les surfaces supérieure et inférieure de ce prisme (qui sont identiques) égales à l'unité, et représentons par Δx sa dimension verticale; son volume sera $\Delta x \cos \theta$, et son poids $w\Delta x \cos \theta$. Ce dernier est égal et opposé à la différence entre la pression verticale sur sa face inférieure et la pression verticale sur sa face supérieure, et fait équilibre à cette différence. Les pressions parallèles à la surface inclinée, qui s'exercent sur les faces verticales du prisme, doivent donc se faire séparément équilibre; elles doivent, par suite, avoir même intensité moyenne dans toute l'étendue de la couche qui est comprise entre les plans BB, CC; on en conclut :

THÉORÈME III. *L'état des actions moléculaires est uniforme pour une profondeur uniforme au-dessous de la surface inclinée.*

126. Projection parallèle des actions moléculaires

et du poids. Lorsqu'on applique les principes de la projection parallèle aux forces réparties, il importe de remarquer que ces principes, tels que nous les avons établis au chapitre IV, s'appliquent à des lignes qui représentent les *grandeurs ou les résultantes* des forces réparties, et non *leurs intensités*. On trouvera les relations entre les intensités d'un système de forces réparties, dont on a obtenu les résultantes par la méthode des projections, en divisant chacune des résultantes projetées par la projection de l'espace sur laquelle elle se répartit.

Nous donnerons, dans la seconde partie de ce traité, des applications de cette méthode à des questions que l'on rencontre dans la pratique.

CHAPITRE VI.

DE L'ÉQUILIBRE STABLE ET INSTABLE.

127. Équilibre stable et instable d'un corps libre.
Supposons qu'un corps, qui est en équilibre sous l'action d'un
système quelconque de forces, soit libre de se mouvoir, et qu'on
le dérange très-peu de sa position d'équilibre. Si ce corps tend à
s'écarter davantage de sa position première, on dit qu'il est en
équilibre *instable;* s'il tend au contraire à revenir à sa première position, on dit que l'équilibre est *stable.*

Il y a des cas dans lesquels l'équilibre d'un même corps est stable
pour une certaine direction de déplacement, et instable pour une
autre.

Lorsque le corps ne tend ni à s'écarter davantage de sa première
position d'équilibre ni à y revenir, on dit que son équilibre est *indifférent.*

Pour savoir si l'équilibre d'un corps sous l'action de forces données
est stable, instable ou indifférent pour un déplacement donné, on
suppose ce déplacement effectué, et on détermine la résultante des
forces qui le sollicitent et qui ont pu être modifiées par ce déplacement soit en grandeur, soit en direction, ou en grandeur et en direction tout à la fois. Si cette résultante agit dans la même direction
que le déplacement, l'équilibre est instable; si elle agit dans une
direction opposée, l'équilibre est stable, et si la résultante est encore
nulle, l'équilibre est indifférent.

Lorsqu'on déplace un corps libre de sa position d'équilibre stable,
il oscille autour de cette position.

128. Stabilité d'un corps qui n'est pas libre. Le mot
stabilité appliqué à l'état d'un corps qui fait partie d'une construction a, dans la plupart des cas, un sens différent de celui

que nous venons de donner ; il exprime la propriété que le corps possède *de rester en équilibre*, sans changer sensiblement de position, quoique la charge ou la force extérieure qui lui est appliquée soit modifiée dans sa grandeur moyenne ou dans sa position moyenne. La stabilité, ainsi comprise, forme un des principaux sujets de la seconde partie de ce traité.

DEUXIÈME PARTIE.

THÉORIE DES CONSTRUCTIONS.

CHAPITRE I.

DÉFINITIONS ET PRINCIPES GÉNÉRAUX.

129. Constructions. Parties et joints des constructions. Nous avons déjà indiqué au n° 15 la différence qu'il y a entre les constructions et les machines. Une construction se compose de deux ou plusieurs corps solides, qui en sont les *parties*. Ces parties se touchent les unes les autres et sont réunies en des portions de leurs surfaces qui portent le nom de *joints*.

130. Supports. Fondations. Quoique les parties d'une construction soient fixes les unes par rapport aux autres, la construction dans son ensemble peut être fixe ou mobile relativement à la terre.

Une construction fixe est supportée par une partie de la masse solide de la terre à laquelle on donne le nom de *fondation* de la construction; les forces de pression qui soutiennent la construction étant les résistances des différentes parties de la fondation, peuvent être plus ou moins obliques.

Une construction qui est susceptible de se mouvoir peut être supportée soit par l'eau, comme dans le cas d'un navire, soit par un sol résistant, ce qui est le cas d'une voiture qui s'appuie sur ce sol par l'intermédiaire de ses roues. Lorsqu'une pareille construction est en mouvement, elle possède jusqu'à un certain point les propriétés d'une machine; et pour déterminer les forces qui la supportent il faut connaître à la fois les principes de la dynamique et de la statique; mais lorsqu'elle n'est pas en mouvement, quoique jouissant de la propriété de se déplacer, les pressions qui la soutiennent sont déterminées au moyen des principes de la statique, et il est bien évident qu'elles doivent être verticales et avoir leur résultante égale et directement opposée au poids de la construction.

131. **Les conditions d'équilibre d'une construction** sont au nombre de trois.

I. Les *forces que les corps extérieurs exercent sur la construction entière doivent se faire équilibre.* Les forces que cet énoncé concerne sont : 1° l'attraction de la terre, c'est-à-dire le *poids* de la construction; 2° la *charge extérieure* qui provient des pressions exercées contre la construction par des corps qui n'en font pas partie non plus que de la fondation (ces deux espèces de forces constituent la *grosse charge* ou *charge totale*); 3° les *pressions* qui *servent à la supporter*, ou la résistance de la fondation. Nous réunirons ces trois classes de forces dans une catégorie à laquelle nous donnerons le nom de *forces extérieures.*

II. Les *forces qui s'exercent sur chaque partie de la construction doivent se faire équilibre.* Ces forces consistent : 1° dans le *poids* de cette partie; 2° *dans la charge extérieure* (ces deux espèces de forces constituent la *grosse charge*); et 3° dans *les résistances,* ou dans les actions moléculaires qui s'exercent aux joints, entre la partie considérée et les parties qui sont en contact avec elle.

III. Les *forces qui s'exercent sur chacune des portions dans lesquelles on peut supposer que l'on divise les parties de la construction doivent se faire équilibre.*

Imaginons une surface qui divise une partie de la construction en deux portions; les forces qui agissent sur la portion que l'on considère sont : 1° son poids; 2° (si la portion se trouve à la surface extérieure de cette partie) les actions moléculaires extérieures qui y sont appliquées, s'il y en a, lesquelles, avec le poids, constituent la *grosse charge;* 3° les *actions moléculaires* qui s'exercent à la surface idéale de séparation, entre la portion en question et les autres portions de la partie.

132. **Stabilité, résistance et raideur.** Pour qu'une construction persiste, il faut que les trois conditions d'équilibre indiquées ci-dessus soient satisfaites, non-seulement lorsque la grandeur et le mode de distribution de la charge sont donnés, mais encore quelles que soient les variations que ces deux éléments de la charge pourront admettre avec le temps.

Quand les conditions I et II d'équilibre d'une construction sont satisfaites pour des charges variant dans des limites données, on dit que cette construction est *stable*. Lorsqu'une construction manque de stabilité, les parties qui la composent, en se déplaçant des positions qui leur sont propres, en déterminent la ruine.

Une construction présente de la *résistance* lorsque la condition III d'équilibre est satisfaite pour des charges qui n'excèdent pas des limites données, c'est-à-dire que les plus grandes actions moléculaires intérieures qui se produisent en un point quelconque d'une partie de la construction, pour la plus grande charge donnée, doivent être telles que la matière puisse les supporter, non-seulement sans qu'il y ait rupture immédiate, mais encore sans qu'il y ait une modification de sa texture qui puisse amener la rupture dans la suite.

Mais il n'y a pas que la rupture qui empêche une partie d'une construction de servir au but auquel on la destine; il suffit pour cela qu'elle soit étirée, comprimée, courbée, tordue, en un mot, déformée, de telle sorte qu'elle ait perdu la forme qui lui est propre. Il faut donc que chaque partie d'une construction ait des dimensions telles que le changement de figure, qui se produira sous la plus grande charge qui lui sera appliquée, ne dépasse pas des limites données. Cette propriété porte le nom de *raideur*, et elle se lie si intimement à la résistance, qu'il est nécessaire de les considérer ensemble.

Les considérations qui précèdent montrent que la théorie des constructions comporte deux divisions qui sont relatives, la première à leur STABILITÉ, ou à leur propriété de résister aux déplacements de leurs parties, et la seconde à leur RÉSISTANCE et à leur RAIDEUR, c'est-à-dire au pouvoir de chacune des parties de la construction de résister à la rupture et à des changements de figure.

CHAPITRE II.

STABILITÉ.

133. Résultante de la grosse charge. Le mode de répartition de l'intensité de la charge sur une partie donnée d'une construction n'affecte que la résistance et la raideur. Tant que l'on ne considère que la *stabilité*, il suffit de connaître la grandeur et la position de la *résultante* de cette charge; on déterminera cette résultante au moyen des principes qui ont été exposés dans la première partie de cet ouvrage, et on pourra alors la considérer comme une force unique.

134. Centre de résistance d'un joint. De même, tant qu'il ne s'agit que de la stabilité, il suffit de considérer la position et la grandeur de la *résultante* de la résistance ou des actions moléculaires qui s'exercent entre les deux parties de la construction au joint où elles se rencontrent, et de traiter cette résultante comme une force unique. Le point où la ligne d'action de cette résultante rencontre le joint est le *centre de résistance* de ce joint.

135. On donne le nom de **courbe de résistance** à une ligne droite, polygonale, ou courbe, qui passe par les centres de résistance des joints d'une construction. La direction de cette ligne pour un joint donné ne coïncide pas *nécessairement* avec la direction de la résistance sur ce joint; cette coïncidence n'a lieu que dans certains cas.

136. De la nature des joints. Les joints et les constructions dans lesquelles ils se présentent peuvent se diviser en trois classes, suivant les limites dans lesquelles peuvent varier en position leurs centres de résistance.

I. *Les joints de frameworks* sont ceux que l'on rencontre dans les charpentes, dans les frames (*) de barres métalliques et dans les constructions formées de câbles et de chaînes; ils réunissent les extrémités de deux ou plusieurs parties de la construction, mais ils n'offrent que peu ou point de résistance à des changements dans les positions angulaires relatives de ces parties. Dans ce cas, le centre de résistance se trouve au milieu du joint, et la sécurité de la construction exige qu'il ne puisse varier en position.

II. *Les joints d'ouvrages formés de blocs* se présentent dans la maçonnerie et dans les constructions en briques; ce sont des surfaces de contact planes ou courbes, et qui sont très-développées relativement aux dimensions des parties qu'elles réunissent; ces joints peuvent résister à des pressions plus ou moins obliques, suivant des lois que nous donnerons plus loin, mais les forces de tension auxquelles ils peuvent résister ne peuvent avoir qu'une intensité très-faible et tout à fait négligeable en pratique. Dans des joints de cette nature, la position du centre de résistance peut varier dans certaines limites.

III. *Les joints rendus rigides* sont ceux pour lesquels deux parties d'une construction sont réunies entre elles au moyen d'un ciment très-solide, ou de boulons, de rivets ou autres attaches. Ces joints fixent les positions angulaires relatives des deux parties et peuvent supporter aussi bien des efforts de tension que des efforts de compression. Le centre de résistance peut être alors à une distance quelconque du centre du joint; il peut même arriver qu'il n'y ait pas de centre de résistance, lorsque la résultante des actions moléculaires qui s'exercent sur le joint est un couple, ainsi que nous l'avons expliqué aux n°ˢ 91, 92 et 93. Par l'effet du ciment ou des attaches, les deux parties ainsi réunies n'en font plus qu'une seule, et la résistance que le joint peut exercer rentre dans la résistance des matériaux.

SECTION 1. — *Équilibre et stabilité des frames.*

137. Nous désignerons sous le nom de FRAME une construction composée de barres, de tiges, d'anneaux ou de cordes réunis les

---

(*) Nous conserverons les mots anglais de *frames* et *frameworks* qui ont été introduits dans le langage de la mécanique appliquée par quelques auteurs.

(Note du traducteur.)

uns aux autres, ou soutenus par des joints de la classe I (136). Le centre de résistance se trouve au milieu de chaque joint et la courbe de résistance est, par suite, un polygone dont les sommets coïncident avec les centres des joints. Nous considérerons successivement le cas d'une seule barre, de deux, de trois et de plusieurs barres.

138. **Tirant.** La *fig.* 64 représente une barre unique d'une frame ;

Fig. 64.

L, le centre de résistance où la charge est appliquée, et S, le centre de résistance où agit la réaction, de telle sorte que la ligne droite LS représente *la courbe de résistance.*

La barre est représentée comme étant droite elle-même ; cette forme est celle qui offre, à égalité de matière, le plus de résistance et de raideur. Mais elle pourrait avoir une autre forme entre les deux points L et S, à la condition d'avoir assez de résistance et de raideur pour s'opposer à un écartement de ces deux points qui serait incompatible avec le but de la construction.

Une pareille barre est dans les mêmes conditions que le solide du n° 23, et l'on voit facilement que la charge P et la réaction R doivent être égales et directement opposées, et qu'elles doivent de plus agir suivant la courbe de résistance LS.

Nous supposons dans le cas présent que ces deux forces sont dirigées vers l'extérieur, ou qu'elles agissent en *s'écartant* l'une de l'autre. La barre comprise entre L et S est alors dans un état de *tension*, et les actions moléculaires qui s'exercent sur une section quelconque sont des forces de *tension*, égales et directement opposées à la charge et à la réaction. Une barre, dans ces conditions, porte le nom de *tirant.* Il est évident qu'un *câble* ou une *chaîne* peut remplacer un tirant.

L'équilibre d'un tirant est stable ; en effet si sa position angulaire vient à changer, les forces égales P et R, qui étaient d'abord directement opposées, constitueront maintenant un couple qui tendra à ramener le tirant à sa première position.

139. **Étrésillon ou Bracon.** Si les forces égales et opposées qui agissent aux deux extrémités L et S de la courbe de résistance d'une barre sont dirigées vers *l'intérieur* (*fig.* 65) ou *l'une vers l'autre,* cette barre se trouve entre L et S dans un état de compression, et les actions moléculaires qui s'exercent entre deux divisions quel-

conques sont des forces de compression égales et opposées à la charge et à la réaction. On voit facilement qu'un corps flexible ne peut constituer un étrésillon.

Fig. 65.

L'équilibre d'un étrésillon qui est susceptible de se mouvoir est instable, car si sa position angulaire vient à changer, les forces égales P et R, qui étaient d'abord directement opposées, constitueront maintenant un couple qui tendra à l'écarter davantage de sa première position.

Pour que l'équilibre d'un étrésillon soit assuré, il faut que ses extrémités ne puissent pas se déplacer latéralement. Les pièces qui maintiennent dans ce but les extrémités d'un étrésillon portent le nom d'*étais*.

140. Poids d'une barre. Dans les deux numéros qui précèdent nous n'avons pas considéré le poids de la barre. Mais les principes que nous avons établis, en tant qu'ils *se rapportent à l'équilibre de la barre considérée dans son ensemble*, continuent à être applicables à la condition de traiter le poids de la barre de la manière suivante. Décomposons ce poids, d'après les principes des n⁰ˢ 39 et 40, en deux composantes parallèles agissant respectivement aux points L et S. Désignons par P, non plus seulement la charge extérieure, mais la résultante de cette charge et de la composante du poids qui agit en L. Représentons de même par R, non plus seulement la réaction, mais la résultante de cette réaction et de la composante du poids qui agit en S. Les forces P et R ainsi obtenues devront être encore égales et directement opposées.

Il arrive dans beaucoup de cas que le poids d'un étrésillon ou d'un tirant est assez faible, comparé à la charge, pour qu'il n'y ait pas lieu de s'en préoccuper dans la pratique.

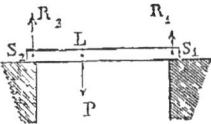

141. Poutre soumise à l'action de forces parallèles. Lorsqu'une barre est supportée en deux points, et soumise à l'action d'une charge dont la direction est perpendiculaire ou oblique à sa longueur, on lui donne le nom de *poutre*. Supposons d'abord que les pressions dues aux réactions soient parallèles entre elles et à la direction de la charge, et que la charge agisse *entre* les points d'appui, comme dans la *fig.* 66. P représente la résultante de la grosse charge, y compris le poids de la poutre elle-même; L, le point où la ligne d'action de cette résultante rencontre l'axe de la

Fig. 66.

poutre; R_1, R_2, les deux pressions dues aux réactions ou les résistances des appuis, lesquelles sont des forces agissant en S_1, S_2, sur l'axe de la poutre, parallélement à P, et dans le même plan que cette résultante.

D'après le théorème du n° 39, chacune de ces trois forces est proportionnelle à la distance entre les lignes d'action des deux autres, et la charge est égale à la somme des deux pressions dues aux réactions, c'est-à-dire que l'on a

$$\frac{P}{R_1} = \frac{\overline{S_1S_2}}{\overline{LS_2}}, \quad \frac{P}{R_2} = \frac{\overline{S_1S_2}}{\overline{LS_1}}, \tag{1}$$

et
$$P = R_1 + R_2. \tag{2}$$

Supposons maintenant que la charge agisse *en dehors* des points d'appui, comme dans la *fig.* 67, qui représente une poutre en saillie, supportée par un mur ou un appui en S_1, soumise à l'action d'une force dirigée de haut en bas par suite d'un encastrement dans la maçonnerie en S_2, et sollicitée par une force P qui est la résultante de la charge y compris le poids de la poutre. Les équations 1 sont encore applicables; seulement la charge est égale à la différence des pressions dues aux réactions des appuis, c'est-à-dire que l'on a

Fig. 67.

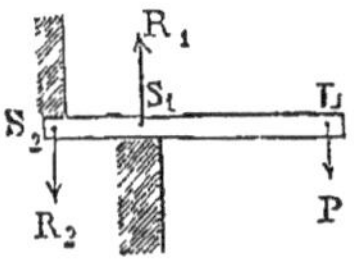

$$P = R_1 - R_2. \tag{3}$$

Nous avons représenté dans ces exemples la poutre comme étant horizontale; mais les mêmes principes subsisteraient si elle était inclinée, car les rapports entre les distances de lignes parallèles situées dans le même plan sont les mêmes, qu'on les mesure dans une direction perpendiculaire ou oblique à ces lignes.

142. Poutre soumise à l'action de forces inclinées.

Fig. 68.

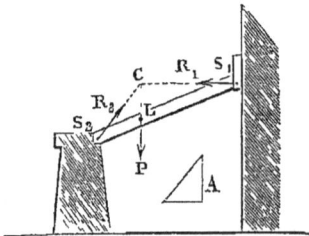

Supposons maintenant que les directions des réactions R_1, R_2, soient inclinées par rapport à la résultante de la charge P, comme dans la *fig.* 68. Ce cas est celui de l'équilibre de trois forces que nous avons traité dans les n°° 51 et 52; les principes suivants peuvent donc lui être appliqués.

I. Les lignes d'action des réactions

et de la résultante de la charge doivent être situées dans un même plan.

II. Elles doivent se rencontrer en un même point (C, *fig.* 68).

III. Ces trois forces doivent être proportionnelles aux trois côtés d'un triangle A, respectivement parallèles à leurs directions, ou en d'autres termes, aux côtés et à la diagonale d'un parallélogramme.

PROBLÈME. *Étant donnés la résultante* P *de la charge en grandeur et en position, la ligne d'action d'une des réactions,* R_1, *et le centre de résistance de l'autre réaction* S_2, *on demande de trouver la ligne d'action de cette seconde réaction ainsi que les grandeurs des deux réactions.*

Prolongeons la ligne d'action de R_1 jusqu'à sa rencontre avec la ligne d'action de P au point C; joignons CS_2; cette ligne sera la ligne d'action de R_2; construisons un triangle A dont les côtés sont respectivement parallèles à ces trois lignes d'action; les rapports entre les côtés de ce triangle seront ceux entre les forces. — Q. E. I.

On peut présenter cette solution sous une forme algébrique; soient i_1, i_2, les angles que font les lignes d'action des réactions avec la ligne d'action de la résultante de la charge; chacun des côtés d'un triangle étant proportionnel au sinus de l'angle que forment les deux autres côtés, on aura

$$\frac{P}{R_1} = \frac{\sin(i_1 + i_2)}{\sin i_2}, \quad \frac{P}{R_2} = \frac{\sin(i_1 + i_2)}{\sin i_1}$$

143. Charge supportée par trois forces parallèles.
THÉORÈME. *Quatre forces parallèles se faisant équilibre, si l'on imagine un plan qui coupe leurs lignes d'action, et si l'on réunit les quatre points d'intersection deux à deux par des lignes droites, de façon à former quatre triangles, chacune des forces est proportionnelle à l'aire du triangle qui a pour sommets les trois autres points.*

Dans la *fig.* 69, le plan du papier représente le plan qui coupe les

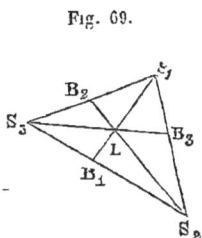
Fig. 69.

lignes d'action des quatre forces aux points L, S_1, S_2, S_3; nous désignerons par P, R_1, R_2, R_3 les quatre forces parallèles. Joignons les quatre points par six lignes, comme dans la figure, et prolongeons chacune des trois lignes SL jusqu'à sa rencontre avec la ligne opposée SS au point B.

Les forces se faisant équilibre, la résultante de R_2 et de R_3, qui a pour grandeur $R_2 + R_3$, doit passer par le point B_1, et comme la résultante de cette résultante et de R_1 est égale et opposée à P, nous devons avoir les proportions suivantes :

$$\frac{P}{R_1} = \frac{\overline{S_1 B_1}}{\overline{L B_1}} = \frac{\text{aire } S_1 S_2 S_3}{\text{aire } S_2 L S_3};$$

nous aurons de même, pour les forces R_2, R_3,

$$\frac{P}{R_2} = \frac{\text{aire } S_1 S_2 S_3}{\text{aire } S_3 L S_1}, \quad \frac{P}{R_3} = \frac{\text{aire } S_1 S_2 S_3}{\text{aire } S_1 L S_2}. \quad - Q. \text{ E. D.}$$

On peut, à l'aide de ce théorème, déterminer la répartition sur trois appuis des réactions parallèles résultant d'une charge donnée.

144. Charge supportée par trois forces inclinées. Le cas d'une charge supportée par trois forces inclinées est celui que nous avons examiné dans les n°s 54 et 56. Les lignes d'action des trois réactions doivent rencontrer la ligne d'action de la charge en un même point, et les grandeurs des trois réactions sont représentées par les trois côtés d'un parallélipipède dont la diagonale représente la charge.

145. Frame de deux barres. Équilibre. PROBLÈME. Les *fig.* 70, 71 et 72 représentent trois cas dans lesquels un frame de

Fig. 70.

Fig. 71.

Fig. 72.

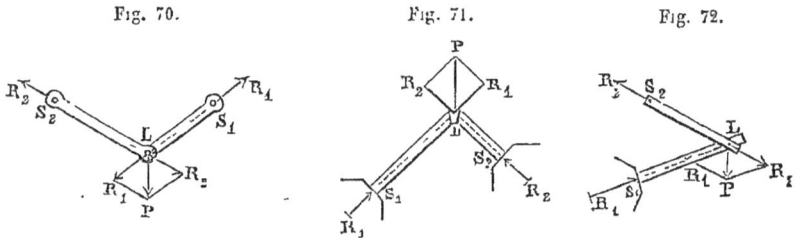

deux barres, présentant un joint au point L, est soumis en ce point à une charge donnée P, et est supporté par des corps fixes réunis aux extrémités S_1, S_2 de ces barres. On demande de déterminer les actions moléculaires sur chacune des barres et les réactions aux points S_1 et S_2.

Décomposons la charge P (comme au n° 55) en deux composantes R_1, R_2, agissant respectivement suivant les lignes de résistance des deux barres. Ces deux composantes représenteront les charges que supportent respectivement les deux barres; les réactions en S_1 et S_2 leur seront égales et directement opposées. — Q. E. I.

On peut mettre cette solution sous la forme suivante; soient i_1, i_2, les angles que les lignes de résistance des barres font respectivement avec la ligne d'action de la charge, on a

$$\frac{P}{R_1} = \frac{\sin(i_1 + i_2)}{\sin i_2}, \quad \frac{P}{R_2} = \frac{\sin(i_1 + i_2)}{\sin i_1}.$$

Les actions moléculaires seront des forces de compression ou de tension selon que les forces qui agissent suivant chacune des barres sont dirigées vers l'intérieur ou vers l'extérieur; et chacune des barres sera alors ou un étrésillon ou un tirant. La *fig.* 70 correspond au cas de deux tirants; la *fig.* 71, au cas de deux bracons (par exemple deux arbalétriers s'appuyant contre deux murs); la *fig.* 72, au cas d'un bracon LS_1 et d'un tirant LS_2 (par exemple la volée et le tirant d'une grue).

146. **Stabilité d'un frame de deux barres**. Un frame de deux barres est stable quand il s'agit d'un déplacement dans le plan de ses lignes de résistance.

Si le frame est déplacé *latéralement* suivant une direction qui est perpendiculaire à son plan, l'équilibre est stable dans le cas de deux tirants; il en est de même pour un frame composé d'un tirant et d'un étrésillon, lorsque la direction de la charge s'éloigne *de* la ligne S_1S_2, qui réunit les points d'appui.

Un frame composé d'un étrésillon et d'un tirant, lorsque la charge est dirigée *vers* la ligne S_1S_2 et un frame de deux étrésillons dans tous les cas, sont toujours en équilibre instable, quand on vient à les déplacer latéralement, à moins qu'ils ne soient pourvus d'étais latéraux.

Ces principes sont vrais pour un *couple quelconque de barres contiguës dont les centres de résistance extrêmes sont fixes*, que ces barres forment un frame par elles-mêmes, ou une partie d'un frame plus complexe.

147. **Charges réparties**. Avant d'appliquer les principes du n° 145 ou ceux des numéros suivants à des frames, dans lesquels la charge, qu'elle soit extérieure ou qu'elle provienne du poids des barres, est répartie sur leur longueur, on devra commencer par ramener cette charge à une charge équivalente ou à une série de charges équivalentes, appliquées aux centres de résistance. On procédera de la manière suivante.

I. On cherchera la charge résultante sur chaque barre.

II. On décomposera cette charge ,comme au n° 141, en deux composantes parallèles passant par les centres de résistance aux deux extrémités de la barre.

III. En chacun des centres de résistance où deux barres se rencontrent, on composera les charges composantes dues aux charges sur les deux barres en une résultante, que l'on regardera comme la charge totale qui agit en ce centre de résistance.

IV. Lorsqu'un centre de résistance est en même temps un point d'appui, on commencera, avant de considérer la charge composante qui y passe et que nous venons d'apprendre à déterminer, par déterminer la réaction qui résulte du système des charges appliquées aux autres joints; puis on composera avec cette réaction une force égale et opposée à la charge composante qui passe directement par le point d'appui; la résultante ainsi obtenue sera la réaction totale.

Dans les numéros suivants de cette section, on supposera que les frames sont soumis à des charges seulement aux centres de résistance qui *ne* sont pas des points d'appui; dans les cas où les composantes de la charge agissent directement aux points d'appui, on devra donc, pour avoir la solution complète, combiner avec les réactions que nous allons apprendre à déterminer, des forces égales et opposées à ces composantes.

148. Frame triangulaire. La *fig.* 73 représente un frame

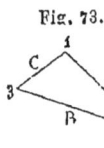
Fig. 73.

triangulaire consistant en trois barres A, B, C, réunies aux trois joints 1, 2, 3, à savoir : C et A en 1, A et B en 2, B et C en 3. Soient une charge P_1 appliquée au joint 1 dans une direction quelconque, et deux réactions P_2, P_3, appliquées aux joints 2, 3; les lignes d'action de ces deux dernières forces doivent être dans le même plan que P_1, et lui être parallèles ou la rencontrer en un même point. Nous considérerons d'abord le deuxième cas, qui nous permettra de trouver facilement la solution du premier.

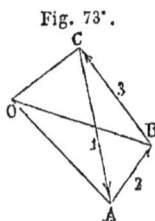
Fig. 73*.

Les trois forces extérieures, en vertu de la condition I du n° 131, se font équilibre; elles sont donc proportionnelles aux trois côtés d'un triangle ABC respectivement parallèles à leurs directions (*fig.* 73*), triangle dans lequel

$\overline{CA}$ représente P_1,

$\overline{AB}$ » P_2,

$\overline{BC}$ » P_3.

En vertu des conditions d'équilibre d'un frame de deux barres (145), la force extérieure P_1, appliquée au joint 1, et les résistances ou actions moléculaires qui agissent suivant les barres C et A, qui se croisent au même joint, sont représentées en grandeur par les côtés d'un triangle respectivement parallèles à leurs directions. Si donc, dans la *fig.* 73*, on mène les lignes $\overline{CO}$ parallèle à la barre C, et $\overline{AO}$ parallèle à la barre A, qui se rencontrent au point O, les lignes ainsi obtenues représentent les actions moléculaires respectivement sur les barres C et A. On prouvera de même que $\overline{BO}$ représente les actions moléculaires qui s'exercent sur la barre B. Les trois lignes CO, AO, BO, se rencontrent en un même point O, parce que les forces extérieures appliquées aux deux extrémités d'une barre donnent naissance à des composantes dirigées suivant sa direction, qui sont égales et directement opposées. On en conclut :

THÉORÈME. *Si trois forces sont représentées par les trois côtés d'un triangle, et que l'on mène d'un point trois lignes droites aux trois sommets de ce triangle, un frame triangulaire dont les lignes de résistance sont parallèles aux trois lignes concourantes sera en équilibre sous l'action des trois forces données, chacune des forces étant appliquée au joint où se rencontrent les lignes de résistance, qui sont parallèles aux deux lignes concourantes qui aboutissent au côté du premier triangle, lequel côté représente la force en question.*

Les longueurs des trois lignes concourantes représenteront également les actions moléculaires sur les barres auxquelles elles sont respectivement parallèles.

149. Frame triangulaire soumis à l'action de forces parallèles. Lorsque les trois forces extérieures sont parallèles entre elles, le triangle des forces ABC de la *fig.* 73* devient une ligne droite CA, comme dans la *fig.* 74*, divisée en deux segments par le point B. Menons par le point O les lignes OA, OB, OC, et traçons, *fig.* 74, un frame triangulaire dont les côtés 1 2 ou A, 2 3 ou B, 3 1 ou C, sont respectivement parallèles à OA, OB, OC. Si l'on applique en 1 la charge $\overline{CA}$ (*fig.* 74), les forces $\overline{AB}$ et $\overline{BC}$ appliquées respectivement en 2 et 3 seront les réactions qui lui feront équilibre, et les lignes concourantes $\overline{OA}$, $\overline{OB}$, $\overline{OC}$ représenteront les actions moléculaires sur les barres A, B, C, respectivement.

Abaissons du point O la perpendiculaire $\overline{OH}$ sur CA, direction commune des forces extérieures. Cette ligne

Fig. 74.

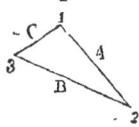

Fig. 74*.

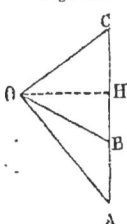

représentera une composante des actions moléculaires qui a même grandeur pour chacune des barres. Lorsque $\overline{\text{CA}}$ est verticale, comme c'est souvent le cas, $\overline{\text{OH}}$ est horizontale; et la force qu'elle représente porte le nom de *poussée horizontale* du frame. Les termes *actions moléculaires horizontales* ou *résistance horizontale* seraient plus précis, attendu que la force en question est une force de tension pour certaines parties du frame et une force de compression pour les autres.

Dans la *fig.* 74, A et C sont des *étrésillons*, et B, un *tirant*. Si le frame était renversé, les forces seraient entre elles dans le même rapport; mais A et C seraient *des tirants*, et B, *un étrésillon*.

Nous allons donner maintenant les relations trigonométriques entre les forces qui sollicitent un frame triangulaire, dans le cas de forces parallèles.

Représentons par a, b, c les angles que font respectivement les barres A, B, C, avec la ligne $\overline{\text{OH}}$, qui est, en général, une ligne horizontale. Nous aurons alors

$$\text{charge } \overline{\text{CA}} = \overline{\text{OH}} \,(\text{tang } c \pm \text{tang } a);$$
$$\text{réactions}\begin{cases} \overline{\text{AB}} = \overline{\text{OH}} \,(\text{tang } a \mp \text{tang } b); \\ \overline{\text{BC}} = \overline{\text{OH}} \,(\text{tang } b \pm \text{tang } c). \end{cases} \qquad (1)$$

On emploiera les signés $+$ ou $-$, suivant que les barres sont de côtés différents ou d'un même côté, par rapport à OH.

$$\text{Actions moléculaires.} \ . \ . \begin{cases} \overline{\text{OA}} = \overline{\text{OH}} \,\text{séc } a \\ \overline{\text{OB}} = \overline{\text{OH}} \,\text{séc } b \\ \overline{\text{OC}} = \overline{\text{OH}} \,\text{séc } c \end{cases} \qquad (2)$$

$$\text{OH} = \frac{\overline{\text{CA}}}{\text{tang } c \pm \text{tang } a}. \qquad (3)$$

150. Frame polygonal. Équilibre. Le théorème du n° 148 est le cas le plus simple d'un théorème général relatif aux frames polygonaux composés d'un nombre quelconque de barres. On y arrive de la manière suivante. Soient (*fig.* 75) A, B, C, D, E, les lignes de résistance des barres d'un frame polygonal, réunies aux joints dont les centres de résistance sont, 1 entre A et B, 2 entre B et C, 3 entre C et D, 4 entre D et E, et 5 entre E et A. Dans la figure, le frame se compose de cinq barres, mais la démonstration s'ap-

Fig. 75*.

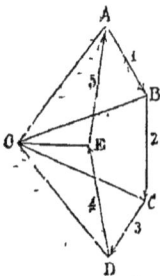

plique à un nombre quelconque de barres. Menons par un point O

Fig. 75.

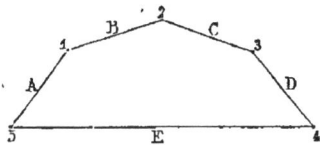

(*fig. 75**, cette figure pourrait recevoir le nom *de diagramme des forces*), les lignes $\overline{OA}, \overline{OB}, \overline{OC}, \overline{OD}, \overline{OE}$ respectivement parallèles aux lignes de résistance des barres, et prenons sur elles des longueurs quelconques pour représenter les actions moléculaires sur les différentes barres ; ces actions moléculaires pourront avoir des grandeurs quelconques dans les limites de la résistance de la matière. Joignons maintenant les points ainsi obtenus par des lignes droites, de façon à former le polygone fermé ABCDEA. Il est évident alors que $\overline{AB}$ est la force extérieure qui, appliquée au joint 1 de A et de B, déterminera les actions moléculaires $\overline{OA}$ sur A et $\overline{OB}$ sur B, que $\overline{BC}$ est la force extérieure qui, appliquée au joint 2 de B et de C, déterminera les actions moléculaires $\overline{OB}$ (déjà indiquées) sur B et $\overline{OC}$ sur C, et ainsi de suite pour tous les côtés du polygone des forces ABCDEA. On en conclut :

THÉORÈME. *Si l'on mène par un point des lignes parallèles aux lignes de résistance des barres d'un frame polygonal, les côtés d'un polygone quelconque dont les sommets sont situés sur les lignes concourantes représenteront un système de forces qui, appliquées aux joints du frame, se feront équilibre ; chacune de ces forces est appliquée au joint compris entre les barres dont les lignes de résistance sont parallèles respectivement aux deux lignes concourantes qui limitent le côté du polygone des forces représentant la force en question. Les longueurs des lignes concourantes représenteront également les actions moléculaires sur les barres aux lignes de résistance desquelles elles sont respectivement parallèles.*

151. Frame polygonal ouvert. Lorsque le frame polygonal, au lieu d'être fermé comme dans la *fig. 75*, devient un polygone OUVERT, par la suppression d'une barre, telle que E, on modifiera le diagramme des forces en supprimant les lignes OE, DE, EA. Le polygone des forces extérieures devient alors ABCDOA ; et $\overline{DO}$ et $\overline{OA}$ représentent les *réactions*, égales et directement opposées respectivement aux actions moléculaires D et A le long des barres extrêmes du frame. Il faudra, pour maintenir l'équilibre, que les fondations (elles portent, dans ce cas, le nom de *butées*) exercent aux points 4 et 5 contre les extrémités de ces barres les réactions indiquées.

152. Frame polygonal. Stabilité. La stabilité ou l'instabilité d'un frame polygonal dépend des principes que nous avons déjà exposés (138) et (139), à savoir : que si une barre est libre de prendre une position angulaire différente, elle sera stable dans le cas d'un tirant, et instable dans le cas d'un étrésillon, et que si l'on fixe les extrémités d'un étrésillon, on le rend stable.

Par exemple, dans le frame de la *fig.* 75, E est un tirant ; il est donc stable ; A, B, C et D sont des étrésillons, dont la position angulaire peut varier ; ils sont par conséquent instables.

Mais on peut rendre ces étrésillons stables dans le plan du frame au moyen d'étais. Supposons, par exemple, que l'on relie par des *étais* 1 avec 4, et 3 avec 5 ; les points 1, 2 et 3 seront alors tous fixes, de sorte que la position angulaire d'un quelconque des étrésillons ne pourra pas changer. On arriverait au même résultat par l'emploi de deux étais qui réuniraient le joint 2 avec 5 et 4.

Le frame, considéré dans son ensemble, est instable en ce qu'il peut se déverser latéralement, à moins qu'on ne dispose des étais latéraux qui relient ses joints à des points fixes.

Supposons maintenant que le frame polygonal soit exactement renversé, les charges en 1, 2 et 3, et les réactions en 4 et 5 étant les mêmes qu'avant ; E devient alors un étrésillon, mais il est stable parce que ses extrémités sont fixes ; A, B, C et D deviennent des tirants et sont stables sans qu'il soit nécessaire de les étayer.

Les mathématiciens donnent le nom de *polygone funiculaire* à un polygone ouvert composé de tirants, tel que celui formé par les barres A, B, C et D, lorsqu'il est renversé, parce qu'on peut le réaliser avec des cordes.

Nous remarquerons qu'un polygone *non étayé*, formé de tirants, est dans les conditions de stabilité que nous avons décrites (127) et qu'il peut *osciller* de part et d'autre de sa position d'équilibre. Cette oscillation pouvant être dangereuse en pratique, on l'empêchera au moyen d'étais.

Fig. 75ᵗ*.

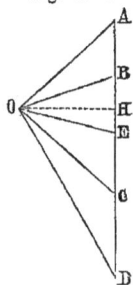

153. Frame polygonal soumis à l'action de forces parallèles. Lorsque les forces extérieures sont parallèles entre elles, le polygone des forces de la *fig.* 75* se réduit à une ligne droite AD, comme dans la *fig.* 75**, qui est partagée en segments par les lignes qui rayonnent du point O ; chaque segment représente la force extérieure qui agit au joint des barres dont les lignes de résistance sont parallèles aux lignes rayonnantes qui limitent ce segment.

De plus, le segment de la ligne AD, qui est compris entre les lignes
rayonnantes parallèles aux lignes de résistance *de deux barres quelconques contiguës ou non*, représente la résultante des forces extérieures qui agissent sur les joints compris *entre les barres*.

Ainsi, $\overline{AD}$ représente la charge totale, composée des trois par-
ties $\overline{AB}$, $\overline{BC}$, $\overline{CD}$ appliquées respectivement en 1, 2, 3. $\overline{DA}$ représente la réaction totale, égale et opposée à la charge, et composée
des deux parties $\overline{DE}$, $\overline{EA}$, appliquées respectivement en 4 et 5.
$\overline{AC}$ représente la résultante de la charge appliquée entre les barres
A et C; il en sera de même pour un couple de barres quelconque.

Abaissons du point O la ligne $\overline{OH}$ perpendiculaire sur AD; cette
ligne représente une composante des actions moléculaires, qui a la
même grandeur pour chacune des barres du frame. Lorsque la charge
est verticale, comme c'est ordinairement le cas, cette composante
porte le nom de *poussée horizontale* du frame; l'expression d'*actions moléculaires horizontales* ou de *résistance horizontale* serait beaucoup plus
correcte, comme nous l'avons déjà vu (149), attendu que cette force
est une force de tension pour quelques-unes des barres et une
force de compression pour d'autres.

On peut exprimer ces principes de la manière suivante.

Désignons simplement par H la force $\overline{OH}$.

Soient i, i', les angles que font avec OH les lignes de résistance
de *deux barres quelconques*, contiguës ou non.

Soient R, R', les actions moléculaires qui agissent respectivement
sur ces barres.

Soit P la résultante des forces extérieures qui agissent sur le
joint ou sur les joints compris entre ces deux barres.

Alors

$$R = H \text{ séc } i, \quad R' = H \text{ séc } i', \quad P = H(\text{tang } i \pm \text{tang } i').$$

On prendra la somme ou la différence des tangentes des angles
d'inclinaison selon que ces lignes sont du même côté ou de côtés
différents de OH.

154. **Frame polygonal ouvert soumis à l'action de
forces parallèles.** Lorsque le frame devient un polygone *ouvert*
par la suppression de la barre E, on modifiera le diagramme des
forces en supprimant la ligne OE.

Les réactions exercées par les butées en 4 et 5 ne seront plus représentées par les segments $\overline{DE}$ et $\overline{EA}$ de la ligne $\overline{AD}$, mais par les lignes inclinées $\overline{DO}$ et $\overline{OA}$, égales et directement opposées respectivement aux actions moléculaires sur les barres extrêmes du frame, D et A.

Représentons par i_d et i_a les angles d'inclinaison de ces barres; par $R_d = \overline{OD}$ et $R_a = \overline{OA}$ les actions moléculaires sur ces barres; par $\Sigma P = \overline{AD}$ la charge totale sur le frame.

Les équations du n° 153 donneront alors

$$H = \frac{\Sigma P}{\tang i_d + \tang i_a}, \quad R_d = H \sec i_d, \quad R_a = H \sec i_a.$$

155. **Frames munis de liens.** Un *lien* est un étai qui supporte des actions moléculaires permanentes. Lorsque les forces extérieures appliquées à un frame polygonal, tout en se faisant équilibre lorsqu'on considère le système dans son entier, sont réparties de telle façon que chacune des barres prise individuellement ne soit pas en équilibre, alors si l'on vient à réunir deux ou plusieurs joints au moyen de *liens*, qui seront des tirants ou des étais, on pourra disposer de ces liens pour obtenir aux joints qu'ils réunissent les forces qui sont nécessaires pour produire l'équilibre de chacune des barres.

La résistance d'un lien introduit deux forces égales, et opposées agissant suivant la ligne de résistance du lien, sur les deux joints qu'il réunit. Il ne modifiera donc ni en grandeur ni en position la *résultante* des forces qui sont appliquées à ces deux joints; il changera seulement la *distribution* des composantes de cette résultante sur les deux joints considérés.

La même remarque s'applique à un nombre quelconque de joints réunis entre eux par un système de liens.

Pour donner un exemple de l'emploi des liens et du mode de détermination des actions moléculaires qu'ils supportent, nous allons considérer un frame tel qu'on le rencontre souvent dans les toitures en fer (*fig.* 76); il se compose de deux étrésillons ou arbalétriers A et E, et de trois barres faisant fonction de tirants B, C et D, formant un pentagone avec joints en 1, 2, 3, 4, 5, chargé verticalement en 1 et supporté par la réaction verticale de deux murs en 2 et 5. Les deux joints 3 et 4 n'ayant pas de charges qui y soient appliquées sont réunis avec 1 par les liens 1 4 et 1 3. On demande de trouver les actions moléculaires sur ces liens et sur les autres parties du frame.

Fig. 76.

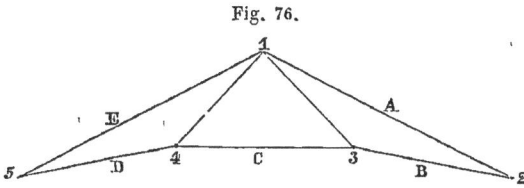

Pour tracer le diagramme des forces (*fig.* 76*) menons, comme au n° 153, la verticale EA qui représentera la direction de la charge et des réactions.

Fig. 76*.

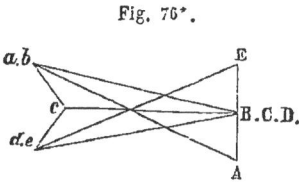

Les deux segments de cette ligne, $\overline{AB}$ et $\overline{DE}$, seront pris pour représenter les réactions en 2 et 5, et la ligne totale EA représentera la charge en 1.

Menons par le point de division et par les extrémités de *l'échelle des forces extérieures* EA, des lignes droites respectivement parallèles aux lignes de résistance du frame, chacune de ces lignes passant par le point de EA qui porte la lettre correspondante. Les deux lignes A*a* et B*b*, qui se rencontrent en *a*, *b*, représenteront alors les actions moléculaires respectivement suivant A et B; les lignes E*e* et D*d*, qui se rencontrent en *d*, *e*, représenteront les actions moléculaires respectivement sur D et E; mais ces quatre lignes, au lieu de se rencontrer et de rencontrer la ligne C*c* parallèle à C en un même point, laissent des *lacunes* que l'on comblera en menant des lignes droites parallèles aux *liens*, c'est-à-dire une droite joignant *a*, *b*, à *c*, parallèlement à 1 3, et une droite joignant *d*, *e* à *c*, parallèlement à 4 1. Ces lignes droites représenteront les actions moléculaires suivant les liens auxquels elles sont respectivement parallèles, et C*c* représentera la tension sur C.

Si l'on analyse le diagramme des forces ainsi obtenu, on voit qu'à chaque joint du frame, *fig.* 76, il correspond dans la *fig.* 76* un triangle ou autre polygone fermé, dont les côtés sont respectivement parallèles, et par suite proportionnels, aux forces qui agissent sur ce joint. Par exemple on a

joints :	1,	2.	3,	4,	5,
polygones :	EA*ace*E,	AB*b*A,	B*cb*B,	D*dc*D,	DE*e*D.

L'ordre des lettres indique les directions dans lesquelles les forces agissent par rapport aux joints (*).

La manière de disposer les liens, et de déterminer les actions moléculaires qu'ils supportent, dont nous venons de donner un exemple, peut être énoncée d'une façon générale.

Si la distribution des charges qui agissent sur les joints d'un polygone articulé, tout en étant parfaitement compatible avec son équilibre, quand on le considère dans son entier, n'assure pas l'équilibre de chacune des barres, on trouvera, en traçant le diagramme des forces, que les lignes concourantes menées parallèlement aux lignes de résistance par les sommets du polygone des forces extérieures, au lieu de se rencontrer en un même point, laisseront entre elles des lacunes. Les lignes nécessaires pour combler ces lacunes représenteront les forces que devra fournir la résistance des liens.

156. Rigidité d'une ferme. On emploie le mot *ferme* dans les constructions en bois ou en fer pour désigner un frame triangulaire et un frame polygonal, auxquels on donne de la rigidité au moyen d'étais et de liens ; les barres ne peuvent alors tourner autour de leurs joints, et il en résulte que la figure du frame n'est pas susceptible d'altération. Si chaque joint était *exactement* de l'espèce de ceux que nous avons décrits dans la première classe du n° 136, c'est-à-dire que, semblable à une charnière, il ne pouvait résister à un changement dans la position angulaire relative des barres qu'il réunit, il serait nécessaire, pour la rigidité, que tout frame polygonal fût partagé par les lignes de résistance d'étais et de liens en triangles ou autres polygones tellement disposés, que tout polygone de quatre côtés et au-dessus fût entouré de triangles sur tous ses côtés, moins deux et moins le sommet compris entre eux. Un polygone de quatre côtés ou au-dessus non étayé, à joints flexibles, est, en effet, susceptible de déformation, à moins qu'on ne rende fixes tous les sommets moins un, en les reliant à des triangles.

Cependant, lorsque la charge n'est soumise qu'à de petites variations dans son mode de distribution, on suppose quelquefois que la raideur des joints du frame ou que la résistance de ses barres à la

---

(*) Cette étude des frames munis *de liens* contient un perfectionnement qui a été suggéré par M. Clerk Maxwell en 1867.

flexion pourra donner de la rigidité au système. Par exemple, dans la ferme de la figure 81 (*Voir* n° 161, plus loin), la poutre tirant AA est d'une seule pièce, ou se compose de deux ou plusieurs parties réunies entre elles de façon à agir comme une seule pièce; et une partie de son poids est supportée par les tiges CB, CB, partant des joints C, C. La résistance de la poutre CC à la flexion, agira par l'intermédiaire de ces tiges pour empêcher un changement dans la position angulaire des étrésillons AC, CC. CA, par suite de rotation, autour des joints A, C, C, A. Si AB, BB, et BA étaient trois pièces distinctes, avec des joints flexibles en B, B, il est évident que la figure du frame pourrait être modifiée par la déformation du quadrilatère BCCB.

157. Variation de la charge sur une ferme. Lorsque l'on donne de la raideur à une ferme au moyen de liens, on a en vue de lui permettre de résister à des charges dont le mode de distribution varierait; car si la charge était toujours distribuée de la même façon, on pourrait assigner à la ferme une figure appropriée à cette charge, sans qu'il fût nécessaire d'employer des liens.

Les changements dans la charge produisent des changements dans les actions moléculaires de toutes les parties du frame, mais surtout des liens, et chacune des parties doit pouvoir résister aux plus grandes actions moléculaires qu'elle aura à supporter.

Quelques-unes des parties du frame, et surtout les liens, peuvent avoir à agir tantôt comme des étrésillons, tantôt comme des tirants, suivant le mode de distribution de la charge.

158. Barre commune à plusieurs frames. Lorsque la même barre fait en même temps partie de deux ou plusieurs frames différents, on déterminera, comme il suit, les actions moléculaires auxquelles elle est soumise.

THÉORÈME. *Les actions moléculaires sur une barre, qui est commune à deux ou plusieurs frames, sont la résultante des différentes actions moléculaires auxquelles elle est soumise, par suite de sa position dans les différents frames.*

Les numéros suivants sont des applications de ce théorème.

159. Fermes du second ordre. On donne le nom de *ferme du second ordre* à une ferme qui est supportée par une autre ferme.

Lorsqu'une charge est distribuée sur un grand nombre de centres de résistance, il peut être avantageux, au lieu de réunir tous ces centres par un frame polygonal, de les soutenir au moyen de petites fermes qui sont, à leur tour, soutenues par des fermes plus grandes, et ainsi de suite, l'ensemble des fermes du second ordre étant finalement supporté par une ferme de grande dimension, que l'on peut appeler *ferme du premier ordre*. Dans une pareille combinaison, la même pièce fait souvent partie de plusieurs fermes ; on déterminera alors les actions moléculaires auxquelles elle est soumise, d'après le théorème du n° 158.

EXEMPLE I. La figure 77 représente une ferme que l'on rencontre fréquemment dans les toitures en fer.

Fig. 77.

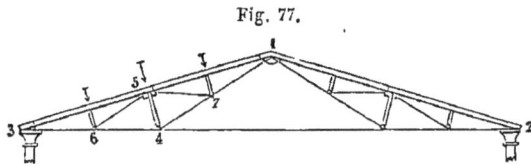

Le frame entier est soutenu par des piliers en 2 et 3, qui supportent chacun la moitié du poids.

1 2 3 est la *ferme du premier ordre*, qui se compose de deux arbalétriers, 1 3, 1 2, et d'un tirant 2 3.

Le poids de la toiture est réparti sur les arbalétriers.

Le milieu de chacun des arbalétriers est soutenu par une *ferme du second ordre ;* l'une d'elles est indiquée par 1 4 3 ; elle se compose d'un étrésillon 1 3 (l'arbalétrier lui-même), de deux tirants 4 1, 4 3, et d'un lien faisant fonction d'étrésillon 5 4, qui a pour but de transmettre la charge appliquée en 5, au point où les tirants se rencontrent.

Chacune des deux fermes du second ordre, que nous venons d'indiquer, supporte deux *fermes du second ordre plus petites*, d'une forme et d'une construction analogues ; deux de ces dernières sont indiquées par 1 7 5, 5 6 3. On pourrait pousser la subdivision de la charge encore plus loin.

Dans la détermination des actions moléculaires auxquelles sont soumises les parties de cette construction, il est indifférent, au point de vue mathématique, de commencer par la ferme du premier ordre ou par les fermes du second ordre ; on trouve plus simple cependant de commencer par la ferme du premier ordre.

(1) *Ferme du premier ordre* 1 2 3. Désignons par W le poids de la toiture ; chaque arbalétrier supporte alors la charge uniformé-

ment répartie $\frac{1}{2}$ W, dont la résultante passe en son milieu. Partageons chacune de ces résultantes en deux composantes égales et parallèles, ayant chacune pour valeur $\frac{1}{4}$ W, et passant par les extrémités de l'arbalétrier. Nous pouvons alors considérer $\frac{1}{4}$ W comme étant soutenu directement en 3, $\frac{1}{4}$ W en 2, et $\frac{1}{4}$ W $+$ $\frac{1}{4}$ W $=$ $\frac{1}{2}$ W en 1; la charge sur le joint 1 est, par suite,

$$P = \frac{1}{2} W.$$

Désignons par i l'inclinaison des arbalétriers sur l'horizontale, nous aurons alors, en nous reportant aux équations du n° 149,

$$H = \frac{\frac{1}{2} W}{2 \tang i} = \frac{W}{4 \tang i}. \tag{1}$$

Telle est la valeur de la force de tension sur le tirant de la ferme du premier ordre 2 3; quant aux forces de compression sur chacun des arbalétriers 1 3, 1 2, elles ont pour valeur

$$R = H \sec i = \frac{W \cosec i}{4}. \tag{2}$$

(2) *Ferme du second ordre 1 4 3 5.* La charge $\frac{1}{2}$ W est répartie sur l'arbalétrier 1 3; en raisonnant comme ci-dessus, nous regarderons la moitié de cette charge comme étant soutenue directement en 1 et 3, et l'autre moitié ou $\frac{1}{4}$ W, comme étant la charge verticale au point 5. Nous considérerons la ferme comme un polygone composé des quatre poutres, 5 1, 1 4, 4 3, 3 5, dont deux se trouvent être sur la même ligne droite, et du lien faisant fonction d'étrésillon 5 4, qui exerce obliquement de bas en haut sur 5, et obliquement de haut en bas sur 4, une pression égale à la composante de la charge $\frac{1}{4}$ W perpendiculaire à l'arbalétrier; cette pression est donnée par l'équation

$$R_{54} = \frac{1}{4} W \cos i. \tag{3}$$

Nous obtiendrons alors très-facilement les valeurs des actions moléculaires sur l'arbalétrier et sur les tirants; nous les distinguerons les unes des autres en affectant la lettre R des chiffres qui représentent les deux joints entre-lesquels elles s'exercent.

$$\text{Tension sur les tirants.} \left\{ R_{4\,3} = R_{4\,1} = \frac{R_{5\,4}}{2\sin i} = \frac{1}{8}\,W\cot i. \right.$$

$$\text{Compression sur l'arbalétrier.} \left\{ \begin{array}{l} R_{3\,5} = \dfrac{R_{5\,4}}{2\tan i} + \dfrac{1}{8}\,W\sin i = \dfrac{1}{8}\,W\cosec i. \\[2ex] R_{5\,1} = \dfrac{R_{5\,4}}{2\tan i} - \dfrac{1}{8}\,W\sin i = \dfrac{1}{8}\,W(\cosec i - 2\sin i). \end{array} \right\} (4)$$

La différence entre les deux forces de compression sur les deux moitiés de l'arbalétrier,

$$R_{3\,5} - R_{5\,1} = \frac{1}{4}\,W\sin i,$$

est la composante *le long de l'arbalétrier* de la charge au point 5.

(3) *Fermes du second ordre plus petites*, 1 7 5, 5 6 3. Ces fermes sont semblables aux fermes du second ordre plus grandes, avec cette seule différence que la charge en chaque point est moitié de l'autre, ce qui fait que les actions moléculaires sont moitié de celles données par les équations 3 et 4.

(4) *Résultante des actions moléculaires.* La force de tension sur la partie du milieu du grand tirant 2 3 est simplement celle qui est due à la ferme du premier ordre, 1 2 3. La force de tension sur le tirant 4 7 est simplement celle qui est due à la ferme du second ordre 1 4 3. Les forces de tension sur les tirants 5 7, 5 6 sont simplement celles qui sont dues aux fermes du second ordre les plus petites, 1 5 7, 5 6 3. Mais, en vertu du théorème du n° 158, la force de tension sur le tirant 1 7 est la somme des forces qui sont dues à la ferme du second ordre, la plus grande, 1 4 3 et à la ferme du second ordre, la plus petite, 1 7 5. La force de tension sur 6 4 est la somme de celles qui résultent de la ferme du premier ordre, 1 2 3, et de la ferme du second ordre la plus grande, 1 4 3. La force de tension sur 6 3 est la somme des forces dues à la ferme du premier ordre, 1 2 3, à la ferme du second ordre la plus grande, 1 4 3, et à la ferme du second ordre la plus petite, 5 6 3. La force de compression sur chacune des quatre parties de l'arbalétrier 1 3 est la somme de trois forces de compression dues respectivement à

la ferme du premier ordre, à la ferme du second ordre la plus grande, et à l'une ou l'autre des fermes du second ordre les plus petites.

EXEMPLE II. La *fig.* 78 représente une autre disposition de ferme

Fig. 78.

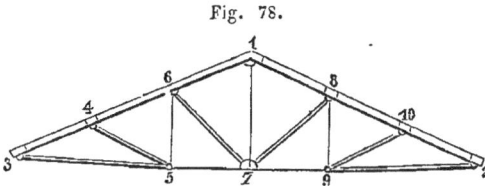

employée fréquemment dans les toitures. Désignons, comme ci-dessus, par W le poids de la toiture réparti sur les arbalétriers 1 2, 1 3. 2 3 est le grand tirant; 1 7, 6 5, 8 9 sont des tiges de suspension; 7 6, 7 8, 5 4, 9 10, des étrésillons.

(1) *Ferme du premier ordre* 1 2 3. On prendra la charge en 1, comme ci-dessus, égale à $\frac{1}{2}$ W.

(2) *Fermes du second ordre* 7 6 3, 7 8 2. On peut regarder la charge en 6 comme composée de la moitié de la charge entre 6 et 1, et de la moitié de la charge entre 6 et 3, c'est-à-dire comme étant la moitié de la charge entre 1 et 3, ou $\frac{1}{4}$ W. Les fermes sont triangulaires, chacune d'elles consistant en deux étrésillons et un tirant, et l'on trouvera les actions moléculaires comme au n° 149.

La tige de suspension 1 7 supporte les $\frac{2}{3}$ de la charge sur 7 6 3, et les $\frac{2}{3}$ de la charge sur 7 8 2, c'est-à-dire $\frac{2}{3}\frac{2}{4}$ W $= \frac{1}{3}$ W; si l'on y ajoute la charge $\frac{1}{6}$ W qui porte *directement* sur 1, on trouve la charge $\frac{1}{2}$ W, que nous avons déjà indiquée.

(3) *Fermes du second ordre plus petites* 3 4 5, 9 10 2. Chacun des points 4 et 10 supporte une charge $\frac{1}{6}$ W, qui permet de déterminer les actions moléculaires sur les barres de ces fermes.

La moitié de la charge sur 4, c'est-à-dire $\frac{1}{12}$ W, est soutenue par

la tige de suspension 6 5; si l'on y ajoute $\frac{1}{6}$ W, qui porte directement sur 6, on a en ce point la charge $\frac{1}{4}$ W, que nous avons déjà
indiquée. Les mêmes remarques s'appliquent à la tige de suspension 8 9·

(4) *Résultante des actions moléculaires.* La force de tension entre 5
et 9 est la somme des forces de tension qui sont dues à la ferme du
premier ordre et à la ferme du second ordre la plus grande; la force
de tension entre 5 et 3 et entre 9 et 2 est la somme des forces de
tension qui sont dues à la ferme du premier ordre, à la ferme du
second ordre la plus grande, et à la ferme du second ordre la plus
petite.

La force de compression sur 1 6 est due à la ferme du premier
ordre seule; la force de compression sur 6 4 est due à la ferme du
premier ordre et à la ferme du second ordre la plus grande; la force
de compression sur 4 3 est due à la ferme du premier ordre, à la
ferme du second ordre la plus grande, et à la ferme du second ordre
la plus petite; il en est de même pour les divisions de l'autre arbalétrier.

EXEMPLE III. Supposons qu'au lieu de 3 divisions il y en ait n pour
chacun des arbalétriers 1 3, 1 2 de la *fig.* 78, de telle façon qu'outre
la tige de suspension du milieu 1 7, il y ait $n-2$ tiges de suspension sous chacun des arbalétriers, ou $2n-4$ tiges en tout, et $n-1$
étrésillons inclinés sous chaque arbalétrier, ou $2n-2$ en tout. Il y
aura ainsi $2n-1$ centres de résistance qui sont : le joint du faîte 1,
et $n-1$ centres pour chaque arbalétrier, et la charge *supportée directement* en chacun de ces points sera $\frac{W}{2n}$.

La charge totale sur le joint du faîte, 1, sera, comme ci-dessus, $\frac{W}{2}$,
qui se décompose en $\frac{W}{2n}$, supportée directement, et $\frac{W}{2}\left(1-\frac{1}{n}\right)$ soutenue par la tige de suspension du milieu.

La charge totale sur le joint le plus haut d'une ferme du second
ordre quelconque, qui est éloigné du joint du faîte de m divisions de
l'arbalétrier, sera $\frac{n-m+1}{4n}$ W, c'est-à-dire qu'elle se compose de

la charge $\dfrac{W}{2n}$ supportée directement, et de la charge $\dfrac{n-m-1}{4n}\,W$

soutenue par une tige de suspension.

Les actions moléculaires sur les étrésillons et sur le tirant de chacune des fermes du premier et du second ordre étant déterminées,
comme au n° 149, on les combinera entre elles comme dans les
exemples qui précèdent.

160. **Fermes composées.** Bien que les frames ne se prêtent
pas toujours à la distinction de frames du premier et du second
ordre, on peut souvent les combiner entre eux de telle façon que
certaines parties soient communes à deux ou plusieurs d'entre eux.
On détermine alors les actions moléculaires pour chacune de ces
parties à l'aide du théorème du n° 158.

EXEMPLE I. Dans la *fig.* 79, 8 9 représente une partie du tablier

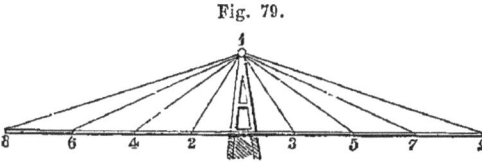

Fig. 79.

horizontal d'un pont suspendu, qui est supportée par la partie supérieure d'une pile centrale 1, au moyen de tiges ou de câbles également inclinés, à savoir : 1 8 et 1 9, 1 6 et 1 7, 1 4 et 1 5, 1 2 et 1 3.

On considérera ici 8 1 9 comme un frame triangulaire distinct,
composé d'un étrésillon 8 9, et de deux tirants 1 8 et 1 9, chargé de
poids égaux en 8 et 9, et soutenu en 1. Désignons par x la hauteur
du point de suspension 1 au-dessus du niveau des points qui sont
chargés, par $y_8 = y_9$ la distance de ces points au milieu de la pile,
par P la charge en chaque point, par $R_8 = R_9$ la tension sur chacun
des tirants 1 8, 1 9, et par $T_{8\,9}$ la force de compression entre 8 et 9 le
long du tablier, nous aurons

$$T_{8\,9} = \frac{P y_8}{x}, \quad R_8 = \frac{P\sqrt{x^2 + y_8^2}}{x}.$$

Les autres frames distincts 6 1 7, 4 1 5, 2 1 3 donneront lieu à des
équations semblables.

Si nous employons une notation semblable dans chaque cas, la
force de compression le long du tablier est

11

$$\left.\begin{array}{l}\text{entre 6 et 4}\\\text{entre 5 et 7}\end{array}\right\} \; T_{89} + T_{67},$$

$$\left.\begin{array}{l}\text{entre 4 et 2}\\\text{entre 3 et 5}\end{array}\right\} \; T_{89} + T_{67} + T_{45},$$

et ainsi de suite pour les divisions considérées deux à deux dont le tablier se compose.

EXEMPLE II. La *fig.* 80 représente un framework destiné à sou-

Fig. 80.

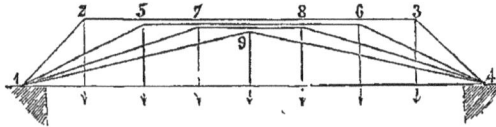

tenir un des côtés d'un pont en bois; il repose sur deux piles en 1 et 4.

Il se compose de quatre fermes distinctes :

1 2 3 4 chargée en 2 et 3,

1 5 6 4 chargée en 5 et 6,

1 7 8 4 chargée en 7 et 8,

1 9 4 chargée en 9;

mais toutes ces fermes ont la même poutre faisant fonction de tirant 1 4 ; et la tension le long de cette poutre est la somme des tensions dues aux quatre fermes.

161. Résistance d'un frame en une de ses sections.
THÉORÈME. *Un frame étant sollicité par un système quelconque de forces extérieures, si l'on imagine qu'il soit partagé en deux parties d'une façon complète par une surface idéale, les actions moléculaires qui s'exercent le long des barres à leur intersection avec la surface, font équilibre aux forces extérieures qui agissent sur chacune des deux parties du frame.*

Ce théorème, qui se passe de démonstration, fournit dans quelques cas un moyen très-commode de déterminer les actions moléculaires sur les parties d'un frame. Les considérations suivantes montreront comment on doit en faire usage.

1er CAS. Lorsque les lignes de résistance des barres et les lignes d'action des forces extérieures sont toutes dans un même plan, on peut supposer que l'on coupe le frame en un point quelconque par un plan perpendiculaire à son propre plan. Prenons la ligne d'intersection de ces deux plans pour un des axes de coordonnées, l'axe des *y*, par exemple, et un point, convenablement choisi sur cette ligne pour l'origine O; supposons que l'axe des *x* soit perpendiculaire à cette ligne et soit dans le plan du frame, et que l'axe des *z* leur soit perpendiculaire et soit dans le plan de section.

Les forces extérieures appliquées à la partie du frame qui se trouve d'un côté du plan de section (on peut choisir l'un ou l'autre) étant traitées comme au n° 59, nous permettront de déterminer : la force totale suivant l'axe des $x = F_x$; la force totale suivant l'axe des $y = F_y$, et le moment du couple qui agit autour de l'axe des $z = M$; et les barres qui sont coupées par le plan de section doivent exercer des résistances capables de faire équilibre à ces deux forces et à ce couple. Si le nombre des barres ainsi coupées n'est pas supérieur à trois, il n'y a pas plus de trois quantités inconnues, et comme il y a trois relations entre elles et les quantités données, le problème est déterminé; mais si le plan de section rencontre plus de trois barres, le problème est ou peut être indéterminé.

Les formules auxquelles conduit ce raisonnement sont les suivantes. Supposons que les *x* soient positifs dans la partie de la construction que l'on considère en déterminant F_x, F_y et M; que les *y* soient positifs à droite des *x* positifs quand on regarde à partir de *z*, et que les angles soient comptés positivement de O*x* vers $+ y$, c'est-à-dire vers la droite; supposons enfin que les lignes de résistance des trois barres qui sont coupées par le plan de section fassent les angles i_1, i_2, i_3 avec l'axe des *x*. Représentons par n_1, n_2, n_3 les longueurs des perpendiculaires abaissées du point O sur ces trois lignes, ces longueurs étant considérées comme positives quand elles sont entraînées vers la droite de O*x*, et comme négatives, vers la gauche de O*x*. Désignons par R_1, R_2, R_3, les résistances ou actions moléculaires totales le long des trois barres, les tensions étant considérées comme positives et les forces de compression comme négatives. Nous aurons les trois équations suivantes :

$$\left. \begin{array}{l} F_x = R_1 \cos i_1 + R_2 \cos i_2 + R_3 \cos i_3, \\ F_y = R_1 \sin i_1 + R_2 \sin i_2 + R_3 \sin i_3, \\ -M = R_1 n_1 + R_2 n_2 + R_3 n_3, \end{array} \right\} \qquad (1)$$

qui permettront de trouver les trois quantités cherchées R_1, R_2, R_3.

Relativement au plan de section donné, on peut donner les noms : à F_x, *d'actions moléculaires normales;* à F_y, *d'actions moléculaires tran-*

chantes, et à M, *de moment d'actions moléculaires fléchissantes* ou *de flexion*, car ce moment tend à faire fléchir le frame dans la section · considérée.

2e Cas. Lorsque les barres du frame et les forces qui y sont appliquées sont dans une direction quelconque, les forces appliquées à l'une des deux divisions du système articulé seront ramenées à leurs composantes rectangulaires, et l'on trouvera, comme au n° 60, les trois forces résultantes qui agissent le long de ces axes rectangulaires, F_x, F_y, F_z, et les trois couples résultants autour de ces trois axes, M_x, M_y, M_z. Ces forces et ces couples doivent être égaux et opposés aux forces et aux couples correspondants qui résultent des actions moléculaires sur les barres qui sont coupées par le plan de section; on obtient ainsi six équations entre ces actions moléculaires et les quantités connues, de telle sorte que si le plan de section ne rencontre pas plus de six barres le problème est déterminé; s'il y en a davantage, il est ou peut être indéterminé.

On obtient les équations de la manière suivante. Désignons par R les actions moléculaires le long d'une barre quelconque, les tensions étant positives et les forces de pression étant négatives; par α, β, γ, les inclinaisons de la ligne de résistance de cette barre sur les axes des x, des y, des z, et par n la longueur de la perpendiculaire abaissée de O sur cette ligne. Imaginons un plan passant par O et par la ligne de résistance de la barre, puis une normale à ce plan, dans une direction telle qu'en regardant de l'extrémité de cette normale vers O on voie la barre à droite de O, et représentons par λ, μ, ν, les angles d'inclinaison de cette normale sur les trois axes. Si Σ représente la somme de six quantités qui se correspondent pour les six barres, on aura les six équations suivantes :

$$\begin{aligned} F_x = \Sigma R \cos\alpha, \quad F_y = \Sigma R \cos\beta, \quad F_z = \Sigma R \cos\gamma, \\ -M_x = \Sigma Rn \cos\lambda, \quad -M_y = \Sigma Rn \cos\mu, \\ -M_z = \Sigma Rn \cos\nu, \end{aligned} \right\} \quad (2)$$

qui permettront de déterminer par élimination les six actions moléculaires cherchées.

Le plan de section étant pris, comme ci-dessus, pour plan des yz, F_x représente les *actions moléculaires directes totales* sur ce plan; F_y et F_z sont les *actions moléculaires tranchantes totales;* M_y et M_z *sont les couples fléchissants*, et M_x est un couple *de torsion*.

Remarque. On peut résoudre, soit par *la méthode des sections* telle que nous venons de l'expliquer, soit par *la méthode des polygones* que nous avons analysée dans les numéros précédents, tous les problèmes relatifs à l'équilibre de frames; on choisira l'une ou l'autre dans chaque cas particulier selon qu'elle sera plus simple et conviendra mieux au problème.

Nous allons appliquer successivement ces deux méthodes à la solution d'un problème des plus simples.

Fig. 81.

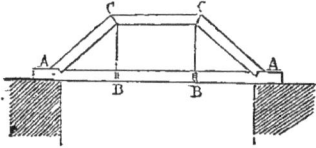

La *fig*. 81 représente une ferme d'une forme très-usitée en charpente (il en a déjà été question au n° 156); elle consiste en trois étrésillons AC, CC, CA, en une poutre AA, faisant fonction de tirant, et en deux tiges de suspension CB, CB, qui partent des joints C, C, et servent à soutenir une partie du poids de la poutre-tirant (nous avons montré au n° 156 que cette disposition avait aussi pour but de donner de la raideur à la ferme).

Représentons par i les angles d'inclinaison égaux et opposés des arbalétriers AC, CA, sur la poutre-tirant horizontale AA, et laissant de côté les portions de la charge supportées directement en A, A, désignons par P, P, les charges verticales égales appliquées en C, C, et par $-$P, $-$P, les réactions verticales des appuis A, A, qui leur sont égales et sont dirigées de bas en haut. Représentons par H la force de tension sur la poutre-tirant, par R la force de compression sur chacun des arbalétriers inclinés, et par T la force de compression sur l'étrésillon horizontal CC.

En employant la *méthode des polygones*, comme au n° 153, nous trouvons immédiatement

$$\left. \begin{array}{l} H = -\,T = P \cot i, \\ R = -\,P \operatorname{coséc} i. \end{array} \right\} \tag{3}$$

(Les forces de compression sont considérées comme négatives.)

Pour résoudre la même question par la *méthode des sections*, supposons une section verticale qui soit faite par un plan passant par le centre du joint C de droite; prenons ce centre pour origine des coordonnées; comptons les x positivement vers la droite et les y positivement de haut en bas; représentons par x_1, y_1 les coordonnées du centre de résistance du point d'appui de droite A. Quand le plan de section passe par le centre de résistance d'un joint, on est libre de supposer qu'il coupe l'une ou l'autre des deux barres qui se rencontrent en ce joint, à une distance excessivement faible du joint.

Considérons d'abord le plan sécant comme rencontrant CA. Les forces et le couple qui agissent sur la partie du frame à droite du plan de section sont

$$F_x = 0, \quad F_y = -P, \quad M = -Px_1.$$

Si l'on remarque que pour l'étrésillon AC, $n = 0$ et que pour le tirant AA, $n = y_1$, on a, en vertu des équations 1 données ci-dessus :

$$R \cos i + H = F_x = 0,$$
$$R \sin i = -P,$$
$$Hy_1 = -M = +Px_1.$$

La dernière équation donne

$$H = \frac{Px_1}{y_1} = P \cot i;$$

la première ou la deuxième donne

$$R = -\frac{H}{\cos i} = -P \operatorname{coséc} i. \tag{4}$$

Supposons maintenant que le plan coupe CC à une distance très-petite à gauche de C. On aura à considérer les forces égales et opposées $+P$ appliquées en C, et $-P$ appliquées en A, de telle sorte que

$$F_x = 0, \quad F_y = 0, \quad M = -Px_1;$$

on déduit de la première de ces équations

$$H + T = F_x = 0,$$

et $$P = -H = -P \cot i. \tag{5}$$

Dans l'exemple que nous venons de donner, la méthode des sections est lente et compliquée, à côté de la méthode des polygones; nous en avons fait usage uniquement pour la mieux faire comprendre; mais dans les problèmes qui suivent, c'est le contraire, la méthode des sections est de beaucoup la plus simple.

162. **Poutre à demi-treillis.** — Cette poutre est encore désignée sous le nom de « poutre Warren ». Nous l'avons représentée

dans la *fig.* 82. Elle consiste essentiellement en une barre supé-

Fig. 82.

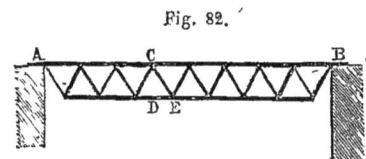

rieure horizontale, en une barre inférieure horizontale, et en une série de barres diagonales inclinées alternativement dans un sens et en sens contraire, et divisant l'espace compris entre les deux premières barres en une série de triangles. Dans l'exemple actuel, nous supposons que la poutre est supportée par les réactions verticales des piles en A et B et est chargée de poids qui agissent sur les joints aux sommets des différents triangles.

On pourrait regarder cette poutre comme pouvant se décomposer en fermes plus simples. On considérerait, par exemple, les barres supérieure et inférieure et les barres diagonales extrêmes commé formant une ferme polygonale semblable à celle de la *fig.* 81, mais renversée, et qui supporterait une ferme droite du même genre, mais plus petite, laquelle supporterait à son tour une ferme encore plus petite, mais renversée, — et ainsi de suite jusqu'à la ferme la plus petite de toutes, qui est le triangle du milieu. Mais il est plus simple de recourir à la méthode des sections que l'on appliquera successivement à chacune des divisions de la poutre.

La charge sur chaque joint étant connue, on déterminera les deux réactions en A et B, d'après les principes de l'équilibre de forces parallèles situées dans un plan (43, 44). Désignons ces réactions par P_A, P_B, en regardant les forces comme positives, quand elles agissent de bas en haut, et comme négatives, de haut en bas; soit enfin —P la charge en un joint quelconque, charge qui sera constante ou variable pour les différents joints.

Supposons maintenant que l'on demande de trouver les actions moléculaires le long d'une des diagonales, telle que CE, le long de la barre supérieure immédiatement à droite de C, et le long de la barre inférieure immédiatement à gauche de E. Imaginons un plan vertical qui coupe la poutre à une très-petite distance à droite de C; prenons l'intersection de ce plan avec la ligne de résistance de la barre supérieure pour l'origine des coordonnées, laquelle coïncidera sensiblement avec C.

Représentons par x la distance d'un quelconque des joints à gauche du plan de section, à ce dernier plan, par x_1, la distance du point d'appui A au même plan. Supposons que les y soient positifs, quand ils sont dirigés de bas en haut, de telle façon que l'on ait pour les joints de la barre supérieure $y = 0$, et pour ceux de la barre inférieure $y = -h$, h représentant la distance verticale entre les lignes de résistance des deux barres supérieure et inférieure.

Représentons par i l'angle d'inclinaison de la diagonale CE sur l'axe des x qui est horizontal. Dans le cas actuel, cet angle est positif ; mais si CE avait été incliné en sens inverse, il eût été négatif.

Représentons par le symbole $-\Sigma_C^A P$ la somme des charges qui agissent sur les joints compris entre le plan de section et le point d'appui A, *y compris la charge au joint* C. Nous aurons pour les forces totales et pour le couple qui agissent sur la partie de la poutre à gauche du plan de section :

force directe, $F_z = 0$, puisque les forces appliquées sont toutes verticales ;

effort tranchant, $F_y = P_A - \Sigma_C^A P$; cette force est positive (dirigée vers le haut), ou négative (dirigée vers le bas), suivant que le plan de section est plus ou moins rapproché du point d'appui A, qu'un plan qui partage la charge en deux parties égales respectivement aux réactions ;

moment du couple fléchissant, $M = P_A x_1 - \Sigma_C^A P x$; ce couple est dirigé de *bas en haut*, et est de gauche à droite par rapport à l'axe des z.

Désignons maintenant par R_1 les actions moléculaires le long de la barre supérieure en C, par R_2 les actions moléculaires le long de la barre inférieure en D, et par R_3 les actions moléculaires le long de la barre diagonale CE ; les équations 1 du n° 161 deviendront :

$$R_1 + R_2 + R_3 \cos i = 0 ; \quad \text{ou} \quad R_1 + R_3 \cos i = -R_2, \quad (a)$$

c'est-à-dire que les actions moléculaires le long de la barre supérieure, augmentées de la composante horizontale des actions moléculaires le long de la diagonale, sont égales et opposées aux actions moléculaires le long de la barre inférieure ;

$$R_3 \sin i = F_y = P_A - \Sigma_C^A P, \qquad (b)$$

c'est-à-dire que la composante verticale des actions moléculaires le long de la diagonale fait équilibre à l'effort tranchant ;

$$-R_2 y = R_2 h = M = P_A x_1 - \Sigma_C^A P x, \qquad (c)$$

c'est-à-dire que le couple formé par les actions moléculaires horizontales égales et opposées de l'équation (*a*), agissant aux extrémités du bras de levier *h*, fait équilibre au couple fléchissant.

On déduit finalement des équations (*a*), (*b*), (*c*), les valeurs suivantes des actions moléculaires :

tension sur la barre inférieure,

$$R_2 = \frac{1}{h}\left(P_A x_1 - \sum_C^A Px\right);$$

actions moléculaires sur la diagonale,

$$R_3 = \operatorname{coséc} i\left(P_A - \sum_C^A P\right); \tag{1}$$

force de compression sur la barre supérieure,

$$R_1 = -R_2 - R_3 \cos i$$
$$= -\frac{1}{h}\left(P_A x_1 - \sum_C^A Px\right) - \cot i\left(P_A - \sum_C^A P\right).$$

On peut trouver une autre forme, qui est souvent beaucoup plus commode, pour la seconde et la troisième de ces expressions. Désignons par *s* la longueur de la diagonale CE, et par x'_1 la distance horizontale de son extrémité inférieure E au point d'appui A, alors

$$s = \sqrt{h^2 + (x'_1 - x_1)^2},$$

et

$$\operatorname{coséc} i = \frac{s}{h}; \qquad \cot i = \frac{x'_1 - x_1}{h}. \tag{2}$$

On obtient, en substituant,

$$R_3 = \frac{s}{h}\left(P_A - \sum_C^A P\right)$$
$$R_1 = -\frac{1}{h}\left\{P_A x_1 - \sum_C^A Px + \left(x'_1 - x_1\right)\left(P_A - \sum_C^A P\right)\right\} \tag{3}$$
$$= -\frac{1}{h}\left(P_A x'_1 - \sum_C^A Px'\right);$$

x' représente la *distance horizontale d'un joint quelconque à gauche d'un plan vertical passant par* E. Cette dernière expression de R_1 est la même que celle que l'on eût obtenue en supposant que le plan de section passât par E au lieu de passer par C.

Une diagonale donnée sera soumise à des forces de tension ou de compression selon qu'elle sera dirigée dans le même sens que l'effort tranchant F_y agissant sur le plan sécant qui la coupe, ou en sens contraire.

163. Poutre à demi-treillis. Charge uniforme. 1ᵉʳ CAS. *Tous les joints sont chargés.* Lorsque les joints d'une poutre à demi-treillis sont également distants en projection horizontale et chargés de poids égaux, les équations prennent la forme suivante.

Désignons par N le nombre pair de divisions dans lesquelles les lignes verticales qui passent par les joints partagent la longueur totale ou *la portée* comprise entre les points d'appui. Soit l la longueur d'une de ces divisions, Nl sera la portée totale. Le nombre total des joints chargés est $N-1$; ce nombre est un nombre impair, et il doit y avoir un joint du milieu qui divise la poutre en deux parties égales, lesquelles seront symétriques au point de vue de la figure, de la charge, des réactions et des actions moléculaires, de telle sorte qu'il suffit de considérer une des moitiés de la poutre. Nous supposerons que l'on choisisse celle de gauche. Désignons le joint du milieu par 0, et les autres joints par des nombres dans l'ordre de leurs distances au joint du milieu, de telle sorte que le joint n sera à la distance nl du joint 0. Les nombres pairs représenteront les joints sur la même barre horizontale que 0 ; les nombres impairs, les joints qui sont sur l'autre barre.

La charge totale sur la poutre est

$$-(N-1)P;$$

la moitié de cette charge est supportée par chacune des piles, c'est-à-dire que l'on a

$$P_A = P_B = \frac{(N-1)}{2} P. \tag{1}$$

La barre supérieure est soumise partout à des forces de compression ; la barre inférieure, à des forces de tension. Quant aux diagonales, elles sont soumises à des forces de tension ou de compression selon qu'elles montent ou qu'elles descendent, du milieu vers les extrémités. L'*espèce* des actions moléculaires est ainsi déterminée, il ne reste plus qu'à en calculer la *grandeur*.

Soit n le nombre d'un joint quelconque, on demande de trouver les actions moléculaires sur la diagonale qui va de ce joint vers le

milieu de la poutre et sur la partie de celle des deux barres horizontales qui est opposée à ce joint.

Supposons que l'on mène un plan vertical à une petite distance
de ce joint, lequel coupe la diagonale en question, ainsi que les
barres horizontales.

Il y a entre le point O et chacune des piles $\dfrac{N}{2} - 1$ joints chargés;
entre le point O et le plan sécant considéré, il y a $n - 1$ joints; il y
a donc $\dfrac{N}{2} - n$ joints entre le plan sécant et la pile. Par suite

$$\Sigma_c^A P = \left(\frac{N}{2} - n\right) P,$$

et l'*effort tranchant* est

$$F_y = P_A - \Sigma_c^A P = \left(n - \frac{1}{2}\right) P. \tag{2}$$

Il augmente, comme on voit, d'une façon uniforme du milieu
aux extrémités.

La distance x_1 du $n^{ième}$ joint à la pile $= \left(\dfrac{N}{2} - n\right) l$. Le moment de
bas en haut de la réaction est donc

$$P_A x_1 = \left(\frac{N}{2} - \frac{1}{2}\right)\left(\frac{N}{2} - n\right) P l.$$

On trouvera le moment de haut en bas de la charge sur les joints
compris entre le plan sécant et la pile, en remarquant que le bras de
levier de la portion la plus rapprochée de cette charge est nul, .et
que celui de la portion la plus éloignée est $\left(\dfrac{N}{2} - 1 - n\right) l$, de telle
sorte que le bras de levier moyen est $\dfrac{1}{2}\left(\dfrac{N}{2} - 1 - n\right) l$; si on le multiplie par la charge $\Sigma_c^A P$ trouvée ci-dessus, on a pour le moment

$$-\Sigma_c^A P x = -\frac{1}{2}\left(\frac{N}{2} - 1 - n\right)\left(\frac{N}{2} - n\right) P l;$$

le couple fléchissant est par suite :

$$M = P_A x_1 - \Sigma_c^A P x = \frac{1}{2}\left(\frac{N}{2} + n\right)\left(\frac{N}{2} - n\right) P l = \frac{1}{2}\left(\frac{N^2}{4} - n^2\right) P l. \tag{3}$$

Il est donc proportionnel au *produit des segments que le plan sécant détermine sur la longueur de la poutre*, et atteint son maximum au milieu, où il a pour valeur $\dfrac{N^2}{8}\,Pl$.

Si l'on représente par i l'angle d'inclinaison uniforme des diagonales, dans l'une ou l'autre direction, on a

$$\operatorname{coséc} i = \frac{s}{h} = \sqrt{\frac{h^2+l^2}{h}}.$$

Les actions moléculaires ont donc pour grandeur,

le long de la diagonale,

$$\left.\begin{aligned}R' = F_y \operatorname{coséc} i = \frac{s}{h}\left(n-\frac{1}{2}\right)P\,; \\[2mm]\textit{le long de la barre horizontale,} \qquad\qquad\qquad\qquad \\[2mm]R = \frac{M}{h} = \left(\frac{N^2}{4}-n^2\right)\frac{Pl}{2h}.\end{aligned}\right\} \qquad (4)$$

Ces actions moléculaires sont données sans leur signe, que l'on déterminera d'après les règles que nous avons données ci-dessus, après l'équation 1.

La plus petite valeur de R' correspond aux diagonales qui sont les plus rapprochées du milieu; on a alors $n=1$, et $R'=\dfrac{sP}{2h}$. La plus grande valeur de R' correspond aux diagonales voisines des piles; on a alors $n=\dfrac{N}{2}$, et $R'=\dfrac{(N-1)sP}{2h}$; ces diagonales supportent, par le fait, la charge entière.

La plus petite valeur des actions moléculaires horizontales R correspond aux divisions de l'une des barres horizontales les plus voisines des piles; on a alors $n=\dfrac{N}{2}-1$, et $R=\dfrac{(N-1)Pl}{2h}$.

La plus grande valeur de R correspond à la division de l'une des barres horizontales qui est opposée au joint du milieu; on a alors $n=0$ et $R=\dfrac{N^2Pl}{8h}$.

2ᵉ Cas. *Les joints sont chargés de deux en deux.* Supposons que les joints qui sont distants des piles d'un nombre pair de divisions soient seuls chargés. Le nombre total des joints chargés est alors $\dfrac{N}{2}-1$, la charge sur la poutre, $-\left(\dfrac{N}{2}-1\right)P$, et les réactions des appuis

$$P_A = P_B = \left(\frac{N}{4} - \frac{1}{2}\right)P. \qquad (5)$$

Représentons par n le nombre d'un joint *chargé* quelconque, par $n-1$, celui du joint non chargé qui en est le plus rapproché du côté du milieu O de la poutre. Si un plan coupe la poutre à une distance très-petite de l'un ou l'autre de ces joints, du côté le plus rapproché de O, l'effort tranchant est le même; il est égal à la différence entre la réaction P_A (équation 5), et la charge sur n et sur les autres joints chargés compris entre ce joint et A, joints dont le nombre est moitié de ce qu'il était dans le 1er cas, c'est-à-dire est égal à $\dfrac{N}{4}-\dfrac{n}{2}$. Nous aurons donc

$$F_y = \frac{n-1}{2}P. \qquad (6)$$

Le moment de bas en haut de la réaction est,

au joint n, $\qquad P_A\, x_1 = \left(\dfrac{N}{4}-\dfrac{1}{2}\right)\left(\dfrac{N}{2}-n\right)Pl,$

au joint $n-1$, $\quad P_A\,(x_1+l) = \left(\dfrac{N}{4}-\dfrac{1}{2}\right)\left(\dfrac{N}{2}-n+1\right)Pl.$

On trouve le moment de haut en bas de la charge depuis le joint n inclus jusqu'à la pile, relativement au plan sécant qui passe près de ce joint, en remarquant que le bras de levier de la portion la plus rapprochée de cette charge est nul, et que celui de la portion la plus éloignée est $\left(\dfrac{N}{2}-2-n\right)l$, de telle sorte que le bras de levier moyen est $\dfrac{1}{2}\left(\dfrac{N}{2}-2-n\right)$: si on le multiplie par la charge $-\left(\dfrac{N}{4}-\dfrac{n}{2}\right)P$, on a pour le moment

$$-\Sigma_c^A Px = -\frac{1}{4}\left(\frac{N}{2}-2-n\right)\left(\frac{N}{2}-n\right)Pl.$$

Le moment qui correspond au joint $n-1$ est

$$-\Sigma_c^A P\ x+l) = -\frac{1}{4}\left(\frac{N}{2}-n\right)^2 Pl.$$

Les couples fléchissants sont, par conséquent,

au joint chargé n,

$$M = \frac{1}{4}\left(\frac{N}{2}+n\right)\left(\frac{N}{2}-n\right)Pl = \frac{1}{4}\left(\frac{N^2}{4}-n^2\right)Pl;$$

au joint non chargé $n-1$,

$$M_1 = \frac{1}{4}\left(\frac{N^2}{4}-(n-1)^2-1\right)Pl. \tag{7}$$

Ces quantités permettent de trouver les actions moléculaires *le long de la diagonale* qui relie les joints n et $n-1$,

$$R' = F_y \, \mathrm{cosec}\, i = \frac{n-1}{2}\frac{sP}{h}. \tag{8}$$

(Les actions moléculaires le long de la diagonale qui relie les joints $n-1$ et $n-2$ sont de même grandeur, mais sont d'espèces différentes.)

Le long de la barre opposée au joint chargé n,

$$R = \frac{M}{h} = \frac{1}{4}\left(\frac{N^2}{4}-n^2\right)\frac{Pl}{h}.$$

Le long de la barre opposée au joint non chargé n — 1,

$$R_1 = \frac{M_1}{h} = \frac{1}{4}\left(\frac{N^2}{4}-(n-1)^2-1\right)\frac{Pl}{h}. \tag{9}$$

Ces deux dernières résultantes d'actions moléculaires sont d'espèces différentes: on saura si elles correspondent à des forces de tension ou de compression en appliquant la règle donnée après l'équation 1 de ce numéro.

164. **Poutre à treillis. Charge quelconque.** La poutre à treillis se compose, comme la poutre à demi-treillis, d'une barre horizontale supérieure et d'une barre horizontale inférieure; mais tandis que la poutre à demi-treillis présente des diagonales en zigzag, la poutre à treillis a des diagonales qui se coupent et qui sont habituellement également inclinées sur l'horizontale. La *fig.* 83 repré-

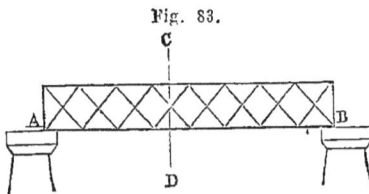

Fig. 83.

sente la forme la plus simple d'une poutre à treillis; il y a deux systèmes de diagonales qui se coupent à égale distance des barres horizontales supérieure et inférieure.

On suppose que la charge est appliquée sur les joints. Imaginons un plan vertical CD sécant passant par un des joints où les diagonales se rencontrent. On déterminera l'effort tranchant et le couple fléchissant dans ce plan de la même manière que pour une poutre à demi-treillis (162).

Les principes donnés ci-dessus (161) font voir que le problème est indéterminé au point de vue purement mathématique dans le cas actuel, où le plan sécant rencontre *quatre* barres; mais on peut le résoudre en admettant, ce qui arrive dans les poutres à treillis bien construites, que chacune des deux diagonales qui se rencontrent dans la section CD supporte la moitié de l'effort tranchant, ou plus ordinairement lorsque plusieurs couples de diagonales se rencontrent dans la même section transversale, que la résistance à l'effort tranchant se répartit également entre elles.

Pour que cette condition soit remplie dans le cas de deux diagonales (*fig.* 83) qui ont des inclinaisons égales et opposées, il faut que les actions moléculaires le long de ces diagonales soient égales et d'espèces différentes. Représentons par R' et $-R'$ les actions moléculaires sur ces deux diagonales, et par i et $-i$ les angles qu'elles font avec l'horizontale, nous aurons pour la composante verticale de la force qu'elles supportent

$$F_y = R' \sin i - R' \sin(-i) = 2R' \sin i, \qquad (1)$$

et pour la composante horizontale

$$R' \cos i - R' \cos(-i) = 0 \, ;$$

de telle sorte que les composantes horizontales des actions moléculaires le long des deux diagonales au plan de section se font équilibre.

Soit $2m$ le nombre des barres diagonales qui se rencontrent en une section verticale donnée, la grandeur des actions moléculaires le long de chacune d'elles est

$$R' = \frac{F_y \, \text{coséc} \, i'}{2m}. \qquad (2)$$

On aura une force de tension ou de compression suivant que les barres s'inclinent dans le même sens que l'effort tranchant, ou en sens contraire.

La tension sur la barre inférieure et la force de compression sur la barre supérieure dans une section verticale donnée, constituent un couple qui fait équilibre au couple fléchissant M; leur grandeur commune est par suite

$$R = \frac{M}{h}. \qquad (3)$$

165. Poutre à treillis. Charge uniforme. Désignons par N le nombre pair de divisions égales que déterminent sur une poutre à treillis les verticales qui passent par tous les joints, aussi bien les joints qui sont à l'intersection des barres diagonales et horizontales que ceux qui se trouvent à l'intersection des barres diagonales, et par l la longueur de l'une de ces divisions; Nl sera alors la portée de la poutre. On pourra déterminer l'effet d'une charge également répartie sur toutes ces verticales ou sur ces verticales de deux en deux, au moyen des formules d'une poutre à demi-treillis (163), de la manière suivante.

I. Lorsque la charge est répartie sur toutes les lignes verticales, on peut appliquer aux sections verticales, telles que CD, qui passent par les points de rencontre des diagonales, les formules données pour le 1er cas, équations 1, 2, 3, 4; il faut seulement remarquer que la résistance à l'effort tranchant se répartit entre les diagonales, comme l'indique l'équation 2 (164).

II. Lorsque la charge est seulement répartie sur les verticales qui passent par les points d'intersection des barres diagonales et horizontales, les formules du 2e cas, équations 5, 6, 7, 8, 9, *en tant qu'elles se rapportent à des sections faites par des joints non chargés*, seront applicables aux sections verticales, telles que OD, qui passent par les joints de rencontre des diagonales. La répartition des actions moléculaires sur les diagonales sera donnée par l'équation 2 (164).

166. Transformation des frames. Si l'on applique à la théorie des frames le principe exposé au n° 66 de la transformation par PROJECTION PARALLÈLE d'un système de lignes représentant un système de forces en équilibre en un autre système de lignes représentant un autre système de forces qui se font aussi équilibre, ce principe prend la forme suivante.

THÉORÈME. *Si un frame dont les lignes de résistances constituent une figure donnée, est en équilibre sous l'action d'un système de forces*

*extérieures représenté par un système de lignes donné, un frame
dont les lignes de résistance constituent une figure, qui est la projection
parallèle de la première figure, sera en équilibre sous l'action d'un système de forces représenté par la projection parallèle correspondante du
système de lignes donné ; et les lignes qui représentent les actions moléculaires le long des barres du nouveau frame, seront les projections parallèles correspondantes des lignes qui représentent les actions moléculaires
le long des barres du premier frame.*

Ce problème porte le nom de *Principe de transformation des
frames.* Il permet de déduire les conditions d'équilibre d'un frame
non symétrique, qui peut être considéré comme une projection
parallèle d'un frame symétrique (par exemple une poutre à treillis
inclinée), des conditions d'équilibre du frame symétrique ; cette
dernière méthode est souvent beaucoup plus facile et beaucoup plus
simple que celle qui consisterait à chercher directement les conditions d'équilibre du frame non symétrique donné.

SECTION 2. — *Équilibre des chaînes, des cordes et des arcs linéaires.*

167. Équilibre d'une corde. DAC représente, dans la *fig.* 84,
une corde flexible suppor-
tée aux points C et D, et
sollicitée par des forces
réparties sur toute sa longueur, et constantes ou variables en intensité et en
direction.

Fig 84.

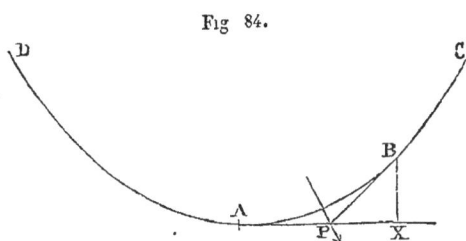

Soient A et B deux
points quelconques de cette corde ; menons les tangentes en ces
points à la corde, AP et BP ; ces lignes se rencontrent au point P.
Les tensions de la corde en ces deux points font équilibre à la charge
qui agit sur la corde dans la partie comprise entre eux ; ces tensions
doivent agir respectivement suivant les tangentes AP, BP ; on en
conclut :

THÉORÈME I. *La résultante de la charge entre deux points donnés
d'une corde en équilibre, passe par le point d'intersection des tangentes à
la corde en ces deux points ; cette résultante et les tensions le long de la
corde aux deux points donnés sont proportionnelles aux côtés d'un triangle
qui sont respectivement parallèles à leurs directions.*

12

Plus le nombre des points qui sont chargés dans un *polygone funiculaire* va en augmentant (voir la définition 150), ou en d'autres termes, plus on multiplie le nombre des côtés du polygone, plus il se rapproche d'une corde chargée d'une manière continue ; en même temps que le nombre des côtés du polygone funiculaire augmente, le nombre des lignes issues du point O dans le diagramme des forces (voir l'exemple de la *fig.* 75*) croît, et le polygone des forces extérieures de la *fig.* 75* se rapproche d'une ligne .continue, courbe ou droite.

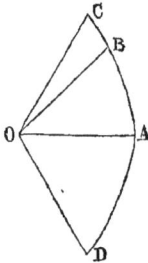

On peut construire de la manière suivante le *diagramme des forces* pour une corde chargée d'une manière continue (*fig.* 84*). Menons par le point O des lignes parallèles aux tangentes à la corde aux différents points que l'on peut considérer ; soient, par exemple, OC, OD, des lignes parallèles aux tangentes aux points d'appui, et OA et OB, des lignes respectivement parallèles aux tangentes aux points A et B de la *fig.* 84. Nous supposerons que les longueurs de ces lignes représentent les tensions de la corde aux points correspondants ; et nous tracerons une ligne DABC, courbe ou droite suivant les cas, par les extrémités de toutes les droites qui représentent les tensions de la corde aux différents points. On voit alors facilement, en vertu du théorème I, que la ligne droite, qui joint les points A et B (*fig.* 84*), représentera en grandeur et en direction la résultante de la charge à laquelle la corde est soumise entre les points A et B (*fig.* 84). Supposons maintenant que le point représenté par A dans la *fig.* 84 se rapproche de plus en plus de B ; OA, dans la *fig.* 84, se rapprochera alors de plus en plus de OB ; et tandis que la direction de la ligne droite qui joint B à A se rapproche de plus en plus de la direction de la tangente au point B de la ligne CBAD de la *fig.* 84*, la résultante de la charge entre B et A, qui est représentée par cette ligne droite, se rapproche de plus en plus de la direction de la charge au point B de la *fig.* 84 ; la direction de la charge en un point quelconque B de la corde (*fig.* 84) est donc représentée par la direction de la tangente en B (*fig.* 84*) à la courbe CBAD ; d'où le théorème suivant.

Fig. 84*.

THÉORÈME II. — *Si une courbe* (*appelée* courbe des charges) *est telle que, tandis que son rayon vecteur partant d'un point donné est parallèle à la tangente en un point donné d'une corde chargée, sa propre*

*tangente est parallèle à la direction de la charge au point de la corde,
alors la longueur d'un rayon vecteur de la courbe des charges représente la tension au point correspondant de la corde, et une ligne droite,
menée entre deux points quelconques de la courbe des charges, représente
en grandeur et en direction la résultante de la charge entre les deux points
correspondants de la corde.*

Les réactions aux points C et D (*fig.* 84) sont évidemment représentées en grandeur et en direction par les lignes extrêmes $\overline{OC}$, $\overline{OD}$.

Un corde chargée, suspendue librement, est en équilibre *stable*,
mais elle est capable d'avoir un mouvement d'oscillation.

168. Corde soumise à l'action de charges parallèles.
Si la direction de la charge reste partout parallèle à elle-même et
verticale, la courbe des charges devient une ligne droite verticale,
telle que CBAD (*fig.* 84 **).

Pour donner la solution sous une forme algébrique, nous supposerons que A dans la *fig.* 84 soit le point le plus
bas de la corde ; la tangente AP sera alors horizontale. Alors, dans la *fig.* 84 **, OA sera horizontale
et perpendiculaire à CD.

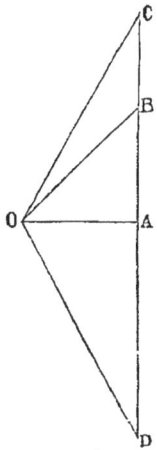

Fig. 84 **.

Soient :

H $= \overline{OA}$, *la tension horizontale* de la corde en A ;

R $= \overline{OB}$, la tension de la corde en B ;

P $= \overline{AB}$, la charge qui sollicite la corde entre A et B ;

$i = $ XPB (*fig.* 84) $=$ AOB (*fig.* 84 **), l'angle d'inclinaison de la corde en B.

On a alors

$$P = H \operatorname{tang} i ; \quad R = \sqrt{P^2 + H^2} = H \sec i. \qquad (1)$$

Pour déduire de ces formules une équation qui permette de déterminer la figure que prend la corde lorsque la répartition de la
charge est connue, nous supposerons la courbe rapportée à deux axes
de coordonnées, l'un horizontal, l'autre vertical, ayant leur origine
au point le plus bas A ; les coordonnées de B étant, $\overline{AX} = x$, $\overline{XB} = y$,
nous avons alors

$$\operatorname{tang} i = \frac{dy}{dx},$$

et par conséquent,

$$\frac{dy}{dx} = \frac{P}{H}. \tag{2}$$

Cette équation différentielle permet de déterminer la figure de la corde, lorsque le mode de répartition de la charge est connu.

169. Corde soumise à l'action d'une charge verticale uniforme. On entend par *charge verticale uniforme*, une charge verticale répartie uniformément sur une ligne droite horizontale, de telle façon que si A (*fig.* 85) est le point le plus bas du câble ou de la corde, la charge agissant entre les points A et B sera proportionnelle à $\overline{AX} = x$, x étant la distance horizontale entre ces deux points.

Fig. 85.

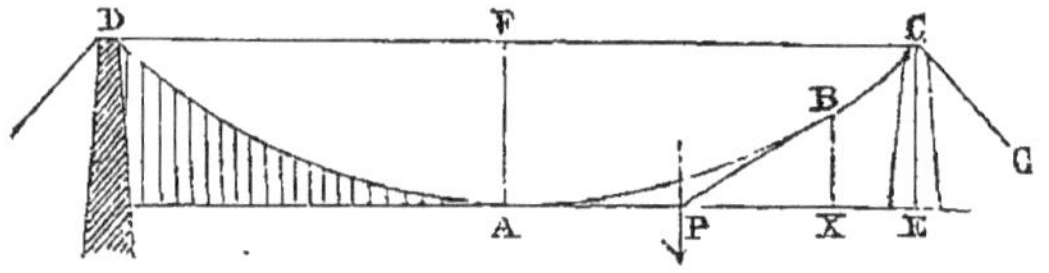

Cette charge pourra être exprimée par l'équation

$$P = px, \tag{1}$$

dans laquelle p est une quantité constante, qui représente *l'intensité de la charge en unités de poids par unité de longueur horizontale*, en kilogrammes par mètre courant, par exemple. On demande de trouver la forme de la courbe DABC et les relations entre la charge P, la tension horizontale en A (H), la tension en B (R), et les coordonnées $\overline{AX} = x$, $\overline{BX} = y$.

1° SOLUTION. La charge étant uniformément répartie entre A et B, sa résultante partage AX en deux parties égales; la tangente BP passe donc par le milieu de AX. C'est là une propriété caractéristique d'une *parabole* qui a son sommet en A; la figure dessinée par la corde est donc celle d'une parabole.

Les relations entre la charge et les deux tensions horizontale et oblique sont les suivantes :

$$\frac{P}{H} = \frac{\overline{BX}}{\overline{XP}} = \frac{y}{\frac{x}{2}}; \quad \frac{P}{R} = \frac{\overline{BX}}{\overline{PB}} = \frac{y}{\sqrt{y^2 + \frac{x^2}{4}}};$$

d'où

$$H = \frac{px^2}{2y}; \quad R = px \sqrt{1 + \frac{x^2}{4y^2}}. \tag{2}$$

2ᵉ SOLUTION. Dans le cas présent, l'équation 2 du n° 168 devient

$$\frac{dy}{dx} = \frac{px}{H}; \tag{3}$$

si l'on intègre cette équation en remarquant que pour $x = 0$, $y = 0$, on a l'équation

$$y = \frac{px^2}{2H}. \tag{4}$$

C'est l'équation d'une parabole dont la distance focale (ou le *module*, pour employer un terme du docteur Booth, dans son mémoire *Trigonometry of the parabola* (Comptes rendus de l'association britannique, 1856), est

$$m = \frac{x^2}{4y} = \frac{H}{2p}. \tag{5}$$

L'angle d'inclinaison i sur l'horizontale est donné pour la parabole en fonction des coordonnées par les équations suivantes :

$$\left. \begin{array}{l} \tang i = \frac{dy}{dx} = \frac{x}{2m} = \frac{2y}{x}; \\[2mm] \séc i = \sqrt{1 + \frac{dy^2}{dx^2}} = \sqrt{1 + \frac{x^2}{4m^2}} = \sqrt{1 + \frac{4y^2}{x^2}}. \end{array} \right\} \tag{6}$$

On en conclut

$$\frac{P}{H} = \frac{\tang i}{1} = \frac{\frac{2y}{x}}{1}; \quad \frac{P}{R} = \frac{\tang i}{\séc i} = \frac{\frac{2y}{x}}{\sqrt{1 + \frac{4y^2}{x^2}}};$$

et par suite,

$$H = \frac{px^2}{2y}, \quad R = px \sqrt{1 + \frac{x^2}{4y^2}}, \tag{7}$$

comme ci-dessus.

Nous allons donner maintenant les solutions de quelques problèmes qui se présentent souvent dans le cas de cordes chargées uniformément.

Problème I. *Étant données les hauteurs* y_1, y_2 *des deux points d'attache de la corde au-dessus de son point le plus bas, et la distance horizontale ou portée* a *comprise entre les points d'attache, on demande de trouver les distances horizontales* x_1, x_2 *du point le plus bas aux deux points d'attache, ainsi que le module* m.

On a dans une parabole la relation

$$\frac{y_1}{y_2} = \frac{x_1^2}{x_2^2}.$$

Par suite,

$$x_1 = a \frac{\sqrt{y_1}}{\sqrt{y_1} + \sqrt{y_2}}; \quad x_2 = a \frac{\sqrt{y_2}}{\sqrt{y_1} + \sqrt{y_2}}, \qquad (8)$$

et

$$m = \frac{x_1^2}{4y_1} = \frac{x_2^2}{4y_2} = \frac{x_1^2 + x_2^2}{4(y_1 + y_2)} = \frac{a^2}{4y_1 + 4y_2 + 8\sqrt{y_1 y_2}}. \qquad (9)$$

Lorsque les points d'attache sont au même niveau,

$$y_1 = y_2; \quad x_1 = \frac{a}{2}; \quad m = \frac{a^2}{16 y_1}. \qquad (10)$$

Problème II. *Avec les données du problème I, on demande de trouver les angles d'inclinaison* i_2 *de la corde aux points d'attache.*

L'équation 6 donne

$$\left.\begin{array}{l} \tan i_1 = \dfrac{2y_1}{x_1} = \dfrac{2y_1 + 2\sqrt{y_1 y_2}}{a}, \\[2mm] \tan i_2 = \dfrac{2y_2}{x_2} = \dfrac{2y_2 + 2\sqrt{y_1 y_2}}{a}. \end{array}\right\} \qquad (11)$$

Lorsque

$$y_1 = y_2, \quad \tan i_1 = \tan i_2 = \frac{4y_1}{a}. \qquad (12)$$

Problème III. *Les données étant les mêmes que pour le problème I, et la charge par unité de longueur étant connue, on demande de trouver la tension horizontale* H, *et les tensions* R_1, R_2 *aux points d'attache.*

L'équation 5 donne

$$H = 2pm = \frac{pa^2}{2y_1 + 2y_2 + 4\sqrt{y_1 y_2}}. \qquad (13)$$

On tire des équations 7

$$R_1 = H \sec i_1 = H \sqrt{1 + \frac{4y_1^2}{x_1^2}}, \left. \vphantom{\sqrt{1 + \frac{4y_2^2}{x_2^2}}} \right\}$$
$$R_2 = H \sec i_2 = H \sqrt{1 + \frac{4y_2^2}{x_2^2}}. \tag{14}$$

Lorsque $y_1 = y_2$, ces équations deviennent

$$H = \frac{pa^2}{8y_1}; \quad R_1 = R_2 = H \sec i_1 = H \sqrt{1 + \frac{4y_1^2}{x_1^2}}$$
$$= H \sqrt{1 + \frac{16y_1^2}{a^2}}. \tag{15}$$

PROBLÈME IV. *Les données étant les mêmes que pour le problème* I, *on demande de trouver la longueur de la corde.*

Nous donnons ci-dessous deux formules bien connues qui expriment la longueur d'un arc de parabole comptée à partir du sommet. Dans l'une, cet arc est exprimé en fonction des coordonnées x, y de l'extrémité la plus éloignée de l'arc; dans l'autre, il est donné en fonction du module m, et de l'angle d'inclinaison i de l'extrémité de l'arc sur la tangente au sommet.

$$s = \sqrt{y^2 + \frac{x^2}{4}} + \frac{x^2}{4y} L \frac{y + \sqrt{y^2 + \frac{x^2}{4}}}{\frac{x}{2}}$$
$$= m\{\tan i \sec i + L(\tan i + \sec i)\}. \tag{16}$$

La *longueur de la corde* est $s_1 + s_2$; on trouvera s_1 en substituant x_1 et y_1 à x et à y dans la première des formules ci-dessus, ou i_1 à i dans la seconde; s_2 sera déterminé d'une façon analogue.

On se contente souvent, dans la pratique, de la *formule* suivante qui donne des résultats assez voisins de la vérité:

$$s = x + \frac{2y^2}{3x}. \tag{17}$$

Cette formule donne, pour la longueur totale de l'arc,

$$s_1 + s_2 = a + \frac{2}{3}\left(\frac{y_1^2}{x_1} + \frac{y_2^2}{x_2}\right). \tag{18}$$

Lorsque $y_1 = y_2$, cette équation devient

$$2s_1 = a + \frac{8}{3}\frac{y_1^2}{a}. \tag{19}$$

PROBLÈME V. *Les données restant les mêmes que ci-dessus, on demande de trouver, d'une façon approchée, le petit allongement* $d(s_1 + s_2)$ *de la corde qui est nécessaire pour produire un petit abaissement donné* dy *du point le plus bas* A, *et réciproquement.*

Nous aurons, en différentiant l'équation (18),

$$d(s_1 + s_2) = \frac{4}{3}\left(\frac{y_1}{x_1} + \frac{y_2}{x_2}\right)dy. \tag{20}$$

Cette formule permet de déduire l'allongement de l'abaissement du point A ; on a réciproquement

$$dy = \frac{3}{4}\frac{d(s_1 + s_2)}{\dfrac{y_1}{x_1} + \dfrac{y_2}{x_2}}, \tag{21}$$

pour déterminer l'abaissement du point le plus bas au moyen de l'allongement de la corde. Lorsque $y_1 = y_2$, ces formules deviennent

$$\left.\begin{array}{l} 2\,ds_1 = \dfrac{16y_1}{3a}\,dy, \\[2mm] dy = \dfrac{3a}{16y_1}\,2\,ds_1. \end{array}\right\} \tag{22}$$

Les formules qui précèdent permettent d'évaluer l'abaissement que subit le point milieu d'un pont suspendu par suite d'un allongement donné d'un câble ou d'une chaîne, sous l'action de la chaleur ou d'efforts de tension.

170. Pont suspendu avec tiges verticales. Dans un pont suspendu la charge n'est pas répartie d'une façon continue, le tablier étant soutenu par des tiges en un certain nombre de points de chacun des câbles ; elle n'est pas non plus uniformément répartie, car, bien que le poids du tablier, par unité de longueur, soit uniforme ou sensiblement uniforme, la charge qui résulte du poids des câbles ou des chaînes et des tiges de suspension est beaucoup plus intense dans le voisinage des piles. Néanmoins, dans la plupart des cas de la pratique, chacun des câbles peut être considéré comme étant dans les conditions d'une corde chargée d'une façon continue et uniforme; et on peut lui appliquer alors, sans erreur sensible, les formules du n° 169. Lorsque les piles d'un pont suspendu sont grêles et verticales (comme c'est ordinairement le cas), la pression provenant de la chaîne ou du câble sur le sommet de la pile devrait être également verticale. Ainsi, dans la *fig.* 85, CE représente l'axe vertical d'une pile, et CG est la portion de la chaîne ou du câble qui est derrière la pile, et qui supporte une autre partie du tablier, ou bien qui est amarrée à un rocher ou à un massif en maçonnerie. Si la chaîne ou le câble passe sur une plaque courbe, fixée au sommet de la pile et appelée *selle*, sur laquelle le glissement peut se faire librement, la tension de la chaîne ou du câble doit être la même de chaque côté de la selle; et, pour que les tensions puissent produire une pression résultante verticale sur la pile, il faut que leurs inclinaisons soient égales et opposées. Soient i la valeur commune des angles d'inclinaison, R la valeur commune des deux tensions, la pression verticale sur la pile sera alors

$$V = 2R \sin i = 2H \tang i = 2px, \qquad (1)$$

c'est-à-dire qu'elle est égale au double du poids de la portion du pont comprise entre la pile et le point le plus bas A, de la courbe CBAD.

Mais si les deux portions de la chaîne ou du câble, DAC, CG, qui se rencontrent en C, sont *réunies* à une sorte de chariot supporté par des rouleaux, sur une plate-forme *horizontale* en fonte qui est posée au sommet dé la pile, alors la pression sur la pile sera verticale, que les deux portions de la chaîne ou du câble soient également ou inégalement inclinées, et il faut seulement dans ce cas que les *composantes* horizontales des tensions soient égales; si i et i' sont les angles d'inclinaison des deux portions de la chaîne ou du câble en C, R et R′ les tensions correspondantes, on a alors

$$R = H \séc i; \quad R' = H \séc i',$$
$$V = R \sin i + R' \sin i' = H (\tang i + \tang i'). \qquad (2)$$

171. Tirant flexible. Considérons une charge verticale P, appliquée en A (*fig.* 86), qui est supportée au moyen d'un étrésillon horizontal AB, maintenu en B contre un corps fixe, et d'un câble, d'une chaîne ou de tout autre tirant flexible incliné ADC, fixé en C. Nous supposerons que le poids de l'étrésillon AB est partagé en deux composantes, dont l'une est supportée en B, tandis que l'autre

Fig 86.   Fig. 86*.

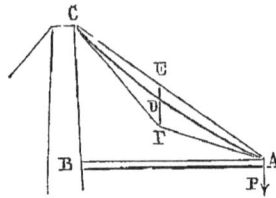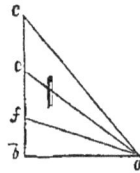

est *comprise* dans la charge P. Nous considérerons à pàrt le poids W du tirant flexible ACD, qui est supposé connu. Ces éléments étant donnés, on demande de résoudre le *problème* suivant : *W étant supposé petit relativement à P, il s'agit de déterminer approximativement la flèche verticale ED du tirant flexible au-dessous de la ligne AC, les tensions en A, D, et C, et la force de compression horizontale le long de AB.*

W étant petit relativement à P, la courbure du tirant sera faible et l'on pourra admettre que le poids du câble est réparti *à peu près* uniformément suivant une ligne horizontale ; la figure de la courbe se rapprochera donc *beaucoup* de celle d'une parabole ; la tangente en D sera sensiblement parallèle à AC, et les tangentes en A et en C se rencontreront en un point voisin de la verticale EDF qui est menée par le milieu de AC et qui est divisée au point D en deux parties égales. On en déduit la construction suivante.

On tracera le diagramme des forces (*fig.* 86*) comme il suit ; on prendra sur la ligne verticale des charges bc, $\overline{bf} = \mathrm{P}$; $\overline{be} = \mathrm{P} + \dfrac{\mathrm{W}}{2}$;

$\overline{bc} = \mathrm{P} + \mathrm{W}$. On mènera par le point b la ligne $b\mathrm{O}$ parallèle à l'étrésillon AB, c'est-à-dire horizontale ; par le point e, $e\mathrm{O}$ parallèle à CA ; cette ligne coupera $b\mathrm{O}$ en O ; puis on joindra $c\mathrm{O}$, $f\mathrm{O}$.

Dans la *fig.* 86, soit E le milieu de AC ; menons par ce point une ligne verticale ; par A et C, menons les lignes AF, CF, respectivement parallèles à Of et à Oc, et rencontrant la verticale en F ; prenons ensuite le milieu D de EF. AF et CF seront alors les tangentes au tirant flexible en A et C, D sera le point le plus abaissé de ce tirant, et $\overline{\mathrm{DE}}$ sa plus grande flèche ; les tensions aux points C, D, et A du tirant, et la force de compression de l'étrésillon AB, seront, en vertu du principe du n° 168, représentées par les lignes concourantes Oc, Oe, Of, et Ob de la *fig.* 86*.

Cette solution suffit généralement dans la pratique. Pour la mettre sous une forme algébrique, désignons par R_a, R_d, R_c, les tensions du tirant en A, D et C respectivement, et par H la force de compression horizontale, on aura :

$$
\left. \begin{aligned}
&\mathrm{H} = \left(\mathrm{P} + \frac{\mathrm{W}}{2} \right) \frac{Ob}{be} = \left(\mathrm{P} + \frac{\mathrm{W}}{2} \right) \frac{\overline{\mathrm{AB}}}{\overline{\mathrm{BC}}}, \\
&\mathrm{R}_a = \sqrt{\overline{\mathrm{H}^2 + \mathrm{P}^2}}, \\
&\mathrm{R}_d = \sqrt{\mathrm{H}^2 + \left(\mathrm{P} + \frac{\mathrm{W}}{2} \right)^2}, \\
&\mathrm{R}_c = \sqrt{\overline{\mathrm{H}^2 + (\mathrm{P} + \mathrm{W})^2}}, \\
&\overline{\mathrm{DE}} = \frac{1}{2}\,\overline{\mathrm{EF}} = \frac{1}{8}\,\overline{\mathrm{BC}}\,\frac{\mathrm{W}}{\mathrm{P} + \dfrac{\mathrm{W}}{2}}.
\end{aligned} \right\} \quad (1)
$$

On obtiendra d'une façon très-approchée la *différence de longueur* entre la courbe ADC et la ligne droite AEC, en substituant dans le second terme de l'équation 19 (169), $\overline{\mathrm{AC}}$ à a et $\dfrac{\overline{\mathrm{AB}}\ \overline{\mathrm{DE}}}{\overline{\mathrm{AC}}}$ à y_1 ; c'est-à-dire que l'on aura

$$
\overline{\mathrm{ADC}} - \overline{\mathrm{AEC}} = \frac{8}{3}\frac{\overline{\mathrm{AB}}^2\,\overline{\mathrm{DE}}^2}{\overline{\mathrm{AC}}^3} = \frac{1}{24}\frac{\overline{\mathrm{AB}}^2\,\overline{\mathrm{BC}}^2}{\overline{\mathrm{AC}}^3} \left\{ \frac{\mathrm{W}}{\mathrm{P} + \dfrac{\mathrm{W}}{2}} \right\}^2. \quad (2)
$$

172. Pont suspendu avec tiges inclinées. Supposons que le tablier d'un pont suspendu, chargé uniformément, soit soutenu au moyen de tiges inclinées reliées aux chaînes ; et désignons par j l'angle que font avec la verticale ces tiges qui sont toutes parallèles entre elles. La chaîne, ainsi chargée, ne différera d'une chaîne soumise à l'action de charges verticales que par la direction de la charge qu'elle supporte ; la figure qu'elle prendra sera celle d'une parabole, dont l'axe est parallèle à la direction des tiges de suspension.

Dans la *fig.* 87, CA représente une chaîne ou une portion de chaîne attachée ou fixée en C. A est le point plus bas.

Fig. 87.

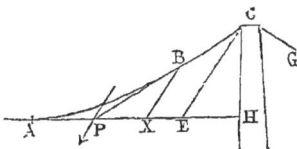

Représentons par la tangente horizontale AH au point A le tablier du pont, et supposons que les tiges de suspension soient toutes parallèles à CE, qui fait l'angle ECH $= j$ avec la verticale.

Soient BX une tige quelconque, et v une charge verticale supportée au point X. En vertu des principes d'équilibre d'un *frame de deux barres* (145), cette charge déterminera une *force de tension*, p, sur la tige XB, et une *force de compression*, q, sur le tablier entre X et H, et les trois forces v, p, q, seront proportionnelles aux côtés d'un triangle parallèles à leurs directions, du triangle CEH par exemple; on aura alors

$$\frac{v}{p} = \frac{\overline{CH}}{\overline{CE}} = \frac{1}{\sec j}; \quad \frac{v}{q} = \frac{\overline{CH}}{\overline{EH}} = \frac{1}{\tang j}. \qquad (1)$$

Au lieu de considérer la charge sur une seule tige BX, considérons maintenant la charge entière V entre A et X. Cette charge étant la somme des charges supportées par les tiges entre A et X, il est bien évident que l'on peut lui appliquer les équations 1, et que si l'on représente par P la grandeur de la tension qui agit sur les tiges entre A et X, et par Q la force de compression totale sur le tablier au point X, on aura

$$\frac{V}{P} = \frac{\overline{CH}}{\overline{CE}} = \frac{1}{\sec j}; \quad \frac{V}{Q} = \frac{\overline{CH}}{\overline{EH}} = \frac{1}{\tang j}. \qquad (2)$$

La *charge oblique* $P = V \sec j$ est celle que la chaîne supporte entre les points A et B. Comme elle est uniformément répartie, sa résultante passe par le milieu P de AX; ce point est également le point d'intersection des tangentes AP, BP; la charge oblique P, la tension horizontale H de la chaîne en A, et la tension R de la chaîne en B sont proportionnelles aux côtés du triangle BXP, c'est-à-dire que l'on a

$$\frac{P}{H} = \frac{\overline{BX}}{\overline{XP}} = \frac{\overline{BX}}{\dfrac{\overline{AX}}{2}}; \quad \frac{P}{R} = \frac{\overline{BX}}{\overline{BP}}. \qquad (3)$$

Si l'on compare le cas actuel avec celui du n° 169 et de la *fig.* 85, on voit facilement que la chaîne de la *fig.* 87 doit avoir une figure semblable à celle de la chaîne de la *fig.* 85, avec cette différence que l'ordonnée $\overline{XB} = y$ est oblique à l'abscisse $\overline{AX} = x$, au lieu de lui être perpendiculaire; CBA est donc une parabole dont l'axe est parallèle aux tiges de suspension inclinées.

L'équation de cette parabole rapportée à ses coordonnées obliques, avec l'origine au point A, sera

$$y = \frac{x' \cos^2 j}{4m};\qquad\qquad (4)$$

m qui représente, comme au n° 169, le *module* de la parabole, a pour valeur

$$m = \frac{x^2 \cos^2 j}{4y};\qquad\qquad (5)$$

x et y représentent dans cette formule les coordonnées d'un point quelconque *connu* de la courbe. La longueur de la tangente $\overline{BP} = t$ est donnée par l'équation

$$t = \sqrt{\frac{x^2}{4} + y^2 + xy \sin j}.\qquad\qquad (6)$$

On en déduit les relations suivantes entre les forces qui agissent sur un pont suspendu à tiges inclinées. Représentons par v *l'intensité* de la charge verticale par unité de longueur du tablier horizontal, par mètre courant par exemple, par p l'intensité de la charge oblique, et par q le coefficient correspondant à l'augmentation de compression du tablier du point A au point H, nous aurons

$$V = vx;\quad P = px = vx\, \sec j;\ \Big|\qquad (7)$$
$$Q = qx = vx\, \tang j;$$

$$H = \frac{xP}{2y} = \frac{px^2}{2y} = \frac{2pm}{\cos^2 j} = 2vm\, \sec^3 j.\qquad (8)$$

$$R = \frac{tP}{y} = \frac{2tH}{x} = \frac{ptx}{y}.\qquad\qquad (9)$$

Il y a trois manières différentes de faire équilibre à la tension horizontale H au point A.

I. On peut fixer la chaîne au moyen d'une *ancre* ou d'une attache à un bloc de rocher ou de maçonnerie en A.

II. On peut réunir la chaîne en A à une autre chaîne égale et semblable, chargée d'une façon semblable au moyen de tiges obliques, inclinées suivant une direction égale et opposée à celle des tiges BX, etc., de telle sorte que A soit le milieu de la portée du pont.

III. On peut attacher la chaîne en A au tablier horizontal AH, de façon à faire équilibre à la tension en A au moyen d'une force de compression égale et opposée agissant le long du tablier ; le tablier devra avoir assez de résistance et de raideur pour supporter cette force. Dans ce cas, la force de compression totale en un point X du tablier n'est plus simplement $Q = qx$; elle a pour valeur

$$H + Q = \left(\frac{P}{2y} + q\right) x = v(2m \sec^3 j + x \tang j). \qquad (10)$$

La longueur de l'arc de parabole, AB, est donnée rigoureusement par les formules suivantes. Soit i l'angle d'inclinaison de la parabole au point B sur une ligne perpendiculaire à son axe, on a

$$i = \arccos\left(\frac{x}{2t} \cos j\right). \qquad (11)$$

Lorsque B coïncide avec A, i devient égal à j. Les formules connues pour les longueurs d'arcs de parabole nous donneront alors :

$$\text{arc AB} = m\left\{\tang i \sec i - \tang j \sec j + L \frac{\tang i + \sec i}{\tang j + \sec j}\right\}. \qquad (12)$$

Dans la plupart des cas de la pratique, on se contente cependant de la formule approchée :

$$\text{arc AB} = x + y \sin j + \frac{2}{3} \frac{y^2 \cos^2 j}{x + y \sin j}. \qquad (13)$$

Les formules ci-dessus sont applicables aux ponts suspendus de M. Dredge, dans lesquels les tiges de suspension sont inclinées et à peu près parallèles entre elles.

173. Extrados et intrados. Une corde étant soumise à l'action de forces verticales parallèles, si l'on abaisse de ses différents points des ordonnées d'une longueur proportionnelle à l'intensité de la charge verticale qui agit en chacun d'eux, et que l'on relie leurs extrémités inférieures entre elles, la courbe ainsi obtenue est appelée l'*extrados* de la charge donnée, tandis que la courbe que dessine le câble lui-même est l'*intrados*. La charge qui agit entre deux points quelconques de la corde est proportionnelle à l'aire plane verticale qui est limitée latéralement par les ordonnées verticales des deux points, supérieurement par la corde ou intrados, et inférieurement par l'extrados ; on peut la considérer comme étant égale au poids d'une feuille flexible d'une substance d'épaisseur uniforme, qui se terminerait à la partie supérieure à l'intrados et à la partie inférieure à l'extrados.

Voyons maintenant la relation algébrique qui existe entre l'extrados et l'intrados.

Supposons que l'axe des x, qui est horizontal, passe par le point le plus bas ou au-dessous du point le plus bas de l'extrados, et que l'axe des y, qui est vertical, passe, comme aux n°s 168, 169 et 170, par le point le plus bas de l'intrados. x étant une abscisse donnée, nous représenterons par y' l'ordonnée correspondante de l'extrados, et par y l'ordonnée correspondante de l'intrados ; $y - y'$ sera alors la longueur de l'ordonnée verticale comprise entre les deux courbes ; l'intensité de la charge est proportionnelle à cette longueur. Désignons par w le poids de l'unité de surface de la feuille verticale qui représente la charge. La charge comprise entre l'axe des y et une ordonnée donnée, située à une distance x de cet axe, aura pour valeur

$$P = w \int_0^x (y - y') dx, \qquad (1)$$

l'intégrale représentant la surface comprise entre l'axe des y, l'ordonnée donnée, l'extrados et l'intrados. Si nous combinons cette équation avec l'équation 2 du n° 168, nous obtenons l'équation suivante

$$\tan i = \frac{dy}{dx} = \frac{P}{H} = \frac{w}{H} \int_0^x (y - y') dx. \qquad (2)$$

Cette équation permet de déterminer, d'une manière indirecte, l'équation de l'intrados, lorsque la tension horizontale H et l'équation de l'extrados sont données, et aussi l'équation de l'intrados et la tension horizontale, lorsque l'on donne l'équation de l'extrados et un des points de l'intrados. Mais ces méthodes sont en général très-compliquées.

$\frac{H}{w}$ représente évidemment l'aire d'une portion de la feuille de la substance, dont le poids est égal à la tension horizontale. Représentons cette aire par le carré d'une ligne a, c'est-à-dire posons

$$\frac{H}{w} = a^2. \qquad (3)$$

On donne à a le nom de *paramètre* de l'intrados.

Lorsque la charge verticale a une intensité uniforme, comme au n° 160, auquel cas l'intrados est une parabole, on voit facilement que l'extrados est une parabole égale à la première et placée au-dessous d'elle.

(Le lecteur qui n'a pas étudié les propriétés des fonctions exponentielles peut passer de suite au n° 176.)

174. Corde avec extrados horizontal. Dans le cas où

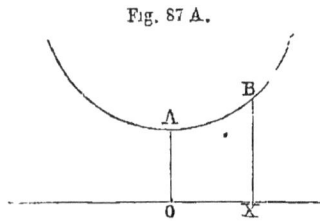

Fig. 87 A.

l'extrados est une ligne droite horizontale, on peut prendre cette ligne pour axe des x.

Dans la *fig.* 87 A, OX est l'extrados horizontal rectiligne, et A, le point le plus bas de l'intrados. Nous prendrons pour axe des y la verticale OA. Représentons par y_0 la longueur $\overline{OA}$ qui est l'ordonnée minima de l'intrados, par $\overline{BX} = y$ une ordonnée quelconque, par $OX = x$ l'abscisse correspondante, et par u l'aire OABX. Les équations 1 et 2 (173) deviennent alors

$$\left. \begin{aligned} &P = wu = w \int_0^x y\, dx, \\ &\frac{dy}{dx} = \frac{d'u}{dx^2} = \frac{P}{H} = \frac{u}{a^2}. \end{aligned} \right\} \qquad (1)$$

L'intégrale générale de la seconde de ces équations est

$$u = A e^{\frac{x}{a}} - B e^{-\frac{x}{a}}, \qquad (a)$$

A et B étant des constantes qui sont déterminées de la manière suivante. Lorsque $x = 0$, $e^{\frac{x}{a}} = e^{-\frac{x}{a}} = 1$; mais, en même temps, $u = 0$; on a donc A = B, et par suite l'équation (a) peut être mise sous la forme

$$u = A \left(e^{\frac{x}{a}} - e^{-\frac{x}{a}} \right). \qquad (b)$$

Cette équation donne pour l'ordonnée,

$$y = \frac{A}{a} \left(e^{\frac{x}{a}} + e^{-\frac{x}{a}} \right); \qquad (c)$$

pour $x = 0$, $y_0 = \dfrac{2A}{a}$, et par suite

$$A = \frac{a y_0}{2}. \qquad (d)$$

Si l'on substitue cette valeur dans les différentes équations qui précèdent, on obtient les résultats suivants relatifs aux propriétés géométriques de l'intrados :

$$\left.\begin{array}{lll} Aire. . . . . . & u = \dfrac{ay_0}{2}\left(e^{\frac{x}{a}} - e^{-\frac{x}{a}}\right). \\[2mm] Ordonnée. . . & y = \dfrac{y_0}{2}\left(e^{\frac{x}{a}} + e^{-\frac{x}{a}}\right). \\[2mm] Pente. . . . . & \tan g\,i = \dfrac{dy}{dx} = \dfrac{u}{a^2} = \dfrac{y_0}{2a}\left(e^{\frac{x}{a}} - e^{-\frac{x}{a}}\right). \\[2mm] Déviation. . . & \dfrac{d^2y}{dx^2} = \dfrac{y}{a^2} = \dfrac{y_0}{2a^2}\left(e^{\frac{x}{a}} + e^{-\frac{x}{a}}\right). \end{array}\right\} \quad (2)$$

Les relations entre les forces qui agissent sur la corde sont données par les équations

$$\left.\begin{array}{l} \mathrm{H} = wa^2, \quad \mathrm{P} = \mathrm{H}\dfrac{dy}{dx} = wu, \\[3mm] \mathrm{R}\ (\text{tension en B}) = \sqrt{\mathrm{P}^2 + \mathrm{H}^2} = \mathrm{H}\sqrt{1 + \left(\dfrac{dy}{dx}\right)^2}. \end{array}\right\} \quad (3)$$

On peut avoir à résoudre le problème suivant : *étant donnés l'extrados* OX, *le sommet* A *de l'intrados et un point d'attache* B, *on demande de compléter la figure de l'intrados.* Il est nécessaire et suffisant pour cela de déterminer le paramètre a, de telle façon que ce problème revient au suivant : étant données l'ordonnée minima y_0 et l'ordonnée y correspondant *à une valeur donnée* de l'abscisse x, on demande de trouver une valeur a qui satisfasse à l'équation

$$\left.\begin{array}{l} \dfrac{y}{y_0} = \dfrac{e^{\frac{x}{a}} + e^{-\frac{x}{a}}}{2} \\[3mm] = cos\ hyp.\ \text{de}\ \dfrac{x}{a}, \end{array}\right\} \quad (4)$$

tel étant le nom donné à cette fonction. Supposons que l'on ait une table de cos hyperboliques, on y cherchera le nombre n, dont le cos hyperbolique est $\dfrac{y}{y_0}$; on aura alors

$$a = \frac{x}{n}; \quad\quad (5)$$

mais on a rarement cette table à sa disposition ; on détermine alors a de la manière suivante.

La valeur de x est donnée en fonction de y par l'équation

$$x = a \cdot \mathrm{L}\left(\frac{y}{y_0} + \sqrt{\frac{y^2}{y_0^2} - 1}\right); \qquad (6)$$

et par suite

$$a = \frac{x}{\mathrm{L}\left(\dfrac{y}{y_0} + \sqrt{\dfrac{y^2}{y_0^2} - 1}\right)}. \qquad (7)$$

175. On donne le nom de **chaînette** à la figure dessinée par une corde ou par une chaîne de matière homogène et de section uniforme (le poids d'une partie quelconque est par conséquent proportionnel à sa longueur) qui n'est soumise qu'à l'action de son propre poids.

La *fig.* 87 A représentera cette courbe, mais nous prendrons A comme origine des coordonnées, et la tangente horizontale en A comme axe des x.

Désignons par s la longueur d'un arc donné quelconque AB. Si p est le poids de l'unité de longueur de la corde ou de la chaîne, la charge qui agit entre A et B est $\mathbf{P} = ps$. L'angle i d'inclinaison de la courbe en B sur l'horizontale est donné par les équations :

$$\left.\begin{aligned} \cos i &= \frac{dx}{ds}, \\[2mm] \sin i &= \frac{dy}{ds} = \sqrt{1 - \frac{dx^2}{ds^2}}, \\[2mm] \tan i &= \frac{dy}{dx} = \frac{\sqrt{1 - \dfrac{dx^2}{ds^2}}}{\dfrac{dx}{ds}}. \end{aligned}\right\} \qquad (1)$$

Supposons que la tension horizontale soit égale au poids *d'une certaine longueur de chaîne*, m, de telle sorte que

$$\mathrm{H} = pm. \qquad (2)$$

De ces équations et de l'équation générale 2 du n° 168, nous déduirons l'équation suivante :

$$\tan i = \frac{\sqrt{1 - \dfrac{dx^2}{ds^2}}}{\dfrac{dx}{ds}} = \frac{P}{H} = \frac{s}{m}, \qquad (3)$$

que l'on peut mettre sous la forme suivante

$$\frac{dx}{ds} = \frac{m}{\sqrt{m^2 + s^2}}. \qquad (4)$$

L'intégrale de cette équation est, si l'on remarque que pour $s = 0$, $x = 0$,

$$x = m\,L\left(\frac{s}{m} + \sqrt{1 + \frac{s^2}{m^2}}\right). \qquad (5)$$

Cette équation donne l'abscisse x de l'extrémité d'un arc $AB = s$, quand le *paramètre* de la chaînette (nom que l'on donne à m) est connu. Si l'on transforme l'équation de façon à avoir s en fonction de x, on obtient

$$s = \frac{m}{2}\left(e^{\frac{x}{m}} - e^{-\frac{x}{m}}\right). \qquad (6)$$

L'ordonnée y est donnée en fonction de x par l'intégration de l'équation

$$\frac{dy}{ds} = \sqrt{\frac{ds^2}{dx^2} - 1} = \frac{s}{m} = \frac{1}{2}\left(e^{\frac{x}{m}} - e^{-\frac{x}{m}}\right). \qquad (7)$$

On a alors

$$y = \frac{m}{2}\left(e^{\frac{x}{m}} + e^{-\frac{x}{m}} - 2\right) = \sqrt{s^2 + m^2} - m. \qquad (8)$$

Le terme -2 a été introduit de façon que pour $x = 0$, y soit aussi égal à 0. Cette équation est celle de la chaînette. On a pour les quantités H, P et R les valeurs suivantes :

$$\left. \begin{aligned} &H = pm, \quad P = ps, \\ &R = p\sqrt{m^2 + s^2} = \frac{pm}{2}\left(e^{\frac{x}{m}} + e^{-\frac{x}{m}}\right) = p\,(y + m), \end{aligned} \right\} \quad (9)$$

de telle sorte que *la tension en un point quelconque est égale au poids d'une partie de la chaîne, qui aurait pour longueur l'ordonnée correspondante augmentée du paramètre.*

Supposons que l'axe des x, au lieu d'être la tangente au sommet de la courbe, soit situé à une distance $\overline{AO} = m$ au-dessous du sommet, et soit y' une ordonnée quelconque comptée à partir de cet axe abaissé, on aura alors

$$y' = y + m = \frac{m}{2}\left(e^{\frac{x}{m}} + e^{-\frac{x}{m}}\right). \qquad (10)$$

Si l'on compare cette valeur avec celle de l'ordonnée donnée dans les équations 2 (173), on voit que *l'intrados pour un extrados horizontal, lorsque l'ordonnée minima est égale au paramètre* ($y_0^- = a$), *est identique à une chaînette ayant le même paramètre* ($m = a = y_0$).

PROBLÈME. *Étant donnés deux points d'une chaînette et la longueur de l'arc de courbe qu'ils comprennent, on demande de trouver le reste de la courbe.*

La distance horizontale k comprise entre ces deux points, leur différence de niveau v, et la longueur l de chaîne qu'ils comprennent, sont trois quantités données.

On peut exprimer les quantités inconnues de la manière suivante. Soient x_1, y_1 les coordonnées de celui des deux points qui est le plus haut, s_1 l'arc de courbe qui s'y termine, ces quantités étant mesurées à partir du sommet que l'on ne connaît pas, et x_2, y_2, s_2 les quantités correspondantes pour l'autre point. (Nous examinerons plus loin le cas où les deux points donnés seraient sur la même horizontale.) Posons

$$x_1 + x_2 = h \quad \text{(quantité inconnue)};$$

nous aurons

$$x_1 = \frac{h + k}{2}, \qquad x_2 = \frac{h - k}{2}. \qquad (11)$$

Si nous substituons ces valeurs de x dans les équations 6 et 8, nous trouvons

$$\left.\begin{aligned}
l = s_1 - s_2 &= \frac{m}{2}\left(e^{\frac{h}{2m}} + e^{-\frac{h}{2m}}\right)\left(e^{\frac{h}{2m}} - e^{-\frac{h}{2m}}\right); \\
v = y_1 - y_2 &= \frac{m}{2}\left(e^{\frac{h}{2m}} - e^{-\frac{h}{2m}}\right)\left(e^{\frac{k}{2m}} - e^{-\frac{k}{2m}}\right).
\end{aligned}\right\} \qquad (12)$$

Si l'on élève ces deux équations au carré et qu'on prenne la différence des carrés, on trouve

$$\sqrt{l^2 - v^2} = m \left(e^{\frac{k}{2m}} - e^{-\frac{k}{2m}} \right). \qquad (13)$$

La seule inconnue dans cette équation est le *paramètre m*, que l'on déterminera par des approximations successives.

Si l'on divise maintenant la somme des équations 12 par leur différence, on obtient

$$e^{\frac{h}{m}} = \frac{l + v}{l - v},$$

et par conséquent

$$h = m \, \mathrm{L} \, \frac{l + v}{l - v}. \qquad (14)$$

L'une ou l'autre des abscisses x_1 et x_2 étant déterminée au moyen des équations 11, on aura la position de l'axe vertical. L'équation 8 permettra de trouver l'une ou l'autre des ordonnées y_1, y_2; on aura ainsi le sommet de la chaînette; si l'on ajoute à cela le paramètre que l'on connaît, on voit que la courbe est complétement déterminée. — Q. E. I.

Lorsque les points donnés sont sur une même horizontale, c'est-à-dire lorsque $v = 0$, l'axe vertical passe à égale distance de chacun d'eux; on a alors

$$x_1 = -x_2 = \frac{k}{2}, \quad h = 0. \qquad (15)$$

L'équation 13 devient, dans ce cas,

$$l = m \left(e^{\frac{k}{2m}} - e^{-\frac{k}{2m}} \right). \qquad (16)$$

On en déduira m par des approximations successives. L'équation 8 permettra de trouver $y_1 = y_2$; on aura ainsi le sommet de la courbe, et le problème sera résolu.

La chaînette jouit des propriétés géométriques suivantes.

I. Le rayon de courbure au sommet est égal au paramètre; en un autre point il est donné par la relation

$$r = m \, \sec^2 \imath. \qquad (17)$$

II. Le rayon de courbure en un point est égal à la longueur de la

portion de la normale comprise entre ce point et l'horizontale menée à la distance m au-dessous du sommet.

III. La développante d'une chaînette commençant à son sommet
est la tractrice de la ligne horizontale indiquée ci-dessus, dont la
tangente constante aurait pour longueur m.

IV. Si une parabole roule sur une ligne droite, son foyer décrit
une chaînette dont le paramètre est égal à la distance focale de la
parabole.

176. Centre de gravité d'une construction flexible.
Dans tous les cas où une construction parfaitement flexible, telle
qu'une corde, une chaîne ou un polygone funiculaire, n'est soumise
qu'à l'action de poids, elle est en équilibre stable lorsque le centre
de gravité de la charge entière est situé le plus bas possible. Ce principe ramène au *calcul des variations* tous les problèmes qui sont
relatifs à l'équilibre de constructions flexibles sur lesquelles agissent
des charges verticales.

177. Transformation de cordes et de chaînes. Le principe de la *transformation par projection parallèle* trouve son application
aussi bien pour des cordes chargées d'une façon continue que pour
des frames polygonaux; mais on ne doit pas perdre de vue que pour
pouvoir transformer des forces par projection parallèle, il faut que
leurs grandeurs soient représentées par les *longueurs de lignes droites
parallèles à leurs directions*, de telle sorte que si dans certains cas la
grandeur d'une force est représentée par une *aire* (173 et 174) ou par
la longueur d'un arc de courbe (175), il faudra d'abord déterminer
la longueur et la position de la ligne droite qui la représente.

On aurait pu traiter quelques-uns des cas que nous avons donnés
comme des exemples de transformation par projection parallèle.
C'est ainsi que l'on aurait pu regarder la chaîne d'un pont à tiges inclinées (172) comme la projection parallèle d'une chaîne de pont à
tiges verticales, en substituant des coordonnées obliques aux coordonnées rectangulaires. On aurait pu de même considérer l'intrados
correspondant à un extrados horizontal (174) lorsque l'ordonnée minima y_0 et le paramètre a ont entre eux un rapport quelconque.
comme une projection parallèle déduite de la courbe correspondante
dans laquelle l'ordonnée minima est égale au paramètre, c'est-à-dire
à une chaînette, la transformation résultant d'un changement dans
le rapport des coordonnées rectangulaires.

Nous allons donner l'expression algébrique des coordonnées d'une chaîne ou d'une corde chargée, et des forces qui y sont appliquées, lorsque l'on traite la question comme une question de transformation par projection parallèle.

Nous désignerons respectivement par x et par y les coordonnées horizontale et verticale d'un point quelconque de la première figure; par P la charge verticale appliquée entre un point quelconque B de la chaîne et le point bas A; par $p = \dfrac{d\mathrm{P}}{dx}$ l'intensité de cette force par unité de longueur horizontale; par H la composante horizontale de la tension, et par R la tension au point B.

Nous supposerons que dans la figure transformée, l'ordonnée verticale y' et la charge verticale P', qui est représentée par une ligne verticale, conservent leur direction et leur longueur de telle sorte que

$$y' = y, \quad \mathrm{P}' = \mathrm{P}; \qquad (1)$$

mais que l'on substitue à chaque coordonnée horizontale x une *coordonnée oblique* x', qui fait l'angle j avec l'horizontale, et dont la longueur x' est donnée par la relation $\dfrac{x'}{x} = a$ (a étant un facteur constant). On devra alors substituer à la tension horizontale H, une *tension oblique* H' parallèle à x', dont la grandeur est donnée par la relation H' $= a$H; on aura donc

$$x' = ax, \quad \mathrm{H}' = a\mathrm{H}. \qquad (2)$$

La tension de la première courbe en B est la résultante de la charge verticale P et de la tension horizontale H. Désignons par R sa grandeur, et par i l'angle qu'elle fait avec H; on a alors

$$\mathrm{R} = \sqrt{\mathrm{P}^2 + \mathrm{H}^2}, \qquad (3)$$

et ces trois forces sont reliées par les équations suivantes :

$$\frac{\mathrm{P}}{\mathrm{H}} = \frac{\tang i}{1} = \frac{\sin i}{\cos i}, \quad \frac{\mathrm{P}}{\mathrm{R}} = \frac{\tang i}{\séc i} = \frac{\sin i}{1}. \qquad (4)$$

Si R' désigne la grandeur de la tension au point B' de la nouvelle construction, correspondant au point B, et si i' est l'angle qu'elle fait avec la *coordonnée oblique* x', on aura

$$\mathrm{R}' = \sqrt{\mathrm{P}'^2 + \mathrm{H}'^2 \pm 2\mathrm{P}'\mathrm{H}' \sin j}, \qquad (5)$$

$$\frac{\mathrm{P}'}{\mathrm{H}'} = \frac{\sin i'}{\cos(i' \pm j)}, \quad \frac{\mathrm{P}'}{\mathrm{R}'} = \frac{\sin i'}{\cos j}. \qquad (6)$$

On emploiera les signes $+$ ou $-$ selon que i et j ont même direction ou ont des directions différentes.

L'intensité de la charge par *unité de longueur oblique* mesurée suivant dx' dans la construction transformée est

$$p' = \frac{dP'}{dx'} = \frac{p}{a}; \qquad (7)$$

mais si l'intensité de la charge est estimée *par unité de longueur horizontale*, elle a pour expression

$$p' \sec j = \frac{p}{a \cos j}. \qquad (8)$$

178. Arcs linéaires. Supposons que l'on renverse une chaîne ou une corde, de telle sorte que la charge qui lui était appliquée, tout en conservant sa direction, sa grandeur et son mode de distribution, se trouve agir de dehors en dedans au lieu d'agir de dedans en dehors; supposons, de plus, que pour permettre à la corde ou à la chaîne de conserver sa figure et de résister à un effort de compression, on lui donne de la raideur, ou qu'on l'étaye, pour ainsi dire, on obtient alors un *arc linéaire*, et la tension en chaque point de la corde considérée dans sa première position est maintenant remplacée par une force *de compression* qui lui est exactement égale et qui agit le long de l'arc au point correspondant.

Il n'existe pas d'arcs linéaires en réalité; mais les propositions qui les concernent sont applicables aux courbes de résistance des voûtes réelles et des poutres courbes, dans le cas où la direction de la force de compression sur chaque joint est celle de la tangente à la courbe de résistance, ou à la courbe qui passe par les centres de pression des joints.

Toutes les propositions et toutes les équations des numéros précédents, relatives à des chaînes ou à des cordes, s'appliquent aux arcs linéaires, à la condition de substituer des forces de *compression* aux *tensions* pour les actions moléculaires qui s'exercent le long de la courbe de résistance.

Les principes du n° 167 sont applicables aux arcs linéaires en général, qui sont sollicités par des forces extérieures agissant dans une direction quelconque.

Les principes du n° 168 s'appliquent à des arcs linéaires soumis à l'action de *charges parallèles;* pour ces arcs, la quantité, représentée par H dans les formules, désigne une force de *compression constante*, agissant dans une direction perpendiculaire à celle de la charge.

La figure d'équilibre pour un arc linéaire, soumis à l'action d'une charge uniforme, est une *parabole*, identique à celle décrite au n° 169.

Lorsqu'il s'agit d'un arc linéaire soumis à l'action d'une charge verticale, *l'intrados* représente la figure de l'arc lui-même, et l'*extrados*, une courbe qui passe par les extrémités *supérieures* des ordonnées qui sont menées *de bas en haut* à partir de l'intrados, ordonnées dont les longueurs sont proportionnelles aux intensités de la charge ; et les principes du n° 173 s'appliquent aux relations entre l'intrados et l'extrados.

La courbe du n° 174 est la figure d'équilibre pour un arc linéaire à extrados horizontal ; et l'on voit, en se reportant au n° 175, que l'on peut déduire la figure d'un arc dans ces conditions de celle d'une chaînette, en supposant cette dernière courbe renversée et en modifiant, dans chaque cas, le rapport constant entre les coordonnées horizontales et verticales.

Les principes du n° 177, relatifs à la transformation de cordes et de chaînes, sont également applicables aux arcs linéaires. Nous traiterons plus loin ce sujet avec plus de détails.

Les numéros qui précèdent renferment des propositions qui, bien qu'applicables aux cordes et aux arcs linéaires, sont surtout importantes en pratique, en ce qui concerne les cordes ou les chaînes ; les propositions énoncées dans les numéros qui suivent ont, au contraire, beaucoup plus d'importance dans la pratique pour les arcs linéaires que pour les cordes.

179. Arc circulaire correspondant à une pression de fluide uniforme. Il est évident qu'un arc linéaire doit avoir une forme circulaire pour résister à une pression normale uniforme agissant de l'extérieur à l'intérieur ; car la force à laquelle il est soumis étant semblable à elle-même en tous points, il doit en être de même de la figure de l'arc ; or il n'y a que le cercle qui jouisse de cette propriété.

Dans la *fig.* 88, ABAB représente un arc linéaire circulaire ou

Fig. 88.

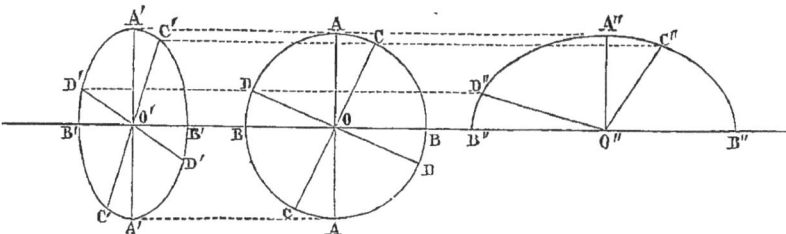

un anneau linéaire circulaire ayant son centre en O, et soumis de l'extérieur à l'intérieur à une pression normale d'intensité uniforme.

Pour pouvoir représenter convenablement l'intensité de cette pression en unités de force par unité de surface, nous supposerons que l'anneau en question représente la section verticale d'une enveloppe cylindrique, dont la longueur, perpendiculairement au plan de la figure, est l'*unité*. Désignons par p l'intensité de la pression extérieure en unités de force par unité de surface, par r le rayon de l'anneau, et par T la force de compression qui s'exerce tangentiellement à la paroi, et qui, dans le cas actuel, est une force de compression par *unité de longueur*.

La pression normale uniforme p est absolument semblable à la pression d'un fluide; et, d'après le n° 110, elle est équivalente à un couple de pressions conjuguées de même intensité, agissant suivant deux directions quelconques perpendiculaires l'une à l'autre. Par exemple, si l'axe des x est vertical et l'axe des y horizontal, et si p_x, p_y sont respectivement les intensités des pressions verticale et horizontale, on a

$$p_x = p_y = p; \qquad (1)$$

et il en est de même pour un couple quelconque de pressions perpendiculaires entre elles.

Pour déterminer la force de compression de l'anneau, nous imaginerons qu'il est divisé en deux parties par un plan diamétral quelconque, tel que CC. La force de compression de l'anneau aux deux extrémités de ce diamètre, a pour grandeur 2T; elle doit faire équilibre à la composante, dans une direction perpendiculaire au diamètre, de la pression qui s'exerce sur l'anneau; l'intensité normale de cette composante est p, ainsi qu'on l'a déjà vu, et l'aire sur laquelle elle agit, projetée sur le plan CC, qui est normal à sa direction, est $2r$; nous aurons donc l'équation

$$2T = 2pr; \quad \text{ou} \quad T = pr, \qquad (2)$$

pour la force de compression qui agit tangentiellement à l'anneau; d'où le théorème suivant.

THÉORÈME. *La force de compression qui s'exerce tangentiellement à un anneau circulaire soumis à l'action d'une pression normale uniforme est le produit de la pression sur l'unité de longueur de circonférence par le rayon de cet anneau.*

180. Arcs elliptiques correspondant à des pressions uniformes. Si un arc linéaire a à supporter la pression d'un milieu dans lequel les deux pressions conjuguées qui agissent en chaque point sont uniformes en grandeur et en direction, mais inégales entre elles, toutes les forces qui agissent parallèlement à une direction quelconque donnée seront égales à celles qui agissent dans une masse fluide multipliées par un rapport constant donné; ces forces pourront alors être représentées par les *projections parallèles* des lignes qui représentent les forces qui agissent dans une masse fluide. L'arc linéaire destiné à supporter le système de pressions considéré aura donc pour figure une projection parallèle d'un cercle, c'est-à-dire une *ellipse*. Pour trouver les relations qui doivent exister entre les dimensions d'un arc elliptique linéaire soumis à l'action de deux pressions conjuguées d'intensité uniforme, nous représenterons (*fig.* 88) par A′B′A′B′, B″A″B″, des arcs linéaires elliptiques qui résultent de la transformation de l'arc linéaire circulaire ABAB par projection parallèle; les dimensions verticales restent les mêmes, et quant aux dimensions horizontales, elles sont ou augmentées (telles que B″B″), ou diminuées (telles que B′B′) dans un rapport donné, que nous représenterons par c; r sera alors le demi-axe vertical, et cr le demi-axe horizontal de l'ellipse; et si x, y sont respectivement les coordonnées verticale et horizontale d'un point quelconque du cercle, et x', y' celles du point correspondant de l'ellipse, on aura

$$x' = x; \quad y' = cy. \tag{1}$$

Si CC, DD sont deux diamètres du cercle perpendiculaires entre eux, leurs projections seront deux diamètres conjugués de l'ellipse, tels que C′C′ D′D′.

Si P_x est la pression verticale totale, et P_y la pression horizontale totale, sur un quart du ·cercle AB, on a

$$P_x = P_y = T = pr.$$

Soient P'_x la pression verticale totale, et P'_y la pression horizontale totale sur un quart de l'ellipse, tel que A′B′ ou A″B″, T_x la force de compression verticale sur l'arc en B′ ou B″, et T'_y la force de compression horizontale en A′ ou A″.

On a, en vertu du principe de transformation,

$$\left.\begin{array}{l} T'_x = P'_x = P_x = T = pr, \\ T'_y = P'_y = cP_y = cT = cpr. \end{array}\right\} \tag{2}$$

Les forces de compression totales sont donc entre elles comme les axes auxquels elles sont parallèles.

Soit maintenant $P' = T'$ la pression totale, parallèle à un demi-diamètre quelconque de l'ellipse (tel que O'D' ou O''D''), qui s'exerce sur la partie D'C' ou D''C''; cette force est également la force de compression de l'arc en C' ou C'', extrémité du diamètre conjugué à O'D' ou à O''D''. Si nous posons O'D' ou O''D'' $= r'$, nous aurons

$$P' = T' = \frac{r'}{r} P = pr. \qquad (3)$$

Les forces de compression totales sont donc entre elles comme les diamètres auxquels elles sont parallèles.

Si nous représentons maintenant par p'_x, p'_y, les *intensités* des pressions conjuguées horizontale et verticale sur l'arc elliptique, c'est-à-dire « des actions moléculaires principales » (109, 112), chacune d'elles étant égale au quotient de la pression totale correspondante par l'aire du plan auquel elle est normale, nous aurons les deux équations :

$$\left. \begin{array}{l} p'_x = \dfrac{P'_x}{cr} = \dfrac{p}{c}; \\[2mm] p'_y = \dfrac{P'_y}{r} = cp; \end{array} \right\} \qquad (4)$$

de telle sorte *que les intensités des pressions principales sont entre elles comme les carrés des axes de l'arc elliptique auxquels elles sont parallèles.*

,« L'ellipse des actions moléculaires.» du n° 112 est, par suite, une ellipse dont les axes sont proportionnels aux carrés des axes de l'arc elliptique; et pour qu'un arc elliptique puisse résister à des pressions verticale et horizontale uniformes, il faut *que le rapport entre les longueurs de ses axes soit égal à la racine carrée du rapport entre les intensités des pressions principales;* on doit donc avoir

$$c = \sqrt{\frac{p'_y}{p'_x}}. \qquad (5)$$

La pression extérieure en un point quelconque, D' ou D'', de l'arc elliptique est dirigée vers le centre, O' ou O'', et son intensité, par unité de surface du plan auquel elle est conjuguée (O'C' ou O''C'') est donnée par l'équation suivante, dans laquelle r' représente le demi-diamètre (O'D' où O''D'') parallèle à la pression en question, et r'' le demi-diamètre conjugué (O'C' ou O''C'') :

$$p' = \frac{P'}{r''} = p\,\frac{r'}{r''}, \qquad (6)$$

c'est-à-dire, que *l'intensité de la pression dans la direction d'un diamètre donné, est directement proportionnelle à ce diamètre et inversement proportionnelle au diamètre conjugué.*

Soit p'' l'intensité de la pression extérieure dans la direction du demi-diamètre r''; il est évident que l'on a

$$\frac{p'}{p''} = \frac{r'^2}{r''^2}; \qquad (7)$$

les intensités d'un couple de pressions conjuguées sont donc entre elles comme les carrés des diamètres conjugués de l'arc linéaire elliptique auxquels elles sont respectivement parallèles.

(On serait arrivé aux mêmes résultats en partant des principes relatifs à l'ellipse des actions moléculaires que nous avons donnés dans le n° 112.)

181. Arc elliptique déformé. Considérons un milieu tel que l'état des actions moléculaires y soit uniforme, et que la pression conjuguée à une pression verticale ne soit plus horizontale, mais fasse avec l'horizontale un angle donné j, et proposons-nous de déterminer la figure d'un arc linéaire elliptique qui puisse supporter la pression de ce milieu; nous pourrons déduire cette figure de celle d'un cercle par la substitution de coordonnées inclinées aux coordonnées horizontales.

Dans la *fig.* 89, BAC représente un demi-arc circulaire sur lequel les pressions extérieures sont normales et uniformes; nous désigne-

Fig. 89.

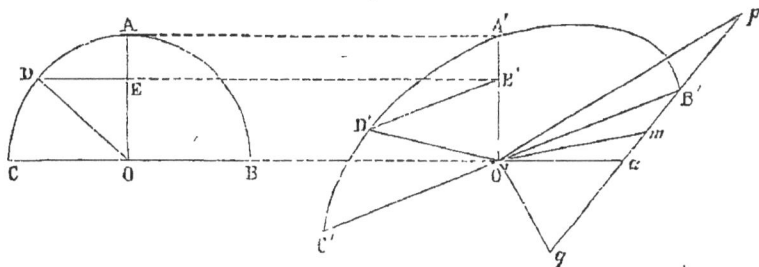

rons leur intensité par p, comme ci-dessus; r étant le rayon du cercle, la force de compression le long de l'arc et la charge sur un quart de la circonférence sont reliées par l'équation $P = T = pr$, ainsi qu'on l'a démontré.

Soit D un point quelconque du cercle ayant comme coordonnée verticale $\overline{OE} = x$, et comme coordonnée horizontale $\overline{ED} = y$. Soit B'A'C' un demi-arc elliptique, dans lequel les coordonnées verticales sont les mêmes que celles du cercle, tandis que les autres coordonnées sont inclinées sur l'horizontale d'un angle constant j, et sont égales aux coordonnées correspondantes du cercle (lesquelles sont horizontales) multipliées par un rapport constant c; on a alors :

$$\left. \begin{array}{l} \overline{O'E'} = x' = x, \\ \overline{E'D'} = y' = cy, \\ EE'D' = j. \end{array} \right\} \qquad (1)$$

On substituera au demi-diamètre vertical du cercle $\overline{OA} = r$ le demi-diamètre vertical de l'ellipse $\overline{O'A'} = r$, qui lui est égal, et au diamètre horizontal du cercle $\overline{CB} = 2r$, le diamètre incliné de l'ellipse $\overline{C'B'} = 2cr$, lequel est *conjugué* au demi-diamètre vertical.

On décomposera les forces appliquées à l'arc elliptique en composantes verticales et *inclinées* parallèles à O'A' et à C'B'. Soient P'_x la pression verticale totale, et P'_y la pression inclinée totale sur l'une ou l'autre des parties d'ellipse C'A', A'B'; T'_y la force de compression inclinée de l'arc en A; T'_x la force de compression verticale en B' ou en C'. On a alors

$$\left. \begin{array}{l} T_x' = P_x' = T = P = pr, \\ T_y' = P_y' = cT = cP = cpr, \end{array} \right\} \qquad (2)$$

c'est-à-dire que ces forces sont, comme dans le numéro précédent, *proportionnelles aux diamètres auxquels elles sont parallèles*.

Soient p_x' l'intensité de la pression verticale sur l'arc elliptique par unité de surface du plan incliné C'B' auquel elle est conjuguée, p_y' l'intensité de la pression inclinée, par unité de surface du plan vertical auquel elle est conjuguée, on a :

$$\left. \begin{array}{l} p_x' = \dfrac{P_x'}{cr} = \dfrac{p}{c}, \\[2mm] p_y' = \dfrac{P_y'}{r} = cp, \\[2mm] c = \sqrt{\dfrac{p_y'}{p_x'}}. \end{array} \right\} \qquad (3)$$

On trouve ainsi, comme dans le cas précédent, que *les intensités des pressions conjuguées sont entre elles comme les carrés des diamètres auxquels elles sont parallèles.*

La force de compression de l'arc en un point quelconque D' est, comme ci-dessus, proportionnelle au diamètre conjugué à O'D'.

Il est commode, dans certains cas, d'exprimer l'intensité de la pression verticale par unité de surface de *la projection horizontale* de l'espace sur lequel elle est répartie; cette intensité est donnée par l'équation

$$p_x' \sec j = \frac{p}{c \cos j}. \qquad (4)$$

Il faut remarquer que l'on n'obtient pas ainsi la pression par unité de surface d'un plan horizontal (cette pression est inversement proportionnelle au diamètre horizontal de l'ellipse et directement proportionnelle au diamètre conjugué à ce diamètre, auquel dernier diamètre elle est parallèle), mais bien la pression sur la partie de surface du plan incliné de l'angle j, dont la projection horizontale est égale à l'unité.

La construction géométrique suivante sert à déterminer le demi grand axe et le demi petit axe de l'ellipse B'A'C'.

Menons O'a perpendiculaire et égal à O'A', puis B'a, dont nous déterminerons le point milieu m; sur B'a prolongé de part et d'autre, prenons les longueurs $\overline{mp} = \overline{mq} = \overline{O'm}$; joignons O'$p$, O'$q$. Ces lignes, qui sont perpendiculaires entre elles, sont les *directions* des axes de l'ellipse, et les *longueurs* des demi-axes sont respectivement égales aux segments de la ligne pq, à savoir $\overline{B'p} = \overline{aq}$, $\overline{B'q} = \overline{ap}$.

Cherchons l'expression algébrique de ces quantités, et pour cela représentons par A et B le demi grand axe et le demi petit axe de l'ellipse; nous avons

$$A + B = \overline{2O'm} = r\sqrt{1 + c^2 + 2c\cos j},$$
$$A - B = \overline{B'a} = r\sqrt{1 + c^2 - 2c\cos j},$$

d'où nous tirons, pour les longueurs des demi-axes,

$$\left.\begin{aligned} A &= \frac{r}{2}\left(\sqrt{1 + c^2 + 2c\cos j} + \sqrt{1 + c^2 - 2c\cos j}\right), \\ B &= \frac{r}{2}\left(\sqrt{1 + c^2 + 2c\cos j} - \sqrt{1 + c^2 - 2c\cos j}\right). \end{aligned}\right\} \qquad (5)$$

.L'angle $B'O'p = k$, que l'axe le plus rapproché fait avec le diamètre $C'B'$, est donné par l'équation

$$\sin k = \frac{B}{cr} \sqrt{\frac{A^2 - c^2 r^2}{A^2 - B^4}} \quad \text{ou} \quad \frac{A}{cr} \sqrt{\frac{B^2 - c^2 r^2}{A^2 - B^2}}, \quad (6)$$

suivant que cet axe est le plus grand ou le plus petit.

Les axes de l'arc elliptique sont parallèles aux axes de l'ellipse des actions moléculaires dans le milieu qui comprime l'arc, et proportionnels aux racines carrées des axes de cette ellipse ; on aurait donc pu les trouver, en se reportant au cas n° 3 du problème IV, n° 112.

182. Arcs soumis à une pression normale en général. Si la pression est normale en un point d'un arc linéaire, cet arc se trouve en ce point dans les mêmes conditions qu'un arc circulaire qui aurait même courbure et qui serait soumis à une pression de même intensité ; si l'on applique à ce cas le théorème du n° 179, en le modifiant convenablement, on a le théorème suivant.

THÉORÈME I. *La force de compression en un point d'un arc linéaire où la pression est normale est le produit du rayon de courbure par l'intensité de la pression ;* c'est-à-dire que si l'on désigne par ρ le rayon de courbure, par p la pression normale par unité de longueur de la courbe, et par T la force de compression, on a

$$T = p\rho. \quad (1)$$

EXEMPLE. On vérifie facilement ce théorème dans le cas des arcs elliptiques du n° 180 soumis à des pressions horizontale et verticale ; car les rayons de courbure d'une ellipse aux extrémités de ses deux axes, r et cr, sont respectivement,

$$\left. \begin{array}{ll} \text{aux extrémités de } r, & \rho_x = \dfrac{c^2 r^2}{r} = c^2 r, \\[2mm] \text{aux extrémités de } cr, & \rho_y = \dfrac{r^2}{cr} = \dfrac{r}{c}. \end{array} \right\} \quad (2)$$

Si nous introduisons ces valeurs dans les équations du n° 180, et dans l'équation 1 du présent numéro, nous trouvons

$$\left. \begin{array}{l} T_x' = p_y' \rho_y = cp\,\dfrac{r}{c} = pr, \quad \text{comme ci-dessus,} \\[2mm] T_y' = p_x' \rho_x = \dfrac{p}{c}\,c^2 r = cpr, \quad \text{comme ci-dessus.} \end{array} \right\} \quad (3)$$

On voit de plus que si la pression est normale en *tous* les points de l'arc (ce qui n'est pas le cas dans les exemples cités), la force de compression doit être la même partout, car elle ne peut varier que par l'application d'une pression tangentielle à l'arc; on en conclut:

THÉORÈME II. *Dans un arc linéaire supportant une pression qui est normale en tous points, la force de compression est uniforme et le rayon de courbure est en raison inverse de la pression;* ce théorème peut être mis sous la forme

$$T = p\rho = \text{constante.} \qquad (4)$$

Le seul arc de cette classe que nous ayons encore examiné est l'arc circulaire soumis à une pression normale uniforme. Nous allons donner un autre exemple dans le numéro qui suit.

183. On désigne sous le nom d'**arc hydrostatique** un arc linéaire destiné à supporter une pression normale qui varie en chaque point, comme celle d'un liquide en repos, c'est-à-dire proportionnellement à la distance du point à un plan horizontal donné; on l'appelle aussi *arc de Yvon Villarceau*, du nom du mathématicien qui en a le premier recherché les propriétés à l'aide des fonctions elliptiques.

Le rayon de courbure en un point donné de l'arc hydrostatique étant, en vertu du théorème II du dernier numéro, inversement proportionnel à l'intensité de la pression, est aussi inversement proportionnel à la distance du point au plan horizontal, à partir duquel on compte les coordonnées verticales qui représentent cette intensité.

Dans la *fig.* 90, YOY représente la surface horizontale, à partir

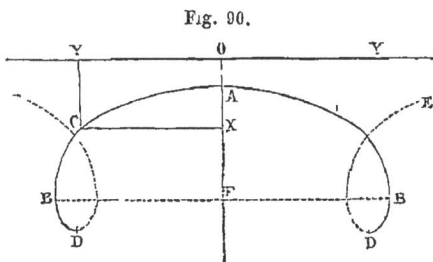

Fig. 90.

de laquelle la pression va en augmentant d'une façon uniforme à mesure que l'on descend; cette pression est par suite semblable à la pression d'un liquide dont la surface supérieure serait YOY.

A est le sommet de l'arc hydrostatique; c'est le point où l'arc se

14

rapproche le plus de la surface horizontale; il y est donc horizontal. Nous prendrons comme origine des coordonnées le point O situé immédiatement au-dessus de A dans la surface horizontale, de telle sorte que $\overline{OX} = \overline{YC} = x$ sera la coordonnée verticale, et $\overline{OY} = \overline{XC} = y$, la coordonnée horizontale d'un point quelconque C de l'arc. Représentons la distance minima $\overline{OA}$ de l'arc à la surface horizontale par x_0, le rayon de courbure au sommet par r_0, et le rayon de courbure en un point quelconque C par r.

Soit w le poids de l'unité de volume du liquide, dont la pression est équivalente à la charge qui porte sur l'arc. Les intensités de la pression normale extérieure au sommet A et en un point quelconque C seront alors exprimées respectivement par

$$p_0 = wx_0; \quad p = wx. \qquad (1)$$

La force de compression de l'arc, qui, en vertu des principes du n° 182, est une quantité constante, est donnée par l'équation

$$T = p_0 r_0 = wx_0 r_0 = pr = wxr. \qquad (2)$$

On en conclut l'équation géométrique suivante qui caractérise la forme de l'arc :

$$xr = x_0 r_0.$$

Lorsque x_0 et r_0 sont donnés, on peut tracer approximativement la courbe au moyen d'un certain nombre d'arcs de cercle assez courts, en se basant sur cette propriété que le rayon de courbure est inversement proportionnel à la coordonnée verticale comptée à partir d'un axe horizontal donné. On trouve ainsi qu'elle présente quelque ressemblance avec une cycloïde rallongée (bien qu'elle en diffère cependant essentiellement). En un certain point B, elle devient verticale, puis continue à tourner pour devenir horizontale au point D ; c'est en ce point qu'elle est le plus éloignée de la surface horizontale et qu'elle a le plus petit rayon de courbure. Puis elle remonte en formant une boucle, coupe la partie déjà décrite et s'avance vers E, en faisant un arc semblable à BAB... On obtient ainsi une série indéfinie d'arcs et de boucles.

On voit facilement qu'il n'y a qu'une partie de la courbe, celle qui est comprise entre un des points bas D et un second point bas D, en passant par le sommet A, que l'on puisse utiliser pour la figure d'un arc, et que la portion BAB, située au-dessus des points où la courbe est verticale, peut seule servir à supporter une charge.

Désignons par x_1, y_1 les coordonnées du point B. La charge verticale au-dessus du demi-arc AB est représentée par

$$w \int_0^{y_1} x\, dy \; ;$$

cette charge étant soutenue par la force de compression T de l'arc en B, doit évidemment lui être égale ; il en résulte l'équation suivante :

$$x r = x_0 r_0 = \int_0^{y_1} x\, dy, \qquad (4)$$

c'est-à-dire que *l'aire de la figure comprise entre la plus petite coordonnée verticale, et la coordonnée verticale qui est tangente à la courbe, est égale au produit constant de la coordonnée verticale par le rayon de courbure.*

La charge verticale au-dessus d'un point quelconque C est

$$w \int_0^y x\, dy \; ;$$

cette charge est soutenue par la composante verticale de la force de compression de l'arc au point C, qui est $T \sin i$ (i étant l'angle d'inclinaison de l'arc sur l'horizontale), et elle lui est égale. D'où l'équation suivante :

$$\int_0^y x\, dy = x_0 r_0 \sin i = \frac{x_0 r_0}{\sqrt{1 + \dfrac{dy^2}{dx^2}}}, \qquad (5)$$

c'est-à-dire que *l'aire de la figure comprise entre la plus petite coordonnée verticale et une coordonnée verticale quelconque varie comme le sinus de l'angle que la courbe fait avec l'horizontale au point correspondant à cette dernière coordonnée.*

La pression extérieure horizontale sur le demi-arc de B à A est la même que la pression sur un plan vertical AF, qui serait immergé dans un liquide qui aurait pour poids spécifique w, et dont le bord supérieur serait à une profondeur x_0 au-dessous de la surface (124) ; elle a donc pour grandeur

$$w \int_{x_0}^{x_1} x\, dx = w \frac{x_1^2 - x_0^2}{2} \; ;$$

elle est équilibrée par la force de compression de l'arc T au sommet.

On a donc l'équation

$$xr = x_0 r_0 = \frac{x_1^2 - x_0^2}{2}, \qquad (6)$$

c'est-à-dire que *la demi-différence des carrés de la coordonnée verticale la plus petite et de la coordonnée verticale tangente à la courbe est égale au produit constant de la coordonnée verticale par le rayon de courbure.*

L'équation 6 donne pour la valeur de la coordonnée verticale tangente

$$x_1 = \sqrt{x_0^2 + 2x_0 r_0}. \qquad (7)$$

La pression extérieure horizontale entre B et un point quelconque C, est égale à la pression d'un liquide ayant pour poids spécifique w sur un plan vertical XF, dont le bord supérieur se trouverait à la profondeur x; elle a alors pour grandeur

$$w \int_x^{x_1} x\,dx = w\,\frac{x_1^2 - x^2}{2},$$

et elle est équilibrée par la composante horizontale T $\cos i$ de la force de compression de l'arc en C; d'où l'équation

$$\frac{x_1^2 - x^2}{2} = x_0 r_0 \cos i, \qquad (8)$$

qui donne pour la valeur d'une coordonnée verticale quelconque

$$x = \sqrt{x_1^2 - 2x_0 r_0 \cos i} = \sqrt{x_0^2 + 2x_0 r_0 (1 - \cos i)}$$
$$= \sqrt{x_0^2 + 4x_0 r_0 \sin^2 \frac{i}{2}}. \qquad (9)$$

Soient x, x', deux coordonnées verticales quelconques; on aura, en vertu de l'équation 8,

$$x'^2 - x^2 = 2x_0 r_0 (\cos i - \cos i'). \qquad (10)$$

La différence des carrés de deux coordonnées verticales varie donc comme la différence des cosinus des angles que la courbe fait avec l'horizontale aux points correspondants.

L'équation 9 donne l'expression suivante de l'angle d'inclinaison en fonction de la coordonnée verticale

$$2\sin^2\frac{i}{2} = 1 - \cos i = 1 - \frac{1}{\sqrt{1 + \dfrac{dx^2}{dy^2}}} = \frac{x^2 - x_0^2}{2x_0 r_0}. \quad (11)$$

Les différentes propriétés de la figure de l'arc données par les équations précédentes sont résumées dans une seule formule:

$$x_0 r_0 = xr = \int_0^{y_1} x\,dy = \frac{\displaystyle\int_0^y x\,dy}{\sin i} = \frac{x_1^2 - x_0^2}{2} = \frac{x_1^2 - x^2}{2\cos i}. \quad (12)$$

Il est nécessaire de recourir aux fonctions elliptiques quand on veut trouver l'expression de la coordonnée horizontale y, qui a pour valeur maximum la demi-portée y_1, ainsi que l'expression de la longueur d'un arc de la courbe.

Nous nous servirons des notations de Legendre dans l'emploi que nous allons faire des fonctions elliptiques, et nous considérerons parmi ces fonctions celles qui appartiennent à la *première* et à la *seconde* espèce. L'auteur en a donné des *tables* dans le second volume de son traité.

Soient θ un angle constant appelé le *module* de la fonction, et φ un angle variable appelé l'*amplitude;* une fonction elliptique de la première espèce est exprimée par

$$F(\theta, \varphi) = \int_0^\varphi \frac{d\varphi}{\sqrt{1 - \sin^2\theta \sin^2\varphi}}; \qquad (a)$$

une fonction elliptique de la seconde espèce, par

$$E(\theta, \varphi) = \int_0^\varphi \sqrt{1 - \sin^2\theta \sin^2\varphi}\,d\varphi. \qquad (b)$$

Les valeurs de ces fonctions, lorsque la limite supérieure d'intégration est $\varphi = \dfrac{\pi}{2}$ ou 90°, sont appelées les fonctions *complètes* et sont représentées respectivement par

$$F_1(\theta) \text{ et } E_1(\theta). \qquad (c)$$

Pour pouvoir appliquer ces fonctions au cas de l'arc hydrostatique, nous supposerons que l'amplitude soit égale à la moitié du supplément de l'angle d'inclinaison de la courbe, c'est-à-dire que nous poserons

$$\varphi = \frac{\pi}{2} - \frac{i}{2}, \qquad (d)$$

de telle sorte qu'au point D, $\varphi = 0$; au point B, $\varphi = \frac{\pi}{4}$, et au

point A, $\varphi = \frac{\pi}{2}$. Représentons par X et R respectivement la coor-

donnée verticale et le rayon de courbure au point D, nous aurons

$$\left. \begin{array}{l} X = \sqrt{x_0^2 + 4r_0 x_0}\,; \\ RX = rx = r_0 x_0. \end{array} \right\} \qquad (13)$$

Nous prendrons pour le module θ un angle tel que

$$\sin^2\theta = \frac{4R}{X} = \frac{4r_0 x_0}{x_0^2 + 4r_0 x_0}. \qquad (e)$$

L'équation 9, qui donne l'expression de la coordonnée verticale,
devient alors

$$x = \sqrt{x_0^2 + 4x_0 r_0 \sin^2\frac{i}{2}} = X\sqrt{1 - \sin^2\theta \sin^2\varphi}. \qquad (14)$$

Cette quantité prend les valeurs suivantes aux points A et B

$$x_1 = X\sqrt{1 - \frac{\sin^2\theta}{2}}; \quad x_0 = X\sqrt{1 - \sin^2\theta} = X\cos\theta. \qquad (14\,A)$$

Si nous reportons la valeur ci-dessus de x dans l'équation 5, nous
obtenons pour l'aire comprise entre OA et une autre coordonnée
verticale quelconque :

$$\int_0^y x\,dy = x_0 r_0 \sin i = 2XR \cos\varphi \sin\varphi = \frac{X^2 \sin^2\theta}{2} \cos\varphi \sin\varphi. \qquad (15)$$

Au point B cette quantité a pour valeur

$$\int_0^{y_1} x\,dy = x_0 r_0 = XR = \frac{X^2 \sin^2\theta}{4}. \qquad (15\,A)$$

Si l'on différentie l'aire 15 en prenant l'amplitude φ comme variable, et que l'on divise par x, on a

$$\frac{dy}{d\varphi} = X\,\frac{\sin^2\theta}{2}\,\frac{\cos^2\varphi - \sin^2\varphi}{\sqrt{1 - \sin^2\theta\,\sin^2\varphi}}$$

$$= -X\left\{\frac{2 - \sin^2\theta}{2\sqrt{1 - \sin^2\theta\,\sin^2\varphi}} - \sqrt{1 - \sin^2\theta\,\sin^2\varphi}\right\}. \quad (16)$$

Si l'on intègre cette différentielle entre la limite $\varphi = \frac{\pi}{2}$ qui correspond à $y_0 = 0$ et la limite $\varphi = \frac{\pi}{2} - \frac{i}{2}$, qui correspond à la valeur cherchée de y, on a

$$y = X\left\{\left(1 - \frac{\sin^2\theta}{2}\right)(F_1'(\theta) - F(\theta,\varphi)) - E_1(\theta) + E(\theta,\varphi)\right\}. \quad (17)$$

Pour le point B cette expression donne la valeur de la *demi-portée de l'arc*

$$y_1 = X\left\{\left(1 - \frac{\sin^2\theta}{2}\right)\left(F_1(\theta) - F\left(\theta, \frac{\pi}{4}\right)\right) - E_1(\theta) + E\left(\theta, \frac{\pi}{4}\right)\right\}. \quad (18)$$

Désignons par s la longueur d'un arc de courbe, AC, commençant au sommet. On a

$$s = \int_0^i r\,di = 2\int_\varphi^{\frac{\pi}{2}} r\,d\varphi. \quad (19)$$

La valeur du rayon de courbure r en fonction du module et de l'amplitude est

$$r = \frac{rx}{x} = \frac{X\sin^2\theta}{4\sqrt{1 - \sin^2\theta\,\sin^2\varphi}}. \quad (20)$$

Si l'on substitue cette valeur dans l'intégrale 19, on a pour l'arc AC

$$s = \frac{X\sin^2\theta}{2}\left\{F_1(\theta) - F(\theta,\varphi)\right\}. \quad (21)$$

La longueur du demi-arc AB est

$$s = \frac{X\sin^2\theta}{2}\left\{F_1(\theta) - F\left(\theta, \frac{\pi}{4}\right)\right\}. \quad (22)$$

Telles sont les formules qui expriment les propriétés géométriques de l'arc hydrostatique. On peut en tirer très-facilement des résultats numériques au moyen des tables de Legendre des fonctions F et E.

La relation entre la force de compression le long de l'arc, le poids spécifique de la charge et le module, est

$$T = wrx = \frac{wX^2 \sin^2\theta}{4} = \frac{w(x_0^2 + 4r_0 x_0)\sin^2\theta}{4}. \tag{23}$$

184. Arc géostatique. — Nous proposons de désigner sous le nom d'*arc géostatique*, un arc linéaire destiné à supporter une pression semblable à celle d'un massif de terre qui (ainsi que nous le montrerons dans la section 3 de ce chapitre) consiste, dans un plan vertical donné, en deux pressions conjuguées, l'une verticale, comme au n° 125 de la première partie, et proportionnelle à la profondeur au-dessous d'un plan donné, horizontal ou incliné, et l'autre parallèle au plan horizontal ou incliné; il existe d'ailleurs entre ces deux pressions un rapport constant qui dépend de la nature de la substance et d'autres circonstances que nous expliquerons plus loin.

Dans ce qui suit, nous appellerons *plan conjugué*, le plan horizontal ou incliné, et *coordonnées conjuguées* les coordonnées parallèles à sa ligne de plus grande pente lorsqu'il est incliné, ou à une ligne quelconque du plan, lorsqu'il est horizontal. Nous évaluerons l'intensité de la pression verticale par unité de surface du *plan conjugué;* quant à la pression parallèle à la ligne de plus grande pente de ce plan, lorsqu'il est incliné, ou à une ligne quelconque, lorsqu'il est horizontal, elle sera appelée *pression conjuguée*, et son intensité sera évaluée par unité de surface d'un plan vertical.

Supposons que l'on prenne comme origine des coordonnées un point du plan conjugué situé sur la verticale qui passe par le sommet de l'arc en question; soient x', la coordonnée verticale d'un point quelconque et y' la coordonnée conjuguée, j l'angle que fait le plan conjugué avec l'horizon, w' le poids de l'unité de volume de la substance à laquelle la pression est due, et dont la surface supérieure se trouve dans le plan conjugué. L'intensité de la pression verticale à une profondeur donnée x' sera, d'après le théorème I du n° 125,

$$p'_x = w'x' \cos j, \tag{1}$$

et celle de la pression conjuguée,

$$p'_v = c^2 p'_x = c^2 w'x' \cos j, \tag{2}$$

c^2 étant un rapport constant, que nous mettons sous forme d'un carré, pour des raisons que nous donnerons plus loin.

Imaginons un arc hydrostatique, dont les coordonnées horizontales et verticales sont x et y, et qui est soumis à la pression d'une substance dont le poids par unité de volume est

$$w = cw' \cos j. \tag{3}$$

En un point quelconque de cet arc hydrostatique, dont la profondeur au-dessous de la surface est $x = x'$, nous aurons pour les intensités des pressions verticale et horizontale

$$p_z = p_y = wx = cw'x' \cos j = cp'_z = \frac{p'_v}{c}. \tag{4}$$

Considérons maintenant la figure d'un arc que l'on obtiendrait en *transformant* un arc hydrostatique par projection parallèle de telle manière que la coordonnée verticale d'un point quelconque du nouvel arc soit la même que celle du point correspondant de l'arc hydrostatique, et que la *coordonnée conjuguée* d'un point quelconque du nouvel arc soit dans un rapport constant c avec la *coordonnée horizontale* du point correspondant de l'arc hydrostatique, c'est-à-dire que l'on ait

$$x' = x;\; y' = cy. \tag{5}$$

Les pressions totales *verticale* et *horizontale* sur l'arc entre deux points donnés de l'arc hydrostatique sont respectivement

$$\mathrm{P}_z = \int p_z\, dy \,;\; \mathrm{P}_y = \int p_y\, dx. \tag{6}$$

Les pressions totales *verticale* et *conjuguée* sur l'arc entre les deux points correspondants du nouvel arc sont respectivement

$$\mathrm{P}'_z = \int p'_x\, dy' \,;\; \mathrm{P}'_y = \int p'_y\, dx', \tag{7}$$

et si dans ces deux expressions nous substituons les valeurs de p'_x, p'_y, dx' et dy', tirées des équations 4 et 5, à savoir :

$$p'_x = \frac{p_x}{c};\; p'_y = cp_y;\; dx' = dx;\; dy' = cdy,$$

nous trouvons les relations suivantes entre les pressions totales verticale et horizontale, sur un arc donné de l'arc hydrostatique et les pressions totales, verticale et conjuguée, sur l'arc correspondant de l'arc transformé :

$$P'_x = P_x; \; P'_y = cP_y; \qquad\qquad (8)$$

elles sont les mêmes que celles qui, d'après l'équation 5, existent entre les coordonnées respectivement parallèles aux pressions en question. L'arc transformé est donc une projection parallèle du premier arc soumise à l'action de forces représentées par des lignes qui sont les projections parallèles correspondantes des lignes qui représentent les forces qui agissent sur le premier arc ; cet arc est donc en équilibre. On peut résumer les conclusions de cette étude de la manière suivante :

THÉORÈME. *Un arc géostatique que l'on obtient par la transformation d'un arc hydrostatique, en conservant les coordonnées verticales et en remplaçant les coordonnées horizontales par des coordonnées conjuguées horizontales ou inclinées, qui sont proportionnelles aux premières, résiste à l'action d'un système de pressions verticale et conjuguée telles que le rapport entre l'intensité de la pression conjuguée et l'intensité de la pression verticale soit égal au carré du rapport entre les coordonnées conjuguées et les coordonnées horizontales de l'arc hydrostatique.*

Cette transformation offre une complète analogie avec la transformation d'un arc circulaire en arc elliptique, donnée dans les n°s 180, 181.

Désignons par T_0 la force de compression horizontale ou inclinée, suivant les cas, au sommet d'un arc géostatique. et par T_1 la force de compression verticale aux points où l'arc est vertical, force qui, dans ce cas comme dans les autres, est égale à la charge verticale du demi-arc, nous avons alors

$$T_0 = cT_1. \qquad\qquad (9)$$

Toutes les équations relatives aux *coordonnées* d'un arc hydrostatique, données au n° 183, s'appliqueront à un arc géostatique, à la condition de remplacer x par x' et y par $\dfrac{y'}{c}$; mais ce principe s'applique seulement aux *coordonnées* et nullement aux angles d'inclinaison, aux rayons de courbure, non plus qu'aux longueurs d'arcs de courbe. On devra, par conséquent, considérer le module θ et l'amplitude φ comme des fonctions, non des angles d'inclinaisons ni des rayons de courbure, mais des coordonnées verticales, c'est-à-dire que si x_0 est la plus petite coordonnée verticale au sommet, x_1, la coordonnée verticale tangente, et X la plus grande coordonnée verticale à la boucle (ces coordonnées sont les mêmes pour les deux espèces d'arc), on a

$$
\left.
\begin{aligned}
0 &= \text{arc cos} \frac{x_0}{\text{X}} = \text{arc cos} \frac{x_0}{\sqrt{2x_1^2 - x_0^2}} ; \\
\varphi &= \text{arc sin} \frac{\sqrt{\text{X}^2 - x'^2}}{\text{X} \sin 0} = \text{arc sin} \sqrt{\frac{\text{X}^2 - x'^2}{\text{X}^2 - x_0^2}} ;
\end{aligned}
\right\} \quad (11)
$$

et $\dfrac{y'}{c}$ est la même fonction de 0 et de φ pour un arc géostatique que l'est y pour un arc hydrostatique.

185. **Arc stéréostattique.** On désigne par ces mots un arc linéaire destiné à supporter la pression d'une matière qui présente en un point donné quelconque un système de deux pressions conjuguées, dont l'une est verticale et dont l'autre agit dans une direction *fixe*, horizontale ou inclinée. Cette dernière n'a pas avec l'autre un rapport constant; la seule loi à laquelle elle est astreinte, consiste en ce qu'elle conserve la même intensité dans toute l'étendue d'un plan qui est conjugué à la pression verticale; il résulte de cette condition que la charge verticale est distribuée d'une façon symétrique de part et d'autre d'un axe vertical qui passe par le sommet de l'arc.

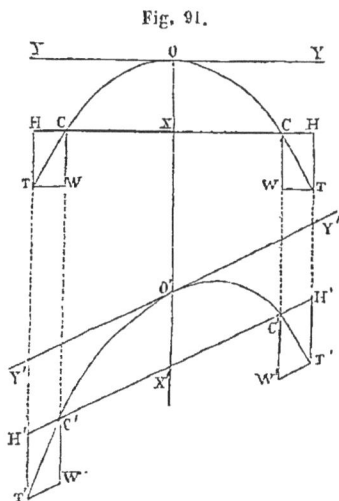

Fig. 91.

Les principales questions auxquelles donne naissance un arc stéréostatique sont comprises dans le problème suivant :

PROBLÈME. — *Étant donnés le mode de distribution de la pression verticale, et la figure de l'arc, on demande de déterminer le mode de distribution de la pression conjuguée, qui est nécessaire pour l'équilibre, ainsi que la force de compression en chaque point de l'arc.*

1er CAS. *La direction de la pression conjuguée est horizontale.* A ce cas correspond le diagramme supérieur de la *fig.* 91. Le point O, sommet de l'arc, est pris comme origine des coordonnées; OX est vertical et YOY horizontal. L'arc ainsi que les forces qui le sollicitent sont symétriques par rapport à l'axe vertical OX. Nous désignerons par p_0 l'intensité de la pression verticale au point O, et par r_0 le rayon de courbure de l'arc en ce point. La pression au point O étant normale à l'arc, la force de compression horizontale le long de l'arc en ce point a pour expression

$$T_0 = p_0\, r_0 \qquad\qquad (1)$$

Soient C un point quelconque de l'arc, dont les coordonnées sont $\overline{OX} = x$, $\overline{XC} = y$;

$$i = \text{arc cot}\ \frac{dy}{dx}$$

l'angle que fait l'arc au point C avec l'horizontale et P_x la charge verticale qui agit sur l'arc entre les points O et C.

Menons par le point C la ligne verticale $\overline{CW}$ pour représenter P_x, et la tangente CT qui sera la diagonale du rectangle CWTH. $\overline{CT}$ représentera alors la force de compression le long de l'arc au point C, et $\overline{CH}$ sera la composante horizontale de cette force de compression; si cette composante diffère de T_0, leur différence sera égale à la pression horizontale qu'il faudra appliquer à l'arc entre les points O et C. Pour en trouver l'expression symbolique, nous désignerons par P_y la grandeur de cette pression horizontale, et par T la force de compression $\overline{CT}$ le long de l'arc en C; nous aurons alors

$$T = \frac{P_x}{\sin i} = P_x \cos\acute{e}c\ i = P_x \frac{ds}{dx} \qquad (2)$$

(ds représentant la différentielle de l'arc OC).

La composante horizontale $\overline{CH}$ de cette force de compression est

$$T \cos i = P_x \cot i = P_x \frac{dy}{dx}.$$

La pression horizontale qu'il faut appliquer à l'arc entre les points O et C, pour qu'il y ait équilibre, est donc

$$P_y = T_0 - P_x \cot i = T_0 - P_x \frac{dy}{dx}. \qquad (3)$$

Si cette équation est satisfaite en chacun des points de l'arc, celui-ci sera en équilibre. — Q. E. I.

Lorsque P_y est positif, il représente une *pression qui agit de dehors en dedans*, telle que celle qui peut résulter de la résistance à la compression des matériaux qui forment le *tympan* d'un arc. Lorsque P_y est négatif, il représente une *pression qui agit de dedans en dehors*, telle que celle qui peut résulter de la résistance à la compression d'une portion de matériaux situés en contre-bas du sommet de l'arc linéaire idéal OC, ou une *tension*, telle que celle qui peut résulter de la *ténacité* du tympan et des matières qui le relient à l'arc.

On trouvera l'*intensité* de la pression horizontale en prenant deux points de l'arc infiniment voisins et en cherchant le rapport qui existe entre la pression horizontale qui s'exerce dans la partie de l'arc qu'ils comprennent et la différence de leurs coordonnées verticales. Représentons cette intensité par p_y, nous aurons

$$p_y = \frac{dP_y}{dx} = -\frac{d(P_x \cot i)}{dx} = -\frac{d\left(P_x \dfrac{dy}{dx}\right)}{dx} \qquad (4)$$

(Cette équation comprend les cas que nous avons déjà examinés au n° 168, d'une corde soumise à l'action de charges verticales ou d'un arc qui aurait pour figure celle qui résulterait du renversement de cette corde; car dans ce cas $P_x = T_0 \tang i$, et $P_x \cot i = T_0 =$ constante, de telle sorte que $p_y = 0$.)

Si l'on demandait d'exprimer l'intensité de la pression horizontale en fonction de l'intensité de la pression verticale, cette dernière étant

$$p_x = \frac{dP_x}{dy},$$

on aurait alors

$$p_y = -\frac{d\left(\dfrac{dy}{dx}\displaystyle\int p_x \, dy\right)}{dx} \qquad (5)$$

Cas particulier. Supposons que l'arc ait un *extrados horizontal* situé à une hauteur a au-dessus du sommet O, et que la pression verticale soit due au poids des matériaux situés en contre-bas de cet extrados, on a alors

$$p_0 = wa; \quad p_x = w(a + x);$$

et la charge verticale devient

$$P_x = \int p_x \, dy = w \int (a + x) \, dy; \qquad (6)$$

elle est proportionnelle à l'aire comprise entre l'intrados et l'extrados et les coordonnées verticales en O et C.

EXEMPLE. Nous supposerons que l'arc linéaire soit une partie d'un arc de cercle de rayon r, et que l'extrados horizontal soit distant du centre de la longueur $a + r$.

Il est commode d'exprimer toutes les variables en fonction de l'angle d'inclinaison i de l'arc. On a alors

$$\left. \begin{aligned} x &= r\,(1 - \cos i); \\ y &= r \sin i; \\ dx &= r \sin i\, di; \\ dy &= r \cos i\, di. \end{aligned} \right\} \qquad (7).$$

Nous poserons, de plus, pour simplifier, $a = mr$, m étant le rapport entre la hauteur de la charge au sommet et le rayon. La force de compression en O aura alors pour expression

$$\mathrm{T}_0 = mwr^2. \qquad (8)$$

Quant à la charge verticale entre O et C, elle est

$$\mathrm{P}_x = w \int (a + x)\, dy = wr^2 \int (m + 1 - \cos i) \cos i\, di$$

$$= wr^2 \left\{ (1 + m) \sin i - \frac{\cos i \sin i}{2} - \frac{i}{2} \right\}. \qquad (9)$$

Si l'on substitue cette valeur dans l'équation 4, on a pour l'intensité de la pression horizontale

$$p_y = \frac{d\mathrm{P}_y}{dx} = - \frac{d(\mathrm{P}_x \cot i)}{dx} = - \frac{1}{r \sin i} \frac{d(\mathrm{P}_x \cot i)}{di}$$

$$= - \frac{wr}{\sin i} \cdot \frac{d\left\{ (1 + m) \cos i - \dfrac{\cos^2 i}{2} - \dfrac{i}{2} \dfrac{\cos i}{\sin i} \right\}}{di}$$

$$= wr \left(1 + m - \cos i - \frac{i - \cos i \sin i}{2 \sin^3 i} \right). \qquad (10)$$

On obtient la valeur de la pression horizontale elle-même en substituant les valeurs de T_0 et de P_x tirées des équations 8 et 9 dans l'équation 3; on a alors

$$\mathrm{P}_y = wr^2 \left\{ m - (1 + m) \cos i + \frac{\cos^2 i}{2} + \frac{i \cos i}{2 \sin i} \right\}. \qquad (11)$$

La composante horizontale de la force de compression de l'arc au point C est donnée par l'équation

$$T \cos i = T_0 - P_y = wr^2 \left\{ (1 + m) \cos i - \frac{\cos^2 i}{2} - \frac{i \cos i}{2 \sin i} \right\}. \quad (12)$$

Lorsque $i = 0$, c'est-à-dire au sommet de l'arc, p_y prend la valeur suivante :

$$wr \left(m - \frac{1}{3} \right),$$

de telle sorte que pour tout arc linéaire circulaire dans lequel la hauteur de la charge au sommet, mr, est inférieure au *tiers* du rayon, p_y a des valeurs *négatives* au sommet et dans les points qui l'avoisinent ; il faut alors une pression horizontale agissant *de dedans au dehors*, ou une tension, pour maintenir l'arc en équilibre. En pareil cas, il y a une valeur de l'angle i pour laquelle $p_y = 0$. A cette valeur correspond, par conséquent, un *maximum négatif* pour P_y, et la composante horizontale $T \cos i$ de la force de compression le long de l'arc présente un *maximum positif*, plus grand que T_0, puisque P_y est négatif. Si nous désignons ce point par C_0, et l'inclinaison de l'arc en ce point par i_0, cet angle doit satisfaire à l'équation transcendante

$$1 + m - \cos i_0 - \frac{i_0 - \cos i_0 \sin i_0}{2 \sin^3 i_0} = 0. \quad (13)$$

On le trouvera par approximation. Comme première valeur approchée, on peut prendre

$$i_0 = \text{arc cos } \frac{3m + 1}{2};$$

puis, par des substitutions successives, on se rapprochera de plus en plus de la valeur cherchée.

Supposons que l'on ait ainsi déterminé i_0 d'une façon suffisamment approchée, on aura, en substituant cette valeur à i dans l'équation 12, la valeur maximum de la composante horizontale de la force de compression de l'arc.

En faisant varier les dimension horizontales d'un arc circulaire, on peut le transformer en un arc elliptique, qui sera en équilibre sous l'action de forces déduites de celles qui sont appliquées à un arc circulaire d'après les principes que nous avons exposés dans les

n°s 180, 184. En appliquant les équations de 7 à 13 inclusivement à un arc elliptique, il faut remarquer que i représente, *non pas* l'angle d'inclinaison de l'arc elliptique lui-même au point donné, mais l'angle d'inclinaison au point correspondant de l'arc circulaire qui donne naissance à l'arc elliptique.

2ᵉ CAS. *La direction de la pression conjuguée est inclinée.* Ce cas est représenté dans le diagramme inférieur de la *fig.* 91, et l'on prend l'axe incliné des coordonnées Y'O'Y' parallèle à la direction de la pression conjuguée, et tangent à l'arc au point O', qui est maintenant le sommet. L'axe vertical, de part et d'autre duquel la charge est symétriquement distribuée, divise en deux parties égales chacune des coordonnées doubles de l'arc, C'X'C = $2y'$.

Désignons par j l'angle que fait la pression conjuguée avec l'horizontale, et traçons une projection parallèle de l'arc donné, semblable au diagramme supérieur de la figure, en prenant les coordonnées verticales égales à celles de l'arc déformé et les coordonnées horizontales égales à celle de l'arc déformé diminuées dans le rapport $\frac{\cos j}{1}$; si nous supposons que l'arc ainsi obtenu soit soumis à l'action d'une charge verticale égale en grandeur à celle qui sollicite l'arc déformé, et distribuée d'une façon semblable, et que nous déterminions les pressions horizontales qui sont nécessaires pour le maintenir en équilibre, nous obtiendrons par la projection parallèle de ces pressions les forces qui maintiendront l'arc déformé en équilibre.

Les relations entre les coordonnées des deux arcs et les grandeurs des pressions verticale et conjuguée sont les suivantes (nous distinguerons, en accentuant les lettres, les quantités qui se rapportent à l'arc déformé) :

$$\left.\begin{aligned} &x' = x; \ y' = y \sec j; \\ &P'_z = P_z; \ T'_0 = T_0 \sec j; \ P'_y = P_y \sec j; \\ &p'_z = p_z \cos j: \ p'_y = p_y \sec j. \end{aligned}\right\} \qquad (14)$$

Si H' représente la *composante conjuguée* de la force de compression de l'arc déformé en un point quelconque C', nous aurons

$$H' = T'_0 - P'_y = (T_0 - P_y) \sec j; \qquad (15)$$

et si T' est la force de compression le long de l'arc déformé en C', nous aurons

$$T' = \sqrt{P'^2_z + H'^2 \pm 2 H' P_z' \cos j}. \qquad (16)$$

On prendra le signe $+$ ou le signe $-$ suivant que le point C′ se trouvera sur le côté déprimé ou sur le côté relevé de l'arc.

186. **Arcs en ogive.** Si un arc linéaire, tel que celui de la *fig.* 92, se compose de deux arcs BC, CB, se rencontrant en un point C, il est nécessaire, pour l'équilibre, que l'on concentre en ce point une charge égale à celle qui eût été répartie sur les deux arcs AC, CA, qui s'étendent du point C à leurs sommets respectifs A, A.

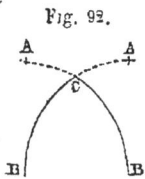

Fig. 92.

187. **Poussée conjuguée totale des arcs linéaires.** La poussée conjuguée totale d'un arc est la composante conjuguée horizontale ou inclinée, suivant les cas, de la pression entière qui s'exerce entre la moitié d'un arc et ses butées, soit directement à la naissance de l'arc, soit au-dessus de ce point, par l'intermédiaire des matériaux qui constituent le tympan.

Lorsqu'un arc linéaire est en équilibre sous l'action d'une charge donnant lieu à une pression simplement verticale (comme dans le cas décrit au n° 174), c'est-à-dire quand la figure de l'arc est celle que prendrait une corde chargée avec le même poids distribué de la même manière, la poussée conjuguée s'exerce simplement à la naissance, et est égale à la composante conjuguée de la force de compression le long de l'arc, laquelle composante a une valeur constante dans toute l'étendue de la courbe.

Lorsqu'un arc s'élève verticalement de dessus ses butées, la naissance ne supporte que la charge verticale de la moitié de l'arc, et la poussée conjuguée s'exerce entièrement par l'intermédiaire du tympan.

Dans d'autres cas, la poussée s'exerce en partie à la naissance et en partie au travers du tympan.

THÉORÈME. *La grandeur de la poussée conjuguée est égale à la composante conjuguée de la force de compression le long de l'arc au point où cette composante est maximum.* Le raisonnement du n° 185 montre en effet que l'intensité de la *pression conjuguée* entre l'arc et son tympan est nulle en ce point; c'est donc en dessous de ce point que la poussée conjuguée s'exerce, soit par l'intermédiaire du tympan, soit à la naissance de l'arc; la grandeur de cette poussée doit par conséquent être égale à la composante conjuguée maximum de la force de compression le long de l'arc, à laquelle elle fait équilibre.

Le point de l'arc où la composante conjuguée de la force de compression le long de l'arc est maximum est appelé le *point de rupture*, pour des raisons que nous donnerons plus tard. Ce point peut coïncider avec le sommet ou se trouver au-dessous de lui; on le déterminera en résolvant l'équation que l'on obtient en égalant à 0 l'intensité de la pression conjuguée entre l'arc et le tympan, donnée par la méthode du n° 185; on posera donc

$$p_y = \frac{dP_y}{dx} = -\frac{d\left(P_x \frac{dy}{dx}\right)}{dx} = 0. \qquad (1)$$

La résolution de cette équation donnera la position du point de rupture. On évaluera ensuite la charge verticale correspondante P_x qui est supportée en ce point; la poussée conjuguée sera donnée alors par l'équation

$$H_0 = \text{max. de } P_x \frac{dy}{dx}. \qquad (2)$$

(Lorsque les pressions conjuguées sont horizontales, comme c'est généralement le cas, $\frac{dy}{dx} = \cot i$; et l'on donne à la valeur de i, angle d'inclinaison de l'arc, qui satisfait à l'équation 1, le nom d'*angle de rupture*.)

Lorsque le point de rupture est le sommet de l'arc (comme dans les arcs hydrostatique et géostatique), l'équation 2 ne donne rien, par suite de ce que P_x s'évanouit, et que $\frac{dy}{dx}$ augmente indéfiniment, mais nous avons déjà vu par d'autres méthodes que dans ce cas, où les pressions conjuguées sont *horizontales*,

$$P_0 = T_0 = p_0 r_0; \qquad (3)$$

p_0 étant l'intensité de la charge verticale, et r_0 le rayon de courbure; pour avoir une équation applicable, que les pressions conjuguées et les coordonnées soient horizontales ou bien qu'elles soient inclinées, nous exprimerons l'équation ci-dessus en fonction des coordonnées; nous aurons ainsi

$$H_0 = T_0 = \frac{\dfrac{dP_x}{dy}}{d\dfrac{dx}{dy}} \text{ (pour } y = 0) = \frac{p_0}{\dfrac{d^2x}{dy^2}} \text{ (pour } y = 0). \qquad (4)$$

Avec des coordonnées rectangulaires $\dfrac{d^2x}{dy^2} = \dfrac{1}{r_0}$ au sommet de l'arc, de telle sorte que l'équation 4 se transforme dans l'équation 3.

Telle est la méthode à suivre pour trouver la *grandeur* de la poussée conjuguée.

Pour déterminer la *position de sa résultante*, c'est-à-dire la profondeur de sa ligne d'action au-dessous du plan coordonné conjugué, nous devons nous représenter cette poussée comme agissant contre un plan vertical qui s'étendrait de la coordonnée horizontale ou inclinée du point de rupture à la coordonnée analogue du point de naissance, puis chercher par la méthode du n° 89 la coordonnée verticale du *centre de pression* sur ce plan. Si x_0 et x_1 représentent respectivement les profondeurs du point de rupture et du point de naissance au-dessous du plan coordonné conjugué, si p_y est l'intensité de la pression conjuguée entre l'arc et le tympan en un point quelconque compris entre les deux premiers, et si

$$H_1 = H_0 - \int_{x_0}^{x_1} p_y dx \qquad (5)$$

est la composante conjuguée de la force de compression de l'arc au point de naissance, et x_H la profondeur de la poussée conjuguée résultante au-dessous du plan coordonné, nous aurons

$$x_H = \frac{\displaystyle\int_{x_0}^{x_1} x p_y dx + H_1 x_1}{H_0}. \qquad (6)$$

EXEMPLE I. *Arc circulaire soumis à l'action d'une pression normale uniforme d'intensité* p (179).

On a ici $p_x = p_y = p$; le point de rupture est au sommet, et la poussée horizontale a pour valeur

$$H_0 = T = pr. \qquad (7)$$

Nous prendrons le sommet comme origine des coordonnées, de telle sorte que $x_0 = 0$.

Iᵉʳ CAS. *Demi-circonférence.* Dans ce cas

$$x_1 = r; \quad H_1 = 0 \quad \text{et} \quad x_H = \frac{\frac{1}{2} p x_1^2}{pr} = \frac{r}{2}. \qquad (8)$$

2ᵉ cas. *Segment.* L'angle d'inclinaison à la naissance est i_1. On a ici $x_1 = r(1 - \cos i_1)$; $H_1 = pr \cos i_1$ et

$$x_H = \frac{\frac{1}{2} px_1^2 + prx_1 \cos i_1}{pr}$$

$$= r\left(\frac{1}{2}(1 - \cos i_1)^2 + \cos i_1 (1 - \cos i_1)\right) = \frac{r}{2} \sin^2 i_1. \qquad (9)$$

EXEMPLE II. *Arc demi-elliptique, soumis à l'action de pressions verticale et horizontale conjuguées uniformes* (180). Soient $a = x_1$ la montée ou le demi-axe vertical, et ca le demi-axe horizontal ou la *demi-portée;* prenons l'origine des coordonnées au sommet; nous avons alors $p_y = c^2 p_x$ et

$$H_0 = T_0 = ap_y = c^2 ap_x = cP_x; \qquad x_H = \frac{a}{2}. \qquad (10)$$

EXEMPLE III. *Arc demi-elliptique déformé et soumis à l'action de pressions verticale et oblique conjuguées uniformes* (181). Si l'on représente respectivement par a et ca les demi-diamètres vertical et conjugué ou la *montée* et la *demi-portée inclinée*, on pourra appliquer à ce cas les équations 10.

EXEMPLE IV. *Arc hydrostatique* (183). Nous prendrons pour origine des coordonnées, comme au nº 183, le point de l'extrados qui est sur la verticale passant par le sommet, nous aurons alors $p_y = p_x = wx$,

$$H_0 = T_0 = w \frac{x_1^2 - x_0^2}{2}; \qquad H_1 = 0;$$

$$x_H = \frac{w \int_{x_0}^{x_1} x^2 dx}{H_0} = \frac{2}{3} \frac{x_1^3 - x_0^3}{x_1^2 - x_0^2}. \qquad (11)$$

EXEMPLE V. *Arc géostatique avec extrados horizontal ou incliné* (184). On a

$$p_x = wx \cos j; \qquad p_y = c^2 p_x = c^2 wx \cos j;$$

$$H_0 = T_0 = cP_x = c^2 w \cos j \frac{x_1^2 - x_0^2}{2};$$

et par conséquent

$$x_H = \frac{2}{3} \frac{x_1^3 - x_0^3}{x_1^2 - x_0^2}; \qquad (12)$$

comme dans le dernier exemple.

EXEMPLE VI. *Arc demi-circulaire avec extrados horizontal*. Dans ce cas, on déterminera l'angle de rupture i_0 au moyen de l'équation 13 du n° 185 ; puis ou déduira de l'équation 12 du même numéro la valeur de H_0. La tangente à la naissance étant verticale, $i_1 = \dfrac{\pi}{2}$; $H_1 = 0$. Prenons le sommet de l'arc comme origine des coordonnées, nous aurons $x = r(1 - \cos i)$, $dx = r \sin i \, di$, et l'équation 6 du présent numéro deviendra

$$x_{\scriptscriptstyle H} = \frac{r^2}{H_0} \int_{i_0}^{\frac{\pi}{2}} p_y \sin i (1 - \cos i) di. \qquad (13)$$

EXEMPLE VII. *Segment d'arc de cercle avec extrados horizontal*. Soient i_1 l'angle d'inclinaison de l'arc à la naissance, P_1 la charge verticale totale ; on aura alors

$$H_1 = P_1 \cot i_1. \qquad (14)$$

On déterminera i_0 comme dans l'exemple précédent.

1er CAS. Soit $i_0, >$ ou $= i_1$.

Dans ce cas $H_0 = H_1$, et la poussée conjuguée est simplement la force horizontale unique H_1, à la naissance.

2e CAS. Soit $i_0 < i_1$. On déterminera H_0, comme dans l'exemple précédent, et on prendra le sommet comme origine des coordonnées.

On aura alors

$$x_1 = (1 - \cos i_1) ;$$

et

$$x_{\scriptscriptstyle H} = \frac{1}{H_0} \left\{ r^2 \int_{i_0}^{i_1} p_y \sin i (1 - \cos i) di + r H_1 (1 - \cos i_1) \right\} \qquad (15)$$

188. Arcs hydrostatique et géostatique approchés. On a si peu de motifs d'étudier les fonctions elliptiques et l'on en trouve si rarement des tables complètes, qu'il est utile de posséder une méthode de déterminer les dimensions des arcs hydrostatique et géostatique (183, 184) avec un degré d'approximation suffisant dans la pratique, en employant seulement les fonctions algébriques.

Cette méthode repose sur ce fait qu'un arc hydrostatique se rapproche beaucoup, comme forme, d'un arc demi-elliptique de même hauteur et dont les rayons de courbure maximum et minimum sont *proportionnels* à ceux de la première courbe.

Désignons par x_0 et x_1, comme au n° 183, la hauteur de la charge d'un arc hydrostatique au sommet et à la naissance respectivement, par r_0, r_1 les rayons de courbure en ces points; par $a = x_1 - x_0$, la montée et par y_1 la demi-portée données au n° 183 au moyen des fonctions elliptiques.

Supposons que l'on trace un arc demi-elliptique ayant même montée, a, que l'arc hydrostatique. Soient r_0', r_1' les rayons de courbure au sommet et à la naissance, rayons de courbure dont le *rapport* est le même que celui des rayons de courbure de l'arc hydrostatique; on a alors

$$\frac{r_1'}{r_0'} = \frac{r_1}{r_0} = \frac{x_0}{x_1}.$$

Soit b la demi-portée de cette demi-ellipse.

Les cubes des demi-axes d'une ellipse étant inversement proportionnels aux rayons de courbure aux extrémités recpectives des demi-axes, on a

$$b = a \sqrt[3]{\frac{r_0'}{r_1'}} = (x_1 - x_0) \sqrt[3]{\frac{x_1}{x_0}}. \tag{1}$$

On aura une première approximation grossière de la demi-portée de l'arc hydrostatique en faisant $y_1 = b$; mais cette quantité est, dans les cas de la pratique, trop grande d'environ $\frac{1}{15}$ à $\frac{1}{30}$, et en moyenne $\frac{1}{20}$. On pourra donc prendre, comme *première valeur approchée* (avec une erreur maximum de $\frac{1}{60}$, et une erreur moyenne de $\frac{1}{120}$ en pratique), la formule suivante qui donne la *demi-portée* en fonction des *hauteurs de charge* au sommet et à la naissance :

$$y_1 = \frac{19}{20} (x_1 - x_0) \sqrt[3]{\frac{x_1}{x_0}}. \tag{2}$$

Supposons que l'on donne la *montée* a et la *demi-portée* y_1 d'un arc hydrostatique proposé, et qu'on demande de trouver les hauteurs de charge, l'équation 2 nous donnera, comme première approximation,

$$\frac{x_1}{x_0} = \left(\frac{20 y_1}{19 a}\right)^3,$$

et comme $x_1 - x_0 = a$, nous aurons

$$x_1 = a \, \frac{\left(\dfrac{20y_1}{19a}\right)^3}{\left(\dfrac{20y_1}{19a}\right)^3 - 1}; \quad x_0 = a \, \frac{1}{\left(\dfrac{20y_1}{19a}\right)^3 - 1}. \qquad (3)$$

Les équations suivantes donnent une *approximation plus grande.*

$$\left. \begin{array}{c} y_1 = b - \dfrac{b^2}{30a}. \\[2mm] b = y_1 + \dfrac{y_1^2}{30a}. \\[2mm] x_1 = a \, \dfrac{b^3}{b^3 - a^3}; \quad x_0 = a \, \dfrac{a^3}{b^3 - a^3}. \end{array} \right\} \qquad (4)$$

On peut déterminer, comme il suit, d'une manière approchée la poussée conjuguée d'un arc demi-circulaire ou d'un arc demi-elliptique, en le regardant comme *un arc géostatique approché.*

Supposons que l'on donne la demi-portée y_2 de l'arc en question, horizontale ou inclinée suivant les cas, les hauteurs de charge au sommet et à la naissance x_0, x_1, et la charge verticale à la naissance P_1. Nous déterminerons, au moyen de l'équation 2 ou de l'équation 4, la portée y_1 d'*un arc hydrostatique* pour les hauteurs de charge x_0, x_1, et nous poserons

$$\frac{y_2}{y_1} = c \qquad (5)$$

pour le rapport entre la demi-portée de l'arc en question et celle de l'arc hydrostatique.

On peut maintenant regarder l'arc en question comme un arc géostatique approché obtenu par transformation parallèle de l'arc hydrostatique, les coordonnées verticales restant les mêmes, tandis que les coordonnées et la poussée conjuguées sont multipliées par c. La poussée conjuguée d'un arc hydrostatique étant égale à la charge, nous aurons d'une façon approchée pour la poussée conjuguée de l'arc demi-elliptique ou demi-circulaire donné,

$$H_0 = cP_1. \qquad (6)$$

SECTION 3. — *Stabilité due au frottement.*

189. On donne le nom de **frottement** à la force qui se développe entre deux corps en contact, et qui agit tangentiellement à leur surface de contact et offre une certaine résistance au glissement de l'un des deux corps sur l'autre. Cette force dépend de la force qui les presse l'un contre l'autre.

Ce n'est pas là la seule force qui s'oppose au glissement des deux corps l'un sur l'autre; nous voulons parler d'une résistance qui est indépendante de la force qui presse les corps l'un contre l'autre et qui a quelque analogie avec la résistance que l'on rencontre quand on veut *trancher* un corps solide et qui s'oppose au glissement de deux tranches l'une sur l'autre. Cette espèce de résistance porte le nom d'*adhérence*. Nous ne nous en occuperons pas dans la présente section.

Le frottement peut servir à donner de la stabilité aux constructions; ou bien on peut l'employer pour transmettre le mouvement dans les machines; ou bien encore il peut être une cause de perte de puissance dans les machines. Nous ne l'envisagerons dans cette section que dans le premier de ces trois rôles.

190. **Loi du frottement des corps solides.** L'expérience a permis d'établir la loi suivante qui régit le frottement des corps solides :

Le frottement qui s'exerce entre deux corps solides, dont les surfaces sont dans des conditions données, dépend simplement de la force qui les presse l'un contre l'autre.

Si les deux corps sont soumis à l'action d'une force latérale qui tend à les faire glisser l'un sur l'autre, cette force n'aura pas d'effet tant que sa grandeur sera inférieure à la quantité déterminée par la loi ci-dessus, le frottement qui agit dans une direction opposée lui faisant alors équilibre.

La loi du frottement cesse d'être exacte quand la pression devient assez intense pour déterminer l'écrasement des deux corps à leur surface de contact ou dans son voisinage. Quand on atteint cette limite, le frottement croît beaucoup plus rapidement que la pression; mais c'est une limite en dessous de laquelle il faut toujours se tenir dans les constructions.

La loi donnée montre que l'on peut évaluer le frottement entre deux corps, en multipliant la force qui les presse l'un contre l'autre par un coefficient constant que l'expérience permet de déterminer et qui dépend de la nature des corps et de l'état de leurs surfaces ; si N désigne la presssion, f le *coefficient du frottement*, et F la force de frottement, on a

$$F = fN.$$

191. Angle de frottement. Dans la *fig.* 93, AA représente un corps solide quelconque, BB, une portion de la surface d'un autre corps avec lequel AA est en contact suivant la surface plane Ee. $\overline{PC}$ représente en grandeur, en direction et en position la résultante des forces qui pressent *obliquement* AA contre BB, de telle sorte que C est le *centre de pression* de la surface de contact eE (89).

Fig. 93.

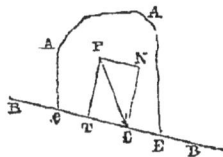

Décomposons $\overline{PC}$ en deux composantes rectangulaires : l'une, $\overline{NC}$, normale au plan de contact et pressant les deux corps l'un contre l'autre ; l'autre, $\overline{TC}$, tangente au plan de contact et tendant à faire glisser les deux corps l'un sur l'autre. Représentons par P la force totale $\overline{PC}$, par N sa composante normale, par T sa composante tangentielle et par θ l'angle d'obliquité TPC ou PCN, nous aurons

$$\left. \begin{array}{l} N = P \cos\theta ; \\ T = P \sin\theta = N \tan g\,\theta. \end{array} \right\} \qquad (1)$$

Tant que la force tangentielle T sera inférieure à fN, elle sera maintenue en équilibre par la force de frottement qui lui est égale et opposée ; mais le frottement ne peut pas dépasser fN, de telle sorte que si T est supérieur à cette limite, la force de frottement ne pourra plus lui faire équilibre et les deux corps glisseront par conséquent l'un sur l'autre. On peut encore dire que les deux corps ne peuvent glisser l'un sur l'autre tant que $\dfrac{T}{N}$ ou $\tan g\,\theta$ est inférieur à f.

Il en résulte *que le plus grand angle d'obliquité que puisse faire la pression sur deux plans en contact, sans que la stabilité soit compromise, est celui dont la tangente est égale au coefficient de frottement.*

Cet angle est appelé l'*angle de frottement* et on le représente par φ. C'est le plus grand angle qu'un plan puisse faire avec l'horizon sans qu'un bloc d'une substance donnée, qui serait placé dessus, cesse d'être en équilibre; car si P représente le poids du corps AA, PC est vertical et $\theta = \varphi$; φ est alors l'angle d'inclinaison de BB sur l'horizon.

Les relations entre le frottement, la pression normale et la pression totale, lorsque l'obliquité est égale à l'angle de frottement, sont les suivantes :

$$F = T = fN = N \tan g \varphi = P \sin \varphi = \frac{fP}{\sqrt{1 + f^2}}. \qquad (2)$$

192. Tableau de coefficients et d'angles de frottement. Le général d'artillerie Morin a donné dans ses ouvrages des tableaux très-détaillés de coefficients de frottement pour les matériaux que l'on emploie dans les constructions; ces tables ont été reproduites dans différents traités. Nous avons condensé dans le tableau suivant les renseignements donnés par le général Morin et par d'autres auteurs. Il remplacera utilement dans la pratique les tables beaucoup plus volumineuses et plus détaillées que nous avons consultées.

	f	φ	$\dfrac{1}{f} = \cot \varphi$
Maçonnerie et briquetage secs.	0,6 à 0,7	31° à 35°	1,67 à 1,43
Maçonnerie et briquetage avec mortier humide.	0,74	36° $\frac{1}{2}$	1,35
Bois sur pierre.	envir. 0,4	22°	2,5
Fer sur pierre.	0,7 à 0,3	35° à 16° $\frac{2}{3}$	1,43 à 3,33
Bois sur bois.	0,5 à 0,2	26° $\frac{1}{2}$ à 11° $\frac{1}{3}$	2 à 5
Bois sur métaux.	0,6 à 0,2	31° à 11° $\frac{1}{3}$	1,67 à 5
Métaux sur métaux.	0,25 à 0,15	14° à 8° $\frac{1}{2}$	4 à 6,67
Maçonnerie sur argile sèche. .	0,51	27°	1,96
Maçonnerie sur argile humide.	0,33	18° $\frac{1}{4}$	3
Terre sur terre.	0,25 à 0,10	14° à 45°	4 à 1
Terre sur terre, sable sec, argile, et terre mêlée	0,38 à 0,75	21° à 37°	2,63 à 1,33
Terre sur terre, argile humide.	1	45°	1
Terre sur terre, argile mouillée.	0,31	17°	3,23
Terre sur terre, cailloux et gravier.	0,81 à 1,11	39° à 48°	1,23 à 0,9

193. Stabilité des joints plans due au frottement. Si une construction se compose d'un certain nombre de parties qui se touchent suivant des surfaces planes (comme c'est le cas dans la maçonnerie et dans les ouvrages en briques), il faut, pour qu'elle soit stable, que l'obliquité de la pression ne dépasse pour aucun joint l'angle de frottement.

Dans les constructions en maçonnerie, on peut presque toujours satisfaire à cette condition en plaçant convenablement les joints.

Nous considérerons dans les sections suivantes les principes au moyen desquels on peut assurer la stabilité des ouvrages en maçonnerie en ayant recours au frottement.

194. Stabilité due au frottement dans le cas d'ouvrages en terre (*). Si un ouvrage en terre, excavé ou en talus, peut conserver sa forme, cela tient tant au frottement qui s'exerce entre ses parties qu'à leur cohésion mutuelle; cette dernière force est considérable pour certaines espèces de terres, telles que l'argile, surtout lorsqu'elle est humide. C'est cette cohésion qui fait qu'un remblai peut se maintenir avec une face verticale ou en surplomb; car le frottement seul, ainsi que nous le montrerons plus loin, lui ferait prendre une pente uniforme.

Mais l'air, l'humidité et les changements de temps agissent d'une façon continue pour détruire la cohésion des terres, de telle sorte que finalement on ne doit plus compter que sur le frottement pour leur donner une stabilité permanente. Nous envisagerons, dans l'étude que nous allons faire, le frottement des molécules comme étant la seule cause de stabilité d'un massif en terre, en cailloux, en graviers ou autres matériaux composés de parties isolées, et nous laisserons complétement de côté leur cohésion.

Les recherches qui ont été faites sur ce sujet sont toutes basées, à ce que nous sachions, sur un artifice ou sur une hypothèse telle que celle du « coin de moindre résistance » de Coulomb. Quoique dans beaucoup de cas elles conduisent à des solutions exactes, nous les écarterons comme n'étant pas d'une application asssez générale et comme ne satisfaisant pas l'esprit au point de vue scientifique. Nous allons nous proposer d'étudier la théorie mathématique de la stabilité due au frottement d'une masse granuleuse sans avoir recours à aucun artifice ou hypothèse et en nous appuyant seulement sur le principe suivant.

(*) Ce numéro et ceux qui suivent sont l'abrégé d'un « Mémoire sur la stabilité d'ouvrages en terre granuleuse » qui a paru dans les *Philosophical transactions* de 1856-57.

PRINCIPE. *La résistance au déplacement par glissement le long d'un plan donné dans un massif granuleux sans cohésion. est égale à la pression normale qui s'exerce entre les parties du massif de part et d'autre de ce plan, multipliée par une constante spécifique.*

La constante spécifique est le *coefficient de frottement* du massif et est la tangente de l'*angle de frottement*. Si p_n désigne la pression normale par unité de surface du plan en question; q, la résistance au glissement (par unité de surface également); φ, l'angle de frottement, le principe ci-dessus peut se mettre sous la forme symbolique suivante :

$$\frac{q}{p_n} = \text{tang } \varphi. \qquad (1)$$

Ce principe est la base de toutes les recherches sur la stabilité des terres. L'étude que nous faisons actuellement présente cette particularité que les lois de la stabilité des terres en découlent sans l'aide d'aucun autre principe spécial. Nous recourrons bien dans quelques cas au « *principe de moindre résistance* » de M. Moseley, mais ce dernier principe doit être considéré comme un principe général et non comme un principe particulier de la statique.

Dans un massif granuleux, on peut regarder un plan quelconque comme étant un *joint plan*, dans le sens que nous avons indiqué ci-dessus (193); on en conclut, en s'appuyant sur le principe déjà donné, le théorème suivant.

THÉORÈME I. *Pour qu'un massif granuleux soit stable, il faut que la pression qui s'exerce sur les deux parties contiguës à un plan quelconque, ne fasse nulle part avec la normale à ce plan un angle supérieur à l'angle de frottement.*

On voit facilement, d'après ce que nous avons dit sur les actions moléculaires intérieures, 1re partie, chap. V, section 3, et particulièrement aux nos 108 à 112 inclusivement, que le plan en un point quelconque d'un massif, sur lequel l'obliquité de la pression est la plus grande, est perpendiculaire au plan qui contient les axes de plus grande et de plus petite pression, la pression de plus grande obliquité étant parallèle à ce plan de plus grande et de plus petite pression.

Nous avons cherché au no 112 les relations entre les intensités des pressions dans un massif solide lorsque ces pressions sont parallèles à un plan; ces intensités sont représentées au moyen de « l'ellipse des actions moléculaires ». Dans le cas actuel, qui est celui d'un massif de terre, on assigne une limite à la plus grande obliquité; cette obliquité ne doit pas dépasser l'angle de frottement φ. Nous avons donné au n° 112, problème III, cas n° 1, équation 6, la relation entre la plus grande obliquité, la plus grande et la plus petite pression

$$\theta_1 = \arcsin \frac{p_1 - p_2}{p_1 + p_2};$$

p_1 et p_2 représentent respectivement la plus grande et la plus petite pression, et θ_1 la plus grande obliquité de la pression. Nous avons, en vertu du théorème I,

$$\theta_1 \leqq \varphi.$$

On en conclut l'équation suivante :

$$\frac{p_1 - p_2}{p_1 + p_2} = \sin \theta_1 \leq \sin \varphi. \tag{2}$$

Cette équation peut s'énoncer ainsi :

Théorème II. *En chaque point d'un massif de terre, le rapport entre la différence de la plus grande et de la plus petite pression et la somme de ces pressions ne peut pas dépasser le sinus de l'angle de frottement.*

Ce théorème peut encore se mettre sous la forme symbolique suivante :

$$\frac{p_1}{p_2} \leqq \frac{1 + \sin \varphi}{1 - \sin \varphi}. \tag{2A}$$

Lorsque l'on donne les directions de deux pressions conjuguées dans le plan de la plus grande et de la plus petite pression dans un massif de terre, l'équation 27, problème V, n° 112, permet de trouver la limite du rapport entre les intensités de ces pressions. Si l'on fait dans cette équation $\widehat{nr} = \theta$, obliquité commune des deux pressions conjuguées, si l'on représente par θ_1 la plus grande obliquité de la pression dans le massif, laquelle ne doit pas dépasser φ, par p la plus grande et par p' la plus petite pression conjuguée, on arrive à la proposition suivante.

Théorème III. *La formule suivante donne les conditions de stabilité d'un massif de terre en fonction du rapport entre deux pressions conjuguées dans le plan de la plus grande et de la plus petite pression.*

$$\frac{p}{p'} = \frac{\cos \theta + \sqrt{\cos^2 \theta - \cos^2 \theta_1}}{\cos \theta - \sqrt{\cos^2 \theta - \cos^2 \theta_1}} \leqq \frac{\cos \theta + \sqrt{\cos^2 \theta - \cos^2 \varphi}}{\cos \theta - \sqrt{\cos^2 \theta - \cos^2 \varphi}}. \tag{3}$$

195. Massif de terre terminé par une surface plane.
Quoique les principes qui précèdent puissent s'appliquer à un massif
de terre d'une forme quelconque, c'est au cas d'un massif limité supérieurement par une surface plane horizontale ou inclinée, qu'on a
à en faire le plus souvent l'application. Les trois théorèmes du n° 123
sont vrais dans ce cas, et l'on peut les résumer de la façon suivante :
1° la pression sur un plan parallèle à la surface plane supérieure (à
laquelle on peut donner le nom de plan *conjugué*) est verticale et
proportionnelle à la profondeur; 2° la pression sur un plan vertical
est parallèle à la surface plane supérieure, et conjuguée à la pression
verticale; 3° l'état des actions moléculaires est uniforme pour une
profondeur donnée.

Si w est le poids de l'unité de volume des terres, x la profondeur
d'un plan conjugué donné au-dessous de la surface, θ, l'angle d'inclinaison de ce plan conjugué, l'intensité de la pression verticale sur
ce plan conjugué est

$$p_x = wx \cos\theta. \qquad (1)$$

L'équation 3 du n° 194 donne les *limites* de l'intensité p_y de la
pression conjuguée parallèle à la direction de plus grande pente
(lorsque la surface est inclinée) sur un plan vertical, à la profondeur x au-dessous de la surface. Cette pression conjuguée peut être
la plus grande ou la plus petite des deux pressions dont le rapport
est compris dans les limites que fournit cette équation. Si nous employons le symbole

$$a \lessgtr b \pm c$$

pour exprimer que a est inférieur à $b + c$ et supérieur à $b - c$, nous
aurons le résultat suivant :

$$p_y \lessgtr wx \cos\theta \frac{\cos\theta \pm \sqrt{\cos^2\theta - \cos^2\varphi}}{\cos\theta \mp \sqrt{\cos^2\theta - \cos^2\varphi}}. \qquad (2)$$

Lorsque la surface plane est horizontale, auquel cas $\cos\theta = 1$, les
équations 1 et 2 deviennent

$$p_x = wx, \qquad p_y \lessgtr wx \frac{1 \pm \sin\varphi}{1 \mp \sin\varphi}. \qquad (3)$$

Le théorème II du n° 194 permettrait d'arriver au même résultat.

Lorsque $\theta = \varphi$, ou *lorsque le plan supérieur fait avec l'horizon un angle égal à l'angle de frottement*, les limites de l'intensité de la pression conjuguée coïncident, et elle a alors une valeur unique :

$$p_y = wx \cos\varphi = p_x. \qquad (4)$$

Pour toutes les valeurs de θ supérieures à φ, l'équation 2 est impossible ; ce qui montre, comme on le sait déjà, que l'angle de frottement est l'angle de plus grande pente possible.

Il y a une troisième pression que l'on peut représenter par p_z, dans une direction perpendiculaire aux deux premières p_x et p_y ; elle est donc horizontale et perpendiculaire au plan vertical de plus grande pente ; nous examinerons dans le numéro suivant l'intensité de cette troisième pression. Elle n'a, en pratique, qu'une importance secondaire, vu que les murs qui soutiennent des remblais sont généralement disposés de façon à résister à la pression des terres dans la direction de la plus grande pente.

Si l'on excepte l'équation 4, les équations ci-dessus ne donnent que les *limites* de l'intensité de la pression conjuguée parallèlement à la ligne de plus grande pente. Pour déterminer l'intensité de cette pression, il est nécessaire de recourir au principe de statique suivant, qui a été trouvé par M. Moseley.

196. Principe de moindre résistance. Théorème. *Si l'on suppose que les forces qui se font équilibre en agissant sur un corps ou sur une construction donnés soient partagées en deux systèmes, que nous désignerons respectivement par les noms de système* ACTIF *et de système* PASSIF, *et qui sont entre eux dans le rapport de cause à effet, les forces passives ainsi obtenues sont les plus petites forces qui peuvent faire équilibre aux forces actives, eu égard aux conditions physiques du corps ou de la construction.*

En effet, les forces passives résultant de l'application des forces actives au corps ou à la construction ne peuvent plus augmenter du moment où elles font équilibre aux forces actives ; elles ne pourront donc dépasser les plus petites forces qui peuvent faire équilibre à ces dernières.

197. Terres soumises à l'action de leur propre poids. Dans le cas d'un massif de terre soumis seulement à l'action de son propre poids, le poids des terres donne lieu à la pression verticale ; la pression verticale tend à son tour à faire refouler les terres latéralement, et détermine finalement la pression conjuguée ; les pressions, verticale et conjuguée, sont donc entre elles dans le rapport de cause à effet ou de force active à force passive; l'intensité de la pression conjuguée est par conséquent la plus petite qui soit compatible avec les conditions de stabilité données aux nᵒˢ 194 et 195.

Si nous appliquons ce principe aux équations du nᵒ 195, relatives à un remblai terminé supérieurement par une surface plane, nous aurons :

pression verticale (comme ci-dessus),

$$p_x = wx \cos \theta ; \qquad (1)$$

pression conjuguée, parallèle à la ligne de plus grande pente : cas général.

$$p_y = wx \cos \theta \, \frac{\cos \theta - \sqrt{\cos^2 \theta - \cos^2 \varphi}}{\cos \theta + \sqrt{\cos^2 \theta - \cos^2 \varphi}} ; \qquad (2)$$

surface horizontale, $\theta = 0$, $\cos \theta = 1$, $p_x = wx$,

$$p_y = wx \, \frac{1 - \sin \varphi}{1 + \sin \varphi} ; \qquad (3)$$

« pente naturelle », $\theta = \varphi$,

$$p_y = p_x = wx \cos \varphi. \qquad (4)$$

On trouvera la troisième pression p_z de la manière suivante. Par suite de ce qu'elle est perpendiculaire au plan de p_x et de p_y, elle doit être une *pression principale* (107, 109). Comme force passive, elle doit avoir la plus petite intensité qui soit compatible avec la stabilité, elle doit donc être égale à la plus petite pression dans le plan de p_x et de p_y.

On trouvera la plus grande et la plus petite pression ou pressions principales, dans ce plan, au moyen des pressions conjuguées p_x, p_y dont *l'obliquité* est θ (problème III du nᵒ 112, cas nᵒ 3). Si p_1 est la plus grande et p_2 la plus petite des pressions principales, on substituera, dans les équations 19 et 20 du nᵒ 112, à

$$p, \; p', \; \widehat{nr}, \; p_x, \; p_y,$$

respectivement les valeurs

$$p_x, \; p_y, \; \theta, \; p_1, \; p_2,$$

et l'on obtiendra les résultats suivants :

$$\frac{p_1 + p_2}{2} = \frac{p_x + p_y}{2\cos\theta} = \frac{wx\cos\theta}{\cos\theta + \sqrt{\cos^2\theta - \cos^2\varphi}}; \qquad (5)$$

$$\frac{p_1 - p_2}{2} = \sqrt{\frac{(p_x + p_y)^2}{4\cos^2\theta} - p_x p_y} = \frac{wx\cos\theta\sin\varphi}{\cos\theta + \sqrt{\cos^2\theta - \cos^2\varphi}}; \qquad (6)$$

d'où l'on déduit :

plus grande pression, $p_1 = \dfrac{wx\cos\theta\,(1 + \sin\varphi)}{\cos\theta + \sqrt{\cos^2\theta - \cos^2\varphi}};$ (7)

plus petite pression, $p_2 = p_z = \dfrac{wx\cos\theta\,(1 - \sin\varphi)}{\cos\theta + \sqrt{\cos^2\theta - \cos^2\varphi}}.$ (8)

L'axe de la plus grande pression est situé dans l'angle aigu que la direction de la ligne de plus grande pente fait avec la verticale, et son angle d'inclinaison sur l'horizontale, que l'on peut représenter par ψ est donné par la formule suivante déduite de l'équation 17 du n° 142, dans laquelle on aura fait les substitutions convenables :

$$\cos 2\psi = \frac{2p_x \cos\theta - p_1 - p_2}{p_1 - p_2};$$

d'où l'on déduit facilement

$$\psi = \frac{1}{2}\left(\theta + \arcsin\frac{\sin\theta}{\sin\varphi}\right). \qquad (9)$$

Quand on emploie cette formule, on doit prendre l'arc $\sin\dfrac{\sin\theta}{\sin\varphi}$ supérieur à un angle droit.

Les équations 7, 8, 9 donnent, pour les cas extrêmes :

surface horizontale, $\theta = 0$;

$$p_1 = wx = p_x,$$
$$p_2 = p_z = wx\,\frac{1 - \sin\varphi}{1 + \sin\varphi} = p_y; \qquad (10)$$

$\psi = \dfrac{\pi}{2}$; l'axe de la plus grande pression est vertical ;

pente naturelle, $\theta = \varphi$;

$$p_1 = wx\,(1 + \sin\varphi),$$
$$p_2 = p_z = wx\,(1 - \sin\varphi); \qquad (11)$$

$\psi = \dfrac{1}{2}\left(\theta + \dfrac{\pi}{2}\right)$; l'axe de la plus grande pression est la bissectrice de l'angle que le talus fait avec la verticale.

16

198. Pression des terres contre un plan vertical. Dans

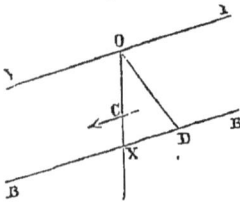

Fig. 94.

la *fig.* 94, OX représente un plan vertical en contact avec un massif de terre dont la surface supérieure YOY est horizontale ou inclinée d'un angle θ sur l'horizon, et est coupée par le plan vertical, suivant une ligne perpendiculaire à la ligne de plus grande pente.

On demande de trouver la pression qu'exercent les terres contre ce plan vertical, *par unité de largeur*, depuis le point O jusqu'au point X, situé à une profondeur $\overline{OX} = x$ au-dessous de la surface, ainsi que la direction et la position de la résultante de ces pressions.

On sait déjà que cette résultante est *dirigée* parallèlement à la ligne de plus grande pente YOY.

Soit BB un plan parallèle à YOY mené par le point X. Prenons dans ce plan un point D situé à une distance $\overline{XD}$ du point X, telle que le poids d'un prisme de terre qui aurait $\overline{XD}$ pour longueur et l'unité comme base *oblique* située dans le plan OX, représente l'intensité de la pression conjuguée par unité de surface d'un plan vertical à la profondeur X. Menons la ligne droite OD; la coordonnée, menée parallèlement à OY de OX à OD, à une profondeur quelconque, sera la longueur d'un prisme oblique dont le poids par unité d'aire de sa base oblique représentera l'intensité de la pression conjuguée à cette profondeur. Soit ODX un prisme de terre triangulaire ayant pour épaisseur l'unité; le poids de ce prisme représentera la *grandeur* de la résultante des pressions conjuguées, et la résultante de ces pressions sera représentée en *position* par une ligne parallèle à OY, qui passe par le centre de gravité du prisme, et qui coupe OX au *centre de pression* C. La profondeur $\overline{OC}$ de ce centre de pression au-dessous de la surface est évidemment les deux tiers de la profondeur totale OX.

Pour donner l'expression symbolique de ces quantités, nous poserons

$$\overline{XD} = \frac{p_y}{w\cos\theta} = x\,\frac{p_y}{p_x} = x\,\frac{\cos\theta - \sqrt{\cos^2\theta - \cos^2\varphi}}{\cos\theta + \sqrt{\cos^2\theta - \cos^2\varphi}} \qquad (1)$$

(en vertu de l'équation 2 du n° 197).

La grandeur de la pression conjuguée, ou le poids du prisme OXD est alors

$$P_y = \int_0^x p_y \, dx = \frac{p_y}{p_x} \int_0^x p_x dx \,.$$

$$= \frac{wx^2}{2} \cos\theta \frac{p_y}{p_x} = \frac{wx^2}{2} \cos\theta \frac{\cos\theta - \sqrt{\cos^2\theta - \cos^2\varphi}}{\cos\theta + \sqrt{\cos^2\theta - \cos^2\varphi}}, \qquad (2)$$

et le centre de pression est donné par l'équation

$$\overline{OC} = \frac{2x}{3}. \qquad (3)$$

Dans les cas extrêmes, l'équation 2 prend les formes suivantes. Pour une surface horizontale; $\theta = 0$;

$$P_y = \frac{wx^2}{2} \frac{1 - \sin\varphi}{1 + \sin\varphi}. \qquad (4)$$

Pour une surface inclinée de l'angle de frottement; $\theta = \varphi$;

$$P_y = \frac{wx^2}{2} \cos\varphi. \qquad (5)$$

Les principes ci-dessus nous serviront à déterminer la pression des terres contre les murs de soutenement.

199. Fondation en terre supportant une construction. Les deux numéros qui précèdent sont relatifs au cas où la pression conjuguée pour une profondeur donnée résulte uniquement de la pression verticale due au poids des terres qui sont au-dessus du point considéré; cette pression est donc, en vertu du « principe de moindre résistance », la plus petite pression conjuguée qui soit compatible avec le poids de la colonne verticale de terre considérée.

Mais la pression conjuguée peut dépasser cette dernière quantité, par suite de l'application de la pression d'un corps extérieur, par exemple, du poids d'une construction qui serait fondée sur la terre.

Dans ce cas, la pression conjuguée sera la *plus petite* qui soit compatible avec la pression verticale due au poids de la *construction*; et si cette pression conjuguée ne dépasse pas la *plus grande* pression conjuguée qui est compatible (d'après les équations 2, 3 ou 4 du n° 195) avec le poids *des terres* qui sont au-dessus du niveau où commence la construction, le massif des terres sera stable.

Le cas le plus important en pratique est celui dans lequel la surface du sol est horizontale ; de telle sorte que l'intensité de la pression verticale due au poids des terres est wx, x étant la profondeur de la fondation de la construction au-dessous de la surface des terres.

Dans ce cas, la *plus grande* pression horizontale, à la profondeur x, qui est compatible avec la stabilité, est, d'après l'équation 3 du n° 195,

$$p_y = wx \frac{1 + \sin \varphi}{1 - \sin \varphi}. \tag{1}$$

La plus grande intensité de la pression verticale qui est compatible avec cette pression horizontale est

$$p' = p_y \frac{1 + \sin \varphi}{1 - \sin \varphi} = wx \frac{(1 + \sin \varphi)^2}{(1 - \sin \varphi)^2}. \tag{2}$$

Telle est la plus grande intensité que puisse avoir, pour qu'il y ait stabilité, la pression d'une construction sur une couche horizontale située à une profondeur x, l'angle de frottement étant φ.

Si A est l'aire de la fondation de la construction, on aura pour le poids des terres qu'elle déplace wxA ; et si la pression de la construction est uniformément distribuée sur sa base, p'A sera le poids de la construction, de telle sorte que

$$\frac{p'}{wx} = \frac{(1 + \sin \varphi)^2}{(1 - \sin \varphi)^2} \tag{3}$$

est la *limite du rapport entre le poids d'une construction et le poids des terres dont elle occupe la place*, lorsque la pression est uniformément répartie sur la base.

Si la pression de la construction n'est pas uniformément répartie sur sa base, sa *plus grande* intensité ne doit pas dépasser la valeur donnée par l'équation 2, et sa *plus petite* intensité ne doit pas tomber au-dessous de wx. Cette condition détermine *le plus grand écart dans la distribution* des pressions d'une construction, pour que des terres d'une espèce donnée soient stables. L'exemple le plus connu et le plus utile du cas que nous examinons, est celui où la base est rectangulaire et où l'intensité de la pression varie d'une façon uniforme depuis une arête jusqu'à l'arête opposée du rectangle ; nous sommes alors ramenés *aux actions moléculaires variant d'une façon uniforme* (91,

92, 94). Dans ce cas, si p_0 représente l'intensité moyenne de la pression de la construction, b, la largeur de la base mesurée dans la direction suivant laquelle la pression varie, et cb *la plus grande distance possible du centre de pression de la base à son centre de figure*, dans les conditions qui assurent la stabilité des terres supportant la construction, on aura

$$p_0 = \frac{p' + wx}{2} = wx \frac{1 + \sin^2 \varphi}{(1 - \sin \varphi)^2}, \qquad (4)$$

$$c = \frac{p' - wx}{6(p' + wx)} = \frac{\sin \varphi}{3(1 + \sin^2 \varphi)}. \qquad (5)$$

200. De la puissance de résistance des terres à la poussée. Si une surface plane verticale d'un corps qui est soumis à une pression horizontale, tel qu'un pilier ou un mur de soutenement, vient presser horizontalement contre une couche de terr horizontale, à la profondeur x, la limite de la résistance que cette couche est capable d'opposer à la poussée horizontale du plan vertical est déterminée par la *plus grande* pression horizontale qui es compatible avec la stabilité des terres. La grandeur de cette résistance horizontale, par unité de largeur horizontale du plan vertical, est alors donnée par l'équation

$$P_y = \frac{wx^2}{2} \frac{1 + \sin \varphi}{1 - \sin \varphi}.$$

Le *centre de résistance* est situé aux $\frac{2}{3}$ de x en contre-bas de la surface des terres.

201. Tableau donnant des exemples des résultats des formules des n°s 197, 198, 199 et 200.

φ	0°	15°	30°	45°	60°
$\dfrac{\dfrac{\pi}{2}-\varphi}{2}$	45°	37° $\frac{1}{2}$	30°	22° $\frac{1}{2}$	15°
$f=\tang\varphi$	0	0,268	0,577	1,00	1,732
$\dfrac{1}{f}=\cot\varphi$	∞	3,732	1,732	1,00	0,577
$\sin\varphi$	0	0,259	0,500	0,707	0,866
$\dfrac{1-\sin\varphi}{1+\sin\varphi}$	1	0,588	0,333	0,172	0,072
$\dfrac{1+\sin\varphi}{1-\sin\varphi}$	1	1,700	3,000	5,826	13,924
$\cos\varphi$	1	0,966	0,866	0,707	0,500
$\cos^2\varphi$	1	0,933	0,750	0,500	0,250
$\left(\dfrac{1-\sin\varphi}{1+\sin\varphi}\right)^2$	1	0,346	0,111	0,0295	0,0052
$\left(\dfrac{1+\sin\varphi}{1-\sin\varphi}\right)^2$	1	2,890	9,000	33,94	193,8
$\dfrac{1+\sin^2\varphi}{(1-\sin\varphi)^2}$	1	1,945	5,000	17,47	97,4
$\dfrac{\sin\varphi}{3(1+\sin^2\varphi)}$	0	0,081	0,133	0,157	0,165

REMARQUE. La colonne qui est intitulée 0° est applicable aux *liquides*.

202. **Ténacité due au frottement ou liaison dans les ouvrages en maçonnerie et en briques.** Le recouvrement ou croisement des joints, vulgairement appelé *liaison* dans les maçonneries et dans les ouvrages en briques, a un triple but : il permet de répartir la charge verticale que supporte chacune des pierres ou des briques sur deux ou trois des pierres ou des briques de l'assise immédiatement inférieure, et produit par là une répartition beaucoup plus uniforme de cette charge; il permet, en second lieu, à la construction de résister aux forces qui tendraient à *la cisailler* en faisant glisser ses différentes parties l'une sur l'autre dans un plan vertical; en troisième lieu, il lui permet de résister aux forces qui tendraient à la déchirer en produisant un déplacement horizontal.

Lorsque les pierres ou les briques sont posées à sec ou bien sont réunies avec du mortier ordinaire qui n'a pas eu le temps d'acquérir une cohésion appréciable, la résistance au déplacement horizontal obtenue par le mode de liaison indiqué est due au frottement mutuel des parties en recouvrement des lits ou des faces horizontales des pierres ou des briques, et on peut lui donner le nom de *ténacité due au frottement*. La grandeur de la ténacité due au frottement pour un joint horizontal quelconque est le produit de la charge verticale sur la portion du joint qui correspond au recouvrement par le coefficient de frottement qui est environ de 0,74. (Voir le tableau du n° 192.)

La *fig.* 94 A représente une portion de mur avec couronnement horizontal A; on demande de

Fig. 94 A.

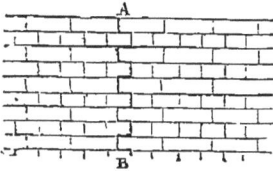

déterminer la ténacité due au frottement pour un joint horizontal B, situé à une distance x au-dessous de A, l'intensité de cette ténacité par unité de surface d'un plan vertical en B, et la ténacité totale du mur depuis A jusqu'à B, en vertu de laquelle il peut résister aux forces qui tendent à le séparer en deux parties suivant le trait denté renforcé qui va du point A au point B de la figure.

Soient w le poids de l'unité de volume des matériaux dont le mur se compose; b la longueur du recouvrement pour chaque joint; t l'épaisseur du mur;

$$wbtx$$

représente la pression verticale sur les parties en recouvrement des pierres ou des briques en B, et par conséquent si f est le coefficient de frottement, la ténacité due au frottement aura pour grandeur au joint B

$$fwbtx. \qquad (1)$$

Si l'on divise cette quantité par l'aire de la section verticale d'une des assises, on obtiendra l'intensité de cette ténacité par unité de surface du plan vertical. Soit h la hauteur d'une assise, sa section verticale aura comme surface ht; l'intensité de la ténacité due au frottement pour le joint immédiatement inférieur est donc

$$\frac{fwbx}{h}. \qquad (2)$$

Désignons par n le nombre des assises de A à B. La valeur de x

pour l'assise supérieure est h, et pour l'assise inférieure, nh; la valeur moyenne de x est alors $\dfrac{n+1}{2} h$, de telle sorte que la ténacité moyenne par assise est

$$\frac{n+1}{2} fwbth,$$

et que l'intensité moyenne de cette ténacité a pour expression

$$\frac{n+1}{2} fwb.$$

La ténacité totale du mur depuis A jusqu'à B a donc pour grandeur

$$. n\, \frac{n+1}{2}\, fwbth = \frac{fwbt(x^2 + hx)}{2h}. \tag{3}$$

Les équations 2 et 3 montrent que l'on peut augmenter la ténacité due au frottement dans les maçonneries et dans les ouvrages en briques en augmentant le rapport $\dfrac{b}{h}$ entre la longueur du recouvrement et la hauteur d'une assise. On peut y arriver, soit en augmentant la longueur des pierres ou des briques (le recouvrement étant une fraction déterminée de cette longueur qui dépend du style de l'appareil), soit en diminuant leur hauteur; mais comme les pierres et les briques sont sujettes à se rompre lorsque le rapport de la longueur à la hauteur dépasse un certain chiffre qui est à peu près 3 pour des pierres et des briques de résistance moyenne, il y a à ces deux modes de faire une limite que l'on ne peut pas dépasser.

Dans l'*appareil anglais* (*fig.* 94 A) qui se compose d'une assise de briques posées en *parement* (ou longitudinalement) alternant avec une assise de *boutisses* (ou briques posées transversalement), ainsi que dans l'*appareil flamand* dont toutes les assises se composent de boutisses alternant avec des briques en parement, le recouvrement b est égal au quart de la longueur ou aux trois quarts environ de la hauteur d'une brique. $\dfrac{b}{h}$ a alors pour valeur $\dfrac{3}{4}$; mais par suite des inégalités dans la forme et dans la pose des briques, il convient de prendre seulement $\dfrac{2}{3}$ pour la valeur de $\dfrac{b}{h}$ dans les formules. Si l'on substitue ce dernier nombre dans les équations 2 et 3, et si l'on prend $f = \dfrac{3}{4}$, on trouve pour l'intensité de la ténacité due au frottement, *lorsque la moitié de la face du mur se compose d'extrémités de boutisses,*

$$\frac{wx}{2}, \tag{4}$$

et pour la grandeur de cette force, depuis le couronnement du mur jusqu'à l'assise située à une distance x,

$$\frac{w\,t(x^2 + hx)}{4}. \tag{5}$$

La ténacité du mur, dans le sens de son épaisseur, laquelle s'oppose à la séparation des parties antérieure et postérieure, est souvent aussi importante, si ce n'est plus, que la ténacité longitudinale. Lorsqu'une moitié de la face, comme dans la *fig.* 94 A, se compose d'extrémités de boutisses, le recouvrement de chaque assise dans le sens de l'épaisseur, au lieu d'être le quart de la longueur d'une brique, est généralement égal à la moitié de la longueur d'une brique, de telle sorte qu'il faut faire dans les formules $\dfrac{b}{h} = \dfrac{4}{3}$ au lieu de deux tiers. Dans ce cas, *la ténacité transversale due au frottement* (comme on peut l'appeler) sera donc *double* de la ténacité longitudinale due au frottement; elle aura pour intensité à la distance x du couronnement du mur

$$wx, \tag{6}$$

et pour grandeur, depuis le couronnement du mur jusqu'à la distance x, pour une longueur de mur représentée par l,

$$\frac{wl\,(x^2 + hx)}{2}. \tag{7}$$

Dans un mur en briques entièrement composé de *briques en parement*, comme dans la *fig.* 94 B, la *téna-*

Fig. 94 B.

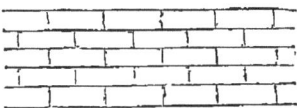

cité longitudinale est double de celle du mur de la *fig.* 94 A, où une moitié de la face du mur se compose d'extrémités de boutisses; mais on n'arrive à augmenter ainsi la ténacité longitudinale qu'en sacrifiant complétement la ténacité transversale, lorsque l'épaisseur du mur est plus grande qu'une demi-brique. Dans les ouvrages en briques pour lesquels la ténacité longitudinale a plus d'importance que la ténacité transversale (comme c'est le cas pour les cheminées d'usine), on obtient une ténacité transversale suffisante en disposant de distance en distance des assises de boutisses. On peut se rendre compte, comme il suit, de cette disposition.

Désignons par s le nombre des assises de briques en parement par chaque assise de boutisses; la $\dfrac{1}{s+1}$ partie de la face du mur sera alors formée par des extrémités de boutisses, et la $\dfrac{s}{s+1}$ partie par des parements de briques.

Soient L l'intensité de la ténacité longitudinale due au frottement et T l'intensité de la ténacité trasnsversale due au frottement, au niveau x. Le tableau suivant représente les valeurs de ces intensités dans les cas extrêmes :

s	$\dfrac{1}{s+1}$	$\dfrac{s}{s+1}$	L	T
1	$\dfrac{1}{2}$	$\dfrac{1}{2}$	$\dfrac{wx}{2}$	$wx.$
∞	0	1	wx	$0.$

Dans les cas intermédiaires, la ténacité longitudinale variera à peu près suivant la proportion des parements de briques de la face du mur $\dfrac{s}{s+1}$, et la ténacité transversale suivant la proportion des extrémités des boutisses; nous aurons par suite pour les intensités les formules suivantes:

$$L = \frac{s}{s+1}\, wx, \qquad (8)$$

$$T = \frac{2}{s+1}\, wx. \qquad (9)$$

Nous aurons donc pour les ténacités totales, depuis la partie supérieure jusqu'au point situé à un niveau x, lorsque la longueur du mur est égale à l et son épaisseur à t :

$$longitudinale, \quad \frac{s}{4(s+1)}\, wt(x^2 + hx), \qquad (10)$$

$$transversale, \quad \frac{1}{2(s+1)}\, wl(x^2 + hx). \qquad (11)$$

Pour que les ténacités longitudinale et transversale dues au frotte-ment fussent de même intensité, il faudrait que l'on eût $s = 2$, ou qu'il y eût deux assises de parements pour une assise de boutisses. On aurait alors

$$L = T = \frac{2wx}{3}. \qquad (12)$$

Dans le cas de cheminées d'usine à section circulaire, on fait habituellement $s = 4$; on a alors

$$L = \frac{4}{5} wx, \quad T = \frac{2}{5} wx. \qquad (13)$$

Les formules qui précèdent s'appliquent non-seulement à des ou-vrages en briques, mais à des maçonneries en moellons, lorsque les dimensions de ces derniers sont proportionnelles à celles des bri-ques.

Les fomules 9 et 11 permettront de déterminer également *la téna-cité transversale d'un mur de blocage*, si l'on représente par $\dfrac{1}{s+1}$ *la fraction de la face du mur qui se compose des extrémités des boutisses carrées ou des pierres qui relient la face extérieure et la face postérieure du mur.*

On peut se servir des principes ci-dessus comme d'un moyen pour comparer entre eux des ouvrages en maçonneries ou en briques, en tant que leur *stabilité* dépend de la ténacité horizontale que donne le frottement des assises. Quant aux *résultats numériques absolus* qui précèdent, comme ils résultent de la considération de la tangente de l'angle de frottement pour des maçonneries et des ouvrages en briques faits avec du mortier humide, on ne doit pas les regarder comme certains. Il sera bon de les vérifier ou de les corriger par des expériences directes. Nous ne sachions pas qu'on ait encore fait d'expériences à ce sujet.

203. Frottement des vis, des clavettes et des coins. Les différentes parties des constructions en bois et en métal sont souvent réunies au moyen de clavettes, de coins ou de vis. C'est le frotte-ment qui donne la stabilité à de semblables attaches ; il faut alors que l'obliquité de la pression sur le siége du coin ou de la clavette ou sur le filet de la vis et de l'écrou ne dépasse pas la plus petite valeur de l'angle de frottement des matières employées.

204. Frottement au départ, frottement pendant le mouvement. Pour quelques substances, notamment pour celles dont les surfaces ont été sensiblement déformées par une pression modérée, telles que le bois, le frottement entre deux surfaces qui sont restées en contact sans mouvement pendant un certain temps, est un peu plus grand que lorsque ces deux surfaces glissent l'une sur l'autre; mais la plus légère vibration fait cesser instantanément la différence entre le *frottement au départ* et le *frottement pendant le mouvement*, de telle sorte que c'est sur ce dernier seul que l'on doit compter pour donner de la stabilité aux constructions. Nous avons donné dans le tableau du n° 192 les valeurs des coefficients f et des angles de *frottement pendant le mouvement* toutes les fois que ce frottement diffère sensiblement du *frottement au repos*.

SECTION 4. — *Stabilité des butées et des voûtes.*

205. Stabilité sur un joint plan. La présente section comprend la stabilité des constructions qui sont composées de blocs, tels que des pierres ou des briques, lesquels se touchent suivant des joints, qui sont des surfaces planes, et sont capables d'exercer des forces de pression et de frottement, mais non de tension.

Les conclusions auxquelles nous arriverons sont applicables à des ouvrages en maçonnerie ou en briques dont les parties ne sont pas réunies par du ciment, ou par du mortier ordinaire: car bien que le mortier ordinaire puisse quelquefois atteindre, au bout d'un certain temps, une cohésion égale à celle du calcaire, cependant il présente trop peu de résistance, lorsqu'il est frais, pour pouvoir supporter des efforts de tension un peu importants; une construction en maçonnerie ou en briques devant posséder de la stabilité lorsque le mortier est frais, on devra donc toujours admettre dans les projets que les joints n'ont pas de ténacité appréciable. Le mortier augmente un peu la *stabilité due au frottement*, comme le montre le tableau du n° 192, et contribue ainsi indirectement à la *ténacité due au frottement* dont il a été question au n° 202.

Il y a des espèces de *ciment* dont la cohésion atteint, en un temps très-court, celle de la brique ou même de la pierre. Quand on les emploie pour faire les joints, on peut alors regarder la construction comme étant un *monolithe*, et l'on n'a plus qu'à s'assurer de sa résistance.

Un joint plan qui n'a point de ténacité ne peut résister qu'à des forces de pression; le *centre des actions moléculaires* doit tomber à l'intérieur du joint, et l'obliquité de cette pression ne doit pas être supérieure à l'angle de frottement.

Si la matière des blocs qui se touchent en un joint, pouvait résister à des efforts d'écrasement infiniment grands, il suffirait, pour la stabilité que le centre de pression tombât en un point quelconque à l'intérieur du joint, si près du bord que ce fût; mais dans les matériaux employés dans les constructions, il y a une limite à observer pour la distance du centre de pression à l'arête du joint qui en est le plus rapprochée, autrement cette arête serait soumise à une pression qui pourrait endommager la matière. Il semble, d'après cela, que la détermination exacte de la position-limite du centre de pression sur un joint plan dépende uniquement de l'étude de la résistance des matériaux. On peut cependant se dispenser d'y avoir recours en examinant les exemples que la pratique nous fournit. Cet examen conduit aux résultats suivants.

Désignons par q le rapport entre la distance *du centre de pression* d'un joint plan à *son centre de figure*, et la largeur du même joint mesurée suivant la ligne qui passe par le centre de pression et le centre de figure; si t représente cette largeur, qt sera alors la distance du centre de pression au centre de figure. On trouve que le rapport q présente en pratique les valeurs suivantes :

murs de soutenement, valeur adoptée par les ingénieurs anglais,

$$\frac{3}{8} \text{ ou } 0{,}375\,;$$

murs de soutenement, valeur adoptée par les ingénieurs français,

$$\frac{3}{10} \text{ ou } 0{,}3.$$

Pour les *culées des voûtes*, les *piles* et les *piliers* et pour les *tours* et les *cheminées* qui sont exposées à la pression du vent, l'expérience a montré qu'il convenait de déterminer la distance maxima du centre de pression au centre de figure par la condition que l'intensité maximum de la pression, en supposant que cette *pression varie d'une façon uniforme* (94), ne dépassât pas le *double* de l'intensité moyenne. Nous représenterons, comme au n° 94, par P la pression totale, par S l'aire du joint, par $\dfrac{P}{S} = p_0$ l'intensité moyenne de la pression, qui est également l'intensité au centre de figure du joint et en chacun des points d'un axe neutre qui passe par ce centre de figure, par x la distance d'un point quelconque à cet axe, et par $p = p_0 + ax$ la pression en ce point; si x_1 est la plus grande distance positive d'un point de l'arête du joint à l'axe neutre, la pression maximum sera alors

$$p_1 = p_0 + ax_1.$$

En vertu de la ·condition énoncée ci-dessus, $p_1 = 2p_0$; on a par conséquent

$$a = \frac{p_1 - p_0}{x_1} = \frac{p_0}{x_1} = \frac{P}{x_1 S}. \tag{1}$$

Si le centre de figure coïncide avec le milieu de la largeur du joint, et si x_0 (94) est la distance du centre de pression à l'axe neutre, nous aurons

$$q = \frac{x_0}{2x_1}.$$

En substituant dans cette équation la valeur de x_0 donnée par l'équation 4 du n° 94 et en ayant égard à la valeur de a donnée par l'équation 1 ci-dessus, nous trouvons

$$q = \frac{aI}{2Px_1} = \frac{I}{2Sx_1^2}. \tag{2}$$

La valeur de cette expression dépend complétement de la figure du joint, c'est-à-dire de la section transversale de la culée, de la pile, du pilier, de la tour, ou de la cheminée.

Si nous nous reportons au tableau qui termine le n° 95 et qui donne les valeurs des moments d'inertie I, nous aurons les résultats suivants pour des joints de figures différentes. Dans le cas où q n'a pas la même valeur pour différentes directions, nous supposerons que la position du centre de pression correspond *au plus grand* écartement possible, c'est-à-dire que la ligne qui le joint au centre de figure est perpendiculaire à l'axe neutre correspondant au maximum de I; si h représente la largeur du joint dans cette direction, on aura alors $x_1 = \dfrac{h}{2}$.

Figure de la base.	I	S	q
I. Rectangle.			
Longueur. . . . . h ⎫	$\dfrac{h^3 b}{12}$	hb	$\dfrac{1}{6}$
Largeur. . . . . b ⎭			
II. Carré.			
Côté. . . . . h	$\dfrac{h^4}{12}$	h^2	$\dfrac{1}{6}$
III. Ellipse.			
Grand axe. . . . . h ⎫	$\dfrac{\pi h^3 b}{64}$	$\dfrac{\pi hb}{4}$	$\dfrac{1}{8}$
Petit axe. . . . . b ⎭			
IV. Cercle.			
Diamètre. . . . . h	$\dfrac{\pi h^4}{64}$	$\dfrac{\pi h^2}{4}$	$\dfrac{1}{8}$
V. Rectangle évidé.			
Dimensions extérieures. . . . h, b ⎫	$\dfrac{h^3 b - h'^3 b'}{12}$	$hb - h'b'$	$\dfrac{h^3 b - h'^3 b'}{6h^2\,(hb - h'b')}$
Dimensions intérieures. . . . h', b' ⎭			
VI. Carré évidé.			
Dimension extérieure. . . . . h ⎫	$\dfrac{h^4 - h'^4}{12}$	$h^2 - h'^2$	$\dfrac{h^2 - h'^2}{6h^2}$
Dimension intérieure. . . . . h' ⎭			
VII. Anneau circulaire.			
Diamètre extérieur. . . . . . h ⎫	$\dfrac{\pi\,(h^4 - h'^4)}{64}$	$\dfrac{\pi\,(h^2 - h'^2)}{4}$	$\dfrac{h^2 + h'^2}{8h^2}$
Diamètre intérieur. . . . . . h' ⎭			

Lorsque les parties solides du carré évidé ou de l'anneau circulaire sont très-minces, les valeurs de q dans les exemples VI et VII sont approximativement :

$$\text{VIII. carré évidé. . . . . } q = \frac{1}{3};$$

$$\text{IX. anneau circulaire. . . . . } q = \frac{1}{4}.$$

Ces valeurs sont suffisamment exactes en pratique lorsqu'on a à s'occuper de cheminées d'usine à section circulaire ou carrée.

On peut résumer, comme il suit, les conditions de stabilité d'un bloc qui repose sur un autre bloc par l'intermédiaire d'un joint plan.

Représentons, comme dans la *fig.* 93 (191), par AA le bloc supérieur, par BB une partie du bloc inférieur, par eE le joint, par C son centre de pression, par $\overline{PC}$ la résultante de la pression totale répartie sur ce joint, que cette pression résulte du poids du bloc supérieur ou des forces extérieures qui le sollicitent. Les conditions de stabilité du bloc sont les suivantes.

I. *L'obliquité de la pression ne doit pas être supérieure à l'angle de frottement*, c'est-à-dire que l'on doit avoir :

$$\mathrm{PCN} \leqq \varphi. \tag{3}$$

II. *Le rapport entre la distance du centre de pression au centre de figure du joint, et la largeur du joint mesurée suivant la ligne qui passe par ces deux points, ne doit pas dépasser une certaine fraction dont la valeur varie, suivant les circonstances de $\frac{1}{8}$ à $\frac{3}{8}$*, c'est-à-dire que l'on doit avoir :

$$\frac{\frac{1}{2}\overline{e\mathrm{E}} - \overline{\mathrm{C}\mathrm{E}}}{\overline{e\mathrm{E}}} \leqq q . \tag{4}$$

La première de ces conditions est la condition de la *stabilité due au frottement*, la seconde est celle *de la stabilité de position*.

206. **Stabilité d'un ensemble de blocs, courbe de résistance, courbe des pressions.** Si une construction est composée d'une série de blocs ou d'une série d'assises,

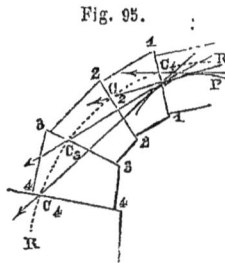

Fig. 95.

chacune de ces assises étant telle qu'on puisse la regarder comme un bloc unique, et si ces blocs ou ces assises sont pressés les uns contre les autres sur des joints plans, les deux conditions de stabilité données ci-dessus doivent être satisfaites pour chaque joint.

La *fig.* 95 représente une partie d'une telle construction; les joints plans sont figurés par 1 1, 2 2, 3 3, 4 4.

Nous supposerons que l'on connaisse le centre de pression C_1 du joint 1 1, ainsi que la grandeur et la direction de la pression que nous indiquerons au moyen d'une flèche passant par le point C_1. Si nous combinons avec cette pression le poids du bloc 1 2, 2 1, ainsi que toutes les forces extérieures qui peuvent le solliciter, la résultante sera la pression totale qu'aura à supporter le joint 2 2; elle sera donnée en grandeur, en direction et en position, et rencontrera le joint considéré au centre de pression C_2. En continuant de la même manière, on trouvera les centres de pression C_3, C_4, etc., pour un nombre quelconque de joints qui se suivent, ainsi que les directions et les grandeurs des résultantes des pressions qui agissent sur ces joints.

On pourra trouver la grandeur et la position de la résultante des pressions sur un joint quelconque et, par suite le centre de pression, en cherchant simplement la résultante de toutes les forces qui agissent sur l'une des parties de la construction d'un côté du joint, comme dans la « *Méthode des sections* » que nous avons déjà décrite (161).

On donne quelquefois le nom de *centres de résistance* aux centres de pression sur les joints. M. Moseley a appelé « *courbe de résistance* », une courbe qui passe par tous ces centres de résistance, telle que celle RR, figurée ci-dessus en trait ponctué, et a montré comment on pouvait, dans beaucoup de cas, déterminer l'équation de cette courbe, et s'en servir pour la solution de quelques problèmes.

Les lignes droites, qui représentent les résultantes des pressions, peuvent être toutes parallèles ou être situées sur la même ligne droite, ou bien elles peuvent toutes se rencontrer en un même point. Le cas le plus ordinaire, cependant, est celui où toutes ces lignes se rencontrent deux à deux, de façon à former un polygone. M. Moseley a donné le nom de « *courbe des pressions* » à une courbe telle que PP (*fig.* 95), qui serait tangente à tous les côtés de ce polygone.

Pour que les conditions de stabilité soient satisfaites, la courbe de résistance et la courbe des pressions doivent présenter les propriétés suivantes.

Pour que la stabilité de position soit *assurée, il faut que la courbe de résistance coupe un joint quelconque à une distance du centre de figure inférieure à une fraction* q *de l'épaisseur du joint, cette épaisseur étant mesurée suivant la ligne qui joint le centre de figure au centre de pression.*

La stabilité due au frottement *sera assurée, si la normale à chaque joint fait avec la tangente à la courbe des pressions menée par le centre de résistance du joint un angle plus petit que l'angle de frottement.*

207. **Analogie entre les ouvrages formés de blocs et les frameworks.** Le point d'intersection des lignes qui représentent les résultantes des pressions sur deux joints quelconques d'une construction composée de blocs ou de barres, doit se trouver sur la ligne d'action de la résultante de la charge entière qui est appliquée à la partie de la construction comprise entre les deux joints; et ces trois

résultantes doivent être proportionnelles aux trois côtés d'un triangle parallèles à leurs directions.

Le polygone formé par les intersections des lignes qui représentent les pressions sur les joints successifs (*fig.* 95), est donc analogue à un frame polygonal; car les côtés de ce polygone représentent les directions des résistances qui font équilibre aux charges appliquées aux sommets du polygone, comme dans le cas du framework décrit dans les n°ˢ 150, 151, 153 et 154 et représenté dans la *fig.* 75. Une construction composée de blocs présente surtout de l'analogie avec un frame polygonal ouvert, tel que ceux des n°ˢ 151 et 154, représentés dans la *fig.* 75, avec la barre E en moins.

On peut alors s'assurer, comme il suit, de la stabilité d'une construction composée de blocs qui se touchent suivant des joints plans.

(1) On déterminera et l'on tracera en grandeur et en position, sur une épure de la construction, la résultante des forces extérieures appliquées à chacun des blocs, y compris son poids. Une ou deux de ces résultantes seront les réactions des appuis.

(2) On tracera *un polygone des forces extérieures*, comme celui des *fig.* 75* ou 75**. Deux côtés contigus de ce polygone représenteront les forces extérieures qui agissent sur les deux blocs extrêmes de la série ; de ces deux forces, l'une pourra être une pression due à la réaction d'un appui, et l'autre une charge ; ou toutes les deux pourront être des pressions dues aux réactions des appuis. Dans les deux cas, leur intersection donnera un point O que l'on joindra par des lignes droites aux sommets du polygone des forces extérieures; ces lignes représenteront, en grandeur et en direction, les résistances qui s'exercent aux différents joints.

(3) Enfin on tracera un polygone dont les sommets soient situés sur les lignes d'action des forces extérieures que nous avons menées ci-dessus (voir 1) et dont les côtés soient parallèles aux lignes concourantes (voir 2 ci-dessus). Ce polygone représentera le *frame polygonal équivalent* de la construction donnée et aura un côté correspondant à chaque joint; et chacun des côtés du polygone (prolongé, si c'est nécessaire) rencontrera le joint plan correspondant en *son centre de pression* et donnera la direction de la résultante des pressions sur ce joint.

Si la résultante des pressions sur chaque joint satisfait, par la position de son centre de pression et par son obliquité, aux conditions énoncées plus haut (203), la construction sera en équilibre, et les conditions de stabilité seront satisfaites pour certaines variations dans la répartition de la charge, variations qui seront d'autant plus grandes que le joint aura plus d'épaisseur, car tout accroissement d'épaisseur des joints augmente les limites dans lesquelles la figure du frame polygonal équivalent peut varier, et toute variation dans cette figure correspond à une variation dans la répartition de la charge.

208. **Transformation des constructions formées de blocs**. Théorème. *Si la condition de stabilité de position est satisfaite pour une construction composée de blocs soumise à l'action de forces représentées par un système de lignes donné, une construction qui aura pour figure une projection parallèle de la première jouira de la stabilité de position, si les forces qui la sollicitent sont les projections parallèles correspondantes des forces du premier système ; les centres de pression, ainsi que les lignes qui représentent les résultantes des pressions sur les joints de la nouvelle construction, seront les projections correspondantes des centres de pression, et des lignes qui représentent les résultantes des pressions sur les joints de la première construction.*

La transformation ne change pas, en effet, le rapport entre les volumes, et par suite entre les poids, des différents blocs dont la construction se compose ; et si ces poids sont représentés, dans la nouvelle construction, par des lignes qui sont les projections parallèles des lignes qui représentent les premiers poids, et si les autres forces appliquées extérieurement aux parties de la nouvelle construction sont représentées par les projections parallèles correspondantes des lignes qui représentent les forces correspondantes appliquées aux parties de la première construction, alors chacune des forces extérieures qui agit sur la nouvelle construction sera la projection parallèle d'une force qui agit au point correspondant de la première construction ; les résultantes des pressions sur les joints de la nouvelle construction, qui font équilibre aux forces extérieures, seront donc représentées par les projections parallèles des lignes qui représentent les résultantes des pressions sur les joints correspondants de la première construction. On voit ainsi, en se reportant à la proposition I du n° 62, que les centres de pression partageront les épaisseurs des joints dans le même rapport, aussi bien pour la première que pour la nouvelle construction ; si donc la première construction satisfait aux conditions de stabilité de position, la nouvelle construction y satisfera également.

Nous étendons ainsi à une construction composée de blocs *le prin-*

cipe de la transformation des constructions, établi déjà pour des frames, au n° 166, et pour des cordes et des arcs linéaires, au n° 177.

209. **Stabilité due au frottement dans le cas d'une construction transformée.** On vérifiera séparément que la nouvelle construction obtenue par transformation satisfait aux conditions de *la stabilité due au frottement*, en déterminant l'obliquité de chacune des pressions transformées pour le joint sur lequel elle agit.

Si la pression en un joint quelconque de la construction transformée était trop oblique, on arriverait, dans la plupart des cas, à assurer la stabilité due au frottement, sans modifier sensiblement la stabilité de position, en faisant varier la position angulaire du joint, sans déplacer son centre de figure, jusqu'à ce que son plan soit suffisamment rapproché de la normale à la pression que l'on a d'abord déterminée.

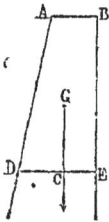

210. **Construction qui n'est pas soumise à l'action d'une pression latérale.** La *fig.* 96 représente une construction composée d'une série unique de blocs, ou d'assises de blocs, séparés par des joints plans ; elle n'est soumise à l'action d'aucune pression latérale extérieure. Le centre de résistance sur un joint quelconque, tel que DE, sera alors simplement le point C où la perpendiculaire abaissée du centre de gravité G de la partie de la construction ABED, située au-dessus de ce joint, vient le rencontrer ; pour que la construction soit stable, il faut que l'angle, formé par un joint quelconque avec l'horizon, soit inférieur à l'angle de frottement, et que le rapport entre la distance du point C à l'arête du joint et l'épaisseur de ce joint soit supérieur à un nombre donné.

Fig. 96.

211. On appelle **moment de stabilité** d'un corps ou d'une construction qui s'appuie sur un joint plan, le moment du couple des forces qu'il faut appliquer, dans un plan vertical donné, au corps ou à la construction, en sus de son propre poids, pour amener le centre de résistance du joint à la position-limite qui est compatible avec la stabilité du corps ou de la construction. Le couple qui est appliqué se compose habituellement de la poussée d'un frame ou d'une voûte, ou de la pression d'un fluide ou d'un massif de terre contre la construction, et de la résistance égale, de sens contraire et parallèle, mais non directement opposée, qu'oppose le joint à cette force latérale.

Le moment de stabilité peut être différent suivant la position de l'axe du couple.

On détermine le moment de ce couple de la manière suivante.

Imaginons une courbe qui passe par toutes les positions-limites des centres de résistance des joints, de façon à comprendre tout l'espace dans lequel ces centres de résistance doivent se trouver.

Le produit du poids de la construction par la distance horizontale d'un point de cette courbe à la verticale qui passe par le centre de gravité de la construction est le MOMENT DE STABILITÉ *de la construction, lorsque la poussée qui lui est appliquée agit dans un plan vertical parallèle à cette distance horizontale, et tend à renverser la construction dans la direction du point donné sur la courbe qui limite les positions des centres de résistance;* ce que nous avons dit au n° 41 montre, en effet, que ce moment est le moment du couple qui, étant combiné avec une force unique égale au poids de la construction, a pour effet de transporter la ligne d'action de cette force parallèlement à elle-même à une distance égale à la distance horizontale donnée du centre de résistance au centre de gravité de la construction.

Pour trouver l'expression algébrique de ce moment, on représentera par t la dimension du joint résultant de l'intersection de ce joint par le plan vertical qui passe par le centre de gravité de la construction et qui est parallèle à la direction de la poussée; par j l'inclinaison de cette dimension sur l'horizontale; par qt la distance du centre de résistance-limite donné au milieu de la dimension considérée du joint; par $q't$ la distance du même point milieu au point où le joint est rencontré par la verticale qui passe par le centre de gravité de la construction, et par W le poids de la construction. Le moment de stabilité est alors

$$W(q \pm q')t \cos j; \qquad (1)$$

on emploiera le signe $+$ ou $-$ suivant que le centre de résistance et la verticale qui passe par le centre de gravité se trouvent de côtés différents ou du même côté par rapport au milieu de la dimension du joint.

Représentons par h la hauteur de la construction au-dessus du milieu du joint plan qui lui sert de base, par b la dimension de ce joint dans une direction perpendiculaire ou conjuguée à l'épaisseur t, et par w le poids de l'unité de volume des matériaux employés. Nous aurons alors

$$W = nwhbt, \qquad (2)$$

n désignant un *facteur numérique* qui dépend de la *figure* de la construction et des angles que les dimensions *n*, *b*, *t* font entre elles, c'est-à-dire des angles d'obliquité des axes de coordonnées auxquels on a rapporté la figure de la construction. Si l'on introduit cette valeur du poids de la construction dans la formule 1, on trouve pour le moment de stabilité l'expression suivante :

$$n(q \pm q') \cos j \cdot w \cdot hbt^2. \qquad (3)$$

Nous avons séparé au moyen de points cette expression en trois facteurs qui sont :

(1) $n(q \pm q') \cos j$, *facteur numérique*, qui dépend de la *figure* de la construction, des *obliquités* de ses coordonnées, et de la *direction* suivant laquelle la force appliquée tend à la renverser;

(2) *w*, le poids spécifique des matériaux;

(3) hbt^2, facteur géométrique, dépendant des dimensions de la construction.

Le premier facteur reste le même pour toutes les constructions qui ont des figures de même genre avec des coordonnées de même obliquité, et qui sont soumises à l'action de forces extérieures semblablement appliquées. En d'autres termes, il est le même pour toutes les constructions dont les figures, ainsi que les lignes d'action des forces appliquées, *sont des projections parallèles les unes des autres, avec des coordonnées ayant même obliquité;* pour des constructions qui satisfont à ces conditions, les moments de stabilité sont donc proportionnels :

I. au poids spécifique des matériaux;

II. à la hauteur;

III. à la largeur;

IV. au *carré* de l'épaisseur, c'est-à-dire au carré de la dimension de la base qui est parallèle au plan vertical contenant la force.

212. Classement des butées. Le mot *butée* est employé ici dans un sens général pour indiquer une construction quelconque qui, en vertu de sa stabilité de position et de sa stabilité due au frottement, résiste à une pression qui agit latéralement contre elle. Nous classerons de la manière suivante les constructions comprises dans cette définition :

I. *piliers*, qui résistent à la poussée d'un frame ou d'un arc, en un ou plusieurs points définis;

II. *tours* et *cheminées*, qui ont à supporter la pression latérale du vent, laquelle est uniformément ou presque uniformément répartie et peut agir dans une direction horizontale quelconque;

III. *digues*, qui ont à supporter la pression latérale de l'eau, et *murs de soutènement*, qui ont à supporter la pression latérale des terres, l'intensité de la pression étant proportionnelle à la profondeur au-dessous de la surface;

IV. *culées des voûtes*, qui ressemblent à la fois aux piliers et aux murs de soutènement et que nous étudierons après que nous aurons examiné la stabilité des voûtes en pierre et en briques.

213. **Piliers en général**. La *fig.* 97 représente la section verticale d'un pilier, contre lequel aboutit en C un étrésillon, un arc ou une pièce de framework qui exerce une force donnée P dans une direction donnée CA. Pour que le pilier soit stable, il faut qu'il satisfasse aux conditions de stabilité pour chacun de ses joints. Soit DE l'un d'entre eux.

Fig. 97.

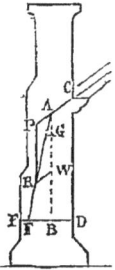

Si plusieurs pressions agissaient contre le pilier, on regarderait la force P qui agit suivant la ligne CA comme la résultante de toutes les forces qui sont appliquées au-dessus du joint DE que l'on considère.

Soient G le centre de gravité de la partie du pilier qui surmonte le joint DE, et W son poids. Menons par le point G la verticale AGB qui rencontre en A la direction de la poussée latérale et en B le joint DE; prenons $\overline{AW} = W$, $\overline{AP} = P$, puis complétons le parallélogramme APRW. $\overline{AR}$ représentera alors la résultante de toutes les forces qui agissent sur la partie du pilier au-dessus du joint DE, à laquelle la résultante de la résistance sur ce joint doit être égale et directement opposée. Si l'on prolonge la ligne AR, elle coupera DE au point F où sera le centre de résistance du joint, et pour que la condition de stabilité de position soit satisfaite, il faudra que ce point ne dépasse pas une certaine limite. Pour que la condition de stabilité due au frottement soit satisfaite, il faut que l'angle AFB ne soit pas inférieur au complément de l'angle de frottement.

Les circonstances dans lesquelles on se trouvera détermineront le mode le plus convenable de mettre le problème sous forme algébrique. L'exemple qui suit est un de ceux qui se présentent le plus fréquemment dans la pratique; la face intérieure GD du pilier est verticale, et le joint DE horizontal.

Dans ce cas, nous prendrons comme origine des coordonnées le point C d'application de la force latérale. Nous désignerons par

i l'angle que la poussée latérale fait avec l'horizontale;

$x = \overline{CD}$, la distance du point C au joint en question;

$y_0 = \overline{BD}$, la distance horizontale du centre de gravité de la partie qui surmonte le joint à la face intérieure;

$y = \overline{DF}$, la distance horizontale du centre de résistance du joint à son arête intérieure.

Nous pouvons décomposer la résistance qui agit en F suivant FA en deux composantes parallèles et égales respectivement au poids W et à la force appliquée P mais de sens contraire. Le couple des forces W est de gauche à droite et a comme bras de levier $\overline{FB} = y - y_0$. Le couple des forces P est de droite à gauche et a pour bras de levier la distance de F à la ligne d'action CA de la force appliquée, distance qui a pour expression

$$x \cos i - y \sin i.$$

Le premier de ces couples tend à assurer la stabilité du pilier; le second tend à le renverser. Si nous égalons ces deux expressions, la condition de stabilité de position sera donnée par la relation

$$W(y - y_0) = P(x \cos i - y \sin i). \tag{1}$$

On peut déduire de cette équation fondamentale la solution de plusieurs problèmes tels que les suivants.

I. Étant donné le pilier et la force latérale, on demande de trouver le centre de résistance sur un joint donné.

$$y = \frac{Wy_0 + Px \cos i}{W + P \sin i}. \tag{2}$$

Cette équation est celle de la « courbe de résistance ». La condition de stabilité exprimée en fonction de y est

$$y \leqq \left(q + \frac{1}{2} \right) t. \tag{3}$$

II. La relation entre le poids et les dimensions de la partie du pilier que l'on considère étant donnée comme dans les équations 2 et 3 du n° 211, on demande de trouver la plus petite épaisseur au joint DE qui est compatible avec la stabilité.

Nous remplacerons pour cela l'expression $W(y - y_0)$ de l'équation ci-dessus par sa limite; c'est-à-dire par le *moment de stabilité* donné par l'équation 3 du n° 211, et nous substituerons à y sa valeur-limite en fonction de l'épaisseur, donnée. par l'équation 3 du présent numéro. Nous aurons ainsi l'équation

$$n(q + q')whbt^2 = P\left(x\cos i - \left(q + \frac{1}{2}\right)t\sin i\right). \qquad (4)$$

Posons. pour simplifier,

$$\frac{Px\cos i}{n(q + q')whb} = A, \qquad \frac{\left(q + \frac{1}{2}\right)P\sin i}{2n(q + q')whb} = B,$$

l'équation 4 deviendra alors

$$t^2 = A - 2Bt,$$

d'où l'on tire

$$t = \sqrt{A + B^2} - B. \qquad (5)$$

Dans le cas de piliers isolés, il convient en général de donner à q la valeur résultant de l'équation 2 du n° 205, pour les motifs que nous avons exposés alors.

III. L'obliquité de la pression sur le joint DE est donnée par l'équation

$$\text{tang FAB} = \frac{P\cos i}{W + P\sin i}. \qquad (6)$$

La plus grande obliquité de la pression correspond au joint qui se trouve immédiatement au-dessous du point de butée C. Si donc W_0 représente le poids des matériaux au-dessus de ce joint, la condition de stabilité due au frottement sera donnée par la relation

$$\frac{P\cos i}{W_0 + P\sin i} \leq \text{tang }\varphi. \qquad (7)$$

214. Pilier rectangulaire. Dans un pilier rectangulaire, la largeur b et l'épaisseur t sont constantes, et si h_0 représente la hauteur du couronnement du pilier au-dessus du point C,

$$h = h_0 + x$$

sera l'expression de la hauteur du pilier au-dessus d'un joint donné. Comme le centre de gravité de la portion de la construction au-dessus d'un joint quelconque est sur la même verticale que le centre du joint, on a $q' = 0$ et $y_0 = \dfrac{1}{2} t$; et comme

$$W = whbt,$$

$n = 1$.

Si l'on substitue ces valeurs dans les équations 2, 4, 5 et 7 du n° 213, on a les résultats suivants.

L'équation de la courbe de résistance est

$$y = \frac{\dfrac{1}{2} w(h_0 + x) bt^2 + Px \cos i}{w(h_0 + x)bt + P \sin i}. \qquad (1)$$

On déterminera l'épaisseur minimum compatible avec la stabilité (x_1 étant la distance du point C à la base du mur) en posant

$$A = \frac{Px_1 \cos i}{qw(h_0 + x_1)b}, \qquad B = \frac{\left(q + \dfrac{1}{2}\right) P \sin i}{2qw(h_0 + x_1)b},$$

d'où l'on conclut

$$t = \sqrt{A + B^2} - B$$

$$= \sqrt{\frac{Px_1 \cos i}{qw(h_0 + x_1)b} + \left(\frac{\left(q + \dfrac{1}{2}\right) P \sin i}{2qw(h_0 + x_1)b}\right)^2} - \frac{\left(q + \dfrac{1}{2}\right) P \sin i}{2qw(h_0 + x_1)b}. \quad (2)$$

On obtiendra le volume minimum de matériaux au-dessus du niveau du point C, qui est compatible avec la stabilité due au frottement, en posant

$$\frac{P \cos i}{wh_0 bt + P \sin i} = \tang \varphi,$$

d'où $\quad h_0 bt = \dfrac{P}{w} \left(\dfrac{\cos i}{\tang \varphi} - \sin i\right) = \dfrac{P}{w} \dfrac{\cos (\varphi + i)}{\sin \varphi}. \qquad (3)$

L'équation 1 de la courbe de résistance est celle d'une hyperbole équilatère, qui passe par le point A (lequel, dans ce cas, est invariable) et qui a une asymptote verticale, dont la distance à la face intérieure du pilier est

$$\frac{t}{2} + \frac{P \cos i}{wbt}; \qquad (4)$$

c'est la limite vers laquelle y tend indéfiniment, à mesure que la hauteur x augmente indéfiniment.

Comme la résultante de la résistance sur chaque joint doit agir suivant une ligne qui passe par le point A, *la courbe des pressions* définie au n° 206 se réduit à ce point.

A mesure que la hauteur x augmente indéfiniment, l'épaisseur que le mur doit avoir tend vers la limite

$$t = \sqrt{\frac{P \cos i}{qwb}}, \qquad (5)$$

qui ne dépend que de la composante horizontale de la force latérale.

Supposons que l'on adopte cette valeur pour l'épaisseur du pilier, de façon qu'il soit stable, quelle que soit la distance du point C à la base, on devra alors, pour assurer la stabilité due au frottement, prendre la valeur suivante pour la hauteur du couronnement au-dessus du point C

$$h_0 = qt \frac{\cos (\varphi + i)}{\sin \varphi \cos i}. \qquad (6)$$

On peut substituer au massif rectangulaire $h_0 bt$ un *pinacle* de même volume et d'une forme quelconque.

215. Les tours et les cheminées sont exposées à la pression latérale du vent. On peut regarder, sans erreur sensible en pratique, cette force comme étant horizontale, et comme ayant même intensité à toutes les hauteurs au-dessus du sol.

La surface exposée à la pression du vent dans de pareilles constructions est ordinairement ou plane, ou cylindrique, ou conique et, dans ce dernier cas, elle s'éloigne fort peu de la forme cylindrique. On pourra regarder comme ayant une section circulaire les cheminées à base octogonale, que l'on construit quelquefois. Quant à l'inclinaison de la surface d'une tour ou d'une cheminée sur la verticale, elle est rarement assez forte pour qu'il y ait lieu de s'en préoccuper, quand on a à tenir compte de la pression du vent qu'elle a à supporter.

On a trouvé, en Angleterre, pour la plus grande intensité de la pression du vent contre une surface plane, le chiffre de 268 kilogrammes par mètre carré ; ce résultat, obtenu par l'observation d'anémomètres, a été vérifié à la suite d'ouragans qui ont renversé des cheminées d'usine et d'autres constructions.

Quand on aura à projeter, en un autre point du globe, une construction destinée à résister à la pression latérale du vent, on devra commencer par déterminer la plus grande intensité de cette pression, soit par des expériences directes, soit par l'observation des effets du vent sur des constructions ayant existé antérieurement.

La pression totale du vent sur un cylindre est à peu près moitié de la pression totale sur son plan diamétral.

La *fig.* 98 représente une cheminée à section carrée ou circulaire, et l'on demande de déterminer les conditions de stabilité d'un joint donné DE.

Fig. 98.

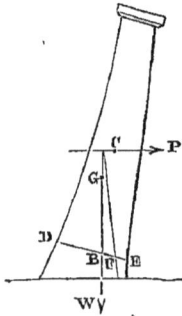

Désignons par S l'aire d'une section verticale diamétrale de la partie de la cheminée qui surmonte le joint donné, et par p la plus grande intensité de la pression du vent contre une surface plane. La pression totale du vent contre la cheminée sera sensiblement

$$\left. \begin{array}{l} P = pS \text{ pour une cheminée à section carrée,} \\ P = p\,\dfrac{S}{2} \text{ pour une cheminée à section circulaire.} \end{array} \right\} \quad (1)$$

On peut admettre, sans erreur sensible, que la résultante des pressions agit suivant une ligne horizontale passant par le *centre de gravité de la section verticale diamétrale*, C. Si H représente la hauteur de ce centre au-dessus du joint DE, le moment de la pression sera

$$\left. \begin{array}{l} HP = HpS \text{ pour une cheminée à section carrée;} \\ HP = \dfrac{HpS}{2} \text{ pour une cheminée à section circulaire;} \end{array} \right\} \quad (2)$$

et le *plus petit moment de stabilité* de la portion de la cheminée qui se trouve au-dessus du joint DE, obtenu par les méthodes du n° 211, devra lui être égal.

Pour une cheminée dont l'axe est vertical, le moment de stabilité est le même dans toutes les directions. Mais il y a peu de cheminées dont l'axe soit exactement vertical, et le plus petit moment de stabilité est évidemment celui qui résiste à une pression latérale agissant dans la direction vers laquelle penche la cheminée.

Soient G *le centre de gravité de la partie de la cheminée* qui surmonte le joint DE, et B un point du joint qui se trouve sur la même verticale que lui ; menons la ligne $\overline{DE} = t$ pour représenter la dimension du joint qui passe par le point B, et désignons par q', comme dans les exemples antérieurs, le rapport qui existe entre la distance du point B au milieu de la longueur DE et la longueur t.

Nous désignerons par F la position-limite du centre de résistance du joint DE la plus rapprochée de la partie du bord du joint vers laquelle penche l'axe de la cheminée, et par q, comme ci-dessus, le rapport entre la distance de ce centre au milieu de la ligne DE et la longueur t.

Le plus petit moment de stabilité sera alors représenté, comme dans l'équation 3 du n° 211, par

$$W \, \overline{BF} = (q - q') \, Wt. \qquad (3)$$

On détermine la valeur du coefficient q en observant de quelle manière les cheminées sont détruites par l'action du vent. On remarque d'abord le plus souvent que l'un des joints, tel que DE, s'ouvre du côté exposé au vent. Il se forme alors une lézarde qui s'étend diagonalement en zigzag de haut en bas, sur les deux côtés de la cheminée ; cette lézarde tend à la diviser en deux parties, une partie supérieure qui est sous le vent et une partie inférieure tournée du côté d'où vient le vent ; ces deux parties sont séparées par une fissure qui s'étend obliquement de haut en bas, ainsi que nous venons de le dire. La destruction finale de la cheminée résulte soit de ce que la partie supérieure en glissant sur la partie inférieure ne trouve plus d'appui, soit de ce qu'une portion des briques s'écrase du côté opposé au vent par suite d'une trop grande pression sur ce point ; elle peut encore tenir à ces deux effets réunis ; dans les deux cas, la partie supérieure de la construction tombe à l'état de fragments, en partie à l'intérieur de la portion qui reste debout, en partie sur le sol à l'extérieur de la base.

On voit que, pour que la stabilité d'une cheminée soit assurée, il faut qu'il n'y ait pas de joint qui tende à s'ouvrir sur la face exposée au vent, c'est-à-dire qu'il doit s'exercer des pressions en tous les points de chacun des joints, sauf au point du bord qui est le plus exposé au vent, l'intensité de la pression devant s'y réduire à zéro. On satisfait à cette condition d'une façon bien suffisante dans la pratique, en admettant que la pression varie d'une façon uniforme et en limitant la position du centre de pression F, de telle sorte que l'intensité sur le bord non exposé au vent E soit double de l'intensité moyenne.

Nous avons déjà montré au n° 205 quelles sont les valeurs que cette condition assigne au coefficient q pour différentes formes de joints. Les cheminées consistent généralement en un anneau de briques dont l'épaisseur est faible relativement à son diamètre; dans ce cas, on arrive à un résultat suffisamment exact dans la pratique en prenant pour q les valeurs suivantes :

$$\left. \begin{array}{l} \text{pour les cheminées à section carrée,} \quad q = \dfrac{1}{3} \\[2mm] \text{pour les cheminées à section circulaire,} \quad q = \dfrac{1}{4} \end{array} \right\} \quad (4)$$

L'équation générale qui suit, entre le moment de stabilité et le moment de la pression extérieure, exprime la condition de stabilité d'une cheminée :

$$\text{HP} = (q - q')\,\text{W}t. \qquad (5)$$

Cette équation devient, dans le cas de cheminées à section carrée,

$$\left. \begin{array}{l} \text{H}p\text{S} = \left(\dfrac{1}{3} - q' \right)\text{W}t, \\[4mm] \text{et dans le cas de cheminées à section circulaire,} \\[4mm] \dfrac{\text{H}p\text{S}}{2} = \left(\dfrac{1}{4} - q' \right)\text{W}t. \end{array} \right\} \quad (6)$$

On emploie dans la pratique les formules suivantes qui ne sont qu'approchées et qui sont déduites de ces équations.

Désignons par B l'épaisseur *moyenne* de l'ouvrage en brique au-dessus du joint DE que nous considérons, et par b l'épaisseur à laquelle cet ouvrage en briques serait réduit si on l'étalait sur une aire égale à l'aire extérieure de la cheminée. Cette épaisseur réduite est donnée d'une façon suffisamment exacte par la formule

$$b = \text{B}\left(1 - \frac{\text{B}}{t} \right), \qquad (7)$$

mais dans le plus grand nombre des cas, la différence entre b et B peut être négligée.

Soit w le poids de l'unité de volume d'un ouvrage en briques (il est en moyenne de 1790 kilogrammes par mètre cube, ou si les briques sont très-denses et à joints de mortier très-minces, de 1840 à 1920 kilogrammes par mètre cube). Nous aurons alors, à très-peu près,

pour les cheminées à section carrée, $\quad W = 4wbS,$

pour les cheminées à section circulaire, $\quad W = 3{,}14wbS.$ $\quad\quad$ (8)

Si nous substituons ces valeurs dans l'équation 6, nous aurons les formules suivantes :

pour les cheminées à section carrée, $\quad Hp = \left(\dfrac{4}{3} - 4q'\right)wbt,$

pour les cheminées à section circulaire, $\quad Hp = (1{,}57 - 6{,}28p')wbt.$ $\quad\quad$ (9)

Ces formules permettent : premièrement étant données la plus grande intensité de la pression du vent, p, la forme extérieure et les dimensions d'une cheminée, de trouver l'épaisseur moyenne réduite b de l'ouvrage en briques, nécessaire au-dessus de chaque joint pour assurer la stabilité ; et deuxièmement connaissant les dimensions, la forme et l'épaisseur de l'appareil en briques d'une cheminée, de trouver la plus grande intensité de la pression du vent qu'elle pourra supporter sans danger.

Une cheminée se compose de plusieurs parties situées l'une au-dessus de l'autre, dont l'épaisseur est la même, mais diminue d'une partie à la suivante, à mesure que l'on s'élève. Les joints qui correspondent aux changements d'épaisseur (y compris le joint qui est à la base de la cheminée) ont évidemment moins de stabilité que les joints intermédiaires ; on n'a donc à appliquer les formules qu'à ce premier système de joints. Pour montrer comment on doit se servir des formules, nous donnons dans l'appendice un tableau qui indique les dimensions, la figure et la stabilité, eu égard à la pression du vent, de la grand cheminée des usines de MM. Tennant et Cie, à Saint-Rollox, près de Glasgow. Cette cheminée a été construite d'après le projet de MM. Gordon et Hill, et est l'ouvrage le plus hardi qui existe, si l'on excepte la flèche de la cathédrale de Strasbourg, celle de Saint-Étienne à Vienne, et la grande pyramide.

216. **Les digues ou murs de réservoir** en maçonnerie sont destinés à supporter la pression directe de l'eau. Une digue devient un *déversoir* lorsque l'eau passe par-dessus le bord supérieur ; il faut alors faire des travaux spéciaux à la base pour la mettre à l'abri

des affouillements. Nous nous contenterons d'examiner ici les murs qui ont seulement à résister à la pression de l'eau.

Dans la *fig.* 99, ED représente un joint horizontal d'un mur de réservoir, dont la surface plane OD est soumise à la pression de l'eau qui y est contenue; le plan d'eau est indiqué en OY. Considérons une tranche verticale du mur ayant pour longueur l'unité qui supporte la pression d'une tranche verticale d'eau ayant également pour longueur l'unité. On voit facilement, d'après ce qui a été dit aux n°° 89 et 124, que la pression totale qui s'exerce contre cette tranche du mur est égale au poids du prisme d'eau triangulaire ODK, rectangle en D et ayant pour hauteur l'unité, et pour côté $\overline{\text{DK}}$, qui est la profondeur du joint DE au-dessous de la surface OY; on voit également que la résultante de cette pression agit suivant la ligne HC menée perpendiculairement à OD par le centre de gravité H du prisme d'eau; de telle façon que $\overline{\text{CD}} = \dfrac{\overline{\text{OD}}}{3}$. Soient G le centre de gravité de la tranche verticale de maçonnerie qui surmonte DE, et GBW une verticale menée par ce point; prolongeons HC qui rencontre en A cette verticale; prenons les longueurs $\overline{\text{AW}}$ pour représenter le poids de la tranche de maçonnerie, et $\overline{\text{AP}}$ pour représenter la pression de la tranche d'eau, et complétons le parallélogramme APRW; $\overline{\text{AR}}$ représentera la pression totale sur le joint DE par unité de longueur du mur, et le point F, où cette ligne rencontre DE, sera le centre de résistance de ce joint: ce centre de résistance doit tomber dans des limites qui soient compatibles avec la stabilité de position, et de plus l'angle AFD doit être supérieur au complément de l'angle de frottement.

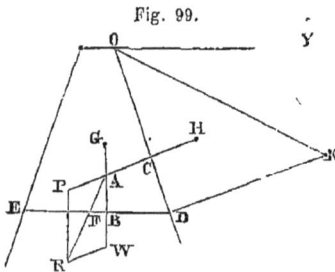

Pour traiter le problème algébriquement, nous représenterons par x la profondeur du point D au-dessous de la surface de l'eau, par w' le poids de l'unité de volume d'eau, et par j l'angle d'inclinaison de OD sur la verticale. La pression de la tranche d'eau verticale sera alors

$$P = \frac{w'x^2}{2} \sec j, \qquad (1)$$

son centre C étant à la profondeur $\dfrac{2}{3}\, x$.

Fig. 99.

Cette force constitue, avec la composante oblique de la résistance du joint DE en F, laquelle composante lui est égale et opposée, un couple qui tend à renverser le mur, et dont le bras de levier est la distance du point F à CP, c'est-à-dire,

$$\overline{CD} - \overline{FD} \sin j.$$

Mais $\overline{CD} = \dfrac{x \sec j}{3}$, et si nous posons, comme dans les exemples précédents, $\overline{ED} = t$, $\overline{FD} = \left(q + \dfrac{1}{2}\right) t$, nous aurons pour le bras de levier du couple en question

$$\frac{x \sec j}{3} - \left(q + \frac{1}{2}\right) t \sin j.$$

Si on le multiplie par la pression, on aura le moment du couple de renversement; en égalant ce moment au moment de stabilité du mur, on obtient l'équation suivante :

$$W \, \overline{FB} = W (q \pm q') t = \frac{w'x^3}{6} \sec^2 j - w'x^2 t \left(\frac{q}{2} + \frac{1}{4}\right) \tan g\, j. \quad (2)$$

Lorsque la face intérieure du mur est verticale, $\sec j = 1$, et $\tan g\, j = 0$, et l'équation ci-dessus devient

$$W (q \pm q') t = \frac{w'x^3}{6}. \quad (2A)$$

Dans le but d'avoir une formule générale qui permette de comparer des murs de figures semblables, mais de dimensions différentes, nous représenterons par n, comme au n° 211, le rapport entre l'aire de la section verticale du mur et celle du rectangle circonscrit, de telle sorte que si w est le poids de l'unité de volume de maçonnerie, le poids de la tranche verticale de maçonnerie considérée sera

$$W = nwht,$$

h représentant la profondeur du joint $\overline{DE}$ au-dessous du couronnement du mur.

Les équations 2 et 2A deviennent alors :

$$n (q \pm q') wht^2 = \frac{w'x^3}{6} \sec^2 j - w'x^2 t \left(\frac{q}{2} + \frac{1}{4}\right) \tan g\, j; \quad (3)$$

$$n (q \pm q') wht^2 = \frac{w'x^3}{6}; \quad (3A)$$

18

équations analogues à l'équation 4 du n° 213. Pour pouvoir calculer l'épaisseur t à donner au mur, nous poserons

$$\frac{w'x^3 \sec^2 j}{6n\,(q \pm q')\,wh} = A\,;$$

$$\frac{w'x^2\left(\dfrac{q}{2} + \dfrac{1}{4}\right)\tan g\,j}{2n\,(q \pm q')\,wh} = B\,;$$

nous aurons alors

$$t^2 = A - 2Bt\,;$$

d'où nous tirons

$$t = \sqrt{A + B^2} - B, \tag{4}$$

ou pour un mur à face intérieure verticale, auquel cas $B = 0$,

$$t = \sqrt{A}. \tag{4A}$$

Dans la plupart des cas que l'on a à traiter en pratique, la surface de l'eau OY se trouve ou peut se trouver accidentellement au niveau du couronnement du mur, de telle façon que l'on peut faire $h = x$. Posons, pour de pareils cas,

$$\frac{A}{x^2} = \frac{w'\sec^2 j}{6n\,(q \pm q')\,w} = a\,;$$

$$\frac{B}{x} = \frac{w'\left(\dfrac{q}{2} + \dfrac{1}{4}\right)\tan g\,j}{2n\,(q \pm q')\,w} = b\,;$$

nous aurons

$$\frac{t^2}{x^2} = a - 2b\,\frac{t}{x}\,;$$

cette équation donne

$$\frac{t}{x} = \sqrt{a + b^2} - b\,; \tag{5}$$

et pour un mur à face intérieure verticale,

$$\frac{t}{x} = \sqrt{a} = \sqrt{\frac{w'}{6n\,(q \pm q')\,w}}. \tag{5A}$$

Les composantes verticale et horizontale de la pression de l'eau sont respectivement :

verticale, $P \sin j = \dfrac{w'x^2}{2} \tang j$;

horizontale, $P \cos j = \dfrac{w'x^2}{2}$.

La condition de *stabilité due au frottement* sur le joint DE sera par conséquent donnée par l'équation

$$\frac{P \cos j}{W + P \sin j} = \frac{w'x^2}{2W + w'x^2 \tang j} \lessgtr \tang \varphi. \qquad (6)$$

Si le rapport $\dfrac{t}{x}$ a été déterminé au moyen de l'équation 5, nous aurons

$$W = nwxt = nwx^2 \frac{t}{x}, \qquad (7)$$

de telle sorte qu'en supprimant le facteur commun x^2, nous ramènerons la relation 6 à la forme suivante :

$$\frac{w'}{2nw \dfrac{t}{x} + w' \tang j} \lessgtr \tang \varphi. \qquad (8)$$

EXEMPLE I. *Mur à section rectangulaire.* Dans ce cas $n = 1$; $q' = 0$; $j = 0$; par conséquent

$$a = \frac{w'}{6qw}; \quad b = 0.$$

L'équation 5A devient

$$\frac{t}{x} = \sqrt{a} = \sqrt{\frac{w'}{6qw}}, \qquad (9)$$

et l'équation 8,

$$\frac{w'}{2w \sqrt{\dfrac{w'}{6qw}}} = \sqrt{\frac{3qw'}{2w}} \lessgtr \tang \varphi. \qquad (10)$$

Mais il n'est pas nécessaire de s'occuper, en pratique, de cette dernière équation, qui est satisfaite pour les plus grandes valeurs de q que l'on rencontre.

EXEMPLE II. *Mur à section triangulaire*, le sommet étant en O.

Dans ce cas $\dfrac{t}{x}$ a la même valeur pour tous les joints horizontaux, de telle sorte que si l'épaisseur suffit exactement pour la stabilité en un joint quelconque, elle suffira exactement pour tous les autres joints. On peut donc dire d'un mur de réservoir dont la section verticale est triangulaire qu'il présente partout une *stabilité uniforme*.

La valeur de n dans le cas d'un triangle est de $\frac{1}{2}$. Nous allons considérer, relativement à la valeur de q', le cas où la face intérieure du mur est verticale ; on a alors

$$q' = \frac{1}{6}, \quad j = 0.$$

L'équation 5A nous donne alors

$$\frac{t}{x} = \sqrt{a} = \sqrt{\frac{w'}{3\left(q + \frac{1}{6}\right)w}}, \qquad (11)$$

et l'équation 8,

$$\frac{w'}{w\frac{t}{x}} = \sqrt{3\left(q + \frac{1}{6}\right)\frac{w'}{w}} \leqq \text{tang } \varphi. \qquad (12)$$

Cette dernière équation donne une limite de la valeur de q, indépendamment de la répartition de la pression sur chaque joint :

$$q \leqq \frac{w}{3w'}\text{tang}^2\,\varphi - \frac{1}{6}. \qquad (13)$$

Si l'on substitue cette valeur de q dans l'équation 11, on obtient

$$\frac{t}{x} = \frac{w'}{w\,\text{tang}\,\varphi}. \qquad (14)$$

La valeur de tang φ, dans le cas d'*ouvrages en maçonnerie*, étant environ 0,74, et w étant en moyenne de 1820 kilogrammes, et w' de 1000 kilogrammes, par mètre cube, on trouve pour la limite de q

$$0,421 - 0,167 = 0,254, \text{ ou } \frac{1}{4} \text{ environ,}$$

et pour la valeur de $\frac{t}{x}$, donnée par l'équation 14,

$$0,585.$$

Dans le cas *d'ouvrages en briques*, tang φ a à peu près la même valeur que pour la maçonnerie, et *w* est de 1790 kilogrammes par mètre cube environ; la limite de *q* est donc

$$0,327 - 0,167 = 0,16 \text{ ou environ } \frac{1}{6},$$

tandis que la valeur de $\dfrac{t}{x} = 0,75$.

EXEMPLE III. *Mur à section triangulaire avec axe vertical.* Lorsque la fondation n'est pas résistante, il est bon, dans certains cas, de disposer le mur de telle sorte que le centre de résistance F soit au milieu de chaque joint et se trouve aussi sur la verticale passant par le centre de gravité de la partie du mur qui surmonte le joint. Dans ce cas, le point d'intersection A des lignes d'action de la pression et du poids, doit également se trouver au milieu de chaque joint. On satisfera à ces conditions en prenant pour section verticale du mur un triangle isoscèle dont les faces intérieure et extérieure font de chaque côté de l'axe vertical du mur des angles égaux *j*; cet angle *j* sera déterminé de telle façon qu'une ligne perpendiculaire à OD menée par le point C partage la base en deux parties égales; on aura par conséquent

$$\frac{t \sin j}{2} = \frac{x \sec j}{3};$$

mais

$$\frac{t}{2x} = \tan j;$$

on en déduit

$$\left.\begin{array}{c} \sin^2 j = \dfrac{1}{3}; \quad \cos^2 j = \dfrac{2}{3}; \\[2mm] \tan j = \dfrac{t}{2x} = \sqrt{\dfrac{1}{2}} = 0,707; \\[2mm] j = 35° \dfrac{1}{4}; \end{array}\right\} \qquad (15)$$

et

de telle sorte que le rapport entre la base et la hauteur du triangle est égal au rapport entre la diagonale et le côté d'un carré.

L'équation 8 devient dans ce cas

$$\frac{w'}{w\sqrt{2} + w'\sqrt{\dfrac{1}{2}}} = \frac{w'\sqrt{2}}{2w + w'} \leq \tan \varphi. \qquad (16)$$

Cette condition est toujours satisfaite tant qu'il s'agit de la stabilité due au frottement d'une assise de maçonnerie sur une autre assise. Comme en donnant au mur la forme indiquée on a en vue de répartir la pression uniformément sur une fondation qui n'est pas résistante, nous supposerons que sa base repose sur un sol pour lequel $\varphi = \dfrac{1}{4}$.

Nous devrons avoir alors

$$\frac{w'\sqrt{2}}{2w + w'} \leqq \frac{1}{4},$$

et par conséquent

$$w \leqq 2\left(\sqrt{2} - \frac{1}{4}\right) w' = 2{,}33\, w' = 2330 \text{ kil. par mètre cube.}$$

Tant que le poids de la maçonnerie par mètre cube sera inférieur à ce chiffre, le frottement sur une base horizontale, dans le cas où l'on aurait pour la matière $\tan \varphi = \dfrac{1}{4}$, ne sera pas suffisant à lui seul pour que le mur puisse résister à la pression de l'eau.

247. Murs de soutènement. Les *fig.* 100 et 101 représentent

Fig 100.

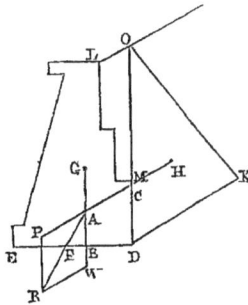

Fig. 101.

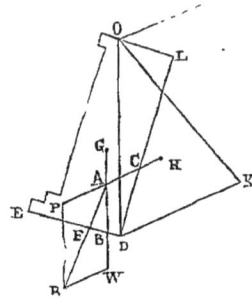

des sections verticales de murs qui ont à supporter la poussée des terres.

Dans chacune de ces figures, nous considérerons une tranche verticale de maçonnerie et de terre ayant pour longueur l'unité. DE est la base de la tranche de maçonnerie, F le centre de résistance de cette base, B un point situé sur la verticale qui passe par G, centre de gravité de la partie de maçonnerie qui repose sur cette base. $\overline{AW}$ une ligne qui représente ce poids, $\overline{AP}$ une ligne qui représente la poussée des terres; $\overline{AR}$ diagonale du parallélogramme APRW représente la pression résultante sur la base DE, et le point F où elle coupe cette base est le centre de résistance.

Dans les deux figures, DO représente un plan vertical mené par l'arête intérieure D de la base du mur et coupant la surface plane du massif de terre en O. Dans la *fig.* 100, la totalité du mur se trouve en avant de ce plan vertical, de telle sorte que le poids représenté par $\overline{AW}$ (ou simplement par W), qui porte sur la base DE, se compose du poids de la maçonnerie et *du poids du massif de terre, dans le cas où il y en a un* (représenté par OLM), *qui est au-dessus de cette base,* et G est le centre de gravité du massif composé de maçonnerie et de terre, qui est situé en avant du plan OD.

Dans la *fig.* 101, d'autre part, une partie de la maçonnerie représentée par DLO est située en *arrière* du plan OD. Si le prisme DLO était formé de terre, son poids serait supporté par les terres qui se trouvent au-dessous de lui; les terres qui se trouvent au-dessous de ce prisme exercent donc une pression dirigée de bas en haut suffisante pour supporter le poids d'un prisme de terre d'un volume égal à celui du prisme de maçonnerie; le poids représenté par AW (ou simplement par W) qui porte sur la base DE comprend donc le poids de la maçonnerie de la tranche verticale du mur *diminué* du poids des terres qui rempliraient le volume DLO, et G est le centre de gravité commun à la maçonnerie EDO située en avant du plan OD et au prisme DLO considéré comme ayant un poids spécifique égal à *la différence entre le poids spécifique de la maçonnerie et celui des terres.*

Nous avons montré au n° 198 que la poussée des terres contre le plan vertical OD (laquelle pression est parallèle à la surface des terres et est représentée par AP ou simplement par P) est égale au poids du prisme de terre ODK, dans lequel DK, qui est parallèle à la surface des terres, est égal à la hauteur OD multipliée par le rapport des pressions conjuguées en un point,

$$\frac{p_y}{p_x} = \frac{\cos\theta - \sqrt{\cos^2\theta - \cos^2\varphi}}{\cos\theta + \sqrt{\cos^2\theta - \cos^2\varphi}},$$

rapport qui dépend de la pente θ du talus et de l'angle de frottement φ; et nous avons fait voir que la résultante de cette pression passe par le point C, à la hauteur

$$\overline{\mathrm{CD}} = \frac{x}{3}$$

au-dessus du point D. Pour simplifier (w' étant le poids de l'unité de volume des terres), nous poserons

$$w' \cos \theta \frac{p_y}{p_x} = w_1;$$

l'équation 2 du n° 198 devient alors

$$\mathrm{P} = \frac{w_1 x^2}{2}. \tag{1}$$

Pour avoir le moment du couple qui tend à renverser le mur, il faudra multiplier, comme dans les numéros précédents, cette force par la distance du point F à CP. Soient t la dimension DE, et i l'angle de DE avec l'horizontale, le bras du couple en question est

$$\left(\frac{x}{3} - \left(q + \frac{1}{2}\right) t \sin i\right) \cos \theta - \left(q + \frac{1}{2}\right) t \cos i \sin \theta =$$
$$\frac{x \cos \theta}{3} - \left(q + \frac{1}{2}\right) t \sin (\theta + i).$$

Si on le multiplie par la force P et si l'on égale le produit au moment de stabilité du poids qui porte sur la base DE, on a la condition suivante de stabilité de position :

$$\mathrm{W} (q \pm q') t \cos i = \frac{w_1 x^3 \cos \theta}{6} - \frac{w_1 x^2 t}{2} \left(q + \frac{1}{2}\right) \sin (\theta + i). \tag{2}$$

Supposons maintenant (comme au n° 211 et autres) qu'il y ait un rapport déterminé n entre W, et le poids $wxt \cos i$ d'un rectangle de maçonnerie ayant pour hauteur $\overline{\mathrm{OD}} = x$ et pour largeur la distance horizontale du point E à OD, $t \cos i$; le premier membre de l'équation 2, qui est le moment de stabilité, deviendra

$$n(q \pm q') \, wxt^2 \cos^2 i.$$

Divisons les deux membres de l'équation par

$$n(q \pm q') \, wx^3 \cos^2 i,$$

et posons, pour simplifier,

$$\frac{w_1 \cos \theta}{6n(q \pm q')w \cos^2 i} = a,$$

$$\frac{w_1 \left(q + \frac{1}{2}\right) \sin (\theta + i)}{4n(q \pm q')w \cos^2 i} = b,$$

nous aurons alors

$$\frac{t^2}{x^2} = a - 2b\frac{t}{x}, \qquad (3)$$

d'où

$$\frac{t}{x} = \sqrt{a + b^2} - b. \qquad (4)$$

L'angle d'inclinaison de la résultante AR sur la verticale est donné par l'équation

$$\tan WAR = \frac{P \cos \theta}{W + P \sin \theta}. \qquad (5)$$

Lorsque la base DE est horizontale, cette valeur ne doit pas dépasser la tangente de l'angle de frottement. Lorsque cette base est inclinée de l'angle i, la condition de stabilité due au frottement est la suivante :

$$WAR - i \leqq \varphi', \qquad (6)$$

φ' étant l'angle de frottement de la fondation du mur.

En donnant à la base du mur une position inclinée, on a en vue de diminuer l'obliquité de la pression sur cette base, de façon à satisfaire à la condition de stabilité due au frottement.

Les valeurs adoptées pour q, en pratique, varient de $\frac{3}{10}$ à $\frac{3}{8}$.

218. Murs de soutènement à section rectangulaire. Si le mur a pour section un rectangle vertical, on a $n = 1$, $q' = 0$, $i = 0$, de telle sorte que dans les équations 3 et 4 du n° 217,

$$\left.\begin{aligned} a &= \frac{w_1 \cos \theta}{6qw}, \\ b &= \frac{w_1 \left(q + \frac{1}{2}\right) \sin \theta}{4qw}. \end{aligned}\right\} \qquad (1)$$

EXEMPLE I. Lorsque la surface des terres est horizontale, auquel cas $\theta = 0$, on a

$$w_1 = w' \frac{1 - \sin \varphi}{1 + \sin \varphi}, \qquad b = 0,$$

et

$$\frac{l}{x} = \sqrt{a} = \sqrt{\frac{w'(1 - \sin \varphi)}{6qw(1 + \sin \varphi)}}. \tag{2}$$

On a aussi

$$W = wx^2 \frac{l}{x},$$

de telle sorte que l'équation 5 du n° 217 devient

$$\left. \begin{aligned} \tang \, WAR = \frac{P}{W} &= \frac{w_1 x^2}{2wx^2 \dfrac{l}{x}} = \frac{w_1 x}{2wl} \\ &= \sqrt{\frac{3qw'(1 - \sin \varphi)}{2w(1 + \sin \varphi)}} \lessgtr \tang \, \varphi'. \end{aligned} \right\} \tag{3}$$

Si les terres sur lesquelles le mur repose sont de même nature que les terres adossées au mur, on peut admettre que $\varphi' = \varphi$; on obtient alors, en élevant au carré l'équation 3, et en remarquant que

$$\tang^2 \varphi = \frac{\sin^2 \varphi}{1 - \sin^2 \varphi} = \left(\frac{\sin \varphi}{1 - \sin \varphi} \right)^2 \frac{1 - \sin \varphi}{1 + \sin \varphi},$$

l'équation suivante

$$\frac{3qw'}{2w} \lessgtr \left(\frac{\sin \varphi}{1 - \sin \varphi} \right)^2. \tag{4}$$

Si l'on admet que le poids spécifique des terres est les $\frac{4}{5}$ de celui de la maçonnerie, ou que $\frac{w}{w'} = \frac{5}{4}$, on trouve que cette équation est satisfaite pour la valeur habituelle de q, $\frac{3}{8}$, tant que φ est supérieur à 27°.

EXEMPLE II. Lorsque l'angle du talus des terres est égal à l'angle de frottement φ, on a $w_1 = w' \cos \varphi$, et

$$a = \frac{w' \cos^2 \varphi}{6qw},$$

$$b = \frac{\left(q + \frac{1}{2} \right) w' \cos \varphi \sin \varphi}{4qw}.$$

de telle sorte que l'équation 4 du n° 217 devient

$$\frac{t}{x} = \cos\varphi \left\{ \sqrt{\frac{w'}{6qw} + \frac{\left(q+\frac{1}{2}\right)^2 w'^2 \sin^2\varphi}{16q^2 w^2}} - \left(q+\frac{1}{2}\right)\frac{w'\sin\varphi}{4qw} \right\}. \quad (5)$$

219. Murs à section trapéziforme. Dans la *fig.* 102, EQ

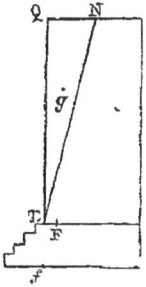

Fig. 102.

représente la face verticale d'un mur rectangulaire disposé pour supporter la poussée d'un massif de terre donné, et F est le centre de résistance de la base.

Prenons $\overline{QN} = 3\overline{EF} = 3\left(\frac{1}{2} - q\right)t$, le centre de gravité g du prisme triangulaire de maçonnerie EQN se trouvera sur la verticale qui passe par le centre de résistance F; si donc on vient à enlever ce prisme de façon à amener le mur à présenter en coupe la forme d'un trapèze avec une face inclinée EN, la position du centre de résistance F ne sera pas modifiée, et la condition de stabilité de position sera encore satisfaite, l'épaisseur t étant déterminée comme pour un mur à section rectangulaire. Si $q = \frac{3}{8}$, l'épaisseur du mur au sommet sera les $\frac{5}{8}$ de l'épaisseur à la base.

On dit alors que la face du mur présente du *fruit;* le fruit est donné par le rapport $\dfrac{\overline{QN}}{\overline{EQ}} = 3\left(\frac{1}{2} - q\right)\dfrac{t}{x}.$

Comme le changement indiqué a pour effet de diminuer la composante verticale de la pression sur la base du mur, l'obliquité de cette pression se trouve augmentée, et il sera nécessaire dans certains cas d'incliner la base d'avant en arrière, comme dans la *fig.* 101.

220. Murs d'épaisseur uniforme avec fruit. Lorsqu'un

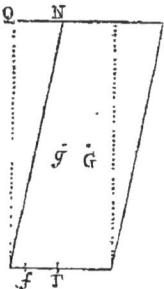

Fig. 103.

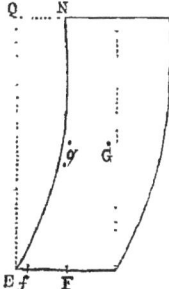

Fig. 104.

mur, qui est destiné à maintenir un remblai *terminé par une surface horizontale*, a une épaisseur uniforme, et présente des faces inclinées ou courbes comme dans les *fig.* 103 et 104, on peut déterminer son moment de stabilité avec une exactitude bien suffisante dans la pratique en procédant de la manière suivante.

Dans chacune de ces figures EQ représente la face verticale d'un mur à section rectangulaire de même hauteur x et de même épaisseur t que le mur donné, et g est le centre de gravité de ce mur à section rectangulaire. Le moment de stabilité par unité de longueur a alors pour expression

$$W qt = q w x t^2.$$

Divisons l'aire EQN comprise entre la face verticale EQ et la face EN du mur donné par la hauteur x.

$$q't = \overline{g\mathrm{G}} = \frac{\mathrm{EQN}}{x} \qquad (1)$$

sera alors la distance du centre de gravité G du mur à face inclinée ou courbe au centre de gravité du mur à section rectangulaire, et le changement de figure augmentera la stabilité dans le rapport $\dfrac{q+q'}{q}$, c'est-à-dire que le moment de stabilité sera maintenant

$$W(q + q')t = (q + q')wxt^2. \qquad (2)$$

Si EN est une ligne droite (*fig.* 103),

$$q't = \frac{\overline{\mathrm{QN}}}{2}. \qquad (3)$$

Si EN est un arc de parabole,

$$q't = \frac{2\overline{\mathrm{QN}}}{3}; \qquad (4)$$

cette formule est encore à peu près exacte lorsque EN est un arc de cercle.

Fig. 105.

Les murs qui présentent « des faces courbes » sont ordinairement construits, comme le montre la *fig.* 105, avec les joints perpendiculaires à la face du mur. On diminue ainsi l'obliquité de la pression sur la base.

221. Les assises des murs de soutènement reposant sur la fondation sont plus larges que le mur et présentent une série de redans sur la face d'avant, ainsi que le montrent les *fig.* 102 et 105. Cette disposition a pour but de répartir la pression sur une surface plus grande que celle des joints du mur, et de la distribuer d'une façon plus égale en amenant le centre de résistance à se trouver plus près du milieu de la base qu'il ne l'est dans le reste du mur. Nous avons vu au n° 199 quelle était la charge que l'on pouvait faire supporter par des fondations en terre.

222. Les **contre-forts** sont les saillies que les murs de soutènement présentent sur leur face intérieure. Un mur et ses contre-forts, si la liaison de la maçonnerie est bien faite, forment un massif dont l'épaisseur est alternativement grande et petite suivant la longueur. On peut déterminer, avec une exactitude bien suffisante en pratique, le moment de stabilité d'un mur avec contre-forts, par unité de longueur, lorsque le mur est bien liaisonné, en faisant la somme des moments de stabilité de la partie du mur comprise entre deux contre-forts et de la partie renforcée, et divisant cette somme par la longueur totale de ces deux parties. Par exemple, la *fig.* 106 représente une portion du *plan* ou de la coupe horizontale d'un mur de soutènement à section verticale rectangulaire de hauteur h, présentant une série de contre-forts à section rectangulaire de même hauteur que le mur. Soient $t = \overline{FE}$ l'épaisseur de la partie de ce mur comprise entre deux contre-forts, et $b = \overline{ED}$ sa longueur; $T = \overline{AB}$ l'épaisseur de la partie du mur renforcée, et $c = \overline{BC}$ sa longueur.

Fig. 106

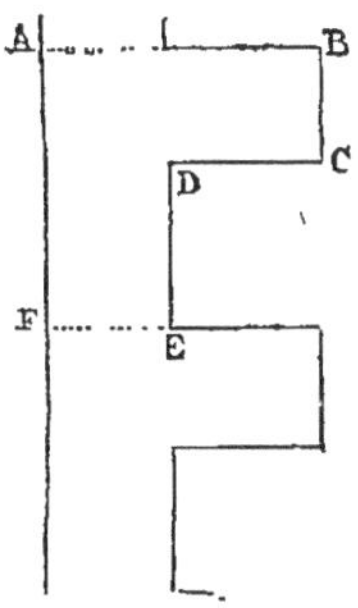

Le moment de stabilité de la première partie est

$$qwhbt^2,$$

et celui de la seconde,

$$qwhcT^2.$$

Si l'on fait la somme de ces moments et qu'on la divise par la longueur totale $b + c = \overline{AF}$, on trouve pour le moment de stabilité moyen par unité de longueur

$$qwh \, \frac{bt^2 + cT^2}{b + c}. \qquad (1)$$

Ce moment est le même que le moment de stabilité par unité de longueur d'un mur qui aurait une épaisseur uniforme

$$t_1 = \sqrt{\frac{bt^2 + cT^2}{b + c}};\qquad (2)$$

(on peut donner à ce dernier mur le nom de *mur d'épaisseur .uniforme équivalent.*)

Le rapport entre les cubes de maçonnerie du mur avec contre-forts et du mur d'épaisseur uniforme équivalent est

$$\frac{bt + cT}{(b + c)t_1},$$

qui est toujours inférieur à l'unité; on voit donc que l'emploi des contre-forts donne une économie dans le cube de la maçonnerie (économie qui, à la vérité, est très-petite le plus souvent).

233. **Voûtes en maçonnerie.** Une voûte en maçonnerie consiste en un anneau de pierres en forme de coins, appelées *voussoirs*, qui sont pressées les unes contre les autres suivant des surfaces appelées *joints*, lesquelles sont ou devraient être normales à l'*intrados* ou surface concave intérieure de la voûte. La surface extérieure ou convexe de l'anneau des voussoirs, qui peut être ou une surface courbe parallèle à l'intrados ou, ce qui vaut mieux, une surface formée d'une série de redans, a à supporter la pression verticale de toute la partie de la charge qui résulte du poids des matériaux autres que les voussoirs eux-mêmes, et cette surface extérieure exerce également, dans beaucoup de cas, une poussée horizontale ou inclinée contre les *tympans* et les *culées*. Les culées supportent aussi la poussée des voussoirs inférieurs, pression qui est verticale ou inclinée suivant les cas. Il arrive parfois que la naissance se trouve au niveau du sol; la voûte a alors pour culées ses fondations mêmes.

On donne le nom de *mur de tympan* à un mur qui repose sur la voûte parallèlement aux plans de tête de cette voûte. Une voûte de pont comporte toujours *deux murs de tympan extérieurs*, un sur chaque tête de la voûte; l'espace compris entre ces deux murs est rempli jusqu'à une certaine hauteur avec de la maçonnerie; au-dessus, on achève le remblai avec des terres ou avec des décombres; ou bien on peut disposer une série de *murs de tympan intérieurs*, tous parallèles aux murs de tympan extérieurs, et laissant entre eux des vides; ce dernier mode de construction, en outre qu'il est d'une grande légèreté, est très-avantageux au point de vue de la stabilité. On recouvre ensuite l'espace compris entre ces murs de tympan intérieurs avec des dalles d'une pierre très-résistante, de façon à former une plate-forme continue, ou bien avec une série de petites voûtes transversales. Les murs de tympan extérieurs forment les culées de ces petites voûtes et doivent posséder une stabilité suffi- sante pour résister à leur poussée; lorsqu'il existe un remblai de terres ou de décombres entre les tympans, ces derniers doivent avoir une stabilité suffisante pour résister à la poussée qui s'exerce contre eux.

Lorsque l'on a à déterminer les conditions de stabilité d'une voûte, il est commode de ne considérer qu'une tranche verticale de la voûte, de la culée et du tympan, ayant une épaisseur égale à l'unité (par exemple à un mètre). Lorsque la construction comporte des murs de tympan avec des espaces vides, on donne aux matériaux un poids spécifique idéal que l'on obtient en supposant que la matière qui les constitue soit répartie uniformément de façon à remplir les vides, c'est-à-dire que si l'on désigne par w le poids de l'unité de vo- lume des matériaux des murs, pas ΣT la somme des épaisseurs de ces murs et par ΣS la somme des épaisseurs correspondant au vide, on déterminera la stabilité de la voûte, en admettant que les tym- pans soient complétement remplis avec des matériaux dont le poids par unité de volume serait

$$ w' = w \frac{\Sigma T}{\Sigma T + \Sigma S} \cdot \qquad (1) $$

224. Courbe des pressions dans une voûte; condition de stabilité. Si l'on mène à travers chacun des joints une ligne droite qui représente en position et en direction la résultante de la pression qui s'exerce sur ce joint, ainsi que nous l'avons expliqué aux n°⁵ 206 et 207, on forme ainsi un polygone; chacun des sommets de ce poly- gone se trouve sur la ligne d'action de la résultante des forces exté- rieures qui sollicitent le voussoir compris entre les deux joints, aux- quels correspondent les côtés contigus du polygone. On voit par là que ce polygone est semblable à un frame polygonal aux sommets duquel s'exercent les forces qui agissent sur les voussoirs (y compris leur propre poids). La *courbe des pressions* de la voûte est une courbe qui est tangente aux côtés de ce polygone. Plus les voussoirs sont petits et plus par conséquent leur nombre va en augmentant, plus le polygone tend à coïncider avec la courbe. Cette dernière représente donc un *arc linéaire idéal* qui serait en équilibre sous l'action des forces réparties d'une façon continue qui agissent sur la voûte réelle que l'on considère. Cet arc linéaire se rapprochant beaucoup du polygone dont les côtés passent par les centres de résistance des joints, on peut, sans erreur sensible, prendre pour ces centres de résistance les points où cet arc linéaire coupe les joints.

Pour que la stabilité d'une voûte fût assurée, il faudrait qu'il n'y eût pas de joint qui tendît à s'ouvrir soit à son arête intérieure, soit à son arête extérieure. Cette condition sera satisfaite lorsque le centre de résistance de chacun des joints ne s'écartera pas du centre du joint d'une longueur supérieure au sixième de la hauteur du joint; la hauteur du joint étant partagée en trois parties égales, le centre de résistance devra donc se trouver compris dans celle *du milieu*. Il en résulte le théorème suivant.

THÉORÈME. *La stabilité d'une voûte est assurée, si l'on peut tracer dans le tiers central de son épaisseur un arc linéaire qui soit en équilibre sous l'action des forces qui sollicitent cette voûte.*

Nous avons déjà dit que la ténacité du mortier frais n'est pas suffisante pour que l'on ait à en tenir compte quand on s'assure de la stabilité de maçonneries: toutes les fois que l'on ne se servira pas de ciment, il faudra donc que toutes les forces conjuguées horizontales ou obliques, qui maintiennent la voûte en équilibre, soient des forces de pression agissant de l'extérieur vers l'intérieur de la voûte. L'arc linéaire se trouve par conséquent limité aux formes qui sont en équilibre, *seulement sous l'action de pressions agissant de l'extérieur vers l'intérieur*, c'est-à-dire que l'intensité de la pression horizontale ou conjuguée, désignée par p_y au n° 185, équation 4, ne doit en aucun point être négative.

Il est vrai de dire qu'il a existé et qu'il existe encore des voûtes dans lesquelles les centres de résistance des joints tombent en dehors du tiers central de l'épaisseur; mais la stabilité de pareilles voûtes n'est pas certaine et elle l'était encore moins lorsque les mortiers étaient frais.

Lorsque l'on a recours pour résister aux efforts de tension horizontaux ou obliques qui peuvent se produire dans les tympans d'une voûte et dans les joints qui les relient aux voussoirs ou dans les joints des voussoirs eux-mêmes, lorsqu'on a recours, dis-je, à la cohésion du ciment, à des étriers, à des crampons en fer, ou à d'autres attaches, la tension conjuguée que nous avons représenté par $-p_y$ ne doit être qu'une petite fraction de leur ténacité, un huitième environ. On arrive par ce moyen à rendre stables des voûtes qui présentent des formes anormales; mais de pareilles constructions n'offrent de sécurité que sur une petite échelle (on a small scale only).

225. **Angle, joint et point de rupture.** La première chose que l'on a à faire pour s'assurer de la stabilité d'une voûte donnée consiste à *prendre* un arc linéaire parallèle à l'intrados de cette voûte et soumis à l'action des mêmes charges verticales distribuées de la même manière. Les *dimensions* de l'arc linéaire que l'on adopte importent peu, pourvu que l'on considère chacun de ses points comme étant soumis aux forces qui agissent *au joint correspondant* de la voûte donnée, c'est-à-dire *au joint pour lequel l'inclinaison de la voûte donnée sur l'horizon est la même que celle de l'arc adopté au point donné.*

On traitera ensuite l'arc adopté comme un arc stéréostatique d'après la méthode du n° 185, et l'on déterminera au moyen de l'équation 4 de ce numéro, soit une expression générale, soit une série de valeurs de l'intensité p_y de la pression conjuguée horizontale ou inclinée, suivant les cas, qui est nécessaire pour maintenir l'arc en équilibre sous l'action de la charge verticale donnée. Si cette pression n'est nulle part négative, une courbe analogue à la courbe adoptée, passant par le milieu des voussoirs, sera exactement ou à très-près peu la courbe des pressions de la voûte donnée; p_y représentera, d'une façon exacte ou très-approchée, l'intensité de la pression latérale que la voûte donnée, tendant à s'ouvrir de dedans en dehors sous l'influence de sa charge, exercera en chaque point contre ses tympans et ses culées, et la force de compression le long de l'arc linéaire en chacun de ses points sera la force de compression de la voûte donnée au joint correspondant.

D'autre part, si p_y présente des valeurs négatives pour l'arc linéaire adopté, il doit y avoir deux points de cet arc pour lesquels cette quantité passe d'une valeur positive à une valeur négative et se réduit à zéro. On déterminera la valeur de l'angle d'inclinaison i_0 en ce point, angle que l'on appelle *angle de rupture*, en résolvant l'équation 1 du n° 187. Les joints correspondants de la voûte donnée sont appelés les *joints de rupture*, et c'est au-dessous de ces joints seulement que cette pression conjuguée s'exercera de dehors en dedans pour soutenir la voûte.

Dans la *fig.* 107, BCA représente une moitié d'une voûte droite; OY, un axe horizontal de coordonnées, placé soit dans le tympan, soit au-dessus de lui; KLDE, une culée, et C, le joint de rupture obtenu par la méthode que nous avons décrite. Le *point* de rupture, qui est le centre de résistance du joint de rupture, se trouve quelque part dans le tiers central de la hauteur de ce joint, et à partir de ce point jusqu'au joint de naissance B, la courbe des pressions est une courbe analogue à l'arc linéaire que nous avons adopté, parallèle à l'intrados, et maintenue en équilibre par la pression latérale qui s'exerce entre la voûte d'une part et le tympan et la culée de l'autre.

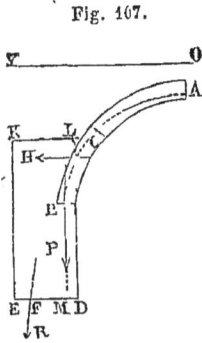

A partir du joint de rupture C jusqu'à la clef A, par suite de ce que des efforts de tension latéraux seraient nécessaires pour maintenir en équilibre l'arc linéaire adopté, on voit que la vraie courbe des pressions doit être une courbe *plus surbaissée* que l'arc linéaire adopté, la figure de la courbe vraie des pressions étant déterminée par cette condition qu'elle doit être un arc linéaire en équilibre sous l'action de forces verticales seulement; c'est-à-dire que la composante horizontale de la force de compression qui agit le long de cet arc en chaque point est une quantité constante qui est égale à la composante horizontale de la force de compression qui agit le long de l'arc au joint de rupture.

L'équation 2 du n° 187 permettra de déterminer cette poussée horizontale représentée par H_0; c'est la poussée horizontale de la voûte entière.

(Si la voûte est déformée, on devra substituer les mots *poussée conjuguée* aux mots *poussée horizontale* partout où on les trouvera.)

Le seul point de la courbe des pressions au-dessus des joints de rupture qu'il importe de déterminer, est celui qui est à la clef de la voûte en A; on le trouvera de la manière suivante.

On cherchera le centre de gravité de la charge qui agit entre le joint de rupture C et la clef A, et l'on mènera par ce centre de gravité une ligne verticale.

S'il est possible, par un point de cette ligne, de mener deux lignes dont l'une soit parallèle à la tangente à l'intrados au joint de rupture et l'autre parallèle à la tangente à l'intrados à la clef, de telle sorte que la première rencontre le joint de rupture et la seconde la clef de la voûte, en deux points qui soient tous deux compris dans le tiers central de l'épaisseur de la voûte, la stabilité de cette voûte sera assurée; et si le premier point est le point de rupture, le second sera le centre de résistance à la clef de la voûte, et le sommet de la vraie courbe des pressions.

Lorsque les deux points dont il s'agit ne tombent pas aux extrémités opposées du tiers central de la voûte, leurs positions exactes sont un peu incertaines; mais cette incertitude n'a pas d'importance en pratique. Il est très-probable que leurs positions sont également distantes de la courbe qui passe par le milieu des voussoirs.

Dans le cas où les deux points tomberaient en dehors du tiers central de l'épaisseur de la voûte, il faudrait augmenter la hauteur des voussoirs.

226. Poussée d'une voûte en maçonnerie. La courbe des pressions, ou *l'arc linéaire équivalent*, d'une voûte en maçonnerie, ainsi que son point de rupture et la poussée totale une fois déterminés par les méthodes exposées dans les numéros précédents, on trouvera la répartition de cette poussée et la ligne d'action de sa résultante par les méthodes du n° 187.

227. Culées. La culée d'une voûte, quand ce n'est pas simplement sa fondation, consiste en un pilier ou en un mur avec ou sans contre-forts, qui se termine ou qui peut être considéré comme se terminant par une face verticale LD, (*fig.* 107) du côté de la voûte.

La culée d'une voûte a à supporter, en sus de son propre poids, l'action de deux forces extérieures qui sont : la charge verticale de la demi-voûte, P, dont la résultante passe par le point B, centre de résistance du joint de naissance, et la poussée H, dont la grandeur et la position sont déterminées par les méthodes que nous avons déjà indiquées et qui passe aussi par le point B, si l'angle de rupture est égal à l'angle d'inclinaison de la voûte en B ou lui est supérieur; s'il n'y a pas de joint de rupture ou s'il y en a un au-dessus de B, cette poussée est répartie entre B et A ou entre B et C, suivant les cas. La résultante de la charge verticale et de la poussée conjuguée formeront à elles deux la pression entière qui agit contre la culée; on déterminera les conditions de stabilité de la culée et les dimensions à lui donner par les méthodes exposées aux n°ˢ 213, 214 et 222.

Pour la culée d'une voûte, de même que pour la voûte, le centre

de résistance doit se trouver dans le tiers central de la base, de telle
sorte que q soit égal à un sixième.

Si l'on transforme la figure d'une voûte par la méthode des projections parallèles, les culées de la nouvelle voûte auront pour figures
les projections parallèles correspondantes des premières culées.

228. Les figures des **voûtes biaises** dérivent de celles des voûtes

Fig. 108.

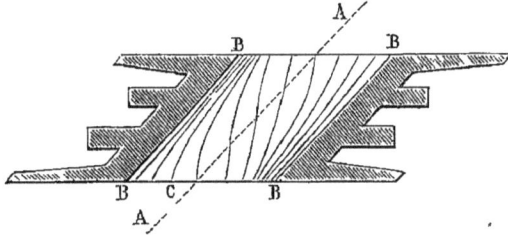

Fig. 109.

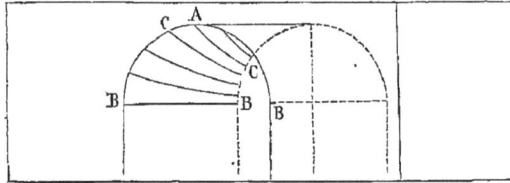

droites par une déformation dans un plan horizontal. L'élévation de la tête d'une voûte biaise ainsi qu'une section verticale
quelconque parallèle à la tête étant identiques à l'élévation et à la
section verticale correspondantes d'une voûte droite, les forces
qui agissent dans une tranche verticale d'une voûte biaise avec ses
culées sont les mêmes que celles qui agissent sur la tranche de
même épaisseur d'une voûte droite avec ses culées, laquelle présente la même figure et les mêmes dimensions et est chargée de la
même manière.

La *fig.* 108 représente en plan une voûte biaise avec culées munies
de contre-forts. *L'angle du biais* ou *l'obliquité* est l'angle que l'axe de
la voûte, AA, fait avec une perpendiculaire au mur de tête de la
voûte, BCB. La portée *orthogonale* de la voûte, ainsi qu'on l'appelle
(c'est-à-dire la longueur de la perpendiculaire comprise entre les culées), est plus petite que la portée *biaise* mesurée parallèlement au
mur de tête de la voûte, et ces deux lignes sont entre elles dans le
rapport du cosinus de l'obliquité à l'unité. C'est la portée biaise qui
est égale à celle de la voûte droite correspondante.

La meilleure position à donner aux joints des voussoirs est une position perpendiculaire à la force de compression qui s'exerce le long de la voûte. Si donc on trace sur l'intrados d'une voûte biaise une série de courbes parallèles résultant de l'intersection de l'intrados par des plans parallèles au mur de tête de la voûte, la meilleure forme pour les joints résultera d'une série de courbes tracées sur l'intrados, qui couperont les premières à angle droit, telles que CC, dans les *fig.* 108 et 109. Comme il est difficile d'exécuter les joints tels qu'on vient de l'indiquer on leur substitue dans la pratique des joints hélicoïdaux qui s'en rapprochent beaucoup.

229. **Voûtes d'arête.** Une voûte d'arête, telle que celle repré-

Fig. 110.

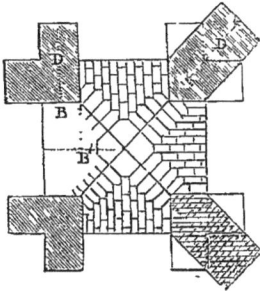

sentée en plan par la *fig.* 110, est formée par l'intersection de deux voûtes. On donne le nom d'*arêtes* aux parties saillantes où les intrados se rencontrent et s'interrompent réciproquement. Les parties des voûtes qui forment la voûte d'arête viennent, à proprement parler, buter contre les arêtes ; les arêtes elles-mêmes et les quatre parties indépendantes des voûtes s'appuient contre quatre piliers placés aux angles de la voûte d'arête. Le *sommet* de la voûte est le point où les arêtes se rencontrent.

La longueur marquée B′ est la distance comprise entre le sommet et le mur de tête de l'une des voûtes, et B est la largeur du pied-droit contre lequel cette voûte vient s'appuyer soit directement, soit par l'intermédiaire de l'arête. La poussée due à la longueur de voûte B est concentrée sur la largeur de culée B ; son intensité se trouve par conséquent augmentée dans le rapport $\dfrac{B'}{B}$, et si t est l'épaisseur que doit avoir une culée pour résister à la poussée d'une voûte entière, l'épaisseur D que devra avoir le pilier dans une direction perpendiculaire à B, sera

$$D = t \sqrt{\frac{B'}{B}}. \qquad (1)$$

Sur le côté gauche de la figure, les piliers sont composés et de forme rectangulaire ; sur la droite on a disposé un pilier unique en diagonale, pour résister à la poussée de chaque arête et à la résultante des poussées] des deux voûtes qui viennent buter contre lui. La largeur du pilier en diagonale étant la *résultante* des largeurs des piliers composés, son épaisseur est simplement égale aux leurs.

230. **Les voûtes rayonnantes** sont formées de nervures qui s'élancent d'un même pilier, comme le montre en plan la *fig.* 111. La poussée à laquelle le pilier a à résister est la résultante des poussées des nervures; la pression verticale est la somme de leurs charges.

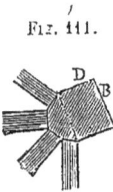

231. **Piles.** Une *pile* est un pilier vertical contre lequel deux ou plusieurs voûtes viennent s'appuyer, de telle sorte que leurs poussées horizontales se font équilibre et que la pile n'a à résister qu'à la pression verticale des moitiés de voûtes qui reposent sur elle. Les piles d'un pont ou d'un viaduc sont ordinairement des murs oblongs d'une longueur égale à celle des intrados des voûtes qu'elles ont à supporter. On a l'habitude de donner aux piles une épaisseur, aux naissances, qui varie entre le sixième et le neuvième de l'ouverture des voûtes. M. Hosking, dans son *Treatise on Bridges*, a bien montré que cette épaisseur est habituellement plus grande que cela est nécessaire et qu'il n'y a pas en général de motifs pour porter l'épaisseur au delà de celle qui est suffisante pour supporter les voûtes.

Si une des deux voûtes qui s'appuient contre la même pile vient à tomber, la voûte suivante, dont la poussée n'est plus équilibrée, renversera le plus souvent la pile et tombera à son tour, de telle sorte que si un viaduc se compose d'une série de voûtes séparées par des piles, la chute d'une seule voûte entraînera la destruction de tout le viaduc. Pour réduire les dommages que causent de pareils accidents, on a l'habitude, dans les viaducs un peu longs, de disposer de distance en distance des *piles-culées* dont la stabilité est telle qu'elles puissent résister à la poussée d'une seule voûte; si une voûte vient alors à tomber, la destruction sera limitée à la portion du viaduc comprise entre les piles-culées les plus rapprochées.

Dans quelques ponts importants sur de grandes rivières, où l'on n'a rien négligé pour rendre la construction durable, toutes les piles sont des piles-culées.

232. **Piles et culées ouvertes et évidées.** Dans certains cas, pour économiser les matériaux et pour diminuer la pression sur les fondations, on ménage dans les piles et dans les culées

des ouvertures voûtées qui les traversent de part en part, ou des évidements rectangulaires dans leur intérieur. Il convient de fermer le fond de ces ouvertures ou de ces évidements, quand ils sont petits, avec de larges pierres, et quand ils sont plus grands, avec des voûtes renversées de façon que l'aire de la fondation, sur laquelle la pression est répartie, soit aussi grande que si la construction formait un tout solide.

Le moment de stabilité d'une culée portant des ouvertures voûtées ou des évidements tels que ceux décrits, est plus petit que celui d'une culée pleine qui aurait les mêmes dimensions extérieures; les deux moments de stabilité sont entre eux à peu près dans le rapport des *moments d'inertie de leurs sections horizontales*. (Voir n° 95.)

233. Tunnels. Si la profondeur d'un tunnel au-dessous de la surface du sol est assez grande relativement à ses dimensions verticales, la courbe des pressions qui doit se trouver tout entière dans le tiers central de l'épaisseur de la voûte, devra avoir pour figure l'arc linéaire elliptique décrit au n° 180, dans lequel le rapport entre le demi-axe horizontal et le demi-axe vertical est égal à la racine carrée du rapport entre la pression horizontale et la pression verticale des terres, ainsi que nous l'avons démontré au n° 180, équation 5, et au n° 197, équation 3; on aura donc

$$\frac{demi\text{-}axe\ horizontal}{demi\text{-}axe\ vertical} = c = \sqrt{\frac{p_y}{p_x}} = \sqrt{\frac{1 - \sin\varphi}{1 + \sin\varphi}}, \qquad (1)$$

φ étant l'angle de frottement.

Si les terres ont de la cohésion et qu'elles soient peu exposées à être dérangées, on peut *augmenter* le rapport donné par l'équation précédente entre la demi-ouverture ou le demi-axe horizontal et la montée ou le demi-axe vertical, et les terres résisteront encore à l'augmentation de poussée horizontale. Mais ce rapport ne doit jamais être *inférieur* à la valeur donnée par l'équation, sinon les pieds-droits du tunnel risqueraient d'être enfoncés par la pression des terres.

Dans un égout on peut prendre l'ellipse entière pour la figure de la voûte, mais dans un tunnel de chemin de fer où l'on doit établir une voie plane, les pieds-droits et le ciel du tunnel comprennent en hauteur les deux tiers ou les trois quarts supérieurs de l'ellipse et l'on dispose à la base une voûte renversée en forme de segment circulaire à grand rayon, dont la flèche est égale environ au hui-

tième de l'ouverture. De cette façon, on concentre la pression verticale des pieds-droits du tunnel sur les assises inférieures en contact avec la fondation. Le rapport entre la largeur entière du tunnel,
mesurée *hors œuvre*, qu'il s'agisse de maçonneries ou d'ouvrages en
briques, et la largeur totale de ces deux parties de la fondation ne
doit pas dépasser la limite du rapport du poids d'une construction au
poids des terres qu'elle déplace; ce rapport a été donné au n° 199,
équation 3. La voûte renversée a pour but d'empêcher les assises
de la base des pieds-droits du tunnel d'être enfoncées par la pression
horizontale des terres.

La forme *exacte* de la courbe des pressions pour les pieds-droits et
pour le ciel d'un tunnel est l'*arc géostatique* du n° 184. Lorsque le
tunnel est rapproché de la surface, nous ferons la remarque suivante.
Soient x_0 la profondeur de la clef de voûte du tunnel, et x, celle du plus
grand diamètre horizontal, au-dessous de la surface du sol; avec ces
deux coordonnées, nous tracerons un arc *hydrostatique*, soit par la
méthode exacte du n° 183, soit par la méthode approchée du n° 188,
et nous réduirons les coordonnées horizontales dans le rapport

$$c = \sqrt{\frac{p_y}{p_x}};$$ le résultat sera l'arc géostatique cherché.

234. Dômes. Un dôme consiste en une calotte en maçonnerie ou
en briques ayant la figure d'un solide de révolution avec un axe vertical; cette figure est celle d'une sphère, d'un sphéroïde ou d'un cône,
et ses sections horizontales sont circulaires. On s'oppose à la tendance
qu'il a à s'ouvrir à sa base en disposant soit un mur cylindrique,
soit une série de piliers entourant le dôme à sa base, ou encore un
cercle en métal suffisamment résistant.

On détermine les conditions de stabilité d'un dôme de la manière

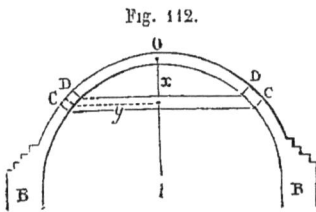

Fig. 112.

suivante. La *fig.* 112 représente la section verticale d'un dôme surmontant
un mur cylindrique BB. Nous supposerons que la calotte du dôme soit
mince relativement à ses dimensions extérieure et intérieure. Nous
prendrons comme origine des coor-
données le centre de la clef de voûte O, et nous désignerons par x
la distance du point O à un joint circulaire quelconque tel que CC,
et par y le rayon de ce joint. Soient i l'angle que fait la voûte en C
avec l'horizon, et ds la longueur d'un arc élémentaire de la section

verticale du dôme, tel que CD, ayant pour hauteur verticale dx et pour différence entre ses rayons supérieur et inférieur dy ; nous aurons alors

$$\frac{dy}{dx} = \cot i; \frac{ds}{dx} = \text{coséc } i.$$

Soit P_x le poids de la partie du dôme qui se trouve au-dessus du joint circulaire CC. La compression totale, qui s'exerce suivant les tangentes au dôme, et qui est dirigée obliquement de haut en bas tout autour du joint CC, a pour expression

$$P_x \frac{ds}{dx} = P_x \text{ coséc } i,$$

et la composante horizontale totale de cette force de compression rayonnante est

$$P_x \frac{dy}{dx} = P_x \cot i.$$

Si p_y représente l'intensité de cette force de compression horizontale rayonnante par unité de longueur du joint CC, comme la longueur de ce joint est $2\pi y (= 6,2832 \, y)$, nous aurons

$$p_y = \frac{P_x \cot i}{2\pi y}. \qquad (1)$$

Nous avons montré au n° 179 que si un anneau est soumis à l'action d'une pression rayonnante, dirigée de l'extérieur vers l'intérieur, d'une intensité donnée par unité de longueur d'arc, il en résulte une force de compression tangentiellement à cet anneau, laquelle a pour grandeur le produit de cette intensité par le rayon de l'anneau. La proposition est encore vraie si l'on vient à substituer à la pression rayonnante indiquée une pression rayonnante dirigée de l'intérieur vers l'extérieur ; seulement la force de compression est remplacée alors par une force de tension agissant tangentiellement à l'anneau. Si donc on s'oppose à l'effet de la pression horizontale rayonnante au joint CC du dôme au moyen d'un cercle en métal, la tension en chaque point de ce cercle, que nous représenterons par P_y, sera donnée par l'équation

$$P_y = yp_y = \frac{P_x \cot i}{2\pi}. \qquad (2)$$

Supposons maintenant que l'on transporte le cercle en métal au joint circulaire DD, distant de CC de la longueur d'arc ds, et soit

$$P_y - dP_y$$

sa tension dans cette nouvelle position.

La différence dP_y, lorsque la tension du cercle en CC est le plus grande, représente une force de *compression* qui doit s'exercer tout autour de l'anneau de briques CCDD, et dont *l'intensité par unité de longueur de l'arc* CD est

$$p_z = \frac{dP_y}{ds} = \frac{1}{2\pi} \cdot \frac{dP_x \cot i}{ds}. \qquad (3)$$

Un anneau en briques pour lequel p_z *est ou nul ou positif, est stable,* sans qu'on ait à tenir compte de la cohésion du ciment, car pour un pareil anneau il ne se développe de forces de tension dans aucune direction.

Lorsque p_z devient *négatif*, c'est-à-dire lorsque P_y a dépassé sa valeur maximum et commence à diminuer, il se développe *des tensions* horizontalement tout autour de chacun des anneaux en briques, et pour assurer la stabilité du dôme, on devra résister à ces tensions en employant du ciment ou des cercles métalliques extérieurs ou encore en disposant des culées suffisamment résistantes.

Telle est la condition de stabilité d'un dôme. L'angle d'inclinaison sur l'horizon de la surface du dôme au joint pour lequel $p_z = 0$, et au-dessous duquel cette quantité devient négative, est *l'angle de rupture* du dôme; et la composante horizontale de sa force de compression pour ce joint est la poussée horizontale totale contre la culée, ou contre le cercle ou les cercles au moyen desquels on empêche le dôme de s'ouvrir.

On peut pratiquer dans un dôme une ouverture circulaire au sommet. On peut également faire des ouvertures ovales sur les flancs du dôme, pourvu que le dôme en ces points ne soit pas soumis à des efforts de tension, et le rapport entre l'axe horizontal et l'axe incliné d'une pareille ouverture sera déterminé par l'équation

$$\frac{\text{axe horizontal}}{\text{axe incliné}} = c = \sqrt{\frac{p_z}{p_y \sec i}}. \qquad (4)$$

EXEMPLE I. *Dôme sphérique.* — Épaisseur uniforme t; poids par unité de volume w; rayon r.

$$x = r(1 - \cos i); \quad y = r \sin i; \quad ds = rdi.$$

$$\mathrm{P}_x = 2\pi wtr^2(1 - \cos i);$$

$$p_y = \frac{wtr \cos i}{1 + \cos i}; \quad \mathrm{P}_y = \frac{wtr^2 \cos i \sin i}{1 + \cos i}; \tag{5}$$

$$p_z = \frac{d\mathrm{P}_y}{rdi} = wtr \frac{\cos^2 i + \cos i - 1}{1 + \cos i}.$$

L'angle de rupture, pour lequel $p_z = 0$, est

$$i_o = \text{arc } \cos \frac{\sqrt{5} - 1}{2} = 51°49'. \tag{6}$$

Cet angle donne pour la poussée horizontale du dôme, par unité de longueur développée du joint de rupture,

$$p_y = 0{,}382\, wtr,$$

et pour la tension d'un cercle en métal qui doit résister à cette poussée,

$$\mathrm{P}_y = 0{,}3\, wtr^2. \tag{7}$$

EXEMPLE II. *Dôme en forme de cône tronqué (fig. 113).*—Sommet, O.

Distance du sommet : au couronnement du dôme, x_0 ; à la base du dôme, x_1 ; angle d'inclinaison uniforme, i ; épaisseur uniforme, t ; $y = x \cot i$.

Fig. 113.

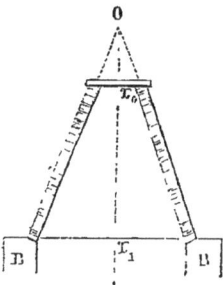

Nous aurons à la base du dôme :

$$\mathrm{P}_x = \pi wt \frac{\cos i}{\sin^2 i}(x_1^2 - x_0^2); \quad$$

$$p_y = \frac{wt \cos i}{2 \sin^2 i}\left(x_1 - \frac{x_0^2}{x_1}\right);$$

$$\mathrm{P}_y = \frac{wt \cos^2 i}{2 \sin^3 i}(x_1^2 - x_0^2);$$

$$p_z = wtx_1 \cot^2 i.$$

p_z étant partout positif, le dôme ne présente pas de joint de rupture.

EXEMPLE III. *Dôme en cône tronqué supportant à son sommet une tourelle ou lanterne d'un poids* L.

$$\mathrm{P}_x = \pi wt \frac{\cos i}{\sin^2 i}(x_1^2 - x_0^2) + \mathrm{L};$$

$$p_y = \frac{wt \cos i}{2 \sin^2 i}\left(x_1 - \frac{x_0^2}{x_1}\right) + \frac{\mathrm{L}}{2\pi x_1};$$

$$\mathrm{P}_y = \frac{wt \cos^2 i}{2 \sin^3 i}(x_1^2 - x_0^2) + \frac{\mathrm{L} \cot i}{2\pi}; \tag{9}$$

$$p_z = wtx_1 \cot^2 i.$$

235. Résistance des culées et des voûtes. Les dimensions que l'on doit donner à une culée, à une voûte ou à un dôme pour assurer leur stabilité, suffisent le plus ordinairement pour assurer leur résistance; mais il y a des cas dans lesquels on devra vérifier directement si la résistance est suffisante, et il faudra que *l'intensité* de la pression qui s'exerce sur les matériaux ne dépasse en aucun point une certaine limite, que l'on déterminera en divisant la résistance des matériaux à l'écrasement par un nombre que l'on appelle le *coefficient de sécurité*. Le coefficient de sécurité pour les ponts existant varie de 3 ou 4 à 50 et au-dessus. Pour les tunnels, il est à peu près 4. Tredgold admet que pour les ponts la valeur à adopter pour le coefficient de sécurité est environ 8 (*Treatise on masonry*). Nous donnons dans un tableau à la fin de ce volume la résistance à l'écrasement des matériaux les plus importants des maçonneries; mais un ingénieur prudent qui a à exécuter de grands ouvrages en maçonnerie ne se contentera pas de consulter de pareils tableaux, il déterminera par des expériences directes la résistance des matériaux qu'il pourra employer.

235 A. Transformation des constructions en maçonnerie. Nous avons dit au n° 126 que pour déterminer *l'intensité* d'une force dans une construction transformée, il faut diviser la *longueur projetée* qui représente la *grandeur* de la force par *l'aire projetée* sur laquelle elle est répartie. Nous allons revenir sur ce sujet au point de vue de la résistance des constructions en maçonnerie transformées.

Pour montrer comment on doit appliquer ce principe, nous considérerons un prisme rectangle dont les dimensions sont x, y, z, l'axe des x étant vertical; son volume est $V = xyz$. Si w est le poids du prisme de volume de la matière dont il est formé, et si le poids de l'unité est représenté par une ligne parallèle à l'axe des x, de longueur W, nous aurons

$$W = wxyz. \qquad (1)$$

La *grandeur* d'une pression verticale agissant de bas en haut sur la base de ce prisme, qui fera équilibre à W, sera représentée par une ligne égale et opposée à W, c'est-à-dire que l'on aura

$$P = -W, \qquad (2)$$

et cette pression aura pour *intensité*

$$p = \frac{\mathrm{P}'}{y^z} = -wx. \qquad (3)$$

Considérons maintenant une projection parallèle de ce prisme, et supposons que ses dimensions $x' = ax$, $y' = by$, $z' = cz$, soient obliques entre elles ; le poids du nouveau prisme sera représenté par une ligne parallèle à l'axe des x' et ayant pour longueur

$$\mathrm{W}' = a\mathrm{W}. \qquad (4)$$

Posons

$$\mathrm{C} = 1 - \cos^2\widehat{y'z'} - \cos^2\widehat{z'x'} - \cos^2\widehat{x'y'} + 2\cos\widehat{y'z'}\cos\widehat{z'x'}\cos\widehat{x'y'}. \quad (5)$$

Le volume du nouveaux prisme est

$$\mathrm{V} = x'y'z'\sqrt{\mathrm{C}} = \mathrm{V}abc\sqrt{\mathrm{C}}; \qquad (6)$$

l'intensité de son poids sera par conséquent

$$w' = \frac{\mathrm{W}'}{\mathrm{V}'} = \frac{a\mathrm{W}}{abc\sqrt{\mathrm{C}}\,\mathrm{V}} = \frac{w}{bc\sqrt{\mathrm{C}}}. \qquad (7)$$

L'*aire* de la surface inférieure du nouveau prisme est

$$y'z'\sin\widehat{y'z'} = yzbc\sin\widehat{y'z'}. \qquad (8)$$

La résultante des actions moléculaires sur cette aire aura pour *grandeur*

$$-\mathrm{W}' = \mathrm{P}' = a\mathrm{P} = apyz; \qquad (9)$$

elle est représentée par une ligne P', qui est la projection de P, et est parallèle à l'axe des x'.

L'*intensité* de ces nouvelles actions moléculaires est

$$p' = \frac{\mathrm{P}'}{y'z'\sin\widehat{y'z'}} = \frac{ap}{bc\sin\widehat{y'z'}}; \qquad (10)$$

et si nous considérons la relation entre les actions moléculaires et le poids,

$$\mathrm{P}' = -\mathrm{W}',$$

c'est-à-dire

$$p'y'z'\sin\widehat{y'z'} = -w'x'y'z'\sqrt{\mathrm{C}}, \qquad (11)$$

nous trouvons

$$p' = \frac{-w'x'\sqrt{\mathrm{C}}}{\sin\widehat{y'z'}}. \qquad (12)$$

CHAPITRE III.

RÉSISTANCE ET RAIDEUR.

———

SECTION 1. — *Résumé de la théorie de l'élasticité appliquée*
à la résistance et à la raideur.

236. La théorie de l'élasticité comprend les lois qui relient
les actions moléculaires ou forces de pression et de tension qui
agissent à la surface et dans l'intérieur d'un corps, aux changements
de dimensions et de figure qui se produisent en même temps dans
le corps et dans ses différentes parties. Cette théorie est donc la base
des principes qui régissent la résistance et la raideur des matériaux
de construction. La théorie de l'élasticité s'applique à beaucoup d'autres sujets : à la cristallographie, à l'étude de la lumière, du son, de
la chaleur et des autres branches de la physique. Son étude complète
comporterait un ouvrage étendu; dans la présente section nous
résumerons brièvement les principes de cette science qui sont applicables à la résistance et à la raideur des constructions.

237. L'élasticité est la propriété que les corps possèdent d'occuper et de tendre à occuper des portions de l'espace d'un volume
et d'une forme déterminés, à des pressions et à des températures
données; cette propriété dans un corps homogène se manifeste également pour toute partie de grandeur appréciable.

238. On donne le nom de **force élastique** à une force qui
s'exerce entre deux corps à leur surface de contact, ou entre les deux
parties dans lesquelles on divise ou l'on peut diviser un corps, à leur
surface réelle ou idéale de séparation. L'intensité d'une force élastique est donnée en *unités de poids* par *unité d'aire* de la surface sur
laquelle elle agit. Cette espèce de force est en réalité identique aux

actions moléculaires dont nous avons donné les lois d'équilibre statique dans la première partie, chapitre V, sections 2, 3 et 4, n°s 86 à 126.

239. **Élasticité des fluides.** L'élasticité d'un *fluide parfait* est telle que ses différentes parties peuvent seulement résister à des changements de volume, mais non de forme ; il en résulte que la pression qu'exerce une masse parfaitement fluide est perpendiculaire en chaque point à sa surface ; ces principes forment la base de l'hydrostatique et de l'hydrodynamique. Les fluides se présentent à l'état gazeux ou à l'état liquide. L'expérience montre que les parties d'un *fluide gazeux* exercent des pressions les unes contre les autres et contre les vases qui les renferment, et cela quel que soit le volume que ce fluide occupe. Voir les n°s 110 et 117 à 124.

240. **Élasticité des liquides.** L'élasticité d'un *liquide parfait* lui permet de résister seulement à des changement de volume ; elle diffère de celle des fluides gazeux, principalement en ce que les plus grandes variations dans la pression que l'on peut appliquer à une masse liquide ne produisent que de très-petits changements de volume.

La *compression* que subit une masse liquide par suite de l'application d'une pression donnée sur sa surface se mesure par le rapport entre la diminution de volume qui résulte de la pression donnée et le volume entier de la masse ; ce rapport est toujours une quantité très-petite. La *compressibilité* d'un liquide donné est la compression produite par l'unité de pression élastique ; en d'autres termes, c'est le rapport d'une compression à la pression qui la produit. Le *module* ou *coefficient d'élasticité* d'un liquide est le rapport de la pression appliquée au liquide et exercée par lui, à la compression qui l'accompagne ; c'est donc l'inverse de la compressibilité. La formule empirique suivante pour la compressibilité de l'eau pure à des températures comprises entre 0° C. et 53°,3 C. a été déduite des expériences de M Grassi (*Comptes rendus*, XIX ; *Philos. mag.*, juin 1851).

$$\text{Compressibilité par atmosphère} = \frac{1}{40(1{,}8\text{T} + 493)\text{D}},$$

T étant la température en degrés centigrades, D la densité de l'eau à cette température sous la pression d'une atmosphère, la densité maximum de l'eau sous la pression d'une atmosphère étant prise comme unité. (Voir n° 123, équation 5.) A la température correspondant à la densité maximum, la compressibilité de l'eau par atmosphère est 0,00005 et son module d'élasticité 20 000 atmosphères ou 206 600 000 kilogrammes par mètre carré.

Compressibilité de quelques liquides, par atmosphère,
déduite des expériences de M. Grassi.

Solution aqueuse saturée d'azotate de potasse. . . . 0,0000306565
Solution aqueuse saturée de carbonate de potasse.. . 0,0000303294
Eau de mer artificielle. 0,0000445029
Solution aqueuse saturée de chlorure de calcium.. . 0,0000209830
Éther . . . . 0,00011137 à 0,00013073
Alcool. . . . . 0,00008245 à 0,00008587

La compressibilité de l'éther et de l'alcool augmente avec la pression.

241. Rigidité ou raideur. Un corps *solide*, en outre qu'il peut résister à des changements de volume comme un liquide, possède de la *rigidité*, c'est-à-dire qu'il est doué de la propriété de résister à des changements de figure. De même que pour les liquides, les plus grands changements de volume dont un corps solide est susceptible par suite de la pression qui lui est appliquée, sont toujours des fractions très-petites de son volume entier. Les actions moléculaires qui s'exercent à la surface d'un corps solide ou d'une molécule de ce corps ne sont pas nécessairement normales, mais peuvent avoir une direction quelconque variant entre la direction normale et la direction tangentielle.

242. Déformation et rupture. Le mot *déformation* indique un changement d'une nature quelconque dans le volume et la figure d'un corps solide et de ses différentes parties, changement résultant des forces moléculaires qui lui sont appliquées. La *rupture* d'un solide se produit quand la déformation est poussée assez loin pour que le solide se sépare en différentes parties. Le tableau suivant indique les déformations et les ruptures dont est susceptible un corps solide considéré comme formant un tout. A chaque espèce de déformation et de rupture correspondent des forces d'une espèce déterminée; ces dernières sont les forces extérieures qui produisent ces déformations; elles sont égales et opposées aux actions moléculaires qui se développent dans le corps solide et qui lui permettent de résister à ces déformations.

	DÉFORMATION.	RUPTURE.
Longitudinale {	Extension.	Déchirure.
	Compression.	Le corps s'écrase et se fend.
Transversale {	Distorsion.	Cisaillement.
	Torsion.	R. par torsion.
	Flexion.	R. par flexion.

243. Élasticité parfaite et imparfaite. Plasticité. On dit qu'un corps possède une *élasticité parfaite* quand, étant soumis à une déformation à une température constante par suite de l'application de forces moléculaires, il reprend son volume initial, ou son volume et sa forme, dès que l'action de ces forces a cessé. Les corps qui ne jouissent pas de cette propriété possèdent une *élasticité imparfaite*. Les gaz et les liquides qui sont complétement dépourvus de viscosité sont parfaitement élastiques.

L'élasticité d'un solide quelconque est à peu près parfaite tant que la déformation ne dépasse pas une certaine limite. Ce cas se présente même pour des corps qui offrent la plasticité de l'argile humide. Tous les solides présentent, dans leur déformation, des limites à partir desquelles il se produit une modification permanente dans leur volume ou dans leur forme, et ces *limites d'élasticité* sont inférieures et même souvent très-inférieures à la déformation qui amène la rupture.

M. Hodgkinson a prouvé que ces limites dépendent de la durée de la déformation et qu'elles sont moindres lorsque cette déformation est prolongée que lorsqu'elle est rapide. L'*élasticité de volume* des solides se rapproche en général beaucoup plus de la perfection que l'*élasticité de forme*. Il est vrai que l'on peut augmenter la densité de beaucoup de métaux d'une façon permanente, en les martelant, en les laminant et en les faisant passer à la filière, et que l'on arrive au même résultat pour d'autres substances à l'aide d'une pression intense (Fairbairn : *Report of the British Association*, 1854); mais les actions moléculaires qui se produisent pendant de pareilles opérations sont considérables. Un corps qui est susceptible de subir des changements de forme importants, et dont l'élasticité de forme est très-imparfaite, est un *solide plastique*. On trouve des gradations insensibles entre les solides plastiques et les *liquides visqueux ;* ces derniers résistent à des changements de forme, mais ne tendent pas à reprendre une forme déterminée.

Une élévation de température, dans l'état actuel de nos connaissances, augmente l'élasticité de volume de toutes les substances et diminue en même temps la grandeur et la perfection de l'élasticité de forme; elle rend ainsi les solides plus plastiques et les liquides moins visqueux.

244. On donne le nom de **résistance extrême** d'un solide aux actions moléculaires qui sont nécessaires pour en produire la rupture d'une façon déterminée; la **résistance d'épreuve** est la résultante des actions moléculaires qui sont nécessaires pour produire la plus grande déformation d'une espèce déterminée sans que la résistance de la matière soit altérée. Il peut arriver que des actions moléculaires qui dépassent la résistance d'épreuve de la matière n'en produisent pas la rupture immédiate, mais qu'elles la déterminent, si la matière a à les supporter pendant un temps assez long ou si elle y est soumise à plusieurs reprises. La résistance, aussi bien la résistance extrême que la résistance d'épreuve, est le produit de deux quantités que l'on peut appeler la **déformation (toughness)** et la **raideur.** Les mots *déformation* (toughness) extrême ou d'épreuve sont employés ici pour désigner la plus grande déformation que le corps pourra supporter sans qu'il y ait rupture ou dommage quelconque produit, suivant les cas; quant à la *raideur* que l'on pourrait encore appeler la *solidité (hardness)*, elle représente le rapport entre les actions moléculaires qui produisent cette déformation et cette déformation; c'est par le fait un *module d'élasticité* d'une espèce bien définie. Les solides *malléables* et *ductiles* possèdent une déformation (toughness) extrême qui est de beaucoup supérieure à leur déformation (toughness) d'épreuve. Les solides *fragiles* ont au contraire leur déformation (toughness) extrême égale ou presque égale à leur déformation (toughness) d'épreuve.

Le **ressort** est la quantité de *travail mécanique* qui est nécessaire pour produire la déformation d'épreuve, et il est égal au produit de cette déformation par la *résultante des actions moléculaires moyennes* suivant sa direction qui se développent durant cette déformation; cette résultante est égale ou presque égale à la moitié de la résultante des actions moléculaires qui correspondent à la déformation d'épreuve. Le ressort d'un solide est donc la moitié ou à très-peu près du produit de sa déformation (toughness) d'épreuve par sa résistance d'épreuve; en d'autres termes, c'est la moitié du produit du carré de sa déformation (toughness) d'épreuve par sa raideur.

Chaque corps solide possède autant d'espèces de raideur, de déformation (toughness), de résistance et de ressort qu'il a d'espèces de déformation différentes, ainsi que l'indique le tableau suivant.

Dans ce tableau, le terme *souplesse* (*pliability*) est employé dans un sens général pour désigner l'inverse de la *raideur*.

ACTIONS MOLÉCULAIRES.	DÉFORMATION.	RAIDEUR.	SOUPLESSE.	RUPTURE.	RÉSISTANCE.
Tension.	Allongement ou extension.	»	Extensibilité.	Déchirure.	Ténacité.
Pression.	Compression.	»	Compressibilité.	Écrasement.	»
Actions moléculaires tranchantes.	Distorsion.	»	»	Cisaillement	»
Actions moléculaires de torsion.	Torsion.	»	»	R. par torsion.	»
Actions moléculaires de flexion.	Flexion.	Raideur transversale.	Flexibilité.	R. par flexion.	»

Dans les cas où les termes manquent pour désigner certaines espèces de raideur ou de résistance, nous dirons que ces dernières sont les **résistances** à l'espèce de déformation ou de rupture correspondante.

245. Détermination de la résistance d'épreuve. On supposait autrefois que la résistance d'épreuve d'une substance quelconque était la résultante des plus grandes actions moléculaires qu'elle pouvait supporter tout en restant parfaitement élastique, c'est-à-dire des plus grandes actions moléculaires qui n'amenaient pas un *changement* permanent dans sa forme ou dans sa figure. Mais M. Hodgkinson a prouvé que dans beaucoup de cas les actions moléculaires peuvent produire ce changement sans que l'on ait rien à redouter. Il en résulte quelque incertitude dans la détermination expérimentale de la résistance d'épreuve, mais on peut admettre qu'on l'a trouvée au moment où *l'application répétée de la charge n'entraîne pas un* CHANGEMENT CROISSANT *dans la forme.*

246. On fait **travailler** les matériaux de construction à **des actions moléculaires** qui sont inférieures à la résistance d'épreuve, de façon à n'avoir rien à redouter d'événements imprévus; l'expérience permet de déterminer le rapport qui doit exister entre ces deux quantités.

247. Les coefficients de sécurité sont de trois espèces différentes, à savoir : le rapport entre la *résistance extrême* et la *résistance* *d'épreuve;* le rapport entre la *résistance extrême* et les *actions molé-culaires* auxquelles on fait travailler les matériaux ou actions *molé-culaires du travail ordinaire*, et le rapport entre la *résistance d'épreuve* et les *actions moléculaires du travail ordinaire*. Le tableau suivant donne des exemples des valeurs des coefficients que l'on rencontre dans la pratique.

	Résistance extrême / Résistance d'épreuve	Résistance extrême / Actions molec.d.t.or.	Résistance d'épreuve / Actions molec.d.t.or
Acier très-résistant.	1,5	»	»
Fer et acier ordinaires, charge permanente.	2	3	1,5
Fer et acier ordinaires, charge mobile.	»	4 à 6	2 à 3
Chaudières en tôle.	2	8	4
Fonte, charge permanente. .	2 à 3	3 à 4	environ 1,5
»　charge mobile. . . .	»	6 à 8	2 à 3
Bois; moyenne.	3	10	3,33
Pierre et briques.	2 environ	4 à 10 moyenne 8 envir.	moyenne 4 envir.

248. Divisions de la théorie mathématique de l'élas-ticité. La théorie de l'élasticité des solides est constituée actuelle-ment par un ensemble de *principes mathématiques* qui sont applica-bles aux cas où les déformations du solide sont suffisamment petites pour que l'on puisse négliger, sans erreur appréciable, dans l'expres-sion des actions moléculaires, les termes qui sont fonctions des carrés, des produits et des puissances d'un degré plus élevé de ces déformations, et que l'on puisse par conséquent regarder *la loi de Hooke,* « *ut tensio sic vis* », comme étant à très-peu près celle qui relie les déformations aux actions moléculaires. Cette condition est rem-plie dans la majeure partie des cas où les actions moléculaires sont inférieures à la résistance d'épreuve; quelques substances qui sont à la fois très-souples (pliable) et en même temps très-déformables (tough) comme le caoutchouc font seules exception. La théorie ma-thématique ainsi limitée comprend trois parties, qui sont: la dé-composition et la composition des actions moléculaires; la décom-position et la composition des déformations, et les relations entre les déformations et les actions moléculaires. Nous avons examiné à fond la décomposition et la composition des actions moléculaires dans la première partie, chap. V, section 3.

249. Décomposition et composition des déformations. Supposons qu'un corps solide d'une forme quelconque soit partagé en un nombre de cubes infiniment grand par trois systèmes de plans respectivement parallèles aux trois plans coordonnés. Nous distinguerons chacun de ces cubes élementaires au moyen des distances x, y, z de son centre aux trois plans coordonnés. Si le corps solide est déformé d'une manière quelconque, les dimensions et la forme de chacun de ces cubes élémentaires seront modifiés; il se transformera en un prisme droit ou oblique, en admettant qu'il soit suffisamment petit pour que l'on puisse négliger la courbure des faces. Les *déformations simples* ou *élémentaires* dont est susceptible un volume élémentaire, supposé cubique lorsqu'il est à l'état libre, sont au nombre de six, à savoir : trois *déformations longitudinales* ou *directes*, qui sont les trois variations par unité de longueur de ses dimensions linéaires, ces variations correspondant à des allongements quand elles sont positives et à des raccourcissements quand elles sont négatives; et trois *déformations transversales* qui sont les trois *distorsions* ou variations des angles compris entre les faces primitivement rectangulaires; on conviendra du signe à donner à ces dernières, et elles seront exprimées par les rapports des arcs qui les sous-tendent au rayon. Lorsque les valeurs de ces six déformations pour un volume élémentaire quelconque sont exprimées en fonction des coordonnées x, y, z, l'état de déformation du corps solide est défini mathématiquement. Les six déformations élémentaires, dans les cas auxquels la théorie se limite, sont toujours des fractions très-petites.

On s'appuie sur le théorème suivant pour ramener l'état de déformation du corps solide en un point donné, lequel est exprimé par un système de six déformations élémentaires relativement à un système d'axes rectangulaires, pour le ramener, dis-je, à un système équivalent de six déformations élémentaires relativement à un nouveau système d'axes rectangulaires. Soient α, β, γ, les déformations longitudinales des dimensions d'un élément donné suivant les axes des x, des y et des z; λ, μ, ν, les distorsions de ses angles dans les plans yz, zx, xy. Considérons la surface du second degré qui aurait pour équation

$$\alpha x^2 + \beta y^2 + \gamma z^2 + \lambda yz + \mu zx + \nu xy = 1.$$

Si nous transformons cette équation de façon à rapporter la même surface aux nouveaux axes de coordonnées, les six coefficients de l'équation transformée seront les déformations élémentaires rapportées aux nouveaux axes. Le professeur W. Thomson, dans un mémoire du *Cambridge and Dublin mathematical journal*, mai 1855, a indiqué d'autres moyens de décomposer les déformations.

La somme des déformations directes $\alpha + \beta + \gamma$ représente la dilatation cubique d'une molécule lorsqu'elle est positive, et sa compression cubique lorsqu'elle est négative. On peut déterminer expérimentalement l'état de déformation d'un corps transparent par l'action qu'il exerce sur la lumière polarisée. Fresnel, D. Brewster, M. Wertheim et M. Klerk Maxwell ont fait des expériences sur ce sujet.

250. **Déplacements.** Soient ξ, η, ζ les projections, parallèles aux axes des x, des y et des z respectivement, du *déplacement* d'un volume élémentaire d'un corps solide soumis à des actions moléculaires, compté à partir de la position qu'il occupe lorsque ce corps solide est à l'état libre, ces projections étant exprimées en fonction de x, y, z. On a

$$\alpha = \frac{d\xi}{dx}; \qquad \beta = \frac{d\eta}{dy}; \qquad \gamma = \frac{d\zeta}{dz};$$

$$\lambda = \frac{d\zeta}{dy} + \frac{d\eta}{dz}; \quad \mu = \frac{d\xi}{dz} + \frac{d\zeta}{dx}; \quad \nu = \frac{d\eta}{dx} + \frac{d\xi}{dy}.$$

251. **Analogie entre les déformations et les actions moléculaires.** Nous avons montré au n° 104 que les forces élastiques qui s'exercent sur un volume élémentaire qui était primitivement cubique et qui constituent l'état élastique du corps solide au point où ce volume élémentaire se trouve, peuvent se décomposer en six *résultantes d'actions moléculaires élémentaires* qui sont : trois *résultantes d'actions moléculaires normales*, respectivement perpendiculaires aux trois couples de faces et qui tendent directement à modifier les trois dimensions linéaires du volume élémentaire ; et trois *couples de résultantes d'actions moléculaires tangentielles* qui agissent *le long* des doubles couples des faces auxquelles elles sont appliquées et qui tendent directement à modifier les angles formés par ces doubles couples de faces. Nous avons donné aux n°ˢ 105, 106, 107, 108, 109 et 112 les équations qui permettent de ramener l'état des forces moléculaires en un point donné, lequel est exprimé par un système de six résultantes d'actions moléculaires élémentaires rapporté à un système de coordonnées rectangulaires, qui permettent, dis-je, de le ramener à un système équivalent de résultantes d'actions moléculaires élé-

mentaires rapporté à un nouveau système de coordonnées rectangulaires. Ces équations se résument dans le théorème suivant. Désignons par p_{xx}, p_{yy}, p_{zz} les trois intensités des actions moléculaires normales, et par p_{yz}, p_{zx}, p_{xy} les trois intensités des actions moléculaires tangentielles, et imaginons la surface qui aurait pour équation

$$p_{xx}x^2 + p_{yy}y^2 + p_{zz}z^2 + 2p_{yz}yz + 2p_{zx}zx + 2p_{xy}xy = 1.$$

Transformons maintenant cette équation de façon à rapporter la même surface au nouveau système d'axes; les six coefficients de l'équation transformée seront les six intensités des actions moléculaires élémentaires rapportées aux nouveaux axes. Les leçons de M. Lamé *sur la théorie mathématique de l'élasticité des corps solides*, Paris, 1852, renferment l'étude complète de cette question. L'équation ci-dessus se transforme dans l'équation du n° 249, à la condition de substituer α, β, γ, λ, μ, ν, respectivement à p_{xx}, p_{yy}, p_{zz}, $2p_{yz}$, $2p_{zx}$, $2p_{xy}$; et si l'on fait les substitutions correspondantes dans toutes les équations des n°⁵ 105, 106, 107, 108, 109, et 112, elles s'appliqueront maintenant aux déformations.

252. L'énergie potentielle d'élasticité d'un volume élémentaire primitivement cubique dans un état donné de déformation est le *travail qu'il est capable de produire* en repassant de cet état de déformation à l'état libre; elle est égale au produit du volume élémentaire par la fonction suivante

$$U = \frac{1}{2}\left(\alpha p_{xx} + \beta p_{yy} + \gamma p_{zz} + \lambda p_{yz} + \mu p_{zx} + \nu p_{xy}\right).$$

Cette fonction a été employée pour la première fois par M. Green, *Cambridge Transactions*, vol. VII.

253. Coefficients d'élasticité. D'après la loi de Hooke, on peut, sans erreur sensible, traiter chacune des six résultantes d'actions moléculaires élémentaires comme une fonction linéaire des six déformations élémentaires, chacune de ces dernières étant multipliée par un *coefficient* particulier ou *module d'élasticité*. Lorsque l'on exprime toutes les résultantes d'actions moléculaires en fonction des déformations, l'énergie potentielle U se transforme en une fonction homogène du second degré des six déformations élémentaires, laquelle doit avoir vingt et un termes et par suite *vingt et un coefficients*, multipliant respectivement les six demi-carrés et les quinze produits deux à deux des six déformations élémentaires. Le coefficient de $\frac{1}{2}$ α^2 dans U est celui de α dans p_{xx}; le coefficient de $\alpha\beta$ dans

U est celui de α dans p_{yy} et aussi celui de β dans p_{xx}, et ainsi de suite.

254. Coefficients de souplesse (pliability). La loi de Hooke montre encore que l'on peut considérer, sans erreur sensible, chacune des six déformations élémentaires comme une fonction linéaire des six résultantes d'actions moléculaires élémentaires, de façon à transformer U en une fonction homogène du second degré des actions moléculaires élémentaires p_{xx}, etc., laquelle contiendrait vingt et un termes et vingt et un coefficients exprimant diverses espèces de *souplesse* (pliability). Le mot « souplesse » est employé ici dans un sens étendu pour exprimer la faculté qu'a un corps de se prêter à un changement de figure d'une espèce quelconque, soit par allongement, compression linéaire ou distorsion.

On peut classer de la manière suivante les coefficients d'élasticité ou de souplesse : — coefficients d'élasticité *directe* ou *longitudinale*, lorsqu'ils expriment les relations entre les déformations longitudinales et les actions moléculaires normales dans la même direction : coefficients *d'élasticité latérale*, lorsqu'ils expriment les relations entre les déformations longitudinales et les actions moléculaires normales agissant dans des directions perpendiculaires à ces déformations; coefficients *d'élasticité transversale*, lorsqu'ils expriment les relations entre les distorsions et les actions moléculaires tangentielles dans la même direction, et coefficients *d'élasticité oblique*, lorsqu'ils expriment d'autres relations entre les déformations et les actions moléculaires.

255. Un axe d'élasticité est une direction dans le corps solide pour laquelle il existe une certaine symétrie dans les relations entre les déformations et les actions moléculaires. *Un axe d'élasticité directe* est une direction dans un corps solide, telle qu'une déformation longitudinale dans cette direction produit des actions moléculaires normales et ne produit pas d'actions moléculaires tangentielles sur un plan normal à cette direction. Un pareil axe d'élasticité est une direction d'élasticité directe maximum ou minimum relativement aux directions adjacentes.

Le calcul des formes et un perfectionnement qui a été apporté à la géométrie des coordonnées obliques ont permis de voir qu'un solide homogène quelconque doit avoir *au moins trois* axes d'élasticité directe, qui peuvent être rectangulaires ou obliques les uns par rapport aux autres, et que le nombre de pareils axes augmente à mesure que les forces élastiques présentent plus de symétrie dans leur action, et que leurs divers arrangements possibles correspondent exactement à ceux des normales aux faces et aux arêtes .des diverses *formes cristallines primitives* (*Phil. Transactions*, 1856-57).

256. Dans un **solide isotrope** ou **amorphe**, l'action des forces élastiques est la même dans toutes les directions. Une direction quelconque est un axe d'élasticité. Les coefficients d'élasticité oblique et de souplesse oblique sont tous nuls. Les différents coefficients d'élasticité et les différents coefficients de souplesse sont au nombre de trois. Les notations et les équations ci-dessous montrent les relations qui existent entre eux.

Élasticité.

$$\text{Directe.} \quad A = \frac{a - b}{a^2 - ab - 2b^2};$$

$$\text{Latérale.} \quad B = \frac{b}{a^2 - ab - 2b^2};$$

$$\text{Transversale.} \quad C = \frac{A - B}{2};$$

$$\text{Élasticité de volume.} \quad \frac{1}{\delta} = \frac{A + 2B}{3}.$$

Souplesse.

$$\text{Directe.} \quad a = \frac{A + B}{A^2 + AB - 2B^2};$$

(ou extensibilité).

$$\text{Latérale.} \quad b = \frac{B}{A^2 + AB - 2B^2};$$

$$\text{Transversale.} \quad c = \frac{1}{C} = 2(a + b):$$

Compressibilité cubique. $\delta = 3a - 6b$.

257. **Module d'élasticité**. La quantité à laquelle le docteur Young a le premier donné le nom de « *module d'élasticité* » est l'inverse de l'extensibilité ou de la souplesse longitudinale, c'est-à-dire

$$E = \frac{1}{a} = A - \frac{2B^2}{A + B}.$$

Cette quantité exprime le rapport entre les actions moléculaires normales qui s'exercent sur la section transversale d'une barre d'un solide isotrope et la déformation longitudinale, mais *seulement quand la barre est parfaitement libre de varier dans ses dimensions transversales*, et non dans d'autres circonstances. Les valeurs du module d'Young ont été déterminées par l'expérience pour presque toutes les substances solides un peu importantes; nous en donnons un tableau à la fin de ce volume.

258. **Exemples de coefficients.** Les seuls coefficients d'élasticité et de souplesse que l'on ait calculés complétement sont ceux du laiton et du cristal; ils sont déduits des expériences de M. Wertheim (*Annales de Chimie*, 3ᵉ série, vol. XXIII) et sont les suivants, l'unité de pression étant le *kilogramme par mètre carré* :

	Laiton.	Cristal.
A.	156×10^8	599×10^7
B.	814×10^7	296×10^7
C.	375×10^7	152×10^7
$\dfrac{1}{\delta}$.	106×10^8	39×10^8
$\dfrac{1}{a}$.	101×10^8	40×10^8
a.	$\dfrac{994}{10^{13}}$	$\dfrac{247}{10^{12}}$
b.	$\dfrac{340}{10^{13}}$	$\dfrac{818}{10^{13}}$
c.	$\dfrac{267}{10^{12}}$	$\dfrac{618}{10^{12}}$
δ.	$\dfrac{940}{10^{13}}$	$\dfrac{248}{10^{12}}$

259. **Le problème général de l'équilibre intérieur d'un corps solide élastique** est le suivant: étant données la forme d'un corps solide à l'état libre, les valeurs de ses coefficients d'élasticité, les forces d'attraction qui agissent sur ses volumes élémentaires, et les actions moléculaires appliquées à sa surface, on demande d'en déterminer le changement de forme et les déformations de tous ses volumes élémentaires. On résoudra ce problème en général en concevant que le solide soit divisé (comme nous l'avons déjà indiqué) en petits volumes terminés par des rectangles à l'état libre et rapportés à des coordonnées rectangulaires. Dans le cas de corps

isotropes, il est commode quelquefois d'employer des coordonnées sphériques, cylindriques, ou d'autres coordonnées curvilignes. Nous avons déjà donné au n° 116, équation 2, l'équation générale de l'équilibre intérieur d'un corps solide qui est sollicité par son propre poids. Si l'on introduit dans cette équation les valeurs des actions moléculaires en fonction des déformations, exprimées, comme au n° 250, au moyen des *déplacements* des volumes élémentaires, on obtient des équations qui par l'intégration donnent les déplacements et par suite les déformations et les actions moléculaires. Le problème général est extrêmement complexe, mais les cas que l'on rencontre dans la pratique et que nous traitons dans le reste de ce chapitre peuvent être résolus avec une exactitude suffisante en général au moyen de méthodes approchées relativement simples. La plupart de ces méthodes approchées sont analogues à « la méthode des sections » que nous avons discutée dans son application aux frameworks (161). On imagine que le corps considéré soit partagé en deux parties par un plan; on évalue les forces et les couples qui agissent sur l'une de ces deux parties; ils doivent être égaux et opposés aux forces et aux couples qui résultent des actions moléculaires *totales* qui s'exercent sur le plan idéal de section et permettent ainsi de les déterminer. Quant à la *répartition* de ces actions moléculaires directes et tangentielles, on la trouve au moyen d'une hypothèse que l'expérience ou la théorie, ou les deux combinées indiquent comme se rapprochant suffisamment de la vérité.

Excepté dans quelques cas relativement simples, on n'a employé jusqu'ici la méthode rigoureuse de recherche au moyen des équations de l'équilibre intérieur, que pour s'assurer si les méthodes approchées ordinaires sont suffisamment exactes.

SECTION 2.—*Relations entre les déformations et les actions moléculaires.*

260. Ellipse de déformation. Dans les n° 249, 251, 252, 253, 254, 256 et 257 de la section qui précède, nous avons donné, mais sans les démontrer complétement, certains principes généraux sur les relations entre les déformations, ainsi que les analogies entre les déformations et les actions moléculaires. Dans la présente section, nous étudierons les cas les plus simples de ces principes auxquels nous aurons recours dans la suite.

Supposons qu'un corps solide éprouve une déformation ou de

petites modifications dans ses dimensions et dans sa forme, qui soient d'une nature telle que ses volumes élémentaires se déplacent tous à partir de leurs positions initiales parallèlement à un plan, et supposons que ce plan soit représenté par le plan du papier dans la

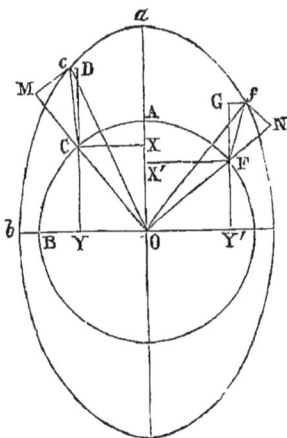

Fig. 114.

fig. 114. Nous supposerons d'abord que l'état de déformation du corps soit uniforme dans toute son étendue, c'est-à-dire que toutes les parties du corps qui étaient primitivement égales et semblables entres elles, continuent à rester égales et semblables entre elles malgré leur changement de dimensions et de forme.

Décrivons autour d'un centre quelconque O, avec un rayon égal à l'*unité*, un cercle BCAF qui traverse les volumes élémentaires du corps.

En vertu de l'uniformité de déformation, ce cercle se changera en une projection parallèle d'un cercle, c'est-à-dire en une ellipse. Soient *bcaf* cette ellipse, et O*a* et O*b* son demi grand axe et son demi petit axe, le corps étant placé dans son nouvel état, de telle sorte que le volume élémentaire centrale O n'ait pas changé de position, ce qui permettra de comparer plus facilement le cercle et l'ellipse. Le volume élémentaire qui était en A est venu en *a* et celui qui se trouvait en B est venu en *b*, et les volumes élémentaires qui étaient en des points du cercle tels que C et F sont venus occuper les points correspondants de l'ellipse, tels que *c* et *f*.

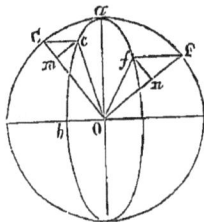

Fig. 115.

Le corps a subi suivant la direction OA l'allongement

$$\overline{\mathrm{A}a} = \alpha,$$

et suivant la direction OB perpendiculaire à OA, l'allongement

$$\overline{\mathrm{B}b} = \beta.$$

La combinaison de ces deux allongements ou déformations élémenair es directes, dans des directions perpendiculaires entre elles, constitue l'état de déformation du corps parallèlement au plan donné, cet état de déformation étant complétement connu du moment où l'on connaît α, β, et les directions des deux axes rectangulaires *de déformation* OA, OB.

On aurait pu avoir pour l'une des déformations élémentaires ou même pour toutes les deux un raccourcissement au lieu d'un allongement; dans ce cas l'une des quantités qui représentent les déformations ou toutes les deux auraient été négatives.

Si l'on trace dans le corps supposé à l'état libre un carré dont les côtés soient égaux à l'unité et parallèles à OA et à OB, ce carré se transformera, par suite de la déformation, en un rectangle dont les côtés seront encore parallèles à OA et OB, mais auront des longueurs égales à $1 + \alpha$ et $1 + \beta$.

Supposons maintenant qu'il s'agisse d'exprimer l'état de déformation du corps relativement à deux nouveaux axes rectangulaires OC et OF, c'est-à-dire de trouver les changements de dimensions et de forme résultant des déformations pour une figure primitivement carrée, décrite sur OB et OF.

Soient $x = \overline{OX}$, $y = \overline{OY}$, les coordonnées primitives du point C, et $x' = \overline{OX'}$, $y' = \overline{OY'}$ celles du point F, et soit l'angle $AOC = \dfrac{\pi}{2}$ $- AOF = \theta$. Nous aurons alors

$$x = \cos\theta = -y';$$
$$y = \sin\theta = x'.$$

Soient également $x + \xi = \overline{YD}$, $y + \eta = \overline{OY} + \overline{Dc}$ les cooordonnées du point c, qui est la nouvelle positition de C, et $x' + \xi' = \overline{Y'G}$, $y' + \eta' = \overline{OY'} + \overline{Gf}$ les coordonnées du point f, qui est la nouvelle position du point F. Par suite de l'uniformité de déformation, les *composantes des déplacements*, ξ, η, ξ', η' ont les valeurs suivantes :

$$\left. \begin{aligned} \xi &= \overline{CD} = \alpha x = \alpha \cos\theta\,; \\ \eta &= \overline{Dc} = \beta y = \beta \sin\theta\,; \\ \xi' &= \overline{FG} = \alpha x' = \alpha y = \alpha \sin\theta\,; \\ \eta' &= \overline{Gf} = \beta y' = -\beta \cos\theta. \end{aligned} \right\} \qquad (1)$$

$\overline{Oc}$ et $\overline{Of}$ sont les côtés du parallélogramme oblique auquel donne naissance la déformation du carré construit sur $\overline{OC}$ et sur $\overline{OF}$. Nous allons rattacher les deux figures entre elles par la considération de deux déformations directes et d'une distorsion.

Pour cela, abaissons du point c la perpendiculaire cM sur OCM, et du point f la perpendiculaire fN sur OFN. Alors

$$\alpha' = \overline{CM} \text{ sera l'allongement de } \overline{OC};$$
$$\beta' = \overline{FN} \text{ sera l'allongement de } \overline{OF};$$

et $\nu' = \overline{c\mathrm{M}} + \overline{f\mathrm{N}}$ sera la *distorsion*, et les valeurs de ces trois nouvelles déformations élémentaires par rapport aux deux axes qui font l'angle θ avec les *axes principaux* OA, OB, exprimées en fonction des *actions moléculaires élémentaires principales*, α, β, seront :

$$\left.\begin{array}{l} \alpha' = \xi \cos\theta + \eta, \sin\theta = \alpha \cos^2\theta + \beta \sin^2\theta; \\ \beta' = \xi' \sin\theta - \eta' \cos\theta = \alpha \sin^2\theta + \beta \cos^2\theta; \\ \nu' = \xi \sin\theta - \eta \cos\theta + \xi' \cos\theta + \eta' \sin\theta \\ \quad = 2(\alpha - \beta) \cos\theta \sin\theta. \end{array}\right\} \quad (2)$$

Ces trois équations offrent une analogie complète avec les équations 3 et 4 du n° 112 dont on peut les déduire en remplaçant dans ces deux équations p_x par α et p_y par β; puis p_n par α' et $\widehat{xn}$ par θ; en second lieu, p_n par β' et $\widehat{xn}$ par $\frac{\pi}{2} - \theta$, et, en troisième lieu, p_t par ν' et $\widehat{xn}$ par θ.

Nous avons ici un exemple du principe général indiqué au n° 251 de l'analogie entre les actions moléculaires et les déformations. La construction géométrique suivante du problème qui précède fait encore mieux comprendre ce principe. Dans la *fig. 115*, prenons $\overline{oa} = \alpha$, $\overline{ob} = \beta$ et traçons l'ellipse $bcaf$ et le cercle circonscrit CaF. Soit $aoC = \theta$, et menons oF perpendiculaire à oC, de telle sorte que ces lignes représentent la direction des nouveaux axes rectangulaires auxquels on rapporte la déformation composée de α et β. Menons Cc, Ff parallèles à ob, lesquelles lignes rencontrent l'ellipse en c et f, et de ces derniers points menons les lignes cm et fN respectivement perpendiculaire à oC et à oF. Les composantes de la déformation rapportée aux nouveaux axes seront alors

$$\overline{om} = \alpha'; \quad on = \beta', \quad 2\overline{cm} = 2\overline{fn} = \nu';$$

et l'*ellipse de déformation bcaf* est analogue à l'*ellipse d'actions moléculaires* du n° 112.

On peut appliquer les résultats de l'étude ci-dessus, non-seulement à un état de déformation uniforme, mais encore à un état de déformation variable d'un point à l'autre du corps, pourvu que cette variation soit continue, de telle sorte qu'en considérant un volume du corps suffisamment petit on puisse regarder dans tout ce volume la déformation comme uniforme, et cela avec une erreur inférieure à une quantité donnée.

261. Ellipsoïde de déformation. On peut représenter la déformation d'un corps suivant ses trois dimensions en suivant une marche analogue à celle du numéro précédent; on concevra pour cela une sphère d'un rayon égal à l'unité, qui serait transformée par cette déformation en un ellipsoïde, et l'on envisagera le déplacement des divers volumes élémentaires quand ils passent de leurs positions primitives sur la sphère à leurs nouvelles positions sur l'ellipsoïde. Les trois axes de l'ellipsoïde sont les axes principaux de la déformation, et leurs allongements ou leurs raccourcissements comparés avec les diamètres coïncidents de la sphère sont les trois déformations élémentaires principales qui constituent la déformation totale. C'est par cette méthode, qu'il n'est pas nécessaire de donner ici d'une façon complète, que nous sommes arrivé aux principes généraux exposés dans les n°s 249 et 251.

262. Élasticité transversale d'une substance isotrope. Nous supposerons maintenant que les deux déformations élémentaires principales dans un même plan soient de même grandeur mais d'espèces différentes, c'est-à-dire que si dans la *fig.* 114 la déformation suivant OA est un allongement α, la déformation moléculaire suivant OB sera un raccourcissement $\beta = -\alpha$. L'ellipse passera par les points a et b respectivement extérieur et intérieur au cercle, les deux longueurs aA et bB étant égales, et rencontrera ce cercle en des points intermédiaires entre A et B et voisins de la bissectrice des angles des deux axes primitifs.

Si nous prenons deux nouveaux axes rectangulaires qui soient les bissectrices des axes primitifs, c'est-à-dire si nous posons $\theta = \dfrac{\pi}{4}$, les équations 2 du n° 260 nous donneront :

$$\alpha' = 0; \quad \beta' = 0; \quad \nu' = 2\alpha, \tag{1}$$

c'est-à-dire qu'*un allongement et un raccourcissement égaux, suivant deux axes rectangulaires, équivalent à une simple distorsion relativement à deux axes qui font des angles de 45° avec les axes primitifs, et que la grandeur de la distorsion est double de chacune des deux déformations directes qui la composent;* cette proposition est d'ailleurs évidente si l'on remarque que la distorsion d'un carré est équivalente à l'allongement d'une diagonale et au raccourcissement de l'autre dans des proportions égales.

Le corps étant *isotrope* ou également élastique dans toutes les directions, supposons que A soit son élasticité directe et B son élasticité latérale ; les déformations principales α, $\beta = -\alpha$ seront accompagnées de deux résultantes d'actions moléculaires principales suivant OA et OB respectivement, lesquelles sont données par les équations suivantes :

$$\text{suivant OA, } p_x = A\alpha + B\beta = (A - B)\alpha,$$
$$\text{suivant OB, } p_y = B\alpha + A\beta = (B - A)\alpha = -p_x, \qquad (2)$$

c'est-à-dire que l'on aura *une force de tension suivant* OA *et une force de compression égale suivant* OB.

Nous avons déjà démontré au n° 111 que deux résultantes d'actions moléculaires principales de même intensité, mais d'espèces différentes, sont équivalentes à deux résultantes d'actions moléculaires tranchantes ayant cette même intensité sur deux plans qui font des angles de 45° avec les axes des actions moléculaires principales. Si nous désignons par p_t l'intensité des actions moléculaires tranchantes sur chacun des deux plans normaux aux deux nouveaux axes, nous aurons alors

$$p_t = p_x = (A - B)\alpha. \qquad (3)$$

Mais si C est le coefficient d'élasticité transversale de la substance, nous aurons aussi

$$p_t = C\nu, \qquad (4)$$

et par conséquent pour une substance isotrope,

$$C = \frac{A - B}{2}; \qquad (5)$$

l'élasticité transversale est donc la moitié de la différence entre l'élasticité directe et l'élasticité latérale.

C'est là la démonstration du principe que nous avons déjà établi au n° 256. Le principe correspondant pour les souplesses, à savoir que la *souplesse transversale est le double de la somme de l'extensibilité directe et de l'extensibilité latérale* se démontrerait par un procédé semblable; nous en résumerons la marche dans les formules suivantes :

$$\alpha = \mathfrak{a}p_x - \mathfrak{b}p_y = (\mathfrak{a} + \mathfrak{b})p_x;$$
$$\beta = \mathfrak{a}p_y - \mathfrak{b}p_x = -(\mathfrak{a} + \mathfrak{b})p_x = -\alpha,$$

d'où

$$\gamma' = 2\alpha = 2(\mathfrak{a} + \mathfrak{b})p_x = 2(\mathfrak{a} + \mathfrak{b})p_t = \mathfrak{c}p_t,$$

et par conséquent

$$\mathfrak{c} = 2(\mathfrak{a} + \mathfrak{b}). \qquad\qquad -\text{Q. E. D.} \qquad (6)$$

263. Élasticité cubique. Si les trois dimensions rectangulaires d'un corps ou d'un volume élémentaire sont multipliées respectivement par $1 + \alpha, 1 + \beta, 1 + \gamma$, son volume est multiplié par

$$(1 + \alpha)\,(1 + \beta)\,(1 + \gamma);$$

et lorsque les déformations élémentaires α, β, γ sont de très-petites fractions, cette quantité est sensiblement égale à

$$1 + \alpha + \beta + \gamma.$$

On pourra donc, comme au n° 249, donner à la quantité

$$\alpha + \beta + \gamma$$

le nom de *déformation cubique* ou de *dilatation cubique*.

Dans une substance isotrope, les trois résultantes d'actions moléculaires directes rectangulaires qui accompagnent ces trois déformations sont

$$\left.\begin{array}{l} p_{xx} = \text{A}\alpha + \text{B}(\beta + \gamma), \\ p_{yy} = \text{A}\beta + \text{B}(\gamma + \alpha), \\ p_{zz} = \text{A}\gamma + \text{B}(\alpha + \beta). \end{array}\right\} \qquad (1)$$

Le tiers de la somme de ces intensités d'actions moléculaires, que l'on peut appeler *intensité moyenne des actions moléculaires directes*, a la valeur suivante :

$$\frac{p_{xx} + p_{yy} + p_{zz}}{3} = \frac{(\text{A} + 2\text{B})}{3}(\alpha + \beta + \gamma). \qquad (2)$$

Le coefficient que cette expression renferme étant le rapport entre les actions moléculaires directes moyennes et la défor-

21

mation cubique, est l'*élasticité cubique* ou l'*élasticité de volume*, dont nous avons déjà parlé au n° 256, et l'inverse de ce coefficient est la *compressibilité cubique*.

264. Élasticité des fluides. On se rend compte facilement de la différence entre les solides et les fluides si l'on applique à ces derniers les équations des n°ˢ 262 et 263. Les fluides n'offrent pas de résistance à la distorsion, c'est-à-dire qu'ils sont dépourvus d'élasticité transversale. On a alors

$$C = \frac{A - B}{2} = 0 \quad \text{ou} \quad A = B.$$

Si l'on substitue ces valeurs dans les équations 1 et 2 du n° 263, on trouve

$$p_{xx} = p_{yy} = p_{zz} = B\,(\alpha + \beta + \gamma),$$

et pour l'élasticité cubique

$$\frac{A + 2B}{3} = B.$$

Nous avons déjà démontré par une autre méthode, au n° 110, l'égalité des pressions dans toutes les directions en un point donné d'un fluide.

Les équations du n° 256 montrent que les *souplesses* d'un fluide parfait sont infinies, à l'exception de la compressibilité cubique qui est $\frac{1}{B}$.

SECTION 3. — *De la résistance à l'allongement et à la déchirure.*

265. Raideur et résistance d'un tirant. Si une barre de forme cylindrique ou prismatique, ayant pour section transversale S (comme au n° 97, *fig.* 46), est soumise à l'action d'une force de tension dont la résultante agit suivant son axe de figure et a pour grandeur P, l'intensité de cette force de tension sera la même sur chacune des sections transversales de la barre et aura pour valeur

$$p = \frac{P}{S}. \tag{1}$$

Ces actions moléculaires directes produiront une déformation dont l'élément principal sera un allongement longitudinal qui aura pour valeur par unité de longueur de la barre

$$\alpha = \mathfrak{a}p = \frac{p}{\mathrm{E}}. \qquad (2)$$

Dans cette formule, $\mathfrak{a}$ représente l'*extensibilité directe*, et E, qui lui est réciproque, est le *module d'élasticité* ou le *coefficient de résistance à l'extension*, comme nous l'avons expliqué aux nᵒˢ 256 et 257.

Si x désigne la longueur de la barre ou d'une partie de la barre, lorsqu'elle n'est soumise à l'action d'aucune charge, cette longueur, sous l'action de la tension p, deviendra $(1 + \alpha)\,x$.

Le coefficient

$$\mathrm{E} = \frac{p}{\alpha}$$

est à peu près constant tant que p ne dépasse pas la limite des *actions moléculaires d'épreuve;* mais dès que cette limite est atteinte, ce coefficient va en diminuant; c'est-à-dire que l'allongement α croît plus vite que l'intensité de la force de traction p, jusqu'à ce que la barre se rompe en se déchirant.

La *résistance extrême* de la barre ou la force de tension totale nécessaire pour la rupture, la *résistance d'épreuve* ou la plus grande force de tension dont elle puisse supporter sans danger l'application longtemps continuée ou répétée, et la *charge de travail* sont données par la formule

$$p = f \quad \text{ou} \quad \mathrm{P} = f\mathrm{S}, \qquad (3)$$

dans laquelle f représente, suivant les cas, la *ténacité extrême*, la *ténacité d'épreuve* ou *les actions moléculaires du travail ordinaire.*

La *déformation (toughness)* de la barre, ou l'allongement correspondant à la *charge d'épreuve*, est donnée par la formule

$$\alpha = \frac{f}{\mathrm{E}},$$

dans laquelle f représente la *ténacité d'épreuve.*

266. Le **ressort** de la barre, ou le travail effectué pour l'amener par allongement à la limite de la déformation d'épreuve, s'évalue de la manière suivante : x étant la longueur, comme ci-dessus, l'allongement de la barre sous l'action de la charge d'épreuve est

$$\alpha x = \frac{fx}{\mathrm{E}}.$$

La force qui agit durant cet espace a pour valeur minimum o, pour valeur maximum $P = fS$, et pour valeur moyenne $\dfrac{fS}{2}$; le travail effectué pour amener la barre à la déformation d'épreuve est donc

$$\frac{fS}{2} \cdot \frac{fx}{E} = \frac{f^2}{E} \cdot \frac{Sx}{2}. \tag{1}$$

Le coefficient $\dfrac{f^2}{E}$, par lequel il faut multiplier dans la formule ci-dessus le demi-volume de la barre, est appelé le MODULE DU RESSORT.

267. **Effet d'une tension brusque.** Si l'on applique brusquement à la barre une tension $\dfrac{fS}{2}$ ou *la moitié de la charge d'épreuve*, on produit la *déformation entière d'épreuve* $\dfrac{f}{E}$ que l'on obtient par l'application *graduelle* de la charge d'épreuve elle-même, car le travail que produit l'action de la force constante $\dfrac{fS}{2}$ pour un espace donné est le même que le travail que produirait, pour le même espace, une force qui croîtrait d'une façon uniforme de o à fS. Il faudra donc, pour qu'une barre puisse résister sans danger à l'application brusque d'une tension donnée, qu'elle ait deux fois la résistance qui lui permettrait de résister à l'application graduelle et à l'action permanente de la même tension.

Ce principe se rattache à la dynamique; si nous l'exposons ici, c'est à cause de l'importance qu'il a quand il s'agit de la résistance des matériaux. Il nous explique pourquoi l'on prend un coefficient de sécurité considérablement plus grand quand il s'agit d'une charge en mouvement que dans le cas d'une charge permanente. (Voir n° 247.)

268. Nous donnons à la fin de ce volume un **tableau de la résistance des matériaux à l'allongement et à la déchirure** exprimée en kilogrammes par millimètre carré.

La ténacité, ou la résistance à la déchirure qui y figure, est dans chaque cas la *ténacité extrême*. Les résultats d'expérience qui ont permis de la déterminer sont les plus nombreux et très-précis. On trouvera la ténacité d'épreuve et la tension du travail ordinaire en divisant la ténacité extrême par des coefficients convenables, ainsi que nous l'avons dit au n° 247.

Le module d'élasticité dans chaque cas résulte d'expériences qui ont été faites dans les limites de la déformation d'épreuve.

Ces deux coefficients sont relatifs, pour des substances fibreuses, aux effets de tensions agissant *suivant les fibres*. La ténacité et l'élasticité du bois, lorsque les forces agissent perpendiculairement aux fibres, sont beaucoup plus petites que lorsqu'elles agissent le long des fibres, et comme les résultats des expériences sont assez limités et ne présentent pas un grand accord, il y a une certain incertitude sur la grandeur de ces quantités.

269. **Données complémentaires**. Nous ajouterons au tableau indiqué les quelques résultats d'expérience qui suivent.

Joint soudé d'une cornue en fer. La ténacité extrême donnée par une seule expérience a été de $21^k,7$ par millimètre carré.

Câbles en fils de fer. Résistance en kilogrammes pour chaque poids de 1 kilogramme par mètre courant :

extrême. 8500
d'épreuve. 4250

On les fait travailler au $\dfrac{1}{6}$ de la résistance extrême ou au tiers de la résistance d'épreuve.

Câbles en chanvre.
Résistance extrême $=$ (circonférence en millimètres)$^2 \times$ $0^k,31$
Courroies en cuir. La tension de travail ordinaire par millimètre carré est, d'après le général Morin. . . . . . . $0^k,20$

Chaînes... Lorsqu'on s'oppose à la déformation des maillons au moyen d'un étançon, comme le montre la *fig.* 116, la résistance de chaque branche du maillon devient égale à celle du fer qui a servi à la fabriquer lorsqu'il était sous la forme de barres. .

Fig. 116.

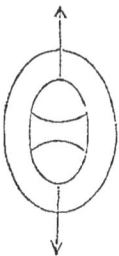

270. Nous donnons dans le tableau **la résistance des joints rivés** des plaques de tôle, en kilogrammes par millimètre carré de la section de la plaque, d'après les expériences de M. Fairbairn. La résistance d'un joint à double ligne de rivets est les sept dixièmes de celle de la plaque de tôle; cela tient à ce que les trois dixièmes de la largeur de la plaque sont enlevés par le percement dans chacune des lignes de rivets. Ce qui diminue la résistance d'un joint à ligne de rivets unique, ce n'est pas seulement

l'absence de matière aux trous de rivets, mais l'inégale répartition des actions moléculaires. Nous y reviendrons plus loin.

271. Enveloppe cylindrique mince. Chaudières. Tuyaux.
Soit q l'intensité uniforme de la pression exercée par un fluide contenu dans un cylindre creux qui a un rayon r et une épaisseur t, petite relativement à ce rayon.

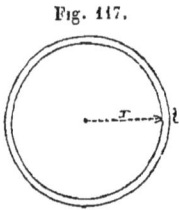

Fig. 117.

La démonstration du n° 179 fait voir que si l'on considère un *anneau*, ou une portion de ce cylindre d'une longueur égale à *l'unité*, la tension sur cet anneau a pour valeur

$$P = qr; \qquad (1)$$

c'est la force par unité de longueur avec laquelle la pression intérieure tend à déchirer le cylindre.

L'aire de la section de l'anneau que nous considérons est t. Si nous admettons alors, ce qui est à peu près exact, que les forces de tension sont uniformément réparties, nous aurons pour l'intensité de cette tension

$$p = \frac{qr}{t}. \qquad (2)$$

Le rapport entre l'épaisseur et le rayon, qui doit exister dans une enveloppe cylindrique mince pour qu'elle puisse résister à une intensité donnée de la *pression de rupture*, de la *pression d'épreuve* ou de la *pression de travail ordinaire*, est donné par la formule

$$\frac{t}{r} = \frac{q}{f}, \qquad (3)$$

f étant la *ténacité extrême*, la *tension d'épreuve* ou la *tension de travail*, suivant les cas où l'on se place.

Il est prudent pour les CHAUDIÈRES A VAPEUR de ne prendre pour la tension du travail ordinaire que le *huitième* de la ténacité extrême. Les joints des chaudières en tôle n'ont qu'une ligne de rivets; mais par suite de l'alternance des joints qui a beaucoup d'analogie avec les modes de liaison que nous avons indiqués pour les maçonneries, on admet que la ténacité de pareilles chaudières se rapproche beaucoup plus de celle d'un joint à double ligne de rivets que de celle d'un joint à ligne de rivets simple. M. Fairbairn l'évalue à 24 kilogrammes par millimètre carré, de telle façon que l'on peut établir pour les valeurs de f le tableau suivant :

tension de rupture. 24
tension d'épreuve. 12
tension de travail ordinaire. 3

Pour les TUYAUX D'EAU EN FONTE, on prend pour la tension de travail ordinaire le *sixième* de la tension de rupture, laquelle est en moyenne pour la fonte de $11^k,6$ par millimètre carré; les valeurs de f sont alors :

tension de rupture. 11,6

tension de sécurité $\left(\dfrac{1}{3}\right)$ 3,8

tension de travail. 1,9

Pour les tuyaux de vapeur comme pour les chaudières à vapeur, le coefficient de sécurité devrait être *huit*.

272. Enveloppes sphériques minces. Nous supposerons que la *fig.* 117 représente la section diamétrale d'une enveloppe sphérique mince remplie d'un fluide, qui presse sur elle de dedans en dehors avec une intensité q. L'aire du fluide à laquelle cette section donne lieu a pour expression

$$\pi r^2.$$

La force totale à laquelle la section de l'enveloppe sphérique doit résister en vertu de sa ténacité est donc

$$P = \pi q r^2. \qquad (1)$$

L'aire de la section de l'enveloppe sphérique, en supposant que l'épaisseur t soit petite relativement au rayon r, est à peu près

$$S = 2\pi r t. \qquad (2)$$

Si nous admettons, ce qui est à peu près exact, que la tension est uniforme, elle aura pour intensité

$$p = \frac{P}{S} = \frac{qr}{2t}; \qquad (3)$$

elle est donc *moitié* de la tension agissant tangentiellement à une enveloppe cylindrique qui serait soumise à la même pression intérieure, et pour laquelle le rapport entre le rayon et l'épaisseur serait le même, de telle façon que dans ces conditions la sphère est deux fois aussi résistante que le cylindre.

L'équation 3 donne aussi la *tension longitudinale* pour une enveloppe cylindrique mince; mais comme elle n'est que moitié de la tension du métal suivant sa circonférence, il n'y a pas à s'en préoccuper.

Le rapport de l'épaisseur au rayon pour une enveloppe sphérique mince est donné par la formule

$$\frac{t}{r} = \frac{q}{2f}, \qquad (4)$$

f étant la tension de rupture, la tension d'épreuve ou la tension de travail ordinaire suivant les valeurs de q que l'on considère.

273. Enveloppe cylindrique épaisse. L'hypothèse que nous avons faite que la tension agissant tangentiellement à la circonférence ou *tension d'anneau*, comme on peut l'appeler, est uniformé-

Fig. 118.

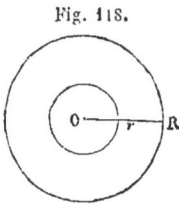

ment répartie dans une enveloppe cylindrique, ne peut être admise que lorsque l'épaisseur est faible relativement au rayon; car si nous supposons que nous décomposions une bague cylindrique en plusieurs anneaux concentriques, la tension de l'anneau le plus intérieur fait équilibre à une partie de la pression du liquide qui y est contenu, de telle sorte que le second anneau a à supporter une pression normale moindre et par suite des forces de tension moindres que le premier, et ainsi de suite.

L'équation 2 du n° **271** donne la tension d'anneau *moyenne* pour un cylindre épais comme pour un cylindre mince; seulement ce n'est pas la tension moyenne, mais bien la *plus grande* tension d'anneau (c'est-à-dire la tension à la surface intérieure du cylindre) qui est limitée par la résistance de la matière. Nous allons alors chercher quelle est la loi de la variation de la tension d'anneau et par suite quelle est la relation qui doit exister entre la tension maximum et la pression du fluide.

Pour donner une solution générale, nous supposerons que le cylindre soit soumis à des pressions agissant de l'extérieur à l'intérieur et de l'intérieur à l'extérieur. La *fig.* 118 représente la section transversale du cylindre. Nous représenterons par R son rayon extérieur et par r son rayon intérieur, par q_0 la pression du fluide de l'intérieur à l'extérieur et par q_1 la pression du fluide de l'extérieur à l'intérieur, par p_0 la tension d'anneau à la surface intérieure du cylindre, et par p_1 la tension d'anneau à la surface extérieure.

Considérons, comme ci-dessus, une partie du cylindre dont la longueur parallèlement à l'axe est l'unité. La section suivant le rayon de cette enveloppe, de r à R (*fig.* 118) a à supporter, dans une direction perpendiculaire au rayon OrR, la différence entre les pressions totales de l'intérieur et de l'extérieur qui s'exercent sur un quart de la circonférence. Cette différence est

$$q_0 r - q_1 \mathrm{R}.$$

Supposons l'enveloppe partagée en un nombre infini d'anneaux concentriques ayant pour épaisseur dr et soumis à des forces de tension d'intensité p, la tension d'anneau totale sera alors

$$\int_r^\mathrm{R} p\,dr = q_0 r - q_1 \mathrm{R}. \tag{1}$$

Par suite de la symétrie du cylindre et des forces qui agissent sur lui dans toutes les directions autour du centre O, on voit facilement que les axes des actions moléculaires d'un volume élémentaire quelconque du métal sont dirigés l'un dans le sens du rayon, l'autre perpendiculairement à cette direction. Les actions moléculaires principales sur un élément quelconque sont donc une *pression dirigée suivant le rayon*, q (qui prend les valeurs q_0 à la surface intérieure et q_1 à la surface extérieure) et une *tension d'anneau* p.

Comme dans le cas de l'ellipse d'actions moléculaires, n° 112, nous pouvons supposer que ce couple de résultantes d'actions moléculaires principales résulte de la composition de deux couples qui sont :

Un couple de résultantes d'actions moléculaires égales et de même espèce, constituant une *tension ou une pression de fluide* et dont l'intensité commune, qui correspondra à une tension quand elle sera positive, et à une pression quand elle sera négative, a pour expression

$$\frac{p - q}{2} = m ;$$

et un couple de résultantes d'actions moléculaires égales, mais d'espèces différentes, dont l'intensité commune est

$$\frac{p + q}{2} = n.$$

Nous avons ainsi $p = n + m$, $q = n - m$, et nous résoudrons le problème en supposant d'abord que m et n agissent séparément seuls, puis finalement en combinant leurs effets; il faut remarquer que les seules solutions de l'équation 1 qui soient admissibles sont celles qui sont vraies pour toutes les valeurs de R et de r.

1ᵉʳ CAS. *Actions moléculaires égales et de même espèce*, ou $n = 0$. Dans ce cas

$$p = -q = m.$$

On voit qu'au lieu d'une pression on a une tension suivant le rayon égale à la tension d'anneau et qui, combinée avec cette dernière, constitue simplement une tension de fluide d'intensité m en chaque point. On satisfait à l'équation 1 en faisant

$$p = -q = m = \text{constante}, \qquad (2)$$

ce qui réduit les deux membres de l'équation 1 à

$$m(R - r).$$

2ᵉ CAS. *Actions moléculaires égales et d'espèces différentes*, ou $m = 0$. Dans ce cas

$$p = q = n,$$

et la solution de l'équation 1 donne

$$p = q = n = \frac{a}{r'^2}, \qquad (3)$$

a étant une constante arbitraire, et r' une valeur quelconque du rayon comprise entre r et R, car cette valeur réduit les deux membres de l'équation 1 à

$$a\left(\frac{1}{r} - \frac{1}{R}\right).$$

3ᵉ CAS. *Solution générale.* Si l'on combine les deux solutions partielles des équations 2 et 3, on trouve :

$$\left.\begin{array}{l} \text{pression suivant le rayon } q = n - m = \dfrac{a}{r'^2} - m; \\[2mm] \text{tension d'anneau} \qquad p = n + m = \dfrac{a}{r'^2} + m. \end{array}\right\} \quad (4)$$

Nous déterminerons les constantes a et m au moyen des équations

$$\frac{a}{r^2} - m = q_0; \qquad \frac{a}{R^2} - m = q_1;$$

d'où nous déduisons par élimination

$$a = \frac{(q_0 - q_1)R^2 r^2}{R^2 - r^2}; \\ m = \frac{q_0 r^2 - q_1 R^2}{R^2 - r^2}; \qquad \Bigg\} \qquad (5)$$

ce qui nous donne finalement pour la *tension d'anneau maximum*,

$$p_0 = \frac{a}{r^2} + m = \frac{q_0(R^2 + r^2) - 2q_1 R^2}{R^2 - r^2}. \qquad (6)$$

La tension d'anneau moyenne est

$$\frac{q_0 r - q_1 R}{R - r}. \qquad (7)$$

Le rapport entre ces deux tensions est

$$\frac{q_0(R^2 + r^2) - 2q_1 R^2}{(q_0 r - q_1 R)(R + r)}, \qquad (8)$$

expression qui tend vers l'unité à mesure que les valeurs de R et r se rapprochent de plus en plus.

On déduit de l'équation 6 la valeur suivante du rapport entre le rayon extérieur et le rayon intérieur, afin que p_0 soit égal à f, qui sera, suivant les cas où l'on se place, la tension de rupture, d'épreuve ou du travail ordinaire :

$$\frac{R}{r} = \sqrt{\frac{f + q_0}{f - q_0 + 2q_1}}. \qquad (9)$$

Dans la plupart des cas de la pratique, la pression extérieure du fluide q_1 est assez petite, relativement à la pression intérieure, pour pouvoir être négligée.

L'équation 9 conduit à cette conséquence importante que *lorsque la pression intérieure* q_0 *est égale à la somme* $f + 2q_1$ *du coefficient de résistance et du double de la pression extérieure, ou bien lui est supérieure, il n'y a pas d'épaisseur, quelque grande qu'elle soit, qui permette au cylindre de résister à la pression.*

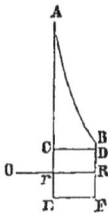

On peut représenter géométriquement la solution précédente de la manière suivante. Dans la *fig.* 119, O représente le centre du cylindre, Or, le rayon intérieur, et OR, le rayon extérieur. Nous mènerons, pour représenter la valeur de $n = \dfrac{a}{r'^2}$, deux ordonnées rA, RB perpendiculaires à la direction de ces rayons, et satisfaisant à la relation

Fig. 119.

$$\frac{\overline{r\mathrm{A}}}{\overline{\mathrm{RB}}} = \frac{\mathrm{R}^2}{r'^2}.$$

A et B seront alors des points d'une *hyperbole du second ordre*, AB, qui jouit de la propriété que

$$\text{surface } r\mathrm{ABR} = r \times \overline{r\mathrm{A}} - \mathrm{R} \times \overline{\mathrm{RB}};$$

nous avons ainsi la représentation du 2e cas.

Menons la ligne CD parallèle à OrR, de telle façon qu'elle détermine sur les ordonnées les segments CA, DB qui soient entre eux dans le rapport

$$\frac{\overline{\mathrm{CA}}}{\overline{\mathrm{DB}}} = \frac{q_0}{q_1}.$$

$\overline{r\mathrm{C}} = \overline{\mathrm{RD}}$ représentera alors m, qui est la solution du 1er cas. Menons EF parallèle à OrR à la même distance $\overline{r\mathrm{E}} = \overline{r\mathrm{C}}$ du côté opposé. Si nous menons alors une ordonnée quelconque limitée à la ligne droite EF et à la courbe AB, à une distance donnée r' du point O, le segment de cette ordonnée compris entre CD et AB représentera la pression q dirigée suivant le rayon, et l'ordonnée entière depuis EF jusqu'à AB représentera la tension d'anneau p pour la distance au point O que l'on considère; $\overline{\mathrm{EA}}$ représentera, en particulier, la tension d'anneau maximum p_0.

Les formules ci-dessus sont les mêmes que celles données par M. Lamé dans son *Traité de l'Élasticité*, mais nous les avons obtenues par un procédé différent.

274. Cylindre composé d'anneaux déformés. On a proposé, pour obvier complètement ou en partie à l'inégalité de répartition de la tension d'anneau dans les enveloppes cylindriques épaisses qui doivent résister à de grandes pressions, de les former de bagues ou d'anneaux concentriques, tels que ceux qui sont extérieurs soient montés de force sur ceux qui sont intérieurs; il en résulte qu'avant qu'aucune pression intérieure leur soit appliquée, les anneaux jusqu'à une certaine distance du centre sont comprimés, tandis que ceux qui sont au delà sont dans un état de tension. Si l'on pouvait régler les actions moléculaires qui résultent de l'action mutuelle des anneaux concentriques avec assez d'exactitude pour qu'elles fussent en chaque point exactement égales à la différence entre la force de tension d'anneau au même point, donnée par les équations 4, 5 et 6 du n° 273, qui résulte de l'action des pressions intérieures et la tension d'anneau moyenne donnée par l'équation 7, égales, disons-nous, mais d'espèces différentes, on voit que l'application des pressions intérieures indiquées déterminerait une tension uniforme égale à la tension moyenne, et les formules du n° 271 s'appliqueraient aussi bien quand les enveloppes cylindriques sont épaisses que lorsqu'elles sont minces. Quoiqu'il soit impossible de préparer ainsi les actions moléculaires, un système quelconque qui se rapproche de celui que nous indiquons accroîtra la résistance du cylindre. Ce mode de construction a été réalisé dans le canon du capitaine Blakely, dans le mortier de M. Mallet et dans d'autres pièces d'artillerie.

La seule condition à laquelle devront satisfaire les actions moléculaires des anneaux concentriques est

$$\int_r^R p\,dr = 0.$$

275. **Enveloppe sphérique épaisse**. La *fig.* 118 représente maintenant la section diamétrale d'une sphère creuse; les pressions du fluide à l'intérieur et à l'extérieur sont, comme ci-dessus, q_0 et q_1. La pression à laquelle cette section doit résister est

$$\pi(q_0 r^2 - q_1 R^2),$$

et si l'on suppose que la section du métal soit divisée en un nombre infini de bagues concentriques, la largeur de l'une d'elles étant dr, son rayon étant r' et sa tension p, on voit que la résistance totale de la section sera

$$2\pi \int_r^R p r'\,dr;$$

l'équation, qui doit être satisfaite pour toutes les valeurs de q_0, q_1, r et R, sera donc :

$$2\int_r^R p r'\,dr = q_0 r^2 - q_1 R^2. \tag{1}$$

La symétrie fait voir que les axes des actions moléculaires pour un élément quelconque sont dirigés, l'un suivant le rayon avec une pression q le long de ce rayon, et les deux autres suivant deux directions quelconques perpendiculaires à la première et perpendiculaires entre elles, avec des tensions égales p le long de ces directions. On obtient deux solutions partielles de la manière suivante.

Posons

$$\frac{2p-q}{3} = m;$$

$$\frac{p+q}{3} = n,$$

nous aurons alors

$$p = n+m; \quad q = 2n-m.$$

1er CAS. $n = 0$; $p = -q = m$; c'est le cas *d'une tension de fluide*, égale dans toutes les directions. Dans ce cas, on satisfera à l'équation 1 en posant

$$p = -q = m = \text{constante};   (2)$$

ce qui réduit les deux membres de cette équation à

$$m(\text{R}^2 - r^2).$$

2e CAS. $m = 0$; $p = \dfrac{q}{2} = n$; on est ici dans le cas de deux tensions agissant suivant la circonférence, égales chacune à la moitié de la pression suivant le rayon. Dans ce cas, on satisfera à l'équation 1 en posant

$$p = \frac{q}{2} = n = \frac{a}{r'^3};   (3)$$

ce qui réduit les deux membres de cette équation à

$$2a\left(\frac{1}{r} - \frac{1}{\text{R}}\right).$$

3e CAS. *Solution générale.*

$$q = 2n - m = \frac{2a}{r'^3} - m;$$

$$p = n + m = \frac{a}{r'^3} + m.   (4)$$

Les constantes a et m que l'on déduit des équations

$$q_0 = \frac{2a}{r^3} - m, \qquad q_1 = \frac{2a}{R^3} - m,$$

ont les valeurs suivantes :

$$a = \frac{(q_0 - q_1)R^3 r^3}{2(R^3 - r^3)} ; \left.\begin{matrix} \\ \\ \\ \end{matrix}\right\} \tag{5}$$
$$m = \frac{q_0 r^3 - q_1 R^3}{R^3 - r^3} ;$$

ce qui donne finalement pour la tension maximum

$$p_0 = \frac{a}{r^3} + m = \frac{q_0(R^3 + 2r^3) - 3q_1 R^3}{2(R^3 - r^3)} . \tag{6}$$

Cette équation permet de déterminer le rapport qui doit exister entre le rayon extérieur et le rayon intérieur d'une sphère pour que p_0 soit égal ou à la tension de rupture, ou à la tension d'épreuve, ou à la tension de travail ordinaire, que nous représenterons par f :

$$\frac{R}{r} = \sqrt[3]{\frac{2(f + q_0)}{2f - q_0 + 3q_1}} . \tag{7}$$

Cette équation montre que si l'on a

$$q_0 \gtrless 2f + 3q_1,$$

il n'y a pas d'épaisseur qui puisse permettre à la sphère de résister à la pression.

Les formules ci-dessus sont celles qui sont données par M. Lamé. mais nous les avons obtenues par une marche différente.

276. Entretoises des chaudières. Les parois de la boîte à feu des locomotives, les extrémités des chaudières cylindriques, et les parois des chaudières de formes irrégulières, telles que celles des machines marines, sont formées assez souvent de plaques de tôle planes. Pour leur permettre de résister à la pression intérieure, on les relie entre elles au moyen de tirants qui traversent l'eau de la chaudière ou le réservoir de vapeur, et auxquels on donne le nom d'entretoises quand ils sont longs, et de boulons quand ils sont courts. Nous prendrons, comme exemple, la paroi plane de la boîte à feu d'une locomotive ; la *fig.* 120 montre la disposition des boulons qui traversant l'eau de la chaudière relient les parois opposées.

Fig. 120.

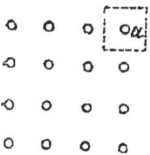

Chacun de ces boulons ou de ces entretoises a à supporter la pression de la vapeur qui s'exerce sur une certaine surface de la plaque à laquelle il est relié. Dans la *fig.* 120, le boulon *a* a à résister à la pression de la vapeur sur la surface carrée qui l'entoure et dont le côté a comme longueur la distance entre les centres de deux boulons consécutifs.

Soient *a* l'aire de la section d'une entretoise, A celle de la portion de la plaque qu'elle maintient, *q* la pression de rupture, d'épreuve ou de travail ordinaire, et *f* la tension extrême, d'épreuve, ou du travail ordinaire de l'entretoise. Nous avons alors

$$fa = qA.$$

Le coefficient de sécurité adopté est *huit*, comme pour les autres parties des chaudières. L'expérience a montré que si la matière de la plaque est aussi résistante que celle de l'entretoise, son épaisseur doit être égale au *demi-diamètre* de l'entretoise. Si la plaque est faite d'une substance moins résistante que celle de l'entretoise, on doit augmenter son épaisseur proportionnellement.

Les extrémités planes des chaudières cylindriques sont quelquefois réunies au parois cylindriques au moyen de plaques de fer triangulaires appelées *goussets*. Ces goussets sont placés dans des plans passant par l'axe de la chaudière; l'une de leurs arêtes est fixée à la paroi plane, l'autre au corps cylindrique. Chaque gousset a à supporter la pression de la vapeur qui s'exerce sur *un secteur* de la paroi plane circulaire. Si l'on remarque que la tension d'un gousset doit se concentrer près de l'une de ses arêtes, il semble convenable de prendre pour l'aire de sa section trois ou quatre fois celle de l'entretoise qui aurait à supporter la pression qui s'exerce sur la même surface.

Les meilleurs renseignements que nous ayons sur la résistance des chaudières sont dus aux recherches de M. Fairbairn; on consultera avantageusement son ouvrage *Useful Information for Engineers*.

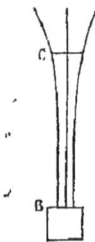
Fig. 121.

277. Tige de suspension de résistance uniforme. Dans la *fig.* 121, W est le poids suspendu à l'extrémité inférieure d'une tige verticale BC dont le poids par unité de volume est *w*. On demande de trouver la loi suivant laquelle doit varier la section transversale de la tige avec la hauteur *x* au-dessus de B, pour que la tension ait partout une même intensité *f*.

La charge totale en chaque point se compose du poids W suspendu en B et du poids $w\int_0^x S\,dx$ résultant du poids de la partie de la tige de hauteur x au-dessus de B ; la résultante doit être égale à la tension fS. Nous aurons donc l'équation

$$W + w\int_0^x S\,dx = fS. \qquad (1)$$

Si l'on résout cette équation, on trouve pour la section transversale de la tige

$$S = \frac{W}{f}\,e^{\frac{wx}{f}}, \qquad (2)$$

et pour le poids de cette tige pour une hauteur x au-dessus du point B,

$$fS - W = W\left(e^{\frac{wx}{f}} - 1\right). \qquad (3)$$

Ces équations permettent de déterminer les dimensions des tiges de pompes pour des puits de [mines profonds. Cependant dans ce cas on ne donne pas à la section la forme variant d'une façon continue qui résulte de la formule 2, mais on compose la tige d'une série de parties ayant chacune un équarrissage uniforme ; les formules données permettent de déterminer d'une façon approchée la loi suivant laquelle doivent varier les dimensions de ces différentes parties.

SECTION 4. — *Résistance à l'effort tranchant.*

278. Condition d'intensité uniforme. Dans la présente section, nous étudierons seulement les cas dans lesquels les actions moléculaires tranchantes sur un corps ont une direction et une intensité uniformes. Quand nous nous occuperons de la résistance à la flexion, nous examinerons le cas des actions moléculaires tranchantes d'intensité variable qui accompagnent en général cette déformation. Enfin, dans la résistance à la torsion, nous verrons les effets d'actions moléculaires tranchantes variant à la fois en direction et en intensité.

Nous avons montré au n° 103 que des actions moléculaires tranchantes ne se présentent pas isolément, mais que des actions moléculaires tranchantes sur un plan donné sont nécessairement accompagnées d'actions moléculaires tranchantes de même intensité que les premières sur un autre plan. Au n° 112, problème II, nous avons fait voir que lorsque l'on combine des actions moléculaires parallèles à un plan donné, les plans pour lesquels les actions moléculaires tranchantes sont le plus grandes sont perpendiculaires entre eux et font des angles de 45° avec les axes principaux d'actions moléculaires.

Lorsque des forces égales sont appliquées sur les faces opposées d'un coin, d'un boulon, d'un rivet ou de tout autre corps, de manière à tendre à le cisailler suivant un certain plan transversal, les actions moléculaires tranchantes ont, en un point donné de ce plan, la même intensité par rapport à ce plan lui-même et par rapport à un plan longitudinal passant par le même point et perpendiculaire à la direction de l'effort tranchant extérieur. Si le coin, le boulon ou le rivet a du jeu dans le trou ou dans la cavité près du plan de cisaillement, il ne peut pas y avoir d'actions moléculaires tranchantes sur les parties libres de sa surface extérieure, qui sont perpendiculaires à la direction de l'effort tranchant extérieur, et par suite, l'intensité des actions moléculaires tranchantes au plan de glissement, quelque grandeur qu'elle puisse atteindre dans les parties intérieures du corps, doit se réduire à zéro en certaines parties des arêtes extérieures de ce plan transversal et doit se répartir d'une façon inégale; les actions moléculaires tranchantes les plus intenses doivent donc avoir une intensité supérieure à celle d'actions moléculaires de même grandeur totale qui seraient réparties d'une manière uniforme.

Pour obtenir une répartition uniforme des actions moléculaires, il faudrait que le rivet ou les autres pièces de fixation s'ajustassent assez bien dans le trou ou dans la cavité pour que le frottement à leur surface eût au moins une intensité égale à celle des actions moléculaires tranchantes. Lorsque cette condition est satisfaite on représente simplement par $\dfrac{F}{S}$ l'intensité de ces actions moléculaires, F étant l'effort tranchant, et S l'aire de la section qui le supporte.

279. Nous donnons à la fin de ce volume un **tableau de la résistance des matériaux aux efforts tranchants et à la distorsion**, en kilogrammes par millimètre carré de surface. Il n'est pas très-étendu, vu le petit nombre de substances dont la résis-

tance à ces déformations a donné des résultats satisfaisants. La résistance du bois aux efforts tranchants est dans chaque cas la force qui se développe entre deux couches continues de fibres.

280. **Économie de matière pour les boulons et les rivets.** Il y a beaucoup de constructions, telles que les chaudières, les ponts en fer et les frames en bois et en fer, dans lesquelles les pièces principales, telles que les plaques, les maillons ou les barres, qui sont soumises à des efforts de tension, sont réunies entre elles à leurs joints au moyen d'attaches, telles que des rivets, des boulons, des goujons ou des clavettes, qui sont soumises à l'action d'efforts tranchants. Il importe alors que les pièces qui sont ainsi reliées aient la même résistance que leurs attaches; car si les attaches étaient trop faibles, l'ensemble de la construction ne serait pas assez résistant, ou bien on aurait dépensé en pure perte la matière qui donne aux plaques ou aux barres un excès de résistance; si les attaches, au contraire, étaient trop fortes, les trous et les cavités destinés à les recevoir affaibliraient par trop les plaques et les barres, et finalement, comme dans le cas précédent, la construction serait trop faible, ou bien il y aurait dépense inutile de matière.

Désignons par f la résistance à la rupture par allongement par mètre carré de la matière des pièces principales; par S l'aire totale d'une, de deux ou de plusieurs pièces parallèles qu'il faudra rompre par extension pour détruire la construction; par f' la résistance aux efforts tranchants par mètre carré de la matière des attaches; par S' l'aire totale de la section des attaches en un joint, qu'il faudra cisailler pour ruiner la construction. Si les conditions de l'uniformité de la répartition des actions moléculaires sont remplies, on devra avoir entre les pièces principales et leurs attaches la relation

$$f\mathrm{S} = f'\mathrm{S}' \quad \text{ou} \quad \frac{\mathrm{S}'}{\mathrm{S}} = \frac{f}{f'}. \qquad (1)$$

Pour les plaques en fer rivées, si l'on prend la valeur de f' du tableau (résultant des expériences de M. Doyne), on trouve

$$\frac{f}{f'} = 1 \text{ environ}, \quad \text{d'où} \quad \mathrm{S}' = \mathrm{S}. \qquad (2)$$

Pour les barres en fer réunies par des boulons ou des rivets, nous aurons

$$\frac{f}{f'} = \frac{6}{5} \text{ environ}, \quad \text{d'où} \quad \mathrm{S}' = \frac{6}{5}\mathrm{S}. \qquad (3)$$

EXEMPLE I. *Joint de deux plaques avec recouvrement et ligne de rivets unique. Fig.* 122. A, vue de face; B, vue de côté.

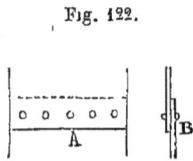

Fig. 122.

Soient :

t l'épaisseur de la plaque;

d le diamètre d'un rivet;

c la distance entre les centres consécutifs des rivets.

Nous aurons alors

$$1 = \frac{S'}{S} = \frac{\text{aire de la section d'un rivet}}{\text{aire de la section de la plaque entre deux trous}}$$
$$= \frac{0,7854d^2}{t(c-d)}, \qquad (4)$$

de telle sorte que d et t étant donnés, on déterminera c par la relation

$$c = \frac{0,7854d^2}{t} + d; \qquad (5)$$

d, en pratique, varie ordinairement de $2t$ à $1,5t$, et le recouvrement, de c à $1,1c$.

EXEMPLE II. *Joint de deux plaques avec recouvrement et double ligne de rivets* (*fig.* 123).

$$1 = \frac{S'}{S} = \frac{\text{aire de la section de deux rivets}}{\text{aire de la section de la plaque entre deux trous de la même ligne}} = \frac{1,5708d^2}{t(c-d)}; \qquad (6)$$

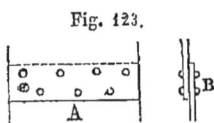

Fig. 123.

d'où $\qquad c = \frac{1,5708d^2}{t} + d. \qquad (7)$

Le *recouvrement*, en pratique, varie de $1,66c$ à $1,75c$.

EXEMPLE III. *Plaques bout à bout assemblées au moyen de deux couvre-joints; ligne de rivets simple* (*fig.* 124).

Fig. 124.

Dans ce cas il faut, pour qu'un rivet cède, qu'il soit cisaillé en deux endroits en même temps; nous aurons donc

$$1 = \frac{S'}{S} = \frac{2 \times \text{aire de la section d'un rivet}}{\text{aire de la section de la plaque comprise entre deux trous}} = \frac{1,5708d^2}{t(c-d)}, \qquad (8)$$

d'où $\qquad c = \frac{1,5708d^2}{t} + d. \qquad (9)$

La longueur de chaque couvre-joint est égale à deux recouvre-ments et varie de $2c$ à $2,2c$.

EXEMPLE IV. *Plaques bout à bout assemblées au moyen de deux couvre-joints; double ligne de rivets (fig. 125).*

$$1 = \frac{S'}{S} = \frac{4 \times \text{aire de la section d'un rivet}}{\text{aire de la section de la plaque comprise entre deux trous d'une rangée}} = \frac{3,1416d^2}{t(c-d)}, \quad (10)$$

Fig. 125.

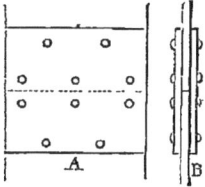

d'où
$$c = \frac{3,1416d^2}{t} + d. \quad (11)$$

La longueur de chaque couvre-joint est égale au double du recouvrement et varie de $3,33c$ à $3,5c$.

REMARQUE. *La longueur d'un rivet*, mesurée à partir de la tête, avant qu'il soit rivé, est d'environ $4,5t$ pour les joints à recouvrement, et $5,5t$ pour les joints bout à bout avec couvre-joints.

EXEMPLE V. *Chaîne des ponts suspendus.* Les chaînes des ponts suspendus se composent de maillons alternativement longs et courts. Les maillons longs se composent de une, deux ou plusieurs, n par exemple, barres plates parallèles entre elles, placées côte à côte et dont la forme ressemble à celle figurée au n° 138 (*fig.* 64); chacune de ces barres porte un trou rond à chacune de ses extrémités. Les maillons courts se composent de $n + 1$ barres plates parallèles munies de trous ronds à leurs extrémités et qui sont placées entre les extré-mités des barres parallèles des maillons longs et en dehors de ces barres. Les trous des barres longues et des barres courtes forment pour chaque joint un trou cylindrique continu dans lequel on intro-duit un boulon ou un goujon pour réunir les maillons entre eux. Pour que la chaîne se brise en un joint par suite de la destruction d'un boulon, il faut que celui-ci soit cisaillé en $2n$ endroits en même temps. Si donc S représente l'aire totale de la section des barres d'un maillon, et d le diamètre du boulon, on a

$$S' = 2n \times 0,7854d^2 = 1,5708nd^2,$$

et comme S' doit être égal à $\frac{6}{5}$ S,

$$d = \sqrt{\frac{S}{1,309n}}. \quad (12)$$

281. Attaches des tirants en bois. Dans une charpente en bois on peut réunir un tirant aux pièces du frame qui le rencontrent soit en ménageant dans le tirant des cavités dans lesquelles les pièces viennent s'appuyer par leurs extrémités (voir A, A *fig.* 81, n° 161), soit en employant des boulons ou des goujons. Dans l'un et l'autre cas, le tirant peut être ruiné par les actions moléculaires de deux manières différentes : il se rompra par extension à l'endroit où sa section transversale est affaiblie, c'est-à-dire dans la partie qui correspond à l'entaille, ou aux trous de boulon, suivant les cas, ou bien il se rompra sous l'action d'efforts tranchants en arrière de cette cavité ou du trou de boulon. Pour ne pas dépenser de matière inutilement, on devra satisfaire à l'équation 1 du n° 280 :

$$ f\mathrm{S} = f'\mathrm{S}' \quad \text{ou} \quad \frac{\mathrm{S}'}{\mathrm{S}} = \frac{f}{f'}. \tag{1} $$

Cette condition permet de déterminer de la manière suivante la distance de l'entaille ou du trou de boulon, ou du trou de boulon le plus rapproché, quand il y en a plus d'un, à l'extrémité du tirant.

Soient h la hauteur restante du tirant, lorsque l'on a déduit la hauteur de l'entaille ou les diamètres des trous de boulon, et d la distance de l'entaille, ou du trou de boulon le plus voisin, à l'extrémité du tirant, on aura, dans le cas d'une entaille,

$$ \frac{\mathrm{S}'}{\mathrm{S}} = \frac{d}{h}, \quad \text{d'où} \quad d = \frac{f}{f'}\, h, \tag{2} $$

et dans le cas de trous de boulon, s'ils sont au nombre de n,

$$ \frac{\mathrm{S}'}{\mathrm{S}} = \frac{2nd}{h}, \quad \text{d'où} \quad d = \frac{f}{2nf'}\, h. \tag{3} $$

Pour déterminer le nombre n, on remarquera que si *deux ou plusieurs boulons rencontrent la même couche de fibres*, la résistance au cisaillement de la partie de cette couche comprise entre l'extrémité du tirant et le boulon le plus éloigné est à peu près la même que si ce boulon existait seul ; de telle sorte que dans l'équation 3 *on devra seulement considérer le plus distant de ces boulons.* C'est se placer dans des conditions défavorables que de disposer plus d'un boulon sur une même couche de fibres.

SECTION 5. — *Résistance à la compression directe et à l'écrasement.*

282. La résistance à la compression, lorsque l'on ne dépasse pas la limite des actions moléculaires d'épreuve, est sensiblement égale à la résistance à l'extension, et est exprimée par le même « *module d'élasticité* ». (Voir les n°⁵ 257, 265, 266 et 268.) Mais lorsque cette limite est dépassée, les changements très-irréguliers de forme que la substance subit rendent très-difficile, sinon impossible, la détermination exacte de la résistance à la compression.

283. Modes d'écrasement. Les corps se fendent, se rompent par cisaillement, se dilatent, se plissent, se brisent en fléchissant. *L'écrasement* ou rupture par compression n'est pas un phénomène simple comme la rupture par allongement, mais c'est un phénomène plus ou moins complexe et qui varie beaucoup suivant la contexture de la substance. Nous classerons ainsi qu'il suit les différentes manières dont il peut se produire.

1. *Le corps se fend* (*fig.* 126) en un certain nombre de parties prismatiques séparées les unes des autres par des surfaces unies, dont la direction générale est sensiblement parallèle à la direction de la force qui produit l'écrasement. Ce mode de rupture caractérise les substances homogènes dures à contexture vitreuse, telles que les briques vitrifiées.

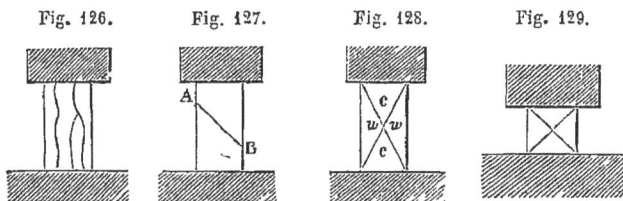

Fig. 126.   Fig. 127.   Fig. 128.   Fig. 129.

II. L'*écrasement par cisaillement ou par glissement* des parties d'un bloc suivant des surfaces de séparation obliques caractérise les substances à contexture granuleuse, telles que la fonte et le plus grand nombre des pierres et des briques. Quelquefois le glissement se produit suivant une surface plane unique, telle que AB, *fig.* 127; d'autres fois il se forme deux cônes ou deux pyramides, tels que *c, c, fig.* 128, qui sont pressés l'un contre l'autre; les coins qui les entourent, tels que *w, w,* dans la même figure, sont en même temps chassés au dehors.

Il arrive encore que le bloc se fend en donnant naissance à quatre coins, comme dans la *fig.* 129.

Les surfaces de séparation par glissement font avec la direction de la force d'écrasement des angles dont les valeurs déterminées par M. Hodgkinson, qui le premier s'est occupé de ces phénomènes, varient suivant la nature et la qualité de la matière. Pour différentes qualités de fonte, par exemple, cet angle est compris entre 42° et 32°. La plus grande intensité des actions moléculaires tranchantes se produit pour un plan qui fait un angle de 45° avec la direction de la force d'écrasement; l'écart entre le plan de glissement et le plan dont nous venons de parler, montre bien que la résistance au cisaillement n'est pas simplement une force de cohésion, indépendante de la pression normale au plan de glissement, mais qu'elle se compose, en partie, d'une force analogue au frottement, laquelle augmente avec l'intensité de la pression normale.

M. Hodgkinson admet que pour déterminer la résistance vraie des substances à l'écrasement direct, on devrait expérimenter sur des blocs pour lesquels le rapport de la longueur à l'épaisseur ne serait pas inférieur à $\frac{3}{2}$, de telle sorte que la matière eût toute liberté de se fendre par glissement. Lorsqu'un bloc qui est trop court relativement à son épaisseur vient à s'écraser, le frottement des surfaces planes entre lesquelles il s'écrase a pour effet de *retenir toutes les parties ensemble*, de façon à s'opposer à leur séparation par glissement; et la résistance que l'on trouve alors dépasse la résistance réelle.

Pour toutes les substances qui se rompent par cisaillement ou qui se fendent, la résistance à l'écrasement dépasse de beaucoup la ténacité, comme le montre l'examen des tableaux.. Il résulte des expériences de M. Hodgkinson que la résistance à l'écrasement pour la fonte, par exemple, est égale à un peu plus de *six* fois sa ténacité.

III. *Le corps se rompt en se dilatant.* Il se produit une dilatation latérale, et le bloc se sépare en se brisant; ce mode de rupture est caractéristique des substances ductiles et déformables, telles que le fer. Par suite de la façon graduelle dont les matériaux de ce genre cèdent à l'action des forces d'écrasement, il est difficile de déterminer exactement leur résistance; cette résistance est en général inférieure et quelquefois considérablement inférieure à leur ténacité. Pour le fer, la résistance à l'écrasement direct de blocs assez courts a été trouvée, avec le degré d'exactitude que l'expérience comporte, variant des $\frac{2}{3}$ aux $\frac{4}{5}$ de la ténacité.

IV. L'*écrasement par plissement* est caractéristique des substances fibreuses, sous l'action de pressions qui sont dirigées suivant les fibres. Il consiste en une flexion latérale et en un plissement des fibres, lesquelles se séparent le plus souvent. Il se produit dans le bois, dans les plaques de fer et dans les barres qui sont plus longues que celles qui sont ruinées par dilatation. La résistance des substances fibreuses à l'écrasement est en général de beaucoup inférieure à leur ténacité, surtout lorsque l'adhérence latérale des fibres entre elles est faible relativement à leur ténacité. La résistance du plus grand nombre des espèces de bois à l'écrasement, lorsqu'il est sec, varie de $\frac{1}{2}$ à $\frac{2}{3}$ de la ténacité. L'humidité du bois diminue l'adhérence latérale des fibres et réduit la résistance à l'écrasement à moitié de ce qu'elle est pour des bois bien secs.

V. L'*écrasement par flexion* est le mode de rupture que présentent les colonnes et les étrésillons, lorsque leur longueur dépasse de beaucoup le diamètre. Sous l'action de la charge de rupture, ils fléchissent et se rompent comme le ferait une poutre soumise à l'action d'une charge transversale. Nous reviendrons sur ce mode d'écrasement après avoir traité de la résistance à la flexion.

284. On trouvera à la fin de ce volume un tableau **de la résistance des matériaux à l'écrasement par compression directe**. En ce qui concerne la résistance de la brique et de la pierre, nous renverrons au n° 235. Les chiffres que nous donnons résultent d'expériences faites par des hommes dont les noms font autorité, parmi lesquels nous citerons Tredgold, M. Fairbairn, M. Hodgkinson et le capitaine Fowke.

285. **L'inégalité de répartition de la pression** sur un pilier résulte de ce que la ligne d'action de la résultante de la charge ne coïncide pas avec l'axe de figure de ce pilier, de telle sorte que le *centre de pression* d'une section transversale ne coïncide pas avec *son centre de figure*, mais en est éloigné, dans une certaine direction, d'une distance que nous représenterons par r_0.

Dans ce cas, la résistance du pilier est diminuée dans le rapport de l'intensité moyenne à l'intensité maximum de la pression; nous représenterons ce rapport par

$$\frac{\text{intensité moyenne}}{\text{intensité maximum}} = \frac{p_0}{p_1}.$$

On peut déterminer ce rapport avec une exactitude suffisante pour la pratique en considérant la pression sur une section transversale quelconque du pilier comme résultant d'*actions moléculaires variant d'une façon uniforme*. (Voir n° 94.) On procédera alors de la manière suivante.

On cherchera par les méthodes du n° 95, les axes principaux et les moments d'inertie de la section transversale du pilier, et l'on déterminera ensuite l'axe neutre conjugué à la direction de la déviation r_0. Soit θ l'angle que fait cet axe avec la direction de la déviation r_0; la distance du centre de pression à l'axe neutre sera alors

$$x_0 = r_0 \sin\theta.$$

On cherchera le moment d'inertie de la section transversale par rapport à l'axe neutre et on le désignera par I. On voit alors, au moyen des équations 1, 2 et 4 du n° 94, que si x_1 est la *plus grande distance* du bord de la section transversale à l'axe neutre dans la même direction que r_0, la plus grande intensité de la pression sera

$$p_1 = p_0 + ax_1,$$

formule dans laquelle

$$a = \frac{x_0 P}{I} = x_0 p_0 \frac{S}{I}, \qquad (1)$$

P étant la pression totale, et S l'aire de la section du pilier. Le rapport cherché sera donc

$$\frac{p_0}{p_1} = \frac{1}{1 + \frac{x_0 x_1 S}{I}}. \qquad (2)$$

Nous avons déjà donné au n° 205 les valeurs de S pour certaines figures symétriques, et celles de I pour les axes principaux de ces mêmes figures. Nous en déduirons les valeurs suivantes du facteur $\frac{x_1 S}{I}$ qui entre au dénominateur de la formule précédente.

Figure de la section transversale. . . . . $\dfrac{x_1 S}{I}$.

I. Rectangle, hb; b, axe neutre $\big\rbrace$
II. Carré, h^2. . . . . $\big\rbrace$ . . . . $\dfrac{6}{h}$.

III. Ellipse : axe neutre, b; autre axe, h $\big\rbrace$
IV. Cercle : diamètre, h. . . . . $\big\rbrace$ . . . . . $\dfrac{8}{h}$.

V. Rectangle évidé : dimensions extérieures, h, b; $\big\rbrace$ $\dfrac{6h\,(hb-h'b')}{h^3 b - h'^3 b'}$.
    dimensions intérieures, h', b'; axe neutre, b $\big\rbrace$

VI. Carré évidé, $h^2 - h'^2$. . . . . $\dfrac{6h}{h^2 + h'^2}$.

VII. Anneau circulaire : diamètre extérieur, h; dia- $\big\rbrace$ $\dfrac{8h}{h^2 + h'^2}$.
    mètre intérieur, h'. . . . . $\big\rbrace$

286. Limite d'application des formules précédentes. Les formules du numéro qui précède sont relatives seulement à l'écrasement direct, et leur application doit par suite être limitée aux cas dans lesquels les piliers, les blocs ou les étrésillons, le long desquels la pression agit, ne sont pas assez longs relativement à leur diamètre pour que leur rupture puisse résulter d'une flexion. Ces cas comprennent :

Les piliers en pierre et en briques et les blocs de dimensions ordinaires ;

Les piliers et les étrésillons en fonte pour lesquels la longueur est inférieure à environ cinq fois le diamètre ;

Les piliers et les étrésillons en fer, pour lesquels la longueur est inférieure à environ dix fois le diamètre ;

Les piliers et les étrésillons en bois sec, pour lesquels la longueur est inférieure à vingt fois le diamètre environ.

287. Écrasement et aplatissement des tubes. Lorsqu'une enveloppe cylindrique est soumise à l'action d'une pression extérieure, il se développe des forces de compression agissant tangentiellement au cylindre, qui acquièrent leur plus grande intensité à la surface intérieure de ce cylindre et qu'on peut évaluer en modifiant convenablement les formules du n° 273. Nous désignerons, pour cela, par R et r respectivement les rayons extérieur et intérieur du cylindre, par q_1 et q_0 respectivement les pressions extérieure et intérieure dirigées suivant le rayon, et par p_0, non pas une *tension*, mais une *compression*, c'est-à-dire la force de compression maximum agissant tangentiellement à la surface intérieure du cylindre. Si nous renversons les signes du second membre de l'équation 6 du n° 273, nous obtenons alors

$$p_0 = \frac{2q_1 R^2 - q_0(R^2 + r^2)}{R^2 - r^2}. \tag{1}$$

Lorsque la pression intérieure est nulle ou insignifiante, cette formule devient

$$p_0 = \frac{2q_1 R^2}{R^2 - r^2}, \tag{2}$$

et elle donne le rapport entre le rayon intérieur et le rayon extérieur, en *supposant que la matière soit ruinée par écrasement direct :*

$$\frac{r}{R} = \sqrt{1 - \frac{2q_1}{f}}, \tag{3}$$

q_1 étant la pression intérieure d'écrasement, d'épreuve ou de travail ordinaire, et f la force de compression correspondante de la matière.

Cette formule donne des résultats corrects pour *des enveloppes cylindriques épaisses.* Mais lorsque l'épaisseur est faible (comme c'est le cas pour les tubes intérieurs des chaudières), le cylindre est ruiné par suite, non pas d'un écrasement direct, mais d'un APLATISSEMENT, qui consiste en un changement de figure et présente alors beaucoup d'analogie avec l'écrasement par flexion. D'après les expériences de M. Fairbairn, publiées dans les *Philosophical Transactions* pour l'année 1858, l'intensité de la pression extérieure qui détermine l'aplatissement d'un tube en fer mince est en raison inverse de sa longueur et de son rayon et directement proportionnelle à une puissance de l'épaisseur dont l'indice est 2,19. Dans la plupart des calculs de la pratique, on peut substituer le *carré* de l'épaisseur à cette puissance. Considérons des tubes en tôle de fer ; soient l la longueur, d le diamètre, t l'épaisseur exprimés avec une même unité et q la pression d'aplatissement en kilogramme par millimètre carré, on aura

$$q = 6799 \frac{t^2}{ld} \text{ environ.} \tag{4}$$

M. Fairbairn donne de la résistance aux tubes qui sont un peu longs au moyen de bagues en fer à simple T ; dans ce cas, l représente la distance entre deux bagues consécutives.

SECTION 6. — *Résistance à la flexion et à la rupture correspondante.*

288. Effort tranchant et moment fléchissant en général. Nous avons déjà montré aux n°s 141 et 142 comment on peut déterminer les relations entre la résultante de la grosse charge d'une poutre et les deux réactions des appuis, que ces trois forces soient perpendiculaires ou obliques à la poutre, ou qu'elles soient parallèles ou inclinées entre elles. Dans la présente section, nous considérerons seulement les cas dans lesquels la charge et les réactions sont perpendiculaires à la poutre, parallèles entre elles et situées dans un même plan ; car de telles forces tendent simplement à faire fléchir la poutre, et si elles sont suffisamment grandes, elles en détermineront la rupture.

Nous avons fait voir au n° 161 comment on détermine la résistance exercée par les pièces d'un frame sur un plan de section idéal, en fonction des forces et des couples qui agissent sur une des parties du frame d'un côté du plan sécant, et nous nous sommes servi de cette méthode, ou *méthode des sections*, aux n°s 162, 163, 164 et 165, pour déterminer les actions moléculaires le long des barres des poutres à demi-treillis ou poutres Warren et des poutres à treillis.

Nous suivrons une marche analogue pour déterminer l'effet d'une charge transversale sur une poutre continue, mais auparavant nous remarquerons que la résistance à déterminer sur une section plane ne consiste pas en un nombre fini de forces agissant suivant les axes de certains barreaux, mais en actions moléculaires réparties avec des intensités variables et même avec des directions variables aux différents points de la section de la poutre.

Nous supposerons, dans ce qui suit, que la charge de la poutre consiste en poids agissant verticalement de haut en bas et que les réactions des appuis sont également verticales. L'axe longitudinal de la poutre étant perpendiculaire aux forces qui lui sont appliquées sera par conséquent horizontal. Les conclusions que nous en tirerons s'appliqueront aux cas dans lesquels l'axe de la poutre et la direction des forces appliquées sont inclinées, pourvu que ces lignes soient perpendiculaires entre elles.

Prenons un point quelconque de l'axe longitudinal de la poutre comme origine des coordonnées et imaginons à une distance horizontale donnée de l'origine x, une section verticale faite perpendiculairement à l'axe longitudinal, laquelle partagera la poutre en deux parties. Pour fixer les idées, nous considérerons les distances horizontales comme positives ou comme négatives selon qu'elles seront à gauche ou à droite de l'origine; les distances verticales et les forces comme positives ou négatives, selon qu'elles seront dirigées de bas en haut ou de haut en bas, et les moments des couples comme positifs ou négatifs, selon qu'ils seront de droite à gauche ou de gauche à droite.

Soient F la résultante de toutes les forces verticales, charge et réaction, qui agissent sur la partie de la poutre à gauche du plan sécant vertical, et x' la distance horizontale de l'origine à la ligne d'action de cette résultante.

Si la poutre est assez forte pour supporter les forces qui lui sont appliquées, il se développera des *actions moléculaires tranchantes* qui auront pour grandeur F et qui seront réparties (nous montrerons plus loin de quelle manière a lieu cette répartition) sur la section verticale donnée; ces actions moléculaires tranchantes, ou cette résistance verticale, constitueront avec la force appliquée F un couple dont le moment aura pour expression

$$M = F(x' - x). \qquad (1)$$

Ce moment porte le nom de *moment fléchissant* ou de *moment de flexion* de la poutre pour la section considérée; ce sont les actions moléculaires normales à cette section et que nous analyserons plus loin, qui font équilibre à ce moment.

Suivant que le moment fléchissant est positif ou négatif, il tend à rendre l'axe longitudinal primitivement droit de la poutre concave vers le haut ou vers le bas.

On déterminera la résultante F en grandeur et en position en cherchant la résultante d'un certain nombre de forces parallèles situées dans un plan, ainsi que nous l'avons expliqué au n° 44, les réactions dues aux appuis ayant été d'abord trouvées au moyen des principes des n°° 39 et 141. On peut représenter par les formules générales suivantes ces résultats dans les différents cas.

1er CAS. *Charge appliquée en des points isolés.* Soient W un des poids qui constituent la charge; x'' sa distance horizontale à l'origine.

—ΣW sera la charge totale, qui est négative comme agissant de haut en bas.

—$\Sigma x''$W sera son moment par rapport à l'origine.

Soient x_1 et x_2 la distance horizontale des points d'appui à l'origine; P_1, P_2, les forces de réaction de ces appuis; nous déterminerons ces forces par les équations d'équilibre suivantes :

$$P_1 + P_2 - \Sigma W = 0 :$$
$$x_1 P_1 + x_2 P_2 - \Sigma x'' W = 0 ;$$

d'où

$$P_1 = \frac{x_2 \Sigma W - \Sigma x'' W}{x_2 - x_1} ; \qquad \left.\begin{array}{l} \\ \\ \\ \\ \end{array}\right\} \qquad (2)$$
$$P_2 = \frac{x_1 \Sigma W - \Sigma x'' W}{x_1 - x_2} .$$

Pour montrer comment on détermine l'effort tranchant et le moment de flexion pour une section transversale quelconque, nous supposerons que W soit appliqué à gauche de l'origine, et que le plan de section, dont la distance à l'origine est x, se trouve entre P_1 et P_2; la force qui agit sur la poutre à gauche de x sera alors

$$F = P_1 - \Sigma_x^{x_1} W, \qquad \left.\begin{array}{l} \\ \\ \\ \end{array}\right\} \qquad (3)$$

et le moment de flexion

$$M = (x_1 - x) P_1 - \Sigma_x^{x_1} (x'' - x) W ;$$

le symbole $\Sigma_x^{x_1}$ exprime dans chaque cas que la somme s'étend seulement à la partie de la poutre qui est comprise entre le plan sécant donné et le point d'appui (s'il y en a un) à gauche de ce plan.

2° CAS. *Charge répartie d'une façon continue.* Considérons un élément de la poutre de longueur dx, situé à une distance x'' de l'origine, et désignons par w l'intensité de la charge par unité de longueur. Il suffira alors, dans les équations 2 et 3 données ci-dessus, de substituer wdx à W et le signe $\int$ au signe Σ.

289. Dans le cas de **poutres fixées ou encastrées à une de leurs extrémités seulement** et soumises à des charges qui n'agissent que sur la partie en saillie, comme dans la *fig.* 67 du n° 141, et dans les *fig.* 133 à 136 (voir plus loin), on peut déterminer l'effort tranchant et le moment fléchissant pour une section verticale quelconque de la partie saillante de la poutre, sans considérer les pressions dues aux réactions des appuis.

Nous prendrons comme origine le plan dans lequel la poutre est fixée, et nous désignerons par c la longueur de la partie saillante. Le tableau suivant contient les résultats pour les différents cas qui sont les plus importants dans la pratique.

	EFFORT TRANCHANT F.		MOMENT FLÉCHISSANT M.	
EXEMPLES.	En un point quelconque. F	Maximum. F_0	En un point quelconque. M	Maximum. M_0
I. Charge à l'extrémité, W . . .	$-W$	$-W$	$-(c-x)W$	$-cW$
II. Charge uniforme d'intensité w	$-w(c-x)$	$-wc$	$-\dfrac{w(c-x)^2}{2}$	$-\dfrac{wc^2}{2}$
III. Charge uniforme d'intensité w, et charge additionnelle W' à l'extrémité	$-W'-w(c-x)$	$-W'-wc$	$-W'(c-x)-$ $w\dfrac{(c-x)^2}{2}$	$-W'c-\dfrac{wc^2}{2}$

290. Dans le cas de **poutres reposant à leurs deux extrémités** et chargées dans la partie intermédiaire, telles que celles représentées dans la *fig.* 66 du n° 141, et dans les *fig.* 138 et 140 d'un numéro qui suit, il est commode de prendre le *point milieu de la poutre* comme origine des coordonnées. Désignons alors par c la *demi-portée*, $2c$ étant la *portée* ou distance comprise entre les points d'appui; ces derniers points sont définis par les relations

$$x_1 = c; \quad x_2 = -c; \quad x_1 - x_2 = 2c. \qquad (1)$$

En faisant ces substitutions dans les équations 2 du n° 288, on obtient :

$$\left. \begin{aligned} P_1 &= \frac{\Sigma W}{2} + \frac{\Sigma x''W}{2c}; \\ P_2 &= \frac{\Sigma W}{2} - \frac{\Sigma x''W}{2c}. \end{aligned} \right\} \qquad (2)$$

Si la charge est distribuée symétriquement, on a

$$\Sigma x''W = 0,$$

et

$$P_1 = P_2 = \frac{\Sigma W}{2} = \Sigma_0^c W. \qquad (2A)$$

Les équations 3 du n° 288 deviennent alors

$$\left. \begin{aligned} F &= P_1 - \Sigma_x^c W; \\ M &= (c-x)P_1 - \Sigma_x^c (x''-x)W; \end{aligned} \right\} \qquad (3)$$

et pour une charge distribuée symétriquement,

$$F = \Sigma_o^x W; \quad M = (c - x)\, \Sigma_o^c W - \Sigma_x^c (x'' - x)\, W. \quad (3A)$$

Les résultats pour les cas qui ont le plus d'importance dans la pratique figurent dans le tableau suivant.

EXEMPLES.	EFFORT TRANCHANT F.		MOMENT FLECHISSANT M.	
	En un point quelconque. F	Maximum. F_1 ou F_2	En un point quelconque. M	Maximum. M_0 ou M''
IV. Charge unique, W, au milieu.				
A gauche de O	$\dfrac{W}{2}$	$\dfrac{W}{2}$	$\Big\}\ \dfrac{(c-x)W}{2}$	$\dfrac{cW}{2} = M_0$
A droite de O	$-\dfrac{W}{2}$	$-\dfrac{W}{2}$		
V. Charge unique, W, appliquée en x''.				
A gauche de x''	$\dfrac{(c+x'')W}{2c}$	$\dfrac{(c+x'')W}{2c}$	$\dfrac{(c+x'')(c-x)W}{2c}$	$\Big\}\ \dfrac{(c^2-x''^2)W}{2c}$
A droite de x''	$\dfrac{-(c-x'')W}{2c}$	$\dfrac{-(c-x'')W}{2c}$	$\dfrac{(c-x'')(c+x)W}{2c}$	$= M''$ en x''
VI. Charge d'intensité uniforme, w	wx	wc	$\dfrac{w(c^2-x^2)}{2}$	$\dfrac{wc^2}{2} = M_0$

291. Moments de flexion en fonction de la charge et de la longueur. Il est souvent avantageux, en pratique, d'exprimer le plus grand moment fléchissant d'une poutre en fonction de la *charge totale* W, et de la *longueur non soutenue* l d'une poutre, au moyen d'une formule de ce genre

$$M_0 = mWl, \quad (1)$$

où m désigne un coefficient numérique. Pour des poutres fixées à une extrémité, $l = c$; pour des poutres reposant à leurs deux extrémités, $l = 2c =$ la portée; pour une charge uniforme, $W = wl$. Si l'on compare alors l'équation 1 avec les exemples I, II, IV, V et VI des nᵒˢ 289 et 290, on trouve les valeurs suivantes pour le coefficient m :

I. poutre fixée à une extrémité, chargée à l'autre ; $\quad\quad\quad \begin{matrix} m \\ 1 \end{matrix}$

II. poutre fixée à une extrémité, chargée uniformément; . . . . $\dfrac{1}{2}$

IV. poutre reposant à ses deux extrémités, chargée en son milieu; . . . . $\dfrac{1}{4}$

V. poutre reposant à ses deux extrémités, chargée à une distance x'' du milieu; . . . . $\dfrac{1}{4}\left(1 - \dfrac{4x''^2}{l^2}\right)$

VI. poutre reposant à ses deux extrémités, chargée uniformément. . . . . $\dfrac{1}{8}$

292. Moment uniforme de flexion. Si deux couples égaux et de sens contraire, agissant dans le même plan longitudinal, sont appliqués aux extrémités d'une poutre ou près de ses extrémités, la partie de la poutre comprise entre les points où ces couples sont appliqués est soumise à l'action d'un *moment uniforme de flexion* et n'a à résister à *aucun effort tranchant.*

Tel est le cas de la partie d'un essieu de wagon qui est comprise entre les roues, si les fusées sont en dehors des roues, ou entre les fusées, si ces dernières sont à l'intérieur des roues. Soit W le poids qui porte sur un essieu; $\dfrac{W}{2}$ sera le poids qui porte sur chaque roue et sur chaque fusée. Si l est la distance du centre de chaque roue au milieu de la fusée voisine, les deux extrémités de cet essieu seront sollicitées par deux couples égaux et de sens contraire, chacun d'eux ayant pour moment

$$M = \frac{Wl}{2}.$$

Tel est le moment uniforme de flexion de la portion de l'essieu comprise entre les parties qui sont soumises aux forces qui constituent les couples; l'effort tranchant est nul pour toute cette même portion.

293. La résistance à la flexion est le moment de la résistance qu'une poutre oppose aux forces qui tendent à la faire fléchir ou à la rompre en la faisant fléchir; et si la poutre est suffisamment résistante, ce moment, pour chacune des sections transversales de la poutre, est égal et opposé au moment fléchissant pour la même section transversale.

La *fig.* 130 représente une vue de côté d'une portion de poutre dont la section transversale est uniforme, et qui est soumise à l'action d'un moment uniforme de flexion, et la *fig.* 130 * représente la section transversale de la même poutre. On voit facilement que la courbure produite sur la portion de la poutre en question doit être uniforme, c'est-à-dire qu'une ligne longitudinale quelconque de la poutre, telle que son arête supérieure AA' ou son arête inférieure BB', qui est rectiligne lorsque la poutre est à l'état libre, doit prendre la forme d'un arc de cercle, et qu'une surface quelconque, qui est primitivement plane, longitudinale, et perpendiculaire au plan dans lequel la courbure se produit, telle que la surface supérieure AA' ou la surface inférieure BB', doit se transformer en une surface cylindrique, et de plus que les surfaces cylindriques ainsi produites doivent avoir même axe. Deux plans transversaux quelconques, tels que AB et A'B', qui, lorsque la poutre est à l'état libre, sont parallèles l'un à l'autre, viendront passer, une fois la poutre courbée, par l'axe de courbure.

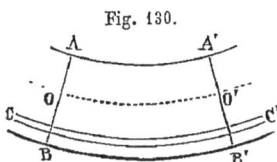

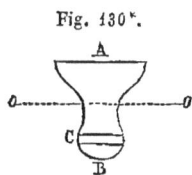

Fig. 130.

Fig. 130*.

Si donc on imagine que l'on partage la portion de poutre comprise entre les plans transversaux AB, A'B', en tranches, telles que CC', primitivement parallèles et de longueur égale, ces tranches auront, lorsque la poutre sera fléchie, des longueurs proportionnelles à leurs distances à l'axe de courbure. Les tranches les plus rapprochées du côté concave de la poutre, AA', sont raccourcies par la flexion ; les tranches voisines du côté convexe, BB', sont, au contraire, allongées ; il doit donc y avoir une tranche intermédiaire qui n'est ni allongée ni raccourcie, et qui conserve sa longueur primitive. Soit OO' la surface primitivement plane, actuellement courbe, sur laquelle cette tranche est située ; on l'appelle la *surface neutre* de la poutre, et la ligne OO, *fig.* 130*, suivant laquelle elle rencontre une section transversale donnée, est appelée l'*axe neutre* de cette section.

Les *déformations directes*, ou les allongements et raccourcissements par unité de longueur, des différentes tranches de la poutre, sont proportionnelles à leurs distances à la surface neutre ; il en résulte que, dans les limites des actions moléculaires d'épreuve, les *actions moléculaires directes,* tensions ou pressions, aux différents points de la section transversale AB, *fig.* 130*, ont *des intensités sensiblement proportionnelles aux distances de ces points à l'axe neutre* OO.

Les *actions moléculaires directes* pour chacune des sections telles que AB, dont le moment constitue *la résistance à la flexion,* sont donc des *actions moléculaires variant d'une façon uniforme,* comme nous les avons définies au n° 91, et pour que la *résultante longitudinale* de ces actions moléculaires soit nulle, il faut que l'axe neutre (comme nous l'avons fait voir dans ce même numéro) passe par le *centre de gravité de la section transversale* AB.

Le *moment des actions moléculaires de flexion* a déjà été donné au n° 92, équations 3 et 4; et nous avons indiqué les méthodes qui permettent de déterminer les intégrales I et K· qui se présentent dans ces équations (95).

Pour appliquer les équations précitées au problème qui nous occupe, soit p l'intensité des actions moléculaires directes pour une tranche de la poutre dont la distance à l'axe neutre est y, cette hauteur étant regardée comme positive quand elle est au-dessus de l'axe neutre, et négative quand elle est au-dessous. Comme nous avons considéré les moments de flexion comme positifs, quand ils tendent à rendre la poutre concave vers le haut, il conviendra, pour n'avoir pas à faire usage de signes négatifs, de regarder le rapport constant $\dfrac{p}{y}$ comme étant positif, quand il permet de résister à un moment de flexion dirigé de bas en haut, c'est-à-dire lorsque p est une pression pour les valeurs positives de y et une tension pour les valeurs négatives de y; on considérera donc p comme étant positif ou négatif, selon qu'il correspondra à une pression ou à une tension.

Ceci étant admis, nous avons pour le moment de la résistance que la poutre oppose à la flexion,

$$M = \frac{p}{y} \sqrt{I^2 + K^2}, \qquad (1)$$

et pour l'angle que fait l'axe neutre avec la direction de l'axe du couple fléchissant,

$$\mu = -\ \text{arc tang}\ \frac{K}{I}, \qquad (2)$$

I et K étant déterminés par les méthodes du n° 95.

Il est commode, dans certains cas, de mettre l'équation 2 sous une forme qui donne l'angle θ que fait l'axe neutre avec son *axe conjugué*, suivant lequel le plan des forces de flexion coupe le plan sécant AB :

$$\cot \theta = \frac{K}{I}. \qquad (3)$$

Dans la plupart des cas qui s'offrent en pratique, le plan des forces de flexion rencontre chacune des sections transversales de la poutre, suivant l'un ou l'autre de ses *axes principaux*; on a alors $K = 0$, $\mu = 0$, $\theta = \frac{\pi}{2}$, et l'équation 1 devient

$$M = \frac{pI}{y}. \qquad (4)$$

Lorsque les sections transversales et les moments de flexion des poutres ne sont pas uniformes, on ne commet pas d'erreur appréciable dans la pratique en appliquant l'équation 4 à chacune des sections transversales, et au moment de flexion qui agit sur elle, comme si la section et le moment donnés appartenaient à une poutre uniforme ayant un moment uniforme de flexion.

294. **La résistance transversale** d'une poutre, suivant que l'on considère la résistance extrême, la résistance d'épreuve ou la résistance du travail ordinaire, est la charge nécessaire pour la rompre par suite de flexion ou pour produire les actions moléculaires d'épreuve ou les actions moléculaires du travail ordinaire. On la trouvera en égalant le plus grand moment fléchissant, exprimé en fonction de la charge et de la longueur, comme au n° 291, au moment de la résistance pour la section transversale où ce moment fléchissant agit; on trouvera ce moment de la résistance au moyen des équations du n° 293, dans lesquelles on remplacera p par les actions moléculaires directes de la matière, extrêmes, d'épreuve ou de travail ordinaire, suivant les cas, et y par la distance à l'axe neutre du point de la section transversale donnée où les actions moléculaires limites p sont atteintes. Ce point se trouvera sur la face concave ou sur la face convexe de la poutre, suivant que la matière est détruite plus facilement par compression que par tension ou inversement.

Dans la *fig.* 131, A représente une poutre à contexture granuleuse telle que de la fonte; la paroi concave est détruite par écrasement et il s'en détache en même temps une sorte de coin. B représente une poutre ruinée par suite d'une déchirure de la paroi convexe.

Fig. 131.

Dans le cas d'une poutre symétrique par rapport à un plan horizontal, ou qui présente une forme telle que l'axe neutre se trouve au milieu de la hauteur de la section transversale, on a, en désignant cette hauteur par h,

$$y = \pm \frac{h}{2},$$

et la valeur-limite de p est celle des deux résistances à la pression ou à la tension, qui est la plus petite.

Pour d'autres formes de section, soient

$$y = y_a \text{ pour la paroi concave,}$$

et

$$y = y_b \text{ pour la paroi convexe;}$$

représentons les actions moléculaires limites par

$$p = f_a \text{ pour la pression,}$$

et

$$p = f_b \text{ pour la tension;}$$

la poutre sera ruinée par écrasement ou se déchirera, suivant que $\frac{y_a}{y_b}$ sera plus grand ou plus petit que $\frac{f_a}{f_b}$. (1)

Ceci une fois déterminé, on pourra trouver la résistance de la poutre au moyen de l'équation

$$M_0 = mWl = \frac{fI}{y}. \tag{2}$$

Lorsqu'il s'agit de la charge *de rupture*, le coefficient f est ce que l'on appelle le *module de rupture* de la matière. Il ne concorde pas toujours avec la résistance de la même matière à l'écrasement direct ou à la rupture par allongement direct, mais il a une valeur particulière que des expériences sur la rupture par flexion permettent seules de déterminer. On peut trouver une des raisons de ce phénomène dans le fait que nous avons déjà mentionné au n° 257, en vertu duquel on augmente la résistance d'une substance à des actions moléculaires directes en empêchant ou en diminuant les changements dans ses dimensions transversales; comme autre raison, nous indiquerons ce fait que la résistance d'une masse de métal, de la fonte principalement, est plus grande dans les couches extérieures ou *à l'épiderme* qu'à l'intérieur de la masse. Lorsqu'on rompt une barre par allongement direct, la résistance indiquée est celle de la partie la moins résistante qui se trouve au centre de la masse: lorsqu'on la rompt par flexion, la résistance indiquée est, ou bien celle de l'épiderme qui est la partie la plus résistante, ou celle d'une partie voisine de l'épiderme. (Voir le n° 296.)

Lorsqu'il s'agit de la *charge d'épreuve* ou de la *charge du travail ordinaire*, le coefficient f est égal au module de rupture divisé par *un coefficient de sécurité* convenable. (Voir le n° 247.) - - - -   --

295. Résistance à la flexion en fonction de la hauteur et de la largeur. On voit facilement, en se reportant aux principes que nous avons donnés au n° 95, que les moments d'inertie, I, de sections semblables, sont entre eux comme les largeurs et comme les cubes des hauteurs de ces sections. Si donc b est la largeur, et h la hauteur du rectangle circonscrit à la section transversale d'une poutre donnée au point où le moment fléchissant est le plus grand, nous pouvons poser

$$I = n'bh^3, \qquad (1)$$

n' étant un facteur numérique qui dépend de la forme de la section. Il est également évident que, pour des figures semblables, les valeurs de y sont entre elles comme les hauteurs, de telle façon que nous pouvons poser

$$y = m'h, \qquad (2)$$

m' étant un autre facteur numérique qui dépend de la forme de la section. Si la section est symétrique par rapport à un plan horizontal, $m' = \frac{1}{2}$. On voit d'après cela que les *résistances à la flexion de sections transversales semblables sont entre elles comme les largeurs et comme les carrés des hauteurs de ces sections*, et que l'équation 2 du n° 294, qui exprime l'égalité entre le plus grand moment fléchissant, donné en fonction de la charge et de la longueur, et la résistance de la section transversale, sur laquelle ce moment agit, équivaut à la suivante :

$$M_0 = mWl = nfbh^2, \qquad (3)$$

dans laquelle $n = \dfrac{n'}{m'}$ est un facteur numérique dépendant de la forme de la section transversale de la poutre, et m le facteur numérique qui dépend du mode de répartition de la charge et des forces de réaction des appuis, et dont nous avons donné des exemples au n° 291.

Le tableau suivant donne des exemples des valeurs des trois facteurs n', m', n, pour quelques-unes des formes de section transversale les plus usitées.

FORME DE LA SECTION TRANSVERSALE.	$n' = \dfrac{I}{bh^3}$	$m' = \dfrac{y}{h}$	$n = \dfrac{I}{ybh^2}$
I. Rectangle bh. . . . . } (carré compris).	$\dfrac{1}{12}$	$\dfrac{1}{2}$	$\dfrac{1}{6}$
II. Ellipse. Axe vertical. . . . . h } Axe horizontal. . . . . b (cercle compris).	$\dfrac{\pi}{64} = \dfrac{1}{20,4}$ $= 0,0491$	$\dfrac{1}{2}$	$\dfrac{\pi}{32} = \dfrac{1}{10,2}$ $= 0,0982$
III. Rectangle évidé $bh - b'h'$, et section en forme de double T, dans laquelle b' est la somme des largeurs des évidements latéraux. . . . . }	$\dfrac{1}{12}\left(1 - \dfrac{b'h'^3}{bh^3}\right)$	$\dfrac{1}{2}$	$\dfrac{1}{6}\left(1 - \dfrac{b'h'^3}{bh^3}\right)$
IV. Carré évidé. $h^2 - h'^2$. . . . . }	$\dfrac{1}{12}\left(1 - \dfrac{h'^4}{h^4}\right)$	$\dfrac{1}{2}$	$\dfrac{1}{6}\left(1 - \dfrac{h'^4}{h^4}\right)$
V. Ellipse évidée.	$\dfrac{1}{20,4}\left(1 - \dfrac{b'h'^3}{bh^3}\right)$	$\dfrac{1}{2}$	$\dfrac{1}{10,2}\left(1 - \dfrac{b'h'^3}{bh^3}\right)$
VI. Anneau circulaire.	$\dfrac{1}{20,4}\left(1 - \dfrac{h'^4}{h'^4}\right)$	$\dfrac{1}{2}$	$\dfrac{1}{10,2}\left(1 - \dfrac{h'^4}{h^4}\right)$

296. On trouvera à la fin du volume un **tableau de la résistance des matériaux à la rupture par flexion**. Il donne les valeurs du module de rupture ou du coefficient f de l'équation 2 du n° 294 et de l'équation 3 du n° 295, lorsque mWl est le moment de rupture. On remarquera que ce module est, pour le plus grand nombre des substances, intermédiaire entre la ténacité et la résistance à l'écrasement direct.

297. **Poutres en fonte.** Les valeurs du module de rupture pour la fonte donnent lieu à une remarque spéciale. On savait depuis quelque temps que, tandis que la ténacité directe de la fonte (déter-

minée par M. Hodgkinson) est en moyenne de 11,6 kilogrammes par millimètre carré, le module de rupture de poutres en fonte rectangulaires est en moyenne de 28,1 kilogrammes par millimètre carré, c'est-à-dire deux fois et demie aussi grand. On supposait pour expliquer ce fait que les actions moléculaires sur la section transversale d'une poutre de fonte ne varient pas d'une façon uniforme, et que l'axe neutre ne passe pas par le centre de gravité de la section. Mais en 1855, M. William Henry Barlow, à la suite d'expériences dont le compte rendu a été publié dans les *Philosophical Transactions* de la même année, a montré premièrement que les actions moléculaires varient bien d'une façon uniforme, et que l'axe neutre pour des sections symétriques, passe par le centre de gravité de la section, et en second lieu, que le module de rupture a des valeurs variables, allant depuis la ténacité directe simple de la fonte jusqu'à 2,33 fois cette ténacité, selon la forme de la section transversale de la poutre.

Les poutres sur lesquelles M. Barlow a fait ses expériences comportaient dans certains cas un profil rectangulaire solide; dans d'autres cas, les poutres étaient à claire-voie, et composées de deux barres rectangulaires horizontales égales placées l'une au-dessus de l'autre, présentant entre elles des espaces vides, et réunies en différents points au moyen de barres verticales. Les chiffres déduits de ces expériences présentèrent un accord très-satisfaisant avec ceux que l'on déduit de la formule empirique suivante :

$$f = f_0 + f' \frac{H}{h}, \qquad (1)$$

dans laquelle f est le module de rupture de la poutre en question; f_0, la ténacité directe de la fonte qui la constitue; f', un coefficient que donne l'expérience; et $\dfrac{H}{h}$ le rapport entre la *hauteur de métal solide* H du profil de la poutre et la *hauteur totale du profil h*. Voici les valeurs des constantes pour les pièces de fonte soumises à l'expérience :

$$\left. \begin{array}{l} \text{ténacité directe, } f_0 = 13,1 \text{ par millimètre carré;} \\ f' = 16,1 \text{ par } \qquad id.; \\ = 1,25\, f_0 \text{ environ.} \end{array} \right\} \qquad (2)$$

M. Barlow a depuis fait d'autres expériences sur des poutres en fonte de profils divers et aussi sur des poutres en fer, et a montré,

d'une façon moins concluante cependant, que le module de rupture
du fer présente des variations analogues à celles qui existent pour la
fonte; mais comme ces expériences, bien que communiquées à la
Société royale, n'ont pas encore été publiées en détail, il serait pré-
maturé de les discuter ici.

M. Barlow a proposé, pour expliquer ces phénomènes, une théorie
basée sur ce que la courbure des tranches de la poutre détermine
une espèce particulière de résistance à la flexion distincte de celle
qui résulte de l'élasticité directe. Il mentionne à l'appui de cette
idée ce fait que la résistance additionnelle représentée par le
second terme de l'équation 1 augmente avec la courbure extrême de
la poutre, c'est-à-dire la courbure, qu'elle prend au moment où elle
va se rompre. Nous avons donné de notre côté, au n° 294, une théorie assez admissible; nous avons dit que la résistance d'une barre
métallique et en particulier d'une barre en fonte est le plus grande
à l'épiderme et va en diminuant à mesure qu'on se rapproche de l'intérieur; que la ténacité f_0 que l'on trouve lors de la rupture d'une
barre par allongement direct est la ténacité de la partie centrale;
que le module de rupture d'une poutre rectangulaire solide $f_0 + f'$
est la ténacité de l'épiderme et que le module de rupture d'une poutre
à claire-voie est la ténacité à une distance de l'épiderme qui dépend
de la forme du profil. Mais tant que l'expérience n'aura pas fourni de
données bien précises, toutes les théories que l'on peut faire doivent
être considérées simplement comme un moyen de retenir le fait en
question.

298. Le **profil d'égale résistance pour des poutres en
fonte** a été proposé pour la première fois par M. Hodgkinson
après qu'il eut découvert que la résistance de la fonte à l'écrasement direct est égale à plus de six fois sa résistance à la rupture par allongement. Cette poutre se compose, comme dans la
fig. 132, d'une semelle inférieure B, d'une semelle supérieure A et
d'une âme verticale les reliant l'une à l'autre.

Fig. 132.

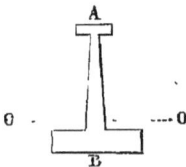

L'aire de la section de la semelle inférieure, qui
est soumise à des efforts de tension, est environ
six fois celle de la semelle supérieure qui est
soumise à des efforts de compression. Pour que
la poutre, au moment où l'on vient de la couler,
ne soit pas exposée à se fendre par suite d'un
refroidissement inégal, on a soin de donner à l'âme une épaisseur

égale à celle de la semelle inférieure à la partie inférieure, et à celle de la semelle supérieure à la partie supérieure.

La tendance qu'ont les poutres de cette forme à se briser par suite de l'allongement de la semelle inférieure est légèrement supérieure à la tendance à la rupture par écrasement de la semelle supérieure; et leur module de rupture est égal ou sensiblement égal à la ténacité directe du métal qui les constitue; il est en moyenne de 11,6 kilogrammes par millimètre carré.

Désignons par les lettres suivantes les aires et les hauteurs des parties qui composent le profil de la *fig.* 132 :

	Aires.	Hauteurs.
semelle supérieure.	A_1	h_1
semelle inférieure.	A_2	h_2
âme verticale.	A_3	h_3

$$\text{Total.} \ldots \ldots \quad A_1 + A_2 + A_3 = A, \quad h_1 + h_2 + h_3 = h.$$

Nous ne commettrons pas d'erreur appréciable en considérant la section de l'âme verticale comme étant rectangulaire au lieu d'être trapéziforme. La hauteur de l'axe neutre au-dessus du côté inférieur du profil total est

$$y_b = \frac{h}{2} - \frac{A_2(h_3 + h_1) - A_1(h_2 + h_3) - A_3(h_2 - h_1)}{2A}. \quad (1)$$

Si nous appliquons à ce cas la formule du n° 95, exemple VI, nous trouvons pour le moment d'inertie la valeur suivante :

$$I = \frac{A_1 h_1^2 + A_2 h_2^2 + A_3 h_3^2}{12} + \frac{1}{4A} \left\{ A_1 A_2(h_1 + h_2 + 2h_3)^2 \right.$$
$$\left. + A_1 A_3(h_1 + h_3)^2 + A_2 A_3(h_2 + h_3)^2 \right\}; \quad (2)$$

et la résistance de la poutre est exprimée par l'équation

$$M_0 = mWl = \frac{f_b I}{y_b}. \quad (3)$$

Il est rare cependant que l'on emploie les formules 1 et 2 sous la forme compliquée que nous avons trouvée ; on leur substitue la formule suivante qui est très-approchée et qui donne d'ailleurs un excès de résistance :

$$M_0 = mWl = f_b h' A_2; \quad (4)$$

h' .représente la distance du milieu de la semelle supérieure au milieu de la semelle inférieure.

299. Les poutres d'égale résistance sont celles dans lesquelles les dimensions du profil varient de telle sorte que le rapport entre sa résistance extrême ou sa résistance d'épreuve et le moment fléchissant soit le même aux différents points. Cette résistance étant, pour des figures de même espèce, proportionnelle à la largeur et au carré de la hauteur, on peut obtenir des poutres d'égale résistance en faisant varier soit la largeur, soit la hauteur, ou bien ces deux éléments simultanément. La loi de la variation dépend du mode de variation du moment fléchissant de la poutre d'un point à un autre, et ce moment dépend, à son tour, de la répartition de la charge et des réactions des appuis, ainsi que nous l'avons montré par des exemples aux nᵒˢ 289 et 290. Lorsque la hauteur de la poutre est maintenue uniforme et que l'on fait varier seulement la largeur, la section verticale longitudinale est rectangulaire et la section horizontale a une figure qui dépend de la manière dont varie la largeur.

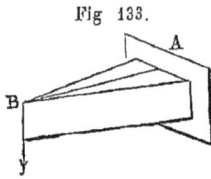

Fig 133.

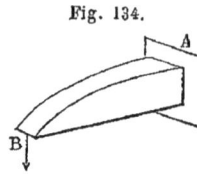

Fig. 134.

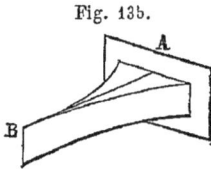

Fig. 135.

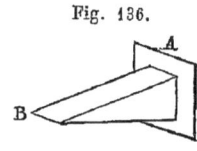

Fig. 136.

Fig. 137.

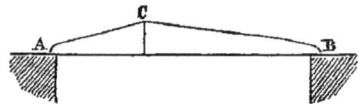

Fig. 138.

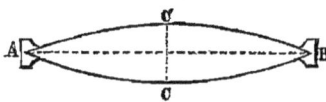

Fig. 139.

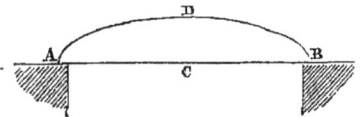

Fig. 140.

Lorsque la largeur de la poutre au contraire est uniforme et que l'on fait varier seulement la hauteur, la section horizontale est rectangulaire et la section verticale longitudinale a une figure qui dépend de la manière dont varie la hauteur. Le tableau suivant donne des exemples du résultat de ces principes.

MANIÈRE dont les charges et les réactions sont distribuées sur la poutre.	bh^2 proportionnel	HAUTEUR h CONSTANTE. Figure de la section horizontale.	LARGEUR b CONSTANTE. Figure de la section verticale-longitudinale.
I. (*Fig.*133,134) Fixée en A, chargée en B.	à la distance au point B.	Triangle, sommet en B (*fig.* 133).	Parabole, sommet en B (*fig.* 134).
II. (*Fig* 135, 136). Fixée en A, chargée uniformément.	au carré de la distance au point B.	Deux paraboles tangentes l'une à l'autre à leurs sommets en B (*fig.* 135).	Triangle, sommet en B (*fig.* 136)
III. (*Fig.* 137, 138). Reposant en A et B, chargée en C.	à la distance au point d'appui voisin.	Deux triangles ayant une base commune en C, et leurs sommets en A et B (*fig.* 137).	Deux paraboles ayant leurs sommets en A et B, se coupant en C (*fig.* 138).
IV. (*Fig.* 139, 140). Reposant en A et B, chargée uniformément.	au produit des distances aux points d'appui.	Deux paraboles ayant leurs sommets en C,C, au milieu de la poutre, et une base commune AB (*fig.* 139).	Ellipse ADB (*fig.*140).

Les formules et les figures qui correspondent à une *hauteur constante* sont applicables aux largeurs des semelles des poutres à T, décrites au n° 298. Lorsque l'on applique les principes ci-dessus, il importe de remarquer que nous n'avons pas encore tenu compte de l'*effort tranchant*, et que les figures que nous avons indiquées dans le tableau exigent, par conséquent, aux points où elles se terminent en pointes, un excédant de matière pour leur permettre de résister à cet effort. Dans les *fig.* 137 et 140, nous avons indiqué un renforcement en forme de saillie ou de patte aux points d'appui; la matière pourra alors résister à l'effort tranchant, et la poutre y gagnera en même temps en stabilité latérale.

300. **Flèche d'épreuve des poutres.** Si l'on se reporte à la *fig.* 130, on voit sans peine que si α représente l'allongement par unité de longueur de la tranche CC', dont la distance à la surface neutre OO' est y, et si r est le rayon de courbure de la surface neutre, on doit avoir

$$\frac{1}{1+\alpha} = \frac{r}{r+y}.$$

Le rayon de courbure est donc

$$r = \frac{y}{\alpha},$$

et la *courbure*, c'est-à-dire l'inverse du rayon de courbure, a pour expression

$$\frac{1}{r} = \frac{\alpha}{y}.$$

Soient p les actions moléculaires directes sur la tranche CC', et E le *module d'élasticité* de la matière, on a $\alpha = \dfrac{p}{E}$, et la courbure a par conséquent pour valeur

$$\frac{1}{r} = \frac{p}{Ey} = \frac{M}{EI}, \qquad (1)$$

la seconde valeur se déduisant de la première au moyen de l'équation 4 du n° 293.

Lorsque la quantité $\dfrac{p}{y} = \dfrac{M}{I}$ varie aux différents points de la poutre, la courbure varie en même temps.

Supposons maintenant que la poutre soit soumise à l'action de la *charge d'épreuve*, et soient M_0 le plus grand moment fléchissant qui résulte de cette charge, I_0 le moment d'inertie de la section transversale sur laquelle ce moment agit, et y_0 la distance pour cette section entre l'axe neutre et la tranche où l'intensité-limite f des actions moléculaires est atteinte. La courbure sera alors :

pour la section des plus grandes actions moléculaires,

$$\frac{1}{r_0} = \frac{f}{Ey_0} = \frac{M_0}{EI_0};$$

pour une autre section quelconque,

$$\frac{1}{r} = \frac{M}{EI} = \frac{f}{Ey_0} \frac{MI_0}{IM_0}.$$

$$(2)$$

Nous donnons plus loin l'intégration exacte de cette équation pour des ressorts minces dans certains cas. Pour les poutres, on obtient l'intégrale approchée de la manière suivante.

Prenons comme origine des coordonnées le milieu de l'axe neutre de la section des plus grandes actions moléculaires, et représentons-le par A dans les *fig.* 141 et 142.

Dans le cas d'une poutre reposant à ses deux extrémités et chargée symétriquement, A se trouve au milieu de la poutre (*fig.* 141). Dans le cas d'une poutre fixée à une extrémité et faisant saillie, A est à l'extrémité fixée (*fig.* 142). Supposons que la poutre soit

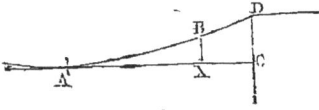

Fig. 141.

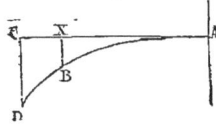

Fig. 142.

fixée ou qu'elle repose de telle manière que son axe neutre soit horizontal en ce point, et prenons comme axe des abscisses une tangente horizontale AXC à cette surface en ce point. Représentons par c la longueur $\overline{AC}$, distance horizontale de l'origine à une des extrémités de la poutre; cette longueur est, comme dans les n°ˢ 289 et 290, la longueur de la portion saillante dans le cas d'une poutre fixée à une de ses extrémités, et la demi-portée dans le cas d'une poutre reposant à ses deux extrémités et chargée symétriquement. Soit $\overline{AX} = x$ l'abscisse d'un point quelconque de la poutre. Représentons par ABD la figure courbe que prend la surface neutre lorsque la poutre est fléchie; cette surface, dans le cas d'une poutre reposant à ses deux extrémités, tourne sa concavité vers le haut, comme dans la *fig.* 141; dans le cas d'une poutre fixée à l'une de ses extrémités elle tourne au contraire sa concavité vers le bas, comme dans la *fig.* 142. Soit $\overline{XB} = v$ l'ordonnée d'un point quelconque B de la courbe ABD, c'est-à-dire la différence de niveau entre ce point et l'origine A. Soit $\overline{CD} = v_1$ la plus grande ordonnée; cette longueur est ce qu'on appelle la *flèche*.

L'*angle d'inclinaison* de la poutre en un point quelconque B est donné par l'équation

$$i = \text{arc tang} \frac{dv}{dx};$$

et la *courbure*, qui est le quotient de la variation de l'angle d'inclinaison par la longueur correspondante de la courbe, a pour expression

$$\frac{1}{r} = \frac{di}{ds} = \frac{di}{dx \sqrt{1 + \dfrac{dv^2}{dx^2}}}.$$

Mais dans les cas que l'on a à considérer en pratique, la courbure de la poutre est assez faible pour que l'arc i soit sensiblement égal à sa tangente $\dfrac{dv}{dx}$, et pour que l'arc élémentaire ds soit sensiblement égal à sa projection horizontale dx; de telle sorte que l'on peut, sans erreur appréciable, faire usage des deux équations suivantes :

$$\left.\begin{array}{ll} \text{tangente de l'angle d'inclinaison} & i = \dfrac{dv}{dx}, \\[2mm] \text{courbure} & \dfrac{1}{r} = \dfrac{di}{dx} = \dfrac{d^2v}{dx^2}. \end{array}\right\} \quad (3)$$

Si donc la courbure en chaque point est donnée par l'équation 2, on trouvera la tangente de l'angle d'inclinaison et l'ordonnée par deux intégrations successives, comme le montrent les équations suivantes :

$$\left.\begin{array}{ll} \text{tang. de l'angle d'inclinaison,} & i = \displaystyle\int_0^x \dfrac{dx}{r} = \dfrac{f}{E y_0} \int_0^x \dfrac{MI_0}{IM_0}\, dx; \\[4mm] \text{ordonnée,} & v = \displaystyle\int_0^a i\, dx = \dfrac{f}{E y_0} \int_0^x \int_0^x \dfrac{MI_0}{IM_0}\, dx^2. \end{array}\right\} \quad (4)$$

La plus grande tangente de l'angle d'inclinaison i_1 et la *flèche* ou la plus grande ordonnée v_1 s'obtiendront en faisant les intégrations *complètes* entre les limites $x = 0$ et $x = c$.

(Nous renvoyons le lecteur qui n'est pas familiarisé avec le calcul intégral au n° 84, où il trouvera des explications sur la signification des intégrales.)

Dans les deux intégrales des formules 4, la quantité $\dfrac{MI_0}{IM_0}$ est un *rapport numérique* qui dépend de la manière dont sont distribuées la charge et les réactions des appuis, ainsi que de la manière dont varie la section de la poutre. On voit facilement par là que nous devons avoir pour les intégrales complètes

$$\int_0^c \dfrac{MI_0}{IM_0}\, dx = m''c; \qquad \int_0^c \int_0^c \dfrac{MI_0}{IM_0}\, dx^2 = n''c^2; \qquad (5)$$

m'' et n'' étant deux *facteurs numériques* qui dépendent de la distribution des forces et de la forme de la poutre, de telle sorte que la plus grande tangente de l'angle d'inclinaison et la flèche seront données par les équations

$$i_1 = \dfrac{m''fc}{E y_0}; \qquad v_1 = \dfrac{n''fc^2}{E y_0}. \qquad (6)$$

Pour des poutres qui ont des figures semblables et qui sont chargées et supportées d'une façon semblable, y_0 est proportionnel à la hauteur, et c, à la longueur; on voit ainsi que, pour de pareilles poutres, *la plus grande tangente de l'angle d'inclinaison sous la charge d'épreuve est directement proportionnelle à la longueur et inversement proportionnelle à la hauteur, et que la flèche d'épreuve est directement proportionnelle au carré de la longueur, et inversement proportionnelle à la hauteur.*

Le tableau suivant donne les valeurs des facteurs m'' et n'' pour certains cas qui se présentent fréquemment dans les poutres *de section uniforme;* le rapport $\dfrac{MI_0}{IM_0}$ étant simplement égal à $\dfrac{M}{M_0}$ ne dépend alors que de la répartition de la charge, et peut être déterminé au moyen des tableaux des n° 289 et 290.

	$\dfrac{M}{M_0}$	m''	n''
I. Moment fléchissant constant............	1	1	$\dfrac{1}{2}$
Poutre fixée à une extrémité. II. Chargée à l'autre extrémité............	$1-\dfrac{x}{e}$	$\dfrac{1}{2}$	$\dfrac{1}{3}$
III. Chargée uniformément..............	$\left(1-\dfrac{x}{c}\right)^2$	$\dfrac{1}{3}$	$\dfrac{1}{4}$
Poutre reposant à ses deux extrémités. IV. Chargée en son milieu..............	$1-\dfrac{x}{c}$	$\dfrac{1}{2}$	$\dfrac{1}{3}$
V. Chargée uniformément.............	$1-\dfrac{x^2}{c^2}$	$\dfrac{2}{3}$	$\dfrac{5}{12}$

Pour une poutre *d'égale résistance et de hauteur uniforme*, la quantité $\dfrac{M}{I}$ est constante; par conséquent, pour une poutre de ce genre, quelle que soit la manière dont elle soit supportée et chargée, la courbure est uniforme, comme dans le cas de l'exemple I du tableau ci-dessus. Pour une poutre *d'égale résistance et de largeur uniforme*, la quantité $\dfrac{Mh}{I}$ est constante; on a donc alors

$$\frac{MI_0}{IM_0} = \frac{h_0}{h}; \qquad (7)$$

24

h_0 étant la hauteur pour la section où le moment fléchissant est le plus grand, et h la hauteur pour une autre section quelconque. Nous donnons dans le tableau suivant quelques-unes des conséquences de ces principes.

	$\dfrac{\mathrm{MJ}_0}{\mathrm{I M}_0}$	m''	n''
VI. Égale résistance, et hauteur uniforme. . .	1	1	$\dfrac{1}{2}$
VII. Égale résistance, largeur uniforme; poutre fixée à une extrémité, chargée à l'autre.	$\sqrt{\dfrac{c}{c-x}}$	2	$\dfrac{2}{3}$
VIII. Égale résistance, largeur uniforme; poutre reposant à ses deux extrémités, chargée en son milieu.	$\sqrt{\dfrac{c}{c-x}}$	2	$\dfrac{2}{3}$
IX. Égale résistance, largeur uniforme; poutre fixée à une extrémité, chargée uniformément.	$\dfrac{c}{c-x}$	Infini.	1
X. Égale résistance, largeur uniforme; poutre reposant à ses deux extrémités, chargée uniformément.	$\dfrac{c}{\sqrt{c^2-x^2}}$	$\dfrac{\pi}{2}=1,5708$	$\dfrac{\pi}{2}-1=0,5708$

Nous ferons remarquer que les valeurs de m'' et n'', données dans le tableau ci-dessus pour des poutres d'égale résistance, sont un peu inférieures à celles que l'on rencontre en pratique, par suite de ce que dans le calcul des valeurs du tableau nous n'avons pas tenu compte de la matière que l'on ajoute aux extrémités de ces poutres, de façon à leur donner une résistance suffisante aux efforts tranchants.

L'erreur qui en résulte porte principalement sur m'', qui est le facteur pour la tangente maximum de l'angle d'inclinaison; quant au facteur n'', qui est relatif à la flèche, l'erreur est insignifiante, ainsi que l'expérience l'a fait voir.

301. Détermination de la flèche par une construction graphique. Par suite de la grande longueur des rayons de courbure, qui sont les inverses des courbures données par l'équation 2 du n° 300, et par suite également de la petitesse des ordonnées de la courbe de la surface neutre, il ne peut être d'aucune utilité en pratique de tracer cette courbe en vraie grandeur. Mais la méthode suivante qui a été trouvée, je crois, par M. C. H. Wild, permet d'obtenir un diagramme qui représente, avec une exactitude suffisante, cette courbe, *à une échelle plus grande pour les ordonnées*. On peut avec cette différence dans les échelles se rendre compte facilement des inclinaisons et des ordonnées de la courbe.

On déterminera, au moyen de l'équation 2 du n° 300, les rayons de courbure pour une série de points équidistants de la poutre. On réduira tous ces rayons dans le rapport qui paraîtra convenable, et l'on tracera avec ces rayons réduits une courbe composée de petits arcs de cercle. Il y aura alors, entre l'échelle des ordonnées de cette courbe et l'échelle horizontale, le même rapport qu'entre le rayon de courbure tel qu'il serait donné par l'échelle horizontale et celui qu'on lui a substitué.

302. On règle **le rapport entre la plus grande hauteur d'une poutre et sa portée** de telle façon que sa plus grande flèche ne dépasse pas une certaine fraction de la portée, fraction que l'expérience a permis de fixer. Cette fraction $\frac{v_1}{2c}$, déterminée d'après des exemples nombreux, varie

pour la charge du travail ordinaire, de $\quad \frac{1}{600}$ à $\frac{1}{1200}$,

pour la charge d'épreuve. . . . . . . $\frac{1}{200}$ à $\frac{1}{600}$.

On déterminera le rapport $\frac{h_0}{2c}$ entre la plus grande hauteur de la poutre et sa portée, destiné à donner la raideur nécessaire, au moyen de l'équation 6 du n° 300,

$$\frac{v_1}{2c} = \frac{n''fc}{2\mathrm{E}y_0}.$$

Mais $y_0 = m'h_0$, m' étant un facteur numérique qui est $\frac{1}{2}$ pour des profils symétriques; le rapport cherché est donc donné par l'équation

$$\frac{h_0}{2c} = \frac{y_0}{2m'c} = \frac{n''fc}{2m'\mathrm{E}v_1} = \frac{n''f}{4m'\mathrm{E}}\frac{2c}{v_1}. \qquad \cdots \quad (1)$$

Cette expression se compose de trois facteurs; le premier $\frac{n''}{4m'}$ dépend de la distribution de la charge et de la forme de la poutre; le facteur $\frac{2c}{v_1}$ est le rapport précédemment indiqué entre la portée et la flèche, et le facteur $\frac{f}{E}$ sera, suivant les cas, la déformation *d'épreuve* ou la déformation *du travail ordinaire*.

Supposons, par exemple, qu'une poutre soit soumise à l'action de *la charge du travail ordinaire*, uniformément répartie, qu'elle ait une section uniforme, et symétrique par rapport à un plan horizontal. On a alors $n'' = \frac{5}{12}$, $m' = \frac{1}{2}$. Posons $\frac{2c}{v_1} = 1000$ pour le rapport de la portée à la flèche dans le cas du travail ordinaire. Supposons que la poutre soit en fer, auquel cas on peut prendre $\frac{1}{3000}$ avec sécurité pour valeur de la déformation $\frac{f}{E}$; nous aurons alors

$$\frac{h_0}{2c} = \frac{5}{24} \frac{1000}{3000} = \frac{5}{72} = \frac{1}{14,4}.$$

Cette dernière fraction est à peu près le rapport moyen entre la hauteur et la portée qui est adopté dans la construction des poutres en fer.

303. La tangente de l'angle d'inclinaison et la flèche d'une poutre sous l'action d'une charge quelconque sont données par les formules suivantes :

$$\left. \begin{aligned} i' &= \int \frac{dx}{r} = \frac{1}{E} \int \frac{M}{I} \, dx, \\ v' &= \iint \frac{dx^2}{r} = \frac{1}{E} \iint \frac{M}{I} \, dx^2. \end{aligned} \right\} \quad (1)$$

Pour intégrer ces équations, il faut simplement substituer au facteur constant $\frac{f}{y_0}$ dans les équations 4, 5, 6, du n° 300, la valeur équivalente $\frac{M'_0}{I_0}$, M'_0 étant maintenant, non plus le moment fléchissant *d'épreuve*, mais le moment réel de flexion au point où la poutre est horizontale; on a ainsi :

pour la plus grande tang. de l'angle d'inclinaison $i_1' = \dfrac{m'' M'_0 c}{E I_0}$;

pour la flèche. . . . . $v_1' = \dfrac{n'' M'_0 c^2}{E I_0}$; $\left. \vphantom{\begin{aligned} & \\ & \\ & \end{aligned}} \right\} \quad (2)$

m'' et n'' étant des facteurs qui dépendent de la répartition de la charge et qui ont les valeurs données dans le tableau du n° 300. On exprimera ensuite le moment fléchissant en fonction de la charge et de la longueur au moyen de l'équation 1 du n° 291 et du tableau qui l'accompagne, à savoir $M_0 = mWl$; la valeur de I_0 en fonction des dimensions du rectangle circonscrit à la section transversale est donnée par l'équation 1 et par le tableau du n° 295, à savoir, $I_0 = n'bh^3$; les équations 2 ci-dessus deviendront alors

$$i''_1 = \frac{m''mWlc}{n'Ebh^3}; \quad v'_1 = \frac{n''mWlc^2}{n'Ebh^3}. \quad (3)$$

On aura, de plus, $l = c$, ou $= 2c$, suivant que la poutre est fixée à l'une de ses extrémités ou repose à ses deux extrémités; de telle façon que, si m''', n''', sont deux facteurs numériques dont les valeurs sont, pour des poutres fixées à une extrémité seulement,

$$m''' = m''m; \quad n''' = n''m;$$

et pour des poutres reposant à leurs deux extrémités,

$$m''' = 2m''m; \quad n''' = 2n''m;$$

les équations 3 deviendront

$$i''_1 = \frac{m'''Wc^2}{n'Ebh^3}; \quad v'_1 = \frac{n'''Wc^3}{n'Ebh^3}. \quad (4)$$

On voit facilement alors que les flèches de poutres semblables, sous l'action de charges égales, sont entre elles *comme les cubes de leurs longueurs et en raison inverse de leurs largeurs et des cubes de leurs hauteurs.*

Le tableau du n° 295 donne les valeurs de $n' = \dfrac{I_0}{bh^3}$ pour les profils ordinaires. Le tableau suivant donne les valeurs de m''' et de n''' pour différents modes de la charge et des réactions des appuis, dans le cas de poutres à section transversale uniforme et de poutres d'égale résistance.

A. *Profil constant.*	m''' Facteur pour l'inclinaison.	n''' Facteur pour la flèche.
I. Poutre fixée à une extrémité, chargée à l'autre.	$\dfrac{1}{2}$	$\dfrac{1}{3}$
II. Poutre fixée à une extrémité, chargée uniformément.	$\dfrac{1}{6}$	$\dfrac{1}{8}$
III. Poutre reposant à ses deux extrémités, chargée en son milieu.	$\dfrac{1}{4}$	$\dfrac{1}{6}$
IV. Poutre reposant à ses deux extrémités, chargée uniformément.	$\dfrac{1}{6}$	$\dfrac{5}{48}$

B. *Égale résistance et hauteur uniforme.*

V. Poutre fixée à une extrémité, chargée à l'autre.	1	$\dfrac{1}{2}$
VI. Poutre fixée à une extrémité, chargée uniformément.	$\dfrac{1}{2}$	$\dfrac{1}{4}$
VII. Poutre reposant à ses deux extrémités, chargée en son milieu.	$\dfrac{1}{2}$	$\dfrac{1}{4}$
VIII. Poutre reposant à ses deux extrémités, chargée uniformément.	$\dfrac{1}{4}$	$\dfrac{1}{8}$

C. *Égale résistance et largeur uniforme.*

IX. Poutre fixée à une extrémité, chargée à l'autre.	2	$\dfrac{2}{3}$
X. Poutre fixée à une extrémité, chargée uniformément.	infini.	$\dfrac{1}{2}$
XI. Poutre reposant à ses deux extrémités, chargée en son milieu.	1	$\dfrac{1}{3}$
XII. Poutre reposant à ses deux extrémités, chargée uniformément.	$0,3927$	$0,1427$

304. Flèche dans le cas d'un moment uniforme. Nous avons examiné au n° 292 le cas d'une poutre ou d'une barre de section uniforme qui serait sollicitée par deux couples égaux et de sens contraire dans le même plan, agissant à ses extrémités; ce même cas est celui qui figure le premier dans le tableau du n° 300. Dans ce cas, M et I sont constants; $m'' = 1$, et $n'' = \dfrac{1}{2}$; par conséquent, si l'on représente par c la longueur de la portion de poutre considérée, par i_1'' la tangente de l'angle d'inclinaison et par v_1' la flèche, de l'une des extrémités par rapport à la tangente à l'autre extrémité,

$$i_1'' = \frac{Mc}{EI}, \quad v_1' = \frac{Mc^2}{2EI}.$$

303. **Le ressort d'une poutre** est le *travail produit* lorsqu'on la fait fléchir de façon à lui faire prendre la flèche d'épreuve. Si la charge est concentrée en un point ou près d'un point, ce travail est le produit de la demi-charge d'épreuve par la flèche d'épreuve, c'est-à-dire

$$\frac{Ww_1}{2}. \tag{1}$$

Si la charge est répartie sur la poutre, on divisera la longueur de cette poutre en parties élémentaires et l'on multipliera la demi-charge d'épreuve qui s'exerce sur chaque élément par la distance que cet élément parcourt pendant que la poutre prend sa flèche d'épreuve. Soit u cette distance; on aura, pour des poutres fixées à une extrémité,

$$u = v,$$

et pour des poutres reposant à leurs deux extrémités, $\left.\begin{matrix} \\ \\ \\ \end{matrix}\right\}$ (2)

$$u = v_1 - v.$$

Si dx représente la longueur d'un élément de la poutre, w l'intensité de la charge qui la sollicite, par unité de longueur, le ressort de la poutre aura pour expression

$$\frac{1}{2} \int uw\,dx. \tag{3}$$

Les cas dans lesquels la détermination du ressort a le plus d'utilité en pratique sont ceux où la charge est appliquée en un point.

Soit une poutre fixée à une de ses extrémités et chargée à l'autre, c étant la longueur de la partie en saillie. L'équation 3 du n° 293 donne (si l'on remarque que $m = 1$ et $l = c$)

$$W = \frac{nfbh^2}{c}$$

(n étant donné dans le tableau du n° 293). L'équation 6 du n° 300 donne

$$v_1 = \frac{n''fc^2}{Ey_0} = \frac{n''fc^2}{m'Eh}$$

(n'' étant donné dans le tableau du n° 300, et m' dans celui du n° 295).
On a, par conséquent :

$$Ressort = \frac{Wv_1}{2} = \frac{nn''}{2m'} \frac{f^2}{E} cbh. \qquad (4)$$

On remarquera que cette expression se compose de trois facteurs qui sont :

(1) le volume du prisme circonscrit à la poutre, cbh ;

(2) un *module de ressort*, $\frac{f^2}{E}$, de l'espèce de celui que nous avons déjà indiqué au n° 266 ;

(3) un facteur numérique, $\frac{nn''}{2m'}$, dans lequel n et m' (295) dépendent de la forme de la section transversale de la poutre, et n'' (300), de la forme de la section longitudinale et de la section horizontale. Dans le cas d'une *section transversale rectangulaire*, pour laquelle $n = \frac{1}{6}$, $m' = \frac{1}{2}$, et par suite $\frac{nn''}{2m'} = \frac{n''}{6}$, ce facteur composé a les valeurs suivantes :

	$\dfrac{n''}{6}$
I. largeur et hauteur uniformes.	$\dfrac{1}{18}$;
II. égale résistance, hauteur uniforme. . . .	$\dfrac{1}{12}$;
III. égale résistance, largeur uniforme.	$\dfrac{1}{9}$.

Si la poutre repose à ses deux extrémités et est chargée en son milieu, sa longueur étant $l = 2c$, la flèche d'épreuve qu'elle prend est la même que celle qu'aurait une poutre qui aurait mêmes dimensions transversales et comme longueur c, et qui serait fixée à une extrémité et chargée à l'autre ; et sa charge d'épreuve est double de celle de cette dernière poutre ; son ressort est donc double de celui de cette dernière poutre. Nous aurons alors, dans le cas de poutres rectangulaires ayant c comme demi-portée, qui reposeraient à leurs deux extrémités et seraient chargées en leur milieu, les valeurs suivantes pour le facteur numérique du ressort :

$$\frac{n''}{6}$$

IV. largeur et hauteur uniformes. . . . . $\frac{1}{9}$;

V. égale résistance, hauteur uniforme. . . . $\frac{1}{6}$;

VI. égale résistance, largeur uniforme. . . . . $\frac{2}{9}$.

306. Une charge transversale appliquée brusquement, de même que la force de tension brusque dont nous avons examiné les effets au n° 267, double les actions moléculaires maxima, ainsi que la déformations qui résulterait de l'application d'une charge variant graduellement de zéro à la valeur de la charge donnée. Il n'est pas nécessaire d'en donner la démonstration, le raisonnement étant le même que celui du n° 267.

Le coefficient de sécurité qui exprime le rapport de la charge d'épreuve à la charge du travail ordinaire (247) a pour objet de parer aux accidents qui pourraient résulter de l'application brusque d'une charge mobile.

L'action d'une charge roulante sur un pont de chemin de fer est intermédiaire entre celle d'une charge agissant brusquement et celle d'une charge qui varierait d'une façon graduelle. Cette question a donné lieu à des recherches mathématiques de M. Stokes, et à des expériences du capitaine Galton ; les résultats obtenus sont contenus dans le rapport de la commission chargée d'examiner les applications du fer aux constructions des chemins de fer. On peut en tirer cette conclusion pratique, qu'il faut employer un coefficient de sécurité plus considérable, dans le cas d'une charge mobile, que dans celui d'une charge fixe.

307. Poutre fixée à ses deux extrémités. Une poutre est *fixée*, en même temps qu'elle repose à ses deux extrémités, quand elle est soumise à l'action de deux couples égaux et de sens contraire sur les plans sécants verticaux qui passent par ses points d'appui, ces couples étant suffisants pour maintenir en ces mêmes points l'axe longitudinal de la poutre ho-

Fig. 143.

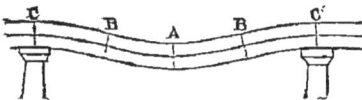

rizontal et ayant pour effet, par conséquent, de diminuer la flèche, l'inclinaison et la courbure de la partie du milieu. Ce cas se présente ordinairement quand la poutre fait partie d'une poutre continue reposant sur plusieurs points d'appui ; on peut encore arriver au même résultat en faisant en sorte qu'elle présente des parties saillantes en dehors de ses points d'appui, et en appliquant sur ces parties des charges qui donnent naissance aux deux couples indiqués.

Dans la *fig.* 143, CBABC représente une poutre reposant aux points C, C, et chargée dans la partie intermédiaire ; cette poutre est fixée ou soumise en dehors de ces points à des charges qui ont pour effet d'amener l'axe longitudinal à y être horizontal au lieu de présenter l'inclinaison i_1, comme dans le cas d'une poutre *reposant simplement* aux points C, C. Sur chacune des sections verticales, au-dessus des points d'appui C, C, il s'exerce des *actions moléculaires horizontales variant d'une façon uniforme*, qui sont des forces de tension au-dessus, et des forces de compression, au-dessous de l'axe neutre ; le moment de ces actions moléculaires est celui des deux couples égaux et de sens contraire qui maintiennent la poutre horizontale aux points d'appui. On demande de déterminer d'abord ce moment de la résistance sur les plans verticaux des appuis (moment qui permettra de trouver les actions moléculaires qui s'y exercent), et en second lieu, l'effet de ce moment sur la courbure, la tangente de l'angle d'inclinaison, la flèche et la résistance de la poutre.

Nous allons indiquer la manière générale de résoudre la question. On déterminera, au moyen de l'équation 3 du n° 303, la tangente de l'angle d'inclinaison i_1' que la surface neutre de la poutre présenterait aux points C, C, si la poutre y reposait simplement. Puis on cherchera, par la méthode du n° 304, le moment *uniforme* de flexion qui, s'il agissait sur la poutre de façon à la rendre convexe vers le haut, donnerait aux points C, C, une pente *égale et contraire* à i_1'. Ce sera le moment de la résistance cherché sur les sections verticales C, C ; on en déduira, au moyen de l'équation 4 du n° 293, les plus grandes actions moléculaires auxquelles la matière est soumise en ces points. On verra plus loin que ce sont les plus grandes actions moléculaires développées sur la poutre, de telle sorte qu'en *substituant ce moment* à $M_0 = mWl$ dans les équations 2 du n° 294 et dans les équations 3 du n° 295, on pourra déterminer les conditions de résistance de la poutre. Représentons ce moment par $-M_1$, le signe négatif indiquant qu'il tend à rendre la poutre convexe vers le haut, tandis que la charge à laquelle elle est soumise tend à produire la convexité vers le bas.

Désignons par M ce que *serait* le moment de flexion en un point quelconque de la poutre, si elle reposait simplement en C, C. Le moment de flexion réel est alors

$$M - M_1;$$

en le substituant à M dans les équations des n°ˢ 300 et 303, on pourra trouver la courbure, la tangente de l'angle d'inclinaison et la flèche, pour la charge d'épreuve ou pour une charge quelconque.

Pour les points tels que A, où M est le plus grand, la poutre est convexe vers le bas; pour les points tels que C, où M_1 l'emporte au contraire, la poutre est convexe vers le haut. Il existe deux points pour lesquels $M = M_1$; le moment de flexion et par suite la courbure y sont alors nuls, et la poutre est en ces points uniquement soumise à un effort tranchant; ces points portent le nom de *points d'inflexion;* ils séparent la partie du milieu, qui est convexe vers le bas, des deux parties extrêmes, qui sont convexes vers le haut.

Nous examinerons quatre cas dans la solution algébrique de ce problème :

1. poutre uniforme avec une charge symétrique en général;
2. poutre de profil uniforme, chargée en son milieu;
3. poutre de profil uniforme, chargée uniformément:
4. poutre d'égale résistance et de hauteur uniforme, chargée uniformément.

1ᵉʳ CAS. *Charge symétrique sur une poutre de profil uniforme.* L'équation 3 du n° 303 donne, si l'on remarque que $l = 2c$,

$$i_1' = \frac{2m''m}{n'} \frac{Wc^2}{Ebh^3};$$

on déduit du n° 304

$$M_1 = \frac{EIi_1'}{c} = \frac{n'Ebh^3 i_1'}{c};$$

et par conséquent

$$M_1 = 2m''mWc = m''mWl = m''M_0, \qquad (1)$$

M_0 étant ce qu'*aurait été* le moment de flexion en A, si la poutre eût reposé simplement.

Les valeurs de m'' ont été données au n° 300.

Soit M'_0 le moment réel de flexion en A, on a

$$M'_0 = (1 - m'') M_0. \qquad (2)$$

Le plus grand moment de flexion sera en A ou en C, ou en ces deux points, si les moments pour ces sections sont égaux et de sens contraire. Mais pour des poutres de profil uniforme, m'' n'est jamais supérieur à $\frac{1}{2}$; le plus grand moment de flexion est donc en C, ou en C et en A à la fois, mais jamais au point A seulement.

La *résistance* de la poutre est exprimée par la formule suivante, obtenue par la substitution de M_1 à mWl dans l'équation 3 du n° 295 :

$$M_1 = m''mWl = nfbh^2 \qquad W = \frac{nfbh^2}{m''m}, \qquad (3)$$

f étant la limite des actions moléculaires d'épreuve ou du travail ordinaire, suivant les cas, et n un coefficient approprié au profil de la poutre, donné au tableau du n° 295.

On voit donc que si l'on *fixe les extrémités d'une poutre uniforme, de telle sorte qu'elles soient horizontales, la résistance est accrue dans le rapport* $\frac{1}{m''}$.

On trouvera la *flèche* en retranchant la flèche due au moment uniforme M_1 de celle que la charge produirait si la poutre reposait simplement en C, C. La première de ces quantités (304) est

$$\frac{M_1 c^2}{2EI} = \frac{m''M_0 c^2}{2EI};$$

la seconde, d'après l'équation 2 du n° 303, est

$$\frac{n''M_0 c^2}{EI} = \frac{n''M_1 c^2}{m''EI};$$

la flèche, qui est la différence de ces deux quantités, aura pour expression

$$v_1 = \left(\frac{n''}{m''} - \frac{1}{2}\right)\frac{M_1 c^2}{EI} = \left(n'' - \frac{m''}{2}\right)\frac{M_0 c^2}{EI}. \qquad (4)$$

La dernière de ces expressions montre que, si l'on maintient les deux extrémités d'une poutre uniforme horizontales, sa raideur est accrue, pour une charge donnée, dans le rapport

$$\frac{n''}{n'' - \dfrac{m''}{2}}.$$

Si dans la première expression de la flèche nous remarquons que M_1 est le moment de la résistance correspondant aux actions moléculaires d'épreuve ou actions moléculaires limites pour la section C, nous pouvons poser

$$\frac{M_1}{I} = \frac{f}{y_0};$$

nous obtiendrons alors l'expression suivante pour la flèche sous l'action de la charge d'épreuve :

$$v_1 = \left(\frac{n''}{m''} - \frac{1}{2}\right) \frac{fc^2}{Ey_0}. \qquad (5)$$

Cette flèche est moindre que la flèche d'épreuve d'une poutre qui reposerait simplement (voir l'équation 6 du n° 300); le rapport de ces deux flèches est

$$\frac{\left(\dfrac{n''}{m''} - \dfrac{1}{2}\right)}{n''}.$$

On trouvera dans chaque cas particulier les points d'inflexion en résolvant l'équation

$$M - M_1 = 0. \qquad (6)$$

2° CAS. *Poutre de profil uniforme, chargée en son milieu.*

$$\left.\begin{array}{c} m = \dfrac{1}{4}; \quad m'' = \dfrac{1}{2}; \quad n'' = \dfrac{1}{3}; \\[2mm] M'_0 = M_1 = \dfrac{1}{2} M_0 = \dfrac{1}{8} Wl = \dfrac{1}{4} Wc = nfbh^2; \\[2mm] v_1 = \dfrac{1}{6} \dfrac{fc^2}{Ey_0}. \end{array}\right\} \qquad (7)$$

Les points d'inflexion sont également distants de A et C.

3° CAS. *Poutre de profil uniforme, chargée uniformément.*

$$W = 2cw;$$

$$m = \frac{1}{8}; \qquad m'' = \frac{2}{3}; \qquad n'' = \frac{5}{12};$$

$$M_1 = \frac{2}{3} M_0 = \frac{1}{12} Wl = \frac{1}{6} Wc = nfbh^2;$$

$$M_0' = \frac{1}{2} M_1 = \frac{1}{3} M_0;$$

$$v_1 = \frac{1}{8} \frac{fc^2}{Ey_0}.$$

$$(8)$$

On déterminera les points d'inflexion de la manière suivante. Le tableau du n° 300, 5° cas, donne

$$M = \left(1 - \frac{x^2}{c^2}\right) M_0 = \frac{3}{2} \left(1 - \frac{x^2}{c^2}\right) M_1;$$

nous devons donc poser, pour que $M = M_1$,

$$1 - \frac{x^2}{c^2} = \frac{2}{3}, \qquad \text{ou} \qquad x = \frac{c}{\sqrt{3}} = 0,577c. \qquad (9)$$

Cette équation donne la distance de chacun des points d'inflexion B au point A, milieu de la poutre.

4° CAS. *Égale résistance, hauteur uniforme, charge uniforme.* On obtient l'égalité de résistance dans ce cas en prenant la largeur en chaque point proportion-

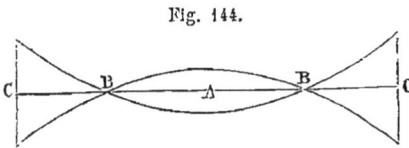
Fig. 144.

nelle au moment de flexion, comme le montre en plan la *fig.* 144, et en ne laissant aux points d'inflexion B, B, que l'épaisseur qui est nécessaire pour permettre de résister à l'effort tranchant.

Le 6° cas du n° 300 fait voir que la courbure de la poutre est constante en grandeur et qu'elle change seulement de sens aux points d'inflexion. Par suite, dans la *fig.* 143, CB et BA, de chaque côté de la poutre, il y a deux arcs de cercle de rayons égaux, horizontaux en A et C et tangents l'un à l'autre en B; ces arcs ont donc même longueur, et chaque point d'inflexion B se trouve par conséquent à égale distance du milieu A de la poutre et du point d'appui C.

On voit également que la flèche d'épreuve de la poutre doit être double de celle d'une poutre ayant une courbure uniforme, et une portée moitié moindre et qui serait supportée simplement à ses extrémités, c'est-à-dire qu'elle doit être moitié de celle d'une poutre ayant une courbure uniforme et même portée, et reposant simplement. On a ainsi

$$v_1 = \frac{1}{4} \frac{fc^2}{Ey_0}. \qquad (10)$$

Le moment réel de flexion en A doit être le même que pour une poutre soumise à l'action d'une charge uniforme ayant la même intensité $w = \dfrac{W}{2c}$, et reposant sans être fixée en B, B, c'est-à-dire que l'on a

$$M_0' = \frac{Wc}{16} = \frac{Wl}{32} = \frac{M_0}{4}; \qquad (11)$$

le moment de flexion en C sera par suite

$$nfb_1 h^2 = M_1 = M_0 - M_0' = \frac{3M_0}{4} = \frac{3Wc}{16} = \frac{3Wl}{32}; \qquad (12)$$

b_1 étant la largeur de la poutre au point C, laquelle est égale à trois fois la largeur b_0 en A.

Pour trouver la largeur en un autre point quelconque, on remarquera que le moment fléchissant à la distance x de A est

$$M - M_1 = -\frac{3wc^2}{8}\left(\frac{1}{3} - \frac{4}{3}\frac{x^2}{c^2}\right), \qquad (13)$$

et que la largeur b, qui est proportionnelle au moment de flexion, est, par conséquent, donnée par l'équation

$$b = \frac{1}{3}\left(1 - \frac{4x^2}{c^2}\right)b_1 = \left(1 - \frac{4x^2}{c^2}\right)b_0. \qquad (14)$$

Le signe $+$ ou $-$, que donne cette équation, indique simplement le sens de la courbure.

L'équation 14 montre que la figure de la poutre en plan (*fig. 144*) se compose de deux paraboles ayant leurs sommets en A, et se coupant aux points d'inflexion B, B, pour lesquels on a $x = \pm\dfrac{c}{2}$.

Nous indiquerons dans un des numéros qui suivent quelle est la largeur à donner à la poutre en B, pour lui permettre de résister aux efforts tranchants.

308. Une poutre reposant à ses deux extrémités, et fixée en l'une d'elles, est à peu près dans les mêmes conditions que la partie CBAB de la poutre (*fig.* 143), qui est comprise entre l'un des points fixés C et le point d'inflexion le *plus éloigné*, lequel représente maintenant un point *soutenu, mais non fixé*. Si donc une poutre continue repose sur une série de piles, le rapport entre l'ouverture de chacune des deux travées extrêmes et l'ouverture de chaque travée intermédiaire devrait être égal à $\dfrac{c + x_0}{2c}$, expression dans laquelle x_0 est la distance AB du point le plus bas à l'un des points d'inflexion.

309. Actions moléculaires tranchantes dans les poutres. Nous avons déjà montré, au n° 288, comment on peut trouver la grandeur F de l'effort tranchant pour une section verticale transversale donnée de la poutre, et nous avons donné quelques exemples de cet effort dans des cas particuliers aux n° 289 et 290. Nous allons nous proposer maintenant de montrer comment sont réparties les actions moléculaires qui font équilibre à cet effort tranchant.

Nous avons fait voir, au n° 104, que les intensités des actions moléculaires tangentielles en un point donné, sur deux plans qui sont à la fois perpendiculaires entre eux et au plan parallèlement auquel s'exercent les actions moléculaires, sont nécessairement égales. Si donc on veut déterminer l'intensité des actions moléculaires tranchantes verticales en un point donné, sur une section verticale d'une poutre, tel que le point E de la section verticale GEB de la poutre représentée *fig.* 145, il suffira de déterminer l'intensité des actions

Fig. 145.

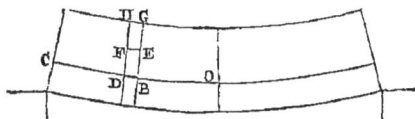

moléculaires tranchantes horizontales, au même point E sur le plan horizontal EF, laquelle lui est égale. On se rend compte facilement de l'existence de ces actions moléculaires horizontales par ce fait que, si la poutre, au lieu d'être une masse continue, était divisée en tranches horizontales séparées, ces tranches glisseraient les unes sur les autres, comme les lames des ressorts d'une voiture. On trouvera l'intensité de ces actions moléculaires de la manière suivante.

Soit HFD une autre section verticale voisine de GEB. Si le moment de flexion pour HFD diffère de celui relatif à GEB, il doit exister une différence correspondante dans la grandeur des actions moléculaires directes sur deux parties qui se correspondent des plans sécants, telles que GE et HF. (Dans le cas de la figure, ces actions moléculaires directes sont des forces de compression et c'est en GH qu'elles sont le plus grandes.) Cette différence constitue une force horizontale qui agit sur la partie HFEG, et pour maintenir cette partie en équilibre, la résultante des actions moléculaires tranchantes sur le plan FE doit être égale et opposée à cette force horizontale. Si l'on divise la grandeur de cette résultante par l'aire du plan FE, on aura l'intensité des actions moléculaires tranchantes. — Q. E. I.

La solution qui précède montre que les actions moléculaires tranchantes sont *nulles* sur les surfaces supérieure et inférieure de la poutre, par suite de ce que les actions moléculaires directes totales sur chaque section transversale sont nulles. On aurait pu le prouver, du reste, par un raisonnement analogue à celui du n° 278. On voit également que les actions moléculaires tranchantes dans la tranche verticale comprise entre les deux plans sécants sont le plus grandes en DB, où ces plans rencontrent la surface neutre OC, pour laquelle les actions moléculaires horizontales directes se changent de forces de compression en forces de tension, car, pour cette surface, la force horizontale, à laquelle les actions moléculaires tranchantes doivent faire équilibre, présente son maximum.

Pour donner la solution algébrique dans le cas d'une poutre de section transversale uniforme, posons $\overline{OB} = x$, $\overline{OC} = c$, $\overline{BE} = y$, $\overline{BG} = y_1$, $\overline{BD} = \overline{EF}$ (sensiblement) $= dx$; représentons par z la largeur de la poutre en un point quelconque E, et par z_0 sa largeur à la surface neutre.

Soient p l'intensité des actions moléculaires horizontales directes en E, q celle des actions moléculaires tranchantes en E, et q_0 celle des actions moléculaires tranchantes maxima en B. L'équation 4 du n° 293 donne

$$p = \frac{M}{I} y,$$

et la grandeur des actions moléculaires directes sur la partie du plan sécant comprise entre G et E est

$$\frac{M}{I} \int_y^{y_1} yz\,dy.$$

25

La force horizontale qui presse la partie HFEG de O vers C, est la différence entre la valeur de la quantité ci-dessus pour GE et sa valeur pour HF; cette différence résulte de l'excès du moment de flexion M en GEB sur le moment de flexion pour la section HFD, qui est plus éloignée que la première du milieu de la poutre de la quantité dx. Cette différence des moments fléchissants est évidemment égale à

$$F dx,$$

F étant *la grandeur* de l'effort tranchant pour la tranche verticale considérée; la force horizontale à laquelle les actions moléculaires tranchantes sur le plan FE doivent faire équilibre, est donc

$$\frac{F dx}{I} \int_y^{y_1} yz\,dy.$$

Si l'on divise cette quantité par l'aire du plan FE, qui est $z dx$, on trouvera pour l'intensité cherchée des actions moléculaires tranchantes

$$q = \frac{F}{Iz} \int_y^{y_1} yz\,dy\,; \qquad (1)$$

et la valeur maximum de cette intensité, qui agit en DB sur la surface neutre, sera pour la tranche verticale donnée

$$q_0 = \frac{F}{Iz_0} \int_0^{y_1} yz\,dy. \qquad (2)$$

On obtient les mêmes résultats dans tous les cas, que l'on prenne la surface supérieure ou la surface inférieure de la poutre pour la limite de l'intégration qui est indiquée par y_1, l'intégrale complète $\int yz\,dy$, pour la section transversale totale de la poutre, étant nulle, par suite de ce que y est compté à partir de l'axe neutre qui passe par le centre de gravité de cette section.

Soit $S = \int z\,dy$ l'aire de la section transversale de la poutre. L'intensité *moyenne* des actions moléculaires tranchantes est

$$\frac{F}{S},$$

et l'intensité *maximum* est à l'intensité moyenne dans le rapport

$$\frac{q_0 S}{F} = \frac{S}{Iz_0} \int_0^{y_1} yz\,dy. \qquad (3)$$

Ce rapport dépend uniquement de la figure de la section transversale. Voici quelques-unes de ses valeurs.

Figure de la section transversale.	$\dfrac{q_0 S}{F}$

I. Rectangle, $z_0 = b$. . . . . $\dfrac{3}{2}$.

II. Ellipse. . . . . $\dfrac{4}{3}$.

III. Rectangle évidé.

$\quad$ $S = bh - b'h'$; $z_0 = b - b'$.

$\quad$ Ce cas comprend les sections en forme de double T.

$$\frac{3}{2}\,\frac{(bh - b'h')\,(bh^2 - b'h'^2)}{(b - b')\,(bh^3 - b'h'^3)}.$$

IV. Carré évidé, $h^2 - h'^2$. . . . . $\dfrac{3}{2}\left(1 + \dfrac{hh'}{h^2 + h'^2}\right)$.

V, VI. Anneaux elliptique et circulaire; le facteur numérique est $\dfrac{4}{3}$, le facteur symbolique est le même que pour le rectangle évidé et pour le carré évidé respectivement.

Dans le cas de poutres à section transversale variable, les résultats précédents, bien que n'étant pas mathématiquement exacts, sont suffisamment approchés pour la pratique.

Lorsqu'une poutre se compose de deux fortes semelles, l'une supérieure et l'autre inférieure ou de barres horizontales très-résistantes, reliées par une ou plusieurs âmes minces, comme le sont les poutres armées en tôle que nous étudierons plus loin, on suppose que l'effort tranchant agit entièrement sur l'âme ou sur les âmes verticales, et s'y répartit d'une façon uniforme.

310. **Courbes des actions moléculaires principales dans les poutres.** Soient p l'intensité des actions moléculaires horizontales directes et q celle des actions moléculaires tranchantes, en un point quelconque d'une poutre, tel que E (*fig.* 145). On pourra déterminer, en se reportant au n° 112, Prob. IV, Cas n° 4, les deux axes des actions moléculaires principales en ce point, ainsi que les intensités de ces actions moléculaires. Dans les équations 21, 22, 23, qui donnent la solution de ce problème, on substituera p à p_n, qui est la composante normale des actions moléculaires sur un plan vertical; o à p'_n, qui est la composante normale des actions moléculaires sur

un plan horizontal, et q à p_t, qui est la composante tangentielle commune. x et y ayant déjà été pris pour représenter les coordonnées horizontale et verticale du point E, on pourra prendre p_1 et p_2 pour représenter les actions moléculaires principales maxima et minima au lieu de p_x et de p_y, et l'on pourra remplacer $\widehat{xn}$ par i_1, qui est l'angle que fait l'axe des plus grandes actions moléculaires avec l'horizontale.

L'équation 21 du n° 112 devient alors

$$\frac{p_1 + p_2}{2} = \frac{p}{2};$$

l'équation 22 devient

$$\frac{p_1 - p_2}{2} = \sqrt{\frac{p^2}{4} + q^2};$$

on en tire

$$\left. \begin{array}{l} p_1 = \sqrt{\dfrac{p^2}{4} + q^2} + \dfrac{p}{2}; \\[2ex] -p_2 = \sqrt{\dfrac{p^2}{4} + q^2} - \dfrac{p}{2}. \end{array} \right\} \qquad (1)$$

Ces équations montrent que les actions moléculaires principales les plus grandes sont de même espèce que les actions moléculaires horizontales directes, et que les actions moléculaires principales les plus petites sont d'espèce différente. Enfin l'équation 23 devient

$$\tang 2i_1 = \frac{2q}{p}, \qquad (2)$$

ou sous une autre forme

$$\tang i_1 = \sqrt{1 + \frac{p^2}{4q^2}} - \frac{p}{2q} = -\frac{p_2}{q}. \qquad (3)$$

Si i_2 est l'angle que l'axe des actions moléculaires les plus petites fait avec l'horizontale, nous aurons, par suite de ce que $i_1 - i_2 = \frac{\pi}{2}$,

$$-\tang i_2 = \frac{1}{\tang i_1} = \sqrt{1 + \frac{p^2}{4q^2}} + \frac{p}{2q} = \frac{p_1}{q}. \qquad (4)$$

Les équations 3 et 4 montrent que les axes des plus grandes et des plus petites actions moléculaires sont inclinés en sens

contraires sur l'horizontale (ce qui doit être, puisqu'ils sont perpendiculaires entre eux), l'axe des actions moléculaires les plus petites faisant avec l'horizontale le plus grand angle.

Si l'on détermine ces inclinaisons pour un certain nombre de
points différents de la section verticale d'une poutre, et que l'on trace
les directions des axes des actions moléculaires en ces points, on
pourra former un diagramme composé de deux séries de courbes se
coupant à angle droit comme dans

Fig. 146.

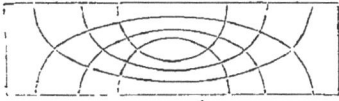

la *fig.* 146, telles que chacune de ces
courbes soit tangente aux axes des actions moléculaires qui passent par
une série de points, et que les tan-
gentes aux deux courbes qui se coupent en un point donné soient
les axes des actions moléculaires en ce point. On peut donner à ces
courbes le nom de *courbes des actions moléculaires principales*. Dans
le cas d'une poutre reposant à ses deux extrémités, les courbes qui
sont convexes vers le haut sont des *courbes de compression*, et celles
qui sont convexes vers le bas sont des *courbes de tension*. Elles rencontrent toutes la surface neutre suivant des angles de 45°. Les
actions moléculaires suivant chacune de ces courbes sont le plus
grandes au point où elle est horizontale et diminuent graduellement
jusqu'à zéro aux deux extrémités de la courbe; en ces points la courbe
rencontre la surface de la poutre suivant une direction verticale.

311. Actions moléculaires verticales directes. Il importe
de remarquer que nous n'avons pas encore tenu compte des *actions
moléculaires verticales directes* sur des plans tels que FE (*fig.* 145)
d'une poutre chargée, ces actions moléculaires ayant été considérées
comme nulles dans le dernier numéro. En voici la raison : 1° Les
actions moléculaires verticales directes ont dans la plupart des cas de
la pratique une intensité très-petite relativement aux autres éléments des actions moléculaires. 2° On peut modifier d'une infinité de
manières leur mode de distribution, suivant la manière dont on dispose la charge sur la poutre, de telle façon que les formules qui sont
applicables à l'un de ces modes de chargement ne le sont plus pour
un autre (par le fait, on peut même les ramener à zéro par un mode
de chargement convenable). 3° L'introduction de ces actions moléculaires compliquerait beaucoup les formules, sans ajouter notablement à leur exactitude.

312. Influence très-faible des actions moléculaires

tranchantes sur la flèche. Des actions moléculaires tranchantes d'intensité q produisent une distorsion représentée par $\dfrac{q}{\mathrm{C}}$, C étant l'élasticité transversale, ainsi que nous l'avons déjà expliqué au n° 262. La *tangente de l'angle d'inclinaison* d'une tranche quelconque primitivement horizontale de la poutre en un point donné subira par le fait de cette distorsion un accroissement représenté par

$$i'' = \frac{q}{\mathrm{C}} = \frac{\mathrm{F}}{\mathrm{C}\mathrm{I}z}\int_y^{y_1} yz\,dy\,;\tag{1}$$

cette tangente doit être ajoutée à la tangente due aux *actions moléculaires de flexion*, de façon à donner l'inclinaison totale. La courbure de la tranche sera également augmentée de la quantité

$$\frac{di''}{dx} = \frac{d\mathrm{F}}{dx}\frac{1}{\mathrm{C}\mathrm{I}z}\int_y^{y_1} yz\,dy,\tag{2}$$

pour des poutres uniformes, et d'une quantité très-peu différente pour d'autres poutres. On devra par suite ajouter à la flèche de la tranche que l'on considère une flèche ayant comme grandeur

$$v_1'' = \int_0^c i''dx.\tag{3}$$

Si l'on remarque que $\displaystyle\int_0^c \mathrm{F}dx = \mathrm{M}_0$, l'équation ci-dessus devient, *pour des poutres uniformes*,

$$v_1'' = \frac{\mathrm{M}_0}{\mathrm{C}\mathrm{I}z}\int_y^{y_1} yz\,dy.\tag{4}$$

En supposant que la poutre soit soumise à l'action de la charge d'épreuve, nous pouvons substituer à $\dfrac{\mathrm{M}_0}{\mathrm{I}}$ sa valeur $\dfrac{f}{y_1}$, ce qui donne pour l'équation ci-dessus,

$$v_1'' = \frac{f}{\mathrm{C}y_1 z}\int_y^{y_1} yz\,dy.\tag{5}$$

Cette quantité atteint sa *plus grande* valeur pour la surface neutre, les limites d'intégration étant 0 et y_1. Pour pouvoir comparer la flèche additionnelle résultant de cette distorsion avec celle due à la flexion, nous considérerons le cas d'une poutre rectangulaire pour laquelle

$$y_1 = \frac{h}{2}; \quad z = b; \quad \int_0^{y_1} yz\,dy = \frac{bh^2}{8}.$$

On a alors

$$v_1'' = \frac{fh}{4C}. \tag{6}$$

L'équation 6 du n° 300 donne pour la flèche d'épreuve due à la flexion, pour la même poutre,

$$v_1 = \frac{n''fc^2}{Ey_0} = \frac{5}{6}\frac{fc^2}{Eh};$$

de telle sorte que le rapport entre les deux parties de la flèche a pour expression

$$\frac{v_1''}{v_1} = \frac{3}{20}\frac{E}{C}\frac{h^2}{c^2}. \tag{7}$$

Pour le fer (par exemple) $\frac{E}{C}$ est égal à 3 environ. Si nous supposons que $\frac{h}{c} = \frac{1}{7}$, qui est un rapport adopté habituellement en pratique, nous aurons $\frac{v_1''}{v_1} = \frac{9}{980} = \frac{1}{109}$ à peu près, ce qui est insignifiant en pratique.

On voit ainsi que la distorsion résultant pour les poutres des actions moléculaires tranchantes, même à la surface neutre où elles sont le plus grandes, produit une flèche qui est très-petite relativement à celle due à l'action fléchissante de la charge, et que le changement dans la figure extérieure de la poutre doit être encore plus petit; on en conclut que dans les cas ordinaires de la pratique, il n'y a jamais nécessité de tenir compte de la flèche additionnelle due aux actions moléculaires tranchantes.

313. **Poutre soumise à l'action d'une charge partielle.** Lorsque l'on fait un projet de poutre destinée à supporter une chaussée ou une voie ferrée, auxquels cas l'une des parties de la poutre peut être soumise à une charge, tandis que l'autre n'aura rien à porter, on devra s'assurer si une charge partielle pourra ou ne pourra pas produire, en un point donné de la poutre, des actions moléculaires plus intenses qu'une charge uniforme répartie sur toute la longueur.

Le cas le plus important à considérer en pratique est celui dans lequel une poutre reposant à ses deux extrémités est uniformément chargée sur une certaine partie de sa longueur et n'a rien à supporter sur tout le reste; les deux théorèmes suivants en donnent la solution.

THÉORÈME I. *Pour une intensité donnée de la charge par unité de longueur, une charge uniforme agissant sur la totalité de la poutre produit pour chaque section transversale un plus grand moment fléchissant qu'une charge partielle.*

Désignons par C et D les deux extrémités de la poutre, et par E une section transversale intermédiaire quelconque. Si la charge est *uniforme*, le moment de flexion en E est un moment de bas en haut, qui est égal au moment de bas en haut de la réaction provenant de l'un ou l'autre des appuis relativement au point F, *diminué* du moment de haut en bas de la charge uniforme qui agit entre cet appui et E.

On obtiendra une *charge partielle* en retirant la charge uniforme d'une partie de la poutre, soit entre E et C, soit entre E et D, soit de part et d'autre de E. Supposons d'abord que l'on retire la charge d'une partie quelconque de la poutre comprise entre E et C. Le moment de haut en bas par rapport à E de la charge qui agit entre E et D ne sera pas modifié; mais le moment de bas en haut par rapport à E, de la réaction en D sera diminué par suite de ce que cette dernière force est moindre; le moment fléchissant aura donc diminué. La même démonstration s'appliquerait au cas où l'on retirerait la charge d'une partie de la poutre comprise entre E et D; enfin si l'on retire la charge de part et d'autre de E, les deux effets ci-dessus indiqués s'ajoutent; on voit ainsi que si *l'on enlève la charge d'une partie quelconque de la poutre, on diminue en même temps le moment fléchissant en chaque point.* — Q. E. D.

Il en résulte que si une *poutre est assez solide pour résister à l'action d'une charge uniforme d'une intensité donnée, elle sera en état de supporter une charge partielle quelconque ayant même intensité.*

THÉORÈME II. *Pour une intensité donnée de la charge par unité de longueur, l'effort tranchant est le plus grand pour une section transversale donnée de la poutre lorsque le plus grand des deux segments que limite cette section est seul chargé.*

Désignons, comme ci-dessus, par C et D les extrémités de la poutre et par E la section transversale donnée, et soient CE la partie la plus longue et ED la partie la plus courte de la poutre. Supposons d'abord que CE seul soit soumis à l'action de la charge. L'effort tranchant en E est alors égal à la réaction de l'appui en D et tend à faire glisser ED de bas en haut relativement à CE. On peut modifier la charge, soit en mettant un poids entre D et E, soit en enlevant un poids entre C et E. Si l'on met un poids quelconque entre D et E, la réaction en D s'accroît d'une *partie* de ce poids, et l'effort tranchant en E subit le même accroissement; mais cet effort tranchant est diminué en même temps de la *totalité* de ce poids; la modification apportée à la charge a donc pour résultat de diminuer l'effort tranchant en E. Si l'on retire un certain poids de la charge entre C et E, l'effort tranchant en E diminue également, par suite de ce que la réaction en D est moindre. *Toute modification apportée à une distribution de la charge, telle que le plus long segment CE soit seul chargé, diminue donc l'effort tranchant en E. — Q. E. D.*

Lorsque l'on fait des projets de poutres dans lesquelles l'effort tranchant est supporté par un âme verticale mince, ou par un système à treillis (comme dans les poutres en tôle, à treillis, ou dans les autres poutres armées, que nous examinerons plus complétement dans une des sections suivantes), il convient de ne pas perdre de vue ce théorème et de donner, en chacune des sections transversales, une résistance suffisante pour qu'elle puisse résister à l'action d'une charge qui solliciterait uniquement le plus long segment de la poutre.

Pour donner une formule dans laquelle cette force figure, nous désignerons par c la demi-portée de la poutre, par x la distance de la section transversale donnée E au milieu de la poutre, et par w la charge uniforme par unité de longueur sur la partie chargée de la poutre CE. Cette partie a pour longueur

$$\overline{\text{CE}} = c + x,$$

et la charge qui la sollicite a pour grandeur

$$w\,(c + x).$$

Le centre de gravité de cette charge est situé à une distance de l'extrémité C de la poutre représentée par

$$\frac{c + x}{2}.$$

La réaction de bas en haut à l'autre extrémité de la poutre, D, qui représente en même temps l'effort tranchant en E, est donc donnée par l'équation

$$F' = w(c + x) \frac{c + x}{2} \frac{1}{2c} = \frac{w(c+x)^2}{4c}. \qquad (1)$$

Nous avons déjà fait voir au n° 290 que l'effort tranchant pour une section transversale donnée avec une charge uniforme est $F = w\dot{x}$; l'*excès* de l'effort tranchant le plus grand pour une section transversale donnée dans le cas d'une charge partielle, sur l'effort tranchant pour la même section transversale dans le cas d'une charge uniforme de même intensité, est donc

$$F' - F = \frac{w(c - x)^2}{4c}. \qquad (2)$$

Aux extrémités de la poutre cet excès s'annule. Au milieu, il consiste dans la totalité de l'effort tranchant $F' = \frac{1}{4}wc$, ou dans le quart de l'effort tranchant aux extrémités, c'est-à-dire dans le huitième de la grandeur de la charge uniforme.

314. Introduction du poids de la poutre dans les formules. Lorsque la poutre a une grande portée, son poids peut être tel relativement à la charge qu'il y ait lieu de s'en préoccuper lorsque l'on détermine les dimensions de cette poutre. On aura dû cependant déterminer les dimensions de la poutre sans connaître son poids, de telle sorte que pour tenir compte de ce poids, il faudra recourir à un procédé indirect.

Nous avons dit au n° 302 que l'on détermine la *hauteur* d'une poutre d'après la flèche que l'on veut produire; quant à l'*épaisseur*, elle sera donnée par des conditions de résistance, la résistance étant simplement proportionnelle à la largeur.

Désignons par b' la largeur obtenue en considérant *seulement la charge extérieure*, W'. Évaluons, au moyen de cette largeur *provisoire*, le poids de la poutre et désignons-le par B'. Le rapport entre le poids de la poutre et la charge *entière* ou la *grosse* charge qu'elle doit supporter sera alors représenté par $\frac{B'}{W'}$, et $\frac{W'}{W' - B'}$ est le rapport entre la *grosse* charge et la charge extérieure. Si donc à la largeur *provisoire* b' nous substituons la largeur *exacte*

$$b = \frac{b'W'}{W' - B'}, \qquad (1)$$

la poutre sera assez forte maintenant pour supporter la charge extérieure donnée W' et son propre poids, qui sera

$$B = \frac{B'W'}{W'-B'};$$ (2)

et la grosse charge vraie sera représentée par

$$W = \frac{W'^2}{W'-B'}.$$ (3)

Dans les formules qui précèdent, nous avons traité la charge
extérieure et le poids de la poutre comme s'ils étaient uniformément
répartis; cette supposition est exacte le plus souvent; pour les autres
cas elle donne, au point de vue pratique où nous plaçons, des résultats suffisamment approchés.

315. Longueur-limite d'une poutre. La grosse charge de
poutres qui ont des figures semblables et dont le rapport des dimensions est donné, variant proportionnellement à leur largeur et au
carré de leur hauteur et en raison inverse de leur longueur, est proportionnelle au carré d'une dimension linéaire donnée. Les poids
de pareilles poutres sont proportionnels aux cubes des dimensions
linéaires qui se correspondent. Le poids croît donc plus vite que la
grosse charge, et pour chaque forme d'une poutre dont la substance
ainsi que le rapport des dimensions sont donnés il doit y avoir un
certain volume pour lequel la poutre ne pourra que porter son
propre poids.

Pour le déterminer par le calcul, nous prendrons pour représenter la grosse charge uniformément répartie sur une poutre d'une
figure donnée la formule du n° 295 :

$$W = \frac{8nfbh^2}{l},$$ (1)

l, b et h étant la longueur, la largeur et la hauteur de la poutre, f
étant la résultante des actions moléculaires limites du travail ordinaire, et n un facteur qui dépend de la forme de la section transversale. Le poids de cette poutre aura pour expression

$$B = kw'lbh;$$ (2)

w' étant le poids de l'unité de volume de la matière, et k un facteur
qui dépend de la forme de la poutre. Le rapport du poids de la

poutre à la grosse charge sera alors

$$\frac{B}{W} = \frac{kw'l^2}{8nfh};\qquad(3)$$

ce rapport croît simplement comme la longueur, si le rapport $\frac{l}{h}$ est fixé. Dans ce dernier cas, la longueur L d'une poutre, qui aura pour charge du travail ordinaire son propre poids (supposé uniformément réparti), sera donnée par la relation $\frac{B}{W} = 1$, c'est-à-dire,

$$L = \frac{8nfh}{kwl} = \frac{Wl}{B}.\qquad(4)$$

Cette *longueur-limite*, une fois déterminée pour une classe de poutres donnée, on peut s'en servir pour déterminer les rapports qui doivent exister entre la grosse charge, le poids de la poutre et la charge extérieure pour une poutre de cette classe, ayant une longueur plus petite l; on a alors les équations

$$\frac{L}{l} = \frac{W}{B};\qquad \frac{L}{L-l} = \frac{W}{W-B}.\qquad(5)$$

Pour donner un exemple numérique, nous supposerons que les poutres en question sont des poutres pleines en fonte, à section rectangulaire, de telle sorte que l'on a $n = \frac{1}{6}$; $k = 1$; $w' = 7.100$ kilogrammes par mètre cube. Prenons pour le module de rupture 28.000 000 de kilogrammes par mètre carré, et 4 pour le coefficient de sécurité, de telle sorte que $f = 7.000.000$ de kilogrammes par mètre carré, et soit $\frac{h}{l} = \frac{1}{15}$. Nous aurons alors

$$L = 88 \text{ mètres environ.}$$

346. Une poutre inclinée, telle que celle représentée dans la *fig.* 68 (142), doit être traitée comme une poutre horizontale, en ce qui concerne les actions moléculaires de flexion résultant de la composante de la charge qui est normale à la poutre. La composante de la charge qui agit le long de la poutre, produit une force de compression directe, que l'on combinera avec les actions moléculaires résultant de la composante précédente.

317. Poutre primitivement courbe. Pour une section transversale quelconque, perpendiculaire à la surface neutre, cette poutre se trouvera, à ne considérer que les actions moléculaires de flexion, dans les mêmes conditions qu'une poutre primitivement droite qui aurait la même section transversale et qui serait soumise au même moment fléchissant. On fait quelquefois des poutres qui sont légèrement convexes vers la partie supérieure. Cette *courbure* doit être égale et opposée à celle que la charge donnée déterminerait pour la poutre supposée droite. La poutre devient droite alors sous l'influence de la charge. On diminue par ce procédé les actions moléculaires additionnelles dues au mouvement rapide de la charge, actions moléculaires qui résultent en partie de la courbure de la poutre.

318. On permet **la dilatation et la contraction des poutres de grande longueur**, qui résultent de changements dans la température, en plaçant sous l'une des extrémités, des rouleaux en acier ou en fonte dure. Le tableau suivant indique la fraction dont augmente une barre d'une certaine matière, en passant de la température de la glace fondante (0° C. ou 32° Fahrenheit) à la température d'ébullition de l'eau sous la pression atmosphérique moyenne (100° C. ou 212° Fahrenheit), c'est-à-dire, par suite d'une élévation de 100° C. ou de 180° Fahrenheit.

Métaux.

Laiton.	0,00216
Bronze.	0,00181
Cuivre.	0,00184
Or.	0,0015
Fonte.	0,00111
Fer et acier.	0,00114 à 0,00125
Plomb.	0,0029
Platine.	0,0009
Argent.	0,002
Étain.	0,002 à 0,0025
Zinc.	0,00294

Pierres, briques, etc.

(La dilatation de la pierre résulte des expériences de M. Adie.)

Brique ordinaire.	0,00355
Id. réfractaire.	0,0005

Ciment.	0,0014	
Verre, moyenne de différentes espèces.	0,0009	
Granite.	0,0008	à 0,0009
Marbre.	0,00065	à 0,0011
Grès.	0,0009	à 0,0012
Ardoise.	0,00104	

Bois.

(La dilatation suivant les fibres, lorsque le bois est sec, résulte des expériences de M. Joule, *Proceed. roy. Soc.*, 5 Nov. 1857.)

| Laurier. . . . . | 0,000461 à 0,000566 |
| Bois blanc. . . . . | 0,000428 à 0,000438 |

M. Joule a trouvé que l'humidité diminue, annule, renverse même la propriété qu'a le bois de se dilater par l'action de la chaleur, et que la tension l'accroît.

349. La courbe élastique, considérée dans le sens le plus général, est la figure que prend l'axe longitudinal d'une barre primitivement droite sous l'action d'un système quelconque de forces fléchissantes. Dans tous les exemples de la courbure, de l'inclinaison et de la flèche des poutres, exposés au n° 300 et dans les numéros suivants, nous avons déterminé la courbe élastique avec une approximation bien suffisante pour la pratique, lorsque la flèche était une petite fraction de la longueur. Dans le présent numéro, nous allons envisager la figure de la courbe élastique d'un *ressort plat mince de section uniforme*, lorsqu'il est soumis à l'action de deux couples égaux et de sens contraire ou de deux forces égales et opposées.

L'équation générale du n° 300 s'applique à ce cas :

$$\frac{1}{r} = \frac{M}{EI}; \qquad (1)$$

I étant le moment d'inertie uniforme de la section du ressort, E le module d'élasticité, M le moment de flexion en un point donné, et r le rayon de courbure en ce point.

Lorsqu'un ressort est soumis à l'action de *deux couples égaux et de sens contraire* appliqués à ses deux extrémités, on verra, comme au n° 304, que M est constant, que r est constant et que la courbe élastique est un arc de cercle de rayon r.

Lorsqu'un ressort est soumis à l'action *de deux forces égales et opposées,* nous désignerons par A et B les deux points auxquels ces forces sont appliquées et par AB leur ligne d'action commune. Les figures, depuis 146 *a* jusqu'à 146 *f* inclusivement représentent les différentes formes que le ressort peut prendre.

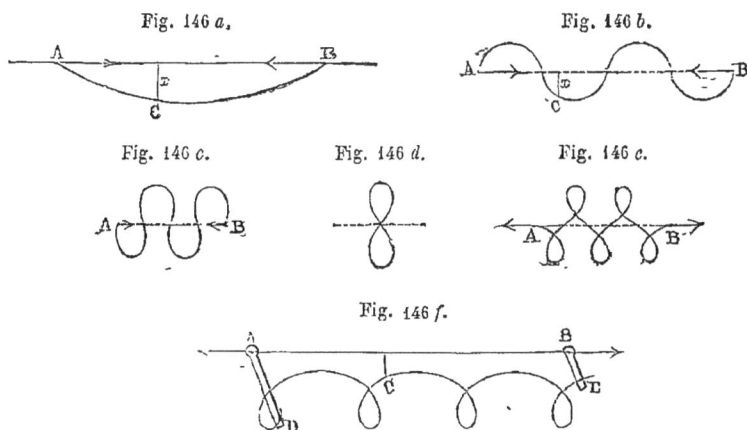

Fig. 146 *a.*

Fig. 146 *b.*

Fig. 146 *c.*

Fig. 146 *d.*

Fig. 146 *e.*

Fig. 146 *f.*

I. Les forces sont dirigées l'une vers l'autre.

a. Un arc simple, rencontrant AB seulement aux points A et B.

b, c. Figure ondulée, rencontrant AB en un nombre quelconque de points intermédiaires.

d. Les points A et B coïncident; on peut avoir, avec un ressort sans fin, la figure d'un 8.

II. Les forces vont en s'écartant l'une de l'autre.

e. Une ou plusieurs boucles, les extrémités et les parties intermédiaires rencontrant ou coupant AB.

f. Les forces s'écartant l'une de l'autre, et agissant aux points A, B, sur deux leviers rigides AD, BE, auxquels le ressort est fixé en A et E; le ressort formant un ou plusieurs replis bouclés est situé tout entier d'un même côté de la ligne d'action AB.

Soient P la grandeur commune des forces égales et opposées appliquées en A et B, et x la distance d'un point quelconque C de la courbe élastique à la ligne d'action AB. Le moment fléchissant en ce point est évidemment

$$M = x\mathrm{P}, \qquad (2)$$

et, par suite, le rayon de courbure en ce point est donné par l'équation

$$r = \frac{EI}{M} = \frac{EI}{xP},\qquad(3)$$

c'est-à-dire que *le rayon de courbure est en raison inverse de la longueur de la perpendiculaire abaissée sur la ligne d'action des forces.* Pour chacun des points des *fig.* 146 *a b, c, d* et *e*, où la courbe rencontre ou traverse AB, le rayon de courbure est infini, c'est-à-dire que ces points sont des points d'inflexion.

La propriété géométrique donnée ci-dessus est commune à toutes les variétés de courbes formées par un ressort uniforme qui fléchit sous l'action de deux forces, et elle permet de les tracer d'une façon approchée, au moyen d'une série de petits arcs de cercle. Elle suffit également pour établir toutes les autres propriétés géométriques, telles que les relations entre les coordonnées rectangulaires et les longueurs d'arcs. Ces relations sont exprimées par des fonctions elliptiques, et nous ne les donnerons pas dans ce Traité; nous examinerons cependant celles qui se rapportent à un cas particulier mentionné au numéro 319 A.

Il existe une proposition importante que nous devons donner, c'est la suivante.

THÉORÈME. — *Un ressort, d'une longueur et d'une section données. dont les extrémités de la surface neutre sont sollicitées par deux forces égales, ne fléchit que dans le cas où ces forces sont supérieures en grandeur à une quantité déterminée.* Soient A et B (*fig.* 146 *a*) les deux extrémités du ressort, auxquelles sont appliquées deux forces P égales et opposées ayant pour grandeur P, dirigées à la rencontre l'une de l'autre, le ressort formant un arc simple ACB, de longueur *l. x* représentant, comme ci-dessus, la coordonnée d'un point quelconque C, nous désignerons par *y* la distance de cette coordonnée au point A.

Plus la force P sera petite, plus l'arc ACB se rapprochera de la ligne droite AB; pour pouvoir déterminer la plus petite valeur de P, qui est compatible avec une flexion du ressort, nous supposerons que la coordonnée *x* en chaque point est excessivement petite. comparée à la longueur du ressort, et par conséquent que la longueur de l'arc A ne diffère pas sensiblement de celle de sa coordonnée *y*. Ceci étant, la courbure en un point quelconque C sera donnée par l'équation suivante :

$$\frac{1}{r} = -\frac{d^2x}{dy^2}:$$

si l'on substitue cette valeur dans l'équation 3, on obtient

$$- \frac{d^2x}{dy^2} = \frac{P}{EI} x. \qquad (4)$$

L'intégrale de cette équation est

$$x = a \sin \frac{y}{c},$$

dans laquelle $\qquad c = \sqrt{\frac{EI}{P}}. \qquad (5)$

Pour que x s'annule aux points A et B, il faut que lorsque $y = l$, $\frac{y}{c}$ soit égal à $n\pi$, n étant un nombre entier quelconque; on doit donc avoir

$$c = \frac{l}{n\pi}. \qquad (6)$$

De toutes les valeurs possibles de n, celle qui donne la valeur minimum de P est $n = 1$; on en déduit

$$c = \sqrt{\frac{EI}{P}} = \frac{l}{\pi}; \quad \text{et} \quad P = \frac{\pi^2 EI}{l^2}; \qquad (7)$$

cette *quantité finie* est la *plus petite force qui puisse faire fléchir le ressort donné*, de la manière indiquée. — Q. E. D.

Ce que nous venons d'établir prouve le théorème en question et donne la plus petite force qui produise la flexion; mais comme la constante a est indéterminée, on n'en peut pas déduire la figure que dessine le ressort; il faudrait recourir pour cela à l'emploi des fonctions elliptiques.

319 A. **L'arc hydrostatique,** décrit au n° 183, a même forme que la courbe élastique à replis et à boucles, représentée dans la *fig.* 146 *f*; car le rayon de courbure en un point quelconque de cet arc est en raison inverse de la longueur de la perpendiculaire abaissée de ce point sur une ligne droite donnée. On transformera facilement les équations qui ont été données pour l'arc hydrostatique dans les équations correspondant à la courbe élastique de la *fig.* 146 *f*; il suffira pour cela de substituer au produit constant de la

coordonnée par le rayon de courbure la valeur suivante :

$$xr = \frac{EI}{P}.$$

On pourrait se servir d'un instrument formé d'un ressort uniforme attaché à deux leviers, pour tracer sur le papier les figures des arcs hydrostatiques.

Cette propriété de la courbe élastique de la *fig.* 146 *f* est analogue à celle que Jacques Bernouilli a trouvée pour l'arc simple de la *fig.* 146 *a*, à savoir que c'est la figure que prend la section longitudinale verticale d'une feuille métallique infiniment large, contenant un liquide dont la surface horizontale supérieure est représentée par AB.

SECTION 7. — *Résistance à la torsion et à la rupture par torsion.*

320. Le **moment de torsion** appliqué à une barre est le moment de deux couples égaux et de sens contraires qui sont appliqués à deux sections transversales de la barre et qui tendent à faire tourner la portion de la barre intermédiaire dans des directions opposées autour de cet axe. Dans les numéros qui suivent, les moments de torsion sont exprimés en *kilogrammètres*.

321. **Résistance d'une tige cylindrique.** Une tige cylindrique AB (*fig.* 147) étant soumise au moment de torsion de deux couples égaux et de sens contraires appliques aux sections transversales A et B, on demande de trouver les actions moléculaires et la déformation sur une section intermédiaire quelconque, ainsi que le déplacement angulaire d'une section par rapport à une autre.

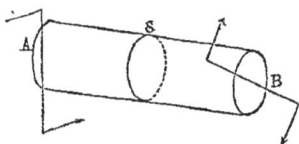

Fig. 147.

Par suite de l'uniformité de figure de la barre et de l'uniformité du moment de torsion, il est évident que les conditions des actions moléculaires et de la déformation sont les mêmes pour toutes les sections transversales; de plus chacune des sections transversales ayant une figure circulaire, les actions moléculaires et la déformation doivent être les mêmes pour toutes les molécules situées à une même distance de l'axe du cylindre.

Considérons une tranche circulaire comprise entre la section transversale S et une autre section transversale située à une distance dx de la première. Le moment de torsion détermine la rotation de l'une de ces sections relativement à l'autre autour de l'axe du cylindre, et nous représenterons par di l'angle de ce déplacement. Alors si deux points se trouvent à la même distance r de l'axe du cylindre, l'un sur l'une des sections et l'autre sur l'autre, ces points étant primitivement situés sur une ligne parallèle à l'axe vont se trouver, par suite de la torsion, déplacés latéralement l'un par rapport à l'autre de la longueur rdi. La partie de la tranche qui se trouve entre ces points est donc déformée par *distorsion*, dans un plan perpendiculaire au rayon r, et cette distorsion est exprimée par le rapport

$$\nu = r\,\frac{di}{dx}, \tag{1}$$

lequel varie *proportionnellement à la distance à l'axe*. Il se produit donc en chacun des points de la section transversale C des *actions moléculaires tranchantes* dont la direction est perpendiculaire au rayon qui va de ce point à l'axe, et dont l'*intensité est proportionnelle à ce rayon*, et est représentée par

$$q = \mathrm{C}\nu = \mathrm{C}r\,\frac{di}{dx}. \tag{2}$$

On déterminera la RÉSISTANCE de la tige de la manière suivante : soit f la limite des actions moléculaires tranchantes auxquelles la matière doit être soumise, c'est-à-dire la résistance *extrême* à la torsion dans le cas où elle doit être rompue, la résistance d'*épreuve*, s'il s'agit de l'essayer, et la résistance *du travail ordinaire* s'il s'agit de déterminer le moment de torsion du travail ordinaire. Désignons par r_1 le rayon extérieur de la tige. f est alors la valeur que prend q à la distance r_1 de l'axe, et les actions moléculaires tranchantes pour une autre distance quelconque r ont pour intensité

$$q = \frac{fr}{r_1}. \tag{3}$$

Supposons que l'on partage la section transversale S en anneaux concentriques minces, ayant pour largeur dr, et soit r le *rayon moyen* de l'un de ces anneaux. L'aire de cet anneau sera $2\pi r\,dr$; l'intensité des actions moléculaires tranchantes auxquelles il est soumis est donnée par l'équation 3, et le bras de levier de ces actions moléculaires par rapport à l'axe du cylindre est r; le moment des actions moléculaires tranchantes sur l'anneau en question, étant le produit de ces trois quantités, aura donc pour expression

$$\frac{2\pi f}{r_1} r^3 dr;$$

si l'on intègre cette quantité pour tous les anneaux depuis le centre jusqu'à la circonférence de la section transversale S, on aura pour le moment de torsion, et de résistance à la torsion,

$$M = \frac{2\pi f}{r_1} \int_0^{r_1} r^3 dr = \frac{\pi f r_1^3}{2}. \tag{4}$$

$$\left(\frac{\pi}{2} = 1{,}5708\right).$$

Si la tige est *creuse*, r_0 étant le rayon de la partie creuse, on prendra l'intégrale depuis $r = r_0$ jusqu'à $r = r_1$, et le moment de torsion deviendra

$$M = \frac{2\pi f}{r_1} \int_{r_0}^{r_1} r^3 dr = \frac{\pi f (r_1^4 - r_0^4)}{2 r_1}. \tag{5}$$

Il est généralement plus commode d'exprimer la résistance d'une tige en fonction du diamètre que du rayon. Soient alors d_1 le diamètre extérieur de la tige, et d_0 son diamètre intérieur, si elle est creuse; on aura :

pour une *tige pleine* $M = \dfrac{\pi f d_1^3}{16} = \dfrac{f d_1^3}{5{,}1};$

pour une *tige creuse* $M = \dfrac{\pi f (d_1^4 - d_0^4)}{16\, d_1} = \dfrac{f (d_1^4 - d_0^4)}{5{,}1\, d_1}.$ $\left.\begin{array}{c}\\[2ex]\\\end{array}\right\}$ (6)

Si l'on compare ces formules à celles qui sont applicables aux poutres cylindriques pleines et creuses du n° 295, on voit qu'elles ne diffèrent que par le facteur numérique, qui est pour le moment de flexion, $\dfrac{\pi}{32} = \dfrac{1}{10{,}2}$, et pour le moment de torsion, $\dfrac{\pi}{16} = \dfrac{1}{5{,}1}$. De là ce principe important, qu'*à égalité de valeur des actions moléculaires limites* f, *la résistance d'un cylindre solide ou creux à la rupture par torsion est double de sa résistance à la rupture par flexion.*

Le tableau que nous avons déjà cité donne le coefficient de résistance extrême aux efforts de cisaillement pour la fonte et pour le fer.

Le coefficient pour la fonte est un peu incertain, les expériences donnant des résultats différents. Nous avons dans ce tableau adopté le chiffre de 19,5, qui est cité par M. Hodgkinson dans son ouvrage *On Cast Iron*, comme étant la moyenne d'expériences sérieuses; mais quelques expériences ont donné un chiffre de 17 et d'autres un chiffre de 21.

Voici les chiffres qu'adopte Tredgold pour les valeurs des actions moléculaires limites *f* lorsque les pièces *travaillent dans les conditions ordinaires :*

pour la fonte. . . . . $5^k,4$ par millimètre carré
pour le fer. . . . . 6^k id.;

ce qui donne 4 pour la fonte et 6 pour le fer comme valeurs du coefficient de sécurité. Des expériences pratiques sur la résistance des tiges en fer confirment d'une façon assez rigoureuse le coefficient donné ci-dessus pour le fer : on a trouvé que de pareilles tiges, quand elles sont faites en fer de bonne qualité, peuvent supporter en travaillant pendant un temps quelconque des actions moléculaires de $6^k,3$ par millimètre carré. Quant au coefficient relatif à la fonte, il donne un coefficient de sécurité qui est trop petit, sauf cependant dans le cas où le mouvement est très-lent et est permanent et il semble plus sûr de prendre $3^k,5$ par millimètre carré. Nous aurons alors pour la limite des actions moléculaires, dans le cas de pièces travaillant à la torsion dans les conditions ordinaires :

pour la fonte. . . . . $f = 3^k,5$ par millimètre carré.
pour le fer. . . . . $f = 6^k,3$ id.

322. Angle de torsion d'une tige cylindrique. Supposons que l'on ait tracé deux diamètres parallèles entre eux sur les deux extrémités circulaires A et B d'une tige cylindrique pleine ou creuse; on demande de trouver l'angle que les directions de ces lignes font entre elles, lorsque la tige est tordue sous l'influence du moment de torsion du travail ordinaire ou de tout autre moment.

L'équation 2 du n° 321 permet de résoudre la question : elle donne pour l'*angle de torsion par unité de longueur*,

$$\frac{di}{dx} = \frac{q}{Cr}.$$

La tige se présentant dans les mêmes conditions aux différents points de sa longueur, la quantité ci-dessus est constante, et si x représente la longueur de la tige et i l'angle de torsion cherché exprimé en longueur d'arc dans la circonférence qui a pour rayon l'unité, nous aurons $\dfrac{i}{x} = \dfrac{di}{dx}$, et par suite,

$$i = \frac{xq}{Cr}. \tag{1}$$

I. Supposons que le moment de torsion soit le *moment du travail ordinaire*, pour lequel

$$\frac{q}{r} = \frac{f}{r_1};$$

l'angle de torsion sera alors

$$i = \frac{fx}{Cr_1} = \frac{2fx}{Cd_1}, \tag{2}$$

et sera le même que la tige soit pleine ou creuse.

Le tableau donne une valeur pour le coefficient C d'élasticité transversale de la fonte; mais comme les expériences ne sont pas concordantes, il y a lieu d'en douter. Pour le fer, on a pu déterminer cette constante avec plus de précision : on lui a trouvé une valeur moyenne d'environ 6.300.000.000 de kilogrammes par mètre carré. Nous pouvons donc prendre pour la *torsion de travail* de tiges en fer

$$\frac{f}{C} = \frac{1}{1.000}. \tag{3}$$

II. Supposons que le moment de torsion ait une valeur M qui donne toute sécurité. Nous aurons à substituer à $\dfrac{q}{r}$ le rapport qui lui est égal, et que l'on déduit des équations 4 et 5 du n° 321 par la substitution de q à f aux numérateurs, et de r à r_1 aux dénominateurs; nous obtiendrons de la sorte :

pour des tiges pleines, $\quad \dfrac{q}{r} = \dfrac{2M}{\pi r_1^4};$

et $\qquad i = \dfrac{qx}{Cr} = \dfrac{2Mx}{\pi Cr_1^4} = \dfrac{32Mx}{\pi Cd_1^4} = 10{,}2\,\dfrac{Mx}{Cd_1^4};$

pour des tiges creuses, $\quad \dfrac{q}{r} = \dfrac{2M}{\pi\,(r_1^4 - r_0^4)};$

et $i = \dfrac{qx}{Cr} = \dfrac{2Mx}{\pi C\,(r_1^4 - r_0^4)} = \dfrac{32Mx}{\pi C\,(d_1^4 - d_0^4)} = 10{.}2\,\dfrac{Mx}{C\,(d_1^4 - d_0^4)}$

$$\tag{4}$$

323. Le ressort d'une tige cylindrique est le produit de la moitié du plus grand moment de torsion par l'angle de torsion correspondant; il est donné par l'équation suivante :

$$\frac{Mi}{2} = \frac{f^2 d_1^2 x}{5,1\,G} \text{ pour une tige pleine;}$$

ou

$$\frac{Mi}{2} = \frac{f^2 (d_1^4 - d_0^4) x}{5,1\,G\,d_1^2} \text{ pour une tige creuse.} \Bigg\} \quad (1)$$

324. Tiges dont la section n'est pas circulaire. Lorsque la section transversale d'une tige n'est pas circulaire, il est certain que le rapport $\frac{q}{r}$ entre les actions moléculaires tranchantes en un point donné et la distance de ce point à l'axe de la tige n'est pas une quantité constante aux différents points de la section transversale, et que dans la plupart des cas il s'en faut de beaucoup que ce rapport soit à peu près constant; les formules basées sur l'hypothèse de la constance de ce rapport sont donc tout à fait erronées. Les recherches mathématiques de M. de Saint-Venant ont montré comment les actions moléculaires tranchantes varient dans certains cas.

Le cas le plus important en pratique, auquel a été appliquée la méthode de M. de Saint-Venant, est celui d'une tige carrée: il semble que l'on peut représenter très-approximativement son moment de torsion par la formule

$$M = 0,2084 f h^3.$$

325. Combinaison d'une torsion et d'une flexion; manivelle et essieu. Il arrive souvent qu'une tige est soumise simultanément à des efforts de flexion et à l'action de deux couples de torsion égaux. On devra, en pareil cas, combiner les plus grandes actions moléculaires directes dues aux efforts de flexion avec les plus grandes actions moléculaires dues au moment de torsion, suivant la méthode que nous avons indiquée pour les poutres au n° 310.

Soient p les plus grandes actions moléculaires dues à la flexion et q celles qui sont dues à la torsion, p_1 l'intensité de la plus grande résultante des actions moléculaires, et i l'angle que sa direction fait avec l'axe de la tige; nous aurons alors

$$p_1 = \sqrt{\frac{p^2}{4} + q^2} + \frac{p}{2}, \qquad \text{tang } 2i = \frac{2q}{p}. \qquad (1)$$

Un des exemples les plus importants de cette combinaison est celui

Fig. 148.

figuré ci-contre, dans lequel on a un essieu portant une manivelle à une de ses extrémités. Au centre du tourillon P est appliquée la pression de la bielle, et à la fusée S agit la résistance égale et opposée du coussinet. Si l'on représente la grandeur commune de ces forces par P, elles forment un couple dont le moment est

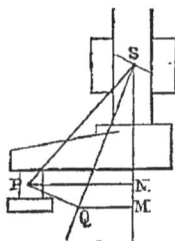

$$M = P\ \overline{SP}.$$

Menons PN perpendiculaire à SN, axe de l'essieu, et désignons l'angle PSN par j. Nous pouvons décomposer le couple M en

$$\text{un couple fléchissant } P\ \overline{NS} = M \cos j,$$

et $$\text{un couple de torsion } P\ \overline{NP} = M \sin j;$$

des couples égaux et de sens contraires agissant à l'autre extrémité de l'essieu. Soit d le diamètre de cet essieu.

Les formules du n° 295 donneront pour les plus grandes actions moléculaires produites en S par le couple fléchissant

$$p = \frac{10,2\,M \cos j}{d^3}; \qquad (2)$$

celles qui résultent du couple de torsion seront, d'après le n° 321,

$$q = \frac{5,1 M \sin j}{d^3} = \frac{p\ \text{tang}\,j}{2}.$$

Si donc on applique les équations 1 du présent numéro, on aura pour la plus grande résultante des actions moléculaires en S, et pour son inclinaison sur l'axe de l'essieu,

$$p_1 = \frac{p}{2}(\text{séc}\,j + 1) = \frac{5,1 M}{d^3}(1 + \cos j), \qquad i = \frac{j}{2}, \qquad (4)$$

et si l'on fait $p_1 = f$, on pourra déterminer le diamètre cherché.

On peut représenter graphiquement ces résultats comme il suit : menons la bissectrice SQ de l'angle NSP et la ligne PQ perpendiculaire à SQ. SQ sera la direction de la plus grande résultante des actions moléculaires en S, et l'intensité de cette résultante sera la même que celle qui résulterait de l'action fléchissante d'une force égale à P et appliquée en Q sur une section oblique de l'essieu perpendiculaire à SQ, ou encore la même que la plus grande intensité des actions moléculaires que produirait en S l'action de flexion directe d'une force égale à P appliquée en M sur l'axe de l'essieu, avec un bras de levier

$$\overline{SM} = \overline{SP}\, \frac{1 + \cos j}{2} = \frac{\overline{SP} + \overline{SN}}{2}. \qquad (5)$$

326. Dents des roues d'engrenage. On les fait assez solides pour résister à des actions qui ont de l'analogie avec la résultante de forces de flexion et de torsion; ces actions pouvant résulter de ce que la totalité de la force transmise par deux roues d'engrenage agit accidentellement sur un des coins d'une dent, telle que C ou D, *fig.* 149.

Dans la *fig.* 150, la partie en hachure représente une portion

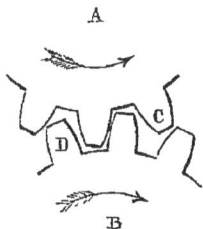

Fig. 149.

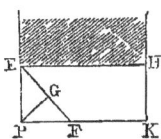

Fig. 150.

d'une section transversale de la jante de la roue d'engrenage A de la *fig.* 149, et EHKP, la face d'une dent, sur le coin P de laquelle agit la force représentée par cette lettre. Supposons que l'on mène un plan quelconque EF qui coupe la dent depuis le côté EP jusqu'à la surface extérieure PK, et soit PG une perpendiculaire à ce plan. Désignons par h la largeur de la dent, et soient $\overline{EF} = b$, $\overline{PG} = l$.

Le moment fléchissant pour la section EF sera alors Pl, et les plus grandes actions moléculaires produites par ce moment pour cette section seront

$$p = \frac{6Pl}{bh^2};$$

cette expression est maximum pour $PEF = \frac{\pi}{2}$, et $b = 2l$; elle devient alors

$$f = \frac{3P}{h^2}.$$

La largeur qui conviendra pour les dents sera donc donnée par l'équation

$$h = \sqrt{\frac{3P}{f}}. \qquad (1)$$

Cette formule est de Tredgold ; d'après lui, la valeur à prendre pour les plus grandes actions moléculaires du travail ordinaire est $3^k,2$ par millimètre carrés, dans le cas de dents en fonte

SECTION 8. — *Écrasement résultant de la flexion.*

327. Remarques préliminaires. Lorsque des piliers ou des étrésillons ont une longueur notablement supérieure à

Fig. 151.

leurs dimensions transversales (comme c'est presque toujours le cas pour ceux en bois ou en métal), leur ruine résulte, non pas d'un écrasement direct, mais d'une flexion latérale qui détermine l'écrasement d'une des faces, telle que A, *fig.* 151, et la déchirure de l'autre, telle que B.

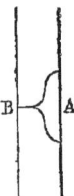

On n'a pas encore donné une théorie complète de ce phénomène. Les formules que l'on a adoptées provisoirement sont basées sur des recherches en partie théoriques et en partie expérimentales. Celles que nous allons d'abord exposer ont été proposées par Tredgold, et résultent de considérations théoriques. Après avoir été abandonnées pendant un certain temps, elles ont été reprises par M. Lewis Gordon, qui a déterminé les valeurs des constantes qu'elles renferment en les comparant avec celles déduites des expériences de M. Hodgkinson. Nous donnons ensuite les formules empiriques de M. Hodgkinson pour la résistance extrême des piliers en fonte.

328. Résistance des piliers et des étrésillons en fer. Soient P la charge qui agit sur un pilier ou sur un étrésillon assez longs, et S l'aire de la section de ces pièces. L'intensité des plus grandes actions moléculaires de la matière se compose d'abord de l'intensité due à la répartition uniforme de la charge sur la section, laquelle peut être représentée par

$$p' = \frac{P}{S}.$$

Une autre partie de l'intensité des plus grandes actions moléculaires est celle qui résulte de la flexion latérale qui se produit dans la direction suivant laquelle le pilier offre le plus de flexibilité, c'est-à-dire dans la direction de la plus petite dimension si la pièce a en coupe des dimensions différentes. Soient h cette dimension, b celle

qui lui est perpendiculaire, l la longueur du pilier et v la plus grande
flèche de l'axe du pilier comptée à partir de sa position initiale rectiligne. Le plus grand moment de flexion sera alors Pv, comme dans
le cas d'un ressort (319), et les plus grandes actions moléculaires qui
en résultent (nous les désignerons par p'') sont directement proportionnelle à ce moment, et inversement proportionnelles à la
largeur et au carré de l'épaisseur du pilier (295); on a donc

$$p'' \text{ prop. à } \frac{Pv}{bh^2}.$$

Mais la plus grande flèche que la pièce pourra prendre en fléchissant
sans qu'il y ait danger est proportionnelle au carré de la longueur
et inversement proportionnelle à l'épaisseur (300); on a alors

$$v \text{ prop. à } \frac{l^2}{h};$$

le produit bh^2 est lui-même proportionnel à l'aire de la section S et
à l'épaisseur h. Nous aurons donc

$$p'' \text{ prop. à } \frac{Pl^2}{Sh^2} \quad \text{ou à} \quad p' \frac{l^2}{h^2},$$

c'est-à-dire que *les actions moléculaires additionnelles dues à la flexion*
sont aux actions moléculaires qui résultent de la pression directe dans
un rapport qui varie comme le carré du quotient de la longueur par la
plus petite dimension du pilier.

Si l'on égale au coefficient de résistance f l'intensité totale des
plus grandes actions moléculaires auxquelles la matière du pilier est
soumise, on a l'équation suivante :

$$f = p' + p'' = \frac{P}{S}\left(1 + a\,\frac{l^2}{h^2}\right); \tag{1}$$

a étant un coefficient constant que l'expérience permettra de déterminer. On a alors pour la force de résistance d'un pilier de grande
longueur

$$P = \frac{fS}{1 + a\,\dfrac{l^2}{h^2}}. \tag{2}$$

M. Gordon a déduit des expériences de M. Hodgkinson les valeurs suivantes de f, et de a pour la *résistance extrême*, dans le cas de piliers FIXÉS A LEURS EXTRÉMITÉS avec chapiteaux et bases plats, comme dans la *fig.* 152 :

	f	a
Fer, section rectangulaire pleine.	25.300.000	$\frac{1}{3.000}$
Fonte, cylindre creux.	56.300.000	$\frac{1}{800}$
» » plein.	56.300.000	$\frac{1}{400}$

Un pilier ARRONDI A SES DEUX EXTRÉMITÉS, comme dans le cas de la *fig.* 154, est aussi flexible qu'un pilier de même épaisseur et de lon-

Fig. 152.   Fig. 153.   Fig. 154.

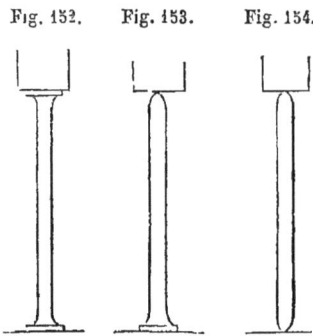

gueur double, qui serait fixé à ses deux extrémités ; sa résistance devrait donc être la même que celle de ce dernier. Les expériences de M. Hodgkinson ont permis de vérifier cette conclusion. On a donc, pour des piliers de cette nature,

$$P = \frac{fS}{1 + 4a \dfrac{l^2}{h^2}}. \qquad (3)$$

M. Hodgkinson a trouvé que la résistance d'un pilier *fixé à une de ses extrémités et arrondi à l'autre* (*fig.* 153) est la moyenne entre les résistances de deux piliers de même longueur et de même épaisseur, dont l'un est fixé, et l'autre arrondi, aux deux extrémités.

Si l'on prend la charge d'épreuve égale à la moitié de la charge de rupture pour le fer et au tiers de cette charge pour la fonte, et la charge du travail ordinaire comme variant entre le quart et le sixième de la charge de rupture pour ces deux matières, on trouvera les valeurs suivantes pour la limite des actions moléculaires f dans différentes circonstances.

	Charge de rupture.	Charge d'épreuve.	Charge du travail ordinaire.
Fer.	25.300.000	12.600.000	4.200.000 à 6.300.000
Fonte. . . .	56.300.000	18.800.000	9.400 000 à 14.000.000

Quand on emploie les formules 2 et 3, on fixe généralement d'avance le quotient $\dfrac{l}{h}$ avec une approximation suffisante pour le calcul à faire.

329. **Les tiges de connexion** des machines doivent être considérées comme étant dans les conditions d'étrésillons arrondis à leurs deux extrémités, et les **tiges de piston** comme étant dans les conditions d'étrésillons fixés à une extrémité et arrondis à l'autre.

330. **Comparaison de la fonte et du fer.** Lorsque l'on emploie l'équation 2 du n° 328 pour déterminer la résistance extrême par mètre carré de section des piliers, on voit que la fonte est plus résistante que le fer lorsque le rapport entre la longueur et l'épaisseur est assez petit, mais qu'à mesure que ce rapport augmente, la résistance de la fonte diminue plus rapidement que celle du fer; de telle sorte qu'il existe un rapport

$$\frac{l}{h} = \frac{\sqrt{693}}{1} = 26,5 \text{ environ},$$

pour lequel des piliers pleins à section rectangulaire pour le fer, et à section circulaire pour la fonte, offrent une résistance égale; au-dessus de ce rapport c'est la résistance du fer qui l'emporte. Ce résultat a été indiqué par M. Gordon; le tableau suivant le fait bien ressortir.

$\dfrac{l}{h}$		10	20	26,4	30	40
Charge de rupture en kilogrammes par mètre carré $= \dfrac{P}{S}$.	Fer, section rectangulaire pleine.	24.500.000	22.400.000	21 000.000	19.600.009	16.500.000
	Fonte, cylindre plein.	45.000.000	28.200 009	21 000.000	17.300.000	11 300.000

331. **Les formules pour la résistance extrême des piliers en fonte**, que M. Hodgkinson a déduites de ses expériences, sont les suivantes.

I. Lorsque la longueur est plus grande que trente fois le diamètre.

Pour des piliers cylindriques pleins, r étant le diamètre et L la longueur,

$$P = A \frac{r^{3,6}}{L^{1,7}}. \tag{1}$$

Pour des piliers cylindriques creux, d_1 étant le diamètre extérieur et d_0 le diamètre intérieur et L la longueur,

$$P = A \frac{d_1^{3,6} - d_0^{3,6}}{L^{1,7}}. \qquad (2)$$

Les valeurs de A sont les suivantes :

(1) Pour des piliers pleins, avec extrémités arrondies. 1100×10^6
(2)   »   avec extrémités plates. . 3200×10^6
(3) Pour des piliers creux, avec extrémités arrondies. 9700×10^6
(4)   »   avec extrémités plates. . . 3300×10^6

II. Lorsque la longueur est plus petite que trente fois l'épaisseur.

Soit b la charge de rupture du pilier, déterminée par les formules précédentes, et c la charge d'écrasement d'un bloc court de section S, déterminée au moyen de la formule

$$c = 77 \times 10^6 S, \qquad (3)$$

la charge d'écrasement du pilier sera représentée par la formule

$$P = \frac{bc}{b + \dfrac{3c}{4}}. \qquad (4)$$

332. **Dans les frameworks en fer**, les barres qui agissent comme étrésillons présentent des profils qui sont déterminés de

Fig. 155.   Fig 156.    Fig. 157. 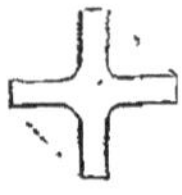   Fig. 158.

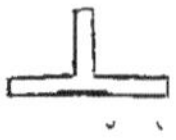

façon à donner une raideur suffisante. Les figures ci-contre donnent quelques exemples de ces profils : *fig.* 155 (fer cornière), *fig.* 156 (fer en U), *fig.* 157 (fer en forme de croix, employé dans les poutres à demi-treillis), et *fig.* 158 (fer T). Lorsqu'il s'agit de poutres à treillis de grandes dimensions, les étrésillons sont formés de deux barres en fer T parallèles, comme celles de la *fig.* 158, les nervures du milieu se faisant face, et on les relie entre eux au moyen d'un treillis de petites barres diagonales. Lorsque l'on appliquera aux étrésillons en fer les formules du nº 328, on devra substituer à $\dfrac{l^2}{h^2}$ l'expression $\dfrac{l\,S}{12J}$, J étant le *plus petit moment d'inertie* de la section (95).

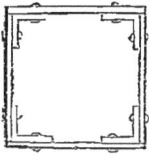

333. Les cellules (cells) en fer sont des tubes rectangulaires (généralement carrés), formés de quatre plaques de tôle réunies entre elles au moyen de barres de fer cornière rivées, comme le montre la coupe, *fig.* 459. C'est M. Fairbairn qui a proposé ce mode de construction pour résister aux efforts de compression suivant l'axe du tube. La *résistance extrême* d'une cellule unique à l'écrasement par suite du plissement ou de la flexion de ses côtés, lorsque l'épaisseur des plaques est *supérieure au trentième de la dimension de la cellule*, est, d'après les recherches de M. Fairbairn et de M. Hodgkinson, de 49 kilogrammes par millimètre carré de section du fer.

Fig. 459.

Mais lorsqu'il existe un certain nombre de cellules juxtaposées dans une poutre, leur raideur est augmentée, et l'on peut prendre pour leur résistance extrême à des forces de compression, le chiffre de 23 à 25 kilog. par millimètre carré de section du fer.

Ces dernières valeurs s'appliquent également à des cellules cylindriques.

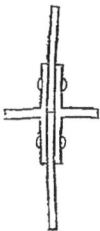

334. Les côtés des poutres en tôle sont soumis à des forces de compression agissant suivant des diagonales qui résultent des actions moléculaires tranchantes, et pour leur donner de la raideur on emploie habituellement des nervures formées de fer à T, ainsi que l'indique la *fig.* 460. On pourra prendre pour h, dans les formules du n° 328, la valeur de la hauteur entière en travers de ces nervures.

Fig. 460.

335. Poteaux et étrésillons en bois. La formule suivante, déduite des expériences de M. Hodgkinson, donne l'expression de la *résistance extrême* des poteaux de *chêne* et de *pin rouge* à l'écrasement résultant de la flexion :

$$P = A \frac{h^2}{l^2} S ; \qquad\qquad (1)$$

S représentant l'aire de la section, $\dfrac{h}{l}$ étant le rapport de la plus petite dimension à la longueur, et A étant égal à 22×10^8.

Le *coefficient de sécurité* pour la charge du travail du bois étant pris égal à 40, on devra prendre A $= 22 \times 10^7$ seulement, dans le cas où P représente la charge du travail ordinaire.

Pour les poteaux et les étrésillons carrés, la formule devient

$$P = A \frac{h^4}{l^2}.$$

Si l'on détermine la résistance d'un poteau en bois au moyen de cette formule et au moyen de celle qui correspond à l'écrasement direct, à savoir

$$P = fS,$$

on devra prendre la *plus petite* de ces deux valeurs comme représentant la résistance vraie.

Les formules ci-dessus sont relatives à des poteaux et à des étrésillons fixés à leurs deux extrémités. Dans le cas de poteaux réunis librement à leurs deux extrémités, la résistance n'est plus qu'un quart de la première.

Weisbach applique aux poteaux et aux étrésillons en bois une formule identique à celle de l'équation 2 du n° 328; les constantes y ont les valeurs suivantes :

$$f = 5.100.000 ;$$
$$a = \frac{1}{250}.$$

Lorsque le bois est vert, sa résistance à l'écrasement est environ moitié de celle qu'il possède après dessiccation.

SECTION 9. — *Poutres armées, frameworks et ponts.*

336. Poutres armées en général. Une poutre *armée* (compound) est une construction qui, dans son ensemble, se comporte comme une poutre simple, résistant à la flexion et à la rupture, sous l'action d'une charge transversale, mais dont les différentes parties sont soumises à des actions moléculaires d'espèces différentes et qu'il y a lieu d'étudier séparément; telle est la poutre Warren des n°ˢ 162 et 163, et la poutre à treillis des n°ˢ 164 et 165.

Nous avons, dans la IIᵉ partie, chap. II, sect. 1, montré comment on détermine les actions moléculaires totales auxquelles les différentes pièces d'un frame sont soumises. Dans la section 6 du présent chapitre, nous avons indiqué comment les actions moléculaires se répartissent sur une poutre continue, et nous avons examiné dans cette section et dans les suivantes, la résistance des matériaux aux différentes espèces d'actions moléulaires. Nous allons actuellement indiquer comment, en se reportant à des numéros antérieurs, on pourra trouver les chiffres et les formules qui permettront de déterminer la résistance des différentes parties de certaines constructions composées.

Une poutre se compose de trois parties principales : une *nervure inférieure* qui résiste à des forces de tension, une *nervure supérieure* qui résiste à la compression, et *une âme verticale* ou *frame* qui résiste aux efforts tranchants.

337. Nous allons nous occuper de l'étude **des poutres en tôle**, étude que nous aurions faite dans la sixième section si, par suite des faibles dimensions des parties qui travaillent à la compression, on n'était pas obligé de rattacher leur résistance aux lois de la résistance

Fig. 161. Fig. 162. Fig 164.

Fig 163.

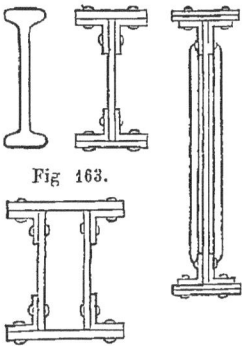

à l'écrasement par suite de flexion que nous avons exposées au n° 328. Les *fig.* 161, 162, 163, 164 et 165 donnent quelques-unes des formes des sections transversales qui sont adoptées dans la construction de ces poutres. La *fig.* 161 représente une poutre à double T, laminée d'une seule pièce. Dans la *fig.* 162, les nervures supérieure et inférieure se composent chacune d'une plaque mince réunie à l'âme verticale au moyen de deux cornières rivées.

Dans la *fig.* 163, la construction est la même, avec cette différence que l'âme verticale est double ; cette poutre (*box-beam*) a été longtemps employée dans les plates-formes des hauts fourneaux, et a été appliquée pour la première fois à un pont de chemin de fer par Andrew Thomson, vers 1832, sur le Pollok and Govan Railway. Dans la *fig.* 164, les nervures supérieure et inférieure *sont formées* chacune de plusieurs plaques minces superposées, rivées entre elles et à deux fers cornières ; les fers cornières inférieurs et supérieurs sont rivés aux parties extrêmes de l'âme verticale, et les plaques qui constituent l'âme verticale sont réunies et renforcées à chacun de leurs joints verticaux au moyen de deux fers à T, analogues à ceux dont nous avons donné déja le profil, *fig.* 160, n° 334.

La superposition de plaques pour former les nervures horizontales un peu épaisses permet l'emploi de fers marchands laminés de bonne qualité. On fait quelquefois des poutres, analogues à celle de la *fig.* 164, avec une âme verticale double, lorsqu'on a besoin d'avoir une grande raideur latérale.

La *fig.* 165 représente la forme générale de la section transversale

Fig. 165.

des *grandes poutres tubulaires*, que M. Stephenson a destinées à recevoir dans leur intérieur des voies ferrées. Elles se composent de cellules analogues à celles décrites au n° 333, qui, d'après le principe de M. Fairbairn, doivent leur donner beaucoup de raideur. Les joints des cellules sont réunis et renforcés au moyen de couvre-joints extérieurement et de fers cornières intérieurement. Quant aux deux plaques latérales qui forment une âme verticale double, elles sont réunies et renforcées aux joints au moyen de fers à **T**, analogues à ceux de la *fig.* 164.

On fait souvent des poutres cellulaires plus petites, dont la partie supérieure seule se compose d'une ou deux rangées de cellules. Pour tout le reste, la poutre ressemble à la *fig.* 164, avec une âme verticale simple ou double.

Dans toutes les poutres en tôle, les joints soumis à des efforts de tension devraient être munis de couvre-joints à double ligne de rivets, lorsque les actions moléculaires sont très-intenses, comme c'est presque toujours le cas pour la nervure inférieure. (Voir n° 280.) Les joints qui sont soumis à des efforts de compression devraient être parfaitement plans, exactement perpendiculaires à la direction de la force de compression, parfaitement ajustés, sans la moindre solution de continuité, de façon que les surfaces pressent également l'une contre l'autre dans toute leur étendue. Dans le cas où quelques joints s'ouvriraient, le travail de montage terminé, il faudrait les limer et introduire dans la partie vide une mince plaque d'acier s'ajustant exactement. Quant aux différentes plaques ou aux barres qui forment les nervures, elles doivent être superposées à joints croisés, comme nous l'avons indiqué pour la liaison des ouvrages en briques.

Lorsque l'on a à calculer les dimensions d'une poutre, on peut admettre, avec une approximation bien suffisante pour la pratique, que les deux nervures supérieure et inférieure, en une section quelconque, résistent seules au moment fléchissant total M, et que l'âme verticale a à supporter la totalité de l'effort tranchant; on peut considérer également la résistance de chacune des nervures horizontales comme étant concentrée au centre de gravité de sa section. Soit h la distance verticale des centres de gravité des sections des nervures supérieure et inférieure, on aura pour la valeur commune de la force de compression suivant la nervure comprimée, et de la force de tension suivant la nervure qui est allongée,

$$P = \frac{M}{h}. \tag{1}$$

Soient S_1 l'aire de la section de la nervure comprimée, f_1 sa résistance à l'écrasement par mètre carré, S_2 l'aire de la section de la nervure qui est allongée, f_2 sa résistance à la rupture par allongement par mètre carré, on aura

$$S_1 = \frac{P}{f_1} = \frac{M}{hf_1}; \quad S_2 = \frac{P}{f_2} = \frac{M}{hf_2}. \tag{2}$$

Nous avons déjà examiné dans la section 3 les valeurs de la ténacité f_2. Pour des poutres pleines avec couvre-joints à double ligne de rivets, on peut prendre pour sa valeur extrême environ 31.700.000 kilogrammes par mètre carré de section de la nervure. Quant à la résistance extrême à l'écrasement f_1, on peut prendre la valeur de 25.300.000 kilogrammes par mètre carré quand il s'agit de grandes poutres tubulaires; mais quand la nervure comprimée a peu de largeur relativement à sa longueur, il y a tendance à une flexion latérale, et l'on emploie alors la formule empirique suivante analogue à celle que nous avons donnée dans la section 8, n° 328,

$$f_1 = \frac{f}{1 + a \frac{l'^2}{h'^2}}; \tag{3}$$

dans laquelle $f = 25.300.000$, $a = \dfrac{1}{5.000}$, h' représente la largeur de la nervure comprimée, et l' la portée de la poutre dans le cas où elle n'est pas consolidée latéralement au moyen d'un frame. Lorsque des poutres parallèles sont consolidées au moyen de liens horizontaux placés en diagonale, on peut prendre l' pour représenter la distance mesurée suivant la nervure entre les deux points d'attache des liens.

Soit t l'épaisseur de l'âme verticale si elle est simple, ou la somme des épaisseurs si elle est double. L'aire de la section sera alors à peu près ht; si donc f_3 représente la résistance à l'effort tranchant par unité de section, on aura

$$ht = \frac{F}{f_3}; \quad \text{et} \quad t = \frac{F}{f_3 h}; \qquad (4)$$

et comme les actions moléculaires tranchantes équivalent à une force de tension et à une force de compression dans des directions perpendiculaires entre elles et inclinées à 45° sur l'horizontale, f_3 sera la résistance de l'âme verticale à l'écrasement, résistance qui est donnée par l'équation 2 du n° 328, dans laquelle on substituera à $\frac{l}{h}$ la quantité $\frac{h}{h''}$, h étant la hauteur de l'âme comme ci-dessus, et h'' la largeur mesurée en travers des semelles des nervures qui donnent de la raideur.

On évaluera l'effort tranchant F en chacune des sections transversales pour une *charge partielle* qui s'étendrait sur le plus grand des deux segments que la section détermine dans la poutre, ainsi que nous l'avons expliqué au n° 313. Quant au poids même de la poutre, on en tiendra compte soit par la méthode du n° 314, soit par la méthode approchée du n° 315.

Par suite de ce que les joints cèdent probablement un peu, on trouve en évaluant la flèche des poutres en tôle, lorsqu'on les charge pour la première fois (n° 300 à 303), que l'on devrait prendre pour ces poutres un module d'élasticité plus petit que pour les barres en fer continues. Sa valeur en kilogrammes par mètre carré est environ les deux tiers de la valeur qu'il a pour une barre en fer continue, de telle sorte que la flèche est environ une fois et demie plus grande. Mais la partie de cette flèche qui est due à ce que les joints cèdent est permanente, de telle sorte que lorsque « le travail des joints est terminé », le module d'élasticité devient le même que pour une barre continue.

338. Poutres à treillis et poutres à demi-treillis. Nous avons donné aux n° 162, 163, 164 et 165 les méthodes qui permettent de déterminer les actions moléculaires totales pour ces poutres; nous ajouterons seulement qu'il faudrait évaluer l'effort tranchant pour une charge partielle, comme au n° 313. On peut prendre la ténacité extrême des tirants f_2 variant entre 35,2 et 42,2 kilogrammes par millimètre carré. On évaluera la résistance des étrésillons comme au n° 328. Nous avons examiné au n° 332 la figure des étrésillons en diagonale. La nervure comprimée pourra être un fer à T pour de petites poutres, mais pour de grandes poutres, on emploiera une nervure composée ou une cellule. Les remarques que nous avons faites dans le précédent numéro sur les joints et sur la flèche s'appliquent également au cas actuel. Il faudra se conformer aux principes du n° 280 pour tout ce qui concerne les joints qui sont faits au moyen de boulons, de rivets ou de clavettes.

339. Une poutre en bowstring se compose d'une nervure cintrée ou semelle qui résiste à un effort de compression; d'un tirant horizontal qui travaille à la tension et qui relie les extrémités de la semelle; d'une série de barres verticales de suspension qui servent à

Fig. 166.

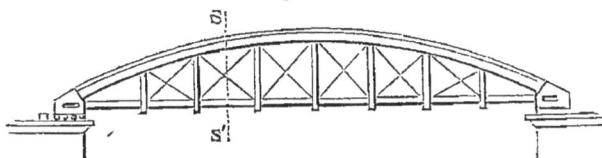

rattacher la plate-forme à la semelle et d'une série de liens en diagonale disposés entre les barres de suspension. Ces poutres sont faites en bois ou en fer; quelquefois on fait la nervure cintrée en fonte, vu qu'elle résiste mieux à l'écrasement que le fer; le reste de la construction est en fer.

On peut considérer la nervure cintrée comme étant chargée uniformément. D'après ce que nous avons dit au n° 178, elle se trouve dans les mêmes conditions qu'une chaîne renversée uniformément chargée, et la figure qu'elle doit avoir est celle d'une *parabole;* les formules du n° 169 permettront de trouver les forces de compression qui agissent en chaque point le long de cette nervure. Quant à la tension suivant le tirant horizontal, elle est égale à la composante horizontale uniforme de la force de compression qui agit suivant la nervure cintrée.

La tension à laquelle travaille chaque barre verticale est égale au poids des portions de la plate-forme et du tirant horizontal qu'elle supporte. Pour donner de la stabilité latéralement à la poutre, on fait habituellement les barres verticales d'une grande largeur et on leur donne une section horizontale qui ressemble à celles des *fig.* 160 et 161; enfin ces barres sont solidement boulonnées aux poutres transversales en bois ou en fer qui supportent la chaussée.

Lorsque la poutre est chargée d'une façon uniforme, la nervure cintrée est en équilibre et il n'y a pas d'*actions moléculaires développées sur les diagonales*. La résistance des deux diagonales qui se rencontrent en une section plane donnée SS' est destinée à supporter *l'excès du plus grand effort tranchant dû à une charge partielle sur celui qui est dû à une charge uniforme.* (Voir le n° 313.)

340. **Ponts suspendus rendus rigides.** Les ponts suspendus sont ceux qui exigent la moindre quantité de matière pour porter une charge donnée. Mais lorsqu'ils se composent uniquement de câbles ou de chaînes, de tiges de suspension et d'une plate-forme, comme ceux indiqués au n° 169, ils changent de figure suivant les changements qui se produisent dans la distribution de la charge, de telle sorte qu'une charge mobile les fait osciller; si alors cette charge est assez forte ou si sa vitesse assez considérable ou même si la charge, tout en étant assez petite, est appliquée par coups répétés, le pont court le risque de se rompre. Pour atténuer ce danger, on a depuis longtemps eu l'idée de donner de la rigidité aux ponts suspendus au moyen de frameworks placés de chaque côté et ressemblant à des poutres à treillis.

On supposait d'abord que pour donner aux ponts suspendus la même rigidité qu'aux ponts formés de poutres, il fallait employer des poutres à treillis assez résistantes pour supporter leur propre poids, et qu'alors il n'y aurait pas besoin de chaînes de suspension. Mais M. P. W. Barlow, après quelques expériences faites sur des modèles, a trouvé que des poutres très-légères relativement à celles que l'on supposait être nécessaires suffisent pour donner de la rigidité à un pont suspendu. Les mathématiciens auraient pu annoncer plus tôt ce résultat, si leur attention s'était portée sur ce sujet.

Nous allons chercher à ébaucher la théorie de ce fait; c'est la première, croyons-nous, que l'on ait donnée.

Le poids de la chaîne elle-même étant toujours réparti de la même manière, résiste à une modification dans la figure du pont. Si donc nous n'en tenons pas compte, nous ferons une erreur qui aura pour résultat d'accroître encore la rigidité du pont, et le calcul sera simplifié.

La *fig.* 167 représente un côté d'un pont suspendu auquel on donne

Fig. 167.

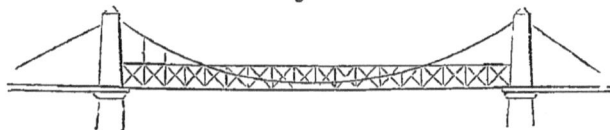

de la rigidité au moyen d'une poutre. Pour que ce résultat puisse être atteint, il faut qu'une charge quelconque partielle ou concentrée en un point de la plate-forme, puisse, en se transmettant à la chaîne par l'intermédiaire de la poutre, se répartir sur cette chaîne d'une façon uniforme.

La poutre doit avoir ses extrémités maintenues par les piles. de telle façon qu'elles ne puissent ni s'élever ni s'abaisser. On pourra alors classer comme il suit les forces qui agissent sur elle : de *haut en bas*, la charge appliquée ; de *haut en bas* ou de *bas en haut*, les résistances que les attaches des extrémités opposent à leur déplacement vertical ; de *bas en haut*, la tension uniformément répartie, agissant par l'intermédiaire des tiges de suspension, entre la poutre et la chaîne.

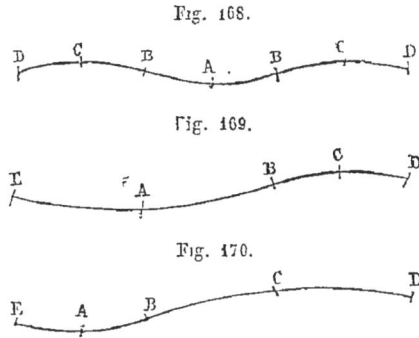

Fig. 168.

Fig. 169.

Fig. 170.

Nous supposerons que la section de la poutre soit uniforme sur toute sa longueur.

Nous examinerons deux cas : 1° celui dans lequel une charge donnée se trouve concentrée au milieu de la poutre ; et 2° celui dans lequel une portion donnée de la longueur de cette poutre est uniformément chargée, tandis que le reste n'est soumis à aucune charge, comme pour la poutre chargée en partie du n° 313. Le second cas est le plus important en pratique.

Dans chaque cas, nous représenterons par *c* la *demi-ouverture* du pont et par *x* la distance horizontale d'un point quelconque au milieu du pont.

1ᵉʳ CAS. Une *charge unique* W, *appliquée au centre de la poutre*, tend à abaisser la chaîne en son milieu, et par conséquent à faire remonter ses extrémités et en même temps celles de la poutre ; mais comme la poutre, par suite de ses attaches avec les piles, ne peut s'élever à ses extrémités, elle prendra une figure telle que celle qui est représentée dans la *fig.* 168, c'est-à-dire qu'elle s'abaissera au milieu en A, en présentant sa concavité vers le haut, qu'elle se relèvera et tournera sa convexité vers le haut en C, C, qu'elle présentera des points d'inflexion en B, B et qu'elle s'abaissera de nouveau en D, D, vers les points d'attache avec les piles. Cette figure courbe est l'effet de trois forces agissant de haut en bas, appliquées respectivement en D, A, D, et d'une force de bas en haut uniformément répartie, agissant sur toute la longueur de la poutre. Chacune des moitiés de la poutre se trouve donc dans les conditions de la poutre décrite au n° 308, mais *renversée;* c'est-à-dire que la demi-poutre de A à D, si elle est renversée, devient une poutre *supportée* en D, *supportée et fixée horizontalement* en A, et chargée uniformément entre A et D; nous avons donc (en nous reportant aux formules du n° 307, cas n° 3 et du n° 308) les rapports suivants entre les longueurs des parties dans lesquelles la demi-poutre est divisée par le point le plus élevé C et le point d'inflexion B,

$$\overline{BC} = \overline{CD} = \frac{\overline{AC}}{\sqrt{3}} = 0{,}577 \ \overline{AC}; \qquad (1)$$

et par suite si nous posons $\overline{AC}$, distance entre le point le plus bas et le point le plus élevé, $= c'$, nous avons

$$\frac{c'}{c} = \frac{\overline{AC}}{\overline{AD}} = \frac{1}{1{,}577} = 0{,}634. \qquad (2)$$

Pour déterminer le plus grand moment fléchissant ainsi que la flèche de la poutre qui donne la rigidité, nous prendrons $\overline{AC} = c'$ pour représenter la demi-ouverture d'une poutre semblable à celle qui a été considérée au n° 307, 3° cas, fixée à ses deux extrémités et supportant une charge uniforme ayant pour intensité

$$w = \frac{W}{2c'} = \frac{W}{1{,}268c}. \qquad (3)$$

Le plus grand moment fléchissant déterminé au moyen des formules du n° 307, 3° cas, correspond au point A et a la valeur suivante :

$$M_1 = \frac{wc'^2}{3} = \frac{c'W}{6} = 0{,}1057cW. \qquad (4)$$

Ce moment fléchissant permettra de déterminer les dimensions à donner à la poutre.

On peut mesurer la flèche d'épreuve de deux manières : soit entre le point le plus élevé C et le point le plus bas A, soit entre les extrémités D et le point le plus bas A. Nous appellerons la première v_c, et la seconde v_D. Le n° 307, 3° cas, nous donne

$$v_c = \frac{1}{8}\frac{f}{E}\frac{c'^2}{y} = 0,05025\,\frac{fc^2}{Ey}. \qquad (5)$$

Les points d'appui D sont au même niveau que les points d'inflexion B; ils sont, par le fait, des points de courbure nulle; on en déduit facilement

$$v_D = \frac{4}{9}v_c = \frac{1}{18}\frac{fc'^2}{Ey} = 0,0223\,\frac{fc^2}{Ey}. \qquad (6)$$

2ᵉ CAS. *Poutre chargée en partie.* Supposons que dans chacune des deux *fig.* 169 et 170, EB représente la longueur de la partie chargée de la poutre et BD celle de la partie qui n'est pas chargée, que w soit l'intensité uniforme de la charge et x la distance du point où la charge cesse au milieu de la poutre; x étant considéré comme une quantité positive lorsque la partie chargée est la plus longue, comme dans la *fig.* 169, et comme une quantité négative lorsque la partie chargée est la plus courte, comme dans la *fig.* 170.

Les extrémités E et D ne pouvant pas par suite des attaches se déplacer verticalement, le segment chargé EB tourne sa convexité vers le bas, et le segment non chargé BD sa convexité vers le haut; le segment chargé est dans la condition d'une poutre reposant en E et B et supportant une charge uniformément répartie et dont la grandeur totale est égale à la différence entre le poids qui lui est appliqué et la force qui s'exerce entre la poutre et la chaîne, et le segment non chargé est dans la condition d'une poutre *sollicitée par des forces agissant de haut en bas* en B et D et chargée d'une force de *bas en haut* répartie uniformément et qui est celle qui s'exerce entre la poutre et la chaîne. Le plus grand moment fléchissant pour chaque segment existe en son point milieu, A pour la partie chargée, et C pour la partie qui n'est pas chargée.

La longueur du segment chargé étant

$$\overline{EB} = c + x,$$

sa grosse charge est

$$W = w(c + x);$$

et l'intensité de la force qui s'exerce entre la poutre et la chaîne,

$$w' = \frac{w(c + x)}{2c}. \qquad (1)$$

C'est là l'intensité de la charge qui agit *de bas en haut* sur le segment BD, dont la longueur est $\overline{BD} = c - x$; et, par conséquent, d'après les n°s 290 et 291, le plus grand moment fléchissant de ce segment, en G, est

$$M_c = \frac{w'(c - x)^2}{8} = \frac{w(c + x)(c - x)^2}{16c}. \qquad (2)$$

La force agissant de bas en haut qui s'exerce entre la chaîne et BD a pour *grandeur*

$$W' = w'(c - x) = \frac{w(c^2 - x^2)}{2c}. \qquad (3)$$

C'est également la grandeur de la charge *nette* sur EB, ou l'excès de la grosse charge sur la portion de la charge que la chaîne supporte. La moitié de cette quantité

$$F = \frac{W'}{2} = \frac{w(c^2 - x^2)}{4c} \qquad (4)$$

représente à la fois la réaction exercée par la pile sur la poutre en E, l'effort tranchant entre les deux divisions de la poutre en B, et la force dirigée de haut en bas en vertu de laquelle la pile maintient l'extrémité D de la poutre à son point d'attache.

L'intensité de la charge nette sur EB est

$$w - w' = \frac{w(c - x)}{2c}, \qquad (5)$$

et la longueur de ce segment étant $c + x$, son plus grand moment, en A, d'après les n°s 290 et 291, est

$$M_A = \frac{(w - w')(c + x)^2}{8} = \frac{w(c + x)^2(c - x)}{16c}. \qquad (6)$$

On trouve facilement par la méthode ordinaire de recherche des maxima et des minima, que le plus grand moment fléchissant de la partie *chargée* de la poutre correspond à $x = \dfrac{c}{3}$, lorsque les *deux tiers de la poutre sont chargés;* et que le plus grand moment fléchissant de la partie non *chargée* de la poutre correspond à $x = -\dfrac{c}{3}$, lorsque les *deux tiers de la poutre ne sont pas chargés;* et enfin que ces deux moments maxima sont de même grandeur, mais de sens contraires, à savoir

$$\text{max. } M_A = - \text{ max. } M_C = \frac{2wc^2}{27}; \qquad (7)$$

et l'on doit donner à la poutre qui donne la rigidité assez de résistance pour qu'elle suppporte sûrement ce moment fléchissant dans l'un et l'autre sens.

Le plus grand moment fléchissant qui résulterait d'une charge uniforme ayant l'intensité donnée w sur la totalité de la poutre, dans le cas où cette poutre ne serait pas soutenue par la chaîne, est

$$\frac{wc^2}{2};$$

la *résistance transversale de la poutre qui donne la rigidité devrait donc être les quatre vingt-septièmes de celle d'une poutre ordinaire ayant même ouverture et destinée à supporter une charge uniforme qui aurait la même intensité.*

La plus grande valeur de l'effort tranchant F dans l'équation 4 a lieu lorsque la *moitié* de la poutre est chargée, ou lorsque $x=0$: elle a alors pour grandeur

$$\text{max. } F = \frac{wc}{4}. \qquad (8)$$

Lorsque les deux tiers de la poutre sont chargés, la flèche d'épreuve de A au-dessous d'une ligne droite passant par E et B est, d'après le n° 300,

$$v_A = \frac{5}{12} \frac{f}{E} \frac{(c+x)^2}{4y} = \frac{4}{9} \frac{5}{12} \frac{fc^2}{Ey} = \frac{5}{27} \frac{fc^2}{Ey}; \qquad (9)$$

ou les *quatre neuvièmes* de la flèche d'épreuve d'une poutre de même figure, qui serait chargée uniformément, aurait pour ouverture 2c et ne serait pas soutenue par une chaîne.

En même temps, le relèvement de C au-dessus d'une ligne droite passant par B et D est

$$v_C = \frac{5}{12} \frac{f}{E} \frac{(c-x)^2}{4y} = \frac{1}{9} \frac{5}{12} \frac{fc^2}{Ey} = \frac{5}{108} \frac{fc^2}{Ey}. \qquad (10)$$

L'abaissement d'épreuve du point le plus bas de la poutre, A, au-dessous du point le plus élevé, C, est donné par l'équation

$$v_A + v_C = \frac{5}{9}\,\frac{5}{12}\,\frac{fc^2}{Ey} = \frac{25}{108}\,\frac{fc^2}{Ey};\qquad(11)$$

ou les *cinq neuvièmes* de la flèche d'épreuve d'une poutre chargée uniformément (*).

(*) Dans la solution qui précède du 2ᵉ cas, laquelle a paru dans la première édition de cet ouvrage, nous avons négligé l'effet de la résistance de la chaîne à un changement de forme sur la figure de la poutre auxiliaire; aussi le résultat n'est-il qu'approché dans la plupart des cas; mais on peut démontrer que l'erreur ainsi commise est toujours favorable, les quatre vingt-septièmes de la résistance d'une poutre ordinaire étant *un peu plus que* suffisants pour la résistance de la poutre qui donne la rigidité. Pour que la solution fût exacte, il faudrait que l'extensibilité de la chaîne fût assez grande pour que la *flèche centrale d'épreuve* de cette chaîne fût presque égale à la *flèche d'épreuve* de la poutre qui donne la rigidité; mais en pratique, la flèche d'épreuve de la chaîne est toujours beaucoup moindre

La première solution dans laquelle l'action de la chaîne dont nous nous occupons ait été prise en considération a paru dans un article du rédacteur en chef du *Civil Engineer and Architect's Journal* de novembre et décembre 1860; on y a fait figurer dans les conditions du problème une équation qui exprime que pour tous les changements de figure qui résultent pour la chaîne de la flexion de la poutre auxiliaire, l'ouverture reste constante.

L'auteur de cette note arrive aux résultats suivants, en appliquant ce principe au problème du cas nᵒ 2, et en supposant la chaîne *inextensible*.

Le plus grand moment fléchissant des actions moléculaires sur la poutre qui donne la rigidité a lieu lorsque les 417 millièmes ou les 5/12ˢ environ de l'ouverture du pont sont chargés, et les 583 millièmes ou les 7/12ᵉˢ environ non chargés

Ce moment est le 0,138 du moment fléchissant que produirait une charge uniforme de même intensité sur une poutre reposant simplement à ses extrémités.

Il en résulte que si l'on suppose la chaîne inextensible, le rapport entre la résistance de la poutre auxiliaire et celle d'une poutre simple de même ouverture, destinée à supporter une charge uniforme de même intensité que la charge mobile, devrait être égal a

$$0,138;$$

tandis que si la chaîne est supposée très-extensible, comme dans la solution approchée, ce rapport est

$$\frac{4}{27} \text{ ou } 0,148,$$

de telle sorte que dans les cas intermédiaires qui se présentent en pratique on ne commettra pas d'erreur appréciable en prenant pour ce rapport

$$\frac{1}{7} \text{ ou } 0,143.$$

341. Arcs en fer ou en bois. On construit fréquemment des ponts qui se composent d'arcs en fer ou en bois supportés par des culées en pierre comme dans la *fig.* 171. Il faut remarquer alors

Fig. 171.

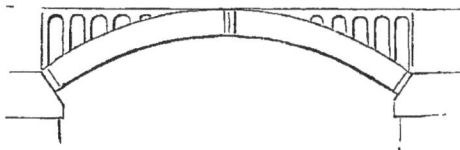

que chacun des arcs remplit en même temps les fonctions d'un *arc en équilibre* supportant une charge uniforme d'une certaine intensité, et soumis à une certaine force de compression agissant suivant sa direction, force que l'on évaluera au moyen des principes des nᵒˢ 169 et 178, et celles d'une *poutre donnant de la rigidité* destinée à produire une répartition uniforme d'une charge partielle, conformément aux principes du nᵒ 340. On devra donc, pour avoir la section d'un pareil arc, commencer par déterminer une section transversale destinée à résister à un moment fléchissant de bas en haut ou de haut en bas qui serait les *quatre vingt-septièmes* de celui qu'une charge uniforme ayant l'intensité donnée produirait sur une poutre droite de même ouverture; en second lieu, on cherchera dans quel rapport la force de compression le long de l'arc, considéré comme étant en équilibre, augmentera l'intensité des plus grandes actions moléculaires sur la section provisoirement adoptée; on augmentera alors dans ce rapport les largeurs de cette section et l'on obtiendra ainsi la section finale.

SECTION 10. — *Différentes remarques sur la résistance et la rigidité.*

342. Effet de la température. M. Fairbairn a trouvé que la ténacité du fer ne diminuait pas à une température de 366° C. Celle du cuivre et du laiton, à la même température, est réduite aux deux tiers environ de sa valeur ordinaire. Un refroidissement brusque, à partir d'une température élevée, tend à donner à la plupart des substances de la dureté et de la raideur, et à les rendre cassantes; un refroidissement graduel tend à les rendre plus douces et plus déformables; s'il est souvent répété, ou si on le produit lentement à partir d'une très-haute température, le métal perd de sa résistance. Les docteurs Joule et Thomson et M. le professeur Kupfer ont déterminé les divers effets de la température sur l'élasticité des corps solides, mais cette étude se rattache plutôt à la physique moléculaire qu'à l'art des constructions.

343. Les effets d'une fusion répétée sur la fonte ont été déterminés par M. Fairbairn. Jusqu'à la quatorzième fusion et au-dessus la résistance à l'écrasement augmente; mais la résistance à la rupture par flexion atteint son maximum aux environs de la douzième fusion et va ensuite en diminuant, le métal devenant cassant et prenant une contexture cristalline.

344. Les effets de la ductilité sur la résistance sont le sujet d'une note du professeur James Thomson qui a paru dans le *Cambridge and Dublin Mathematical Journal*. Cet auteur montre que si l'on déforme d'une façon lente et graduelle une barre que l'on a courbée ou une tige que l'on a tordue, formées toutes deux d'un métal ductile, on peut arriver à mettre, non pas seulement les couches extérieures, mais la totalité de la section transversale dans la condition des actions moléculaires d'épreuve ou limites, et que l'on peut augmenter ainsi sa résistance bien au delà de celle qui est donnée par les formules ordinaires.

345. Le frottement intérieur est une expression que l'on peut employer provisoirement pour désigner un phénomène qui a été récemment observé par M. William Thomson, dans l'allongement d'un fil de cuivre par tension directe. On augmente graduellement la tension du fil au moyen d'augmentations successives de la charge dans les limites de l'élasticité permanente, et l'on observe en même temps l'allongement produit. Si l'on diminue alors la charge d'une façon graduelle, la tension diminue en passant par les mêmes états de grandeur et l'on observe l'allongement. Lorsque l'on a complétement enlevé la charge, le fil reprend sa longueur primitive sans qu'il y ait allongement permanent; mais, pour chaque degré de la tension, l'allongement est plus grand quand le fil se raccourcit que lorsqu'il s'allonge; on dirait qu'il se développe comme une force moléculaire qui est analogue au frottement en ce qu'elle s'oppose au mouvement dans les deux sens, réduisant l'allongement pendant l'allongement, et l'augmentant pendant que le fil revient à sa longueur primitive. Il semble que la force en question doit aussi dépendre des actions moléculaires, vu qu'elle disparaît en même temps que la tension cesse.

346. Il convient de remarquer que les théories et les données expérimentales qui sont relatives à une grande partie de l'étude de la résistance et de la raideur ne sont que provisoires. Les recherches que l'on fait actuellement permettent d'espérer un progrès considérable dans cette double voie.

RÉSUMÉ DES EXPÉRIENCES DE MM. ROBERT NAPIER ET FILS SUR LA TÉNACITÉ DU FER ET DE L'ACIER.

(Pour les détails, voir les *Transactions of the Institution of Engineers in Scotland*, 1858-59.)

	TÉNACITÉ EN KILOGRAMMES par millimètre carré.	
	Qualité la plus résistante	Qualité la moins resistante.
Barres d'acier.		
Acier fondu.	94	65
Acier de cémentation (une qualité seulement).	73	
Acier Bessemer (une qualité seulement).	78	
Métal homogène.	64	63
Acier puddlé.	50	44
Barres de fer.		
Yorkshire.	47	42
Staffordshire.	44	40
Lanarkshire.	46	40
Lancashire.	42	38
De Suède.	34	34
De Russie	40	35
Fragment martelé.	39	38
Fragment de manivelle forgée de grandes dimensions.	33	32
Tôles d'acier.		
Acier fondu.	67	51
Métal homogène.	68	51
Acier puddlé.	66	51
Tôles de fer.		
Yorkshire.	40	35
Durham (une qualité seulement).	34	
Staffordshire.	38	32
Lanarkshire.	36	29
Pièces en fer, etc.		
Différents districts.	39	29

La résistance de chaque qualité de fer ou d'acier est la moyenne d'au moins quatre et quelquefois de huit expériences.

TROISIÈME PARTIE.

PRINCIPES DE LA CINÉMATIQUE OU DE LA COMPARAISON DES MOUVEMENTS.

---

347. Division du sujet. La science de la cinématique et les notions fondamentales de repos et de mouvement qu'elle comprend ont déjà été définies dans l'introduction, n°ᵈ 8, 9, 10, 11.

Nous étudierons dans cette troisième partie les principes de la cinématique ou de la comparaison des mouvements dans l'ordre suivant :

    I. Mouvements de points.
    II.   »   de corps et de systèmes invariables.
    III.   »   de corps flexibles et de fluides.
    IV.   »   de corps reliés les uns aux autres.

CHAPITRE I.

MOUVEMENTS DE POINTS.

SECTION 1. — *Mouvement de deux points.*

348. **Directions fixes et presque fixes.** Il résulte de la définition du mouvement donnée au n° 9 que, pour déterminer le mouvement relatif de deux points, lequel consiste dans le changement en longueur et en direction de la droite qui les joint, on devra comparer cette ligne au commencement et à la fin du mouvement considéré avec une longueur déterminée et avec deux directions fixes au moins. Nous avons déjà considéré au n° 7 les unités de longueurs adoptées.

Nous ne pouvons pas démontrer les principes qui permettent d'obtenir une *direction absolument fixe* tant que nous n'aurons pas étudié la dynamique. Nous nous contenterons de dire pour le moment que lorsqu'un corps solide tourne sans être soumis à l'action de forces extérieures qui tendent à modifier sa rotation, il existe une direction absolument fixe appelée *axe du moment de la quantité de mouvement* (*axis of angular momentum*), qui est dans une certaine relation avec les positions successives du corps.

Une *direction à peu près fixe* est celle d'une ligne droite qui joint deux points de deux corps dont la distance est très-grande, comme l'est celle de la terre à une étoile fixe.

La direction absolue d'une *ligne qui est fixe par rapport à la terre* change (à moins qu'elle ne soit parallèle à son axe) par suite de son mouvement de rotation; cette ligne revient d'une façon périodique à sa première direction absolue à la fin de chaque *jour sidéral* qui se compose de 86.164 secondes. Ce changement de direction se fait tellement lentement, si on le compare à ce qui a lieu pour presque toutes les pièces des machines auxquelles on applique les principes de la cinématique et de la dynamique, que dans presque toutes les questions de mécanique appliquée on peut considérer des directions fixes par rapport à la terre comme étant suffisamment fixes pour les besoins de la pratique.

Lorsque l'on considère les mouvements des pièces d'un mécanisme les unes par rapport aux autres ou par rapport au bâti qui les porte, on peut, dans chaque cas particulier, considérer provisoirement comme fixes des directions fixes par rapport au bâti ou à l'une des pièces de la machine.

349. Mouvement de deux points. Dans la *fig.* 172, A_1B_1 représente la situation relative de deux points à un instant quel-

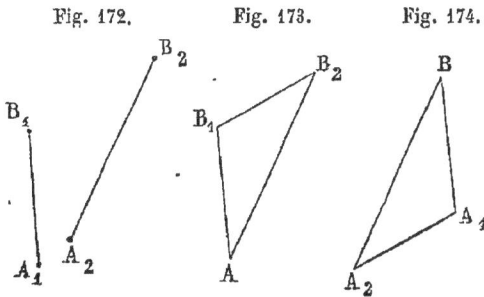

Fig. 172.   Fig. 173.   Fig. 174.

conque, et A_2B_2 la situation relative des deux mêmes points à un autre instant. Le changement de la ligne $\overline{AB}$ qui joint ces deux points, quand elle passe de la longueur et de la direction représentées par $\overline{A_1B_1}$ à la longueur et à la direction représentées par $\overline{A_2B_2}$, constitue le *mouvement relatif* des deux points A, B, durant l'intervalle de temps considéré.

Pour représenter ce mouvement relatif par une ligne, menons par l'un des points A, *fig.* 173, deux lignes $\overline{AB_1}$, $\overline{AB_2}$, égales et parallèles à $\overline{A_1B_1}$, $\overline{A_2B_2}$ de la *fig.* 172; A représente alors un des deux points dont on considère le mouvement relatif, et B_1, B_2, représentent les deux positions successives de l'autre point B par rapport à A; et la ligne $\overline{B_1B_2}$ représente le *mouvement de* B *par rapport à* A.

On peut encore dire : menons par un même point B (*fig.* 174) deux lignes $\overline{BA_1}$, $\overline{BA_2}$, égales et parallèles à $\overline{A_1B_1}$, $\overline{A_2B_2}$, de la *fig.* 172; A_1, A_2, représenteront alors les deux positions successives de A par rapport à B, et la ligne $\overline{A_1A_2}$ égale et parallèle à $\overline{B_1B_2}$ de la *fig.* 173, mais *dirigée en sens contraire*, représente le *mouvement de* A *par rapport à* B.

350. Point fixe et point mobile. Dans la *fig.* 173, A est considéré comme étant le point fixe, et B comme le point mobile; dans la *fig.*174, B est considéré comme étant le point fixe, et A comme le point mobile; ce sont là simplement deux manières différentes pour représenter à l'esprit la même relation entre les deux points A et B. (Voir n° 10.)

351. Mouvements composants et résultants. Soient O un point supposé fixe, et A et B deux positions successives d'un second point par rapport à O. Pour pouvoir exprimer mathématiquement la grandeur et la direction de $\overline{AB}$ qui représente le mouvement du second point par rapport à O, nous rapporterons cette ligne à trois *axes*, ou lignes de directions fixes, passant par le point fixe O, tels que OX, OY, OZ.

Fig. 175.

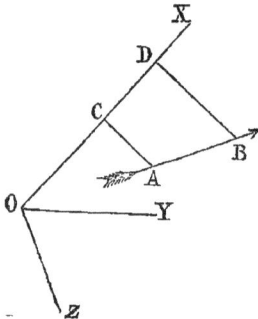

Menons par A et B des lignes droites AC, BD parallèles au plan de OY et OZ, qui rencontrent l'axe OX en C et D. $\overline{CD}$ est alors appelé la *composante* du mouvement du second point par rapport à O, le *long* ou dans la *direction* de l'axe OX; on trouvera par un procédé analogue les composantes du mouvement $\overline{AB}$ suivant OY et OZ. On dit que le mouvement entier $\overline{AB}$ est la *résultante* de ces composantes; c'est évidemment la diagonale du parallélipipède co nstruit sur les trois composantes.

On prend ordinairement les trois axes perpendiculaires entre eux; dans ce cas AC et BD sont les perpendiculaires abaissées de A et de B sur OX; et si α est l'angle que fait la direction du mouvement $\overline{AB}$ avec OX, on a :

$$\overline{CD} = \overline{AB}\cos\alpha.$$

Les relations entre les mouvements composants et résultants offrent une analogie complète avec celles qui existent entre les lignes qui représentent les couples composants et résultants et dont il a été question dans les n°⁵ 32, 33, 34, 35, 36 et 37.

352. On mesure le temps en comparant entre eux des événements et principalement des mouvements qui se produisent dans certains intervalles de temps.

Des *temps égaux* sont ceux que le même corps, ou des corps égaux et analogues, dans des circonstances identiques, mettent pour effectuer des mouvements égaux et analogues. L'*unité de temps adoptée* est la période qui correspond à la rotation de la Terre, ou le *jour sidéral;* Laplace a montré, en s'appuyant sur des observations astronomiques anciennes, qu'il n'avait pas varié d'un *huit-millionième* de sa longueur depuis deux mille ans.

Une unité d'ordre inférieur est la *seconde* ou le temps d'une oscillation simple d'un pendule qui ferait 86.400 oscillations dans 1,00273791 jour sidéral: de telle façon qu'un jour sidéral se compose de 86.164,09 secondes.

La longueur du jour solaire est variable; mais le *jour solaire moyen* qui est la moyenne exacte de ses différentes longueurs est la période déjà indiquée de 1,00273791 jour sidéral, ou de 86.400 secondes. Tout le monde connaît la division du jour solaire moyen en 24 heures, de chaque heure en 60 minutes, et de chaque minute en 60 secondes.

On mesure les fractions de seconde au moyen des oscillations de petits pendules, ou de ressorts, ou encore par la rotation de corps qui sont astreints à tourner d'angles égaux dans des temps égaux.

353. **La vitesse** est le rapport entre le nombre d'unités de longueur décrites par un point dans son mouvement par rapport à un autre point et le nombre d'unités de temps qui s'écoulent pendant que ce mouvement s'effectue; si ce rapport reste le même, quelle que soit la durée du temps considérée et quel que soit le moment du mouvement, on dit que la vitesse est UNIFORME. La vitesse est exprimée en *unités de longueur par unité de temps.*

[On emploie, suivant les circonstances, des unités de vitesse particulières; nous donnons dans le tableau suivant quelques-unes d'entre elles, ainsi que leur rapport.

Comparaison de différentes unités de vitesse.

MILES par heure.	PIEDS par seconde.	PIEDS par minute.	PIEDS par heure.
1	= 1,46	= 88	= 5.280
0,6818	= 1	= 60	= 3.600
0,01136	= 0,016	= 1	= 60
0,0001893	= 0,00027	= 0,016	= 1

1 mile marin par heure, ou « un nœud »	= 1,1507	= 1,6877	= 101,262	= 6075,74

Dans l'exposé des principes de la mécanique, le *pied par seconde* est l'unité de vitesse employée habituellement en Angleterre.]

Les vitesses composantes et *résultantes* sont les vitesses des mouvements composants et résultants; il existe entre elles les mêmes relations qu'entre ces mouvements. (Voir le n° 354.)

354. **Un mouvement uniforme** consiste dans la combinaison d'une vitesse uniforme avec une direction uniforme, c'est-à-dire dans une vitesse uniforme suivant une ligne droite dont la direction est fixe.

SECTION 2. — *Mouvement uniforme de plusieurs points.*

355. **Mouvement de trois points.** THÉORÈME. *Les mouvements relatifs de trois points dans un intervalle de temps donné sont représentés en direction et en grandeur par les trois côtés d'un triangle.* Représentons ces trois points par O, A, B. Nous pourrons prendre l'un quelconque, O, par exemple, pour point fixe; soient OX, OY, OZ, *fig.* 176, des axes menés par ce point dans des directions fixes. Représentons par

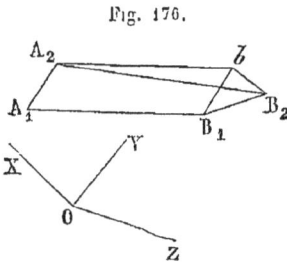
Fig. 176.

A_1 et B_1 les positions de A et B par rapport à O au commencement de l'intervalle de temps donné, et par A_2 et B_2 leurs positions à la fin de cet intervalle. $\overline{A_1 A_2}$ et $\overline{B_1 B_2}$ seront alors les mouvements respectifs de A et B par rapport à O. Complétons le parallélogramme $A_1B_1bA_2$; $\overline{A_2 b}$ étant parallèle et égal à $\overline{A_1 B_1}$, b est la position que B aurait à la fin de cet intervalle, s'il *n'avait aucun mouvement par rapport à* A: mais B_2 est la position réelle de B à la fin de l'intervalle de temps; $\overline{bB_2}$ est donc le mouvement de B par rapport à A. Nous aurons alors dans le triangle $B_1 bB_2$,

$$\overline{B_1 b} = \overline{A_1 A_2}, \text{ mouvement de A par rapport à O;}$$
$$\overline{bB_2} \qquad \text{mouvement de B} \qquad « \qquad A;$$
$$\overline{B_1 B_2} \qquad \text{mouvement de B} \qquad « \qquad O;$$

de telle sorte que les trois mouvements sont représentés par les trois côtés d'un triangle. — Q. E. D.

On aurait pu énoncer ce théorème d'une autre façon : *si trois points en mouvement sont considérés dans un ordre quelconque, le mouvement du troisième par rapport au premier est la résultante du mouvement du troisième par rapport au second et du mouvement du second par rapport au premier*, le mot « résultante » étant pris dans le sens que nous avons défini au n° 351.

356. Mouvements d'une série de points. COROLLAIRE. *Si l'on considère une série de points dans un ordre quelconque, et que l'on détermine le mouvement de chaque point par rapport à celui qui le précède dans la série, et que l'on détermine également le mouvement relatif du dernier et du premier point, ces mouvements seront représentés par les côtés d'un polygone fermé.* Soient O le premier point, A, B, C, etc. les points successifs qui le suivent, M l'avant dernier point et N le dernier point; représentons, pour simplifier, par (B, C) le mouvement relatif de deux points, tels que B et C. Alors, en vertu du théorème du n° 355, (O, A), (A, B) et (O, B) sont les trois côtés d'un triangle; (O, B), (B, C) et (O, C) sont également les trois côtés d'un triangle; (O, A), (A, B), (B, C) et (O, C) sont donc les quatre côtés d'un quadrilatère; en continuant de la même manière, on verrait que, quel que soit le nombre de points, (O, N) est le côté qui ferme un polygone, dont (O, A), (A, B), (B, C), (C, D), etc., (M, N) sont les autres côtés.—Q. E. D. En d'autres termes, *le mouvement du dernier point par rapport au premier est la résultante des mouvements de chaque point de la série par rapport à celui qui le précède.*

Cette proposition offre une analogie complète avec celle du « polygone des couples » du n° 37.

357. Le parallélipipède des mouvements est un cas du polygone des mouvements qui est analogue au parallélipipède des

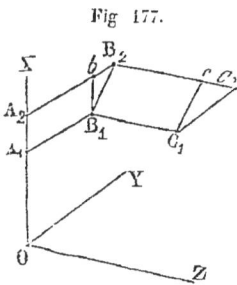
Fig 177.

forces du n° 54. Dans la *fig.* 177, un des quatre points O, A, B, C, est pris comme point fixe, et l'on mène par ce point O trois axes dans des directions fixes, OX, OY, OZ. Supposons que dans un intervalle de temps donné, A ait le mouvement $\overline{A_1A_2}$ le long de OX ou parallèlement à OX, et que B ait, dans le même intervalle, le mouvement $\overline{bB_2}$ parallèlement à OY, et relativement au point A; $\overline{B_1B_2}$ qui est la diagonale du parallélogramme dont les côtés sont $\overline{B_1b} = \overline{A_1A_2}$ et bB_2 est alors le mouvement de B par rapport à O. Supposons que C ait, par rapport au point B, le mouvement $\overline{cC_2}$ parallèlement à OZ; $\overline{C_1C_2}$, diagonale du parallélipipède dont les côtés sont $\overline{A_1A_2}$, $\overline{bB_2}$ et $\overline{cC_2}$ sera alors le mouvement de C par rapport à O; c'est la résultante des mouvements représentés par ces trois côtés. Nous avons là une explication *mécanique* de la composition des mouvements, qui conduit à

des résultats qui correspondent à l'*explication géométrique* du
n° 351.

358. **Un mouvement relatif** est la relation qui existe entre
les mouvements simultanés de deux points par rapport à un troisième que l'on prend comme fixe. Le mouvement relatif de deux
points est exprimé, dans le cas le plus général, au moyen de quatre
quantités qui sont :

(1) *Le rapport des vitesses*, ou le rapport qui existe entre les vitesses
de ces points.

(2), (3), (4) *La relation de direction* (*), qui exige trois angles, pour
être exprimée complétement. On peut mesurer ces trois angles de
différentes manières; voici l'une d'elles :

(2) L'angle que font entre elles les directions des mouvements que
l'on compare;

(3) L'angle qu'un plan parallèle à ces deux directions fait avec un
plan fixe;

(4) L'angle fait par l'intersection de ces deux plans avec une direction fixe dans le plan fixe.

Ainsi le mouvement relatif de deux points par rapport à un
troisième est exprimé au moyen de l'un de ces groupes de quatre
éléments que M. William Rowan Hamilton a appelés *quaternions*.
Dans la plupart des applications pratiques de la cinématique, les
mouvements que l'on compare sont astreints à des conditions qui
rendent la comparaison plus simple qu'elle ne l'est dans le cas général que nous avons décrit ci-dessus. Dans les machines, par
exemple, le mouvement de chaque point est limité à deux directions,
en avant ou en arrière, suivant une trajectoire fixe; de telle sorte que
le mouvement relatif de deux points est suffisamment exprimé au
moyen du rapport des vitesses et d'une relation de direction exprimée par + ou —, suivant que les mouvements à l'instant considéré
sont de même sens ou de sens contraires.

(*) Ces termes sont ceux dont s'est servi M. Willis dans son traité « on Me-
chanism. »

SECTION 3. — *Mouvement varié de points.*

359. Vitesse et direction du mouvement varié. — Le mouvement d'un point par rapport à un autre peut varier, par suite

Fig. 178.

d'un changement de vitesse, ou par suite d'un changement de direction, ou par une combinaison de ces deux changements; c'est ce dernier cas que nous allons considérer, comme étant le plus général.

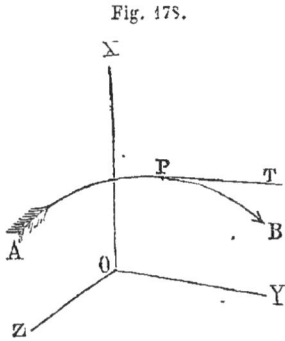

Dans la *fig.* 178, O représente un point pris comme point fixe, OX, OY, OZ, des directions fixes, et AB une partie de la *trajectoire* décrite par un second point dans son mouvement varié par rapport à O. A l'instant où le second point atteint une position donnée, telle que P, sur sa trajectoire, la *direction* du mouvement est évidemment celle de PT qui est la tangente à la trajectoire en P.

Pour trouver la vitesse à l'instant du passage en P, représentons par Δt un intervalle de temps qui comprenne cet instant et par Δs la distance parcourue dans cet intervalle.

$$\frac{\Delta s}{\Delta t}$$

représentera alors d'*une façon approchée* la vitesse à l'instant considéré, laquelle se rapprochera d'autant plus de la vitesse réelle que l'intervalle Δt et la distance Δs sont plus petits, et la limite vers laquelle tend le rapport $\frac{\Delta s}{\Delta t}$, à mesure que Δs et Δt diminuent indéfiniment, et qui est représentée par

$$v = \frac{ds}{dt}, \tag{1}$$

est la vitesse *exacte* à l'instant du passage en P. Cette vitesse est donnée par une « dérivation ».

Si l'on connaissait la vitesse à chaque instant, la distance $s_1 - s_0$ parcourue dans l'intervalle de temps $t_1 - t_0$, serait donnée par une *intégration* (voir n° 81); sa valeur est

$$s_1 - s_0 = \int_{t_0}^{t_1} v\, dt. \tag{2}$$

360. Composantes du mouvement varié. Toutes les propositions des deux sections qui précèdent, qui sont relatives à la composition et à la décomposition des mouvements, sont également applicables aux vitesses des mouvements variés à un instant donné, chacune de ces vitesses étant représentée par une ligne telle que $\overline{PT}$, dirigée suivant la tangente à la trajectoire du point qui se meut avec cette vitesse à l'instant considéré. Par exemple, si les axes OX, OY, OZ, sont perpendiculaires entre eux, et si la tangente $\overline{PT}$ fait avec leurs directions respectives les angles α, β, γ, les trois composantes rectangulaires de la vitesse du point parallèles à ces trois axes seront alors

$$v\cos\alpha, \quad v\cos\beta, \quad v\cos\gamma.$$

Soient x, y, z, les coordonnées d'un point quelconque, tel que P, sur la trajectoire APB rapportée aux trois axes donnés ; on sait que l'on a

$$\cos\alpha = \frac{dx}{ds}, \quad \cos\beta = \frac{dy}{ds}, \quad \cos\gamma = \frac{dz}{ds};$$

les trois composantes de la vitesse v deviennent donc

$$v\cos\alpha = \frac{dx}{dt}, \quad \cos\beta = \frac{dy}{dt}, \quad \cos\gamma = \frac{dz}{dt}. \tag{3}$$

Ces trois composantes sont reliées à leur résultante par l'équation

$$\left(\frac{dx}{dt}\right)^2 + \left(\frac{dy}{dt}\right)^2 + \left(\frac{dz}{dt}\right)^2 = v^2. \tag{4}$$

361. Vitesse uniformément variée. Supposons que la vitesse d'un point augmente ou diminue d'une façon uniforme ; si t représente le temps qui s'est écoulé à partir d'un instant déterminé pour lequel la vitesse était v_0, la vitesse à la fin de ce temps sera alors

$$v = v_0 + at, \tag{1}$$

a étant une quantité constante qui est le *taux de la variation* de la vitesse ; cette quantité est nommée l'*accélération*, et correspond à un mouvement *uniformément accéléré* quand elle est positive, et à un mouvement *uniformément retardé* quand elle est négative. La vitesse *moyenne* durant le temps t est alors

$$\frac{v_0 + v}{2} = v_0 + \frac{at}{2}, \tag{2}$$

et l'espace parcouru

$$s = v_0 t + \frac{at^2}{2}. \tag{3}$$

Pour trouver la vitesse d'un point dont la vitesse est uniformément variée, à un instant quelconque, et son accélération, supposons que l'on observe les distances Δs_1, Δs_2 parcourues dans deux intervalles de temps égaux chacun à Δt, lesquels précèdent et suivent l'instant en question. La vitesse à l'instant compris entre ces intervalles sera alors

$$v = \frac{\Delta s_1 + \Delta s_2}{2\Delta t}, \tag{4}$$

et l'accélération,

$$a = \frac{\Delta v}{\Delta t} = \frac{\Delta s_2 - \Delta s_1}{(\Delta t)^2}. \tag{5}$$

362. Accélération variée. Lorsque la vitesse d'un point n'est ni constante ni uniformément variée, on peut encore trouver l'accélération en appliquant à la vitesse l'opération de *la dérivation* que nous avons appliquée (369) à la distance, dans le but de trouver la vitesse. Le résultat de cette opération est exprimé par les symboles

$$\frac{dv}{dt} = \frac{d^2 s}{dt^2} :$$

c'est la limite vers laquelle la quantité obtenue au moyen de la formule 5 du n° 361 tend d'une façon continue, à mesure que l'intervalle désigné par Δt diminue indéfiniment

363. Une déviation uniforme est le changement de mouvement d'un point qui se meut avec une vitesse uniforme sur une trajectoire circulaire. On peut déterminer de la manière suivante le *taux* d'une déviation uniforme.

Dans la *fig.* 179, C est le centre de la trajectoire circulaire parcourue par un point A animé d'une vitesse uniforme v; nous

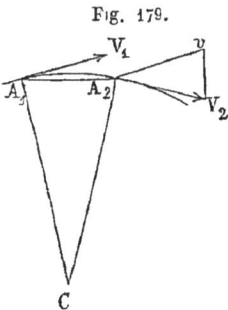
Fig. 179.

désignerons par r le rayon $\overline{CA}$. Soient A_1 et A_2 les positions du mobile au commencement et à la fin d'un intervalle de temps Δt. On a alors

$$\text{arc } A_1 A_2 = v \Delta t,$$

et

$$\text{corde } A_1 A_2 = v \Delta t \, \frac{\text{corde}}{\text{arc}}.$$

Les vitesses en A_1 et A_2 sont représentées par les lignes égales $\overline{A_1 V_1} = \overline{A_2 V_2} = v$, tangentes au cercle en A_1 et A_2 respectivement. Menons par A_2 la ligne $\overline{A_2 v}$, égale et parallèle à $\overline{A_1 V_1}$ et joignons v à V_2. On pourra alors regarder la vitesse $\overline{A_2 V_2}$ comme résultant de la composition de $\overline{A_2 v}$ et $\overline{v V_2}$; de telle sorte que $\overline{v V_2}$ est la *déviation* du mouvement dans l'intervalle de temps Δt; les triangles isocèles $A_2 v V_2$, $CA_1 A_2$ étant semblables, on a

$$\overline{v V_2} = \frac{\overline{A_2 V_2}\ \overline{A_1 A_2}}{\overline{CA}} = \frac{v^2 \Delta t}{r}\ \frac{\text{corde}}{\text{arc}},$$

et le *taux approché* de cette déviation est

$$\frac{v^2}{r}\ \frac{\text{corde}}{\text{arc}}.$$

Cette déviation ne résulte pas de changements brusques dans la vitesse, mais elle a lieu d'une façon continue; de telle sorte que l'on aura le taux exact de la déviation, en déterminant la limite vers laquelle tend la valeur approchée ci-dessus à mesure que l'intervalle diminue indéfiniment. Or le facteur $\dfrac{v^2}{r}$ ne change pas par suite de cette diminution, et le rapport de la corde à l'arc a pour limite l'unité, de telle sorte que la limite en question ou le *taux de la déviation* a pour expression

$$\frac{v^2}{r}. \qquad\qquad (1)$$

364. Déviation variable. Lorsqu'un point se meut avec une vitesse variable ou qu'il parcourt une trajectoire qui n'est pas circulaire, ou bien qu'il est soumis à la combinaison de ces deux variations de mouvement, le *taux de la déviation* à un instant donné est encore représenté par l'equation 1 du n° 363, pourvu que l'on prenne v pour représenter la vitesse, et r pour représenter le rayon de courbure au point de la trajectoire à l'instant en question.

365. Le taux de la variation résultant (*) du mouvement d'un point s'obtient en considérant le taux de la variation de la vitesse

---

(*) Ce *taux de la variation résultant* est ce que l'on désigne ordinairement en France par le nom d'*accélération totale*. (Note du traducteur.)

et le taux de la variation de la déviation comme étant représentés par deux lignes dirigées, la première suivant la tangente à la trajectoire du point, et la seconde suivant le rayon de courbure à l'instant en question, et en prenant la diagonale du rectangle construit sur ces deux lignes, ce qui donne la valeur suivante

$$\sqrt{\left(\frac{dv}{dt}\right)^2 + \frac{v^4}{r^2}} = \sqrt{\left(\frac{d's}{dt^2}\right)^2 + \frac{1}{r^2}\left(\frac{ds}{dt}\right)^4}. \qquad (1)$$

366. **Les accélérations des mouvements composants** d'un point parallèlement à trois axes rectangulaires sont représentées par

$$\frac{d^2x}{dt^2}, \quad \frac{d^2y}{dt^2}, \quad \frac{d^2z}{dt^2}; \qquad (1)$$

et si l'on construit un parallélipipède rectangle dont les trois côtés représentent ces quantités, sa diagonale, qui a pour longueur

$$\sqrt{\left(\frac{d^2x}{dt^2}\right)^2 + \left(\frac{d^2y}{dt^2}\right)^2 + \left(\frac{d^2z}{dt^2}\right)^2}, \qquad (2)$$

représentera *le taux de la variation résultant*, lequel a déjà été donné sous une autre forme dans l'équation 1 du n° 365.

367. **On comparera les mouvements variés** de deux points par rapport à un troisième considéré comme fixe en cherchant le rapport de leurs vitesses et la relation entre les directions des tangentes à leurs trajectoires au même instant, ainsi que nous l'avons indiqué au n° 358, dans le cas de mouvements uniformes. Il est évident que les mouvements relatifs de deux points peuvent être réglés de façon à être constants, bien que le mouvement de chaque point soit un mouvement varié, pourvu que les variations aient lieu au même instant pour les deux points, et suivant des taux proportionnels à leurs vitesses.

CHAPITRE II.

MOUVEMENTS DES SOLIDES INVARIABLES.

SECTION 1. — *Solides invariables; leurs mouvements de translation.*

368. On emploie le terme **solide invariable** pour désigner un corps ou un assemblage de corps ou un système de points qui conservent leur figure durant le mouvement que l'on considère.

369. Une **translation** est le mouvement qu'un solide invariable possède par rapport à un point fixe, lorsque les points de ce corps n'ont aucun mouvement les uns par rapport aux autres, c'est-à-dire lorsqu'ils sont tous animés de la même vitesse dans la même direction au même instant, de façon qu'aucune ligne du solide ne change de direction.

On voit facilement que si trois points du solide, qui ne sont pas situés sur une même ligne droite, se meuvent dans des directions parallèles et avec la même vitesse à chaque instant, le corps doit avoir un mouvement de translation.

Les trajectoires des différents points du corps, pourvu qu'elles soient égales et parallèles à chaque instant, peuvent avoir d'ailleurs une figure quelconque.

SECTION 2. — *Rotation simple.*

370. On appelle **rotation** le mouvement d'un solide invariable lorsque des lignes qui y sont tracées changent de direction. On peut prendre un point quelconque situé dans un solide ou qui lui soit relié d'une façon rigide, comme un point fixe auquel on rapportera les mouvements des autres points. Un pareil point est appelé *centre de rotation*.

371. **Axe de rotation.** — THÉORÈME. *Il existe, pour tout chan-*

gement possible de position d'un solide invariable par rapport à un centre fixe, une ligne passant par ce centre dont la direction reste la même. Dans la *fig.* 180, O est le centre de rotation et A et B sont deux autres points quelconques du corps qui occupent, par rapport au point O, les positions A_1, B_1 avant la rotation, et A_2, B_2 après· la rotation. Menons les droites $\overline{A_1 A_2}$, $\overline{B_1 B_3}$, de façon à former les triangles isocèles $OA_1 A_2$, $OB_1 B_2$. Par les milieux C et D des bases de ces triangles menons deux plans perpendiculaires respectivement à ces bases, lesquels se rencontrent suivant la ligne OE, qui doit passer par le point O. Soit E un point quelconque sur la ligne OE: $EA_1 A_2$ et $EB_1 B_2$

Fig. 180.

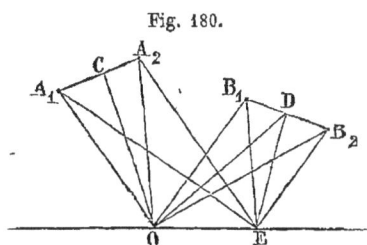

sont des triangles isocèles, et E est à la même distance de O, A et B avant et après la rotation; E est donc un seul et même point du corps, dont la position ne change pas par suite du mouvement de rotation; la même démonstration s'applique à tous les points de la ligne $\overline{OE}$; la direction de cette ligne ne change donc pas. — Q. E. D.

COROLLAIRE. Il est évident que la direction de toute autre ligne du corps, qui est parallèle à l'axe, reste également la même.

372. Le **plan de rotation** est un plan quelconque perpendiculaire à l'axe. L'**angle de rotation** ou le mouvement angulaire est l'angle que font les deux directions d'une ligne perpendiculaire à l'axe, avant et après la rotation.

373. La **vitesse angulaire** d'un corps animé d'un mouvement de rotation est le rapport entre l'angle de rotation mesuré en fonction du rayon et le nombre d'unités de temps contenues dans l'intervalle de temps pendant lequel a lieu le mouvement angulaire. On exprime quelquefois la vitesse de rotation au moyen du nombre de tours ou de fractions de tour dans un temps donné. La relation entre ces deux modes d'expression est la suivante : soient a la vitesse angulaire telle que nous venons de la définir, et T le nombre de tours dans la même unité de temps, on a

$$T = \frac{a}{2\pi},$$
$$a = 2\pi T,$$
$$(2\pi = 6,2831852).$$

374. Dans un mouvement de rotation uniforme, la vitesse angulaire du corps est constante, et la direction de son axe de rotation ne change pas.

375. Rotation commune à toutes les parties du corps. Le mouvement angulaire de rotation consistant dans le changement de direction d'une ligne située dans un plan de rotation, et ce changement de direction étant le même, si petite que soit cette ligne, il est évident que la condition de rotation, de même que celle de translation, est commune à toutes les parties du corps, si petites qu'elles soient, et que la vitesse angulaire de rotation de chaque élément est la même que celle du corps entier. On le voit facilement d'ailleurs si l'on remarque que chacune des parties dans lesquelles on peut diviser le solide, tourne complétement dans le même temps que toute autre partie ou que le corps tout entier.

376. Rotation de gauche à droite et de droite à gauche. On distingue, d'une façon arbitraire, la *direction* de la rotation autour d'un axe donné, suivant qu'elle est de *gauche à droite* et de *droite à gauche*. On choisit une des extrémités de l'axe comme étant celle de laquelle un observateur, regardant dans la direction de cet axe, verrait tourner le corps. Si l'observateur voit tourner le corps dans le même sens qu'un observateur placé au nord des tropiques voit tourner le soleil, on dit que la rotation a lieu de *gauche à droite;* s'il le voit tourner en sens contraire, la rotation est de *droite à gauche*, et l'on considère ordinairement la vitesse angulaire de la rotation de gauche à droite comme positive, et celle de la rotation de droite à gauche comme négative; mais cette distinction est tout à fait arbitraire. On voit facilement que la rotation, qui se fait de gauche à droite lorsqu'on regarde d'une des extrémités de l'axe, se fait de droite à gauche lorsqu'on regarde le mouvement de l'autre extrémité.

377. Mouvement relatif de deux points d'un corps animé d'un mouvement de rotation. O et A étant deux points quelconques d'un corps animé d'un mouvement de rotation, on demande, en considérant O comme fixe, de déterminer le mouvement de A par rapport à un axe de rotation passant par O. Abaissons du point A une perpendiculaire sur cet axe, et soit r la longueur de cette perpendiculaire. Le mouvement de A, par rapport à l'axe qui passe par O, est un mouvement de *révolution* ou un mouvement de *translation sur une trajectoire circulaire de rayon* r;

le centre de cette trajectoire circulaire se trouvant au point où la perpendiculaire abaissée du point A rencontre l'axe. Si a est la vitesse angulaire du corps, la *vitesse* de A par rapport à l'axe qui passe par O est

$$v = ar, \qquad\qquad (1)$$

et la *direction* de cette vitesse est à chaque instant perpendiculaire au plan qui passe par A et par l'axe. Le *taux de la déviation* de A dans son mouvement par rapport à l'axe donné est

$$\frac{v^2}{r} = a^2 r; \qquad\qquad (2)$$

le premier membre de cette équation étant l'expression que nous avons trouvée au n° 363, et le second se déduisant du premier au moyen de l'équation 1 ci-dessus. Il est évident que pour une rotation donnée le mouvement de O par rapport à un axe de rotation passant par A est exactement le même que celui de A par rapport à un axe parallèle mené par O; car il ne dépend que de la vitesse angulaire a, de la longueur r de la perpendiculaire abaissée du point en mouvement sur l'axe et de la direction de l'axe, quantités qui sont les mêmes dans les deux cas.

r est appelé le *rayon vecteur* du point mobile.

378. Surface cylindrique d'égales vitesses. Si l'on décrit une surface cylindrique à section transversale circulaire autour d'un axe de rotation, tous les points de cette surface sont animés de la même vitesse par rapport à l'axe, et la direction du mouvement de tous les points situés sur la surface cylindrique par rapport à l'axe est une tangente à la surface dans un plan perpendiculaire à l'axe.

379. Comparaison entre les mouvements de deux points par rapport à un axe. Soient O, A, B, trois points d'un solide animé d'un mouvement de rotation; considérons O comme fixe et menons par ce point un axe de rotation. La relation qui existe entre les mouvements de A et de B par rapport à cet axe est la suivante : *le raport entre les vitesses de ces points est égal au rapport entre leurs rayons vecteurs, et la relation de direction consiste en ce que l'angle formé par les directions des mouvements de ces points est le même que celui de leurs rayons vecteurs.* On aura d'une façon symbolique, en représentant par r_1, r_2, les distances des points A et B à l'axe qui passe par O, et par v_1 et v_2 leurs vitesses,

$$\frac{v_1}{v_2} = \frac{r_1}{r_2}, \quad \text{et} \quad \widehat{v_1 v_2} = \widehat{r_1 r_2}.$$

380. Composantes de la vitesse d'un point d'un solide invariable animé d'un mouvement de rotation. La compo sante parallèle à un axe de rotation, de la vitesse d'un point d'un corps qui tourne autour de cet axe, est nulle. On peut décomposer

Fig. 181.

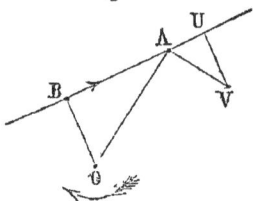

cette vitesse dans le plan de rotation. Dans la *fig.* 181, O représente un axe de rotation d'un corps dont le plan de rotation est celui de la figure, et A est un point quelconque du corps ayant pour rayon vecteur $\overline{OA} = r$. La vitesse de ce point étant $v = ar$, supposons qu'elle soit représentée par la ligne $\overline{AV}$ perpendiculaire à OA. Soient BA une direction quelconque dans le plan de rotation, suivant laquelle on demande de trouver la composante de la vitesse de A, et VAU $= \theta$ l'angle que cette ligne fait avec AV. Abaissons du point V la perpendiculaire VU sur BA; $\overline{AU}$ représente alors la composante cherchée, et en la désignant par u, on a

$$u = v \cos\theta = ar \cos\theta. \tag{1}$$

Du point O abaissons OB perpendiculaire sur BA. On a AOB $=$ VAU $= \theta$, et les triangles rectangles OBA et AUV sont semblables, de telle façon que

$$\frac{\overline{AV}}{\overline{AU}} = \frac{\overline{OA}}{\overline{OB}}; \tag{2}$$

d'ailleurs OB $= r \cos\theta$.

Maintenant la vitesse *entière* de B par rapport à l'axe O est

$$ar \cos\theta = u; \tag{3}$$

d'où l'on conclut que la *composante suivant une ligne donnée dans le plan de rotation, de la vitesse d'un point quelconque situé sur cette ligne, est égale à la vitesse du point de cette ligne qui se trouve à l'intersection de la perpendiculaire abaissée de l'axe sur elle.*

SECTION 3. — *Combinaison de rotations et de translations.*

381. Propriété commune à tous les mouvements des solides invariables. La proposition précédente peut être considérée comme un cas particulier de la proposition suivante, qui est vraie pour tous les mouvements d'un solide invariable.

Les composantes, suivant une ligne droite donnée située dans un solide invariable, des vitesses des points placés sur cette droite par rapport à un point quelconque faisant partie du solide ou lui étant relié d'une façon rigide ou placé tout autrement, sont toutes égales entre elles; s'il en était autrement, les distances entre les points situés sur la droite donnée seraient altérées, ce qui est incompatible avec l'idée de rigidité du corps.

382. Mouvement hélicoïdal. Une rotation est le seul mouvement qu'un solide invariable peut avoir par rapport à un point qui fait partie du solide ou qui lui est relié d'une façon rigide. Mais si l'on détermine le mouvement du corps par rapport à un point qui ne lui est pas relié d'une façon rigide, on peut regarder ce mouvement comme résultant de la combinaison d'une translation et d'une rotation. Lorsque cette translation s'effectue dans la direction de l'axe de rotation, le mouvement du solide est appelé *mouvement hélicoïdal,* par suite de ce que chacun des points du solide invariable décrit une hélice ou une partie d'hélice.

Soit v_1 la vitesse de translation parallèle à l'axe de rotation, qui est commune à tous les points du corps; cette vitesse est appelée la *vitesse de progression.* La progression pour un tour complet du corps animé d'un mouvement de rotation est le *pas* de chacune des trajectoires hélicoïdales que décrivent ses éléments; c'est la distance, suivant une direction parallèle à l'axe, qui est comprise entre un tour de chacune de ces hélices et le suivant; a étant la vitesse angulaire, et $\frac{2\pi}{a}$ représentant par conséquent le temps correspondant à un tour, le pas a pour valeur

$$p = \frac{2\pi v_1}{a}; \quad \text{d'où} \quad v_1 = \frac{ap}{2\pi}. \qquad (1)$$

Désignons par r, comme ci-dessus, le rayon vecteur d'un point quelconque du corps, et posons

$$v_2 = ar, \qquad (2)$$

pour représenter *sa vitesse* de *révolution,* ou la vitesse par rapport à l'axe, qui est due à la rotation seule. La vitesse *résultante* de ce

point est alors

$$v = \sqrt{v_1^2 + v_2^2} = a \sqrt{\frac{\mu^2}{4\pi^2} + r^2}. \qquad (3)$$

L'*angle d'inclinaison* de l'hélice décrite par ce point sur *le plan d[e]*
rotation est donné par l'équation

$$i = \text{arc tang} \frac{v_1}{v_2} = \text{arc tang} \frac{p}{2\pi r}, \qquad (4)$$

la tangente de cet angle ayant pour expression le rapport entre le pa[s]
et la longueur de la circonférence décrite par le point relativemen[t]
à l'axe de rotation.

383. Problème. **On demande de déduire le mouvemen[t]
d'un solide invariable des mouvements de trois de se[s]**

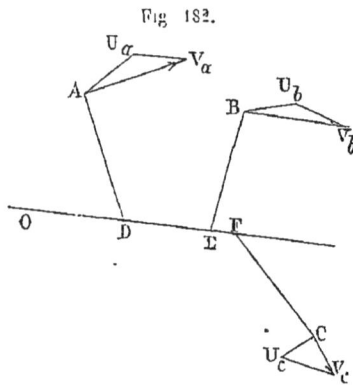

Fig. 182.

points. Dans la *fig.* 182, A, B, C
sont trois points d'un solide invariable; nous supposons qu'à un moment donné ils soient animés de certains mouvements par rapport à un
point qui est indépendant du solide,
lesquels sont représentés en vitesse et
en direction par les trois lignes $\overline{AV_a}$,
$\overline{BV_b}$, $\overline{CV_c}$. On demande de trouver le
mouvement du solide invariable en-
tier par rapport au même point fixe.

Menons par un point quelconque o, *fig.* 183, trois lignes *oa*, *ob*,
oc, égales et parallèles aux trois lignes $\overline{AV_a}$, $\overline{BV_b}$, $\overline{CV_c}$.

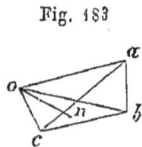

Fig. 183

Par les trois points *a*, *b* et *c* faisons passer un
plan *abc*, sur lequel nous abaisserons la perpendiculaire *on* du point *o*. *on* représente alors une composante qui est commune aux vitesses des trois
points A, B, C, et qui doit, par suite, être commune à tous les
points du corps; c'est donc une *vitesse de translation*.

Menons par les points V_a, V_b, V_c les lignes $\overline{V_a U_a}$, $\overline{V_b U_b}$, $\overline{V_c U_c}$, égales et
parallèles à *on*, mais dirigées en sens contraires, et les lignes $\overline{AU_a}$, $\overline{BU_b}$,
$\overline{CU_c}$, qui sont toutes parallèles au même plan, c'est-à-dire au plan *abc*.
Ces trois dernières lignes représenteront les composantes des vitesses
qui, combinées avec la vitesse commune de translation parallèle à *on*,
donnent les vitesses résultantes des trois points. Par deux quelcon-

ques des points A, B, menons des plans perpendiculaires aux composantes respectives de leurs mouvements qui sont parallèles à *abc*. Ces deux plans se couperont suivant la ligne ODE, qui sera parallèle à *on*. Les distances des points A, B à cette ligne ne changeant pas par suite du mouvement, elle représente une seule· et même ligne faisant partie du solide ou lui étant reliée d'une façon rigide; c'est par suite l'axe de rotation. Un·plan mené par le troisième point C, perpendiculairement à $\overline{CU_c}$, rencontrera les deux autres plans suivant le même axe; les trois vitesses de rotation composantes

$$\overline{AU_a}, \quad \overline{BU_b}, \quad \overline{CU_c},$$

seront respectivement proportionnelles aux distances des trois points à l'axe, ou aux *rayons vecteurs*,

$$\overline{AD}, \quad \overline{BE}, \quad \overline{CF};$$

et la vitesse angulaire sera égale à chacun des trois quotients que l'on obtient en divisant les vitesses de rotation composantes des points par leurs rayons vecteurs respectifs. La combinaison de ce mouvement de rotation avec un mouvement de translation parallèle à l'axe, et ayant une vitesse représentée par *on*, constitue *un mouvement hélicoïdal*, qui est le mouvement cherché du solide. — Q. E. I.

384. Dans **quelques cas particuliers** du problème précédent, on peut employer une méthode plus simple; ou bien il peut arriver que la méthode générale soit en défaut et qu'il faille alors recourir à une marche spéciale.

I. *Lorsqu'on sait que les mouvements des points du corps sont tous parallèles à un plan*, il suffit de connaître les mouvements de deux d'entre eux, tels que A, B, *fig.* 184. Soient AO, BO deux plans passant par A et B, et perpendiculaires aux directions respectives des vitesses simultanées de ces points. Si ces plans se coupent, le mouvement complet est un mouvement de rotation; la ligne d'intersection des plans O est l'axe de rotation, et l'on trouvera la vitesse angulaire comme dans le numéro précédent. Si les deux plans sont parallèles, le mouvement est un mouvement de translation.

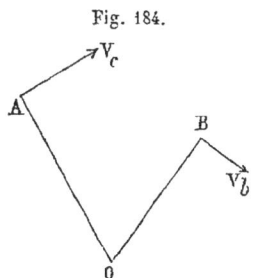

Fig. 184.

II. *Si trois points, qui ne sont pas dans le même plan, ont des mouvements parallèles, ou si trois points dans le même plan ont des mouve-*

ments parallèles obliques par rapport au plan, le mouvement est un mouvement de translation.

III. *Si trois points dans le même plan se meuvent perpendiculairement au plan*, tel que ABC, *fig.* 184 *a*, le mouvement est un mouvement de translation si leurs vitesses sont égales ; et si leurs vitesses sont inégales, le mouvement est une rotation autour de l'axe qui est l'intersection du plan des trois points et du plan mené par les extrémités V_a, V_b, V_c des trois lignes qui représentent leurs vitesses ; on trouvera la vitesse angulaire comme au n° 383.

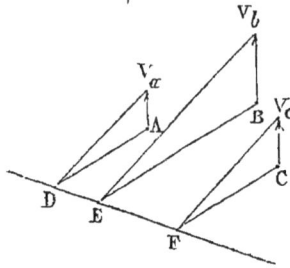

Fig. 184 *a*.

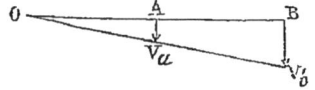

Fig. 184 *b*.

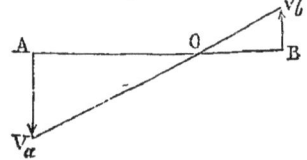

Fig. 184 *c*.

Si le plan de rotation est connu, les vitesses simultanées de deux points, tels que A et B dans les *fig.* 184 *b* et 184 *c*, suffisent pour déterminer l'axe O.

385. Combinaison d'une rotation et d'une translation dans le même plan. Considérons un corps qui tourne autour d'un axe C (*fig.* 185), fixe relativement au corps, avec une vitesse angulaire *a*, et supposons que cet axe possède en même temps un mouvement de translation suivant une trajectoire rectiligne perpendiculaire à la direction de l'axe, la vitesse de translation *u* étant représentée par la ligne $\overline{CU}$. On demande de trouver la vitesse et la direction du mouvement d'un point quelconque du corps. Menons par l'axe une ligne droite CT perpendiculaire à l'axe et à $\overline{CU}$ et dans la direction suivant laquelle la rotation (représentée par la flèche), tend à faire tourner $\overline{CU}$, et prenons

Fig. 185.

$$\overline{CT} = \frac{u}{a}. \tag{1}$$

On voit alors que le point T a, par suite *de la translation avec l'axe*, un mouvement *en avant* avec la vitesse *u*, et, par suite du *mouvement de rotation autour de l'axe* C, un mouvement *en arrière* avec une vitesse

$$a \, \overline{\mathrm{CT}} = u,$$

égale et opposée à la première ; la vitesse résultante de ce point est donc nulle. Il en résulte que tout point du corps qui vient prendre successivement la position T située à une distance $\dfrac{u}{a}$ de l'axe C dans la direction que nous avons indiquée, est en *repos à l'instant où il occupe cette question*, c'est-à-dire qu'il a cessé de se mouvoir dans un sens et qu'il est sur le point de se mouvoir dans un autre ; cela est vrai pour tout point qui arrive sur une *ligne menée par* T *parallèlement à* C. Le mouvement résultant du corps, à un instant donné, est donc le même que si ce corps tournait autour de la ligne qui occupe *à l'instant en question* la position T parallèle à C, à la distance $\dfrac{u}{a}$, et cette ligne est *appelée* L'AXE INSTANTANÉ. Pour trouver le mouvement d'un point quelconque A du corps à un instant donné, on abaissera la perpendiculaire $\overline{\mathrm{AT}}$ de ce point sur l'axe instantané ; le mouvement de A se fait alors dans la direction AV perpendiculaire au plan de l'axe instantané et du *rayon vecteur instantané* $\overline{\mathrm{AT}}$, et la vitesse de ce mouvement est

$$v = a \, \overline{\mathrm{AT}}. \qquad\qquad (2)$$

386. Roulement d'un cylindre. Cycloïde. Chaque ligne droite parallèle à l'axe mobile C, située sur une surface cylindrique qui est décrite autour du point C avec le rayon $\dfrac{u}{a}$, devient à son tour l'axe instantané. Le mouvement du corps est donc le même que celui qui serait produit par le roulement d'une pareille surface cylindrique sur un plan PTP parallèle à C et à $\overline{\mathrm{CU}}$, et situé à la distance $\dfrac{u}{a}$.

La trajectoire décrite par un point quelconque du corps, tel que A, qui ne se trouve pas sur l'axe mobile C, est une courbe connue sous le nom de *cycloïde rallongée ou raccourcie*. Dans le cas où le point se trouve sur la surface cylindrique de roulement, la courbe décrite porte simplement le nom de *cycloïde*.

**387. Roulement d'un plan sur un cylindre; trajec-
toires-spirales.** On peut représenter autrement la combinaison
d'une rotation et d'une translation dans le même plan. Soit 0 un
axe considéré comme fixe, autour duquel le plan OC (qui contient
l'axe O) tourne (de gauche à droite dans la *fig.* 186) avec la vitesse

angulaire *a*. Supposons qu'un solide
soit animé, *par rapport au plan tournant*, et dans une direction qui lui est
perpendiculaire, d'un mouvement de
translation avec la vitesse *u*. Prenons
dans le plan OC, et perpendiculaire-
ment à l'axe O, la ligne $\overline{OT} = \dfrac{u}{a}$, dans
une direction telle que la vitesse

Fig. 186.

$$u = a\,\overline{OT},$$

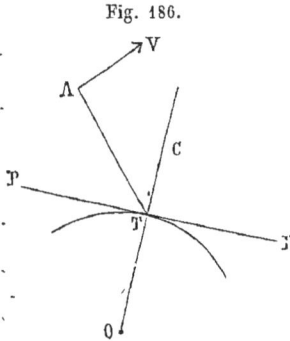

que le point T, *faisant partie du plan tournant*, possède à l'instant
donné, soit dirigée en sens contraire de la vitesse de translation
égale *u*, que le solide a par rapport au plan tournant. On voit alors
que chacun des points du *solide invariable* qui vient occuper la position T ou une position quelconque sur la ligne qui passe par T parallèlement à l'axe fixe O, est en repos *à l'instant* où il se trouve dans
cette position; la ligne qui passe par T parallèlement à l'axe fixe O
est donc *l'axe instantané;* le mouvement à un instant donné d'un point
quelconque du solide invariable, tel que A, est perpendiculaire au
rayon vecteur AT mené perpendiculairement à l'axe instantané, et
la vitesse de ce mouvement est donnée par l'équation

$$v = a\,\overline{AT}.$$

Toutes les lignes du solide qui occupent successivement la position de l'axe instantané sont situées dans un plan de ce corps, PTP,
perpendiculaire à OC; et toutes les positions de l'axe instantané
sont situées sur un cylindre décrit autour de O avec le rayon $\overline{OT}$,
de telle façon que le mouvement du solide invariable est le même
que celui qui résulterait du *roulement du plan* PP *sur le cylindre dont
le rayon est* OT $= \dfrac{u}{a}$. Chaque point du solide, tel que A, décrit une
spirale plane autour de l'axe fixe O. Pour chaque point du *plan*

COMBINAISON DE ROTATIONS PARALLÈLES.

roulant, PP, cette spirale est la développante d'un cercle dont le rayon est $\overline{OT}$. Pour chaque point dont la trajectoire passe par l'axe fixe O, c'est-à-dire pour chaque point situé dans un plan du solide passant par O parallèlement à PP, la courbe est une spirale d'Archimède dont le rayon vecteur s'accroît de la longueur *u* pour chaque angle *a* dont il tourne.

388. Combinaison de rotations parallèles. Dans les *fig.* 187, 188 et 189, soient O un axe fixe, OC un plan passant par

Fig. 187.

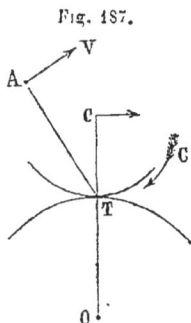

Fig. 188.

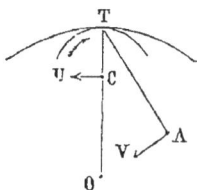

Fig. 189.

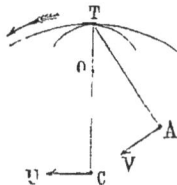

cet axe et tournant autour de lui avec la vitesse angulaire *a*, et C un axe dans ce plan parallèle à l'axe fixe O. Supposons qu'un solide invariable tourne autour de l'axe mobile C avec la vitesse angulaire *b* *par rapport au plan* OC, et distinguons par des signes positif et négatif les directions des rotations *a* et *b*. On dit que le mouvement du corps résulte de la *combinaison* de deux rotations autour des axes parallèles O et C, et l'on demande de trouver le résultat de la combinaison de ces rotations parallèles.

Dans la *fig.* 187, les rotations *a* et *b* sont de même sens; dans la *fig.* 188, *a* et *b* sont de sens contraires et *b* est la plus grande; et dans la *fig.* 189, *a* et *b* sont de sens contraires et *a* est la plus grande.

Menons une perpendiculaire commune OC à l'axe fixe et à l'axe mobile et déterminons sur cette droite un point T tel que les distances de T à l'axe fixe et à l'axe mobile soient respectivement en raison inverse des vitesses angulaires des rotations composantes autour de ces axes, ce que représente l'équation

$$\frac{a}{b} = \frac{\overline{CT}}{\overline{OT}}. \tag{1}$$

Lorsque *a* et *b* sont de même sens, plaçons le point T entre O et C, comme dans la *fig.* 187 ; lorsqu'elles sont de sens contraires, comme dans les *fig.* 188 et 189, plaçons-le en dehors de la ligne $\overline{OC}$. La vitesse de la ligne menée par T parallèlement aux axes, *comme faisant partie du plan* OC, est alors $a\,\overline{OT}$ et la vitesse de la ligne T *du solide, relativement au plan* OC, est $b\,\overline{CT}$; cette vitesse a même grandeur que la première, mais est dirigée en sens contraire ; chaque ligne du solide qui arrive à la position T est donc en repos à l'instant où elle occupe cette position ; c'est par conséquent *l'axe instantané.* La *vitesse angulaire résultante* est donnée par l'équation

$$c = a + b, \qquad (2)$$

à la condition de faire attention aux sens ou aux signes de a et b, c'est-à-dire que si nous prenons maintenant a et b pour représenter des grandeurs *arithmétiques* et que si nous mettons les signes en évidence pour représenter les sens des rotations, le sens de c sera le même que celui de la plus grande ; le cas de la *fig.* 187 sera représenté par l'équation 2 déjà donnée, et ceux des *fig.* 188 et 189 seront représentés respectivement par les équations

$$c = b - a; \quad c = a - b. \qquad (2 A)$$

Les relations entre a, b et c et les distances entre l'axe fixe, l'axe mobile et l'axe instantané, sont les suivantes :

$$\frac{a}{b} = \frac{\overline{CT}}{\overline{OT}}; \quad \frac{a}{c} = \frac{\overline{CT}}{\overline{OC}}. \qquad (3)$$

Le mouvement d'un point quelconque A du solide est à chaque instant perpendiculaire au rayon vecteur $\overline{AT}$ mené par ce point perpendiculairement à l'axe instantané, et la vitesse de ce mouvement est

$$v = c\,\overline{AT}. \qquad (4)$$

389. Roulement d'un cylindre sur un cylindre. Épicycloïdes.

Toutes les lignes du solide qui deviennent successivement des axes instantanés sont situées sur une surface cylindrique décrite autour du point C avec le rayon $\overline{CT}$, et toutes les positions de l'axe instantané se trouvent sur une surface cylindrique décrite autour de O avec le rayon $\overline{OT}$; le mouvement du solide est donc le même que celui qui résulterait du roulement du premier cylindre, relié au solide d'une façon rigide, sur le second cylindre considéré comme fixe.

Dans la *fig.* 187, un cylindre convexe roule sur un cylindre convexe; dans la *fig.* 188, un cylindre convexe roule dans un cylindre concave plus grand que lui; dans la *fig.* 189, un cylindre concave roule sur un cylindre convexe plus petit que lui.

Chacun des points du solide qui roule décrit, relativement à l'axe fixe, une courbe de l'espèce *épicycloïde*. L'épicycloïde particulière décrite par un point situé sur la surface du cylindre roulant est simplement une *épicycloïde*.

Dans certains cas, les épicycloïdes se simplifient; c'est ainsi que chacun des points situés sur *l'axe mobile* C décrit un cercle.

Lorsqu'un cylindre, comme dans la *fig.* 188, roule à l'intérieur d'un cylindre concave d'un *rayon double du sien*, chacun des points de la surface du cylindre roulant se meut suivant une ligne droite, qui est un diamètre du cylindre fixe; chaque point de l'axe du cylindre roulant décrit une circonférence de même rayon que ce cylindre, et tout autre point qui se trouve dans le cylindre roulant ou qui lui est rattaché d'une façon rigide décrit une ellipse dont l'excentricité est plus ou moins grande et qui a son centre sur l'axe fixe O. Ce principe a trouvé son application dans les instruments qui servent à tracer et à faire des ellipses.

390. Courbure des épicycloïdes. On donne :

$$\text{le rayon du cylindre fixe, } \overline{OT} = r_1;$$
$$\text{le rayon du cylindre roulant, } \overline{CT} = r_2;$$

le rayon vecteur instantané d'un point décrivant A, $\overline{AT} = r$; l'angle que fait ce rayon vecteur avec le plan tournant,

$$CTA = \theta;$$

et l'on demande de trouver le rayon de courbure, ρ, de la trajectoire du point décrivant A à l'instant considéré.

On considérera le rayon d'un cylindre convexe comme positif, et celui d'un cylindre concave comme négatif; et l'on remarquera de plus que $\cos\theta$ est positif ou négatif, selon que l'angle θ est aigu ou obtus.

Soit dt un intervalle de temps infiniment petit; le point décrivant A parcourt durant cet intervalle la distance $crdt$. Supposons que la direction du rayon vecteur r, qui est perpendiculaire à la trajectoire décrite par A, varie dans le même temps de l'angle di. Le rayon de courbure de la trajectoire du point A est alors

$$\rho = \frac{crdt}{di}. \tag{1}$$

Pour déterminer le mouvement angulaire di du rayon vecteur, il faut remarquer que la vitesse angulaire absolue du cylindre roulant est c, laquelle donne à ce cylindre un mouvement angulaire cdt dans l'intervalle de temps donné, et que pendant le même intervalle une *nouvelle ligne*, distante de la première de la longueur br_2dt, dans une direction *opposée* à celle de la rotation du cylindre roulant, vient occuper la position d'axe instantané. Ce déplacement de l'axe instantané a pour effet de faire décrire au rayon vecteur r, dans une direction *négative* par rapport au cylindre roulant, l'angle

$$- \frac{br_2 \cos \theta \, dt}{r};$$

si l'on combine cet angle avec le mouvement angulaire du cylindre cdt, on a pour le mouvement angulaire résultant du rayon vecteur,

$$di = \left(c - \frac{br_2 \cos \theta}{r} \right) dt :$$

si l'on substitue cette expression dans l'équation 1, on obtient le rayon de courbure de la trajectoire décrite par le point A,

$$\rho = \frac{cr}{c - \dfrac{br_2 \cos \theta}{r}} = \frac{r}{1 - \dfrac{br_2 \cos \theta}{cr}}; \tag{2}$$

mais

$$\frac{b}{c} = \frac{r_1}{r_1 + r_2};$$

(r_1 et r_2 renferment implicitement leurs signes), et par conséquent

$$\rho = r \, \frac{r_1 + r_2}{r_1 + r_2 - \dfrac{r_1 r_2 \cos \theta}{r}}. \tag{3}$$

Selon que le signe de ρ sera positif ou négatif, la courbe décrite par A tournera sa concavité ou sa convexité vers T. Examinons maintenant quelques cas particuliers.

I. *Le point décrivant se trouve à la surface du cylindre roulant.* $r = 2r_2 \cos \theta$, et par suite,

$$\rho = 2r_2 \cos \theta \, \frac{r_1 + r_2}{\dfrac{1}{2} r + r_2}; \qquad (4)$$

c'est le rayon de courbure d'une *épicycloïde*.

II. *Le cylindre roule sur un plan.* Dans ce cas r_1 est infiniment grand par rapport à r_2, et l'équation 3 se réduit à

$$\rho = \frac{r}{1 - \dfrac{r_2 \cos \theta}{r}}; \qquad (5)$$

c'est le rayon de courbure d'une *cycloïde rallongée ou raccourcie*.

III. *Le cylindre roule sur un plan, et le point décrivant est à la surface de ce cylindre.* On a $r = 2r_2 \cos \theta$, et

$$\rho = 2r = 4r_2 \cos \theta; \qquad (6)$$

c'est le rayon de courbure d'une *cycloïde*.

IV. *Un plan roule sur un cylindre.* r_2 est infiniment grand par rapport à r_1 et à r, et l'équation 3 devient

$$\rho = \frac{r}{1 - \dfrac{r_1 \cos \theta}{r}}; \qquad (7)$$

c'est le rayon de courbure d'une spirale de la classe de celles indiquées au n° 387.

V. *Un plan roule sur un cylindre, et le point décrivant est dans le plan.* On a alors $\cos \theta = 0$, et l'équation 7 devient

$$\rho = r; \qquad (8)$$

c'est le rayon de courbure d'une *développante de cercle*.

VI. *Un plan roule sur un cylindre, et le point décrivant est à la distance r_1 du plan du côté le plus rapproché du cylindre.* On a alors $\cos \theta = -\dfrac{r_1}{r}$, et l'équation 7 prend la forme suivante :

$$\rho = \frac{r^3}{r^2 + r_1^2}; \qquad (9)$$

c'est le rayon de courbure d'une *spirale d'Archimède*. Soit R la distance d'un point de cette spirale à l'axe fixe O, on a alors $r^2 = R^2 + r_1^2$ et

$$\rho = \frac{(R^2 + r_1^2)^{\frac{3}{2}}}{R^2 + 2r_1^2} .$$ (9 A)

Pour le roulement des courbes en général, voir une note du professeur Clerk Maxwell dans les *Transactions of the Royal Society of Edinburgh*, vol. XVI.

391. Combinaison de rotations parallèles égales et de sens contraires. Supposons qu'un plan OC tourne avec une vitesse angulaire a autour d'un axe O contenu dans ce plan, et qu'un solide invariable tourne autour de l'axe C situé dans ce plan et parallèle à O, avec une vitesse angulaire $-a$ égale à celle du plan, mais de sens contraire. La vitesse angulaire du solide sera nulle, c'est-à-dire que son mouvement sera simplement un mouvement de *translation*, tous les points parcourant des cercles de même rayon $\overline{OC}$ avec la vitesse $a\,\overline{OC}$. On ne peut pas ramener le mouvement dans ce cas à un mouvement de roulement.

392. Combinaison de rotations autour d'axes concourants. Dans la *fig.* 190, l'axe OA

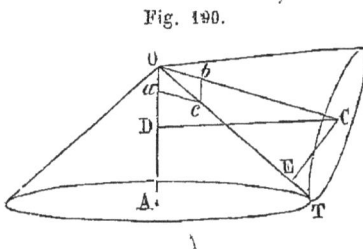

Fig. 190.

est considéré comme fixe, et le plan AOC tourne autour de lui avec une vitesse angulaire a. OC est un axe situé dans le plan tournant, et l'on suppose qu'un corps solide tourne autour de cet axe avec la vitesse angulaire b par rapport au plan tournant.

Le point O du solide étant fixe, l'axe instantané doit passer par ce point. On déterminera la direction de cet axe, comme ci-dessus, en remarquant que chaque point qui arrive sur cette ligne doit avoir, en vertu de la rotation autour de OC, une vitesse par rapport au plan tournant, égale et directement opposée à celle qu'a le point du plan tournant qui coïncide avec lui. Il en résulte que le rapport entre les distances de chacun des points de l'axe instantané à l'axe fixe et à l'axe mobile respectivement, ou le rapport entre les sinus des angles que l'axe instantané fait avec les axes fixe et mobile doit être inverse du rapport entre les vitesses angulaires composantes autour de ces axes; si OT est l'axe instantané, on aura donc

$$\frac{\sin AOT}{\sin COT} = \frac{b}{a}. \qquad (1)$$

On en déduit la construction géométrique suivante : on prendra sur OA la longueur $\overline{Oa}$ proportionnelle à a, et sur OC la longueur $\overline{Ob}$ proportionnelle à b. On prendra ces lignes dans des sens tels que pour un observateur regardant de leurs extrémités vers O, les rotations composantes aient lieu toutes deux de gauche à droite. On complétera le parallélogramme $Obca$; la diagonale $\overline{Oc}$ sera l'axe instantané.

On trouvera la vitesse angulaire résultante autour de cet axe instantané en remarquant que, si C est un point quelconque de l'axe mobile, la vitesse linéaire de ce point doit être la même, qu'on l'évalue au moyen de la vitesse angulaire a du plan tournant autour de l'axe fixe OA, ou au moyen de la vitesse angulaire résultante c du solide invariable autour de l'axe intantané. Si CD, CE sont les perpendiculaires abaissées du point C sur OA, OT, respectivement, on aura alors

$$a\,\overline{CD} = c\,\overline{CE};$$

mais

$$\frac{\overline{CD}}{\overline{CE}} = \frac{\sin \overline{AOC}}{\sin \overline{COT}};$$

il en résulte que

$$\frac{\sin COT}{\sin AOC} = \frac{a}{c}.$$

En comparant cette proportion avec celle de l'équation 1, on en déduit les équations suivantes :

$$\frac{\sin COT}{\sin AOT} = \frac{a}{b} = \frac{\overline{Oa}}{\overline{Ob}}; \qquad \frac{\sin COT}{\sin AOC} = \frac{a}{c} = \frac{\overline{Oa}}{\overline{Oc}}, \qquad (2)$$

c'est-à-dire que *les vitesses angulaires des rotations composantes et résultante sont chacune proportionnelles au sinus de l'angle que font les axes des deux autres, et que la diagonale du parallélogramme* Obca *représente à la fois la direction de l'axe instantané et la vitesse angulaire autour de cet axe.*

393. Roulement de cônes. Toutes les lignes qui viennent

occuper successivement la position de l'axe instantané sont situées sur la surface d'un cône engendré par la révolution de OT autour de OC, et toutes les positions de l'axe instantané se trouvent sur la surface d'un cône engendré par la révolution de OT autour de OA. Le mouvement du solide est donc le même que celui qui résulterait du roulement du premier de ces cônes sur le second.

Il est bon de remarquer que l'un ou l'autre de ces cônes peut se transformer en un plan ou bien peut être creux, et que leur contact peut avoir lieu intérieurement. Par exemple, si l'angle AOT était un angle droit, le cône fixe serait un plan; si l'angle AOT était un angle obtus, ce cône serait creux et le contact avec le cône roulant aurait lieu intérieurement; le cône roulant donne lieu aux mêmes remarques.

La trajectoire décrite par un point qui se trouve sur le cône roulant ou qui lui est relié d'une façon rigide, est une *épicycloïde sphérique*. Nous n'étudierons pas ici les propriétés de ces courbes.

394. **Analogie entre les rotations et les forces uniques**. Si l'on compare l'équation 3 du n° 388 qui donne les relations entre les vitesses angulaires de rotation composantes autour de deux axes parallèles, la vitesse angulaire résultante et la position de l'axe instantané; si l'on compare, disons-nous, cette équation avec l'équation du n° 39 qui permet de trouver, ainsi que nous l'avons expliqué au n° 40, la grandeur et la position de la résultante de deux forces parallèles, on trouve une analogie complète.

Le résultat de la combinaison d'une rotation avec une translation dans le même plan, lequel consiste en une rotation de même vitesse angulaire autour d'un axe instantané situé à une certaine distance d'un côté de l'axe mobile (voir le n° 385), offre une analogie complète avec le résultat de la combinaison d'une force unique avec un couple, laquelle combinaison donne lieu à une force unique égale transportée latéralement à une certaine distance, ainsi que nous l'avons expliqué au n° 41.

Le résultat de la combinaison de deux rotations égales et de sens contraires autour d'axes parallèles, qui consiste en un mouvement de translation avec une vitesse qui est le produit de la vitesse angulaire par la distance entre les deux axes (391), est analogue à la production d'un couple au moyen de deux forces égales et de sens contraires, ainsi que nous l'avons expliqué au n° 25.

Le résultat de la combinaison de deux rotations autour d'axes concourants (392) offre une analogie complète avec le résultat de la combinaison de deux forces concourantes (51).

La combinaison d'une rotation autour d'un axe donné et d'une translation parallèle au même axe (382) est analogue à la combinaison d'une force agissant suivant une ligne donnée avec un couple dont l'axe est parallèle à la même ligne (60, 4° et 5° cas).

On voit ainsi que de même que la composition et la décomposition de mouvements de translation est complétement analogue à la composition et à la décomposition de couples, de même la composition et la décomposition de rotations offre une complète analogie avec la composition et la décomposition de forces uniques, c'est-à-dire que si l'on prend des lignes qui représentent en direction des axes de rotation, et en longueur les vitesses angulaires de rotation autour de ces axes, tous les théorèmes qui sont vrais pour les lignes qui représentent des forces uniques sont vrais pour les lignes ci-dessus qui représentent des rotations; si l'on joint à cela que tous les théorèmes qui sont vrais pour des lignes qui représentent en direction les axes, et en longueur les moments de couples, sont également vrais pour des lignes qui représentent les vitesses et les directions de mouvements de translation, on voit que l'on pourra ramener tous les problèmes de la décomposition et de la composition des mouvements aux problèmes analogues de la statique.

395. Comparaison des mouvements dans une rotation composée. Le rapport des vitesses de deux points d'un solide animé d'un mouvement de rotation à un instant quelconque est le même que celui des distances des mêmes points à l'axe instantané, et l'angle que font les directions des mouvement des deux points est égal à l'angle des deux plans menés par les points et par l'axe instantané.

SECTION 4. — *Mouvement de rotation varié.*

396. On mesure **la variation de la vitesse angulaire** par un procédé analogue à celui qui a servi à évaluer la variation de la vitesse linéaire : on compare la variation de la vitesse angulaire du corps tournant, Δa, durant un intervalle de temps donné, avec la longueur de cet intervalle, et *le taux de la variation* est la valeur vers

laquélle tend le rapport entre la variation de la vitesse angulaire et l'intervalle de temps, $\dfrac{\Delta a}{\Delta t}$, à mesure que la longueur de l'intervalle diminue indéfiniment; il est représenté par

$$\frac{da}{dt}$$

et on l'obtient par une dérivation.

397. Nous avons déjà considéré dans la section précédente le **changement de position de l'axe de rotation** dans le cas d'une vitesse angulaire uniforme. Toutes les propositions que nous avons démontrées alors s'appliquent également aux cas dans-lesquels la *vitesse angulaire varie*, pourvu que le rapport des deux vitesses angulaires composantes, $\dfrac{a}{b}$, reste constant.

Lorsque ce rapport varie, les propositions restent encore vraies, mais alors les *cylindres et cônes roulants à bases circulaires*, dont nous avons parlé dans la section 3, sont simplement *les cylindres et les cônes osculateurs* pour les lignes de contact de cônes et de cylindres roulants à bases non circulaires; quant à r_1 et à r_2, ils représentent, dans chaque cas, les valeurs des rayons de courbure variables des cylindres à bases non circulaires pour leurs lignes de contact, et AOT, COT sont les angles d'obliquité variables des cônes à bases circulaires osculateurs de cônes à bases non circulaires.

398. **Composantes d'une rotation variée.** La manière la plus commode d'exprimer, dans la plupart des cas, le mode de variation d'un mouvement de rotation, consiste à décomposer la vitesse angulaire à chaque instant en trois vitesses angulaires composantes autour de trois axes rectangulaires dont les directions sont fixes. Les valeurs de ces composantes, à un instant quelconque, donnent d'un seul coup la vitesse angulaire résultante, et la direction de l'axe instantané. Si, par exemple, a_x, a_y, a_z sont les composantes rectangulaires de la vitesse angulaire d'un solide invariable à un instant donné,

la rotation autour de x de y vers z,
      id.   autour de y de z vers x,
et   id.   autour de z de x vers y,

étant considérées comme positives, on aura

$$a = \sqrt{a_x^2 + a_y^2 + a_z^2} \qquad (1)$$

pour la vitesse angulaire résultante, et

$$\cos\alpha = \frac{a_x}{a}, \quad \cos\beta = \frac{a_y}{a}, \quad \cos\gamma = \frac{a_z}{a} \qquad (2)$$

pour les cosinus des angles que l'axe instantané fait respectivement avec les axes des x, des y et des z.

CHAPITRE III.

MOUVEMENTS DES CORPS FLEXIBLES ET DES FLUIDES.

----

399. Division du sujet. Nous avons déjà examiné dans les sections du troisième chapitre de la deuxième partie qui sont relatives aux déformations les mouvements relatifs de points de corps flexibles. Il nous reste maintenant à étudier :

1. Les mouvements des cordes flexibles ;
2. Les mouvements des fluides dont le volume reste invariable ;
3. Les mouvements des fluides dont le volume varie.

SECTION 1. — *Mouvements des cordes flexibles.*

400. Principes généraux. Les mouvements relatifs des points d'une corde qui peuvent résulter de son extensibilité se rattachant à la résistance à la tension, qui est une branche de la résistance et de la raideur, nous n'envisagerons, dans la présente section, que les mouvements dont une corde flexible est susceptible, lorsque la longueur, non pas seulement de la totalité, mais encore d'une partie quelconque comprise entre deux points déterminés de la corde, reste invariable ou sensiblement invariable.

Pour pouvoir déterminer la figure et les mouvements d'une corde flexible par des considérations de cinématique pure, indépendamment de la grandeur et de la répartition des forces qui la sollicitent, nous regarderons son poids comme étant négligeable à côté des tensions qu'elle supporte, et nous supposerons qu'elle soit parfaitement *tendue* en chacun de ses points ; si tel est le cas, chacune des parties de la corde qui n'est pas rectiligne est maintenue suivant une figure courbe en passant sur une surface *convexe*. La courbe dessinée par une corde tendue sur une surface convexe est la *ligne la plus courte* de toutes celles qu'il est possible de tracer sur cette surface entre deux points quelconques de la corde. (On sait par la géométrie que *le plan osculateur* en chacun des points d'une pareille courbe est normal à la surface courbe.)

Il en résulte que les mouvements d'une corde flexible tendue d'une longueur invariable et d'un poids négligeable sont assujettis aux principes suivants :

I. *La longueur entre deux points quelconques de la corde est constante.*

II. *La courbe qui réunit deux points de la corde sur les surfaces qui servent à la guider est la plus courte de celles que l'on peut y tracer.*

401. Classification des mouvements. Les mouvements d'une corde sont de deux espèces :

I. La corde parcourt un chemin de forme invariable ; dans ce cas les vitesses de tous les points de la corde sont les mêmes.

II. La figure du chemin peut être modifiée par le mouvement des surfaces qui servent à guider la corde.

On peut combiner ces deux espèces de mouvements entre elles.

Les mouvements d'une corde que l'on a à considérer le plus habituellement dans la pratique sont ceux dans lesquels les cordes sont employées pour transmettre le mouvement entre deux pièces d'un mécanisme. Nous nous occuperons de ces problèmes dans la IVᵉ partie de ce traité.

Le numéro suivant se rapporte aux problèmes qui se présentent le plus fréquemment dans la pratique.

402. Corde guidée par des surfaces de révolution. Supposons qu'une corde soit droite en certaines parties de sa course, et qu'en d'autres elle soit guidée par les surfaces de tambours ou de poulies circulaires, le chemin parcouru sur chacun d'eux étant un arc de cercle dont le plan est perpendiculaire à l'axe de la surface qui sert à guider. Soient r le rayon de l'une de ces surfaces, i l'angle d'inclinaison que les deux parties droites de la corde contiguës à cette surface font entre elles, cet angle étant exprimé en longueur d'arc dans la circonférence dont le rayon est l'unité. La longueur de la portion de la corde qui se trouve sur cette surface sera alors ri ; et si s est la longueur d'une partie droite quelconque de la corde, la longueur totale comprise entre deux points déterminés de cette corde a pour expression

$$L = \Sigma s + \Sigma ri. \qquad (1)$$

Soient c la distance entre les centres de deux surfaces voisines données servant à guider, s la longueur de la portion droite d'une corde qui se trouve entre elles, et r, r' leurs rayons respectifs; on a évidemment

$$s = \sqrt{c^2 - (r \pm r')^2}, \qquad (2)$$

la somme ou la différence des rayons correspondant aux cas où la corde rencontre ou ne rencontre pas la ligne des centres c.

Soit maintenant un point donné sur la corde, A, que nous regarderons comme fixe, et désignons par L la longueur constante de la corde comprise entre A et un autre point B de la corde. Supposons que l'une des surfaces qui servent à guider, comprises entre A et B, parcoure un élément de chemin dx, dans une direction qui fait respectivement les angles j, j' avec les deux portions droites contiguës de la corde. Pour que celle-ci reste tendue, il faudra que B parcoure longitudinalement la distance

$$dx(\cos j + \cos j'); \qquad (3)$$

et par conséquent si u représente la vitesse de translation de la surface qui sert à guider suivant la direction donnée, et v la vitesse longitudinale du point B de la corde, on aura

$$v = u(\cos j + \cos j'), \qquad (4)$$

et pour un nombre quelconque de surfaces servant à guider entre A et B, qui se déplacent, chacune suivant sa direction,

$$v = \Sigma u(\cos j + \cos j'). \qquad (5)$$

Le cas le plus habituel en pratique est celui pour lequel les *brins* ou les parties droites de la corde sont tous parallèles entre eux, de telle sorte que $i = 180°$ dans chaque cas, tandis qu'un certain nombre n de poulies ou de corps servant à guider se meuvent tous dans une direction parallèle aux brins de la corde avec la même vitesse u. On a alors $\cos j = \cos j' = 1$, et

$$v = 2nu. \qquad (6)$$

Section 2. — *Mouvements de fluides de densité constante.*

403. Vitesse et dépense. La densité d'une masse fluide en mouvement peut être ou exactement invariable, par suite de la con-

stance de sa température et de sa pression, ou sensiblement invariable, en raison des changements de volume excessivement petits
que les changements dans la pression et dans la température sont
capables de produire. Ce dernier cas est celui que l'on rencontre
dans la plupart des problèmes de mécanique pratique qui concernent les liquides.

Supposons qu'une surface idéale de forme quelconque et d'aire A
soit située à l'intérieur d'une masse fluide, dont les différentes parties
sont en mouvement par rapport à cette surface, et soit u la vitesse
uniforme ou la valeur *moyenne* de la vitesse variable, dans une direction perpendiculaire à A, avec laquelle les molécules du fluide
passent en A; on aura

$$Q = uA \qquad (1)$$

pour le volume de fluide qui passe d'un côté à l'autre de la surface A dans l'unité de temps; on donne à cette quantité le nom de
dépense par la section A.

Si les molécules de fluide se déplacent obliquement par rapport à
A, désignons par θ l'angle que la direction du mouvement d'une
molécule quelconque traversant A fait avec la normale à A, et par v
la vitesse de cette molécule, nous aurons

$$u = v \cos \theta. \qquad (2)$$

Lorsque la vitesse normale à A varie aux différents points, par
suite de changements dans les valeurs de v ou de θ ou de ces deux
éléments à la fois, on exprimera la dépense de la manière suivante.
Divisons A en éléments dA, nous aurons

$$Q = \int u\, dA = \int v \cos \theta\, d A; \qquad (3)$$

et si nous distinguons maintenant la *vitesse normale moyenne* de la
vitesse en un point quelconque par le symbole u_0, nous aurons

$$u_0 = \frac{Q}{A} = \frac{\int u\, dA}{\int dA}. \qquad (4)$$

404. Principe de continuité. AXIOME. *Lorsque l'on considère
le mouvement d'un fluide de densité constante par rapport à un espace
fermé de volume invariable qui est toujours plein de fluide, la dépense à*

l'entrée et à la sortie de cet espace est la même, dans un intervalle de temps quelconque donné. On peut exprimer ce principe par la formule

$$\Sigma Q = 0. \qquad (5)$$

Le principe qui précède, évident par lui-même, régit tous les mouvements des fluides de densité constante, à ne les considérer qu'au point de vue de la cinématique pure. Nous donnerons dans les numéros suivants de cette section les applications les plus usitées de ce principe.

405. Dépense dans le cas d'un cours d'eau. Un cours d'eau est une masse de fluide en mouvement, s'étendant indéfiniment en longueur, limitée transversalement et animée d'un mouvement longitudinal continu. Soient, à un instant quelconque, A, A' les aires de deux sections transversales quelconques, considérées comme fixes; u, u' les vitesses normales moyennes à travers ces sections; Q, Q' les dépenses par ces sections. En vertu du principe de continuité, ces deux dépenses doivent être égales, c'est-à-dire que l'on doit avoir

$$u A = u'A' = Q = Q' = \text{constante pour toutes les sections} \left.\vphantom{\begin{matrix}1\\1\end{matrix}}\right\} \quad (1)$$
$$\text{transversales du canal à l'instant donné;}$$

d'où l'on déduit

$$\frac{u'}{u} = \frac{A}{A'}; \qquad (2)$$

les *vitesses normales à un instant donné en deux sections transversales fixes sont donc en raison inverse des aires de ces sections.*

406. Tuyaux, canaux, courants et jets. Lorsqu'une masse de fluide en mouvement remplit complétement un *tuyau* ou un *tube*, l'aire de chaque section transversale est donnée par la figure et par les dimensions du tuyau, et pour des formes de section semblables, elle varie comme le carré du diamètre. Les vitesses normales moyennes d'une masse d'eau qui coule à plein tuyau, en différentes sections transversales du tuyau, sont donc inversement proportionnelles aux carrés des diamètres de ces sections.

Un *canal* renferme en partie la masse qui s'écoule; la surface supérieure est libre. Cette définition s'applique-non-seulement aux canaux, mais encore aux tuyaux qui ne sont remplis qu'en partie. Dans ce cas, l'aire d'une section transversale de la masse d'eau dépend non-seulement de la figure et des dimensions du canal, mais de la figure et de la hauteur de la surface libre.

On donne le nom de *courant* à une masse fluide en mouvement qui est limitée par d'autres portions de fluide dont les mouvements sont différents.

On appelle *jet* une masse fluide en mouvement dont la surface est libre tout à l'entour, ou ne touche un corps solide que par une portion très-limitée de son étendue.

407. Un **courant rayonnant** est une partie d'un fluide qui se meut soit vers un axe, soit à partir d'un axe. Il est évident qu'un pareil mouvement ne peut pas s'étendre jusqu'à l'axe lui-même, mais qu'à une distance déterminée de cet axe il doit dévier et prendre une marche différente. Imaginons que l'on coupe un courant rayonnant par une surface cylindrique de rayon r décrite autour de l'axe, et soit h la hauteur, parallèle à l'axe, de la portion de cette surface qui est traversée par le courant; *la composante rayonnante moyenne u,* de la vitesse du courant à cette surface, a pour valeur

$$u = \frac{Q}{2\pi r h}. \qquad\qquad (1)$$

408. On donne le nom de **remous** ou de **tourbillon** à une masse d'eau qui tourne sur elle-même ou qui se meut suivant une trajectoire spirale, soit en se rapprochant d'un axe, soit en s'éloignant. Dans ce dernier cas, deux ou plusieurs tours successifs du même tourbillon peuvent se toucher latéralement sans qu'il y ait interposition d'une cloison solide quelconque.

409. Le **mouvement** d'un fluide relativement à un espace donné considéré comme fixe est dit **permanent**, lorsque la vitesse et la direction du mouvement du fluide pour chaque *point fixe*, sont constantes, quel que soit l'instant considéré; de telle sorte que bien que la vitesse et la direction du mouvement d'une molécule donnée du fluide puissent varier quand cette molécule passe d'un point à un autre, cette molécule prend, en chaque point fixe où elle arrive, une vitesse et une direction parfaitement définies, qui ne dépendent que de la position de ce point; toutes les molécules qui arrivent successivement à ce point fixe se trouvent dans les conditions de vitesse et de direction de mouvement que nous venons d'indiquer.

On exprime la permanence du mouvement au moyen de deux

conditions, savoir, que l'aire de chaque section transversale fixe est constante, et que la dépense par chacune de ces sections transversales est constante, c'est-à-dire que l'on a

$$\frac{d\mathrm{A}}{dt} = 0; \quad \frac{d\mathrm{Q}}{dt} = 0. \tag{1}$$

Si u représente la vitesse normale d'un fluide animé d'un mouvement permanent, *en un point fixe donné*,

$$\frac{du}{dt} = 0 \tag{2}$$

exprime la condition de permanence du mouvement.

Représentons maintenant par u, non pas la vitesse normale en un *point fixe donné*, mais la vitesse normale d'*une même molécule du fluide;* la variation subie par u dans un intervalle de temps infiniment petit dt résulte de ce que cette molécule passe d'une section transversale à une autre, dont la distance à la première est $ds = u\,dt$. Si nous désignons par $\dfrac{du}{ds}\,ds$ la variation infiniment petite de la vitesse qui en résulte, et par $\dfrac{d \cdot u}{dt}$ le *taux* de cette variation, nous aurons

$$\frac{d \cdot u}{dt} = \frac{du}{ds}\frac{ds}{dt} = u\,\frac{du}{ds}. \tag{3}$$

La plupart des problèmes que l'on a à résoudre en pratique sur l'écoulement des fluides sont relatifs à un mouvement permanent.

410. Dans le cas d'un mouvement qui n'est pas permanent, la vitesse en chaque *point fixe* varie, et le taux de cette variation est représenté par $\dfrac{du}{dt}$; on aura le taux total de la variation de la vitesse d'une *molécule individuelle* d'une masse fluide, en ajoutant le taux de la variation due à l'intervalle de temps au taux de la variation due au changement de position; on obtiendra ainsi l'expression

$$\frac{d \cdot u}{dt} = \frac{du}{dt} + \frac{du}{ds}\frac{ds}{dt} = \frac{du}{dt} + u\,\frac{du}{ds}. \tag{4}$$

411. Mouvement des pistons. Supposons qu'une masse de fluide de volume invariable soit contenue dans un vase dont deux parties de la paroi (appelées pistons) sont mobiles de l'extérieur à l'intérieur et de l'intérieur à l'extérieur, tandis que tout le reste de cette paroi est fixe. Si l'on transmet le mouvement de l'un à l'autre de ces pistons en faisant avancer le premier vers l'intérieur et l'autre vers l'extérieur, il résulte de l'invariabilité du volume du fluide contenu dans le vase que les vitesses des deux pistons doivent être à chaque instant en raison inverse des aires des projections respectives des pistons sur des plans normaux à la direction de leurs mouvements. Tel est le principe de la transmission de mouvement dans la *presse hydraulique* et dans la *grue hydraulique*.   .

La *dépense* résultant d'un piston dont la vitesse est u, et dont l'aire de la projection sur un plan perpendiculaire à la direction de son mouvement est A, est donnée, comme dans les autres cas, par l'équation

$$Q = u\text{A}. \qquad (1)$$

412. Équations différentielles générales de continuité. Lorsque l'on considère les mouvements d'un fluide de densité invariable sous la forme la plus générale, on peut exprimer de la manière suivante le principe de continuité que nous avons établi au n° 404. On concevra que l'on divise l'espace considéré comme fixe, auquel on rapporte le mouvement du fluide, en parallélipipèdes rectangles infiniment petits, ayant chacun pour dimensions dx, dy, dz, les aires des trois couples de faces étant représentées par $dydz$, $dzdx$, $dxdy$. Soient

x, $x + dx$, les coordonnées des deux faces égales, $dydx$;
y, $y + dy$,   id.   id. $dzdx$;
z, $z + dz$,   id.   id. $dxdx$.

Décomposons la vitesse des molécules d'eau en un point quelconque en trois composantes rectangulaires, u, v, w, respectivement parallèles à x, y, z, avec les signes algébriques qui leur conviennent, et considérons la dépense comme positive quand elle se fait de l'intérieur à l'extérieur et comme négative dans le cas contraire. Les valeurs de la dépense pour les six faces sont les suivantes :

par la première face $dydz$, $- udydz$;
id.   deuxième face $dydz$, $\left(u + \dfrac{du}{dx}\, dx \right) dydz$;

par la première face $dzdx$, $-vdzdx$;

id. deuxième face $dzdx$, $\left(v + \dfrac{dv}{dy}\,dy\right)dzdx$;

id. première face $\cdot dxdy$, $-wdxdy$;

id. deuxième face $dxdy$, $\left(w + \dfrac{dw}{dz}\,dz\right)dxdy$.

Si l'on ajoute ensemble toutes ces parties de la dépense èt si l'on égale le résultat à zéro, en vertu du principe de continuité, on a l'équation suivante

$$\left(\frac{du}{dx} + \frac{dv}{dy} + \frac{dw}{dz}\right)dxdydz = 0,$$

et en supprimant le facteur commun

$$\frac{du}{dx} + \frac{dv}{dy} + \frac{dw}{dz} = 0. \qquad (1)$$

Telle est l'*équation différentielle générale de continuité* pour un fluide de volume invariable.

413. Équations différentielles générales dans le cas d'un mouvement permanent. Si lorsqu'une molécule vient occuper un point donné, sa vitesse et la direction de son mouvement dépendent simplement de la position du point et nullement du temps, on aura pour représenter cet état de permanence du mouvement les équations

$$\frac{du}{dt} = 0; \quad \frac{dv}{dt} = 0; \quad \frac{dw}{dt} = 0, \qquad (1)$$

dans lesquelles u, v, w sont les *vitesses composantes en un point fixe*. Désignons maintenant par u, v, w, non plus les vitesses composantes en un point fixe, mais les *vitesses composantes d'une molécule individuelle;* dans l'intervalle de temps infiniment petit dt, les coordonnées de cette molécule subissent les variations de longueur $dx = udt$, $dy = vdt$, $dz = wdt$, et les composantes de la vitesse qui correspondent à sa nouvelle position diffèrent des premières composantes de quantités qui, divisées par dt, donnent les accélérations d'une *molécule individuelle*, à savoir :

$$\left.\begin{aligned}
\frac{d \cdot u}{dt} &= u\,\frac{du}{dx} + v\,\frac{du}{dy} + w\,\frac{du}{dz}; \\[2mm]
\frac{d \cdot v}{dt} &= u\,\frac{dv}{dx} + v\,\frac{dv}{dy} + w\,\frac{dv}{dz}; \\[2mm]
\frac{d \cdot w}{dt} &= u\,\frac{dw}{dx} + v\,\frac{dw}{dy} + w\,\frac{dw}{dz}.
\end{aligned}\right\} \qquad (2)$$

414. Équations différentielles générales dans le cas d'un mouvement non permanent. Lorsque le mouvement n'est pas permanent, chacune des trois accélérations des équations 2 du n° 413 exige l'addition d'un terme qui représente le taux de la variation de la vitesse due *à l'intervalle de temps indépendamment du changement de position;* on a alors

$$\frac{d \cdot u}{dt} = \frac{du}{dt} + u\,\frac{du}{dx} + v\,\frac{du}{dy} + w\,\frac{du}{dz}: \qquad (1)$$

on aurait des équations semblables pour $\dfrac{d \cdot v}{dt}$ et $\dfrac{d \cdot w}{dt}$; la présence du point dans ces expressions indique que les vitesses sont celles d'une molécule individuelle et son absence que ce sont celles en un point fixe.

415. Équations du déplacement. Dans tous les numéros précédents, x, y, z représentent les coordonnées d'un *point fixe* réel ou idéal de l'espace auquel on rapporte les mouvements du fluide, et les quantités $\dfrac{du}{dx}$, etc., sont relatives aux différences que présentent les conditions du fluide aux différents points de cet espace. Désignons par ξ, η, ζ, les coordonnées d'une molécule individuelle; les trois composantes de la vitesse de cette molécule ont pour valeurs

$$u = \frac{d\xi}{dt}; \quad v = \frac{d\eta}{dt}; \quad w = \frac{d\zeta}{dt}; \qquad (1)$$

et les trois composantes *de l'accélération* de son mouvement, qui ont été définies au n° 366, sont

$$\frac{d^2\xi}{dt^2} = \frac{d \cdot u}{dt}; \quad \frac{d^2\eta}{dt^2} = \frac{d \cdot v}{dt}; \quad \frac{d^2\zeta}{dt^2} = \frac{d \cdot w}{dt}; \qquad (2)$$

les valeurs de $\dfrac{d \cdot u}{dt}$, $\dfrac{d \cdot v}{dt}$, $\dfrac{d \cdot w}{dt}$ étant celles qui ont été données au n° 413 pour un mouvement permanent et au n° 414 pour un mouvement non permanent.

416. On donne le nom **d'ondulation** à l'état de mouvement non permanent d'une masse solide ou fluide, dans des circonstances telles que l'état de mouvement qui, à un instant donné, affecte des molécules occupant un certain lieu de l'espace, se transmet à d'autres molécules occupant un autre lieu, et ce d'une façon continue; cet état de mouvement peut se transmettre sans modification, ou les changements qui se produisent laissent une certaine similitude entre les mouvements des premières molécules et ceux des molécules qui sont affectées successivement.

Prenons, par exemple, un point O pour origine et supposons que la molécule qui est en ce point à un instant donné, que nous représenterons par o, soit animée d'une certaine vitesse dans un certain sens. A la fin de l'intervalle de temps t, une autre molécule en un point A, distant de O de la longueur x, sera animée de la même vitesse dans la même direction, ou bien sa vitesse et la direction de son mouvement seront dans une relation déterminée avec celles de la première molécule, et le mouvement qui s'est ainsi communiqué aura été transmis successivement à toutes les molécules comprises entre O et A.

La *vitesse de transmission ou de propagation* d'une ondulation, lorsqu'elle est constante, est le rapport $\dfrac{x}{t}$ entre la distance des deux points et le temps qui s'écoule entre les instants où les mouvements en ces deux points sont semblables. Représentons cette vitesse par a; la condition de mouvement à l'instant t, en un point quelconque dont la distance à l'origine est x, *dépend de $at - x$* ou est *une fonction* de cette quantité; cette quantité ou une quantité qui a un certain rapport avec elle est appelée la *phase* du mouvement d'ondulation. Le mouvement d'ondulation dans des fluides de densité invariable est soumis au *principe de continuité* que nous avons déjà établi.

417. Une **oscillation** dans un fluide est un mouvement tel que chaque molécule du fluide passe et repasse par la même position en répétant les mêmes mouvements. La *période* d'une oscillation est l'intervalle de temps qui s'écoule entre le commencement d'une série de mouvements et le commencement de la répétitition des mêmes mouvements. L'espèce d'oscillation la plus fréquente dans un fluide est celle d'une série d'*ondes oscillantes* dans lesquelles un certain état

de mouvement se transmet progressivement molécule à molécule, ce mouvement étant un mouvement d'oscillation.

SECTION 3. — *Mouvements des fluides de densité variable.*

418. Dépense en volume et dépense en masse. Dans le cas d'un fluide de densité variable, le *volume* qui passe dans l'unité de temps par une section donnée A, avec une vitesse normale u, est encore représenté, comme dans le cas d'un fluide de densité constante, par

$$Q = Au; \qquad (1)$$

mais la *quantité absolue* ou la *masse* du fluide qui s'écoule ainsi n'est plus proportionnelle à ce volume, mais au volume multiplié par la densité. La densité peut être exprimée ou en unités de poids par unité de volume, ou en unités arbitraires appropriées à chaque cas particulier. Soit ρ cette densité, la *dépense en masse* pourra être représentée par la formule

$$\rho Q = \rho Au. \qquad (2)$$

419. Le principe de continuité dans le cas de fluides de densité variable prend la forme suivante : *la quantité qui entre dans un espace de volume constant ou qui en sort dépend seulement du changement de densité.*

Pour exprimer ce principe d'une manière symbolique, considérons un espace fixe ayant un volume constant V, et supposons que dans un intervalle de temps donné la densité du fluide dans ce volume, que l'on peut d'abord supposer uniforme à chaque instant, passe de la valeur ρ_1 à la valeur ρ_2. La masse de fluide qui, au commencement de l'intervalle de temps, occupait le volume V, occupe à la fin de cet intervalle le volume $\dfrac{V\rho_1}{\rho_2}$, et la différence de ces volumes est le volume qui s'écoule au travers de la surface qui limite l'espace, de *l'intérieur à l'extérieur*, si ρ_2 est moindre que ρ_1, et de *l'extérieur à l'intérieur*, si ρ_2 est plus grand que ρ_1. Soit $t_2 - t_1$ la longueur de l'intervalle de temps, la dépense en volume est exprimée alors par

$$Q = \frac{V\left(\frac{\rho_1}{\rho_2} - 1\right)}{t_2 - t_1} . \tag{1}$$

Si la dépense varie pendant le temps en question, l'équation ci-dessus donnera sa valeur moyenne ; et, dans ce cas, *la dépense exacte en volume* à un instant donné est la valeur vers laquelle tend le second membre de l'équation 1 à mesure que l'intervalle de temps diminue indéfiniment, à savoir :

$$Q = \frac{-V d\rho}{\rho dt} . \tag{2}$$

La *dépense en masse* au même instant est

$$Q\rho = -\frac{V d\rho}{dt}. \tag{3}$$

Supposons maintenant que la densité du fluide varie aux différents points de l'espace. On devra alors dans le second membre de l'équa-quation 3 considérer ρ comme représentant la *densité moyenne à travers l'espace considéré* à l'instant donné, tandis que dans le premier membre ρ représentera la *densité moyenne à la surface par laquelle la dépense a lieu*. Supposons que cette surface soit partagée en différentes parties pour chacune desquelles la densité est uniforme à un instant donné, et soient Q' la partie de la dépense en volume qui a lieu par une de ces parties de la surface, et ρ' la densité du fluide qui s'écoule ainsi, de telle sorte que $Q'\rho'$ est la partie de la dépense en masse qui a lieu par la partie de la surface considérée ; on devra alors substi-tuer à l'équation 3

$$\Sigma Q'\rho' = -\frac{V d\rho}{dt} . \tag{4}$$

420. De l'écoulement. Pour appliquer les principes qui pré-cèdent à un *courant* d'un fluide de densité variable, nous supposerons que l'*axe* du courant soit une ligne droite ou courbe qui passe par les centres de gravité de toutes les sections du courant faites per-pendiculairement à cet axe et que les distances à partir d'un point fixe sur cet axe mesurées dans le *sens du courant* soient représentées par s, l'aire d'une section transversale quelconque étant désignée par A. Soient s_1, s_2, les positions de deux sections transversales du courant dont la distance le long de l'axe est représentée par $s_2 - s_1$; le volume de l'espace compris entre ces deux sections est

$$V = \int_{s_1}^{s_2} A ds. \qquad (1)$$

Soient Q_1 la dépense en volume par la première section transversale; Q_2 celle qui correspond à la seconde; u_1, u_2, les vitesses normales moyennes correspondant respectivement aux sections transversales; ρ la densité moyenne du fluide dans l'espace V; ρ_1 la densité moyenne pour la première section; ρ_2 celle qui correspond à la seconde. L'équation 4 du n° 419 devient alors

$$Q_2 \rho_2 - Q_1 \rho_1 = \frac{-V d\rho}{dt} = -\frac{d\rho}{dt} \int_{s_1}^{s_2} A ds. \qquad (2)$$

Le *taux* de la *variation de la dépense en masse*, lorsqu'on passe d'une section du courant à une autre, est la limite vers laquelle tend le rapport

$$\frac{Q_2 \rho_2 - Q_1 \rho_1}{s_2 - s_1}$$

à mesure que la distance $s_2 - s_1$ diminue indéfiniment, c'est-à-dire qu'on a

$$\frac{d \cdot Q\rho}{ds} = Q \frac{d\rho}{ds} + \rho \frac{dQ}{ds} = -\frac{A d\rho}{dt}. \qquad (3)$$

La *vitesse normale moyenne* en une section transversale donnée du courant ayant pour valeur $u = \dfrac{Q}{A}$, on a l'équation

$$\frac{d \cdot A u \rho}{ds} = -\frac{A d\rho}{dt}. \qquad (4)$$

421. Mouvement permanent. Dans le cas d'un mouvement permanent dans un fluide de densité variable, la densité, la vitesse et la direction du mouvement pour chaque point fixe de l'espace auquel on rapporte le mouvement, sont constantes et chaque molécule qui arrive au point donné admet successivement ces quantités. Dans ce cas, l'équation 4 du n° 419 devient, par suite,

$$\Sigma Q' \rho' = 0. \qquad (1)$$

31

On exprime ce qui arrive pour un courant par les formes que prennent les équations 3 et 4 du n° 420, à savoir :

$$\frac{d.Q\rho}{ds} = \frac{d.Au\rho}{ds} = 0 ; \qquad (2)$$

c'est-à-dire que *la dépense en masse est uniforme pour toutes les sections transversales du courant*, et comme elle est également constante à chaque instant, elle est par suite absolument constante.

422. Pistons et cylindres. Supposons qu'une masse de fluide de densité variable soit renfermée dans un espace dont le volume peut varier par suite du mouvement d'un ou plusieurs pistons. Soient A, l'aire de la projection d'un piston sur un plan perpendiculaire à la direction de son mouvement ; u sa vitesse normale, positive quand elle est dirigée de l'intérieur à l'extérieur, négative, en sens contraire ; ρ' la densité du fluide en contact avec elle ; V la totalité du volume du fluide contenu dans l'espace considéré ; ρ sa densité moyenne. L'équation 4 devient alors

$$\Sigma Au\rho' = -\frac{Vd\rho}{dt} = \frac{dV}{dt}\rho ; \qquad (4)$$

cette dernière expression résultant de ce que $\rho V =$ la masse renfermée, est constante. Si la densité est uniforme, on a

$$\Sigma Au = \frac{dV}{dt}, \qquad (1\,A)$$

comme il est facile de le voir d'une autre façon.

Si l'espace n'est pas complétement clos, mais possède un orifice dont la section transversale est A″, et si u'' (positive quand elle est dirigée de dedans en dehors) est la vitesse normale moyenne à cet orifice, et ρ'' la densité à ce même orifice, on devra faire entrer la dépense en masse par cet orifice, $A''u''\rho''$ dans la somme du premier membre de l'équation 1.

423. Équations différentielles générales. Désignons, comme au n° 412 et aux numéros suivants, par u, v et w, les composantes rectangulaires de la vitesse du fluide en un point fixe de l'espace auquel on rapporte le mouvement, et par dx, dy, dz, les dimensions d'un parallélipipède rectangle infiniment petit fixe dans cet espace. Si l'on considère les deux faces de même espèce de cet espace dont l'aire commune est $dydz$, la dépense en masse de l'extérieur à l'intérieur par la première face est $-u\rho\,dydz$, et la dépense en masse de l'intérieur à l'extérieur par la seconde face est $\left(u\rho + \dfrac{d\cdot u\rho}{dx}\,dx\right)dydz$; la résultante de ces deux quantités est

$$\frac{d\cdot u\rho}{dx}\,dxdydz.$$

Si nous prenons les résultantes correspondant aux deux autres couples de faces, si nous ajoutons les trois quantités ainsi trouvées, en remarquant que $V = dxdydz$, et si nous divisons par ce facteur commun, l'équation 4 du n° 419, qui exprime le principe de continuité, devient

$$\frac{d\cdot u\rho}{dx} + \frac{d\cdot v\rho}{dy} + \frac{d\cdot w\rho}{dz} = -\frac{d\rho}{dt}. \qquad (1)$$

C'est l'*équation de continuité pour un fluide de densité variable*. On peut encore mettre cette équation sous la forme

$$\rho\left(\frac{du}{dx} + \frac{dv}{dy} + \frac{dw}{dz}\right) + \left(u\,\frac{d\rho}{dx} + v\,\frac{d\rho}{dy} + w\,\frac{d\rho}{dz} + \frac{d\rho}{dt}\right) = 0, \qquad (2)$$

ou en divisant par ρ,

$$\frac{du}{dx} + \frac{dv}{dy} + \frac{dw}{dz} + u\,\frac{d\cdot L\rho}{dx} + v\,\frac{d\cdot L\rho}{dy} + w\,\frac{d\cdot L\rho}{dz} + \frac{d\cdot L\rho}{dt} = 0, \qquad (2\,A)$$

$L\rho$ représentant le log hyperbolique de ρ.

Les trois premiers termes de cette dernière équation sont identiques aux trois termes de l'équation de continuité pour un fluide de densité uniforme.

Les conditions d'un *mouvement permanent* sont

$$\frac{du}{dt} = 0; \quad \frac{dv}{dt} = 0; \quad \frac{dw}{dt} = 0; \quad \frac{d\rho}{dt} = 0; \qquad (3)$$

ces conditions sont applicables à *un point fixe dans l'espace* et non à une molécule individuelle du fluide. Les taux de variation des vitesses composantes et de la densité d'une molécule individuelle de fluide sont donnés par la relation

$$\frac{d.u}{dt} = \frac{du}{dt} + u\,\frac{du}{dx} + v\,\frac{du}{dy} + w\,\frac{du}{dz}. \tag{4}$$

On aura des équations semblables pour $\dfrac{d.v}{dt}$, $\dfrac{d.w}{dt}$ et $\dfrac{d.\rho}{dt}$.

424. Les **mouvements des corps reliés entre eux** forment le sujet de la théorie des mécanismes que nous allons étudier dans la quatrième partie de ce traité.

QUATRIÈME PARTIE.

THÉORIE DES MÉCANISMES.

CHAPITRE I.

DÉFINITIONS ET PRINCIPES GÉNÉRAUX.

425. Définition de la théorie des mécanismes purs.
Les *machines* sont des corps ou des assemblages de corps qui transmettent et modifient le mouvement et la force. Le mot « machine », dans son acception la plus large, s'applique à tout système ou à toute substance matériels et à l'univers matériel lui-même; mais on a coutume d'en restreindre l'emploi aux travaux d'art, et c'est dans ce sens que nous l'employons dans ce traité. Une machine transmet et modifie le mouvement quand elle transforme un mouvement en un autre; c'est ainsi que le mécanisme d'une horloge permet de transformer le mouvement de descente du poids en un mouvement de rotation des aiguilles. Une machine transmet et modifie la force quand elle permet à une espèce d'énergie physique donnée de produire une espèce déterminée de travail; par exemple, le foyer, la chaudière, l'eau et le mécanisme d'une machine marine permettent de transformer l'énergie résultant de la combinaison chimique du combustible avec l'oxygène en un travail qui vaincra la résistance que l'eau offre au mouvement d'un navire. La transmission et la modification du mouvement, la transmission et la modification de la force ont lieu en même temps et sont reliées par une certaine loi. Jusqu'à ces derniers temps on ne faisait pas de distinction entre elles dans les traités de mécanique; mais la considération spéciale de la transmission et de la modification du mouvement a bien simplifié cette étude. Les principes qui régissent cette fonction des machines constituent une branche de la

cinématique appelée *théorie des mécanismes purs*. Les principes de
la théorie des mécanismes purs une fois établis, on comprendra
plus facilement les *principes de la théorie du travail des machines* qu
règlent la transmission et la modification de la force. C'est princi
palement a M. Willis que l'on est redevable d'une théorie spécial
des mécanismes purs; nous adopterons en grande partie, dans c
traité, sa nomenclature et ses méthodes.

426. On peut poser ainsi **le problème général** de la théori
des mécanismes purs : *Étant donné le mode de liaison (connection) d
deux ou plusieurs points ou corps mobiles entre eux et avec certain
corps fixes, trouver les mouvements comparés des points ou des corp
mobiles*, et inversement, *lorsque les mouvements comparés de deux o
plusieurs points mobiles sont donnés, trouver leur mode de liaison*.

Le terme « mouvement comparé » a le sens que nous avons ind
qué aux nᵒˢ 358, 367, 379 et 395. Nous avons considéré dans ce
mêmes numéros les mouvements comparés de points qui apparti
nent à un même corps. Pour que l'on ait un *mécanisme*, il faut qu
les liaisons qui existent entre deux ou plusieurs corps soient tell
que la relation entre leurs mouvements ne dépende que des prir
cipes de la cinématique.

427. **Bâti; pièces en mouvement; pièces de liaiso**
Le *bâti* d'une machine est une construction qui supporte *les pièc
en mouvement* et règle directement la trajectoire ou l'espèce de mo
vement de la plupart d'entre elles. Quand on considère les mouv
ments des machines d'une façon mathématique, on regarde le bâ
comme étant fixe, et on lui rapporte les mouvements des pièces e
mouvement. Le bâti lui-même peut, comme dans le cas d'un bate
ou d'une locomotive, posséder un certain mouvement par rappor
la terre; et alors les mouvements des pièces en mouvement par ra
port à la terre sont les résultantes de leurs mouvements par rappo
au bâti et du mouvement du bâti par rapport à la terre; mais da
tous les problèmes des mécanismes purs, et dans la plupart de ce
qui concernent le travail des machines, il n'est pas nécessaire
considérer le mouvement du bâti par rapport à la terre.

On peut distinguer les *pièces en mouvement* en pièces *principa*
et pièces *secondaires;* les premières sont celles qui sont portées d
rectement par le bâti, et les secondes celles qui sont portées p
d'autres pièces en mouvement. Le mouvement par rapport au bâ
d'une pièce secondaire est la résultante de son mouvement par ra

port à la pièce principale qui la porte et du mouvement de cette pièce principale par rapport au bâti.

Les pièces de liaison (*connectors*) sont des pièces secondaires en mouvement, telles que des liens rigides, des courroies, des cordes et des chaînes, qui transmettent le mouvement d'une pièce à une autre, lorsque cette transmission n'a pas lieu par contact immédiat.

428. On donne le nom de **coussinets** (**bearings**) aux surfaces de contact des pièces principales en mouvement avec le bâti, et des pièces secondaires en mouvement avec les pièces qui les portent. Les coussinets guident les mouvements des pièces qu'ils supportent, et leurs figures dépendent de la nature de ces mouvements. Les coussinets d'une pièce qui est animée d'un mouvement de translation en ligne droite, doivent avoir des surfaces planes ou cylindriques et *parfaitement rectilignes* dans la direction du mouvement. Les coussinets des pièces animées d'un mouvement de rotation doivent présenter des *surfaces de révolution;* ce seront des cylindres, des sphères, des cônes ou des disques plats. Les coussinets d'une pièce dont le mouvement est hélicoïdal, doivent être des *hélices parfaites*, dont le pas est égal à celui du mouvement hélicoïdal (382). Quant aux parties des pièces en mouvement qui sont en contact avec les coussinets, leurs surfaces doivent être exactement ajustées à celles de ces derniers. On peut les distinguer en *patins*, dans le cas de pièces se déplaçant en ligne droite, en *tourillons, viroles* et *pivots*, dans le cas de pièces animées d'un mouvement de rotation, et en *vis*, pour un mouvement hélicoïdal.

La construction exacte et l'ajustement des surfaces de contact sont d'une importance capitale pour le bon rendement des machines. Les surfaces de révolution sont celles qui sont le plus aisées à obtenir exactement; les écrous offrent plus de difficulté, enfin les surfaces planes sont de toutes les plus difficiles à faire. M. Whitworth, en exécutant des surfaces planes véritables, a fait faire un pas énorme à la construction des mécanismes.

429. **Les mouvements des pièces principales** sont limités par ce fait que, pour que différentes portions de deux surfaces en contact soient parfaitement ajustées pendant leur mouvement relatif, il faut que ces surfaces soient droites, circulaires ou hélicoïdales; il en résulte que le mouvement en question peut être de l'une des trois espèces suivantes :

I. Un mouvement *de translation en ligne droite*, qui est nécessairement d'une étendue limitée, et qui, si le mouvement de la machine dure indéfiniment, doit être *alternatif*, c'est-à-dire qu'il doit avoir lieu dans des sens contraires. (Voir III° partie, chap. II, sect. 1.)

II. *Un mouvement de rotation simple* autour d'un axe fixe, lequel mouvement peut être continu ou *alternatif;* on dit, dans ce dernier cas, que c'est un mouvement *oscillant.*(Voir III° partie, chap. II, sect. 2.)

III. *Un mouvement hélicoïdal* auquel s'appliquent les mêmes remarques que pour un mouvement de translation en ligne droite. (Voir III° partie, chap. II, sect. 3, n° 382.)

430. **Les mouvements des pièces secondaires** par rapport aux pièces qui les portent, sont limités aussi par les principes qui s'appliquent aux mouvements des pièces principales par rapport au bâti. Mais les mouvements des pièces secondaires, par rapport au bâti, peuvent être des mouvements quelconques composés de translations rectilignes et de rotations simples, d'après les principes que nous avons donnés dans la III° partie, chap. II, sect. 3.

431. **Une combinaison élémentaire**, dans un mécanisme, se compose de *deux pièces principales* dont l'une transmet le mouvement à l'autre.

La pièce qui est la cause du mouvement est la *pièce qui mène;* celle qui reçoit le mouvement est la pièce qui est *menée.* Ces pièces peuvent être *reliées* l'une à l'autre de différentes manières :

I. Par un *contact de roulement* de leurs surfaces, comme dans le cas des *roues non dentées;*

II. Par un *contact de glissement* de leurs surfaces, comme dans le cas des *roues dentées*, des *écrous*, des *coins*, des *cames* et des *échappements;*

III. Au moyen de *liens flexibles*, tels que des *courroies*, des *cordes* et des *chaînes à engrenage;*

IV. Au moyen de *liens rigides*, tels que des *tiges de connexion*, des *joints universels* et des *cliquets;*

V. Au moyen de *cordes à plusieurs brins*, comme dans le cas des câbles et des poulies;

VI. Par *l'intermédiaire d'un fluide*, qui transmet le mouvement d'un piston à un autre.

Nous classerons les différents cas de la transmission du mouvement entre la pièce qui mène et celle qui est menée, en nous basant sur ce que la relation entre les *sens* de leurs mouvements est constante ou non, et sur ce que le rapport entre *leurs vitesses* est constant ou variable. C'est là la base de la classification que M. Willis a

employée dans l'étude des combinaisons élémentaires des mécanismes, les autres subdivisions dépendant du mode de liaison des
pièces. Dans ce traité, nous classerons les combinaisons élémentaires
d'après le mode de liaison.

432. **Ligne de liaison.** Pour chacune des classes des combinaisons élémentaires, sauf pour celles dans lesquelles la liaison est
obtenue par des cordes à plusieurs brins ou par l'intermédiaire d'un
fluide, il existe à chaque instant une certaine ligne droite, appelée *la
ligne de liaison* ou *ligne d'action mutuelle* de la pièce qui mène et de
la pièce menée. Dans le cas du contact de roulement, c'est une
ligne droite quelconque passant par le point de contact des surfaces
des pièces; dans le cas du contact de glissement, c'est une ligne perpendiculaire à ces surfaces à leur point de contact; dans le cas de
liens flexibles, c'est la ligne centrale de cette partie du lien dont la
tension produit la transmission du mouvement; et dans le cas d'un
système à lien rigide, c'est la ligne droite qui passe par les points
d'attache du lien avec les deux pièces.

433. **Principe de liaison.** La ligne de liaison de la pièce qui
mène et de la pièce menée étant connue à un instant quelconque,
on compare leurs vitesses au moyen du principe suivant : *Les
vitesses linéaires respectives d'un point de la pièce qui mène et d'un
point de la pièce menée, situés tous deux d'une façon quelconque sur la
ligne de liaison, sont entre elles comme les cosinus des angles que font
respectivement les trajectoires de ces points avec la ligne de liaison.* On
peut encore énoncer ce principe : *Les composantes, suivant la ligne de
liaison, des vitesses de deux points quelconques situés sur cette ligne, sont
égales.*

434. **Changements dans la vitesse.** On peut quelquefois faire
varier à volonté le rapport des vitesses de la pièce qui mène et de la
pièce menée, au moyen d'appareils qui permettent de changer la position de leur ligne de liaison; par exemple lorsque deux cônes animés de mouvements de rotation sont embrassés par une courroie,
on peut déplacer cette dernière de façon à réunir des portions des
surfaces ayant des diamètres différents.

435. **Un train de mécanismes** consiste en une série de pièces
en mouvement dont l'une mène l'autre, et ainsi de suite.

436. **Un assemblage de combinaisons** dans un mécanisme,
permet de donner des mouvements composés à des pièces secondaires.

CHAPITRE II.

COMBINAISONS ÉLÉMENTAIRES ET TRAINS DE MÉCANISMES.

SECTION 1. — *Contact de roulement.*

437. On donne le nom de **surfaces primitives** (**pitch surfaces**) aux surfaces de deux pièces en mouvement qui se touchent dans le cas où la transmission du mouvement a lieu par un contact de roulement. La LIGNE DE CONTACT est la ligne qui, à chaque instant, passe par toutes les couples de points de contact des deux surfaces en contact.

438. **Roues unies, Galets, Crémaillères unies.** Deux pièces principales ayant un contact de roulement, il peut arriver que toutes les deux aient un mouvement de rotation, ou que l'une seule ait un mouvement de rotation et que l'autre ait un mouvement de translation en ligne droite. La pièce qui est animée d'un mouvement de rotation est appelée *roue unie* et quelquefois *galet*, et la pièce qui possède un mouvement de translation est une *crémaillère unie.*

439. **Conditions générales du contact de roulement.** Tous les principes qui régissent les mouvements de deux pièces ayant un contact de roulement découlent de ce principe unique, que *deux points qui sont situés sur les surfaces primitives et qui sont en contact à un instant donné, doivent se déplacer dans la même direction avec la même vitesse.*

La direction du mouvement d'un point d'un corps qui est animé d'un mouvement de rotation étant perpendiculaire à un plan qui passe par son axe, il résulte de ce que deux points en contact doivent se déplacer dans la même direction, les conséquences suivantes :

I. Lorsque deux pièces sont animées d'un mouvement de rotation, leurs axes et tous leurs points de contact sont dans le même plan.

II. Lorsque l'une des pièces est animée d'un mouvement de rotation et l'autre d'un mouvement de translation en ligne droite, l'axe de la première et tous les points de contact sont situés dans un plan perpendiculaire à la direction du mouvement de la seconde.

La condition que les vitesses de chaque couple de points de contact doivent être égales, entraîne les conséquences suivantes.

III. Les vitesses angulaires de deux roues, qui ont un contact de roulement, doivent être en raison inverse des distances de deux points de contact d'une des couples à leurs axes respectifs.

IV. La vitesse linéaire d'une crémaillère unie dans un contact de roulement avec une roue, est égale au produit de la vitesse angulaire de la roue par la distance de son axe à l'un des points de contact.

Quant à la ligne de contact, on déduit des principes III et IV les conclusions suivantes.

V. Dans le cas de deux roues à axes parallèles, et d'une roue et d'une crémaillère, la ligne de contact est droite et parallèle aux axes ou à l'axe; les surfaces primitives sont donc planes ou cylindriques (le mot « cylindrique » s'appliquant à toutes les surfaces qui sont engendrées par le mouvement d'une ligne droite qui se déplace en restant parallèle à elle-même).

VI. Dans le cas de deux roues dont les axes se rencontrent, la ligne de contact est également rectiligne et passe par le point d'intersection des axes; les surfaces de roulement sont, par conséquent, des surfaces coniques ayant un sommet commun (le mot « conique » comprenant toutes les surfaces qui sont engendrées par le mouvement d'une ligne droite qui passe par un point fixe).

440. Les **roues cylindriques circulaires** sont employées lorsque le rapport entre les vitesses de rotation autour de deux axes parallèles doit être uniforme. Les *fig.* 187, 188 et 189 du n° 388 représentent des roues qui sont dans ce cas; C et O sont les axes parallèles, et T un point sur leur ligne de contact. Dans la *fig.* 187, les deux surfaces primitives sont convexes; on dit que *l'engrenage est extérieur* et les rotations ont lieu en sens contraires. Dans les *fig.* 188 et 189, la surface primitive de la plus grande des roues est concave, et celle de la plus petite convexe; on dit que *l'engrenage est intérieur* et le sens des rotations est le même.

Pour représenter symboliquement les mouvements comparés de deux roues, soient $\overline{OT} = r_1$, $\overline{CT} = r_2$ leurs rayons; $\overline{OC} = c$ *la ligne des centres* ou la distance des deux axes, de telle sorte que

$$\text{pour l'engrenage } \begin{cases} \text{extérieur} \\ \text{intérieur} \end{cases} c = r_1 \pm r_2. \qquad (1)$$

Soient a_1, a_2 les vitesses angulaires des roues, et v la vitesse linéaire commune de leurs surfaces primitives, on a

$$v = a_1 r_1 = a_2 r_2, \\ \frac{c}{r_1} = \frac{a_2 \pm a_1}{a_2}, \quad \frac{c}{r_2} = \frac{a_2 \pm a_1}{a_1}, \qquad (2)$$

le signe $\pm$ correspondant à l'engrenage $\begin{cases} \text{extérieur,} \\ \text{intérieur.} \end{cases}$

441. La crémaillère droite et la roue cylindrique qui sont employées lorsque le rapport entre les vitesses de la pièce animée d'un mouvement de translation en ligne droite et de celle qui tourne est uniforme, peuvent être représentées par la *fig.* 185 du n° 385, C étant l'axe de la roue, PTP la surface plane de la crémaillère, et T un point sur leur ligne de contact. Soient r le rayon de la roue, a sa vitesse angulaire, v la vitesse linéaire de la crémaillère, on a alors

$$v = ra.$$

442. Les roues coniques qui ont pour surfaces primitives des troncs de cônes réguliers sont employées quand le rapport entre les vitesses angulaires de deux axes qui se rencontrent doit être uniforme. Ce cas est représenté dans la *fig.* 190 du n° 392; OA et OC sont les deux axes qui se coupent au point O, OT la ligne de contact, et les troncs de cônes de petites dimensions qui servent dans la pratique sont des parties de cônes engendrés par la révolution de OT autour de OA et de OC respectivement.

Soient a_1, a_2 les vitesses angulaires autour des deux axes respectivement, et $i_1 = \text{AOT}$, $i_2 = \text{COT}$, les angles que ces axes font respectivement avec la ligne de contact, il résulte du principe III du n° 439 que le rapport entre les vitesses angulaires est

$$\frac{a_2}{a_1} = \frac{\sin i_1}{\sin i_2}. \qquad (1)$$

Cette équation permet de trouver le rapport entre les vitesses angulaires lorsque les axes et la ligne de contact sont donnés.

Inversement, si l'on donne l'angle que font les axes,

$$\text{AOC} = i_1 + i_2 = j,$$

et le rapport $\dfrac{a_2}{a_1}$, on déterminera la ligne de contact au moyen de l'une des équations suivantes :

$$\left.\begin{aligned}
\sin i_1 &= \frac{a_2 \sin j}{\sqrt{a_1^2 + a_2^2 + 2a_1 a_2 \cos j}}, \\
\sin i_2 &= \frac{a_1 \sin j}{\sqrt{a_1^2 + a_2^2 + 2a_1 a_2 \cos j}}.
\end{aligned}\right\} \qquad (2)$$

On peut résoudre le même problème géométriquement de la manière suivante : on porte sur les deux axes des longueurs qui représentent les vitesses angulaires de leurs roues respectives ; on complète le parallélogramme qui a ces longueurs pour côtés, et la diagonale représente la ligne de contact. Comme dans le cas des cônes roulants du n° 393, l'une des roues coniques peut être un disque plat, ou un cône concave.

443. Les roues non circulaires sont employées dans le cas où le rapport entre les vitesses angulaires autour de deux axes parallèles est variable. Dans la *fig.* 191, C_1, C_2 représentent les axes de deux de ces roues, T_1, T_2, deux points, pour lesquels il y a contact, à un instant donné, suivant la ligne de contact (laquelle est parallèle aux axes et est située dans le même plan qu'eux), et U_1, U_2, deux autres points pour lesquels il y aura contact à un autre instant du mouvement, et nous supposons que les quatre points T_1, T_2, U_1, U_2 soient dans un plan perpendiculaire aux deux axes et à la ligne de contact. Pour un système quelconque de quatre points dans ces conditions, on aura les équations suivantes :

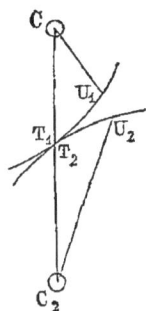

Fig. 191.

$$\left.\begin{aligned}
\overline{C_1 U_1} + \overline{C_2 U_2} &= \overline{C_1 T_1} + \overline{C_2 T_2} = \overline{C_1 C_2}; \\
\text{arc } T_1 U_1 &= \text{arc } T_2 U_2;
\end{aligned}\right\} \qquad (1)$$

et ces équations donnent les relations géométriques qui doivent exister entre deux surfaces animées de mouvements de rotation autour d'axes fixes, pour qu'elles aient un contact de roulement.

On peut présenter ces conditions sous une autre forme. Soient r_1,

r_2, les *rayons vecteurs* de deux points pour lesquels il y a contact; ds_1, ds_2, deux arcs élémentaires des sections transversales T_1U_1, T_2U_2, des surfaces primitives, et c la ligne des centres ou la distance entre les axes. On a alors

$$\left.\begin{array}{c} r_1 + r_2 = c, \\ \dfrac{ds_1}{dr_1} = -\dfrac{ds_2}{dr_2}. \end{array}\right\} \qquad (2)$$

Si l'une des roues est fixe et si l'autre roule sur elle, un point de l'axe de la roue qui roule décrit un cercle de rayon c autour de l'axe de la roue fixe.

Pour pouvoir appliquer les équations 1 et 2 à l'*engrenage inté-rieur*, il suffira de remplacer le signe + par le signe — et récipro-quement.

Le rapport des vitesses angulaires à un instant donné a pour valeur

$$\frac{a_2}{a_1} = \frac{r_1}{r_2}. \qquad (3)$$

Voici des exemples de roues non circulaires :

I. Une ellipse tournant autour de l'un de ses foyers a un contact de roulement avec une autre ellipse placée extérieurement, égale à la première et tournant autour de l'un de ses foyers, la distance entre les axes de rotation étant égale au grand axe de l'ellipse, et le rapport des vitesses variant entre

$$\frac{1 - \text{l'excentricité}}{1 + \text{l'excentricité}} \quad \text{et} \quad \frac{1 + \text{l'excentricité}}{1 - \text{l'excentricité}}.$$

II. Une hyperbole tournant autour de son foyer le plus éloigné a un contact intérieur de roulement, durant un arc limité, avec une hyperbole égale à la première qui tourne autour de son foyer le plus rapproché; la distance entre les axes de rotation est égale à l'axe de l'hyperbole et le rapport des vitesses varie entre

$$\frac{\text{l'excentricité} + 1}{\text{l'excentricité} - 1} \quad \text{et l'unité.}$$

III. Deux spirales logarithmiques d'égale obliquité tournent en ayant un contact de roulement et en parcourant un angle infini. (Pour d'autres exemples de roues non circulaires, voir une note du professeur Clerk Maxwell, sur le roulement des courbes, *Trans. Roy.* *Soc. Edin.*, vol. XVI, et l'ouvrage du professeur Willis sur les mécanismes.)

SECTION 2. — *Contact de glissement.*

444. On emploie l'**engrenage hyperboloïde** pour transmettre un mouvement avec un rapport de vitesse angulaire uniforme entre deux axes non parallèles et non concourants.

La surface primitive d'une roue hyperboloïde est une partie ou une zone d'*hyperboloïde de révolution*. La *fig.* 192 représente deux zones

Fig. 192.

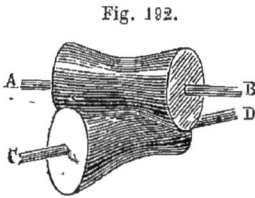

Fig. 193.

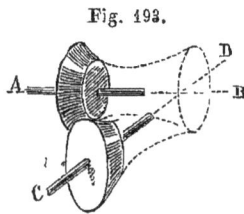

Fig. 194.

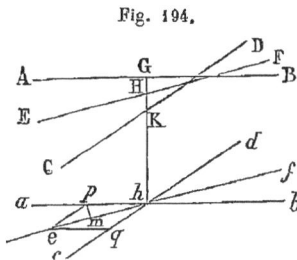

assez étendues de deux de ces hyperboloïdes tournant autour des axes AB, CD. Dans la *fig.* 193, nous avons représenté deux zones étroites des mêmes surfaces, telles qu'on les emploie dans la pratique.

Un hyperboloïde de révolution est une surface qui ressemble à une gerbe ou à un cornet ; elle peut être engendrée par le mouvement d'une droite qui tourne autour d'un axe en faisant avec lui un angle constant et en restant à une distance constante de cet axe. Si deux de ces hyperboloïdes, égaux ou inégaux, ont entre eux le contact le plus intime possible, comme dans la *fig.* 192, ils se touchent suivant une de leurs génératrices, laquelle est la ligne de contact et est inclinée sur les axes AB, CD, de côtés différents de ces axes. Les axes ne sont ni parallèles ni concourants.

On a quelquefois classé dans le contact de roulement le mouvement de deux de ces hyperboloïdes qui tournent en étant tangents l'un à l'autre ; mais cette classification n'est pas absolument correcte ; car bien que les composantes des vitesses de deux points en contact dans une direction perpendiculaire à la ligne de contact soient égales, cependant, comme les axes ne sont pas parallèles entre eux, non plus qu'à la ligne de contact, les composantes de ces vitesses suivant leur ligne de contact sont inégales, et cette différence constitue un *glissement latéral*.

Les directions et les positions des axes, ainsi que le rapport des vitesses angulaires, $\dfrac{a_2}{a_1}$, étant donnés, on demande de trouver les *angles d'inclinaison* de la génératrice sur les deux axes et ses *rayons vecteurs* ou les plus courtes distances de cette ligne et des deux axes.

Dans la *fig.* 194, AB, CD représentent les deux axes, et GK leur plus courte distance.

Dans un plan quelconque normal à la perpendiculaire commune GK*h*, menons *ab*, *cd*, respectivement parallèles à AB et à CD, et prenons sur ces lignes les longueurs données par l'équation

$$\frac{\overline{hp}}{\overline{hq}} = \frac{a_1}{a_2}.$$

Complétons le parallélogramme *hpeq* et menons sa diagonale *ehf* ; la ligne de contact EHF sera parallèle à cette diagonale.

Abaissons du point *p* la ligne *pm* perpendiculaire sur *he*, puis divisons la perpendiculaire commune GK dans le rapport résultant des équations suivantes :

$$\frac{\overline{he}}{\overline{em}} = \frac{\overline{GK}}{\overline{GH}}, \quad \frac{\overline{he}}{\overline{mh}} = \frac{\overline{GK}}{\overline{KH}}.$$

Les deux segments ainsi déterminés seront les plus courtes distances de la ligne de contact et des deux axes.

La première surface primitive est engendrée par la rotation de la ligne EHF autour de l'axe AB avec le rayon vecteur $\overline{GH} = r_1$; la seconde, par la rotation de la même ligne autour de l'axe CD avec le rayon vecteur $\overline{HK} = r_2$.

Pour tracer l'hyperbole qui est la section longitudinale d'une roue hyperboloïde dont l'obliquité et le rayon vecteur de la généra-

Fig. 195.

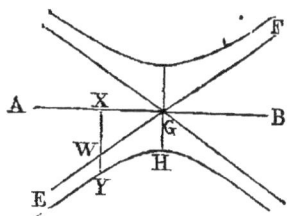

trice sont donnés, nous représenterons, dans la *fig.* 195, par AGB l'axe et par la ligne GH, perpendiculaire à AGB, le rayon vecteur de la génératrice, puis nous mènerons la ligne EGF qui fait avec l'axe un angle égal à celui que fait la génératrice. H sera le sommet, et EGF une des asymptotes de l'hyperbole cherchée. On déter-

minera les points de la courbe de la manière suivante : on mènera une ligne XWY parallèle à GH, qui coupera la ligne GE en W et l'on prendra une longueur $\overline{XY} = \sqrt{\overline{GH}^2 + \overline{XW}^2}$. Y sera un point de l'hyperbole.

445. Roues cannelées. Pour augmenter le frottement ou l'adhérence entre deux roues de façon à transmettre la force et le mouvement de l'une à l'autre, on ménage quelquefois sur les surfaces de contact des saillies et des gorges circulaires alternantes ; on obtient ainsi un *engrenage par frottement.*

La *fig.* 196 est une section transversale qui fait mieux comprendre ce genre d'engrenage dont l'invention est due à M. Robert-

Fig. 196.

son. Le mouvement comparé de deux roues ainsi faites est à peu près le même que celui de deux roues unies qui auraient un contact de roulement et dont les surfaces primitives cylindriques ou coniques seraient à égale distance entre les extrémités des saillies et les fonds des gorges.

Le mouvement relatif des faces de contact des saillies et des gorges est un glissement de rotation autour de la ligne de contact des surfaces primitives idéales comme axe instantané.

L'angle que font les côtés de chaque gorge est d'environ 40°, et on a trouvé que le frottement mutuel des roues est environ une fois et demie la force avec laquelle les axes sont pressés l'un contre l'autre.

446. Roues dentées. La méthode la plus habituelle pour communiquer le mouvement entre deux roues ou entre une roue et une crémaillère, et la seule qui, en forçant les deux roues à tourner ensemble, maintienne exactement constant le rapport entre les vitesses angulaires, est celle qui consiste dans l'emploi de parties saillantes appelées *dents.*

La *surface primitive* d'une roue est une surface idéale unie, comprise entre les extrémités des dents et les fonds des espaces vides qui alternent avec les dents, telle qu'ayant un contact de roulement avec la surface primitive d'une autre roue, elle lui communiquerait un mouvement pour lequel le rapport des vitesses serait le même que celui qui résulte du contact de glissement des dents. Quand on fait un projet de roues dentées, on commence par déterminer la forme à donner aux surfaces primitive et l'on en déduit les figures des dents.

On donne le nom de *roues cylindriques* à des roues dont les surfaces primitives sont cylindriques ; lorsque ces surfaces sont coniques, les roues sont *coniques*, et lorsqu'elles sont des hyperboloïdes, les roues sont *hyperboloïdes*.

La *courbe primitive* d'une roue, ou dans des roues circulaires, le *cercle primitif*, est une section transversale de la surface primitive déterminée par une surface perpendiculaire à la fois à cette surface et à l'axe, c'est-à-dire dans le cas des roues cylindriques, par un plan perpendiculaire à l'axe ; dans le cas des roues coniques, par une sphère décrite du sommet de la surface conique primitive, et dans une roue hyperboloïde par un sphéroïde aplati engendré par la rotation d'une ellipse dont les foyers sont les mêmes que ceux de l'hyperbole qui engendre la surface primitive.

Le *point de contact* (*pitch point*) de deux roues est le point de contact de leurs courbes primitives, c'est-à-dire la section transversale de la ligne de contact des surfaces primitives.

On emploie des termes semblables pour les crémaillères.

La partie de la surface d'action d'une dent qui est située en avant de la surface primitive porte le nom de *face ;* la partie comprise à l'intérieur est le *flanc*.

Le rayon du cercle primitif d'une roue circulaire est appelé le *rayon géométrique ;* celui d'un cercle qui passe par les extrémités des dents est appelé le *rayon réel ;* la différence entre ces deux rayons est la *saillie* (*addendum*).

447. Pas et nombre des dents. La distance comptée sur la courbe primitive entre une face d'une dent et la face de la suivante est appelée le PAS.

Le pas et le nombre des dents dans les roues circulaires sont déterminés au moyen des principes suivants.

I. Pour les roues qui tournent d'une façon continue et font une ou plusieurs révolutions, il est évident que le *pas doit être une partie aliquote de la circonférence.*

Pour des roues soumises à des mouvements alternatifs et qui n'effectuent pas une révolution complète, cette condition n'est pas nécessaire. De pareilles roues portent le nom de *secteurs.*

II. Pour que deux roues ou bien une roue et une crémaillère puissent travailler d'une façon exacte entre elles, il est essentiel, dans tous les cas, que *le pas soit le même pour chacune d'elles.*

III. Il en résulte, pour deux roues circulaires qui travaillent ensemble, que les nombres des dents sur une circonférence complète doivent être proportionnels aux rayons et en raison inverse des vitesses angulaires.

IV. Il en résulte également que pour deux roues circulaires qui tournant d'une façon continue font une ou plusieurs révolutions, le rapport des nombres des dents et son inverse, le rapport des vitesses angulaires, doivent être exprimables en nombres entiers.

V. Soient n, N les nombres respectifs des dents de deux roues, N étant le plus grand, et soient t et T deux dents, l'une sur la plus petite, l'autre sur la plus grande roue, qui sont en contact à un instant quelconque. On demande de trouver : 1° le nombre de couples de dents qui traverseront la ligne de contact des surfaces primitives avant que t et T travaillent de nouveau ensemble (nous désignerons ce nombre par a); 2° le nombre des dents différentes de la plus grande roue avec lesquelles la dent t travaillera avant que la condition ci-dessus soit satisfaite (nous désignons ce nombre par b): 3° avec la même condition que précédemment, le nombre des dent différentes de la plus petite roue avec lesquelles travaillera la dent T (nous désignerons ce nombre par c).

1er CAS. Si n est un diviseur de N, on a

$$a = \text{N}, \quad b = \frac{\text{N}}{n}, \quad c = 1. \qquad (1)$$

2e CAS. Si le plus grand commun diviseur des nombres N et n est d, nombre plus petit que n, de telle sorte que $n = md$, $\text{N} = \text{M}d$, on a

$$a = m\text{N} = \text{M}n = \text{M}md, \quad b = \text{M}, \quad c = m. \qquad (2)$$

3e CAS. Si N et n sont premiers entre eux, on a

$$a = \text{N}n, \quad b = \text{N}, \quad c = n. \qquad (3)$$

Les constructeurs de moulins, en vue de conserver une forme à peu près constante aux dents, s'arrangent de façon que chacune des dents d'une roue travaille avec le plus grand nombre possible de dents différentes de l'autre roue. Ils cherchent donc soit à rendre premiers entre eux les nombres des dents de deux roues d'un engrenage qui travaillent ensemble, soit à rendre leur plus grand commun diviseur aussi petit que possible, eu égard au but de la machine.

VI. Le *plus petit* nombre de dents que l'on puisse pratiquement donner à un pignon (c'est-à-dire à une petite roue) résulte de ce principe que, pour que la communication de mouvement entre deux roues soit continue, il faut qu'il y ait au moins *une* couple de dents en prise à un instant quelconque et que, pour parer à la rupture d'une dent, il faut également qu'il y ait au moins une *seconde* couple en prise. Pour des raisons que l'on comprendra lorsque l'on aura étudié la forme des dents, ce principe donne pour le plus petit nombre de dents que l'on puisse employer *ordinairement* pour les pignons les valeurs suivantes, différentes suivant la forme du profil :

I. Engrenage à développante. 25
II. Engrenage épicycloïdal. . . . . : . 12
III. Dents cylindriques ou *fuseaux*. . . 6

448. Dent supplémentaire (hunting cog). Lorsque le rapport entre les vitesses angulaires de deux roues, étant mis sous la forme d'une fraction irréductible, est exprimé par deux nombres très-petits, inférieurs à ceux que l'on peut prendre pour les dents de roues d'engrenage et qu'il est nécessaire de multiplier ces nombres par un même nombre qui devient un diviseur commun des nombres des dents des deux roues, les constructeurs de moulins et de machines évitent le mauvais effet d'un contact fréquent entre les mêmes couples de dents en ajoutant une dent, appelée *dent supplémentaire* (*hunting cog*), sur la plus grande des roues. Mais de cette façon on n'a pas exactement le rapport des vitesses que l'on désirait; aussi ce moyen doit-il être rejeté lorsqu'il s'agit d'avoir un rapport parfaitement déterminé entre les vitesses des roues, comme dans un mouvement d'horlogerie par exemple.

449. On désigne sous le nom de **train de roues dentées** une série d'axes munis chacun de deux roues dont l'une est *menée* par une roue de l'axe qui précède, tandis que l'autre *mène* une des roues de l'axe qui suit. Si les roues engrènent toutes extérieurement, la rotation d'un axe est de sens contraire à celle des axes voisins. Dans quelques cas, il suffit d'une seule roue sur un axe pour transmettre le mouvement entre deux roues montées sur deux autres axes. Une pareille roue est dite *roue parasite;* elle modifie simplement le sens de la rotation, et n'agit pas sur le rapport des vitesses.

Désignons par les nombres 1, 2, 3, etc.... m la série des axes, et par N les nombres des dents des *roues menantes*, en mettant comme indice le nombre correspondant à l'axe, ce qui nous donnera N_1, N_2, etc.... N_{m-1}; et par n les nombres des dents des *roues menées* en mettant comme indice le nombre correspondant à l'axe, ce qui donnera n_2, n_3, etc.... n_m. Le rapport entre la vitesse angulaire a_m du $m^{ième}$ axe et la vitesse angulaire a_1 du premier axe est le produit des $m-1$ rapports des vitesses des combinaisons élémentaires successives, ou

$$\frac{a_m}{a_1} = \frac{N_1 N_2 \text{ etc}...N_{m-1}}{n_2 n_3 \text{ etc}...n_m}, \qquad (1)$$

c'est-à-dire que le rapport entre les vitesses du dernier et du premier axe est égal au rapport entre le produit des nombres de dents des roues qui mènent et le produit des nombres de dents des roues qui sont menées ; et l'on voit facilement que tant que l'on formera le train avec les mêmes roues menantes et menées, *l'ordre* dans lequel elles se succéderont ne modifiera en rien le rapport final entre les vitesses.

Si nous supposons que toutes les roues engrènent extérieurement, comme chacune des combinaisons élémentaires renverse le sens de la rotation, et comme le nombre des combinaisons élémentaires, $m-1$, est inférieur d'une unité au nombre des axes, m, il est évident que le sens de la rotation est le même si m est impair, et qu'il change, au contraire, si m est pair.

Il est souvent important de déterminer les nombres des dents d'un train de roues qui conviennent le mieux pour établir un rapport déterminé entre les vitesses angulaires de deux axes. Young a montré que, pour arriver à ce résultat avec *le plus petit nombre total de dents*, il faudrait que le rapport entre les vitesses de chaque combinaison élémentaire s'approchât autant que possible de 3,59 ; mais dans beaucoup de cas, on aurait de la sorte beaucoup trop d'axes, et l'on peut établir comme une règle de la pratique que le rapport entre les vitesses d'une combinaison élémentaire devrait être compris entre 3 et 6. ·

Soit $\dfrac{B}{C}$ une fraction irréductible qui représente le rapport entre les vitesses données, et supposons que B soit plus grand que C.

Si $\dfrac{B}{C}$ n'est pas supérieur à 6, et que C soit compris entre le nombre minimum de dents indiqué (que nous appellerons t), et le double de ce nombre, $2t$, une seule paire de roues suffira, et B et C représenteront eux-mêmes les nombres cherchés. Si B et C sont par trop grands, on les décomposera, si c'est possible, en facteurs, et l'on prendra ces facteurs, ou, s'ils sont trop petits, des multiples de ces facteurs, pour les nombres des dents. Si les nombres B ou C, ou tous les deux, sont à la fois très-grands et premiers, alors au lieu du rapport exact $\dfrac{B}{C}$, on cherchera par la méthode des fractions continues un rapport qui s'approche du précédent et qui soit susceptible d'être décomposé en facteurs convenables.

Si $\dfrac{B}{C}$ est supérieur à 6, le nombre le plus convenable de combinaisons élémentaires, $m - 1$, sera compris entre

$$\frac{\log B - \log C}{\log 6} \quad \text{et} \quad \frac{\log B - \log C}{\log 3}. \qquad (2)$$

Alors, si cela est possible, on décomposera B et C chacun en $m-1$ facteurs (en comptant 1 comme facteur); ces facteurs ou leurs multiples ne devront par être moindres que t ni plus grands que $6t$; ou si B et C renferment des facteurs premiers très-grands, on substituera, comme ci-dessus, à $\dfrac{B}{C}$, un rapport de vitesses approché, déterminé par la méthode des fractions continues.

Tant qu'il ne s'agit que du rapport de vitesse résultant, peu importe l'*ordre* des roues qui mènent N et des roues menées n; mais pour assurer l'usure égale des dents, comme nous l'avons expliqué au n° 447, principe V, on devra disposer les roues de telle sorte que pour chaque combinaison élémentaire, le plus grand commun diviseur de N et de n soit ou l'unité ou un nombre aussi petit que possible.

450. Principe du contact de glissement. *La ligne d'action* ou de *liaison*, dans le cas du contact de glissement de deux pièces en mouvement, est la perpendiculaire commune à leurs surfaces au point où elles se touchent; le principe de leur mouvement comparé consiste en ce que les *composantes, suivant cette perpendiculaire, des vitesses de deux points quelconques situés sur cette ligne, sont égales.*

1er CAS. *Deux pièces animées d'un mouvement de translation*, dans un contact de glissement, ont des vitesses linéaires proportionnelles aux sécantes des angles que les directions de leurs mouvements font avec leur ligne d'action.

2e CAS. *Deux pièces animées d'un mouvement de rotation*, dans un conctact de glissement, ont des vitesses angulaires inversement proportionnelles aux plus courtes distances de leurs axes de rotation et de leur ligne d'action, chacune de ces distances étant multipliée par le sinus de l'angle que la ligne d'action fait avec l'axe particulier sur lequel on abaisse la perpendiculaire.

Dans la *fig.* 197, C_1, C_2 représentent les axes de rotation des deux

Fig. 197.

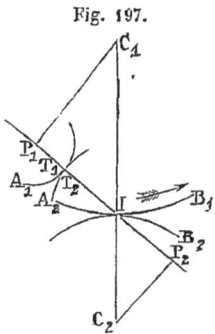

pièces; A_1, A_2 sont deux portions de leurs surfaces respectives, et T_1, T_2, deux points sur ces surfaces, pour lesquels il y a contact à l'instant considéré. Soit P_1P_2 la perpendiculaire commune aux surfaces pour les points T_1, T_2, c'est-à-dire *la ligne d'action;* et soient $\overline{C_1P_1}$, $\overline{C_2P_2}$, les plus courtes distances de la ligne d'action et des deux axes respectivement. Alors, à l'instant donné, les composantes suivant P_1P_2 des vitesses des points P_1, P_2, sont égales. Soient i_1, i_2, les angles que cette ligne fait respectivement avec la direction des axes. Soient a_1, a_2 les vitesses angulaires respectives des pièces qui se meuvent; on aura alors

$$a_1\overline{C_1P_1}\sin i_1 = a_2\overline{C_2P_2}\sin i_2;$$

et par conséquent

$$\frac{a_2}{a_1} = \frac{\overline{C_1P_1}\sin i_1}{\overline{C_2P_2}\sin i_2}, \tag{1}$$

qui est le principe établi ci-dessus.

Lorsque la ligne d'action est perpendiculaire en direction aux deux axes, $\sin i_1 = \sin i_2$, et l'équation 1 devient

$$\frac{a_2}{a_1} = \frac{\overline{C_1P_1}}{\overline{C_2P_2}}. \qquad (1A)$$

Lorsque les axes sont parallèles, $i_1 = i_2$. Soit I le point où la ligne d'action rencontre le plan des deux axes; alors les triangles P_1C_1I, P_2C_2I, sont semblables, de telle sorte que l'équation 1A équivaut à

$$\frac{a_2}{a_1} = \frac{\overline{IC_1}}{\overline{IC_2}}. \qquad (1B)$$

3ᵉ CAS. Dans le cas où *deux pièces animées, l'une d'un mouvement de rotation, l'autre d'un mouvement de translation*, ont un contact de glissement, leur mouvement comparé dépend du principe suivant : soient $\overline{CP}$ la plus courte distance de l'axe de la pièce qui tourne et de la ligne d'action; i l'angle que la direction de la ligne d'action fait avec cet axe; a la vitesse angulaire de la pièce qui tourne; v la vitesse linéaire de l'autre pièce; j l'angle que la direction de son mouvement fait avec la ligne d'action, on a alors

$$v = a\,\overline{CP} \sin i \ \sec j. \qquad (2)$$

Lorsque la ligne d'action et la vitesse v sont toutes deux perpendiculaires en direction à l'axe de la pièce qui tourne, $\sin i = 1$, et

$$v = a\,\overline{CP} \sec j = a\,\overline{IC}, \qquad (2A)$$

équation dans laquelle $\overline{IC}$ désigne la distance à l'axe de la pièce qui tourne du point où la ligne d'action rencontre une perpendiculaire abaissée de cet axe sur la direction du mouvement de la pièce qui est animée d'un mouvement de translation.

451. Dents des roues cylindriques et des crémaillères. Principe général. Les figures des dents des roues sont déduites de ce principe, que *le contact de glissement des dents des deux roues doit donner lieu au rapport des vitesses qui résulterait du contact de roulement des surfaces primitives unies.* Soient B_1, B_2, dans la *fig.* 197, des portions des courbes primitives (c'est-à-dire des sections transversales des surfaces primitives) de deux roues à axes parallèles, et I le point de contact de ces courbes primitives, c'est-à-dire une section de la ligne de contact). Les vitesses angulaires qui résulteraient pour les roues du contact de roulement de ces courbes primitives sont en raison inverse des segments $\overline{IC_1}$, $\overline{IC_2}$ de la ligne des centres;

c'est également le rapport des vitesses angulaires qui est donné par deux surfaces en contact de glissement dont la ligne d'action passe par le point I (n° 450, 2e cas, équation 1B). La condition pour que les dents de deux roues à axes parallèles travaillent exactement entre elles, consiste donc en ce que *la ligne d'action des dents doit, à chaque instant, passer par la ligne de contact des surfaces primitives ;* la même condition s'applique évidemment au mouvement d'une crémaillère dans une direction perpendiculaire à celle de l'axe de la roue avec laquelle elle travaille.

452. **Dents décrites par des courbes roulantes.** Il résulte du principe du numéro précédent que la position du point de contact T_1 sur la section transversale de la surface de la dent qui agit (telle que $A_1 T_1$, dans la *fig.* 197) et la position correspondante du point de contact I sur la courbe primitive IB_1 de la roue à laquelle cette dent appartient, doivent être telles à chaque instant que la ligne IT_1 qui les réunit soit normale au profil de la dent $A_1 T_1$ au point T_1. Or c'est là la relation qui existe entre le *point décrivant* T_1, *et l'axe instantané* ou la *ligne de contact* I, pour une courbe roulante dont la figure serait telle, qu'en roulant sur la surface primitive B_1, son point décrivant T_1 décrivît le profil de la dent. (Voir, pour le roulement des courbes, les n°^{os} 386, 387, 389, 390, 393, 396, 397 et la note déjà indiquée du professeur Clerk Maxwell.)

Pour que deux dents puissent travailler exactement entre elles, il faut et il suffit que les *rayons vecteurs instantanés* menés du point de contact des courbes primitives aux points de contact des dents coïncident à chaque instant, ce qu'indique l'équation

$$\overline{IT_1} = \overline{IT_2}, \qquad (1)$$

et cette condition sera remplie, *si les profils des deux dents sont tracés par le mouvement du même point décrivant, lorsque l'on fait rouler la même courbe du même côté des surfaces primitives des roues respectives.*

Le *flanc* d'une dent est décrit lorsque la courbe roulante roule à l'*intérieur* de la courbe primitive ; la *face*, lorsqu'elle roule à l'*extérieur*. Il est évident alors que les *flancs* des dents de la roue menante mènent les *faces* des dents de la roue menée, et que les *faces* des dents de la roue menante mènent les *flancs* des dents de la roue menée. Dans le premier cas, le point de contact des dents *s'approche* du point de contact des courbes primitives, comme dans la *fig.* 197, si l'on suppose que le mouvement ait lieu de P_1 vers P_2 ; dans le second, le point de contact a dépassé le point de contact des courbes primitives et va en s'en *éloignant*. Le point de contact des courbes primitives divise le lieu du point de contact des dents en deux parties que l'on appelle *le lieu du contact d'approche* et *le lieu du contact de retraite*, et les longueurs de ces trajectoires doivent être telles qu'il y ait au moins à chaque instant deux couples de dents en prise.

Il faut évidemment que les surfaces de contact de deux dents en prise soient ou toutes deux convexes, ou que si l'une est convexe et l'autre concave, la surface concave ait la plus petite courbure.

Les équations du n° 390 donnent les relations qui existent entre le rayon de courbure d'une courbe primitive au point de contact des courbes primitives (r_1), le rayon de courbure de la courbe qui roule au même point (r_2), le rayon vecteur du point décrivant $(r_1 = \text{IT})$, l'angle que fait cette ligne avec la ligne des centres des courbes fixe et roulante $(\theta = \text{TIC})$ et le rayon de courbure de la courbe décrite par le point T (ρ), à un instant donné.

Lorsque les surfaces de deux dents en contact sont toutes deux absolument convexes, celle qui est une face est concave, et celle qui est un flanc est convexe, par rapport au point de contact des courbes primitives; les valeurs de ρ ont alors des signes contraires pour les deux dents, le signe $+$ pour la face et le signe $-$ pour le flanc. La *face* d'une dent est toujours absolument convexe, et concave par rapport au point de contact des courbes primitives, ρ étant positif; de telle sorte que si elle travaille avec un flanc concave, la valeur de ρ pour ce flanc est également positive et plus grande que pour la face avec laquelle elle travaille.

453. Glissement de deux dents l'une sur l'autre. On détermine le mouvement relatif de deux dents dans une direction perpendiculaire à leur ligne d'action, en supposant que l'une des roues, telle que 1, soit fixe, que la ligne des centres C_1C_2 tourne d'avant en arrière autour de C_1 avec la vitesse angulaire a_1, et que la roue 2 tourne autour de C_2 comme auparavant avec la vitesse angulaire a_2 par rapport à la ligne des centres C_1C_2, de façon à avoir le même mouvement que si sa surface primitive *roulait* sur la surface primitive de la première roue. Le mouvement *relatif* des roues n'est pas changé de cette manière, mais 1 est considéré comme fixe, et 2 a pour mouvement résultant celui que l'on déduit des principes du n° 388, c'est-à-dire qu'il possède une rotation autour de l'axe instantané I avec la vitesse angulaire $a_1 + a_2$. La *vitesse de glissement* est donc celle qui est due à cette rotation autour de I, avec le rayon $\overline{\text{IT}} = r$, c'est-à-dire qu'elle a pour valeur

$$r(a_1 + a_2); \qquad (1)$$

cette quantité est d'autant plus grande que le point de contact est plus éloigné de la ligne des centres; au moment où ce point se trouvant sur la ligne des centres, coïncide avec *le point de contact des courbes primitives*, la vitesse de glissement est nulle, et l'on a à ce moment, pour la dent, un contact de roulement.

Les racines des dents glissent l'une vers l'autre durant l'approche et s'écartent durant la retraite. Pour trouver la *distance totale* pour laquelle le glissement a lieu, désignons par t_1 les temps qui correspondent respectivement à l'approche et à la retraite; la distance de glissement est alors

$$s = \int_0^{t_1} r(a_1 + a_2)\, dt + \int_0^{t_2} r(a_1 + a_2)\, dt; \qquad (2)$$

ou sous une autre forme, si l'on désigne par di le changement élémentaire de position angulaire d'une roue par rapport à l'autre, par i_1 la somme de ces changements durant l'approche, et par i_2 la quantité analogue durant la retraite, on a

$$(a_1 + a_2)\, dt = di, \quad \text{et} \quad s = \int_0^{i_1} r\, di + \int_0^{i_2} r\, di. \qquad (3)$$

(Voir également le n° 455.)

454. **L'arc de contact sur les lignes primitives** est la longueur de la portion des courbes primitives qui passe par le point de contact, pendant que deux dents agissent l'une sur l'autre: pour que deux couples de dents au moins pussent être en action à chaque instant, il faudrait que la longueur de cet arc fût au moins double du pas. Il se divise en deux parties, l'arc d'approche et l'arc de retraite. Afin que les dents aient une longueur suffisante pour que le contact ait la durée voulue, il faut que la distance parcourue par le point I sur la courbe primitive, pendant que la courbe roulante décrit la face et le flanc d'une dent, soit égale à la longueur de l'arc de contact indiqué. On a l'habitude de prendre l'arc de retraite égal à l'arc d'approche.

455. La **longueur d'une dent** peut se diviser en deux parties, celle de la face et celle du flanc. Pour les dents de la roue qui mène,

la longueur du flanc dépend de l'arc d'approche, et celle de la face. de l'arc de retraite; pour les dents de la roue menée, la longueur du flanc dépend de l'arc de retraite, et celle de la face, de l'arc d'approche.

Soient q_1 l'arc d'approche, q_2 l'arc de retraite, l_1 la longueur du flanc, l'_1 la longueur de la face d'une dent de la roue menante, r_1 le rayon de courbure de la courbe primitive, r_0 celui de la courbe qui roule, r le rayon vecteur du point décrivant, à un instant quelconque. La vitesse angulaire de la courbe roulante par rapport à la roue est

$$\frac{dq}{dt}\left(\frac{1}{r_0} \pm \frac{1}{r_1}\right),$$

le signe $+$ s'appliquant au roulement extérieur ou au tracé de la face, et le signe $-$ au roulement intérieur ou au tracé du flanc. La vitesse du point décrivant à un instant donné est donc

$$\frac{dq}{dt}\left(\frac{r}{r_0} \pm \frac{r}{r_1}\right);$$

et par suite

$$\left. \begin{aligned} l_1 &= \int_0^{q_1}\left(\frac{r}{r_0} - \frac{r}{r_1}\right) dq; \\ l'_1 &= \int_0^{q_2}\left(\frac{r}{r_0} + \frac{r}{r_1}\right) dq. \end{aligned} \right\} \qquad (1)$$

Pour la roue menée il faudra changer q_1 en q_2 et réciproquement, de telle sorte que si r_2 est le rayon de cette roue,

$$\left. \begin{aligned} l_2 &= \int_0^{q_2}\left(\frac{r}{r_0} - \frac{r}{r_2}\right) dq; \\ l'_2 &= \int_0^{q_1}\left(\frac{r}{r_0} + \frac{r}{r_2}\right) dq. \end{aligned} \right\} \qquad (2)$$

Les équations 1 et 2 fournissent le moyen de trouver la distance de glissement entre deux dents en prise, sous une forme différente de celle donnée au n° 453, car cette distance est

$$s = (l'_2 - l_1) + (l'_1 - l_2) = \int_0^{q_1}\left(\frac{r}{r_1} + \frac{r}{r_2}\right) dq + \int_0^{q_2}\left(\frac{r}{r_1} + \frac{r}{r_2}\right) dq. \quad (3)$$

456. Tous les principes précédents s'appliquent à **l'engrenage**

Intérieur, à la condition de considérer comme négatif le rayon de la plus grande surface primitive ou surface concave, et de prendre au n° 453 la différence des vitesses angulaires au lieu de leur somme.

457. Les **dents à développante de cercle pour roues circulaires**, les premières de celles que nous avons mentionnées au n° 447, ont pour profil une développante de cercle, d'un rayon plus petit que celui du cercle primitif, le rapport entre ces deux rayons pouvant être exprimé par le sinus d'un certain angle θ. Elles peuvent être décrites par le pôle d'une spirale logarithmique qui roule sur le cercle primitif, l'angle que fait cette spirale en chaque point avec son rayon vecteur étant le complément de l'angle donné θ. Mais nous n'indiquons ce mode de tracer les développantes de cercle, qui est plus compliqué que la méthode ordinaire, que pour montrer qu'elles ne sont qu'un cas particulier des courbes décrites par suite d'un roulement.

Dans la *fig.* 198, C_1, C_2 sont les centres de deux roues circulaires, dont les circonférences primitives sont B_1, B_2.

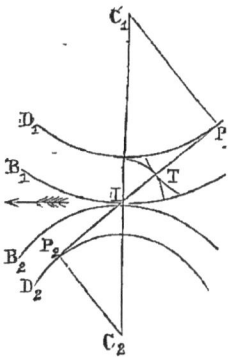

Fig. 198.

Menons par le point de contact de ces circonférences I la ligne P_1P_2 destinée à être *la ligne d'action*, laquelle fait l'angle CIP = θ avec la ligne des centres. puis par les points C_1, C_2, les lignes

$$\overline{C_1P_1} = \overline{IC_1} \sin\theta, \quad \Big\}$$
$$\overline{C_2P_2} = \overline{IC_2} \sin\theta, \quad \Big\} \qquad (1)$$

perpendiculaires à P_1P_2, et avec ces perpendiculaires comme rayons, décrivons les cercles (appelés *cercles de base*) D_1, D_2.

Supposons que les cercles de base soient deux poulies circulaires reliées entre elles au moyen d'une corde dont la partie comprise entre les poulies est P_1IP_2. La ligne de liaison de ces poulies étant la même que celle des dents proposées, elles tourneront avec le rapport des vitesses donné. Supposons maintenant qu'un point décrivant T soit fixé à la corde de façon à être entraîné le long du lieu du point de contact P_1IP_2. Ce point décrira sur un plan qui tournerait avec la roue 1, une portion de la développante du cercle de base D_1, et sur un plan tournant avec la roue 2, une portion de la développante du cercle de base D_2, et les deux courbes ainsi tracées se toucheront toujours au point de contact voulu T, et satisferont par conséquent à la condition imposée du n° 451.

Toutes les dents à développante de cercle du même pas travaillent ensemble sans secousse.

Pour trouver la longueur du lieu du point de contact de chaque côté du point de contact I des circonférences primitives, on remarquera que la distance comprise entre les fronts de deux dents successives étant mesurée le long de P_1IP_2, est égale au produit du pas par $\sin\theta$, et par conséquent, que si l'on porte des distances qui ne soient pas moindres que le produit du pas par $\sin\theta$, de part et d'autre de I vers P_1 et P_2 respectivement, pour marquer les extrémités de la trajectoire de contact, et si par ces points on mène les circonférences qui limitent les saillies, il y aura toujours au moins deux couples de dents en prise. En pratique, on a l'habitude de prendre la longueur du lieu du point de contact un peu plus grande, égale à 2,25 fois le pas environ ; si l'on prend cette longueur de trajectoire ainsi que la valeur de θ généralement admise, à savoir $75°,30$, la saillie des dents est environ les $\dfrac{3}{10}$ du pas.

Les dents d'une *crémaillère*, pour travailler exactement avec des roues dont les dents ont pour profil une développante de cercle, doivent avoir des surfaces planes, perpendiculaires à la ligne de liaison, lesquelles font par conséquent avec la direction du mouvement de la crémaillère, des angles égaux à l'angle θ indiqué ci-dessus.

458. Glissement des dents à développante de cercle. On trouvera la distance de glissement de deux dents à développante de cercle, en remarquant que la distance du point de contact des dents au point de contact des circonférences primitives est donnée par l'équation

$$r = q\,\frac{\overline{CP}}{\overline{CI}} = q\sin\theta. \qquad (1)$$

ce qui ramène l'équation 3 du n° 455 à la suivante :

$$s = \left(\frac{1}{r_1} + \frac{1}{r_2}\right)\frac{q_1^2 + q_2^2}{2}\sin\theta. \qquad (2)$$

Cette distance peut aussi s'exprimer en fonction des distances extrêmes du point de contact au point de contact des circonférences primitives. Représentons-les par t_1, t_2 ; on a alors

$$t_1 = q_1\sin\theta, \quad t_2 = q_2\sin\theta, \quad \text{et} \quad s = \left(\frac{1}{r_1} + \frac{1}{r_2}\right)\frac{t_1^2 + t_2^2}{2\sin\theta}, \qquad (2A)$$

Pour *l'engrenage intérieur* on devra prendre la différence dés inverses des rayons des roues au lieu de leur somme.

Les formules qui précèdent, qui sont exactes pour les dents à développante, sont à peu près vraies pour toutes les dents, si l'on prend θ pour représenter la valeur moyenne de l'angle CIP que forme la ligne des centres avec la ligne d'action.

On prend habituellement $\theta = 75°,30'$; on a alors

$$\sin \theta = \frac{31}{32} \text{ environ.}$$

459. Saillie des dents à développante. On trouvera la saillie comptée à partir de la circonférence primitive en remarquant que pour une des roues de la *fig.* 198, 1 par exemple, le rayon *réel*, ou rayon de la circonférence qui limite les saillies, est l'hypoténuse d'un triangle rectangle dont l'un des côtés est le rayon de la circonférence de base $\overline{CP}$, et l'autre est égal à $\overline{PI}$ augmenté de la portion de la longueur du lieu du point de contact au delà du point I.

Or $\overline{CP} = r_1 \sin \theta$; $\overline{PI} = r_1 \cos \theta$.

Soient t_2 la portion du lieu du point de contact indiquée ci-dessus $(= q_2 \sin \theta)$ et d_1 la saillie de la roue 1, on a alors

$$(r_1 + d_1)^2 = r_1^2 \sin^2 \theta + (r_1 \cos \theta + t_2)^2. \tag{1}$$

Pour la roue 2, il suffira d'intervertir les indices 1 et 2.

La valeur habituelle de $\sin \theta$ est environ $\frac{31}{32}$, et celle de $\cos \theta$ environ $\frac{1}{4}$.

Les mêmes formules s'appliquent à des dents d'une figure quelconque, si l'on prend θ pour représenter la valeur *extrême* de l'angle CIP.

460. On déterminera les dimensions du **plus petit pignon avec dents à développante de cercle** d'un pas donné p, en remarquant que la longueur du lieu du point de contact des flancs des dents, qui ne doit pas être inférieure à $p \sin \theta$, ne peut pas être plus grande que la distance suivant la ligne d'action entre le point de contact des circonférences primitives et le cercle de base, $\overline{IP} = r \cos \theta$. Le *plus petit rayon* est donc

$$r = p \tang \theta, \tag{1}$$

qui, pour $\theta = 75°,30'$, donne pour le rayon $r = 3,867 p$, et pour la circonférence primitive, $p \times 3,867 \times 2\pi = 24,3p$; le plus grand multiple entier de p qui est le plus voisin de cette quantité est donc $25p$, et, par suite, *vingt-cinq* est, ainsi que nous l'avons établi au n° 447, le plus petit nombre *de dents à développante de cercle* d'un pignon.

461. Dents à profil épicycloïdal. Pour tracer les figures des dents, la courbe roulante la plus commode est la circonférence. Le lieu du point de contact qu'un point de sa circonférence décrit est identique avec la circonférence elle-même ; les flancs des dents sont des épicycloïdes intérieures et leurs faces, des épicycloïdes extérieures, dans le cas de roues ; pour une crémaillère, les flancs et les faces sont des cycloïdes.

Des roues de même pas, avec des dents à profil épicycloïdal décrites par la même circonférence roulante, travaillent toutes exactement ensemble, quel que soit le nombre de leurs dents : on dit qu'elles appartiennent au même *système*.

Dans le cas où la circonférence primitive a un rayon double de la circonférence roulante ou *décrivante*, l'épicycloïde intérieure est une ligne droite qui est, par le fait, un diamètre de la circonférence primitive, de telle sorte que les flancs des dents, pour cette circonférence primitive, sont des plans passant par l'axe. Pour une circonférence primitive plus petite, les flancs seraient convexes, ce qui serait un inconvénient ; la plus petite roue d'un système devrait donc avoir une circonférence primitive d'un rayon double de celui de la circonférence décrivante, de sorte que les flancs pussent être rectilignes ou concaves.

Dans la *fig.* 199, B est une partie de la circonférence primitive d'une roue, CC′ est la ligne des centres, I le point de contact des circonférences primitives, R et R′ les circonférences égales décrivantes intérieure et extérieure, tangentes entre elles et à la circonférence primitive en I ; soit DID′ le lieu du point de contact qui se compose du lieu du contact d'approche DI et du lieu du contact de retraite ID′. Pour qu'il pût y avoir toujours au moins deux couples de dents en prise, il faudrait que chacun de ces arcs fût égal au pas.

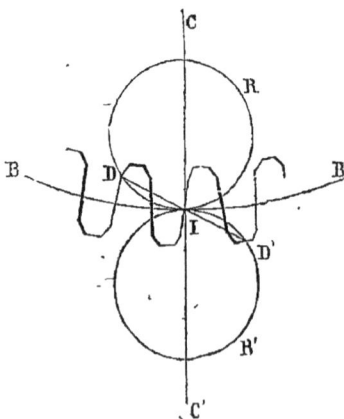

Fig. 199.

L'angle θ, au passage de la ligne des centres, est de 90°; la plus petite valeur de cet angle est

$$\theta = CID = C'ID'.$$

L'expérience indique que la plus petite valeur de θ devrait être environ 60°; les arcs $DI = ID'$ devraient donc être égaux chacun au sixième d'une circonférence; par suite, la circonférence décrivante devrait être égale à *six fois le pas*.

On en conclut que le plus petit pignon d'un système, pignon dans lequel les flancs sont rectilignes, devrait avoir *douze dents*, comme nous l'avons déjà indiqué au n° 447.

462. On trouvera **la saillie des dents à profil épicycloïdal** au moyen de la formule déjà donnée au n° 459, équation 1, dans laquelle on substituera à θ l'angle CID, et à t_2 la corde $\overline{ID'} = 2r_0 \cos\theta$, r_0 étant le rayon de la circonférence qui roule. On aura donc

$$(r_1 + d_1)^2 = r_1^2 \sin^2\theta + (r_1 + 2r_0)^2 \cos^2\theta. \qquad (1)$$

Pour la valeur habituelle de θ, 60°, $\sin^2\theta = \dfrac{3}{4}$, et $\cos^2\theta = \dfrac{1}{4}$; d'où

$$(r_1 + d_1)^2 = r_1^2 + r_1 r_0 + r_0^2. \qquad (2)$$

462A. On déduit le **glissement des roues à profil épicycloïdal** de l'équation 3 du n° 455, en remarquant que le rayon vecteur du point de contact est

$$r = 2r_0 \sin\frac{q}{2r_0}, \qquad (1)$$

et que les valeurs extrêmes de q sont les arcs d'approche et de retraite,

$$q_1 = q_2 = 2r_0 \left(\frac{\pi}{2} - \theta\right); \qquad (2)$$

d'où

$$s = 2\left(\frac{1}{r_1} + \frac{1}{r_2}\right) \int_0^{q_1} r\,dq = 8r_0^2 \left(\frac{1}{r_1} + \frac{1}{r_2}\right) \int_0^{\frac{\pi}{2}-\theta} \sin\frac{q}{2r_0}\, d\frac{q}{2r_0}$$

$$= 8(1 - \sin\theta) r_0^2 \left(\frac{1}{r_1} + \frac{1}{r_2}\right), \qquad (3)$$

qui, pour θ = 60°, prend la valeur

$$s = 1{,}07 r_0^2 \left(\frac{1}{r_1} + \frac{1}{r_2}\right). \qquad (3A)$$

463. Dents à profil épicycloïdal approché. M. Willis a montré comment on pouvait tracer un profil épicycloïdal approché au moyen de deux arcs de cercle, l'un concave pour le flanc, l'autre convexe pour la face, chacun d'eux ayant pour rayon le rayon de courbure *moyen* de l'arc d'épicycloïde. Les formules de l'ouvrage de M. Willis résultent de considérations relatives à la transmission de mouvement au moyen de liens rigides. Celles que nous allons exposer sont déduites des valeurs déjà données pour les rayons de courbure des épicycloïdes au n° 390, 1er cas, équation 4; r_1 étant le rayon de la circonférence primitive, r_0 celui du cercle roulant, ρ le rayon de courbure cherché, on a trouvé

$$\rho = 2r_0 \cos\theta \frac{r_1 \pm r_0}{\frac{r_1}{2} \pm r_0} = 4r_0 \cos\theta \frac{r_1 \pm r_0}{r_1 \pm 2r_0} ; \qquad (1)$$

le signe $+$ s'appliquant à une *épicycloïde extérieure*, c'est-à-dire à la *face* d'une dent, et le signe $-$ à une *épicycloïde intérieure*, ou au *flanc* d'une dent.

Pour trouver les distances des centres de courbure du point donné sur une épicycloïde au point de contact I de la circonférence primitive et du cercle qui roule, il faut retrancher du rayon de courbure le rayon vecteur instantané, $r = 2r_0 \cos\theta$; on a alors

$$\rho - r = 2r_0 \cos\theta \frac{r_1}{r_1 \pm 2r_0}. \qquad (2)$$

La valeur qu'il faut prendre pour θ est sa valeur moyenne, c'est-à-dire $75°\,30'$, et $\cos\theta = \frac{1}{4}$ environ : r_0 est à peu près égal au pas, p; et si n est le nombre des dents de la roue,

$$\frac{6}{n} = \frac{r_0}{r_1}.$$

Avec ces valeurs, qui sont celles qu'admet M. Willis, l'équation 2 devient

$$\rho - r = \frac{p}{2} \frac{n}{n \pm 12} ; \qquad (3)$$

le signe $+$ s'appliquant à la face, et le signe $-$ au flanc; on a aussi

$$r = \frac{p}{2} \text{ très-sensiblement.} \qquad (4)$$

D'où la construction suivante. Soient dans la *fig.* 200, BC une

Fig. 200.

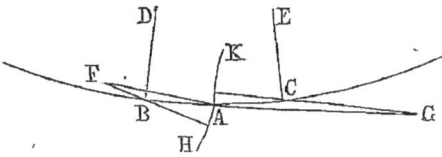

partie de la circonférence primitive, A le point où une dent la rencontre. Portons les longueurs $AB = AC = \dfrac{p}{2}$.

Menons les rayons de la circonférence primitive DB, EC, puis les lignes FB, CG faisant des angles de 75°,30′ avec ces rayons, sur lesquelles nous prendrons

$$\overline{BF} = \frac{p}{2}\frac{n}{n+12}; \qquad \overline{CG} = \frac{p}{2}\frac{n}{n-12}. \qquad (5)$$

Du point F comme centre, avec le rayon FA, décrivons l'arc de cercle AH; ce sera la face de la dent. Du point G comme centre, avec le rayon GA, décrivons l'arc de cercle GK; ce sera le flanc de la dent.

Pour rendre l'emploi de cette règle plus facile, M. Willis a publié des tables des valeurs de $\rho - r$, et a inventé un instrument appelé l'*odontographe*.

464. Dents d'une roue et d'une lanterne. Une lanterne (*fig.* 201) a pour dents des tiges cylindriques appelées *fuseaux*. Dans le cas d'un engrenage extérieur, on obtiendra la face des dents de la roue menante en traçant d'abord l'épicycloïde extérieure engendrée par le centre d'un fuseau lorsque la circonférence primitive B_2 de la lanterne roule sur la circonférence primitive B_1 de la roue menante (celle épicycloïde est figurée en trait ponctué), puis en menant des courbes parallèles intérieurement et extérieurement à cette épicycloïde, à une distance de cette épicycloïde égale au rayon d'un fu-

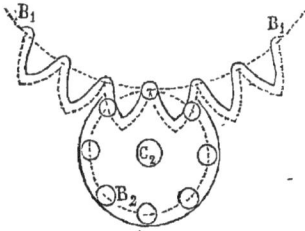

Fig. 201.

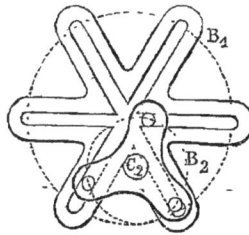

Fig. 202.

seau. Des lanternes n'ayant que six fuseaux pourront engrener avec de grandes roues.

Dans le cas d'un *engrenage intérieur*, les profils des dents de roue seraient des courbes parallèles à des épicycloïdes intérieure La *fig.* 202 représente un engrenage de cette nature lorsque le rayo de la circonférence primitive de la lanterne est moitié de celui de circonférence primitive de la roue; la lanterne porte trois fusea équidistants; et les épicycloïdes intérieures qui sont décrites par l centres de ces fuseaux lorsque la circonférence primitive de la la terne roule à l'intérieur de celle de la roue, sont des lignes droite diamètres de la roue, qui font entre elles des angles de 60°. Les su faces des dents de la roue forment donc trois fentes rectilign qui se coupent au centre et qui ont chacune pour largeur le diamèt d'un fuseau.

465. **Dimensions des dents.** Les roues dentées étant génér lement destinées à tourner dans les deux sens, on fait l'*arrière* ide tique à l'*avant*. On donne au *vide* compris entre deux dents, mesu sur la circonférence primitive, un cinquième environ de plus qu'à largeur de la dent mesurée sur cette même circonférence; c'est-dire qu'on a:

$$\text{largeur de la dent} = \frac{5}{11} \text{ du pas};$$

$$\text{largeur du vide} = \frac{6}{11} \text{ du pas}.$$

La différence $\frac{1}{11}$ du pas est appelée le *jeu*.

Le jeu au fond du creux entre l'extrémité d'une dent et le fon du vide de la dent de l'autre roue est environ un dixième du pas.

On détermine la *largeur* d'une dent d'après les principes que no avons établis au n° 326; quant à l'*épaisseur* mesurée dans le se des génératrices, elle doit être telle que, multipliée par le pas, el donne un produit qui contienne autant de millimètres carrés qu y a de fois 0ᵏ,11 dans la force que les dents transmettent.

466. **Méthode de M. Sang.** M. Sang a publié sur les rou dentées un ouvrage très-complet dans lequel il indique un procéd qui diffère sur quelques points de ceux que nous avons exposés. choisit une forme pour le lieu du point de contact des dents, et e déduit les profils des dents. Nous renvoyons, pour les détails, à l'o vrage de l'auteur.

467. Les **roues coniques** ont pour surfaces d'action des su

faces coniques qui sont engendrées par le mouvement d'une ligne qui passe par le sommet de la surface conique primitive et qui s'appuie sur les profils résultant de l'intersection des dents par une sphère décrite du sommet comme centre.

Les opérations qui permettent de tracer les figures exactes des dents des roues coniques, par des développantes ou par des courbes roulantes, sont semblables à celles qui donnent les figures des dents des roues cylindriques, avec cette différence que dans le cas des roues coniques, ces opérations doivent être effectuées sur la surface d'une sphère décrite du sommet comme centre, au lieu de l'être sur un plan, ce qui revient à substituer des *pôles* aux *centres*, et des *grands cercles* aux *lignes droites*.

Mais par suite des difficultés que l'on trouve en pratique, surtout dans le cas des roues de grandes dimensions, à avoir une surface sphérique exacte et à y faire des tracés, on a recours ordinairement à une *méthode approchée*, qui a été indiquée par Tredgold.

Soient O (*fig.* 203) le sommet, et OC l'axe du cône primitif d'une

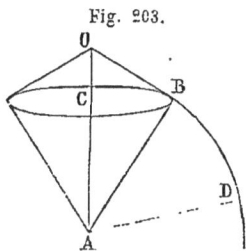

Fig. 203.

roue conique. Supposons que la plus grande circonférence primitive soit celle dont le rayon est $\overline{CB}$. Menons perpendiculairement à OB la ligne BA qui coupe l'axe prolongé au point A, et supposons que le profil soit tracé sur une portion de la surface du cône, qui a pour sommet le point A et pour côté AB. La zone étroite de ce cône se rapproche assez d'une zone de la sphère décrite du point O comme centre avec le rayon OB. pour pouvoir lui être substituée. Décrivons maintenant sur un plan un arc de cercle BD avec le rayon AB; un secteur de ce cercle représentera une portion de la surface du cône ABC *développé*. Traçons ensuite les figures des dents ayant le pas donné, comme s'il s'agissait d'une roue cylindrique dont la circonférence primitive serait BD; ces figures représenteront les sections des dents de la roue conique faites par la zone conique dont le sommet est A.

468. **Dents d'un engrenage hyperboloïde**. Les profils des dents d'une roue hyperboloïde pour une circonférence primitive donnée sont les mêmes que ceux d'une roue conique dont la surface primitive est un cône tangent à la surface primitive de l'hyperboloïde à la circonférence primitive donnée; et les surfaces des dents de la roue hyperboloïde sont engendrées par une ligne droite qui

parcourt les contours de la section transversale, en gardant la position de la génératrice d'une surface hyperboloïde identique avec la surface primitive (444).

469. **Les dents des roues non circulaires** sont décrites au moyen de circonférences ou autres courbes roulant sur les surfaces primitives, comme les dents des roues circulaires; et lorsque ces dents sont petites relativement aux roues auxquelles elles appartiennent, chacune d'elles se rapproche beaucoup de la dent d'une roue circulaire qui aurait le même rayon de courbure que la surface primitive de la roue donnée au point correspondant.

470. **Une came** est une dent unique qui est animée d'un mouvement de rotation continu ou d'un mouvement oscillatoire, et qui mène une pièce ayant un mouvement de translation ou tournant soit d'une façon continue, soit par intervalles. Tous les principes que nous avons donnés au n° 450 comme s'appliquant au contact de glissement, s'appliquent également aux cames; mais quand on trace le profil d'un pareil organe, on n'a pas l'habitude de déterminer ou de considérer la forme de la surface primitive qui donnerait par un contact de roulement le même mouvement comparé que la came donne par un contact de glissement.

471. **Vis. Pas.** La figure d'une vis est celle d'un cylindre convexe ou concave muni d'une ou plusieurs saillies hélicoïdales, qui en font le tour et qu'on nomme *filets*. On distingue les vis convexes et concaves par les noms de vis *mâles* et de vis *femelles*, ou de vis *à filets extérieurs* et de vis *à filets intérieurs*. On donne le nom d'*écrou* à une vis à filets intérieurs qui a une petite longueur. Lorsque nous ne spécifierons pas une vis, on devra entendre qu'il s'agit d'une vis à *filets extérieurs*.

Nous avons déjà établi au n° 382, équation 1, la relation qui existe entre *la progression* et la *rotation*, dans le mouvement d'une vis en contact avec un écrou ou avec un guide hélicoïdal fixe; cette même relation existe entre la rotation d'une vis autour d'un axe qui serait fixe dans le sens de la longueur par rapport au bâti, et la progression d'un écrou dans lequel la vis tournerait, l'écrou ayant seulement un mouvement de translation sans mouvement de rotation. Dans ce dernier cas, le mouvement de progression de l'écrou se fait en sens contraire de celui qu'a la vis dans le premier cas.

On dit qu'une vis tourne *de gauche à droite* ou *de droite à gauche*, selon que sa progression dans un écrou fixe est accompagnée d'une rotation de gauche à droite ou de droite à gauche par rapport à un observateur qui verrait la vis s'éloigner *de* lui. Les *fig.* 204 et 205

Fig. 204.   Fig. 205.

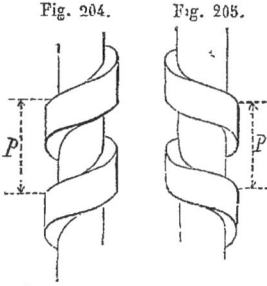

représentent des vis dans ces deux cas respectivement.

Le *pas* d'une vis à un seul filet et le pas *total* d'une vis ayant un nombre de filets quelconque sont le pas du mouvement hélicoïdal de cette vis, tel que nous l'avons défini au n° 382; c'est la distance indiquée par *p* dans les *fig.* 204 et 205, mesurée parallèlement à l'axe de la vis entre les points correspondant à deux tours consécutifs du *même filet*.

Dans une vis à deux ou plusieurs filets, la distance mesurée parallèlement à l'axe, entre les points correspondants de *deux filets voisins*, peut recevoir le nom de *pas divisé*.

472. Pas normal et circulaire. Lorsque l'on ne spécifie pas autrement le pas d'une vis, on doit toujours entendre qu'il est mesuré parallèlement à l'axe. Mais il est commode, dans certains cas, de le mesurer dans d'autres directions; on imaginera alors une *surface cylindrique primitive* décrite autour de l'axe de la vis et comprise entre l'extrémité des filets et le fond des creux qui les séparent.

Si l'on trace maintenant sur le cylindre primitif une hélice qui rencontre normalement les tours de chaque filet, la distance entre deux points correspondants sur deux tours successifs du même filet, mesurée le long de cette hélice normale, peut être appelée le *pas normal;* et lorsque la vis a plus d'un filet, le pas normal de filet à filet peut être appelé *le pas normal divisé*.

La distance de filet à filet mesurée sur une circonférence tracée sur le cylindre primitif, et appelée la *circonférence primitive*, peut être appelée le *pas circulaire;* pour une vis d'un seul filet, c'est une circonférence; pour une vis de *n* filets, elle est égale à

$$\frac{une\ circonférence}{n}.$$

Les formules suivantes donnent les relations qui existent entre les différentes manières de mesurer le pas d'une vis. Le *pas*, à proprement parler, tel que nous l'avons défini d'abord, est le *pas suivant l'axe*, et il est le même pour toutes les parties de la même vis; le pas normal et le pas circulaire dépendent du rayon du cylindre primitif.

Soient : r, le rayon du cylindre primitif;

n, le nombre des filets;

i, l'angle d'inclinaison des filets sur les circonférences primitives et de l'hélice normale sur l'axe;

P_a, le pas suivant l'axe;

$\dfrac{P_a}{n} = p_a$, le pas suivant l'axe divisé;

P_n le pas normal;

$\dfrac{P_n}{n} = p_n$ le pas normal divisé;

p_c, le pas circulaire;

on a

$$p_c = p_a \cot i = p_n \csc i = \frac{2\pi r}{n},$$

$$p_a = p_n \sec i = p_c \tan i = \frac{2\pi r \tan i}{n},$$

$$p_n = p_c \sin i = p_a \cos i = \frac{2\pi r \sin i}{n}.$$

473. Engrenage à vis. On emploie deux vis à filets convexes, tournant chacune autour de son axe, comme une combinaison élémentaire qui permet de transmettre le mouvement par le contact de glissement de leurs filets. Des vis de ce genre portent habituellement le nom de *vis sans fin*. Au point de contact des vis, les filets doivent être parallèles, et leur ligne de liaison est la perpendiculaire commune aux surfaces d'action des filets à leur point de contact. On en déduit les principes suivants :

I. Si les vis tournent toutes deux de gauche à droite ou toutes deux de droite à gauche, l'angle que font les directions de leurs axes est la somme de leurs angles d'inclinaison sur leurs circonférences primitives; si l'une des vis tourne de gauche à droite et l'autre de droite à gauche, cet angle est la différence de ces angles d'inclinaison.

II. Le pas normal, pour une vis d'un seul filet, et le pas normal divisé pour une vis de plus d'un filet, doivent être les mêmes dans chaque vis.

III. Les vitesses angulaires des vis sont en raison inverse des nombres de leurs filets.

474. L'**engrenage de Hooke** est un engrenage à vis dans lequel les axes des vis sont parallèles, l'une des vis tournant de gauche à droite et l'autre en sens contraire, et dans lequel, en raison du peu d'épaisseur, du grand diamètre des vis, et de leur grand nombre de filets, on peut considérer ces dernières comme de véritables *roues*

Fig. 206.

munies de dents dont les arêtes, au lieu d'être parallèles à la ligne de contact des cylindres primitifs, la rencontrent obliquement en présentant une forme hélicoïdale. Dans un engrenage de ce genre, le contact de chaque couple de dents commence à l'extrémité antérieure d'une dent et se termine à l'autre, et l'hélice doit avoir un pas tel que le contact d'une couple de dents dure encore quand le contact d'une autre couple commence. Cette disposition a pour but de donner plus de douceur au mouvement.

Le docteur Hooke a imaginé, dans le même but, de disposer les dents en échelons. Une pareille roue ressemble à une série de

Fig. 207.

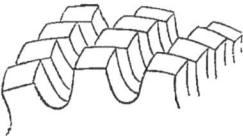

disques dentés égaux et placés côte à côte, les dents de l'un étant légèrement en retraite sur celles du disque qui précède. Si p désigne le *pas circulaire* de cette roue et n le nombre des disques accolés, alors l'arc de contact, la saillie des dents en dehors de la circonférence primitive et l'arc de glissement total dépendent du

pas $\frac{p}{n}$, qui est plus petit que dans le cas ordinaire, tandis que la résistance de la dent est celle qui est due à la largeur correspondant au pas entier p; d'où une grande douceur de mouvement, jointe à une grande solidité. Mais comme les roues échelonnées sont plus coûteuses et d'une construction plus difficile que les roues ordinaires, leur usage est très-restreint.

475. La roue et la vis sont une combinaison élémentaire de deux vis dont les axes sont perpendiculaires entre eux, ces vis tournant toutes les deux de gauche à droite ou toutes les deux de droite à gauche. Comme on se propose, avec cette combinaison, d'arriver à un rapport des vitesses angulaires plus considérable qu'avec deux roues ordinaires, on fait habituellement l'une des vis en forme de roue, avec un grand diamètre et un grand nombre de filets,. l'autre vis étant, au contraire, très-courte et n'ayant qu'un petit nombre de filets, et les vitesses angulaires sont en raison inverse des nombres des filets.

La *fig.* 208 représente une vue de côté de cet engrenage, et la *fig.* 209, une coupe perpendiculeire à l'axe de la plus petite vis. M. Willis a montré que si l'on coupe les deux vis par un plan perpendiculaire à l'axe de la plus grande, les profils des filets de la plus grande et de la plus petite vis doivent être respectivement ceux des dents d'une roue et d'une crémaillère; B_1B_1, dans la *fig.* 208, étant par exemple la circonférence primitive de la roue, et B_2B_2 la ligne de contact primitive de la crémaillère.

Fig. 208.

Fig. 209.

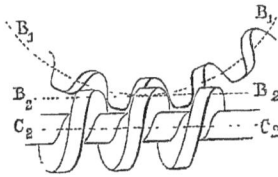
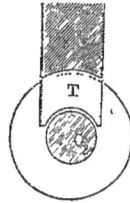

On a l'habitude de donner à la surface extérieure des dents de la roue la forme indiquée en T sur la *fig.* 209.

Pour que les dents ou les filets de deux vis s'ajustent exactement et que l'engrenage marche avec douceur, on commence par faire une vis en acier trempé ayant la forme de la petite vis, mais avec les filets ébréchés, ressemblant pour ainsi dire à un outil tranchant; quant à la grande vis, on la fond en lui donnant à peu près sa forme définitive; on ajuste ensuite les deux vis telles qu'elles doivent l'être, et on les fait tourner en agissant sur la vis d'acier; cette dernière donne aux filets de la grande vis leur véritable forme.

476. On détermine ainsi le **glissement relatif de deux vis** à leur point de contact. Soient r_1, r_2, les rayons de leurs cylindres primitifs; i_1, i_2, les angles d'inclinaison de leurs filets sur leurs circonférences primitives, l'une de ces quantités devant être regardée comme négative si les vis tournent en sens contraires; u la composante commune des vitesses de deux points en contact, suivant une ligne tangente aux surfaces primitives et perpendiculaire aux filets au point de contact de ces surfaces primitives; et v la vitesse de glissement des filets l'un sur l'autre. On a

d'où

$$u = a_1 r_1 \sin i_1 = a_2 r_2 \sin i_2 ;$$
$$a_1 = \frac{u}{r_1 \sin i_1} ; \quad a_2 = \frac{u}{r_2 \sin i_2} ,$$

(1)

et

$$v = a_1 r_1 \cos i + a_2 r_2 \cos i_2 = u(\cot i_1 + \cot i_2). \qquad (2)$$

Lorsque les vis tournent en sens contraires, on prendra la différence au lieu de la somme dans l'équation 2.

477. Joint d'Oldham. Lorsque l'on veut que deux arbres tournent dans le même sens, avec la même vitesse angulaire moyenne, on les réunit entre eux par une pièce *d'accouplement*. Si les arbres sont sur une même ligne droite, il suffit de réunir les extrémités contiguës de façon qu'ils tournent d'une seule pièce; mais si les axes ne sont pas sur la même ligne droite, il faut recourir à des combinaisons de mécanismes.

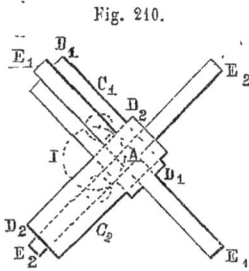

Fig. 210.

Oldham a inventé un joint pour arbres parallèles, qui agit par un *contact de glissement;* la *fig.* 210 représente cette pièce d'accouplement. C_1, C_2 sont les axes des deux arbres parallèles; D_1, D_2 deux chapeaux se faisant face et fixés respectivement sur les extrémités des deux arbres; E_1, E est une barre qui glisse dans une rainure centrale ménagée sur la face de D_1; E_2, E_2, une autre barre glissant également dans une rainure semblable ménagée sur la face de D_2; ces barres sont réunies en A, de façon à former un croisillon rigide. Les vitesses angulaires des deux arbres et du croisillon sont égales à chaque instant. Le centre A du croisillon parcourt la circonférence indiquée en ponctué, qui est décrite sur la ligne de centres C_1, C_2, comme diamètre; et il la parcourt deux fois pour un tour complet des arbres et du croisillon; l'axe instantané de rotation du croisillon à un instant quelconque est en I, point du cercle C_1, C_2, opposé diamétralement à A.

On peut se servir du joint d'Oldham avec avantage lorsque les axes de deux arbres doivent coïncider, mais que l'on n'est pas parfaitement certain de les monter tels qu'on les a projetés.

SECTION 3. — *Transmission par liens flexibles.*

478. Classification des liens flexibles. On peut classer comme il suit les liens flexibles qui servent à transmettre le mouvement entre des poulies ou des tambours animés de mouvements de rotation autour d'axes fixes, ou entre des poulies et des tambours animés d'un pareil mouvement et des pièces animées de mouvements de translation.

I. Les *courroies*, qui sont faites en cuir ou en gutta-percha, sont plates et minces et vont sur des poulies qui sont presque cylindriques. Une courroie tend à se déplacer vers la partie de la poulie dont le rayon est le plus grand; on donne pour cette raison aux poulies un léger renflement dans la partie centrale, de façon que la courroie puisse s'y maintenir. Une courroie étant en mouvement, si l'on veut la déplacer de dessus une poulie ou la faire glisser d'une poulie sur une autre de même forme et placée côte à côte avec elle, il faudra presser contre la partie de cette courroie qui se meut *vers* la poulie.

II. Les *cordes*, soit en chanvre, soit en toute autre substance, ont une section presque cylindrique et exigent l'emploi de tambours à rebords ou de poulies à gorge.

III. Dans le cas d'une transmission au moyen de *chaînes*, lesquelles sont composées de maillons ou de barres articulées entre elles, il faut employer des poulies ou des tambours à gorge, à encoches et à dents, qui engrènent par conséquent avec les pièces de la chaîne.

On se sert de liens *sans fin* pour transmettre un mouvement continu.

Dans le cas où l'on a à transmettre un mouvement alternatif, on attache ordinairement les extrémités des liens aux poulies ou aux tambours qu'ils relient, et qui, dans ce cas, peuvent être des secteurs.

479. **Principes de transmission par lien flexible.** La *ligne de liaison* de deux poulies ou tambours réunis au moyen d'un lien, est la ligne centrale ou l'axe de la partie du lien qui par sa tension transmet le mouvement. Si l'on applique à ce cas le principe du n° 433, on arrive aux conséquences suivantes :

I. *Deux pièces étant animées de mouvements de rotation*, soient r_1, r_2, les perpendiculaires abaissées de leurs axes sur l'axe du lien, a_1, a_2, leurs vitesses angulaires, et i_1, i_2, les angles que la ligne centrale du lien fait respectivement avec les deux axes, alors la vitesse longitudinale du lien, c'est-à-dire la composante de la vitesse dans la direction de sa ligne centrale sera

$$u = r_1 a_1 \sin i_1 = r_2 a_2 \sin i_2; \tag{1}$$

d'où l'on tire pour le rapport entre les vitesses angulaires

$$\frac{a_2}{a_1} = \frac{r_1 \sin i_1}{r_2 \sin i_2}. \tag{2}$$

Lorsque les axes sont parallèles (ce qui est presque toujours le cas), $i_1 = i_2$, et

$$\frac{a_2}{a_1} = \frac{r_1}{r_2}. \tag{3}$$

La même équation subsiste lorsque les deux axes, parallèles ou non, sont perpendiculaires en direction à la partie du lien qui transmet le mouvement, car on a alors

$$\sin i_1 = \sin i_2 = 1.$$

II. *Deux pièces étant animées, l'une d'un mouvement de rotation, l'autre d'un mouvement de translation*, désignons par r la perpendiculaire abaissée de l'axe de la pièce qui tourne sur la ligne centrale du lien, par a la vitesse angulaire, par i l'angle que font les directions du lien et de l'axe, par u la vitesse longitudinale du lien, par j l'angle que fait la direction de la ligne centrale du lien avec la direction du mouvement de la pièce qui a le mouvement de translation, et par v la vitesse de cette dernière. On a alors

$$u = ra \sin i = v \cos j, \tag{4}$$

et

$$v = \frac{ra \sin i}{\cos j}. \tag{5}$$

Lorsque la ligne centrale du lien est parallèle à la direction du mouvement de la pièce qui a le mouvement de translation, et perpendiculaire à la direction de la pièce qui tourne, $\sin i = \cos j = 1$, et

$$v = u = ra. \tag{6}$$

480 La surface primitive d'une poulie ou d'un tambour est une surface à laquelle la ligne de liaison est toujours tangente, c'est-à-dire que c'est une surface parallèle à la surface d'action de la poulie ou du tambour, et distante de cette dernière de la demi-épaisseur du lien.

481. On se sert des **tambours** et **poulies circulaires** pour transmettre le mouvement avec un rapport constant entre les vitesses.

Pour chacun d'eux, la longueur représentée par r dans les équations du n° 479 est constante et est appelée le *rayon effectif;* elle est égale au rayon réel de la poulie ou du tambour, augmenté de la demi-épaisseur du lien.

Une courroie à *brins croisés* reliant deux poulies circulaires, comme

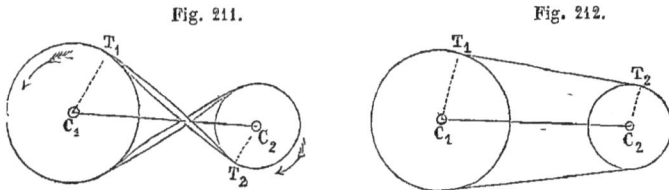

Fig. 211.   Fig. 212.

dans la *fig.* 211, permet de changer le sens de la rotation; lorsque la courroie est à *brins ouverts*, comme dans la *fig.* 212, le sens de la rotation est le même.

482. La longueur d'une courroie sans fin, reliant deux poulies dont les rayons effectifs sont $\overline{C_1T_1}=r_1$, $\overline{C_2T_2}=r_2$, et dont les axes sont parallèles et situés à une distance $\overline{C_1C_2}=c$, est donnée par des formules qui se déduisent de l'équation 1 du n° 402, à savoir : $L = \Sigma s + \Sigma ri$. Chacune des deux parties droites de la courroie a évidemment pour longueur :

$$\left.\begin{array}{l} s = \sqrt{c^2 - (r_1 + r_2)^2} \text{ dans le cas de brins croisés;} \\ s = \sqrt{c^2 - (r_1 - r_2)^2} \text{ dans le cas de brins ouverts;} \end{array}\right\} \quad (1)$$

r_1 et r_2 étant le plus grand et le plus petit rayon. Soient i_1 et i_2 les arcs de contact de la plus grande et de la plus petite poulie, mesurés dans la circonférence qui a pour rayon l'unité: on a dans le cas de brins croisés

$$i_1 = i_2 = \left(\pi + 2\arcsin\frac{r_1 - r_2}{c}\right);$$

et dans le cas de brins ouverts

$$i_1 = \left(\pi + 2\arcsin\frac{r_1 - r_2}{c}\right); \quad i_2 = \left(\pi - 2\arcsin\frac{r_1 - r_2}{c}\right).$$

$$(2)$$

Si l'on substitue ces valeurs dans l'équation 1 du n° 402, on a les résultats suivants :

Pour une courroie à brins croisés,

$$L = 2\sqrt{c^2 - (r_1 + r_2)^2} + (r_1 + r_2)\left(\pi + 2 \arcsin \frac{r_1 + r_2}{c}\right);$$

et pour une courroie à brins ouverts,

$$L = 2\sqrt{c^2 - (r_1 - r_2)^2} + \pi(r_1 + r_2) + 2(r_1 - r_2)\arcsin \frac{r_1 - r_2}{c}.$$

(3)

La dernière de ces équations étant un peu compliquée pour être employée dans les applications dont il sera fait mention au numéro suivant, on lui en substitue une autre suffisamment approchée pour les besoins de la pratique, et à laquelle on arrive, en remarquant que si $r_1 - r_2$ est petit relativement à c, $\sqrt{c^2 - (r_1 - r_2)^2} = c - \dfrac{(r_1 - r_2)^2}{2c}$ très-sensiblement, et que $\arcsin \dfrac{r_1 - r_2}{c}$ diffère peu de $\dfrac{r_1 - r_2}{c}$; on obtient ainsi pour la longueur approchée d'une courroie à brins ouverts,

$$L = 2c + \pi(r_1 + r_2) + \frac{(r_1 - r_2)^2}{c}. \qquad (3\,A)$$

483. Les cônes de vitesse (*fig.* 213, 214, 215 et 216) permettent de faire varier le rapport des vitesses qui sont transmises entre deux axes parallèles par l'intermédiaire d'une courroie.

Ils peuvent consister soit en cônes ou surfaces continus comme

Fig. 213. Fig. 214. Fig. 215. Fig. 216.

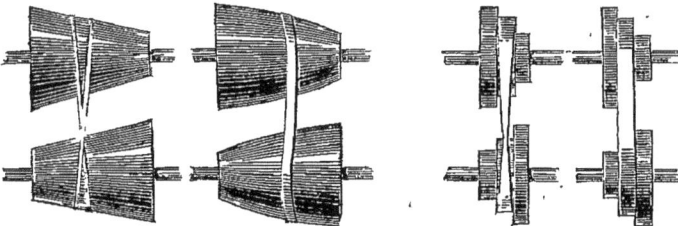

dans les *fig.* 213 et 214, auquel cas on peut faire varier graduellement le rapport entre les vitesses en déplaçant la courroie, soit en une série de poulies dont les rayons changent par degrés comme dans les *fig.* 215 et 216, auquel cas on fera varier le rapport entre les vitesses en faisant passer la courroie d'une paire de poulies sur une autre.

Il faut, pour que la courroie soit également tendue dans toutes les positions qu'elle peut occuper sur deux cônes de vitesse, que la quantité L donnée par les équations du n° 482 soit constante.

Pour une courroie *à brins croisés*, comme dans les *fig.* 213 et 215, L ne dépend que de c et de $r_1 + r_2$. Or, c est constant, les axes étant parallèles; il faut donc que la *somme des rayons* des circonférences primitives soit constante pour toutes les positions à donner à la courroie. On satisfera à cette condition en prenant deux cônes continus qui soient engendrés par la révolution de deux lignes faisant les mêmes angles avec leurs axes respectifs, mais en sens inverses, ou encore au moyen d'un système de couples de poulies tel que la somme des rayons de deux poulies opposées soit constante.

Pour une courroie *à brins ouverts*, on déduit de l'équation approchée 3 A du n° 482 la règle pratique suivante :

Supposons que les cônes de vitesse soient deux surfaces égales, comme dans la *fig.* 214, mais dont les extrémités les plus grandes seraient tournées en sens inverses. Soient r_1 le rayon de l'extrémité la plus grande de chacun d'eux; r_2 celui de l'extrémité la plus petite; r_0 celui du milieu, et y la *flèche* mesurée perpendiculairement à l'axe, de l'arc qui par sa révolution engendre la surface ou, en d'autres termes, le *bombement* des surfaces au milieu de leur longueur, on aura alors

$$ y = r_0 - \frac{r_1 + r_2}{c} = \frac{(r_1 - r_2)^2}{2\pi c}, \qquad (1) $$

$2\pi = 6,2832$; mais on peut prendre 6 sans erreur sensible dans les applications.

Les rayons étant ainsi déterminés au milieu et aux extrémités, on prendra comme génératrice de la surface un arc de cercle ou de parabole.

Dans le cas de cônes variant par degrés, comme dans la *fig.* 216, on prendra une série de *différences* des rayons ou de valeurs de $r_1 - r_2$; alors pour chaque couple de poulies, on déduira la somme des rayons de leur différence au moyen de la formule

$$ r_1 + r_2 = 2r_0 - \frac{(r_1 - r_2)^2}{\pi c}; \qquad (2) $$

$2r_0$ représentant cette somme lorsque les rayons sont égaux.

SECTION 4. — *Transmission par un lien rigide.*

484. Définitions. Les pièces qui sont réunies par un lien rigide, qu'elles soient animées d'un mouvement de rotation ou d'oscillation, sont ordinairement appelées des *manivelles*, des *balanciers* et des *leviers*. Le *lien* qui les réunit est une barre rigide qui peut être rectiligne ou avoir une figure quelconque ; mais comme la forme rectiligne est la plus favorable à la résistance, c'est elle qu'on emploie quand on n'a pas de motifs de faire autrement. Le lien porte différents noms suivant les cas ; ce sera une *bielle d'accouplement*, une *bielle de manivelle*, une *bielle d'excentrique*, etc. Il est attaché aux pièces qu'il réunit au moyen de deux boutons autour desquels il est libre de tourner. Ce lien a pour objet de maintenir invariable la distance entre les centres de ces boutons ; la ligne qui joint les centres des boutons est *la ligne de liaison*, et ces centres peuvent être appelés les *points reliés*. Dans une pièce animée d'un mouvement de rotation, la perpendiculaire abaissée du point relié sur son axe de rotation est le *bras* ou le *bras de manivelle*.

485. Principes de liaison. Les équations que nous avons données au n° 479 pour les liens flexibles s'appliquent aux liens rigides. Les axes de rotation de deux pièces animées d'un mouvement de rotation réunies par un lien rigide sont presque toujours parallèles et perpendiculaires à la ligne de liaison ; dans ce cas le rapport entre les vitesses angulaires à un instant quelconque est inverse du rapport entre les plus courtes distances de la ligne de liaison et des axes de rotation respectifs (479, équation 3).

486. Points morts. Si à un instant quelconque la direction de l'un des bras de manivelle coïncide avec la ligne de liaison, la perpendiculaire commune à la ligne de liaison et à l'axe de ce bras de manivelle est égale à zéro et la relation des sens des mouvements conduit à une indétermination. On donne le nom de *point mort* à la position du point relié du bras de manivelle à cet instant. La vitesse de l'autre point relié est nulle à cet instant, à moins qu'il ne passe aussi au point mort, de telle sorte que la ligne de liaison se trouve dans le plan des deux axes de rotation, auquel cas le rapport des vitesses est indéterminé.

487. Accouplement d'axes parallèles. Le seul cas dans lequel on transmette un mouvement avec un rapport de vitesses an-

34

gulaires uniforme (égal à l'unité) au moyen d'un lien rigide est celui
dans lequel deux ou plusieurs arbres parallèles (tels que les essieux
des roues motrices d'une locomotive) tournent avec des vitesses
angulaires constamment égales; ce à quoi on arrive lorsque ces
roues portent des manivelles égales, qui sont maintenues parallèles
au moyen d'une bielle d'accouplement dont la longueur est égale à
la distance des axes. Les manivelles passent par leurs points morts
en même temps. Pour empêcher les variations dans le mouvement
qui résultent de cette disposition, les arbres portent deux autres
manivelles perpendiculaires aux premières, réunies entre elles au
moyen d'une bielle d'accouplement semblable à la première, de
telle sorte que deux des manivelles franchissent leurs points morts
au moment où les deux autres sont le plus éloignées des leurs.

488. La méthode donnée au n° 384 permettra de déterminer le
mouvement comparé des points reliés sur un lien rigide à
un instant donné : on cherchera l'axe instantané de ce lien, car
les deux points reliés sont animés du même mouvement que les
deux points du lien considéré comme un corps rigide.

Si un des points reliés appartient à une pièce animée d'un mouvement de rotation, la direction de son mouvement à un instant
donné est perpendiculaire au plan qui passe par l'axe et par le bras
de manivelle de la pièce. Si un des points reliés appartient à une
pièce animée d'un mouvement de translation, la direction de son
mouvement à un instant quelconque est donnée et l'on peut mener
un plan perpendiculairement à cette direction.

La ligne d'intersection des plans perpendiculaires aux trajectoires
des deux points reliés à un instant quelconque, est *l'axe instantané du
lien* à cet instant, et *les vitesses des points reliés sont proportionnelles à
leurs distances à cet axe.*

Sur un plan, les deux plans perpendiculaires aux trajectoires des
points reliés sont représentés par deux lignes (qui sont les intersections de ces plans par un plan qui leur est normal), et l'axe instantané par un point, et s'il est impossible de prolonger ces deux lignes
jusqu'à leur intersection, on pourra déterminer le rapport entre les
vitesses des points reliés d'après ce principe qu'il est le même que
celui des segments qu'une ligne parallèle à la ligne de liaison détermine sur deux lignes quelconques menées par un point donné, et
respectivement perpendiculaires aux trajectoires des points reliés.

Exemple I. *Deux pièces animées de mouvements de rotation avec axes parallèles* (*fig.* 217). Soient C_1, C_2 les axes parallèles des pièces; T_1, T_2, les points reliés; $\overline{C_1T_1}$, $\overline{C_2T_2}$ leurs bras de manivelle; $\overline{T_1T_2}$, la bielle qui les réunit, et v_1 la vitesse du point T_1, v_2 la vitesse du point T_2, à un instant quelconque.

. Pour trouver le rapport entre les vitesses, nous prolongerons C_1T_1, C_2T_2 jusqu'à leur intersection en K; K est l'axe instantané de la bielle de liaison et le rapport des vitesses est ·

$$\frac{v_1}{v_2} = \frac{\overline{KT_1}}{\overline{KT_2}}. \tag{1}$$

Si le point K se trouvait en dehors du papier, on tracerait un triangle dont les côtés seraient respectivement parallèles à C_1T_1, C_2T_2 et T_1T_2; le rapport des deux premiers côtés serait le rapport cherché. Menons, par exemple, C_2A parallèle à C_1T_1 et soit A le point où cette ligne rencontre T_1T_2, nous aurons alors

$$\frac{v_1}{v_2} = \frac{\overline{C_2A}}{\overline{C_2T_2}}. \tag{2}$$

Fig. 217.

Fig. 218.

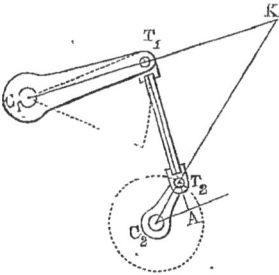
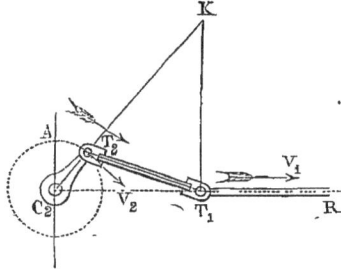

. EXEMPLE II. *Une des pièces est animée d'un mouvement de rotation, l'autre d'un mouvement de translation* (*fig.* 218) Soient C_2 l'axe de la première pièce, et T_1R la ligne suivant laquelle se déplace la seconde; T_1, T_2 les deux points reliés; $\overline{C_2T_2}$ le bras de manivelle de la pièce qui tourne, et $\overline{T_1T_2}$ la bielle de liaison. On suppose que les points T_1, T_2 et la ligne T_1R sont dans un plan, perpendiculaire à l'axe C. Menons T_1K perpendiculaire à T_1R, et soit K le point où cette ligne rencontre C_2T_2; K sera l'axe instantané de la bielle; le reste de la solution est le même que dans l'exemple I.

489. Un **excentrique** (*fig.* 219) est un disque circulaire main-tenu par une clavette sur un arbre avec l'axe duquel son centre ne coïncide pas, et servant à donner à une bielle un mouvement alternatif. Il équivaut à une manivelle dont le point relié est T, centre du disque de l'excentrique, et dont le bras de manivelle est CT; cette distance porte le nom d'*excentricité*.

Fig. 210.

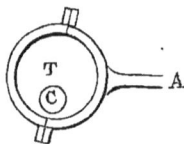

On peut faire varier l'excentricité d'un excentrique au moyen d'une vis que l'on ajuste, de façon à faire varier la longueur du mouvement alternatif, longueur à laquelle on donne le nom de *course*.

490. La course d'un point d'une pièce animée d'un mouvement alternatif est la distance comprise entre les extrémités de la trajec-toire sur laquelle ce point se meut. Lorsque ce point est relié par une barre rigide avec un point d'une pièce animée d'un mouvement de rotation continu, les extrémités de la course correspondent aux *points morts* de la pièce qui tourne (486).

Soient S la course de la pièce animée du mouvement alternatif, L la longueur de la ligne de liaison, et R le bras de manivelle de la pièce animée d'un mouvement de rotation continu. Si les deux extrémités de la course sont sur la même ligne que l'axe de la ma-nivelle, on aura

$$S = 2R; \qquad (1)$$

et si les deux extrémités ne sont pas sur la même ligne que cet axe, S, L — R et L + R seront les trois côtés d'un triangle, dans lequel le côté opposé à l'axe est S, de telle sorte que si θ est le supplément de l'angle compris entre les points morts,

$$\left. \begin{array}{l} S^2 = 2(L^2 + R^2) - 2(L^2 - R^2)\cos\theta; \\ \cos\theta = \dfrac{2L^2 + 2R^2 - S^2}{2(L^2 - R^2)}. \end{array} \right\} \qquad (2)$$

491. Joint universel de Hooke. Ce joint a été imaginé par Hooke pour réunir deux arbres dont les axes sont concourants.

Soient O le point d'intersection des axes OC_1, OC_2, et $\imath$ l'angle qu'ils font entre eux. Les deux arbres C_1, C_2 se terminent par des fourchettes F_1, F_2, dont les extrémités reçoivent les tourillons qui forment les extrémités des bras d'un croisillon dont le centre est en O. Ce croisillon est le lien rigide; les points reliés sont les centres des coussinets F_1, F_2. A chaque instant chacun de ces points se meut perpendiculairement au plan qui passe par l'axe et la fourchette; la ligne d'intersection de ces deux plans, à un instant quelconque, est donc l'axe instantané du croisillon, et le *rapport entre les vitesses* des points F_1, F_2 (qui est également le *rapport entre les vitesses angulaires* des axes, puisque les fourchettes sont égales) est égal au rapport des distances de ces points à l'axe instantané. La valeur *moyenne* de ce rapport entre les vitesses est l'unité, car les deux arbres font chaque *quart de tour* successif dans le même temps; mais sa valeur oscille entre les limites :

Fig. 220.

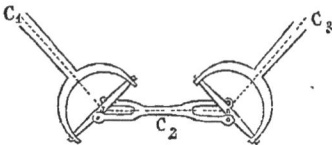

$$\frac{a_2}{a_1} = \frac{1}{\cos i}, \text{ lorsque } F_1 \text{ est dans le plan des axes;}$$
$$\left. \frac{a_2}{a_1} = \cos i, \text{ lorsque } F_2 \text{ est dans ce plan.} \right\} \quad (1)$$

Les équations suivantes donnent la valeur de ce rapport, pour un instant intermédiaire, ainsi que la relation entre les positions des arbres. Si φ_1, φ_2 sont les angles que font respectivement les plans passant par l'axe et la fourchette avec le plan des deux axes à un instant quelconque, on a

$$\tan \varphi_1 \tan \varphi_2 = \cos i;$$
$$\left. \frac{a_2}{a_1} = -\frac{d\varphi_2}{d\varphi_1} = \frac{\tan \varphi_1 + \cot \varphi_1}{\tan \varphi_2 + \cot \varphi_2}. \right\} \quad (2)$$

492. Le double joint de Hooke (*fig* 221) permet de supprimer les vibrations et les variations de mouvement qui résultent de la variation du rapport entre les vitesses indiquée dans les équations du n° 491. Entre les deux arbres qu'il s'agit de relier, on intercale un arbre assez court C_2, lequel fait des angles égaux avec C_1 et C_2, est relié à chacun d'eux au moyen d'un joint de Hooke, et a ses deux fourchettes placées dans le même plan.

Fig. 221.

Soient i l'angle de C_1 et de C_2, qui est aussi celui de C_2 et de C_3; φ_1, φ_2, φ_3 les angles que font à un instant quelconque les plans des fourchettes des trois arbres avec le plan de leurs axes, et a_1, a_2, a_3 leurs vitesses angulaires, on a

$$\tan \varphi_2 \tan \varphi_3 = \cos i = \tan \varphi_1 \tan \varphi_2;$$

d'où

$$\tan \varphi_3 = \tan \varphi_1, \quad \text{et} \quad a_3 = a_1,$$

c'est-à-dire que la vitesse angulaire du troisième arbre est la même que celle du premier à chaque instant.

493. Un **cliquet** est une barre animée d'un mouvemant alternatif qui agit sur une roue à rochet ou sur une crémaillère; pour chaque course en avant elle fait parcourir à ces pièces un certain chemin, et elle les laisse en repos à chaque course en arrière. Nous avons là un exemple d'un lien rigide agissant d'une façon intermittente. Pendant la course en avant, l'action du cliquet est réglée par les principes donnés pour les liens rigides; pendant la course en arrière, cette action cesse. Un *cliquet* mobile autóur d'un axe fixe empêche la roue à rochet ou la crémaillère de revenir sur ses pas.

SECTION 5. — *Transmission au moyen d'une corde ò plusieurs brins.*

494. Définitions. La combinaison de pièces réunies par les brins d'une corde ou d'un câble consiste en deux cadres appelés *chapes*, contenant chacun une ou plusieurs poulies. L'une des chapes B_1 est fixe; l'autre, la *chape mobile*, B_2, peut se déplacer par rapport à la première, à laquelle elle est reliée au moyen d'une corde dont l'une des extrémités est attachée à l'une ou l'autre des deux chapes, tandis que l'autre extrémité T_1 est libre: quant aux parties intermédiaires de la cordè, elles passent alternativement d'une poulie de l'une des chapes à celle de la chape opposée. L'ensemble de ces différentes pièces s'appelle un *palan*.

Fig. 222

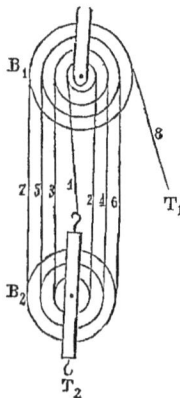

Fig. 223.

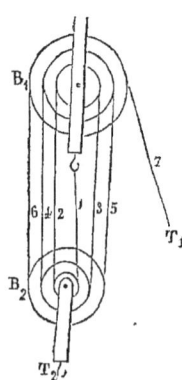

495. Le rapport entre les vitesses qu'il y a lieu de consi-dérer dans un palan est celui qui existe entre la vitesse de la chape mobile, u, et celle du brin libre, v. Ce rapport est donné par l'équa-tion 6 du n° 402, à savoir :

$$v = nu;$$

n étant le *nombre des brins* du câble qui relie la chape mobile à la chape fixe. Ainsi, dans la *fig.* 222, $n = 7$, et dans la *fig.* 223, $n = 6$.

496. La vitesse d'un brin quelconque du câble peut être déterminée de la manière suivante.

I. Pour un brin situé du côté de la chape fixe le plus rapproché de l'extrémité libre, tel que 2, 4, 6 (*fig.* 222), et 3, 5 (*fig.* 223), on cherchera quelle serait la vitesse de ce brin s'il était le brin libre lui-même. Représentons cette vitesse par v', et soit n' le nombre de brins *compris* entre le brin en question et celui (marqué 1) qui est fixé à l'une ou à l'autre des chapes. On aura alors

$$v' = n'u. \tag{1}$$

II. Pour un brin situé du côté de la chape fixe le plus éloigné du brin libre, la vitesse est égale et de sens contraire à celle du brin qui le suit immédiatement, et qui est situé de l'autre côté de la poulie de la chape fixe.

III. Si le premier brin, comme dans la *fig.* 223, est attaché à la chape fixe, sa vitesse est nulle; s'il est attaché à la chape mobile, sa vitesse est égale à celle de la chape.

497. Palan de White. Les poulies que porte une chape ont généralement même diamètre et tournent sur un axe fixe; elles ont par conséquent des vitesses angulaires différentes. Mais si l'on prend le diamètre de chaque poulie proportionnel à la vitesse, *relativement à la chape*, du brin du câble qu'elle supporte, les vitesses angulaires des poulies montées sur une même chape seront toutes égales, de telle sorte que ces poulies pourront être calées sur un même arbre mobile dans des coussinets. Ce palan est le *palan de White*, du nom de l'inventeur, et il est représenté dans les *fig.* 222 et 223.

Section 6. — *Transmission hydraulique.*

498. Nous avons donné au n° 411 le **principe général** de la transmission de mouvement entre deux pistons par l'intermédiaire d'un fluide de densité constante, à savoir que les vitesses des pistons sont en raison inverse des aires de leurs sections mesurées sur des plans normaux aux directions de leur mouvement.

Mais si la densité du fluide varie, le problème ne dépend plus de la théorie des mécanismes purs; car, dans ce cas, outre la transmission de mouvement d'un piston à l'autre, il y a un mouvement additionnel de l'un ou de l'autre, ou même des deux pistons, par suite du changement de volume du fluide.

499. Les **valves** servent à régler la transmission de mouvement par l'intermédiaire d'un fluide, en ce qu'elles ouvrent et ferment les orifices par lesquels le fluide s'écoule; c'est ainsi qu'un cylindre peut être muni de valves qui permettront au fluide d'entrer par un orifice et de s'écouler par un autre. On peut distinguer deux cas dans le mode de fonctionnement des valves.

I. *Lorsque le piston met le fluide en mouvement*, les valves peuvent être ce qu'on appelle *automatiques*, c'est-à-dire qu'elles sont mues par le fluide lui-même. Supposons un cylindre muni de deux orifices portant chacun une valve, l'une s'ouvrant de l'extérieur à l'intérieur, l'autre de l'intérieur à l'extérieur; pendant que le piston agrandit par sa marche le volume du cylindre, la première valve est ouverte, et la seconde est fermée par la pression agissant de l'extérieur à l'intérieur du fluide qui entre par le premier orifice; puis quand le piston marche en sens inverse, la première valve est fermée et la seconde est ouverte par la pression du fluide qui s'écoule par le second orifice. L'ensemble de ces trois pièces : cylindre, piston et valves, constitue une pompe.

II. *Lorsque le fluide met le piston en mouvement*, les valves peuvent être ouvertes ou fermées soit au moyen d'un mécanisme, soit à la main. Dans ce cas, le cylindre est un *cylindre travaillant*.

500. Dans la **presse hydraulique** on transmet, par le mouvement rapide d'un petit piston d'une pompe, un mouvement beaucoup plus lent à un piston de grandes dimensions d'un cylindre travaillant. La pompe aspire de l'eau d'un réservoir et la refoule dans le cylindre travaillant; le piston plongeur de la pompe marchant de l'intérieur à l'extérieur, celui du cylindre travaillant reste immobile; quand le piston de la pompe revient sur ses pas, le piston du cylindre travaillant se déplace de l'intérieur à l'extérieur avec une vitesse d'autant plus petite qu'il a relativement une plus grande section. Lorsque le piston du cylindre travaillant est arrivé à l'ex-

trémité de sa course, laquelle peut être quelconque, on le fait revenir à sa position initiale en ouvrant une valve avec la main et en permettant ainsi à l'eau de s'écouler.

501. Dans la **grue hydraulique, destinée à élever les fardeaux**, on fait passer de l'eau d'un grand dans un petit cylindre, et l'on détermine ainsi un mouvement assez rapide du piston de ce petit cylindre. Lorsqu'on veut ensuite le faire revenir à sa position initiale, on ferme la valve du tuyau de communication entre les deux cylindres, et l'on ouvre à la main une valve que porte le petit cylindre; l'eau s'écoule alors. On remplit le grand cylindre et l'on fait mouvoir le piston qu'il contient, quand c'est nécessaire, au moyen d'une pompe, par un dispositif analogue à celui d'une presse hydraulique.

Section 7. — *Trains de mécanismes.*

502. Nous avons défini au n° 435 **les trains de combinaisons élémentaires**, et nous en avons donné comme exemples les cas d'un train de roues dentées (449) et du joint double de Hooke (492). Le principe général qui règle leur action consiste en ce que le mouvement comparé de la pièce qui mène et de la pièce qui est menée est exprimé par un rapport que l'on obtient en multipliant ensemble les différents rapports de vitesse de la série des combinaisons élémentaires qui constituent le train, chacun d'eux étant affecté du signe qui indique la relation de sens.

Deux ou plusieurs trains de mécanismes peuvent *converger* en un seul, comme, par exemple, lorsque les deux pistons des cylindres à vapeur d'une locomotive agissent, chacun par l'intermédiaire d'une bielle, sur un arbre doublement coudé. Il peut arriver, au contraire, qu'un train de mécanismes *diverge* en deux ou plusieurs autres; tel est le cas d'un arbre unique mû par un moteur, et qui porte plusieurs poulies dont chacune actionne une machine différente. Mais, soit que les trains convergent, soit qu'ils divergent, les principes du mouvement comparé sont les mêmes que pour des trains simples.

CHAPITRE III.

ASSEMBLAGE DE COMBINAISONS (AGGREGATE COMBINATIONS).

503. Nous avons déjà donné dans la 3ᵉ partie, chap. ii, section 3, les **principes généraux** des assemblages de combinaisons.

Les problèmes auxquels ces principes se rapportent peuvent être divisés en deux classes.

I. Une pièce secondaire en mouvement est reliée par trois ou deux points, suivant les cas, avec trois ou deux autres pièces dont les mouvements sont donnés; le problème revient alors à ceci : *Étant donnés les mouvements de trois ou de deux points de la pièce secondaire, trouver le mouvement de l'ensemble et celui d'un point quelconque.* La solution de ce problème est donnée au nᵒˢ 383 et 384.

II. Une pièce secondaire C est portée par une autre pièce B ; le bâti de la machine étant représenté par A, on donne deux des trois mouvements de A, B et C, l'un par rapport à l'autre, et l'on demande de trouver le troisième. Le mouvement de C par rapport à A est la résultante du mouvement de C par rapport à B, et de B par rapport à A, et l'on résoudra le problème par les méthodes exposées aux nᵒˢ 385 à 395 inclusivement.

M. Willis distingue dans les effets des assemblages de combinaisons les *assemblages de vitesses*, linéaires ou angulaires, produites dans les pièces secondaires par l'action combinée de différentes pièces menantes, et les *assemblages de trajectoires*, qui sont les courbes, telles que cycloïdes et épicycloïdes, décrites par des points donnés des pièces secondaires considérées.

Nous allons donner maintenant quelques exemples des assemblages de combinaisons qui sont le plus employés.

504. Treuil différentiel. Dans la *fig.* 224, l'axe A_1 porte deux cylindres de rayons différents, r_1 étant le plus grand, et r_2 le plus petit. Une chape mobile à une seule poulie est soutenue par une corde qui embrasse le dessous de la poulie, et dont l'une des extrémités s'enroule autour du plus grand cylindre, tandis que l'autre se déroule autour du plus petit ou inversement. Lorsque les deux cylindres tournent avec la vitesse angulaire commune a, la portion de la corde qui s'enroule sur le grand cylindre se meut avec la vitesse ar_1, et la portion de cette corde qui se déroule du petit cylindre se meut en sens contraire avec la vitesse $-ar_2$ (le signe — indiquant le sens). Ces deux vitesses sont les vitesses des deux points situés aux extrémités du diamètre horizontal de la poulie. La vitesse du centre de la poulie est là moyenne entre ces deux vitesses, c'est-à-dire égale à leur demi-différence, puisqu'elles sont de signes contraires, ou, si l'on représente cette vitesse par v,

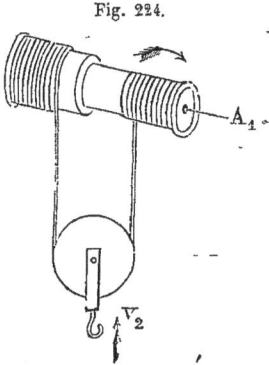

Fig. 224.

$$v = \frac{a(r_1 - r_2)}{2}. \qquad (1)$$

On peut trouver l'*axe instantané* de la poulie par la méthode du n° 384 de la manière suivante : Dans la *fig.* 184 *c*, soient A et B les deux extrémités du diamètre horizontal de la poulie, et supposons que $\overline{AV_a} = ar_1$, et $\overline{BV_b} = ar_2$ représentent leurs vitesses ; joignons $\overline{V_a V_b}$ qui coupe AB en O. Ce dernier point est un point de l'axe instantané, et sa distance au centre ou à l'axe mobile de la poulie est évidemment égale à

$$\overline{AB} \, \frac{r_1 - r_2}{2(r_1 + r_2)}. \qquad (2)$$

Le mouvement du centre de la poulie est le même que celui d'un point d'une corde qui s'enroulerait sur une poulie de rayon $\frac{r_1 - r_2}{2}$. Cette disposition permet de donner un mouvement très-lent à une poulie sans recourir à l'emploi d'un treuil de petit diamètre, qui par suite présenterait peu de solidité.

505. Vis différentielle (*fig.* 225). Deux vis $S_1 S_1$ et $S_2 S_2$, ayant respectivement les pas p_1 et p_2, p_1 étant plus grand que p_2, et tournant toutes deux de gauche à droite ou de droite à gauche, sont montées sur un même axe.

Fig. 225.

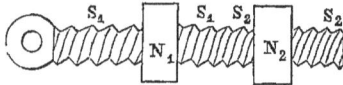

Soient N_1 et N_2 deux écrous montés respectivement sur les deux vis. Lorsque l'axe tourne avec la vitesse angulaire a, les écrous s'ap-s'approchent ou s'éloignent l'un de l'autre avec la vitesse relative

Fig. 226.

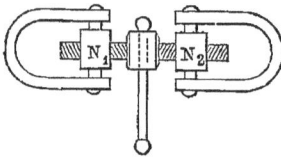

$$v = \frac{a(p_1 - p_2)}{2\pi}, \qquad (1)$$

vitesse qui est la même que celle due à une vis dont le pas est la *différence* des pas des deux vis (voir n° 382, équation 1). Cette disposition permet de déplacer un écrou très-lentement, tout en ayant une machine très-résistante.

La *fig.* 226 représente une vis différentielle dans laquelle les deux vis tournent en sens contraires, et la vitesse relative des deux écrous N_1, N_2, est due à la somme des deux pas, ou dans le cas où les deux pas sont égaux au *double* de chacun d'eux. On emploie cette pièce dans l'attelage des wagons.

506. **Mouvement de la coulisse.** Soient C l'axe de l'arbre d'une machine à vapeur, CT la manivelle, f le *point relié* (voir n° 489) de l'*excentrique de marche en avant* (qui commande le tiroir quand la machine marche en avant), b le point relié de l'*excentrique de marche en arrière* (qui donne le mouvement au tiroir quand la machine marche

Fig. 227.

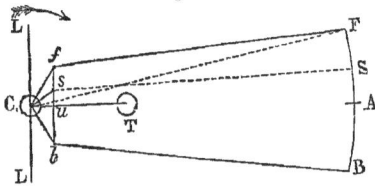

en arrière), fF et bB les barres d'excentrique de marche en avant et de marche en arrière respectivement, FB une pièce nommée *coulisse* articulée avec ces deux barres en F et B, S un coulisseau que l'on peut faire glisser le long de la coulisse et fixer en différents points, et auquel est reliée la tige du tiroir. Nous représenterons par la flèche le sens de la rotation de la *marche en avant* de l'arbre et nous suppo-serons qu'au même instant le piston soit à une des extrémités de sa course. Soit LL une ligne qui montre la position que devrait occuper le bras d'un excentrique pour que le tiroir fût au milieu de sa course, tandis que le piston serait à l'une des extrémités de la sienne. L'angle LCf est l'*avance angulaire* ou l'*avance* de l'excentrique de la *marche en avant*, et l'angle LCb (ordinairement égal au premier) l'*avance angulaire* ou l'*avance* de l'excentrique de la marche en arrière.

Lorsque S est en F, la machine est en *pleine marche en avant*, le mouvement du tiroir étant commandé par l'excentrique de la marche en avant exclusivement. La *course* du tiroir est égale à $2\overline{C f}$, et son avance correspond à l'angle LCf.

Lorsque S est en B, la machine est en *pleine marche en arrière;* le mouvement du tiroir étant commandé uniquement par l'excentrique de la marche en arrière. La *course* du tiroir est $2\overline{C b}$ (égale ordinairement à $2\overline{C f}$), et son avance correspond à l'angle LCb (ordinairement égal à LCf).

Lorsque S est en A, la machine possède une *marche intermédiaire* dans laquelle la vitesse du tiroir, à chaque instant, est une moyenne entre celles qu'il aurait s'il était mû séparément par les deux excentriques.

L'avance correspond à 90° ou à un quart de révolution. La course est à peu près égale à $2\overline{C a}$, a étant le milieu de la ligne droite fb.

Pour trouver *exactement* les mouvements du tiroir pour différentes positions du coulisseau S, ce qu'il y a de plus simple, c'est de tracer un diagramme à une certaine échelle, représentant les positions des excentriques, des barres, et de la coulisse pour une série de positions angulaires de la manivelle (on divise habituellement la circonférence en vingt-quatre angles égaux), et la série correspondante des positions de S, en le supposant fixe en différents points de la coulisse. M. D. K. Clark a donné plusieurs exemples de cette méthode dans son *Traité des machines de chemin de fer*.

Lorsque les barres sont longues relativement à la coulisse, on se contente habituellement de l'*approximation* suivante pour le mouvement de la coulisse; on considère que le mouvement du tiroir est produit par la manivelle Cs, s étant un point qui divise la ligne fb dans le même rapport que S divise FB; de telle sorte que la course du tiroir ne diffère guère de $2\overline{C s}$ et que l'avance est à peu près égale à LCs.

507. On emploie des **combinaisons de systèmes articulés** pour guider des pièces dont le mouvement est alternatif, telles que

la tige du piston d'une machine à vapeur, soit suivant une ligne droite, soit suivant une courbe qui en diffère peu, et cela dans le but d'éviter le frottement qui résulte de l'emploi de guides rectilignes.

I. M. Scott Russel a proposé le premier à notre connaissance, un

Fig. 228.

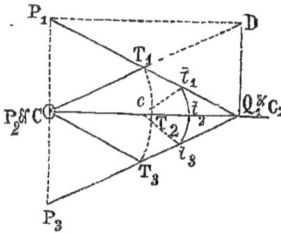

système donnant un **mouvement rectiligne exact**. Ce système est représenté dans la *fig.* 228. Les mêmes parties du mécanisme sont marquées avec les mêmes lettres, et des positions successives sont indiquées au moyen de nombres placés en indices. Le levier CT tourne autour du centre fixe C et porte, articulée à son autre extrémité, la barre PTQ dans laquelle $\overline{PT} = \overline{TQ} = \overline{CT}$. Le point Q est articulé à un patin qui glisse entre des guides suivant la ligne droite CQ. Menons par le point Q la ligne QD perpendiculaire à CQ, laquelle droite coupe CT prolongée en D; on voit alors, par ce que nous avons dit au n° 488, que D est l'axe instantané de la barre; et comme DP est parallèle à CQ, le mouvement du point P, qui est perpendiculaire à DP, est toujours perpendiculaire à CQ; c'est-à-dire que le point P se meut suivant la ligne droite $P_1 CP_3$, qui est perpendiculaire à CQ. Dans les machines à vapeur on dispose de chaque côté du cylindre un système articulé analogue à celui-ci, et les deux barres PQ sont articulées à leurs extrémités P à la tête de la tige du piston. La distance que parcourt Q par chaque course du piston, de longueur $P_1 P_3 = S$, est donnée par l'équation

$$2\overline{Q_1 Q_2} = 2 \left\{ \overline{PQ} - \sqrt{\overline{PQ}^2 - \frac{S^2}{4}} \right\}; \qquad (1)$$

elle est petite comparée à la longueur de la course du piston.

II. On obtient un **mouvement peu différent du mouvement rectiligne** et assez semblable au précédent, en guidant la barre PQ au moyen de leviers oscillants, au lieu d'employer un levier et un patin. Pour trouver la longueur et la position de l'axe de l'un de ces leviers, tel que ct, prenons un point t sur la barre PQ et marquons sur un dessin la position du milieu et les positions extrêmes de ce point, t_2, t_1 et t_3, correspondant aux positions du milieu et extrêmes de la barre PQ. L'axe du levier cherché sera le centre c de la circonférence qui passe par ces trois points, et ct sera

la longueur de ce levier; et și l'on guide la barre PQ avec deux leviers tels que celui-ci, la position du milieu et les positions extrêmes
de P seront en ligne droite, et les autres positions de ce point ne
s'écarteront pas beaucoup de cette ligne.

III. **Mouvement rectiligne approché de Watt**. Dans la
fig. 229, CT et *ct* sont deux leviers qui sont réunis par une pièce arti-

Fig. 229.

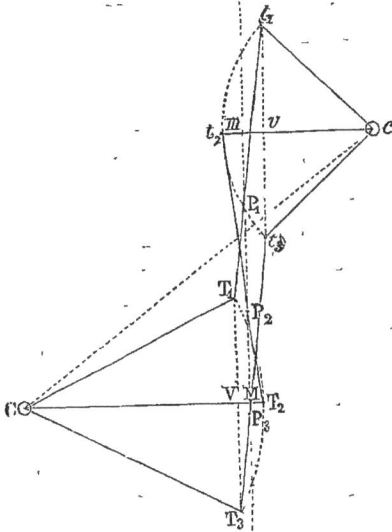

culée T*t*, et qui oscillent autour des axes C, *c*, entre les positions
marquées 1 et 3. Supposons que les positions moyennes des leviers
CT$_2$, *ct*$_2$, soient parallèles entre elles. On demande de déterminer un
point P sur la barre T*t*, tel que sa position moyenne P$_2$ et ses positions extrêmes P$_1$ et P$_3$ soient sur une même ligne droite perpendiculaire à CT$_2$, *ct*$_2$, et de placer les axes C, *c* sur les lignes CT$_2$, *ct*$_2$,
de telle façon que la trajectoire de P, entre les positions P$_1$, P$_2$, P$_3$,
se rapproche autant que possible d'une ligne droite.

. Les axes C, *c*, doivent être placés de telle sorte que le point mi-
lieu M de VT$_2$ et le point milieu *m* de *vt*$_2$, les cordes égales $\overline{T_1 T_3}$ et
$\overline{t_1 t_3}$ représentant la course, se trouvent sur la ligne de course Mm.
Les points T$_1$ et T$_3$ seront alors aussi distants d'un des côtés de cette
ligne que T$_2$ en est distant de l'autre côté; il en sera de même des
points *t*$_1$ et *t*$_3$ d'une part et *t*$_2$ de l'autre; les deux positions extrêmes
de la barre, T$_1$*t*$_1$, T$_3$*t*$_3$ sont donc parallèles entre elles, et elles font

avec Mm le même angle que la position moyenne de la barre $T_2 t_2$ fait avec cette ligne, mais de l'autre côté; et les trois points d'intersection P_1, P_2, P_3 correspondent à un même point de la barre.

Les équations suivantes donneront la position du point P sur la barre :

$$\left. \begin{aligned} \frac{\overline{Tt}}{\overline{PT}} &= \frac{\overline{TV} + \overline{tv}}{\overline{TV}} = \frac{\overline{CM} + \overline{cm}}{\overline{cm}}; \\ \frac{\overline{Tt}}{\overline{Pt}} &= \frac{\overline{TV} + \overline{tv}}{\overline{tv}} = \frac{\overline{CM} + \overline{cm}}{\overline{CM}} \end{aligned} \right\} \quad (2)$$

Les positions du point T sur la barre, comprises entre la position moyenne et les positions extrêmes, se trouvent sur une courbe que l'on peut considérer comme rectiligne sans erreur sensible dans la pratique. Lorsque l'on donne les axes C, c, la ligne de course $P_1 P_2 P_3$, la course $\overline{P_1 P_3} = S$, et la distance $\overline{Mm}$ comprise entre les positions moyennes des deux leviers, les équations suivantes servent à déterminer les longueurs des leviers et de la barre :

flèches
$$\left. \overline{TV} = \frac{S^2}{8 \overline{CM}}; \quad \overline{tv} = \frac{S^2}{8 cm}; \right.$$

leviers
$$\left. \overline{CT} = \overline{CM} + \frac{\overline{TV}}{2}; \quad \overline{ct} = \overline{cm} + \frac{\overline{tv}}{2}; \right\} \quad (3)$$

barre
$$\left. \overline{Tt} = \sqrt{\overline{Mm}^2 + \frac{(\overline{TV} + \overline{tv})^2}{4}}. \right.$$

IV. Examinons maintenant le cas où le point guidé P se trouverait **sur le prolongement** de la barre Tt en arrière des points reliés (*fig.* 230), au lieu de se trouver entre ces points. Les centres des deux leviers sont alors d'un même côté de la barre au lieu de se trouver de côtés différents, le levier le plus court étant le plus éloigné du point guidé P; les équations 2 et 3 se modifient et deviennent :

Segments de la barre

$$\left. \begin{aligned} \frac{\overline{Tt}}{\overline{PT}} &= \frac{\overline{tv} - \overline{TV}}{\overline{TV}} = \frac{\overline{CM} - \overline{cm}}{\overline{cm}}; \\ \frac{\overline{Tt}}{\overline{Pt}} &= \frac{\overline{tv} - \overline{TV}}{\overline{tv}} = \frac{\overline{CM} - \overline{cm}}{\overline{CM}}. \end{aligned} \right\} \quad (4)$$

Fig. 230.

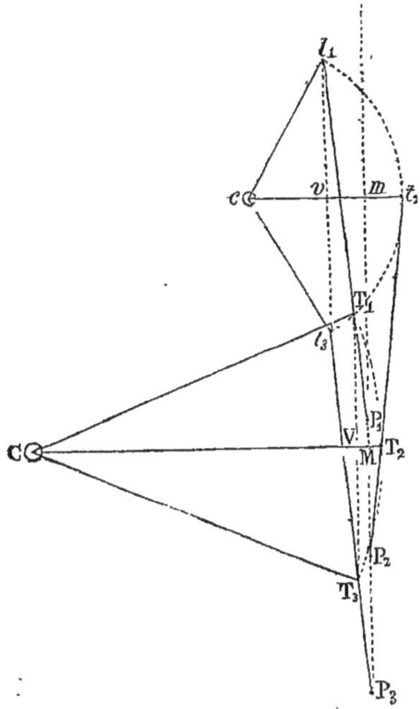

$$\text{flèches} \qquad \overline{TV} = \frac{S^2}{8\overline{CM}}; \qquad \overline{tv} = \frac{S^2}{8\overline{cm}};$$

$$\text{leviers} \qquad \overline{CT} = \overline{CM} + \frac{\overline{TV}}{2}; \qquad \overline{ct} = \overline{cm} + \frac{\overline{tv}}{2}; \qquad (5)$$

$$\text{barre} \qquad \overline{Tt} = \sqrt{\overline{Mm}^2 + \frac{(\overline{tv}-\overline{TV})^2}{4}}.$$

On emploie cette disposition dans quelques machines marines: mais la position est alors inverse de celle figurée; P est dans ce cas l'extrémité supérieure, et t l'extrémité inférieure de la barre.

Fig. 231.

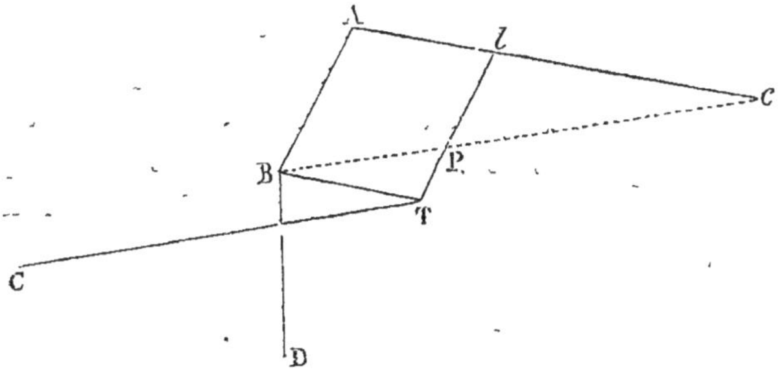

Lorsque l'on applique le mouvement de Watt (III) à des machines à vapeur à balancier, on a l'habitude de guider la tige de la pompe à air, plutôt que la tige du piston, au moyen du point P directement. La tête de la tige du piston est guidée alors au moyen d'un *parallélogramme articulé*, tel que celui représenté dans la *fig.* 231. *c* est l'axe du balancier de la machine, *ct*A est un bras de ce balancier, $\overline{CT}$, un levier appelé *contre-balancier*, T*t*, une barre appelée *barre d'arrière*. CT, *ct*, et T*t* forment la combinaison que nous avons déjà décrite (III) et que montre la *fig.* 229 ; et le point P, que nous avons donné le moyen de déterminer, parcourt une trajectoire qui est à peu près rectiligne. On détermine la longueur totale du bras de balancier *c*A par l'équation

$$\frac{\overline{Pt}}{\overline{Tt}} = \frac{\overline{ct}}{\overline{cA}} ; \qquad\qquad (6)$$

c'est-à-dire que $\overline{tA}$ est à très-peu près une troisième proportionnelle à $\overline{CT}$ et à $\overline{ct}$. Menons AB parallèle à T*t*, puis la ligne *c*P que nous prolongerons jusqu'à sa rencontre en B avec AB ; il résulte alors de l'équation 6 que $\overline{AB} = T t$. AB est la *barre principale,* qui guide par son extrémité inférieure, B, la tête de la tige du piston. BT, égale et parallèle à $\overline{At}$, est la *barre parallèle* qui relie la barre principale et la barre d'arrière. P se meut à peu près en ligne droite ; $\dfrac{\overline{cB}}{\overline{cP}} = \dfrac{\overline{cA}}{\overline{ct}}$ est un rapport constant ; le point B se meut donc sensiblement suivant une ligne droite parallèle à celle que parcourt le point P.

On pourrait également combiner un *parallélogramme* analogue à ABT*t* avec le mouvement de Watt modifié (IV).

508. Trains épicycloïdaux. M. Willis a employé ces mots *train épicycloïdal* pour désigner un train de roues dentées qui sont portées par un bras, relativement auquel elles sont animées de certains mouvements de rotation ; ce bras a d'ailleurs lui-même un mouvement de rotation. Les roues dentées peuvent mener le bras, ou bien le bras peut aider à les mener. Les mouvements comparés des roues et du bras les uns par rapport aux autres et par rapport au bâti, ainsi que les *assemblages de trajectoires* parcourues par des points des roues, résultent des principes sur la composition des rotations donnés aux n°s 385 à 395.

CINQUIÈME PARTIE.

PRINCIPES DE DYNAMIQUE.

---

509. Division du sujet. La science de la dynamique, qui traite des relations entre les mouvements des corps et les forces qui les sollicitent, peut admettre deux grandes divisions relatives, l'une aux forces qui se font équilibre et aux mouvements uniformes, l'autre aux forces non équilibrées et aux mouvements variés. On peut encore diviser autrement le sujet, suivant que l'on considère : les questions qui concernent les mouvements de masses qui sont excessivement petites ou qui, étant de grandeur sensible, n'ont que des mouvements de translation ; les questions relatives aux mouvements de rotation des solides invariables et des systèmes reliés entre eux d'une façon rigide, et les questions qui concernent les mouvements des corps flexibles et des fluides. La dynamique des fluides a reçu le nom spécial d'*hydrodynamique*. Cette branche de la mécanique donne lieu à tant d'applications, elle exige tant d'expériences spéciales qu'il faudrait tout un volume pour l'exposer complétement ; néanmoins dans le présent traité nous en donnerons les principes fondamentaux.

Nous déduirons les principes de dynamique des mouvements de rotation des solides invariables, et ceux des mouvements des corps flexibles et des fluides, de ceux qui sont relatifs aux mouvements de translation simple des solides invariables, en supposant que les corps considérés soient divisés en parties élémentaires, de telle sorte que les lois du mouvement de chacune de ces parties diffèrent aussi peu qu'on le voudra de celles qui concernent le mouvement de translation simple d'un corps. C'est à ces parties infiniment petites que s'applique l'expression de *point physique* déjà mentionnée au n° 7.

Il résulte de ce qui précède que les lois des relations entre les mouvements d'un *point physique* et les forces qui le sollicitent, sont la base de la science de la dynamique; et les mêmes lois s'appliquent à un solide invariable dans lequel tous les points se meuvent de la même manière au même instant, c'est-à-dire, qui a un mouvement de translation tel que celui défini au n° 369.

Nous classerons alors de la manière suivante les différents sujets auxquels sont relatifs les principes de la dynamique:

I.   Mouvement uniforme.
II. Mouvement de translation varié de points et de solides invariables.
III. Mouvement de rotation des solides invariables.
IV. Mouvement des corps flexibles.
V.   Mouvement des fluides.

CHAPITRE PREMIER.

MOUYEMENT UNIFORME SOUS L'ACTION DE FORCES SE FAISANT ÉQUILIBRE.

510. Première loi du mouvement. *Un corps qui n'est soumis à aucune force ou qui est sollicité par des forces qui se font équilibre, est ou en repos, ou animé d'un mouvement uniforme.* (Nous avons défini le mouvement uniforme au n° 354.)

Telle est la manière dont on présente habituellement la première loi du mouvement, mais il faut y voir quelque chose de plus que le sens littéral ; on doit entendre que le *repos ou le mouvement du corps* que la loi concerne, est son repos ou son mouvement *par rapport à un autre corps qui, lui aussi, n'est soumis à aucune force, ou qui est sollicité par des forces se faisant équilibre.* Si cette condition n'est pas remplie, la loi n'est pas vraie. Nous compléterons donc la première loi du mouvement et l'énoncerons ainsi :

Si deux corps ne sont soumis individuellement à aucune force, ou sont sollicités par des forces qui se font équilibre, le mouvement de l'un d'eux par rapport à l'autre est nul ou uniforme.

C'est l'expérience et l'observation qui ont fait découvrir cette loi, non pas par un procédé direct, car les circonstances dans lesquelles on se suppose placé n'existent jamais, mais d'une façon indirecte, par ce fait que les conséquences qu'on en tire, quand on l'associe à d'autres lois, s'accordent parfaitement avec tous les phénomènes que présentent les mouvements des corps.

On peut regarder la première loi du mouvement comme une conséquence des définitions de *force* et d'*équilibre* (n° 12 et 13) ; il est bon d'observer en même temps que ces définitions sont basées sur des données expérimentales.

511. Effort; résistance; force latérale. Soient F une force appliquée à un point, et θ l'angle que fait la direction de cette force avec la direction du mouvement du point; on pourra, en ayant égard aux principes du n° 57, décomposer la force F en deux composantes rectangulaires, dirigées l'une dans la direction du mouvement du point, l'autre perpendiculairement à cette direction; ces deux composantes auront pour expression :

$$\text{la force } \textit{directe,} \quad \text{F} \cos\theta;$$
$$\text{la force } \textit{latérale,} \quad \text{F} \sin\theta.$$

Nous distinguerons de plus une force directe, suivant qu'elle agit *dans le sens* du mouvement du point ou en *sens contraire* (c'est-à-dire suivant que θ est aigu ou obtus), par les noms d'*effort* ou de *résistance*. On peut alors décomposer chacune des forces appliquées à un point en mouvement de la manière suivante :

$$
\begin{aligned}
&\textit{Effort,} & \text{P} &= \text{F} \cos\theta, \text{ si } \theta \text{ est aigu;}\\
&\textit{Résistance,} & \text{R} &= \text{F} \cos(\pi - \theta), \text{ si } \theta \text{ est obtus;}\\
&\textit{Force latérale,} & \text{Q} &= \text{F} \sin\theta.
\end{aligned}
\left.\right\} \quad (1)
$$

512. Les conditions du mouvement uniforme de deux points consistent en ce que les forces appliquées à chacun d'eux doivent se faire équilibre, c'est-à-dire, en ce que *les forces latérales appliquées à chacun des points doivent se faire équilibre, et en ce que les efforts appliqués à chacun d'eux doivent faire équilibre aux résistances*.

La direction d'une force étant, comme nous l'avons établi au n° 20, celle du mouvement qu'elle tend à produire, il est évident que l'équilibre des forces latérales entraîne *l'uniformité de direction du mouvement*, c'est-à-dire qu'il donne lieu à un mouvement rectiligne, et que l'équilibre entre les efforts et les résistances entraîne *l'uniformité de vitesse*.

513. Un **travail** consiste en un déplacement malgré une résistance. On dit alors qu'il y a travail *effectué* et résistance *vaincue*. On mesure le travail par le produit de la résistance par la distance que parcourt son point d'application. L'unité de travail correspond à une résistance d'un kilogramme vaincue par un mobile pendant qu'il parcourt une distance d'un mètre, et porte le nom de *kilogrammètre*.

514. L'**énergie** signifie *la capacité pour effectuer du travail*. *L'énergie d'un effort*, ou *énergie potentielle*, se mesure par le produit de l'effort par la distance que son point d'application est *capable* de parcourir. L'unité d'énergie est la même que celle de travail.

Quand le point d'application d'un effort a *parcouru* une distance donnée, on dit qu'il y a eu *énergie exercée*, et la grandeur de cette dernière est exprimée par le produit de l'effort par la distance qu'il a parcourue.

515. Énergie et travail de forces variables. Si la grandeur d'un effort varie avec la position que son point d'application occupe sur une longueur donnée de sa trajectoire, nous multiplierons chacune des grandeurs différentes de l'effort P par la longueur correspondante de la trajectoire Δs; alors la somme

$$\Sigma P \Delta s \qquad (1)$$

représente l'énergie totale exercée. Si l'effort varie par degrés insensibles, l'énergie exercée est *l'intégrale* ou la limite vers laquelle tend cette somme à mesure que les parties considérées de la trajectoire sont de plus en plus petites et, par suite, de plus en plus nombreuses, et est exprimée par

$$\int P ds. \qquad (2)$$

On emploiera un procédé analogue pour trouver le travail qu'il a fallu effectuer pour vaincre une résistance variable. Nous renvoyons au n° 81 pour l'intégration en général.

516. Un **dynamomètre** ou **indicateur** est un instrument qui mesure et enregistre l'énergie qu'un effort exerce. Il consiste habituellement, *d'abord* en une feuille de papier qui se meut avec une vitesse proportionnelle à celle du point d'application de l'effort, et qui porte une ligne droite parallèle à la direction de son mouvement, appelée la ligne du zéro; *puis* en un ressort qui est comprimé par l'effort et qui porte un crayon dont la distance à la ligne du zéro, distance réglée par la compression du ressort, est proportionnelle à l'effort. Le crayon trace sur la feuille de papier une courbe analogue à celle de la *fig.* 24 du n° 81, telle que son *ordonnée* $\overline{EF}$, perpendiculaire à la ligne du zéro OX en un point donné, représente l'effort P pour le point correspondant sur la trajectoire du point d'application de l'effort, et *l'aire de la surface comprise entre deux ordonnées*, telle que ACDB, représente l'énergie exercée $\int P ds$, pour la portion correspondante, AB, de la trajectoire du point d'application de l'effort.

517. On peut exprimer de la manière suivant **l'énergie et le**

travail de la pression d'un fluide. Représentons par A la projection sur *un plan perpendiculaire à la direction du mouvement* du corps mobile, de la portion de la surface du corps à laquelle la pression est appliquée, par p l'intensité de la pression en unités de force par unité de surface (n° 86) et par Δs la distance que le corps parcourt dans un intervalle de temps donné. Pendant cet intervalle, l'énergie exercée par la pression du fluide, ou le travail effectué contre cette pression, suivant que l'on suppose que la pression agit dans le sens du mouvement ou en sens contraire, aura pour expression

$$P \Delta s (\text{ou } R \Delta s) = p A \Delta s = p \Delta V. \tag{1}$$

ΔV étant le *volume* engendré par la portion pressée de la surface du corps, pendant l'intervalle de temps donné.

548. Quand on dit qu'il y a **conservation de l'énergie** dans le cas d'un mouvement uniforme, on exprime simplement ce fait que *l'énergie exercée est égale au travail effectué;* c'est une conséquence de la première loi du mouvement, comme le montre l'examen des cas suivants :

1ᵉʳ CAS. *Lorsque les forces agissent sur un point unique*, le principe est évident ; car l'effort qui est appliqué au point faisant équilibre à la résistance, les produits de ces forces par la distance que le point parcourt dans un intervalle de temps quelconque sont égaux. c'est-à-dire que l'on a

$$P \Delta s = R \Delta s. \tag{1}$$

2ᵉ CAS. *Lorsque les forces agissent sur un système quelconque de points qui sont en équilibre*, le principe doit être vrai. car il est vrai pour les forces qui agissent sur chacun des points du système ; on a alors

$$\Sigma P \Delta s = \Sigma R \Delta s. \tag{2}$$

3ᵉ CAS. Lorsque les points qui constituent un système sont reliés entre eux d'une *façon rigide*, de telle sorte que leurs positions relatives ne puissent pas varier, il n'y a ni énergie exercée ni travail effectué par les forces qui agissent *entre les points mêmes du système;* on en conclut, en s'appuyant sur le 2ᵉ cas, que le principe de la conservation de l'énergie est vrai *pour les forces qui agissent entre les points du système et les corps extérieurs.*

Représentons d'une façon symbolique par P_1 les efforts qui agissent entre les points du système, par R_1 les résistances ; par P_2 les efforts qui agissent entre les points du système et les corps extérieurs, et par R_2 les résistances. On a, en vertu du 2e cas,

$$\Sigma(P_1 + P_2)\Delta s = \Sigma(R_1 + R_2)\Delta s;$$

mais par suite de la rigidité du système,

$$\Sigma P_1 \Delta s = 0; \quad \Sigma R_1 \Delta s = 0;$$

et, par conséquent.

$$\Sigma P_2 \Delta s = \Sigma R_2 \Delta s. \tag{3}$$

4e cas. On démontrerait le même principe de la même manière dans le cas où les forces agiraient entre des corps extérieurs et un système de points qui, tout en n'étant pas absolument rigide, serait tel que *les positions relatives de ses points ne pussent pas varier dans les directions suivant lesquelles agissent les forces intérieures du système.* C'est là la condition idéale dans laquelle se trouverait un train de mécanismes, si le mode de liaison des pièces ne donnait lieu à aucune résistance.

519. Le principe des vitesses virtuelles est le nom que l'on donne à l'application du principe de la conservation de l'énergie à la détermination des conditions d'équilibre entre les forces extérieures qui sollicitent un système quelconque de points reliés entre eux. Voici comment on fait cette application : soit F une quelconque des forces extérieures en question. Les conditions d'équilibre sont celles du mouvement uniforme. Concevons que les points du système se meuvent avec des vitesses uniformes, de telle manière que leurs forces mutuelles ou intérieures ne donnent lieu à aucun développement d'énergie et à aucune production de travail. Soient v la vitesse, ou un nombre quelconque proportionnel à la vitesse du point auquel la force extérieure F est appliquée, et θ l'angle que fait la direction de cette force avec la direction du mouvement de son point d'application. Il résulte des 3e et 4e cas du principe de la conservation de l'énergie que la condition d'équilibre entre les forces F est

$$\Sigma F v \cos \theta = 0; \tag{1}$$

en remarquant que $\cos \theta$ est positif ou négatif, suivant que l'angle θ est aigu ou obtus. On peut exprimer ce même principe d'une autre manière : soient v la vitesse virtuelle d'un point quelconque auquel un effort P est appliqué, u la vitesse virtuelle d'un point quelconque auquel une résistance R est appliquée, on a

$$\Sigma P v = \Sigma R u. \qquad (2)$$

Le principe ainsi présenté porte le nom de principe des *vitesses virtuelles*, parce que les vitesses représentées par v sont simplement les vitesses que les points du système *pourraient* avoir.

Comme dans l'application de ce principe on n'a à considérer que le *rapport* entre les vitesses v, il permet de trouver les conditions d'équilibre entre les forces appliquées à un corps ou à une machine quelconque, dès que l'on a déterminé par les principes de la cinématique ou de la théorie des mécanismes, les *vitesses comparées* des points d'application de ces forces; et toutes les propositions que nous avons démontrées dans les parties III et IV de ce traité sur les vitesses comparées des points d'un corps ou d'un train de mécanismes peuvent se transformer immédiatement en propositions relatives à l'équilibre de forces appliquées à ces points dans des directions données.

520. Énergie des forces et mouvements composants. Supposons que le mouvement Δs d'un point dans un intervalle de temps donné fasse les angles α, β, γ, avec trois axes rectangulaires, alors

$$\Delta s \cos \alpha, \qquad \Delta s \cos \beta, \qquad \Delta s \cos \gamma,$$

seront les trois composantes de ce mouvement. Supposons que l'on applique à ce point une force F qui fasse avec les mêmes axes les angles α', β', γ', de telle sorte que ses composantes rectangulaires sont

$$F \cos \alpha', \qquad F \cos \beta', \qquad F \cos \gamma'.$$

En multipliant chaque composante du mouvement par la composante de la force suivant sa propre direction, on trouve les trois quantités suivantes d'énergie exercée :

$$\left. \begin{array}{l} F \Delta s \cos \alpha \cos \alpha'; \\ F \Delta s \cos \beta \cos \beta'; \\ F \Delta s \cos \gamma \cos \gamma'; \end{array} \right\} \qquad (1)$$

et la somme de ces trois quantités d'énergie est l'énergie totale exercée. Mais on sait que

$$\cos \alpha \cos \alpha' + \cos \beta \cos \beta' + \cos \gamma \cos \gamma' = \cos \theta,$$

θ étant l'angle que fait la direction de la force avec la direction du mouvement; la somme des trois quantités d'énergie des formules 1 donne donc simplement pour l'énergie totale exercée

$$F \Delta s \cos \theta,$$

comme dans les exemples précédents; les mêmes remarques s'appliquent au travail effectué.

CHAPITRE II.

MOUVEMENT DE TRANSLATION VARIÉ DE POINTS ET DE SOLIDES INVARIABLES.

SECTION 1. — *Définitions.*

521. **La masse** ou **inertie** d'un corps, est une quantité proportionnelle à la force non équilibrée qui est nécessaire pour produire un changement défini donné dans le mouvement d'un corps pendant un intervalle de temps donné.

On sait que le poids d'un corps, c'est-à-dire l'attraction entre ce corps et la terre, en un point déterminé de la surface de la terre, agissant sans être équilibré sur ce corps, pendant un intervalle de temps déterminé (une seconde par exemple), donne lieu à un changement dans son mouvement, qui est le même pour tous les corps quels qu'ils soient. Il en résulte que les *masses de tous les corps sont proportionnelles à leur poids en un point donné de la surface de la terre.*

C'est l'expérience qui a fait connaître ce fait; mais on peut démontrer qu'il est nécessaire pour que l'univers subsiste tel qu'il est; car si la gravité de tous les corps, quels qu'ils soient, n'était pas proportionnelle à leurs masses respectives, elle n'entraînerait pas des changements de mouvement égaux pour tous les corps qui arrivent aux mêmes positions relativement à d'autres corps; les différentes parties qui constituent les étoiles et systèmes célestes ne se suivraient pas alors dans leurs mouvements, et elles seraient bientôt dispersées et amèneraient le chaos. Le système de l'univers ne peut admettre ni corps impondérable ni corps dont la gravité, comparée à sa masse, puisse différer si peu que ce soit de celle des autres corps (*).

522. Le centre de masse d'un corps est son centre de gravité, tel que nous l'avons défini dans la première partie, chap. V, section 1.

523. La quantité de mouvement (momentum) d'un corps est le produit de sa masse par sa vitesse relativement à un point considéré comme fixe. La quantité de mouvement d'un corps, de même que sa vitesse, peut être décomposée en composantes rectangulaires ou autres, d'après la méthode que nous avons donnée pour les mouvements, dans la troisième partie, chap. Ier.

524. La quantité de mouvement résultante (resultant momentum) d'un système de corps est la résultante de leurs quantités de mouvement individuelles, composées comme si c'étaient des mouvements ou des couples statiques.

THÉORÈME. — *La quantité de mouvement d'un système de corps est la même que si toutes leurs masses étaient concentrées au centre de gravité du système.* Supposons que la vitesse de chacun des corps soit décomposée en trois composantes rectangulaires. Considérons toutes les vitesses composantes parallèles à l'une des directions rectangulaires. Elles représentent les taux de la variation des distances des corps à un certain plan. Si l'on multiplie la masse de chacun des corps par sa distance à un certain plan, qu'on ajoute tous les produits et qu'on divise cette somme par la somme des masses, on obtient comme résultat la distance du centre de gravité du système entier à ce plan; si donc on multiplie la composante de la vitesse de chacun des corps dans une direction perpendiculaire à ce plan par la masse du corps, la somme de ces produits pour tous les corps du système sera le produit de la masse entière du système par la vitesse de son centre de gravité dans une direction perpendiculaire au plan en question, de telle sorte que ce produit est l'une des trois composantes rectangulaires de la quantité de mouvement résultante du système de corps; il en est de même pour les autres composantes rectangulaires. Si l'on représente par u, v, w, les trois composantes rectangulaires de la vitesse d'une masse quelconque m, appartenant au système de corps, par u_0, v_0, w_0, les composantes rectangulaires de la vitesse du centre de gravité de ce système de

---

(*) Voir la démonstration du docteur Whewell « que toute la matière obéit aux lois de la gravitation. »

corps, on a alors

$$\left.\begin{array}{l} u_0\ \Sigma m = \Sigma\ mu, \\ v_0\ \Sigma m = \Sigma\ mv, \\ w_0\ \Sigma m = \Sigma\ mw. \end{array}\right\} \qquad (1)$$

COROLLAIRE. — *La quantité de mouvement résultante d'un système de corps par rapport à leur centre de gravité commun est nulle*, c'est-à-dire que l'on a

$$\left.\begin{array}{l} \Sigma m(u - u_0) = 0; \quad \Sigma m(v - v_0) = 0; \\ \Sigma m(w - w_0) = 0. \end{array}\right\} \qquad (2)$$

525. Les variations et les déviations de quantité de mouvement sont les produits de la masse d'un corps par les taux de la variation de sa vitesse et de la déviation de sa direction, ainsi que nous l'avons expliqué dans la troisième partie, chap. Ier, section 3.

526. L'impulsion est le produit d'une force non équilibrée par le *temps* pendant lequel elle agit: cette impulsion peut être décomposée et composée comme une force. Soient F une force, et dt un intervalle de temps pendant lequel elle agit sans être équilibrée; Fdt sera l'impulsion de la force pendant ce temps. L'impulsion d'une force non équilibrée pendant l'unité de temps a pour expression la force elle-même.

527. Impulsions accélératrice, retardatrice, déviatrice. De même qu'on a décomposé une force appliquée à un corps en mouvement en effort ou résistance, suivant les cas, et en effort latéral (voir le n° 511), on peut décomposer l'impulsion en impulsion accélératrice ou retardatrice, laquelle agit dans le sens du mouvement du corps ou en sens contraire, et en impulsion déviatrice, qui agit normalement à la direction du mouvement du corps. Si θ représente, comme plus haut, l'angle que la force non équilibrée F fait avec la trajectoire du corps pendant l'élément de temps dt,

$$\left.\begin{array}{l} \mathrm{P}dt = \mathrm{F}\cos\theta \cdot dt \text{ est l'impulsion accélératrice, si }\theta\text{ est aigu,} \\ \mathrm{R}dt = \mathrm{F}\cos(\pi - \theta) \cdot dt \text{ est l'impulsion retardatrice, si }\theta\text{ est obtus,} \\ \mathrm{Q}dt = \mathrm{F}\sin\theta \cdot dt \text{ est l'impulsion déviatrice.} \end{array}\right\} \ (1)$$

528. Relations entre l'impulsion, l'énergie et le travail. Si v est la vitesse moyenne d'un corps en mouvement pendant l'intervalle dt, la force non équilibrée qui le sollicite alors étant F, $ds = vdt$ est la distance parcourue par ce corps, et suivant que l'angle θ est aigu ou obtus, il y a ou *énergie exercée sur le corps par* *l'impulsion accélératrice*, et celle-ci a pour valeur

$$\text{P}ds = \text{F}v \cos \theta \cdot dt, \qquad (1)$$

ou *travail produit par le corps contre l'impulsion retardatrice*, et celui-ci a pour expression

$$\text{R}ds = \text{F}v \cos (\pi - \theta) \cdot dt. \qquad (2)$$

SECTION 2. — *Loi d'un mouvement de translation varié.*

529. Deuxième loi du mouvement. *Le changement de la quantité de mouvement est proportionnel à l'impulsion qui le produit.* Nous admettons ici, comme dans la première loi du mouvement (510), que le mouvement du corps mobile considéré est rapporté à un point fixe ou à un corps dont le mouvement est uniforme. Dans les questions pratiques de mécanique appliquée, on peut, sans erreur sensible, regarder le mouvement d'une partie quelconque de la surface de la terre comme étant uniforme. On peut prendre les unités de masse et de force telles *que le changement de la quantité de mouvement soit égal à l'impulsion qui le produit.* (Voir n°s 531 et 532.)

530. Équations générales de la dynamique. On peut employer deux méthodes pour exprimer algébriquement la deuxième loi du mouvement : dans la première méthode on décompose le changement de la quantité de mouvement en variation directe et en déviation, et l'impulsion en impulsions directe et déviatrice ; dans la seconde méthode on décompose le changement de la quantité de mouvement ainsi que l'impulsion en composantes parallèles à trois axes rectangulaires.

Première méthode. m étant la masse du corps, v sa vitesse, et r le rayon de courbure de sa trajectoire, il résulte des n°s 361 et 362 que le *taux de la variation directe* de sa quantité de mouvement est

$$m \frac{dv}{dt} = m \frac{d^2 s}{dt^2};$$

et des n°s 363 et 364, que le taux de la déviation de sa quantité de mouvement est

$$m \frac{v^2}{r}.$$

Si nous égalons ces quantités respectivement à l'impulsion directe et à l'impulsion latérale par unité de temps, qu'exerce une force non équilibrée F faisant un angle θ avec la direction du mouvement du corps, nous obtenons les deux équations suivantes :

$$P \quad \text{ou} \quad -R = F \cos\theta = m\frac{dv}{dt} = m\frac{d^2s}{dt^2}, \qquad (1)$$

$$Q = F \sin\theta = \frac{mv^2}{r}. \qquad (2)$$

Le rayon de courbure r a la même direction que la force déviatrice Q.

Deuxième méthode. Décomposons, comme au n° 366, la vitesse du corps en trois composantes rectangulaires, $\dfrac{dx}{dt}, \dfrac{dy}{dt}, \dfrac{dz}{dt}$; les trois composantes du taux de la variation de sa quantité de mouvement seront :

$$m\frac{d^2x}{dt^2}, \qquad m\frac{d^2y}{dt^2}, \qquad m\frac{d^2z}{dt^2}.$$

Soit aussi F la force non équilibrée qui fait avec les axes coordonnés les angles σ, β, γ; décomposons son impulsion pendant l'unité de temps en trois composantes F_x, F_y, F_z, nous aurons alors

$$\left.\begin{aligned} F_x &= F \cos\alpha = m\frac{d^2x}{dt^2}; \\ F_y &= F \cos\beta = m\frac{d'y}{dt^2}; \\ F_z &= F \cos\gamma = m\frac{d^2z}{dt^2}. \end{aligned}\right\} \qquad (3)$$

Ces trois équations reviennent au fond aux équations 1 et 2.

531. Masse en fonction du poids. Le poids d'un corps, en agissant sur ce corps sans être équilibré, donne lieu à une certaine vitesse dirigée vers la terre, vitesse qui s'accroît par seconde de la quantité g, dont nous allons donner la valeur. Si λ représente la latitude du lieu, $hg_1 = g$, 808, la valeur de g, dans le cas où $\lambda = 45°$ et $h = 0$, et R, le rayon moyen de la terre $= 6\,370\,000$ mètres environ, sa hauteur au-dessus du niveau moyen de la mer, on a pour l'expression générale de g,

$$g = g_1(1 - 0{,}00284 \cos 2\lambda)\left(1 - \frac{2h}{R}\right). \qquad (1)$$

Pour des latitudes qui dépassent 45°, il faut se rappeler que $\cos 2\lambda$ est négatif, ce qui change le signe des termes qui le contiennent comme facteur.

Dans les questions pratiques des machines ordinaires, il suffit de prendre

$$g = 9^m{,}81 \text{ environ.} \qquad (2)$$

Si donc un corps dont le poids est W est sollicité par une force non équilibrée F, le changement de vitesse suivant la direction de F produit dans une seconde sera

$$\frac{F}{m} = \frac{Fg}{W},$$

d'où

$$m = \frac{W}{g}, \qquad (3)$$

pour l'expression de la *masse* d'un corps en fonction de son poids, cette expression étant telle que le changement de la quantité de mouvement est *égal* à l'impulsion qui le produit. m étant absolument constant pour le même corps, g et W varient dans le même rapport, aux différentes altitudes et latitudes.

532. On donne le nom d'**unité absolue de force** à la force qui, agissant pendant une unité de temps sur une unité de masse arbitraire, donne lieu à une unité de vitesse.

[En Angleterre, l'unité de temps étant la seconde (comme ailleurs), et l'unité de vitesse étant le pied par seconde, l'unité de masse employée est la masse dont le poids, dans le vide, à Londres et au niveau de la mer, est une livre étalon avoirdupois.]

Le *poids* d'une unité de masse, en un point donné quelconque, a pour valeur, en unités absolues de force, le coefficient g. Lorsque *l'unité de poids* est employée comme unité de force, au lieu de *l'unité absolue*, l'unité de masse correspondante devient g fois l'unité indiquée ci-dessus, c'est-à-dire, en mesures anglaises, la masse de 32,2 livres avoirdupois, ou en unités françaises, la masse de 9,81 kilog.

533. **Le mouvement d'un corps qui tombe** sous l'action unique de son propre poids, force sensiblement uniforme, est un cas du mouvement uniformément varié que nous avons décrit au n° 361. Dans les équations que nous avons données alors, il faudra substituer au taux de variation a de la vitesse le coefficient g, dont nous venons de parler. Si v_0 représente alors la vitesse du corps au commencement d'un intervalle de temps t, sa vitesse à la fin de cet intervalle sera

$$v = v_0 + gt; \qquad (1)$$

la vitesse moyenne pendant ce temps est

$$\frac{v_0 + v}{2} = v_0 + \frac{gt}{2}, \qquad (2)$$

et la hauteur verticale parcourie est

$$h = v_0 t + \frac{gt^2}{2}. \qquad (3)$$

Les équations qui précèdent donnent la vitesse finale du corps, et la hauteur de chute, chacune en fonction de la vitesse initiale et du temps. Pour obtenir la hauteur en fonction des vitesses initiale et finale, ou *vice versâ*, il faudra multiplier l'équation 2 par la quantité $v - v_0 = gt$, et la comparer avec l'équation 3. On aura le résultat suivant :

$$\left. \begin{array}{l} \dfrac{v^2 - v_0^2}{2} = v_0 gt + \dfrac{g^2 t^2}{2} = gh; \\[2mm] h = \dfrac{v^2 - v_0^2}{2g}. \end{array} \right\} \qquad (4)$$

Lorsque le corps qui tombe part de l'état de repos, on doit faire $v_0 = 0$; on obtient alors les équations

$$v = gt; \qquad h = \frac{gt^2}{2} = \frac{v^2}{2g}. \qquad (5)$$

On appelle, la hauteur h de cette dernière équation, *hauteur due à la vitesse* v, et cette vitesse est appelée *la vitesse due à la hauteur de chute* h.

Si le corps était au commencement lancé de bas en haut, il faudrait regarder comme négative la vitesse initiale v_0. Pour trouver la hauteur que le corps atteindra avant de rétrograder, il faudra faire $v = 0$ dans la dernière des équations 4; on a alors

$$h = -\frac{v_0^2}{2g}. \qquad (6)$$

Cette montée est égale à la hauteur qui serait due à la vitesse initiale v_0.

534. Projectile qui se meut sans trouver de résistance

Fig. 232.

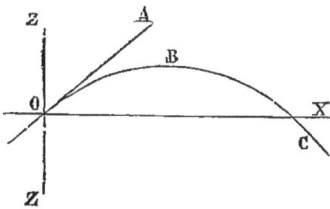

ou qui ne rencontre qu'une résistance insensible. Le mouvement d'un pareil projectile se compose du mouvement vertical d'un corps qui tombe et du mouvement horizontal dû à la composante horizontale de la vitesse qu'il a au départ. Dans la *fig.* 232, O représente le point d'où part le projectile lancé suivant la direction OA qui fait l'angle XOA = θ avec une ligne horizontale OX située dans le même plan vertical que OA. Nous représenterons par x les distances horizontales parallèles à OX, et par z les ordonnées verticales parallèles à OZ, positives quand elles sont dirigées de bas en haut, et négatives de haut en bas. Dans les équations du mouvement vertical, nous remplacerons par $-z$ le symbole h des équations du n° 533, parce que h et z sont comptés dans des directions opposées.

Soit v_0 la vitesse du projectile au départ. Au moment où le projectile part, les composantes de cette vitesse sont :

horizontale, $\dfrac{dx}{dt} = v_0 \cos \theta$;   verticale, $\dfrac{dz}{dt} = v_0 \sin \theta$;

après un certain laps de temps t, ces composantes sont devenues

$$\left. \begin{aligned} \frac{dx}{dt} &= v_0 \cos \theta = \text{constante,} \\ \frac{dz}{dt} &= v_0 \sin \theta - gt. \end{aligned} \right\} \qquad (1)$$

Les coordonnées du corps à la fin du temps t seront donc :

$$\left.\begin{array}{ll} \text{horizontale,} & x = v_0 t \cos \theta\,; \\[2mm] \text{verticale,} & z = v_0 t \sin \theta - \dfrac{g t^2}{2}\,; \end{array}\right\} \qquad (2)$$

et comme $t = \dfrac{x}{v_0 \cos \theta}$, on a entre ces coordonnées la relation

$$z = x \operatorname{tang} \theta - \frac{g}{2 v_0^2 \cos^2 \theta}\, x^2. \qquad (3)$$

Cette équation montre que la trajectoire OBC du projectile est une parabole dont l'axe est vertical et qui est tangente à la ligne OA au point O.

La vitesse totale du projectile, à un instant donné, étant la résultante des composantes données par l'équation 1, on a, pour l'expression de son carré,

$$v^2 = \frac{dx^2}{dt^2} + \frac{dz^2}{dt^2} = v_0^2 - 2 v_0 g t \sin \theta + g^2 t^2 = v_0^2 - 2 g z\,; \quad (4)$$

on en déduit

$$z = \frac{v_0^2 - v^2}{2g}. \qquad (5)$$

Si l'on compare cette équation avec l'équation 4 du n° 533, on voit que *la relation entre la variation de l'élévation verticale et la variation du carré de la vitesse résultante est la même, que la vitesse ait une direction verticale, inclinée ou horizontale.* C'est là un cas particulier d'un principe plus général, que nous aurons à examiner.

Par suite de la résistance de l'air, un projectile qui se meut dans le voisinage de la terre ne se déplace pas comme un projectile qui ne rencontre pas de résistance. Mais ces deux mouvements se rapprochent d'autant plus l'un de l'autre que le mouvement du projectile dans l'air est plus lent, et que le corps est plus dense, par suite de ce que la résistance de l'air croît avec là vitesse, et que le rapport entre la résistance et le poids du corps dépend du rapport entre la surface du corps et son poids.

535. Le mouvement d'un corps le long d'une trajectoire inclinée, sous l'action de la gravité seule, est tel que la variation de la quantité de mouvement dans chaque intervalle de temps est égale à l'impulsion exercée, dans cet intervalle, par la composante du poids du corps qui agit suivant la direction du mouvement. Si la trajectoire est rectiligne, l'autre composante rectangulaire du poids du corps est équilibrée par la résistance de la surface ou de tout autre corps qui force le corps à parcourir la trajectoire inclinée; si la trajectoire est courbe, la différence entre ces deux forces qui agissent en travers de la tranjectoire est employée à faire dévier la direction du mouvement du corps.

Soient v la vitesse du corps à un instant quelconque, $\dfrac{dv}{dt}$, comme ci-dessus, le taux de la variation de cette vitesse, θ l'angle d'inclinaison de la trajectoire du corps sur l'horizontale, positive quand elle est dirigée de bas en haut, et négative de haut en bas. Le corps est alors soumis, *suivant* sa trajectoire, à une force qui est égale au produit de son poids par sin θ, laquelle est une *résistance* si θ est positif, et un *effort* si θ est négatif; on a donc

$$\frac{dv}{dt} = - g \sin \theta. \qquad (1)$$

Lorsque l'inclinaison de la trajectoire est uniforme, ce taux de la variation de la vitesse est constant, et le corps se meut de la même manière qu'un corps qui se déplace verticalement sans trouver de résistance, avec cette différence cependant que chaque changement de vitesse exige un intervalle de temps plus considérable, dans le rapport de 1 à sin θ, pour la trajectoire inclinée que pour la trajectoire verticale.

Le mouvement d'un corps suivant une trajectoire quelconque sur un PLAN INCLINÉ étant décomposé en deux composantes rectangulaires, l'une horizontale et l'autre dans la direction de la ligne de plus grande pente, la composante horizontale (s'il n'y a pas de frottement) est uniforme, et la composante inclinée se déduit de la loi que donne l'équation 1 du présent numéro. Le mouvement résultant du corps est par conséquent celui d'un projectile qui ne rencontrerait pas de résistance, tel que nous l'avons décrit au n° 534, avec cette différence qu'il faudra substituer $g \sin \theta$ à g.

Les mouvements des corps sur des plans inclinés étant plus lents et, par suite, plus faciles à observer que des mouvements verticaux, Galilée s'en est servi pour chercher les lois de la dynamique qu'il a découvertes.

Dans le cas d'un corps qui glisse sans frottement sur un plan incliné, l'équation qui lie la vitesse à la position du corps est la suivante :

$$v_0^2 - v^2 = 2gz' \sin \theta \, ;$$

v_0 étant la vitesse à l'origine du mouvement, et v la vitesse que le corps possède quand il arrive à un point qui a z' pour *coordonnée inclinée* par rapport à l'origine du mouvement, cette coordonnée étant positive quand elle est dirigée de bas en haut. Mais $z' \sin \theta = z$ est la *différence de hauteur verticale* des deux positions du corps ; de telle sorte que le rapport entre la variation du carré de la vitesse et la différence de hauteur verticale est le même dans le cas actuel que dans celui d'un projectile ne rencontrant pas de résistance, ou d'un corps qui se meut librement verticalement.

536. Un effort ou une résistance uniformes agissant sur un corps sans être équilibrés, donnent lieu à une variation de vitesse qui est exprimée par l'équation

$$\frac{dv}{dt} = fg : \qquad (1)$$

f étant le rapport constant qui existe entre la force non équilibrée et le poids du corps en mouvement, ce rapport étant positif ou négatif suivant la direction de la force ; si alors on substitue fg à g dans les équations du n° 533, ces équations donneront le mouvement du corps en question, h représentant la distance parcourue par le corps dans une direction positive.

Dans la machine d'Atwood, du nom de son inventeur, laquelle sert à montrer l'effet de forces mouvantes uniformes, on a une application de ce principe : les mouvements produits alors suivent la même loi que ceux des corps qui tombent, mais ont lieu beaucoup plus lentement, et de plus la méthode ne comporte pas les mêmes erreurs, résultant du frottement, que celle de Galilée. Deux poids, P et R, P étant le plus grand, sont suspendus aux extrémités d'une corde qui passe sur une poulie soigneusement construite. Si l'on regarde les masses de la corde et de la poulie comme négligeables, le poids de la masse qu'il s'agit de mettre en mouvement est P + R, et la force mouvante est P — R, plus petite que le poids dans le rapport :

$$f = \frac{P - R}{P + R}.$$

Les deux poids obéissent donc, dans leur mouvement, à la même loi qu'un corps qui tombe ; mais le mouvement est plus lent dans le rapport de f à 1.

537. Une force déviatrice qui agit sans être équilibrée dans une direction perpendiculaire à celle du mouvement d'un corps, et qui modifie cette direction sans changer la vitesse du corps, est égale au taux de la déviation de la quantité de mouvement du corps par unité de temps, comme l'exprime l'équation suivante :

$$Q = \frac{Wv^2}{gr}; \qquad (1)$$

Q étant la force déviatrice, W le poids du corps, $\dfrac{W}{g}$ sa masse, v^2 sa vitesse, et r le rayon de courbure de sa trajectoire.

Dans le cas d'un projectile qui ne rencontre pas de résistance (voir n° 534), la force déviatrice, à un instant quelconque, est la composante du poids du corps qui agit perpendiculairement à la direction de son mouvement ; c'est-à-dire,

$$Q = \frac{W}{\sqrt{1 + \dfrac{dz^2}{dx^2}}} = \frac{Wv_0 \cos \theta}{v}. \qquad (2)$$

L'expression bien connue du rayon de courbure d'une courbe quelconque dont les coordonnées sont x et z, est

$$r = \frac{\left(1 + \dfrac{dz^2}{dx^2}\right)^{\frac{3}{2}}}{\dfrac{d^2z}{dx^2}} = \left(\frac{v}{v_0 \cos \theta}\right)^3 \frac{v_0^2 \cos^2 \theta}{g}. \qquad (3)$$

Par conséquent $Qr = \dfrac{Wv^2}{g}$; nous retombons ainsi sur l'équation 1.

Dans le cas des projectiles que nous venons d'étudier et des corps célestes, la force déviatrice est la composante de l'attraction mutuelle des deux masses qui agit perpendiculairement à la direction de leur mouvement relatif. Dans les machines, la force déviatrice résulte de la résistance ou de la rigidité des corps qui *guident* la masse, en la forçant à parcourir une trajectoire courbe.

Deux corps libres s'attirant l'un l'autre, il y a déviation dans leurs mouvements, l'attraction de l'un guidant l'autre ; et les déviations de leurs quantités de mouvement sont égales dans des temps égaux, c'est-à-dire que les déviations de leurs mouvements sont en raison inverse de leurs masses.

Dans une machine, tout corps qui se déplace suivant une trajectoire courbe tend à presser ou à tirer le corps qui le guide hors de sa position, suivant une ligne dirigée à partir du centre de courbure de la trajectoire du corps; et cette tendance est détruite par la résistance et la raideur du guide et du bâti auquel il est relié.

538. **La force centrifuge** est la force avec laquelle un corps qui se déplace suivant une trajectoire courbe réagit sur le corps qui le guide; elle est égale et opposée à la force déviatrice avec laquelle le corps qui guide agit sur le corps qui se déplace.

Par le fait, une force quelconque est une action entre deux corps. ainsi que nous l'avons établi au n° 12, et la *force déviatrice* et la *force centrifuge* sont simplement deux noms différents d'une même force, suivant qu'on la considère comme agissant sur le corps qui se meut ou sur le corps qui sert de guide.

539. **Le pendule conique** consiste en une petite masse A qui
est reliée au point C par une tige ou une corde CA dont le poids est négligable à côté de la masse A, et qui parcourt un cercle autour de l'axe vertical CB. La tension de la tige est la résultante du poids de la masse A qui agit verticalement, et de sa force centrifuge qui agit horizontalement; la tige prendra donc une inclinaison telle que l'on ait

Fig. 233.

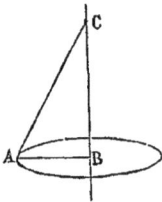

$$\frac{\text{hauteur } \overline{BC}}{\text{rayon AB}} = \frac{\text{poids}}{\text{force centrifuge}} = \frac{gr}{v^2}; \qquad (1)$$

r étant égal à AB. Soit n *le nombre de tours par seconde* du pendule, on a

$$v = 2\pi n r,$$

et par suite, en faisant $\overline{BC} = h$,

$$h = \frac{gr^2}{v^2} = \frac{g}{4\pi^2 n^2}. \qquad (2)$$

Lorsque la vitesse de révolution varie, l'inclinaison du pendule varie, la hauteur dépendant de la vitesse.

540. **Expression de la force déviatrice en fonction de la vitesse angulaire.** Si l'on regarde le rayon de courbure de la

trajectoire d'un corps qui tourne comme une sorte de *bras*, de longueur constante ou variable, portant le corps à son extrémité, la
vitesse angulaire de ce bras a pour expression

$$a = \frac{v}{r}. \qquad (1)$$

Substituons ar à v dans la valeur de la force déviatrice du n° 537,
elle devient

$$Q = \frac{W a^2 r}{g}. \qquad (2)$$

Dans le cas d'un corps qui parcourt une circonférence d'un mouvement uniforme, comme la lentille A du pendule conique du
n° 539, $a = 2\pi n$, n étant le nombre de révolutions par seconde,
de telle sorte que

$$Q = \frac{4\pi^2 W n^2 r}{g}. \qquad (3)$$

On pourrait déduire de cette équation la hauteur d'un pendule
conique, et l'on arriverait au même résultat que dans le précédent
numéro.

541. Composantes rectangulaires d'une force dévia-

Fig. 234.

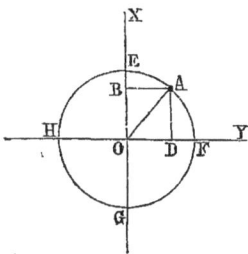

trice. *Première démonstration.* Soit O,
fig. 234, le centre de la trajectoire circulaire EFGH d'un corps animé d'une vitesse
uniforme; menons par ce centre deux axes
rectangulaires, OX et OY, dans le plan de
cette trajectoire. Représentons par θ l'angle
XOA que le rayon vecteur du corps qui
tourne fait à un instant quelconque avec
l'axe des x. Soient

$$\left. \begin{array}{l} \overline{AD} = x = r \cos \theta, \\ \overline{AB} = y = r \sin \theta, \end{array} \right\} \qquad (1)$$

les coordonnées rectangulaires du corps qui se meut à un instant
quelconque. Soient Q_x, Q_y, les composantes de la force déviatrice
parallèles respectivement à OX et à OY. Si l'on combine les rela-

tions évidentes entre les grandeurs de ces composantes,

$$\frac{Q}{Q_x} = \frac{r}{x}; \quad \frac{Q}{Q_y} = \frac{r}{y}. \tag{2}$$

avec l'équation 2 du n° 540, on obtient pour les valeurs de ces composantes :

$$Q_x = -\frac{Wa^2 x}{g}; \quad Q_y = -\frac{Wa^2 y}{g}. \tag{3}$$

Ces deux composantes sont affectées de signes négatifs, parce qu'elles représentent des forces qui tendent à diminuer les coordonnées x et y, auxquelles elles sont proportionnelles.

Deuxième démonstration. On peut arriver au même résultat, moins simplement cependant, par la seconde méthode donnée au n° 530. Comptons les intervalles de temps, t, à partir de l'instant où le corps qui tourne est en E. Alors $\theta = at$, et les valeurs des coordonnées x et y, en fonction du temps, sont :

$$x = r\cos at; \quad y = r\sin at. \tag{4}$$

Les composantes de la vitesse du corps sont :

$$\frac{dx}{dt} = -ar\sin at; \quad \frac{dy}{dt} = ar\cos at. \tag{5}$$

la vitesse parallèle à chacune des coordonnées étant proportionnelle à l'autre coordonnée. Les composantes de la variation du mouvement sont :

$$\left. \begin{aligned} \frac{d^2 x}{dt^2} &= -a^2 r\cos at = -a^2 x, \\ \frac{d^2 y}{dt^2} &= -a^2 r\sin at = -a^2 y. \end{aligned} \right\} \tag{6}$$

Si on les multiplie par la masse $\dfrac{W}{g}$, on reproduit les composantes de la force déviatrice données par les équations 3.

542. **Une oscillation rectiligne** est le mouvement qu'accomplit un corps, qui se meut en ligne droite alternativement de part et d'autre d'un point central; pour que ce mouvement puisse se produire, il faut que le corps soit attiré à chaque instant vers le point central.

Dans la plupart des cas, la force qui agit ainsi sur le corps oscillant est ou exactement ou à très-peu proportionnelle à son *déplacement*, ou à sa distance au centre d'équilibre; c'est-à-dire que cette force est soumise à la même loi que l'une des composantes rectangulaires de la force déviatrice d'un corps qui parcourt un cercle d'un mouvement uniforme, en effectuant une révolution complète par chaque double oscillation du corps oscillant.

Dans la *fig.* 234, le corps B, égal en poids au corps A, part au même instant que lui du point E, et oscille à droite et à gauche le long du diamètre EG, tandis que A parcourt la circonférence EFGH. Si B est alors attiré vers le centre O par une force proportionnelle à chaque instant à sa distance à ce point, donnée par l'équation

$$Q_x = -\frac{Wa^2x}{g}, \qquad (1)$$

égale à la composante parallèle de la force déviatrice de A, B *accompagnera* A dans son mouvement parallèle à OX; ces deux corps se trouveront à chaque instant sur la même ligne droite BA parallèle à OY située à la distance

$$x = r\cos at = r\cos\theta \qquad (2)$$

du point O; la vitesse de B sera à chaque instant égale à la composante parallèle de la vitesse de A, c'est-à-dire que

$$\frac{dx}{dt} = -ar\sin at = -ar\sin\theta, \qquad (3)$$

et chaque *oscillation double* de B, de E en G et inversement s'effectuera dans le même instant qu'une révolution de A, c'est-à-dire dans le temps

$$\frac{1}{n} = \frac{2\pi}{a} = 2\pi\sqrt{\frac{rW}{gQ}}, \qquad (4)$$

$r = \overline{OE} = \overline{OG}$ étant la *demi-amplitude* d'oscillation, Q étant la grandeur la plus considérable de la force qui attire le corps vers O, laquelle est la même que celle de la force déviatrice entière de A, et *n* étant le nombre d'oscillations doubles par seconde. (L'angle $\theta = at$ est appelé la PHASE de l'oscillation.)

La plus grande valeur Q de la force qui doit agir sur B pour produire n oscillations doubles de demi-amplitude r par seconde, est donnée par l'équation

$$Q = \frac{Wa^2r}{g} = \frac{4\pi^2Wn^2r}{g};\qquad(5)$$

cette valeur est la même que celle donnée par l'équation 3 du n° 540.

On peut regarder le mouvement d'un mobile sur une circonférence comme composé de deux oscillations d'égale amplitude perpendiculaires entre elles.

543. Les oscillations ou les mouvements de révolution elliptiques, composés de deux oscillations rectilignes de même période, mais d'amplitudes inégales, peuvent être produites par le mouvement d'un corps attiré vers un point central par une force proportionnelle à sa distance à ce point. Dans la *fig.* 235, A représente la position du corps à un instant quelconque; posons $OA = \rho$, et soit

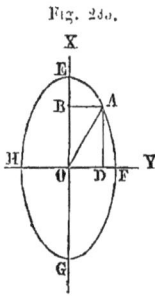

Fig. 235.

$$F = \frac{Wb^2\rho}{g}\qquad(1)$$

la force qui attire le corps vers le point O, b étant une quantité constante. Les composantes rectangulaires de cette force sont

$$F_x = -\frac{Wb^2x}{g}; \quad F_y = -\frac{Wb^2y}{b}.\qquad(2)$$

La première force produira une oscillation rectiligne parallèle à OX, et la seconde, une oscillation rectiligne parallèle à OY, la période d'une oscillation double étant la même dans les deux cas, à savoir :

$$\frac{1}{n} = \frac{2\pi}{b},\qquad(3)$$

d'après l'équation 4 du n° 542. Soient $x_1 = \overline{OE} = \overline{OG}$ la demi-amplitude de la première oscillation rectiligne, et $y_1 = \overline{OF} = \overline{OH}$ la demi-amplitude de la seconde; les coordonnées du corps sont alors à un instant quelconque

$$x = x_1\cos bt; \quad y = y_1\sin bt.\qquad(4)$$

Si l'on divise ces équations respectivement par x_1 et y_1, si l'on élève les résultats au carré et si l'on en fait la somme, on obtient

$$\frac{x^2}{x_1^2} + \frac{y^2}{y_1^2} = 1, \qquad (5)$$

qui est l'équation bien connue d'une ellipse décrite autour du point O comme centre avec les demi-axes x_1, y_1. Les composantes de la vitesse du corps à un instant quelconque sont :

$$\left. \begin{aligned} \frac{dx}{dt} &= -bx_1 \sin bt = -b \frac{x_1}{y_1} y, \\ \frac{dy}{dt} &= by_1 \cos bt = b \frac{y_1}{x_1} x. \end{aligned} \right\} \qquad (6)$$

544. Un pendule simple oscillant consiste en un poids infiniment petit, A (*fig.* 236), qui est relié au point C par une corde ou une tige d'un poids insensible AC, et qui oscille dans un plan vertical de part et d'autre d'un point central D, situé sur la verticale qui passe par C.

Fig. 236.

La trajectoire du poids ou de la *lentille* est un arc de cercle ADE.

Le poids W de la lentille qui agit verticalement, peut être décomposé à un moment quelconque en deux composantes, à savoir :

$$W \cos DCA = W \frac{\overline{BC}}{\overline{CA}},$$

qui agit suivant CA et qui est détruite par la tension de la tige ou de la corde, et

$$W \sin DCA = W \frac{\overline{AB}}{\overline{CA}},$$

qui est dirigée suivant la tangente à l'arc, vers le point D, et qui n'est pas équilibrée. C'est cette dernière force qui détermine le mouvement du point A.

Lorsque l'arc ADE est petit relativement à la longueur du pendule AC, il se confond presque avec la corde ABE, et la distance horizontale AB, à laquelle la force mouvante est proportionnelle, est presque égale à la distance de la lentille au point D, point central de ses oscillations. La lentille se trouve donc, à très-peu près, dans les conditions de l'oscillation rectiligne, que nous avons décrite au nº 542; et le temps qu'elle met pour faire une *oscillation double* est, par conséquent, donné approximativement par l'équation 4 du numéro indiqué, à savoir :

$$\frac{1}{n} = 2\pi \sqrt{\frac{r\overline{\mathrm{W}}}{g\mathrm{Q}}},$$

dans laquelle *r* représente la demi-amplitude, et Q la valeur maximum de $.\mathrm{W}\, \dfrac{\overline{\mathrm{AB}}}{\overline{\mathrm{CA}}}$. Mais si l'on pose la longueur du pendule $\overline{\mathrm{CA}} = l$, on a

$$\frac{\mathrm{Q}}{\mathrm{W}} = \max.\frac{\overline{\mathrm{AB}}}{\overline{\mathrm{CA}}} = \frac{r}{l}, \text{ à peu près};$$

d'où l'on conclut comme valeur approchée, dans le cas où les arcs d'oscillation sont petits,

$$\frac{1}{n} = 2\pi \sqrt{\frac{l}{g}}; \quad \text{et} \quad l = \frac{g}{4\pi^2 n^2}. \qquad (1)$$

Si l'on compare cette équation avec l'équation 2 du n° 539, on voit que *la longueur d'un pendule simple oscillant, qui fait un nombre donné de petites oscillations doubles dans une seconde, est sensiblement égal à la hauteur d'un pendule conique, qui fait le même nombre de révolutions par seconde.*

Lorsque l'amplitude des oscillations est assez grande, la période d'oscillation n'est plus sensiblement indépendante de l'arc, mais augmente avec l'amplitude suivant une loi qui peut être exprimée par une fonction elliptique, mais que nous ne donnerons pas dans ce traité. (Voir Legendre, *Traité des fonctions elliptiques*, vol. I, ch. VIII.)

545. **Pendule cycloïdal.** Pour que les oscillations d'un pendule simple soient exactement *isochrones* ou aient même durée pour toutes les amplitudes, il faut que la lentille oscille le long d'une courbe, dont les longueurs des arcs mesurés à partir du point le plus bas, soient proportionnelles aux sinus des angles d'inclinaison de ces arcs à leurs extrémités supérieures, les forces mouvantes en ces derniers points étant proportionnelles aux sinus de ces angles. Il faut pour cela que le rayon de courbure en chaque point de la courbe

soit proportionnel au cosinus de l'angle d'inclinaison : le plus grand rayon de courbure, au point le plus bas de la courbe, étant égal à la valeur l, donnée par l'équation 1 du n° 544; l'équation 6 du n° 390, cas n° 3, montre que la courbe cherchée est une cycloïde, engendrée par un cercle dont le rayon est

$$r_0 = \frac{l}{4}. \qquad (1)$$

On sait qu'une cycloïde est la développante d'une cycloïde égale.

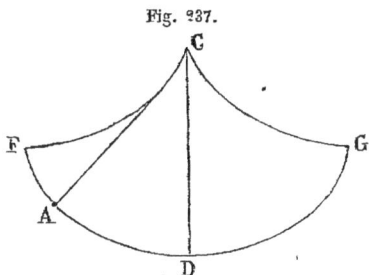

Fig. 237.

Dans la *fig.* 237, GF, GG sont deux *joues* cycloïdales, décrites par un cercle de rayon r_0 qui roule sur une horizontale passant par C; soit CA une ligne flexible fixée en C, portant en A une lentille, et ayant pour longueur $l = 4r_0$ $= \overline{CD} =$ la longueur de chaque demi-cycloïde GF, GG. Lorsque le pendule CA oscillera entre les deux joues cycloïdales, la lentille oscillera le long de l'arc de cycloïde FDG; ses oscillations doubles se feront alors, pour toutes les amplitudes exactement dans le temps donné par l'équation 1 du n° 544, qui est celui de la révolution d'un pendule conique de hauteur $\overline{CD}$; et le mouvement de la lentille sur sa trajectoire cycloïdale suivra la loi des oscillations rectilignes décrite au n° 542.

346. **Forces restantes.** Si deux corps sont sollicités à chaque instant par des forces non équilibrées, qui ont des directions parallèles et dont la grandeur est proportionnelle aux masses de ces corps, les variations des mouvements de ces deux corps, par rapport à un point fixe, qu'elles résultent d'un changement dans la vitesse ou d'une déviation, sont simultanées et égales entre elles, de telle sorte que le mouvement de ces corps, l'un par rapport à l'autre, est le même que celui de deux corps qui ne seraient sollicités par aucune force ou qui seraient sollicités par des forces se faisant équilibre; il en résulte, d'après la loi du mouvement (510), que ce mouvement est nul ou uniforme.

Si deux corps A et B sont sollicités par des forces quelconques ne se faisant pas équilibre, et si des forces qui agissent sur B *on retranche* une force parallèle à celle qui agit sur A et proportionnelle à la masse de B (en d'autres termes, si l'on combine avec la force agissant actuellement sur B une force égale et opposée à celle qui produirait dans le mouvement de B le même changement que dans celui de A), alors la force résultante ou *restante* (*residual*) qui agit sur B sans être équilibrée est celle qui correspond *aux variations du mouvement de B par rapport à A.*

Tel est le cas d'un corps qui se trouve dans le voisinage de la surface de la terre. Il faut retrancher *de l'attraction totale* entre le corps et la terre, la *force de déviation* qui est nécessaire pour que le corps accompagne la surface de la terre dans son mouvement, en décrivant un cercle entier autour de l'axe de la terre dans un jour sidéral (352). *La force restante* est le poids du corps, $W = gm$, qui règle son mouvement *par rapport à la surface de la terre.* Les variations du coefficient g en différents points de la surface de la terre, à différentes hauteurs, exprimées au moyen des formules du n° 531, sont ainsi dues en partie à des variations dans l'attraction, en partie à des variations dans la force de déviation.

Lorsque des corps sont portés par un bateau ou par une voiture et qu'ils sont libres de se déplacer par rapport à eux, alors quand le mouvement du bateau ou de la voiture vient à varier, les corps en question effectuent des mouvements par rapport au bateau ou à la voiture, et ces mouvements sont ceux que l'on obtiendrait, dans le cas du mouvement uniforme du bateau ou de la voiture, si l'on venait à appliquer aux corps des forces égales et contraires à celles qui les forceraient à suivre les mouvements variés du bateau ou de la voiture.

SECTION 3. — *Transformation de l'énergie.*

547. L'énergie actuelle d'un corps en mouvement relativement à un point fixe est le produit de la *masse* du corps par *la moitié* du *carré de sa vitesse,* ou, comme on le voit en se reportant au n° 533, le produit *du poids* du corps par la *hauteur* due à sa vitesse, c'est-à-dire qu'elle est représentée par

$$\frac{mv^2}{2} = \frac{Wv^2}{2g}. \tag{1}$$

Le produit mv^2, le double de l'énergie actuelle du corps, avait d'abord reçu le nom de *force vive* du corps. L'énergie actuelle, qui est le produit d'un *poids* par une *hauteur*, est exprimée, de même que l'énergie potentielle et le travail, en kilogrammètres (513 et 514).

548. Composantes de l'énergie actuelle. L'énergie actuelle d'un corps est essentiellement positive (différente en cela de sa quantité de mouvement) et indépendante de toute direction. Supposons que la vitesse v soit décomposée en trois composantes, $\dfrac{dx}{dt}, \dfrac{dy}{dt}, \dfrac{dz}{dt}$, parallèles aux trois axes rectangulaires; les quantités d'énergie actuelle dues à ces trois composantes sont alors respectivement

$$\frac{W}{2g}\frac{dx^2}{dt^2}; \quad \frac{W}{2g}\frac{dy^2}{dt^2}; \quad \frac{W}{2g}\frac{dz^2}{dt^2}.$$

Mais le carré de la vitesse résultante est la somme des carrés de ses trois composantes, ou

$$v^2 = \frac{dx^2}{dt^2} + \frac{dy^2}{dt^2} + \frac{dz^2}{dt^2};$$

l'énergie actuelle du corps est donc simplement la *somme* des énergies actuelles dues aux composantes rectangulaires de sa vitesse.

549. Énergie du mouvement varié. THÉORÈME I. — *Une force déviatrice ne produit aucun changement dans l'énergie actuelle d'un corps*, parce qu'une pareille force ne peut produire qu'un changement de direction et non un changement de vitesse; or l'énergie actuelle ne dépend pas de la direction, mais seulement de la vitesse.

THÉORÈME II. — *L'accroissement d'énergie actuelle produit par un effort non équilibré est égal à l'énergie potentielle exercée.* Ce théorème est une conséquence de la seconde loi du mouvement, et l'on y arrive de la façon suivante : soient $m = \dfrac{W}{g}$ la masse d'un corps en mouvement qui est sollicité par un effort P et une résistance R, l'effort étant le plus grand, de telle sorte qu'il reste *un effort non équilibré* P — R; et supposons d'abord que cet effort non équilibré soit constant. Le mouvement du corps sera alors uniformément accéléré, et si sa vitesse au commencement d'un intervalle de temps donné Δt est v_1 et sa vitesse à la fin de cet intervalle v_2, l'accroissement de la *quantité de mouvement* du corps sera

$$\frac{W}{g}(v_2 - v_1) = (P - R)\Delta t. \tag{1}$$

37

L'accélération de mouvement du corps étant uniforme, sa vitesse moyenne est $\dfrac{v_1 + v_2}{2}$, et la distance qu'il parcourt

$$\Delta s = \frac{v_1 + v_2}{2}\, \Delta t.$$

Multiplions les deux membres de l'équation 1 par cette vitesse moyenne, nous aurons l'équation

$$\frac{W(v_2^2 - v_1^2)}{2g} = (P - R)\Delta s. \tag{2}$$

Or le premier membre de cette équation est *l'accroissement de l'énergie-actuelle du corps*, et le second est *l'énergie potentielle exercée* par l'effort qui n'est pas équilibré, et ces deux quantités sont égales. — Q. E. D.

Si l'effort non équilibré varie, représentons par ds une distance pendant laquelle il varie d'une quantité moindre qu'une quantité donnée, et par dv^2 le changement dans le carré de la vitesse pour cette distance; on a alors

$$\frac{W dv^2}{2g} = \frac{W v dv}{g} = (P - R)ds, \tag{3}$$

ou si s_1, s_2 représentent les deux extrémités d'une partie finie de la trajectoire du corps,

$$\frac{W(v_2^2 - v_2^1)}{2g} = \int_{s_1}^{s_2} (P - R)ds. \tag{3 A}$$

Théorème III. *La diminution d'énergie actuelle produite par une résistance non équilibrée est égale au travail effectué quand le corps se meut contre cette résistance.* C'est une conséquence de la seconde loi du mouvement, à laquelle on arrive en remarquant que R est plus grand que P dans les équations du théorème qui précède; l'équation 1 devient alors

$$\frac{W}{g}(v_1 - v_2) = (R - P)\Delta t; \tag{4}$$

l'équation 2 devient

$$\frac{W(v_1^2 - v_2^2)}{2g} = (R - P)\Delta s, \tag{5}$$

et les équations 3 et 3A deviennent

$$-\frac{\mathrm{W}dv^2}{2g} = -\frac{\mathrm{W}vdv}{g} = (\mathrm{R}-\mathrm{P})ds, \qquad (6)$$

$$\frac{\mathrm{W}(v_1^2 - v_2^2)}{2g} = \int_{s_1}^{s_2}(\mathrm{R}-\mathrm{P})ds. \qquad (6\,\mathrm{A})$$

550. Énergie emmagasinée et restituée. Un corps dont le mouvement est alternativement accéléré et retardé, de telle sorte qu'il revienne à sa vitesse initiale, effectue dans son mouvement retardé un travail exactement égal en grandeur à l'énergie potentielle exercée pendant que le mouvement s'accélère; on peut regarder cette énergie comme *emmagasinée* pendant que le mouvement s'accélère, et comme *restituée* quand le mouvement est retardé.

551. On donne le nom de **transformation de l'énergie** aux procédés par lesquels on dépense de l'énergie potentielle pour produire une quantité équivalente d'énergie actuelle, et *vice versa*.

552. La **conservation de l'énergie dans le mouvement varié** est un fait ou un principe auquel on arrive en combinant les théorèmes II et III du n° 549 avec la définition, donnée au n° 550, de l'énergie emmagasinée et restituée; on peut l'exprimer de la façon suivante : *dans un intervalle de temps quelconque pendant le mouvement d'un corps, l'énergie potentielle exercée, ajoutée à l'énergie restituée, est égale à l'énergie emmagasinée augmentée au travail effectué.* Ce principe est représenté par l'équation différentielle

$$\mathrm{P}ds - \frac{\mathrm{W}vdv}{g} - \mathrm{R}ds = 0, \qquad (1)$$

qui comprend les équations 3 et 6 du n° 549. Sous forme d'intégrales, on peut l'écrire

$$\int \mathrm{P}ds - \frac{\mathrm{W}(v_2^2 - v_1^2)}{2g} - \int \mathrm{R}ds = 0. \qquad (2)$$

553. Mouvement périodique. Si un corps se meut de telle sorte qu'il revienne périodiquement à sa vitesse initiale, la variation entière de son énergie actuelle est nulle alors à la fin de chaque période, et dans chacune de ces périodes l'énergie potentielle totale exercée est égale au travail total produit, comme dans le cas d'un corps qui se meut d'un mouvement uniforme (518).

554. Mesures d'une force non équilibrée. On voit d'après les n°ˢ 530 et 531, et par le n° 549, que l'on peut évaluer de deux manières la grandeur d'une force non équilibrée, ou bien par le changement de quantité de mouvement qu'elle produit en agissant pendant un temps donné, ou par le changement d'énergie qu'elle produit en agissant pendant une distance donnée. Ces deux modes d'évaluation sont exprimés par l'équation suivante :

$$P = \frac{W}{g}\frac{dv}{dt} = \frac{W}{g}\frac{vdv}{ds},$$

et l'un est la conséquence de l'autre; on a cru cependant à tort pendant longtemps qu'ils étaient en contradiction, et leurs partisans ont engagé sur ce point une longue lutte où la controverse était loin de revêtir une forme modérée.

555. Énergie due à une force oblique. Nous avons déjà établi dans le chapitre I de la présente partie, et principalement au n° 520, que si une force non équilibrée F agit sur un corps pendant qu'il parcourt l'espace ds, qui fait l'angle θ avec la direction de la force, le produit

$$F \cos θ \cdot ds$$

représente l'énergie exercée, si l'angle θ est aigu, ou le travail effectué, si θ est obtus, pendant ce mouvement. Or ce produit peut être considéré à un double point de vue : soit comme le produit de $F \cos θ = P$ (ou suivant les cas, de $F \cos (π - θ) = R$), qui est la composante de la force suivant la direction du mouvement, par la quantité ds, qui représente le mouvement, soit comme le produit de F, la force entière, par $\cos θ \cdot ds$, qui est la composante du mouvement dans la direction de la force. La première de ces manières de voir est celle que nous avons adoptée dans les numéros qui précèdent; mais dans certains cas il peut-être plus commode de recourir à la seconde. C'est ce qui arrive lorsque la force F est dirigée vers un point central ou à partir d'un pareil point, ou bien est toujours perpendiculaire à une surface donnée; représentons par z la distance du corps à un instant quelconque au point central, ou sa distance normale à la surface donnée, nous aurons alors

$$dz = \cos θ \cdot ds \qquad (1)$$

pour la composante du mouvement du corps dans la direction de z.

On regardera la force F comme étant positive ou négative, suivant qu'elle tend à augmenter ou à diminuer z. Si v_1 et v_2 sont alors les vitesses du corps, et z_1, z_2 ses distances au point donné ou à la surface au commencement et à la fin d'un intervalle donné, le changement de l'énergie actuelle du corps dans cet intervalle est

$$\frac{W(v_2^2 - v_1^2)}{2g} = \int_{s_1}^{s_2} F \cos \theta \cdot ds = \int_{z_1}^{z_2} F dz ; \qquad (2)$$

et si F est constante ou est seulement une fonction de z, la vitesse v varie seulement avec z.

Nous avons déjà donné une application de ce principe aux n°^{s} 533, 534 et 535, dans le cas de la force de la pesanteur dans le voisinage de la surface de la terre; z représente alors la hauteur du corps au-dessus d'un plan horizontal donné, $F = -W$ (parce qu'elle tend à diminuer z), et par suite

$$\frac{v_2^2 - v_1^2}{2g} = z_1 - z_2 , \qquad (3)$$

comme nous l'avions trouvé par une autre méthode.

556. Une force alternative (RECIPROCATING) est une force qui agit alternativement comme un effort et comme une résistance égale et opposée à cet effort, suivant le sens du mouvement du corps. Nous pouvons citer comme exemple d'une pareille force le poids d'un corps qui s'élève et qui retombe alternativement, ou l'attraction d'un corps vers un point lorsque sa distance à ce point change d'une façon périodique. Tel est encore le cas de la force F du dernier numéro, lorsqu'elle est constante ou fonction de z seulement, ou encore le cas de l'élasticité d'un corps parfaitement élastique. Le travail qu'un corps effectue en se déplaçant contre une force alternative est employé à augmenter sa propre énergie potentielle et n'est pas perdu par le corps.

557. L'énergie totale d'un corps est la somme de son énergie potentielle et de son énergie actuelle. Il est évident que si en chaque point de la trajectoire d'un corps en mouvement on ajoute son énergie totale ou sa capacité pour produire du travail au travail qu'il a déjà effectué, la somme doit être une quantité constante, égale à L'ÉNERGIE INITIALE que le corps possédait avant de commencer à effectuer du travail.

Si un corps n'effectue pas de travail, son énergie totale est constante; il en est de même si son travail consiste seulement *à l'amener à un point où son énergie potentielle est plus considérable*, c'est-à-dire à le déplacer contre une force alternative; et l'accroissement de l'énergie potentielle ainsi obtenu équivaut au travail effectué pour l'obtenir.

EXEMPLE I. — Si un corps dont le poids est W est à une hauteur z_1 au-dessus du sol, et qu'il se meuve avec la vitesse v_1 dans une direction quelconque, son énergie initiale totale par rapport au sol, est

$$W \left(z_1 + \frac{v_1^2}{2g} \right); \qquad (1)$$

les termes $W z_1$ et $\dfrac{W v_1^2}{2g}$ représentant respectivement l'énergie potentielle et l'énergie actuelle. Supposons que le corps n'ait rencontré dans son mouvement jusqu'à une hauteur différente z_2 au-dessus du sol que la résistance qui peut provenir d'une composante de son propre poids, qui est une force alternative, son énergie totale par rapport au sol sera maintenant

$$W \left(z_2 + \frac{v_2^2}{2g} \right); \qquad (2)$$

elle est la même en grandeur que celle donnée ci-dessus, mais la répartition en énergies actuelle et potentielle est différente.

EXEMPLE II. — Si le corps avait à vaincre dans son mouvement une résistance telle que le frottement, qui n'est pas une force alternative, l'énergie totale dans la seconde position du corps serait réduite à

$$W \left(z_2 + \frac{v_2^2}{2g} \right) = W \left(z_1 + \frac{v_1^2}{2g} \right) - \int R ds. \qquad (3)$$

EXEMPLE III. — Supposons qu'un corps oscille (comme au n° 542) en suivant une ligne droite passant par un point central vers lequel il est attiré par une force qui varie proportionnellement à la distance à ce point, et soient x_1 la demi-amplitude d'oscillation, x l'écart à un instant quelconque, $- Q_1$ la plus grande valeur de la force mouvante, de telle sorte que $\dfrac{- Q_1 x}{x_1}$ représente la valeur de la force pour l'écart x. Lorsque le corps atteint sa position extrême, son énergie actuelle est alors nulle, et son énergie totale, qui est tout entière potentielle, est

$$\frac{Q_1}{x_1} \int_0^{x_1} x\,dx = \frac{Q_1 x_1}{2}. \qquad (4)$$

Lorsque le corps passe par le point central, son énergie potentielle est nulle, et son énergie totale, qui est maintenant tout entière actuelle, a encore la même grandeur que ci-dessus, à savoir :

$$\frac{W v_0^2}{2g} = \frac{Q_1 x_1}{2}; \qquad (5)$$

v_0 étant la vitesse maximum. Pour un point intermédiaire, l'énergie totale qui est en partie actuelle et en partie potentielle est encore la même :

$$\frac{W v^2}{2g} + \frac{Q_1}{x_1} \int_0^x = \frac{W v_0^2}{2} \sin^2 at + \frac{Q_1 x_1}{2} \cos^2 at = \frac{Q_1 x_1}{2}. \quad (6)$$

Dans cette formule $a = 2\pi n$, comme ci-dessus, et n est le nombre d'oscillations doubles par seconde.

Dans le cas des oscillations elliptiques du n° 543, l'énergie totale du corps est à chaque instant la somme des quantités d'énergie dues aux deux oscillations rectilignes qui constituent l'oscillation elliptique ; et dans le cas d'un corps qui parcourt une circonférence, et qui est attiré vers le centre par une force déviatrice proportionnelle au rayon vecteur, l'énergie totale relativement au centre se compose par moitié d'énergie actuelle et d'énergie potentielle, savoir :

$$\frac{W v^2}{2g} + \frac{Q r}{2} = Q r. \qquad (7)$$

SECTION 4. — *Mouvement de translation varié d'un système de corps.*

558. Conservation de la quantité de mouvement. — THÉORÈME. *Les actions mutuelles d'un système de corps ne peuvent pas changer leur quantité de mouvement résultante.* (Nous avons défini au n° 524 la quantité de mouvement résultante.) Toute force est un système de deux actions égales et opposées entre deux corps ; dans un intervalle de temps quelconque elle donne lieu à deux impulsions égales et opposées sur ces corps et produit des quantités de mouvement égales et opposées. Les quantités de mouvement produites dans un système de corps par leurs actions mutuelles se neutralisent donc et n'ont pas de résultante; elles ne peuvent donc pas changer la quantité de mouvement résultante du système.

559. Mouvement du centre de gravité. — COROLLAIRE. *Les variations de mouvement du centre de gravité d'un système de corps résultent uniquement des forces qu'exercent les corps extérieurs au système,* car le mouvement du centre de gravité est tel que, multiplié par la masse totale du système, il donne la quantité de mouvement résultante, et celle-ci ne peut varier que par l'action des forces extérieures.

Il en résulte que dans toutes les questions de dynamique où l'on ne considère que les actions mutuelles d'un certain système de corps, le centre de gravité de ce système de corps peut être regardé comme un point dont le mouvement est nul ou uniforme; car son mouvement ne peut être modifié par les forces que l'on considère.

560. Le moment de la quantité de mouvement, par rapport à un point fixe ou **quantité de mouvement angulaire (angular momentum)** d'un corps animé d'un mouvement de translation, est le produit de la quantité de mouvement du corps par la longueur de la perpendiculaire abaissée du point fixe sur la ligne de direction du mouvement du centre de gravité du corps à l'instant considéré; cette quantité est évidemment égale au produit de la masse du corps par le double de l'aire de la surface décrite, dans l'unité de temps, par le rayon vecteur qui joint le point donné à son centre de gravité. Soient m la masse du corps, v sa vitesse, l la longueur de la perpendiculaire précitée, on aura

$$mvl = \frac{Wvl}{g}$$

pour le moment de la quantité de mouvement par rapport au point donné.

Les moments des quantités de mouvement se composent et se décomposent comme des forces, chacun d'eux étant représenté par une ligne dont la longueur est proportionnelle à la grandeur du moment, dont la direction est perpendiculaire au plan du mouvement du corps et du point fixe, et qui est telle que lorsque l'on regarde le mouvement du corps de l'extrémité de la ligne, le rayon vecteur du corps ait une rotation de gauche à droite. La direction de cette ligne porte le nom d'*axe* du moment de la quantité de mouvement qu'elle représente. *Le moment résultant de la quantité de mouvement* d'un système de corps est la résultante de tous leurs moments de quantités de mouvement par rapport à leur centre de gravité commun ; et l'axe de ce moment résultant de la quantité de mouvement est appelé *l'axe du moment de la quantité de mouvement* du système. Le terme de « *angular momentum* » a été introduit par M. Hayward.

561. L'impulsion angulaire (angular impulse) est le produit du moment d'un couple de forces (29) par le temps durant lequel il agit. Soient F la force d'un couple, *l* son bras de levier, et *dt* le temps pendant lequel elle agit,

$$Fl\,dt$$

est l'impulsion angulaire. On compose et l'on décompose les impulsions angulaires comme les moments des couples.

562. Relation entre l'impulsion angulaire et le moment de la quantité de mouvement. THÉORÈME. *La variation, dans un temps donné, du moment de la quantité de mouvement d'un corps, est égale à l'impulsion angulaire qui produit cette variation, et a le même axe.* On peut déduire ce théorème de la seconde loi du mouvement. Supposons pour cela qu'une force non équilibrée F soit appliquée à un corps *m*, et qu'une force égale, parallèle et de sens contraire soit appliquée à un point fixe, pendant l'intervalle *dt* ; et soit *l* la longueur de la perpendiculaire abaissée du point fixe sur la ligne d'action de la première force. Le couple en question donnera lieu à l'impulsion angulaire

$$Fl\,dt.$$

La variation de la quantité de mouvement du corps *m*, dans la direction de la force qui lui est appliquée, est dans le même temps,

$$m\,dv = F\,dt\,;$$

de telle sorte que, par rapport au point fixe, la variation du moment de la quantité de mouvement du corps est

$$ml\,dv = Fl\,dt\,; \qquad (1)$$

elle est égale à l'impulsion angulaire et a le même axe. — Q. E. D.

563. Conservation du moment de la quantité de mou-

vement. THÉORÈME. *Les actions mutuelles des corps qui constituent un système, ne peuvent modifier la grandeur du moment résultant de sa quantité de mouvement, ni changer la direction de son axe.*

En considérant le centre de gravité commun du système de corps comme un point fixe, concevons que, pour chacune des forces à laquelle donne lieu pour l'un des corps l'action combinée des autres corps, il y ait une force égale, parallèle et de sens contraire appliquée au centre de gravité commun, de façon à former un couple. Les forces, avec lesquelles les corps agissent les uns sur les autres, peuvent se décomposer par groupes de deux forces égales et opposées, et leur résultante est nulle; la résultante des forces idéales, que l'on conçoit comme agissant sur le centre de gravité commun, est donc nulle; et l'introduction de ces forces ne modifie en rien l'équilibre ou le mouvement du système. La résultante de tous les couples ainsi formés est également nulle; la résultante de leurs impulsions angulaires est donc nulle; et par conséquent la résultante des diverses variations du moment de la quantité de mouvement produites par ces impulsions angulaires est nulle; la grandeur du moment résultant de la quantité de mouvement du système, est donc invariable; il en est de même de la direction de son axe. — Q. E. D.

On donne quelquefois à ce théorème le nom de *principe de la conservation des aires.* Lorsqu'on l'applique à un système composé de deux corps seulement, il constitue l'une des lois que Képler a découvertes par l'observation des mouvements des planètes.

En considérant les mouvements relatifs d'un système de corps comme ne dépendant que de leurs actions mutuelles, on peut regarder l'axe du moment de la quantité de mouvement comme étant une *direction fixe,* ainsi que nous l'avons dit au n° 348. Quelques auteurs ont donné le nom de *plan invariable* à un plan perpendiculaire à l'axe du moment de la quantité de mouvement. La direction actuellement connue qui se rapproche le plus d'être absolument fixe est l'axe invariable des corps qui forment le système solaire.

564. Énergie actuelle d'un système de corps. THÉORÈME. *L'énergie actuelle d'un système de corps, par rapport à un point extérieur au système, est la somme des énergies actuelles des corps par rapport à leur centre de gravité commun, augmentée de l'énergie actuelle qui serait due au mouvement de la masse du système entier avec une vitesse égale à celle qu'a son centre de gravité par rapport au point extérieur.*

Nous décomposerons en trois composantes rectangulaires le mouvement de chacun des corps, et de leur centre de gravité commun, par rapport au point extérieur. Soient m l'une des masses; u, v, w les composantes de sa vitesse par rapport au point extérieur; Σm la masse du système entier, et u_0, v_0, w_0 les composantes de la vitesse de son centre de gravité par rapport au point extérieur.

Imaginons que le mouvement de chacun des corps soit décomposé en deux parties : celui qu'il possède en *commun avec le centre de gravité* par rapport au point extérieur, et celui qu'il a *par rapport au centre de gravité*. Les vitesses composantes de la première partie sont

$$u_0, \ v_0, \ w_0;$$

et celles de la seconde :

$$u - u_0 = u', \quad v - v_0 = v', \quad w - w_0 = w';$$

de telle sorte que les composantes du mouvement total du corps peuvent être représentées par

$$u = v_0 + u', \quad v = v_0 + v', \quad w = w_0 + w'.$$

L'énergie actuelle du système par rapport au point extérieur est donc

$$\frac{1}{2} \Sigma m \left\{ (u_0 + u')^2 + (v_0 + v')^2 + (w_0 + w')^2 \right\}.$$

Si l'on développe cette expression, et si l'on fait sortir les facteurs communs de dessous le signe Σ, on a

$$\frac{1}{2} (u_0^2 + v_0^2 + w_0^2)\Sigma m + u_0\Sigma mu' + v_0\Sigma mv' + w_0\Sigma mw' + \frac{1}{2} \Sigma m(u'^2 + v'^2 + w'^2).$$

Mais nous avons fait voir au n° 524 que la quantité de mouvement résultante d'un système de corps par rapport à leur centre de gravité commun est nulle, c'est-à-dire que

$$\Sigma mu' = 0, \quad \Sigma mv' = 0, \quad \Sigma mw' = 0.$$

L'expression trouvée ci-dessus pour l'énergie actuelle du système se réduit donc simplement à

$$\frac{1}{2} (u_0^2 + v_0^2 + w_0^2)\Sigma m + \frac{1}{2} \Sigma m(u'^2 + v'^2 + w'^2). \qquad (1)$$

Le premier terme est l'*énergie actuelle de la masse totale du système qui est due au mouvement du centre de gravité par rapport au point extérieur*, et le second terme est la somme des *énergies actuelles des corps par rapport à leur centre de gravité commun*. — Q. E. D.

Ces deux parties de l'énergie actuelle d'un système peuvent être distinguées par les noms d'énergies actuelles *extérieure* et *intérieure*.

COROLLAIRE. *Les actions mutuelles d'un système de corps ne modifient que leur énergie actuelle intérieure*.

565. **Conservation de l'énergie intérieure**. LOI. *L'énergie intérieure totale, actuelle et potentielle, d'un système de corps, est indépendante de leurs actions mutuelles*. Le raisonnement et l'expérience ont conduit à cette proposition. L'énergie intérieure totale d'un système est la somme des énergies totales des corps dont il se compose par rapport à leur centre de gravité commun. Nous avons fait voir aux n°s 549 à 557 que l'énergie totale d'un corps unique ne peut être diminuée que lorsqu'il effectue du travail contre une résistance qui n'est pas une force alternative, en d'autres termes, contre une résistance *passive*.

L'expérience a prouvé, d'autre part, que tout travail effectué contre une résistance passive est accompagné de la production d'une quantité égale d'énergie sous une forme différente (telle que la production de chaleur par frottement); l'énergie intérieure totale d'un système de corps ne peut donc pas être modifiée par leurs actions mutuelles. — Q. E. D.

C'est l'expérience et l'observation qui ont fait connaître cette loi, mais on peut démontrer qu'elle est nécessaire pour que l'univers persiste tel qu'il est actuellement constitué.

566. **Un choc** est une pression d'une durée excessivement courte entre deux corps. Le problème qui se présente le plus habituellement est celui où les deux corps dont les masses sont données se meuvent avant le choc suivant une ligne droite avec des vitesses données, et où l'on demande de trouver leurs vitesses après le choc. Les deux corps forment un système dont la quantité de mouvement résultante et l'énergie extérieure ne sont pas modifiées séparément par le choc; mais une certaine partie de l'énergie intérieure disparait sous forme de mouvement visible et se manifeste à l'état de vibration et de chaleur. Si les corps sont égaux, semblables et parfaitement élastiques, cette fraction est nulle.

Soient m_1, m_2, les masses des deux corps, et v_1, v_2, leurs vitesses avant le choc, les sens de ces vitesses étant indiqués par leurs signes. La vitesse de leur centre de gravité commun est alors

$$u_0 = \frac{u_1 m_1 + u_2 m_2}{m_1 + m_2}, \qquad (1)$$

et elle n'est pas modifiée par le choc; il en est de même de l'*énergie extérieure* qui a pour expression

$$(m_1 + m_2) \frac{u_0^2}{2}. \qquad (2)$$

L'*énergie intérieure* du système des deux corps est

$$\frac{m_1(u_1 - u_0)^2}{2} + \frac{m_2(u_2 - u_0)^2}{2}. \qquad (3)$$

Lorsque les deux corps se choquent, cette énergie intérieure actuelle est employée à changer la figure des corps au point de contact de leurs surfaces et dans le voisinage dè ce point, en opposition à leur force élastique. Dès que le mouvement relatif des corps a été ainsi arrêté, la force élastique commence à agir pour leur rendre leurs figures et les écarter l'un de l'autre; et s'ils étaient égaux, semblables et parfaitement élastiques, elle reproduirait toute l'énergie du mouvement relatif donnée par l'équation 3, de telle sorte que les corps se sépareraient avec des vitesses qui, par rapport à leur centre de gravité commun, seraient égales, et opposées à leurs vitesses initiales par rapport à ce point, c'est-à-dire avec les vitesses

$$u_0 - u_1, \quad u_0 - u_2,$$

par rapport au centre de gravité commun, et avec les vitesses

$$v_1 = 2u_0 - u_1, \quad v_2 = 2u_0 - u_2, \qquad (4)$$

par rapport à la terre. Mais comme une certaine fraction, que nous pouvons représenter par $1 - k^2$, de l'énergie actuelle intérieure disparaît en se tranformant en vibration intérieure et en chaleur, l'énergie actuelle intérieure due au mouvement visible après le choc est

$$\frac{k^2 m_1(u_1 - u_0)^2}{2} + \frac{k^2 m_2(u_2 - u_0)^2}{2}; \qquad (5)$$

les vitesses des corps par rapport à leur centre de gravité commun, après le choc, sont

$$k(u_0 - u_1), \qquad k(u_0 - u_2);$$

et leurs vitesses par rapport à la terre,

$$v_1 = (1 + k)u_0 - ku_1; \qquad v_2 = (1 + k)u_0 - ku_2. \qquad (6)$$

Si les corps sont *parfaitement mous* ou *dépourvus d'élasticité*, $k = 0$, et dans ce cas,

$$v_1 = v_2 = u_0, \qquad (7)$$

c'est-à-dire que les corps ne s'écartent pas l'un d'autre, mais se déplacent d'un mouvement commun avec la vitesse de leur centre de gravité commun.

REMARQUE. On supposait autrefois que la disparition d'énergie après le choc était due entièrement à une élasticité imparfaite, et que deux corps quelconques parfaitement élastiques devraient s'écarter l'un de l'autre après le choc avec une vitesse relative égale à leur vitesse relative d'approche avant le choc. Mais M. de Saint-Venant a montré que, sauf les cas où les corps sont semblables et égaux, il disparaît une certaine quantité d'énergie, même pour des corps parfaitement élastiques, et que cette énergie donne lieu à des·vibrations intérieures pour chacun d'eux. La valeur du coefficient k, qui est le rapport entre les vitesses relatives de retraite et d'approche dans le cas de deux barres prismatiques parfaitement élastiques qui se rencontrent par leurs extrémités, est donnée de la manière suivante. Soient a_1 et a_2 les longueurs des barres; p_1 et p_2 leurs poids par unité de longueur; s_1 et s_2 les vitesses de transmission du son (c'est-à-dire, des vibrations longitudinales) le long de ces barres; soient $\frac{a_1}{s_1} < \frac{a_2}{s_2}$, et $s_1 p_1 < s_2 p_2$, ou, en d'autres termes, $\frac{s_2}{s_1} < \frac{a_2}{a_1}$ et $> \frac{p_1}{p_2}$, on a alors

$$k = 2\, \frac{a_1 p_1 + a_2 p_2}{a_2 p_2}\, \frac{p_2 s_2}{p_1 s_1 + p_2 s_2} - 1. \qquad (8)$$

(Voir pour la vitesse du son le n° 615.) Le mémoire de M. de Saint-Venant a été publié *in extenso* dans le *Journal de mathématiques pures et appliquées*, 1867; et un extrait des résultats les plus simples a été donné dans *the Egineer* du 15 février 1867.

567. L'action de forces extérieures non équilibrées sur un système de corps, considéré dans son ensemble, a pour effet de changer la quantité de mouvement résultante et le moment résultant de la quantité de mouvement. Nous avons montré au n° 60 que tout système de forces peut être ramené à une force unique et à un couple. Le système des forces qui sont appliquées à un système de corps devra être ramené à une force unique passant par le centre de gravité du système et à un couple, comme nous l'avons montré dans les équations 5, 6, 7, 8 du n° 60; alors dans un intervalle de temps donné, la variation de la quantité de mouvement résultante du système est égale à l'impulsion de la force résultante unique et dirigée suivant cette impulsion, et la variation du moment de la quantité de mouvement est égale à l'impulsion angulaire du couple résultant et a pour axe celui de ce couple.

Pour exprimer ces relations d'une façon générale, désignons par

$$m \frac{dx}{dt}, \quad m \frac{dy}{dt}, \quad m \frac{dz}{dt}$$ les composantes de la quantité de mouvement

d'une masse quelconque m appartenant au système, dont les coordonnées sont x, y, z. Les taux des variations de ces composantes sont alors:

$$m \frac{d^2x}{dt^2}; \quad m \frac{d^2y}{dt^2}; \quad m \frac{d^2z}{dt^2}. \tag{1}$$

Les composantes rectangulaires du moment de la quantité de mouvement de cette masse sont:

$$\left. \begin{aligned} \text{autour de l'axe des } x, \quad & m \left(z \frac{dy}{dt} - y \frac{dz}{dt} \right); \\ \text{autour de l'axe des } y, \quad & m \left(x \frac{dz}{dt} - z \frac{dx}{dt} \right); \\ \text{autour de l'axe des } z, \quad & m \left(y \frac{dx}{dt} - x \frac{dy}{dt} \right). \end{aligned} \right\} \tag{2}$$

Les taux des variations de ces quantités sont

$$m \left(z \frac{d^2y}{dt^2} - y \frac{d^2z}{dt^2} \right); \quad m \left(x \frac{d^2z}{dt^2} - z \frac{d^2x}{dt^2} \right); \quad m \left(y \frac{d^2x}{dt^2} - x \frac{d^2y}{dt^2} \right). \tag{3}$$

Soient F_x, F_y, F_z, les composantes de la force extérieure appliquée à un point dont les coordonnées sont x, y, z.

L'égalité entre l'impulsion résultante et la variation de la quantité de mouvement résultante donnera

$$\Sigma\left(F_x - m\frac{d^2x}{dt^2}\right) = 0; \quad \Sigma\left(F_y - m\frac{d^2y}{dt^2}\right) = 0; \left.\begin{array}{c}\\\\\end{array}\right\} \quad (4)$$
$$\Sigma\left(F_z - m\frac{d^2z}{dt^2}\right) = 0.$$

L'égalité entre l'impulsion angulaire résultante et la variation du moment résultant de la quantité de mouvement donnera

$$\Sigma\left\{z\left(F_y - m\frac{d^2y}{dt^2}\right) - y\left(F_z - m\frac{d^2z}{dt^2}\right)\right\} = 0;$$
$$\Sigma\left\{x\left(F_z - m\frac{d^2z}{dt^2}\right) - z\left(F_x - m\frac{d^2x}{dt^2}\right)\right\} = 0; \quad (5)$$
$$\Sigma\left\{y\left(F_x - m\frac{d^2x}{dt^2}\right) - x\left(F_y - m\frac{d^2y}{dt^2}\right)\right\} = 0.$$

Ces équations permettent de déterminer l'effet d'un système donné de forces extérieures sur un système de corps quand on connaît les relations entre les mouvements de ces corps, sans qu'il soit nécessaire de considérer les forces intérieures du système, forces qu'il est quelquefois difficile ou impossible de déterminer tant que l'on n'a pas d'abord trouvé les effets des forces extérieures.

568. Détermination des forces intérieures. Lorsque les relations qui existent entre le mouvement du système dans son ensemble, c'est-à-dire sa quantité de mouvement résultante et le moment de sa quantité de mouvement résultant, et les mouvements des différents corps qui le constituent, sont fixés par des principes de cinématique, on peut déterminer le mouvement de chacun des corps lorsque l'on connaît les forces extérieures qui lui sont appliquées. *Si l'on enlève de la force extérieure appliquée à chacun des corps à chaque instant la force nécessaire pour produire le changement de mouvement du corps qui a lieu à cet instant, la force restante doit faire équilibre à la force intérieure qui agit sur le corps en question, et lui être égale et opposée;* c'est là le principe, connu sous le nom de PRINCIPE DE D'ALEMBERT, qui permet de déterminer les forces intérieures. En employant la notation du numéro précédent, on aura, pour les composantes de la force intérieure appliquée à un corps donné du système,

$$m\frac{d^2x}{dt^2} - F_x; \quad m\frac{d^2y}{dt^2} - F_y; \quad m\frac{d^2z}{dt^2} - F_z.$$

569. Forces extérieures restantes. Si l'on suppose que l'on partage la force extérieure résultante qui agit au centre de gravité d'un système de corps en composantes parallèles, chacune d'elles étant appliquée à l'un des corps et étant proportionnelle à la masse du corps auquel elle est appliquée, on formera ainsi le système des forces extérieures qui sont nécessaires pour que tous les corps du système aient à chaque instant des mouvements égaux et parallèles à celui de leur centre de gravité. Si l'on enlève alors les forces ainsi déterminées des forces qui sont actuellement appliquées aux différents corps, les forces extérieures restantes, étant combinées avec les forces intérieures, constitueront les forces qui règlent les mouvements des corps par rapport à leur centre de gravité commun, considéré comme étant un point fixe.

CHAPITRE III.

ROTATION DES SOLIDES INVARIABLES.

---

570. **Le mouvement d'un solide invariable** ou d'un corps qui conserve sensiblement la même figure, peut toujours, ainsi que nous l'avons montré dans la IIIe partie, chapitre II, se décomposer à chaque instant en un mouvement de translation et en un mouvement de rotation; et en recourant aux principes donnés dans la section 3 de ce chapitre, on peut toujours imaginer que la rotation composante ait lieu autour d'un axe qui passe par le centre de gravité du corps à la condition de la combiner, si c'est nécessaire, avec une translation du corps tout entier, donnée par la trajectoire curviligne ou rectiligne de son centre de gravité. Les variations de *la quantité de mouvement* de la translation, en grandeur ou en direction, sont dues à la force résultante qui agit au centre de gravité du corps, et sont les mêmes que celles de la quantité de mouvement de la masse entière supposée concentrée en ce centre; les variations *du moment de la quantité de mouvement* de la rotation sont dues au couple résultant qui se combine avec cette force résultante. Les variations de *l'énergie actuelle* sont dues à ces deux causes.

Lorsque l'on connaît le mouvement de translation du centre de gravité d'un corps animé d'un mouvement de rotation, et son mouvement de rotation autour d'un axe passant par ce centre, on peut déterminer, au moyen des principes de cinématiques qui ont été expliqués dans la IIIe partie, chapitre II, section 3, le mouvement d'un point quelconque; de telle sorte qu'en recourant au principe de d'Alembert (568), on pourra déterminer complétement les forces intérieures qui agissent entre les parties du corps.

Dans les questions relatives aux mouvements des solides invariables, il y a certaines quantités, lignes et points, dépendant des figures des corps, du mode de distribution de leurs masses et de la manière dont leurs mouvements sont guidés, dont la considération facilite l'intelligence du sujet et permet de simplifier les résultats, et qui sont reliées entre elles par des principes de géométrie. Ce sont les *moments d'inertie*, les *rayons de giration*, les *moments de déviation et les centres de percussion*. Nous allons examiner maintenant leurs relations géométriques.

SECTION 1. — *Moments d'inertie, rayons de giration, moments de déviation, et centres de percussion.*

571. Le moment d'inertie d'un corps infiniment petit ou « point physique », par rapport à un axe donné, est le produit de la masse du corps, ou d'une quantité proportionnelle à la masse, telle que son poids, par le carré de la distance du point à l'axe; ainsi dans l'équation suivante :

$$\frac{I}{g} = mr^2 = \frac{Wr^2}{g}, \qquad (1)$$

r est la distance à l'axe donné de la masse m, dont le poids est W; et le moment d'inertie est I, ou $\dfrac{I}{g}$, suivant l'unité employée; on a le premier lorsque l'unité est le moment d'inertie d'une unité *de poids* agissant à l'extrémité d'une perpendiculaire dont la longueur est égale à l'unité, et le second lorsque l'unité est le moment d'inertie d'une unité de *masse* située à l'extrémité de la même perpendiculaire. Il est plus commode, dans les questions de mécanique appliquée, de considérer la première de ces unités, et c'est celle que nous emploierons dans ce traité.

Par extension, on applique l'expression de « moment d'inertie » au produit d'une quantité quelconque, telle qu'un volume ou une surface, par le carré de la distance du point auquel cette quantité se rapporte à un axe donné, ainsi que nous en avons donné des exemples au n° 95 et dans la théorie de la résistance à la flexion; mais dans le reste de ce traité, nous emploierons ce terme dans son sens strict et conformément à l'unité de mesure spécifiée ci-dessus, c'est-à-dire que le moment d'inertie sera exprimé par le produit d'un certain nombre de *kilogrammes* par le carré d'un certain nombre *de mètres*.

Les relations géométriques entre les moments d'inertie que nous allons examiner sont indépendantes de l'unité de mesure

572. Le moment d'inertie d'un système de points physiques, par rapport à un axe donné, est la somme des moments d'inertie des différents points, c'est-à-dire que l'on a

$$I = \Sigma Wr^2. \tag{1}$$

573. Le moment d'inertie d'un solide invariable est la somme des moments d'inertie de toutes ses parties et on l'obtient par une intégration; on imagine pour cela que le corps soit divisé en petites parties de figure régulière, on multiplie la masse de chacune d'elles par le carré de la distance de son centre de gravité à l'axe, on ajoute tous ces produits entre eux, et l'on cherche la valeur vers laquelle tend cette somme à mesure que les dimensions des parties diminuent indéfiniment. Par exemple, supposons que l'on considère le corps comme formé de parallélipipèdes élémentaires dont les dimensions sont dx, dy et dz, le volume de chacun d'eux étant $dxdydz$, et la masse de l'unité de volume étant w, on aura

$$I = \iiint r^2 w\, dx\, dy\, dz. \tag{1}$$

Il en résulte ce principe général dont nous donnerons des applications à des cas particuliers, à savoir que les propositions relatives aux relations géométriques entre les moments d'inertie de systèmes de points s'appliquent à des corps continus, à la condition de remplacer la somme ordinaire par une intégration, c'est-à-dire, par exemple, Σ par $\iiint$, et W par $w \cdot dxdydz$.

574. Le rayon de giration d'un corps autour d'un axe donné est la longueur dont le carré est la *moyenne de tous les carrés* des distances des éléments égaux du corps à l'axe; on le trouve en divisant le moment d'inertie par la masse; on a ainsi

$$\rho^2 = \frac{I}{\Sigma W} = \frac{\Sigma Wr^2}{\Sigma W}. \tag{1}$$

Cette expression devient, avec les symboles d'intégration :

$$\rho^2 = \frac{\iiint r^2\, w\, dx\, dy\, dz}{\iiint w\, dx\, dy\, dz} : \qquad (2)$$

575. Composantes du moment d'inertie. Supposons que l'on rapporte les positions des éléments d'un corps à trois axes rectangulaires, dont l'un, OX, est celui autour duquel on a à prendre le moment d'inertie. Le carré du rayon vecteur d'un élément de volume quelconque est alors

$$r^2 = y^2 + z^2;$$

de telle sorte que le moment d'inertie autour de l'axe des x est

$$I_x = \Sigma W y^2 + \Sigma W z^2, \qquad (1)$$

c'est-à-dire que *l'on peut trouver le moment d'inertie d'un corps autour d'un axe donné en faisant la somme des produits des masses des éléments par le carré de chacune des distances de ces éléments à deux plans perpendiculaires entre ceux menés par l'axe donné.*

On verrait de même que les moments d'inertie du même corps autour des deux autres axes sont donnés par les équations

$$I_y = \Sigma W z^2 + \Sigma W x^2; \qquad I_z = \Sigma W x^2 + \Sigma W y^2. \qquad (2)$$

576. Comparaison entre les moments d'inertie autour d'axes parallèles. Théorème. *Le moment d'inertie d'un corps autour d'un axe donné est égal à son moment d'inertie autour d'un axe parallèle mené par son centre de gravité, augmenté du moment d'inertie par rapport à l'axe donné qui résulterait de la concentration de la masse totale du corps en son centre de gravité.*

Prenons l'axe donné pour axe des x, et deux plans quelconques passant par cet axe et perpendiculaires entre eux pour plans des xy et des zx; nous aurons, comme dans le numéro précédent,

$$I_x = \Sigma W y^2 + \Sigma W z^2.$$

Soient y_0, z_0, les distances du centre de gravité du corps aux deux plans coordonnés précités. Imaginons un nouvel axe parallèle à l'axe donné et passant par le centre de gravité; menons par cet axe deux plans coordonnés parallèles aux premiers, et désignons par y', z' les distances d'une molécule donnée à ces nouveaux plans ; nous aurons

$$y = y_0 + y' ; \quad z = z_0 + z'.$$

Si nous introduisons ces valeurs.des premières coordonnées dans la valeur de I_x, nous trouvons

$$I_x = \Sigma W (y_0 + y')^2 + \Sigma W (z_0 + z')^2 = (y_0 + z_0^2) \Sigma W + 2y_0 \Sigma W y'$$
$$+ 2z_0 \Sigma W z' + \Sigma W (y'^2 + z'^2) ;$$

mais par suite de ce que y' et z' sont les distances d'un élément à des plans menés par le centre de gravité du corps,

$$\Sigma W y' = 0 ; \quad \Sigma W z' = 0 ;$$

et l'équation précédente devient

$$I_x = (y_0^2 + z_0^2) \Sigma W + \Sigma W (y'^2 + z'^2) : \qquad (1)$$

d'où l'on conclut le théorème ci-dessus.

Ce théorème peut être exprimé plus simplement. Soient I_0 le moment d'inertie d'un corps autour d'un axe passant par son centre de gravité dans une direction quelconque, et I le moment d'inertie du même corps autour d'un axe parallèle au premier, et distant de lui de la quantité r_0, on a

$$I = r_0^2 \Sigma W + I_0. \qquad (2)$$

Nous avons démontré une proposition analogue pour les surfaces au n° 95, théorème V.

COROLLAIRE I. Le rayon de giration (ρ) d'un corps autour d'un axe quelconque est égal à l'hypoténuse d'un triangle rectangle dont les deux autres côtés sont respectivement égaux au rayon de giration (ρ_0) du corps autour d'un axe parallèle à l'axe donné et passant par le centre de gravité, et à la distance (r_0) entre ces deux axes, c'est-à-dire que l'on a

$$\rho^2 = \rho_0^2 + r_0^2. \qquad (3)$$

COROLLAIRE II. Le moment d'inertie d'un corps autour d'un axe passant par son centre de gravité dans une direction donnée, est moindre que le moment d'inertie du même corps autour d'un autre axe quelconque parallèle au premier.

[COROLLAIRE III. Les moments d'inertie d'un corps autour d'axes parallèles entre eux et également distants du centre de gravité, sont égaux.

577. Combinaison des moments d'inertie. THÉORÈME. *Le moment d'inertie d'un système de corps liés entre eux d'une façon rigide autour d'un axe donné, est égal au moment d'inertie que le système aurait autour de l'axe donné, si chacun des corps était concentré en son propre centre de gravité, augmenté de la somme des différents moments d'inertie des corps, autour d'axes parallèle à l'axe donné, menés par leurs centres de gravité respectifs.*

Représentons maintenant par W la *masse de l'un des corps*, par I_0 son moment d'inertie autour d'un axe passant par son propre centre de gravité et parallèle à l'axe commun, et par r_0 la distance de son centre de gravité à cet axe commun. Le moment d'inertie de ce corps autour de l'axe commun est, en vertu de l'équation 2 du n° 576,

$$I = Wr_0^2 + I_0.$$

On a, par suite, pour le moment d'inertie total du système de corps

$$\Sigma I = \Sigma Wr_0^2 + I_0. \qquad (1) \qquad - \text{Q. E. D.}$$

578. Le tableau suivant donne **les moments d'inertie et les rayons de giration** des corps homogènes que l'on a à considérer ordinairement. On suppose, dans chaque cas, que l'axe passe par *le centre de gravité* du corps, car les principes du n° 576 permettent de passer facilement à un autre cas. On suppose que dans chaque cas les axes sont des *axes de symétrie* du corps. Nous ferons voir, dans les numéros suivants, quelles sont les relations qui existent entre les moments d'inertie d'un corps autour d'axes qui le traversent dans des directions différentes.

La colonne intitulée W donne la masse du corps ; celle intitulée I_0 donne le moment d'inertie, et celle intitulée ρ_0^2, le *carré* du rayon de giration. La masse de l'unité de volume est, dans chaque cas, représentée par w.

CORPS.	AXE.	W	I_0	ρ_0^2
I. Sphère de rayon r.....	Diamètre.	$\dfrac{4\pi wr^3}{3}$	$\dfrac{8\pi wr^5}{15}$	$\dfrac{2r^2}{5}$
II. Ellipsoïde de révolution: demi-axe polaire a, rayon équatorial r.......	Axe polaire.	$\dfrac{4\pi war^2}{3}$	$\dfrac{8\pi war^4}{15}$	$\dfrac{2r^2}{5}$
III. Ellipsoïde. — Demi-axes a, b, c...........	Axe, $2a$	$\dfrac{4\pi wabc}{3}$	$\dfrac{4\pi wabc(b^2+c^2)}{15}$	$\dfrac{b^2+c^2}{5}$
IV. Calotte sphérique. — rayon extérieur r, intérieur r'...	Diamètre.	$\dfrac{4\pi w(r^3-r'^3)}{3}$	$\dfrac{8\pi w(r^5-r'^5)}{15}$	$\dfrac{2(r^5-r'^5)}{5(r^3-r'^3)}$
V. Calotte sphérique infiniment mince. — Rayon r, épaisseur dr........	Diamètre.	$4\pi wr^2 dr$	$\dfrac{8\pi wr^4 dr}{3}$	$\dfrac{2r^2}{3}$
VI. Cylindre circulaire. — Longueur $2a$, rayon r....	Axe longitudinal, $2a$.	$2\pi war^2$	πwar^4	$\dfrac{r^2}{2}$
VII. Cylindre elliptique. — Longueur $2a$, demi-axes transversaux b, c	Axe longitudinal, $2a$.	$2\pi wabc$	$\dfrac{\pi wabc(b^2+c^2)}{2}$	$\dfrac{b^2+c^2}{4}$
VIII. Cylindre circul. creux. — Longueur $2a$, rayon extérieur r, intérieur r'.....	Axe longitudinal, $2a$.	$2\pi wa(r^2-r'^2)$	$\pi wa(r^4-r'^4)$	$\dfrac{r^2+r'^2}{2}$
IX. Cylindre circulaire creux et infiniment mince.—Longueur $2a$, rayon r, épaisseur dr...........	Axe longitudinal, $2a$.	$4\pi wardr$	$4\pi war^3 dr$	r^2
X. Cylindre circulaire.—Longueur $2a$, rayon r.....	Diamètre transversal.	$2\pi war^2$	$\dfrac{\pi war^2(3r^2+4a^2)}{6}$	$\dfrac{r^2}{4}+\dfrac{a^2}{3}$
XI. Cylindre elliptique. — Longueur $2a$, demi-axes transversaux b, c......	Axe transversal, $2b$.	$2\pi wabc$	$\dfrac{\pi wabc(3c^2+4a^2)}{6}$	$\dfrac{c^2}{4}+\dfrac{a^2}{3}$
XII. Cylindre circulaire creux. — Longueur $2a$, rayon extérieur r, intérieur r'....	Diamètre transversal.	$2\pi wa(r^2-r'^2)$	$\dfrac{\pi wa}{6}\left\{3(r^4-r'^4)+4a^2(r^2-r'^2)\right\}$	$\dfrac{r^2+r'^2}{4}+\dfrac{a^2}{3}$
XIII. Cylindre circulaire creux infiniment mince. — Rayon r, épaisseur dr......	Diamètre transversal.	$4\pi wardr$	$\pi wa\left(2r^3+\dfrac{4}{3}a^2r\right)dr$	$\dfrac{r^2}{2}+\dfrac{a^2}{3}$
XIV. Prisme rectangulaire. — Dimensions $2a$, $2b$, $2c$.	Axe, $2a$.	$8wabc$	$\dfrac{8wabc(b^2+c^2)}{3}$	$\dfrac{b^2+c^2}{3}$
XV. Prisme rhombique.— Longueur $2a$, diagonales $2b$, $2c$...........	Axe, $2a$	$4wabc$	$\dfrac{2wabc(b^2+c^2)}{3}$	$\dfrac{b^2+c^2}{6}$
XVI. Prisme rhombique. — Comme ci-dessus.....	Diagonale, $2b$.	$4wabc$	$\dfrac{2wabc(c^2+2a^2)}{3}$	$\dfrac{c^2}{6}+\dfrac{a^2}{3}$

579. Moments d'inertie trouvés par décomposition et soustraction. Chacun des solides mentionnés au tableau précédent peut être divisé en deux parties égales et symétriques par un plan perpendiculaire à l'axe. Le rayon de giration de chacune de ces moitiés est le même que celui du solide initial. Chacun des solides peut aussi être divisé en quatre coins ou secteurs égaux et symétriques par des plans passant par l'axe, et ceux qui sont des solides de révolution peuvent être divisés en un nombre illimité de ces coins ou de ces secteurs. Le rayon de giration de chacun de ces secteurs autour

de l'axe initial, qui en forme une des arêtes, est le même que celui
du solide initial.

Pour trouver le rayon de giration de l'un de ces secteurs autour
d'un axe parallèle à son arête, l'axe initial, et mené par le centre de
gravité du secteur, désignons par r_0 la distance de ce centre de gravité à l'axe initial, par ρ_0 le rayon de giration du solide initial, et
par ρ_0' le rayon de giration du secteur autour du nouvel axe en
question; il résulte de l'équation 3 du n° 576 que l'on a

$$\rho_0'^2 = \rho_0^2 - r_0^2. \qquad (1)$$

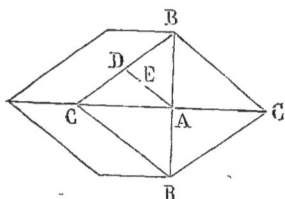

EXEMPLE. Dans le 15° cas du n° 578, nous avons trouvé que le carré
du rayon de giration d'un prisme
rhombique autour de son axe lon-
gitudinal est $\dfrac{b^2 + c^2}{6}$, b et c étant les
deux demi-diagonales. La *fig*. 238 re-
présente un de ces prismes; A est une
des extrémités de son axe longitudi-
nal, et $\overline{BAB} = 2b$, $\overline{CAC} = 2c$ ses deux
diagonales. Partageons le prisme en quatre prismes égaux ayant pour
bases des triangles rectangles par deux plans passant par les diagonales et par l'axe longitudinal; le rayon de giration de chacun de ces
prismes autour de cet axe est le même que celui du prisme initial. Soit
D le milieu de BC; joignons AD, et prenons sur cette ligne une longueur

$$\overline{AE} = \frac{2}{3}\,\overline{AD} = \frac{1}{3}\,\overline{BC} = \frac{\sqrt{b^2 + c^2}}{3};$$ E est alors l'extrémité d'un axe lon-

gitudinal passant par le centre de gravité du prisme triangulaire ABC,
et le rayon de giration de ce prisme autour de ce nouvel axe est donné
par l'équation

$$\rho_0'^2 = \rho_0^2 - r_0^2 = \frac{b^2 + c^2}{6} - \frac{b^2 + c^2}{9} = \frac{b^2 + c^2}{18}. \qquad (2)$$

Fig. 238.

580. Moments d'inertie trouvés par transformation.
Le moment d'inertie et le rayon de giration d'un corps autour d'un
axe donné ne sont pas modifiés par un changement dans la figure
du corps résultant du déplacement de ses molécules parallèlement à
l'axe donné; et le rayon de giration n'est pas modifié si l'on change
les dimensions du corps parallèlement à l'axe dans un rapport constant; par exemple, dans les cas 1 et 2 du n° 578, le rayon de giration

d'un sphéroïde autour de son axe polaire est le même que celui
d'une sphère ayant le même rayon équatorial.

Si l'on modifie les dimensions du corps dans toutes les directions
transversales à l'axe dans un rapport constant, le rayon de giration
est changé dans le même rapport.

Si l'on modifie les dimensions d'un corps transversales à son axe,
suivant deux directions perpendiculaires entre elles, dans des rapports
différents, par exemple si les dimensions représentées par y sont
modifiées dans le rapport m, et les dimensions représentées par z dans
le rapport n, on considérera le rayon de giration ρ du corps initial
comme l'hypoténuse d'un triangle rectangle dont les côtés sont η
parallèlement à l'axe des y, et ζ parallèlement à l'axe des z, et sont
donnés par les équations

$$\eta^2 = \frac{\Sigma W y^2}{\Sigma W}; \quad \zeta^2 = \frac{\Sigma W z^2}{\Sigma W}; \tag{1}$$

et le rayon de giration ρ' du corps transformé sera l'hypoténuse
d'un nouveau triangle rectangle dont les côtés sont $m\eta$ et $n\zeta$, c'est-
à-dire, que l'on aura

$$\rho'^2 = m^2\eta^2 + n^2\zeta^2. \tag{2}$$

On peut, comme exemple de cette méthode, déduire le rayon de
giration d'un ellipsoïde autour de l'un de ses axes (n° 578, cas n° 3) de
celui d'une sphère (*idem*, cas n° 1).

581. Le **centre de percussion** d'un corps, pour un axe donné,

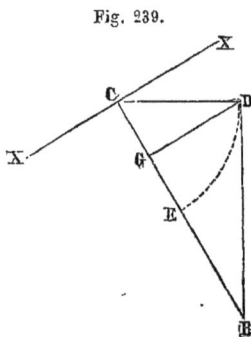

Fig. 239.

est un point tel, que si l'on suppose qu'une
partie de la masse y soit concentrée, tandis
que le reste est concentré au point directement opposé sur l'axe donné, le moment statique du poids ainsi distribué (42), et son moment d'inertie autour de l'axe donné sont les
mêmes que ceux du corps donné dans toutes
ses positions.

Dans la *fig.* 239, XX est l'axe donné, et G est
le centre de gravité du corps. Il est évident,
tout d'abord, que le centre de percussion
doit être situé quelque part sur la perpendiculaire CGB abaissée du
centre de gravité sur l'axe donné. En second lieu, pour que le moment
statique de la masse totale, concentrée en partie en C et en partie au

centre de percussion B (encore inconnu), puisse être le même que celui du corps donné, il faut que le centre de gravité ne soit pas modifié par cette concentration de la masse, c'est-à-dire, qu'il faut que les masses concentrées en B et C soient en raison inverse des distances de ces points au point G. Si nous représentons les poids de ces masses par les lettres B et C respectivement, et le poids du corps total par W, nous aurons donc les proportions

$$\frac{W}{C} = \frac{\overline{BC}}{\overline{BG}}; \quad \frac{W}{B} = \frac{\overline{BC}}{\overline{GC}}. \tag{1}$$

Enfin, pour que le moment d'inertie de la masse supposée concentrée en B et en C, autour de l'axe XX, soit le même que celui du corps, nous devons avoir

$$B \, \overline{BC}^2 = W\rho^2 = W(\rho_0^2 + r_0^2), \tag{2}$$

r_0 étant égal à $\overline{GC}$, et ρ_0 étant le rayon de giration du corps autour d'un axe parallèle à XX et passant par G; si nous substituons à B sa valeur tirée des équations 1, à savoir $B = \dfrac{Wr_0}{\overline{BC}}$, nous trouvons pour la distance du centre de percussion à l'axe

$$\overline{BC} = \frac{\rho^2}{r_0} = \frac{\rho_0^2}{r_0} + r_0, \tag{3}$$

et pour sa distance au centre de gravité

$$\overline{GB} = \overline{BC} - r_0 = \frac{\rho_0^2}{r_0}. \tag{4}$$

La dernière équation peut être mise sous la forme

$$\overline{GB} \, \overline{GC} = \rho_0^2; \tag{5}$$

elle conserve la même valeur quand on change $\overline{GB}$ en $\overline{GC}$ et réciproquement; ceci nous montre que, si l'on mène un nouvel axe parallèle au premier XX, et passant par le premier centre de percussion, le nouveau centre de percussion est le point C situé sur le premier axe.

Les proportions qui indiquent le mode de répartition de la masse du corps entre B et C prennent la forme suivante, quand on multiplie les termes des seconds membres des proportions 1 par $r_0 = \overline{GC}$:

$$\frac{W}{C} = \frac{\rho_0^2 + r_0'^2}{\rho_0^2}; \quad \frac{W}{B} = \frac{\rho_0^2 + r_0'^2}{r_0'^2}. \qquad (6)$$

La solution qui précède conduit à la construction géométrique suivante : menons $\overline{GD}$, perpendiculaire à $\overline{CG}$ et égal à ρ_0; joignons $\overline{CD}$; puis, perpendiculairement à cette dernière ligne, menons $\overline{DB}$, qui coupe en B le prolongement de $\overline{GC}$; ce point est le centre de percussion.

$\overline{CD}$ est aussi le rayon de giration ρ autour de XX, et BD est le rayon de giration autour d'un axe mené par B parallèlement à XX.

Si l'on prend $\overline{CE} = \overline{CD}$, on dit quelquefois que E est le CENTRE DE GIRATION du corps pour l'axe XX (*).

582. Il n'existe pas de **centre de percussion** quand l'axe passe par le centre de gravité du corps. Dans ce cas, le moment statique du corps est nul, et une masse égale concentrée et uniformiément distribuée sur la circonférence BBB, dont le rayon est ρ_0, le rayon de giration, ou bien répartie sur un système de points symétriquement arrangés sur ce cercle, a le même moment d'inertie que le corps donné.

Fig. 240.

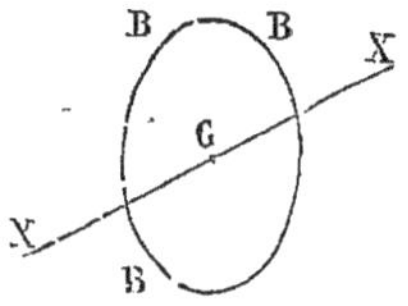

583. **Moments d'inertie autour d'axes inclinés**. Nous allons, dans ce numéro et dans ceux qui suivent, donner les relations qui existent entre les moments d'inertie d'un corps autour d'axes menés par un point fixe de ce corps dans des directions différentes. La méthode de calcul que nous emploierons étant un peu complexe, nous renvoyons aux conclusions le lecteur qui ne désire étudier que la partie la plus simple du sujet.

Nous avons montré au n° 575 que le moment d'inertie d'un corps autour d'un axe donné, pris comme axe des x, est donné par l'équation

$$I_x = Sy^2 + Sz^2, \qquad (1)$$

dans laquelle nous avons, pour simplifier, remplacé le signe ΣW par

---

(*) Voir au sujet des centres de percussion et de giration et autres points remarquables d'un solide un mémoire de M. Poinsot dans le *Journal de Liouville* de 1857.

le symbole S. Le point fixe étant l'origine des coordonnées, représentons par SR^2 la somme des produits du poids de chaque molécule par le carré de sa distance à ce point, somme qui est indépendante de la direction de l'axe. Comme $R^2 = x^2 + y^2 + z^2$, on pourra alors exprimer de la manière suivante les moments d'inertie du corps par rapport à trois axes rectangulaires :

$$I_x = SR^2 - Sx^2; \quad I_y = SR^2 - Sy^2; \quad I_z = SR^2 - Sz^2. \quad (2)$$

Représentons les trois sommes des poids des molécules du corps, chacun d'eux étant multiplié par le produit de deux de ses coordonnées, par

$$Syz; \quad Szx; \quad Sxy. \quad (3)$$

Nous appellerons ces quantités *moments de déviation* (*moments of deviation*).

Supposons maintenant que l'on mène trois nouveaux axes de coordonnées rectangulaires, représentés par x', y', z', par le même point fixe, et représentons les angles qu'ils font avec les premiers axes par

$$\left. \begin{array}{ccc} \widehat{xx'}, & \widehat{xy'}, & \widehat{xz'}; \\ \widehat{yx'}, & \widehat{yy'}, & \widehat{yz'}; \\ \widehat{zx'}, & \widehat{zy'}, & \widehat{zz'}; \end{array} \right\} \quad (4)$$

Pour un molécule donnée quelconque, les nouvelles cordonnées sont exprimées en fonction des premières coordonnées de la manière suivante :

$$x' = x \cos\widehat{xx'} + y \cos\widehat{yx'} + z \cos\widehat{zx'}; \quad (5)$$

on aurait des équations analogues pour y' et z'; quant aux coordonnées initiales, elles sont exprimées en fonction des nouvelles coordonnées par des équations analogues à la suivante :

$$x = x' \cos\widehat{xx'} + y' \cos\widehat{xy'} + z' \cos\widehat{xz'}. \quad (6)$$

On a entre les neuf angles des formules 4 les relations suivantes : la somme des carrés des cosinus de trois angles quelconques d'une même ligne, ou d'une même colonne, est égale à l'unité; par exemple,

$$\cos^2\widehat{xx'} + \cos^2\widehat{xy'} + \cos^2\widehat{zz'} = 1, \quad (7)$$

et la somme des trois produits des deux cosinus des angles qui se correspondent dans deux lignes, ou dans deux colonnes, est égale à zéro, par exemple

$$\cos \widehat{yx}' \cos \widehat{zx}' + \cos \widehat{yy}' \cos \widehat{zy}' + \cos \widehat{yz}' \cos \widehat{zz}' = 0. \quad (8)$$

On déduit des relations précédentes que le cosinus de chaque angle est égal à la différence entre les produits binaires des cosinus des quatre angles, qui ne sont ni dans la même ligne ni dans la même colonne que le premier, ces produits binaires étant pris en diagonale ; par exemple,

$$\cos \widehat{xx}' = \cos \widehat{yy}' \cos \widehat{zz}' - \cos \widehat{yz}' \cos \widehat{zy}', \quad\quad (9)$$

et de même pour les autres cosinus.

Maintenant si l'on remplace dans les six intégrales,

$$Sx'^2, \quad Sy'^2, \quad Sz'^2, \quad Sy'z', \quad Sz'x', \quad Sx'y',$$

les nouvelles coordonnées x', y', z', par leurs valeurs en fonction des premières coordonnées, données par l'équation 5 et les équations analogues, on obtient les six expressions de ces intégrales relativement aux nouveaux axes en fonction des intégrales relativement aux premiers axes, et des cosinus des neuf angles que font les nouveaux et les anciens axes ; mais il n'est pas nécessaire d'écrire complétement ces équations, car elles sont *semblables aux équations de transformation du n° 106*, à la condition de substituer

$$Sx^2, \quad Sy^2, \quad Sz^2, \quad Syz, \quad Szx, \quad Sxy$$

à

$$p_{xx}, \quad p_{yy}, \quad p_{zz}, \quad p_{yz}, \quad p_{zx}, \quad p_{xy},$$

et de faire les mêmes substitutions dans les symboles relatifs aux nouvelles coordonnées.

584. Axes d'inertie principaux. THÉORÈME. *En chaque point d'un corps il existe un système de trois axes rectangulaires pour lequel les moments de déviation sont séparément nuls.*

Supposons qu'un pareil système d'axes existe, et représentons par x_1, y_1, z_1 les coordonnées qui leur sont parallèles. La condition à laquelle ces axes doivent satisfaire est exprimée par les équations

$$Sy_1z_1 = 0; \quad Sz_1x_1 = 0; \quad Sx_1y_1 = 0. \quad\quad (1)$$

Les coordonnées parallèles à un système d'axes, pour lequel les intégrales Sx^2, etc., ont été déterminées, étant représentées par x,

y, z, nous avons pour chaque molécule

$$x = x_1 \cos \widehat{xx_1} + y_1 \cos \widehat{xy_1} + z_1 \cos \widehat{xz_1};$$
$$x_1 x = x_1^2 \cos \widehat{xx_1} + x_1 y_1 \cos \widehat{xy_1} + x_1 z_1 \cos \widehat{xz_1};$$

et, par conséquent,

$$Sx_1 x = \cos \widehat{xx_1} Sx_1^2 + \cos \widehat{xy_1} Sx_1 y_1 + \cos \widehat{xz_1} Sz_1 x_1;$$

mais, par suite des conditions exprimées par les équations 1, cette dernière équation se réduit à

$$Sx_1 x = \cos \widehat{xx_1} Sx_1^2. \qquad (2)$$

On trouverait par un raisonnement semblable que

$$\left. \begin{array}{l} Sx_1 y = \cos \widehat{yx_1} Sx_1^2; \\ Sx_1 z = \cos \widehat{zx_1} Sx_1^2. \end{array} \right\} \qquad (2\,A)$$

Maintenant l'équation

$$x_1 = x \cos \widehat{xx_1} + y \cos \widehat{yx_1} + z \cos \widehat{zx_1}$$

permet de trouver les valeurs suivantes des intégrales dans les équations 2 et 2 A :

$$Sx_1 x = \cos \widehat{xx_1} Sx^2 + \cos \widehat{yx_1} Sxy + \cos \widehat{zx_1} Szx;$$
$$Sx_1 y = \cos \widehat{xx_1} Sxy + \cos \widehat{yx_1} Sy^2 + \cos \widehat{zx_1} Syz;$$
$$Sx_1 z = \cos \widehat{xx_1} Szx + \cos \widehat{yx_1} Syz + \cos \widehat{zx_1} Sz^2;$$

Si nous retranchons de ces équations les équations 2 et 2 A, nous trouverons les équations suivantes :

$$\left. \begin{array}{l} \cos \widehat{xx_1}(Sx^2 - Sx_1^2) + \cos \widehat{yx_1} Sxy + \cos \widehat{zx_1} Szx = 0; \\ \cos \widehat{xx_1} Sxy + \cos \widehat{yx_1}(Sy^2 - Sx_1^2) + \cos \widehat{zx_1} Syz = 0; \\ \cos \widehat{xx_1} Szx + \cos \widehat{yx_1} Syz + \cos \widehat{zx_1}(Sz^2 - Sx_1^2) = 0. \end{array} \right\} \quad (3)$$

L'élimination des trois cosinus de ces trois équations conduit à l'équation du troisième degré

$$(Sx_1^2)^3 - A(Sx_1^2)^2 + BSx_1^2 - C = 0, \qquad (4)$$

dans laquelle les coefficients sont les valeurs suivantes :

$$\left.\begin{aligned}
A &= Sx^2 + Sy^2 + Sz^2 = SR^2: \\
B &= Sy^2Sz^2 + Sz^2Sx^2 + Sx^2Sy^2 \\
&\quad - (Syz)^2 - (Szx)^2 - (Sxy)^2; \\
C &= Sx^2Sy^2Sz^2 + 2SyzSzxSxy \\
&\quad - Sx^2(Syz)^2 - Sy^2(Szx)^2 - Sz^2(Sxy)^2.
\end{aligned}\right\} \quad (5)$$

Il est évident que A est toujours positif. Si l'on considère les termes dont B se compose, on peut voir qu'il est équivalent à

$$S(yz' - zy')^2 + S(zx' - xz')^2 + S(xy' - yx')^2,$$

x, y, z, x', y', z', étant les coordonnées de *deux molécules différentes*, et les molécules étant prises deux à deux de toutes les manières possibles. Si l'on examine les termes dont C se compose, on peut montrer qu'il équivaut à l'expression

$$S(xy'z'' + x'y''z + x''yz' - xy''z' - x'y'z - x'yz'')^2,$$

dans laquelle les lettres sans accent, avec un accent, et avec deux accents, représentent les coordonnées d'un système de trois molécules différentes, et dans laquelle les molécules sont prises trois à trois de toutes les manières possibles. B et C étant tous deux des sommes de carrés, sont donc positifs aussi bien que A; et l'équation du troisième degré 4 a *trois racines réelles positives*, correspondant aux trois axes rectangulaires qui satisfont aux conditions de l'équation 1. Ces racines sont les valeurs de Sx_1^2, Sy_1^2, Sz_1^2, et leur existence prouve l'existence des trois AXES D'INERTIE PRINCIPAUX rectangulaires. — Q. E. D.

Les angles que l'un quelconque des axes principaux fait avec les trois premiers axes sont donnés par les équations suivantes, que l'on déduit des équations 3 :

$$\left.\begin{aligned}
\frac{\cos \widehat{xx_1}}{\cos \widehat{yx_1}} &= \frac{\dfrac{1}{(Sx_1^2 - Sx^2)Syz + SzxSxy}}{\dfrac{1}{(Sx_1^2 - Sy^2)Szx + SxySyz}}, \\[2ex]
\frac{\cos \widehat{xx_1}}{\cos \widehat{zx_1}} &= \frac{\dfrac{1}{(Sx_1^2 - Sx^2)Syz + SzxSxy}}{\dfrac{1}{(Sx_1^2 - Sz^2)Sxy + SyzSzx}}.
\end{aligned}\right\} \quad (6)$$

Des équations semblables, à la condition de substituer y_1 et z_1

successivement à x_1, donnent les rapports entre les deux autres systèmes de cosinus.

Il résulte des propriétés des racines des équations, que les coefficients de l'équation du troisième degré 4 ont les valeurs suivantes en fonction des intégrales Sx_1^2, etc :

$$\left.\begin{aligned}
A &= Sx_1^2 + Sy_1^2 + Sz_1^2 = SR^2, \text{ comme ci-dessus;} \\
B &= Sy_1^2 Sz_1^2 + Sz_1^2 Sx_1^2 + Sx_1^2 Sy_1^2, \\
C &= Sx_1^2 Sy_1^2 Sz_1^2.
\end{aligned}\right\} \qquad (7)$$

On voit par là que les fonctions des six intégrales Sx^2, etc., représentées par A, B et C dans les équations 5, sont *isotropes*, c'est-à-dire qu'elles sont les mêmes en grandeur pour toutes les directions des axes rectangulaires des x, des y et des z.

585. Ellipsoïde d'inertie. Prenons maintenant pour axes des coordonnées les axes principaux d'un corps qui passent par un point donné, et proposons-nous, étant donnés les moments d'inertie autour de ces axes, appelés *moments d'inertie principaux*, I_1, I_2, I_3, de déterminer le moment d'inertie, I, autour d'un axe quelconque passant par le même point, et faisant les angles α, β, γ, avec les axes principaux. Représentons par x les coordonnées le long de ce nouvel axe, et par x_1, y_1, z_1 les coordonnées le long des axes principaux, comme ci-dessus.

Nous avons déjà montré que l'on a

$$Sx^2 = \cos^2\alpha \ Sx_1^2 + \cos^2\beta \ Sy_1^2 + \cos^2\gamma \ Sz_1^2, \qquad (1)$$

et que

$$\left.\begin{aligned}
I &= SR^2 - Sx^2; \quad I_1 = SR^2 - Sx_1^2; \quad I_2 = SR^2 - Sy_1^2: \\
I_3 &= SR^2 - Sz_1^2.
\end{aligned}\right\} \quad (2)$$

On déduit facilement de ces équations l'équation suivante :

$$I = I_1 \cos^2\alpha + I_2 \cos^2\beta + I_3 \cos^2\gamma. \qquad (3)$$

Soient a, b, c les trois demi-axes d'un ellipsoïde, et s son demi-diamètre dans une direction quelconque qui fait les angles α, β, γ, avec ces demi-axes. On sait que l'on a

$$\frac{1}{s^2} = \frac{\cos^2\alpha}{a^2} + \frac{\cos^2\beta}{b^2} + \frac{\cos^2\gamma}{c^2}. \qquad (4)$$

Si l'on compare cette équation avec l'équation 3, il est évident

39

que si l'on construit un ellipsoïde dont les demi-axes soient dirigés suivant les axes principaux du corps au point donné, et représentent en grandeur les inverses des racines carrées des moments d'inertie autour de ces axes respectivement, à savoir :

$$a = \frac{1}{\sqrt{I_1}}; \quad b = \frac{1}{\sqrt{I_2}}; \quad c = \frac{1}{\sqrt{I_3}}; \qquad (5)$$

l'inverse du carré du demi-diamètre de cet ellipsoïde dans une direction quelconque représentera alors le moment d'inertie autour d'un axe passant par l'origine et ayant cette direction, ainsi que l'exprime l'équation

$$I = \frac{1}{s^2}. \qquad (6)$$

M. Poinsot a donné le nom d'*ellipsoïde central* à l'ellipsoïde que nous venons de définir, quand il a pour centre le centre de gravité du corps.

Si I_1, I_2, I_3 sont rangés par ordre de grandeur, il est évident que le plus grand d'entre eux, I_1, est le plus grand moment d'inertie du corps autour d'un axe quelconque passant par le point fixe ; que le plus petit, I_3, est le plus petit moment d'inertie autour d'un pareil axe, et que le moment d'inertie principal intermédiaire, I_2, est le plus petit moment d'inertie autour d'un axe quelconque mené par le point fixe perpendiculairement à l'axe de I_3, et le plus grand moment d'inertie autour d'un axe quelconque mené par le point fixe perpendiculairement à l'axe de I_1.

Si deux des moments d'inertie principaux sont égaux, si, par exemple, $I_2 = I_3$, l'ellipsoïde devient un ellipsoïde de révolution : tous les moments d'inertie autour d'axes menés par le point fixe dans le plan des axes de I_2 et de I_3 sont égaux, et les moments d'inertie autour de tous les axes menés par le point fixe et également inclinés sur l'axe de I_1 sont égaux. Dans ce cas, l'équation 3 devient

$$I = I_1 \cos^2 \alpha + I_2 \sin^2 \alpha. \qquad (7)$$

Si les trois moments d'inertie principaux sont égaux, l'ellipsoïde devient une sphère, et les moments d'inertie sont égaux autour de tous les axes menés par le point fixe.

Supposons d'abord que le point fixe soit le centre de gravité du corps, dont le poids est W, et que I_{01}, I_{02}, I_{03} soient les moments d'inertie principaux pour ce point. Prenons maintenant un nouveau point fixe tel que la ligne qui le joint au premier ait pour longueur r_0 et fasse les angles α, β, γ, avec les axes principaux menés par le centre de gravité. Par rapport à un système d'axes rectangulaires menés par ce nouveau point parallèlement aux anciens axes, les nouveaux moments d'inertie sont:

$$\left. \begin{array}{l} I_x = I_{01} + Wr_0^2 \sin^2 \alpha; \\ I_y = I_{02} + Wr_0^2 \sin^2 \beta; \\ I_z = I_{03} + W r_0^2 \sin^2 \gamma; \end{array} \right\} \qquad (8)$$

et les moments de déviation sont représentés par

$$\left. \begin{array}{l} Syz = Wr_0^2 \cos \beta \cos \gamma; \qquad Szx = Wr_0^2 \cos \gamma \cos \alpha; \\ Sxy = Wr_0^2 \cos \alpha \cos \beta; \end{array} \right\} \quad (9)$$

de telle sorte que les axes principaux pour le nouveau point ne sont pas parallèles à ceux qui passent par le centre de gravité, à moins qu'il n'y ait au moins deux des cosinus de la direction de r_0 nuls, c'est-à-dire à moins que le nouveau point ne soit sur l'un des premiers axes principaux, auquel cas tous les moments de déviation s'annulent et les nouveaux axes sont parallèles aux premiers.

· 586. **Le moment de déviation résultant** autour d'un axe donné est représenté par la diagonale d'un rectangle dont les côtés représentent les moments de déviation par rapport à deux plans coordonnés rectangulaires passant par l'axe donné.

Supposons que l'on connaisse les axes principaux et les moments d'inertie en un point donné, et que l'on prenne trois nouveaux axes de moments, représentés par x, y, z, suivant trois directions rectangulaires quelconques faisant avec les premiers axes les angles représentés par les notations du n° 583. Les moments de déviation dans les nouveaux plans coordonnés seront alors

$$\left. \begin{array}{l} Syz = \cos \widehat{yx_1} \cos \widehat{zx_1} Sx_1^2 + \cos \widehat{yy_1} \cos \widehat{zy_1} Sy_1^2 \\ \qquad + \cos \widehat{yz_1} \cos \widehat{zz_1} Sz_1^2; \end{array} \right\} \quad (1)$$

on aurait des équations analogues pour Szx et Sxy, *mutatis mutandis*. Si nous substituons à Sx_1^2, etc., leurs valeurs $SR^2 - I_1$, etc., et si nous remarquons que

$$\cos \widehat{yx_1} \cos \widehat{zx_1} + \cos \widehat{yy_1} \cos \widehat{zy_1} + \cos \widehat{yz_1} \cos \widehat{zz_1} = 0,$$

ces équations deviennent

$$S_{yz} = -I_1 \cos \widehat{yx_1} \cos \widehat{zx_1} - I_2 \cos \widehat{yy_1} \cos \widehat{zy_1} \left.\begin{array}{l} \\ \end{array}\right\} \quad (2)$$
$$-I_3 \cos \widehat{yz_1} \cos \widehat{zz_1};$$

on aura des équations semblables pour S_{zx}, S_{xy}, *mutatis mutandis*, on en déduit, en s'appuyant sur les relations entre les cosinus données au n° 583, la valeur suivante pour le moment de déviation résultant autour de l'un des nouveaux axes, tel que celui des x :

$$=\sqrt{I_1^2 \cos^2\widehat{xx_1} + I_2^2 \cos^2\widehat{xy_1} + I_3^2 \cos^2\widehat{xz_1} - \left(I_1\cos^2\widehat{xx_1} + I_2\cos^2\widehat{xy_1} + I_3\cos^2\widehat{xz_1}\right)^2} \left.\begin{array}{l}\\ \\ \end{array}\right\} \quad (\;$$
$$=\sqrt{I_1^2 \cos^2\widehat{xx_1} + I_2^2 \cos^2\widehat{xy_1} + I_3^2 \cos^2\widehat{xz_1} - I_x^2}.$$

Cette équation, exprimée en fonction des axes de l'ellipsoïde d'inertie, devient

$$K_x = \sqrt{\dfrac{\cos^2\widehat{xx_1}}{a^4} + \dfrac{\cos^2\widehat{xy_1}}{b^4} + \dfrac{\cos^2\widehat{xz_1}}{c^4} - \dfrac{1}{s^4}}; \quad (4)$$

mais on sait que la partie positive de cette expression est la valeur de $\dfrac{1}{s^2 n^2}$, n représentant la *longueur de la normale* abaissée du centre de l'ellipsoïde d'inertie sur un plan qui est tangent à l'ellipsoïde au point où il est rencontré par le nouvel axe des x. On a donc

$$K_x = \sqrt{\dfrac{1}{s^2 n^2} - \dfrac{1}{s^4}} = \dfrac{\sqrt{s^2 - n^2}}{s^2 n}. \quad (5)$$

On remarquera que $\sqrt{s^2 - n^2}$ représente la *longueur de la tangente* à l'ellipsoïde, comprise entre le point de contact et le pied de la normale. Si θ est l'angle compris entre la normale n et le demi-diamètre s, on a $\dfrac{\sqrt{s^2 - n^2}}{n} = \operatorname{tang}\theta$,

et par conséquent $\qquad K_x = I_x \operatorname{tang}\theta.$ $\qquad\qquad (6)$

SECTION 2. — *Mouvement de rotation uniforme.*

587. **La quantité de mouvement** d'un corps qui tourne autour de son centre de gravité est nulle, d'après le principe du n° 524. Comme tout mouvement d'un solide invariable peut être décomposé en une translation, et en une rotation autour de son centre de gravité, nous supposerons, dans toute cette section, que la rotation a lieu autour du centre de gravité du corps.

588. On trouvera **le moment de la quantité de mouvement** de la manière suivante. Soient x l'axe de rotation, et y et z deux axes quelconques fixes dans le corps, perpendiculaires à cet axe et perpendiculaires entre eux. Soit a la vitesse angulaire de rotation. La vitesse d'une molécule quelconque W, dont le rayon vecteur est $r = \sqrt{y^2 + z^2}$, est

$$ar = a\sqrt{y^2 + z^2},$$

et le moment de la quantité de mouvement de cette molécule, *par rapport à l'axe de rotation*, est

$$\frac{\mathrm{W}ar^2}{g} = \frac{\mathrm{W}a}{g}(z^2 + y^2)$$

c'est le *produit de son moment d'inertie par sa vitesse angulaire*, divisé par g, les poids des molécules ayant été employés dans l'évaluation des moments d'inertie. Menons maintenant une ligne, parallèle au rayon vecteur de la molécule, dans le plan de y et z; la distance de la molécule à cette ligne est x, et le moment de la quantité de mouvement de la molécule *par rapport à cette ligne* est

$$\frac{\mathrm{W}}{g}arx = \frac{\mathrm{W}}{g}ax\sqrt{y^2 + z^2};$$

cette quantité peut être décomposée en deux composantes, l'une par rapport à l'axe des y,

$$\frac{\mathrm{W}azx}{g},$$

et l'autre par rapport à l'axe des z,

$$\frac{\mathrm{W}axy}{g};$$

elles sont respectivement égales au quotient de la vitesse angulaire par l'accélération produite en une seconde par l'action de la gravité, multiplié par les *moments de déviation* de la molécule dans les plans coordonnés des zx et des xy.

Il en résulte que le moment résultant de la quantité de mouvement du corps entier consiste en trois composantes qui sont :

par rapport à l'axe de rotation,

$$\frac{a}{g}\,(\mathrm{S}y^2 + \mathrm{S}z^2) = \frac{a}{g}\,\mathrm{I}_x,$$

et par rapport aux axes transversaux, ·

$$\frac{a}{g}\,\mathrm{S}zx; \qquad \frac{a}{g}\,\mathrm{S}xy;$$

$$(1)$$

et si l'on prend sur les trois axes des lignes proportionnelles à ces trois composantes, la diagonale du parallélipipède construit sur ces lignes représentera en direction l'axe, et en longueur, la grandeur, du moment résultant de la quantité de mouvement.

Il en résulte que *l'axe du moment de la quantité de mouvement d'un corps animé d'un mouvement de rotation ne coïncide avec l'axe de rotation que si cet axe est un axe d'inertie*, auquel cas les moments de déviation sont séparément nuls et le moment résultant de la quantité de mouvement est simplement *le produit du moment d'inertie autour de l'axe par la vitesse angulaire*, divisé par g. .

Prenons maintenant les axes d'inertie comme axes de coordonnées et supposons que l'axe de rotation fasse avec eux les angles α, β, γ. Décomposons la vitesse angulaire a autour de cet axe en trois composantes autour des axes d'inertie

$$a \cos\alpha; \qquad a \cos\beta : \qquad a \cos\gamma;$$

les moments des quantités de mouvement dues à ces trois composantes sont alors respectivement

$$\frac{a}{g}\,\mathrm{I}_1 \cos\alpha : \qquad \frac{a}{g}\,\mathrm{I}_2 \cos\beta; \qquad \frac{a}{g}\,\mathrm{I}_3 \cos\gamma :$$

le moment résultant de la quantité de mouvement est

$$A = \frac{a}{g}\sqrt{I_1^2\cos^2\alpha + I_2^2\cos^2\beta + I_3^2\cos^2\gamma}, \qquad (2)$$

et l'axe du moment de la quantité de mouvement fait avec les axes d'inertie les angles dont les cosinus sont :

$$\frac{aI_1\cos\alpha}{gA}; \quad \frac{aI_2\cos\beta}{gA}; \quad \frac{aI_3\cos\gamma}{gA}. \qquad (3)$$

Mais, comme on l'a vu au n° 586, la quantité qui figure sous le radical dans l'équation 2 est l'inverse du produit des carrés du demi-diamètre et de la normale de l'ellipsoïde d'inertie, et si l'on se reporte aux équations du n° 586, on voit facilement que la racine carrée elle-même, dans l'équation 2 du présent numéro, est la *résultante* du moment d'inertie et du moment de déviation qui se rapportent à l'axe de rotation; de telle sorte que l'on peut mettre l'équation 2 sous la forme suivante :

$$A = \frac{a}{gns} = \frac{a}{g}\sqrt{I^2 + K^2}, \qquad (4)$$

n représentant, comme ci-dessus, la longueur de la normale, et *s*, le demi-diamètre de l'ellipsoïde d'inertie pour le point où cet ellipsoïde rencontre l'axe de rotation, pour lequel les moments d'inertie et de déviation sont I et K.

De plus, les cosinus de direction de l'axe du moment de la quantité de mouvement de la formule 3, qui peuvent être mis sous la forme,

$$\frac{I_1\cos\alpha}{\sqrt{I^2 + K^2}}; \quad \frac{I_2\cos\beta}{\sqrt{I^2 + K^2}}; \quad \frac{I_3\cos\gamma}{\sqrt{I^2 + K^2}}; \qquad (5)$$

sont les cosinus de direction de la normale de l'ellipsoïde d'inertie. *L'axe du moment de la quantité de mouvement à un instant quelconque est donc dirigé suivant la normale abaissée du centre de l'ellipsoïde d'inertie sur un plan tangent à cet ellipsoïde à l'extrémité du diamètre qui est l'axe de rotation, et le moment de la quantité de mouvement elle-même est directement proportionnel à la vitesse angulaire de rotation et inversement proportionnelle au produit de la normale par le demi-diamètre.*

L'angle compris entre l'axe de rotation et l'axe du moment de la quantité de mouvement est l'angle représenté par θ dans le n° 586, dont la valeur est donnée par l'équation

Fig. 241.

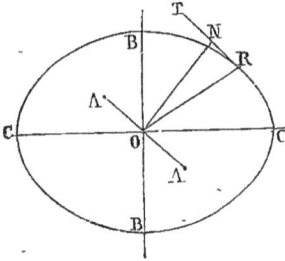

$$\cos \theta = \frac{n}{s} = \frac{I}{\sqrt{I^2 + K^2}}. \quad (6)$$

On peut représenter géométriquement les principes qui précèdent :

Dans la *fig.* 241, O est le point autour duquel se fait la rotation du corps, ABCABC est son ellipsoïde d'inertie dont les demi-axes satisfont aux relations

$$\frac{\overline{OA}}{\overline{OB}} = \frac{\frac{1}{\sqrt{I_1}}}{\frac{1}{\sqrt{I_2}}}; \qquad \frac{\overline{OA}}{\overline{OC}} = \frac{\frac{1}{\sqrt{I_1}}}{\frac{1}{\sqrt{I_3}}}. \quad (7)$$

Soit OR l'axe de rotation, permanent ou instantané, OR étant le demi-diamètre de l'ellipsoïde d'inertie. Soient RT une partie d'un plan tangent à l'ellipsoïde en R, et $\overline{ON}$ une normale abaissée de O sur ce plan. Le moment d'inertie, le moment de déviation et leur résultante, le *moment total*, sont reliés par les équations

$$\frac{I}{K} = \frac{\frac{1}{\overline{OR}^2}}{\frac{RN}{\overline{OR} \cdot \overline{ON}}}; \qquad \frac{1}{\sqrt{I^2 + K^2}} = \frac{\frac{1}{\overline{OR}^2}}{\frac{1}{\overline{OR} \, \overline{ON}}}; \quad (8)$$

la direction de l'axe du moment de la quantité de mouvement est ON ; et la grandeur de ce moment est proportionnelle à

$$\frac{a}{g \, \overline{OR} \, \overline{ON}}.$$

589. L'énergie actuelle de rotation d'un corps qui tourne autour de son centre de gravité étant la somme des masses de ses molécules, multipliées chacune par la moitié du carré de sa vitesse.

peut être déterminée de la manière suivante : a étant la vitesse angulaire de rotation, la vitesse linéaire d'une molécule quelconque dont la distance à l'axe de rotation est r, est

$$v = ar;$$

et l'énergie actuelle de cette molécule, son poids étant W, est

$$\frac{Wv^2}{2g} = \frac{Wa^2r^2}{2g}; \qquad (1)$$

c'est le *moment d'inertie* de la molécule multiplié par $\frac{a^2}{2g}$. L'énergie actuelle de rotation pour la masse totale du corps sera donc

$$E = \frac{a^2 I}{2g}; \qquad (2)$$

c'est-à-dire qu'il existe entre *l'énergie actuelle, la vitesse angulaire et le moment d'inertie* la même relation qu'entre *l'énergie actuelle, la vitesse linéaire et le poids.*

Si l'on se reporte à la *fig.* 241, on voit que l'énergie actuelle de rotation est proportionnelle à

$$\frac{a^2}{2g \,\overline{OR}^2}. \qquad (3)$$

Imaginons, comme au numéro précédent, que l'on décompose la vitesse angulaire a en trois composantes autour des trois axes d'inertie respectivement, à savoir :

$$a\cos\alpha, \quad a\cos\beta, \quad a\cos\gamma;$$

les quantités d'inertie actuelle dues à ces trois rotations composantes seront alors

$$\frac{a^2 I_1 \cos^2\alpha}{2g}; \quad \frac{a^2 I_2 \cos^2\beta}{2g}; \quad \frac{a^2 I_3 \cos^2\gamma}{2g}. \qquad (4)$$

Si on les ajoute ensemble, on reproduit l'énergie actuelle donnée par la formule 2; *l'énergie actuelle de rotation autour d'un axe donné est donc la somme des énergies actuelles dues aux composantes de cette rotation autour des trois axes d'inertie.*

590. On dit qu'un corps **tourne librement** quand il tourne autour de son centre de gravité sans être soumis à aucune force. Si

l'on applique à ce mouvement de rotation les principes de la conservation du moment de la quantité de mouvement (563) et de la conservation de l'énergie intérieure (565), on arrive aux lois suivantes :

I. *La direction de l'axe du moment de la quantité de mouvement est fixe.*

II. *Le moment de la quantité de mouvement est constant.*

III. *L'énergie actuelle est constante.*

La première loi montre que la direction de la normale ON (*fig.* 241) est fixe, et que par conséquent, à moins que cette normale ne coïncide avec l'axe de rotation $\overline{OR}$, ce qui n'a lieu que pour les axes d'inertie, l'axe de rotation n'a pas une direction fixe et est, par conséquent, un *axe instantané* (n°s 385 à 393). C'est pour cela que l'on donne quelquefois aux axes d'inertie le nom d'*axes permanents de rotation*.

La seconde et la troisième loi sont exprimées par les équations suivantes :

$$A = \frac{a}{g}\sqrt{I^2+K^2} = \text{constante};\ \Big\}$$
$$E = \frac{a^2 I}{2g} = \text{constante}. \qquad \Big\}\qquad (1)$$

Pour déduire de ces lois la manière dont se fait *le changement de direction* de l'axe instantané, nous éliminerons la vitesse angulaire de la manière suivante :

$$\frac{gA^2}{2E} = \frac{I^2+K^2}{I} = \frac{I_1^2\cos^2\alpha + I_2^2\cos^2\beta + I_3^2\cos^2\gamma}{I_1\cos^2\alpha + I_2\cos^2\beta + I_3\cos^2\gamma} = \text{constante.} \quad (2)$$

Si nous nous reportons maintenant à la *fig.* 241 et à l'équation 8 du n° 588, nous voyons que I^2+K^2 est proportionnel à $\dfrac{1}{\overline{OR}^2\,\overline{ON}^2}$, et que I est proportionnel à $\dfrac{1}{\overline{OR}^2}$; d'où l'on conclut que

$$\frac{I^2+K^2}{I} \text{ est proportionnel à } \frac{1}{\overline{ON}^2}, \text{ est proportionnel à une const.}, \quad (3)$$

c'est-à-dire que *la normale* $\overline{ON}$ *a une longueur constante et une direction fixe;* par suite, *un corps qui tourne librement se meut de telle sorte que son ellipsoïde d'inertie reste constamment tangent à un plan fixe* (le plan TNR), *l'axe instantané passant par le point de contact.*

La seconde des équations 1 montre de plus que la vitesse angulaire, qui est donnée par l'équation

$$a = \sqrt{\frac{2g\mathrm{E}}{\mathrm{I}}}, \tag{4}$$

est à chaque instant proportionnelle au demi-diamètre $\overline{\mathrm{OR}}$.

Si l'on connaît à un instant quelconque l'axe instantané $\overline{\mathrm{OR}}$ et la position du corps, on connaîtra aussi le *plan invariable* TNR, ainsi que la longueur et la direction de la normale fixe $\overline{\mathrm{ON}}$.

Concevons que l'on trace sur l'ellipsoïde d'inertie une courbe qui passe par tous les points pour lesquels les plans tangents sont à la même distance $\overline{\mathrm{ON}}$ du centre, alors l'axe instantané $\overline{\mathrm{OR}}$ rencontrera toujours cette courbe et se trouvera toujours à la surface d'un cône du second degré *fixe par rapport aux axes d'inertie*, et ayant pour équation

$$\left(\mathrm{I}_1^2 - \frac{\mathrm{I}_1}{\overline{\mathrm{ON}}^2}\right)\cos^2\alpha + \left(\mathrm{I}_2^2 - \frac{\mathrm{I}_2}{\overline{\mathrm{ON}}^2}\right)\cos^2\beta + \left(\mathrm{I}_3^2 - \frac{\mathrm{I}_3}{\overline{\mathrm{ON}}^2}\right)\cos^2\gamma = 0. \tag{5}$$

Nous l'appellerons le *cône roulant*. Le mouvement du corps peut être regardé alors comme résultant du roulement du cône roulant sur un cône fixe engendré par le mouvement de $\overline{\mathrm{OR}}$ par rapport à $\overline{\mathrm{ON}}$.

Comme on rencontre rarement dans les applications de la mécanique le cas d'un corps qui tourne librement, nous renverrons, pour les applications des principes indiqués à des exemples spéciaux, à l'ouvrage de M. Poinsot sur la rotation, et à un mémoire du professeur Clerk Maxwell dans les *Transactions of the Royal Society of Edinburgh*, vol. XXI.

591. Mouvement de rotation uniforme autour d'un axe fixe. Lorsqu'un corps tourne autour d'un axe fixe qui passe par son centre de gravité, avec une vitesse angulaire uniforme, son énergie actuelle est encore représentée, comme dans le cas d'un corps qui tourne librement, par

$$\mathrm{E} = \frac{a^2 \mathrm{I}}{2g} = \text{constante}, \tag{1}$$

et le moment de sa quantité de mouvement par

$$\mathrm{A} = \frac{a}{g}\sqrt{\mathrm{I}^2 + \mathrm{K}^2} = \text{constante}. \tag{2}$$

Mais, à *moins que l'axe de rotation ne soit un axe d'inertie*, l'axe du moment de la quantité de mouvement ON n'est plus fixe, mais tourne autour de l'axe fixe de rotation OR avec la vitesse angulaire *a*. Pour produire ce changement continuel dans la direction de l'axe du moment de la quantité de mouvement, il faut que le corps reçoive une impulsion angulaire continue, ou bien soit soumis à l'action d'un couple agissant d'une façon continue; tant que ce couple ne sera pas appliqué, l'axe de rotation ne restera pas fixe.

592. **Le couple de déviation**, tel est le nom que l'on donne au couple qui est nécessaire pour produire le résultat que nous venons d'indiquer, doit avoir son axe toujours perpendiculaire à l'axe du moment de la quantité de mouvement, autrement il modifierait la grandeur du moment de la quantité de mouvement, ce qui serait contraire à la condition d'uniformité du mouvement de rotation. L'axe du couple de déviation doit aussi être toujours perpendiculaire à l'axe de rotation, et en effet, pour qu'il ne puisse pas modifier l'énergie actuelle du corps (ce qui serait contraire à la condition d'uniformité du mouvement de rotation) les deux forces égales et opposées qui le composent doivent agir sur des points qui ne sont animés d'aucun mouvement, c'est-à-dire sur des points situés sur l'axe de rotation. (Dans les machines, les forces qui constituent les couples de déviation résultent des pressions des coussinets sur les axes.) On voit par là que l'axe du couple de déviation doit toujours être perpendiculaire au plan ORN, qui contient l'axe de rotation et l'axe du moment de la quantité de mouvement, et que les deux forces qui le constituent doivent toujours agir dans ce plan, leurs directions changeant à mesure que le corps tourne, avec une vitesse angulaire égale à celle du corps. La direction du couple de déviation doit être telle qu'il tende à faire tourner ON *vers* OR.

Pour déterminer la grandeur du couple de déviation, nous désignerons comme ci-dessus par θ l'angle ORN. Alors dans l'intervalle de temps élémentaire dt, la direction de l'axe du moment de la quantité de mouvement parcourt l'angle infiniment petit

$$a\,dt \sin\theta,$$

et le résultat diffère infiniment peu de celui qui résulterait de la combinaison du moment actuel A de la quantité de mouvement avec un moment de quantité de mouvement autour de l'axe du couple de déviation, représenté par

$$A a \sin \theta \cdot dt = \frac{a^2}{g} \sqrt{I^2 + K^2} \sin \theta \cdot dt;$$

telle est l'impulsion angulaire que doit fournir pendant l'intervalle dt le couple de déviation. Le couple de déviation est par suite

$$M = A a \sin \theta = \frac{a^2}{g} \sqrt{I^2 + K^2} \sin \theta.$$

Mais $\sin \theta = \dfrac{K}{\sqrt{I^2 + K^2}}$; par conséquent.

$$M = \frac{aK}{g}, \qquad\qquad (1)$$

et si Q est la grandeur de chacune des forces qui constituent ce couple, et l la longueur de leur bras de levier (distance de leurs points d'application à l'axe), de telle sorte que $M = Ql$, on aura

$$Q = \frac{M}{l} = \frac{a^2 K}{g l}; \qquad\qquad (2)$$

si l'on compare cette expression à celle *de la force déviatrice* du n° 537, on voit qu'il y a entre la force d'un couple de déviation, la vitesse angulaire a, *le moment de déviation* K, et le bras de levier l, la même relation qu'entre une force déviatrice simple, la vitesse linéaire v, le poids W, et le rayon vecteur r.

Pour représenter ces principes graphiquement on remarquera que, dans la *fig.* 241, le rapport du moment de déviation au moment d'inertie est

$$\frac{K}{I} = \frac{\overline{RN}}{\overline{ON}}, \qquad\qquad (3)$$

et que ce rapport est également celui du *couple de déviation au double de l'énergie actuelle*, à savoir :

$$\frac{M}{2E} = \frac{K}{I} = \tang \theta. \qquad\qquad (4)$$

La réaction de l'axe du corps qui tourne contre ses coussinets, laquelle est égale et opposée au couple de déviation, c'est-à-dire, tend à faire tourner l'axe des tourillons vers l'axe du moment de la quantité de mouvement ON, porte le nom de COUPLE CENTRIFUGE. Il est détruit dans les machines par la résistance et la rigidité du bâti.

On aurait pu déterminer la grandeur et la direction du couple de déviation en cherchant le couple résultant des forces déviatrices qui sont nécessaires pour que chaque molécule du corps parcoure une circonférence autour de OR, avec la vitesse angulaire commune; le résultat eût été alors absolument le même.

593. **Énergie et travail des couples**. *L'énergie exercée* par un couple est le produit de la grandeur commune des deux forces qui le constituent par la somme des distances que leurs points d'application parcourent dans l'intervalle de temps considéré; et comme cette somme est le produit de la longueur du bras de levier du couple par l'angle qu'il décrit autour de son axe, dans le même temps, l'énergie exercée peut être représentée par

$$F l d i = M d i = M a d t, \qquad (1)$$

di étant l'angle de rotation autour de l'axe du couple dans l'intervalle de temps dt, avec la vitesse angulaire a. Lorsque le couple agit *en sens contraire* de la rotation, l'expression ci-dessus devient négative et représente un *travail effectué*.

Si l'on applique un couple à un corps animé d'un mouvement de rotation dont l'axe de rotation fait un angle φ avec l'axe du couple, on pourra trouver l'énergie exercée en décomposant le couple en deux autres, l'un autour de l'axe de rotation, qui est ou un couple accélérateur ou un couple résistant, qui donne naissance à l'énergie exercée ou au travail effectué suivant les cas, et peut être appelé le couple *direct*, et l'autre autour d'un axe perpendiculaire à l'axe de rotation, qui peut être appelé le couple *latéral;* on pourra encore trouver cette énergie en décomposant la rotation en composantes autour de l'axe du couple et autour d'un axe qui lui soit perpendiculaire, et en multipliant la première composante par le couple.

Le résultat donné par l'une ou l'autre de ces méthodes a pour expression

$$M a \cos \varphi \, dt, \qquad (2)$$

qui représente l'énergie exercée ou le travail effectué, suivant que le couple agit dans le sens de la rotation ou en sens contraire.

Lorsque les couples directs appliqués à un corps animé d'un mouvement de rotation se font équilibre, l'énergie actuelle du corps reste constante, l'énergie potentielle exercée dans un intervalle de temps quelconque est égale au travail effectué, c'est-à-dire que l'on a

$$\Sigma \mathrm{M} \cos \varphi = 0; \qquad (3)$$

et la même loi subsiste pour l'énergie exercée ou le travail effectué durant chaque *période* du mouvement d'un corps ou d'un système, dont les mouvements varient d'une façon périodique; mais il n'est pas nécessaire d'entrer dans des détails sur les conséquences de ces propositions, qui ne sont qu'une manière particulière d'exprimer une partie des principes généraux donnés aux nᵒˢ 518, 519, 520 et 553, non plus que d'établir que le principe des *vitesses virtuelles* (520), quand il est appliqué à un système de corps en équilibre, capables de tourner avec des vitesses angulaires qui sont entre elles dans un rapport donné, prend la forme

$$\Sigma \mathrm{M} a \cos \varphi = 0, \qquad (4)$$

équation dans laquelle a est ou la vitesse angulaire uniforme que le corps soumis à l'action du couple M peut prendre autour d'un axe qui fait l'angle φ avec l'axe de M, ou un nombre quelconque proportionnel à cette vitesse angulaire.

SECTION 3. — *Mouvement de rotation varié.*

594. La loi du mouvement de rotation varié est le théorème que nous avons donné au nᵒ 562, de l'égalité entre chacune des variations du moment de la quantité de mouvement et l'impulsion angulaire qui la produit; nous nous sommes déjà servi de ce principe pour trouver la force déviatrice nécessaire pour produire un mouvement de rotation uniforme autour d'un axe fixe.

Pour exprimer ce principe mathématiquement, représentons par x, y, z, trois axes rectangulaires avec lesquels l'axe du moment de la quantité de mouvement fait les angles λ, μ, ν, et décomposons le moment de la quantité de mouvement en trois composantes autour de ces trois axes,

$$\mathrm{A}_x = \mathrm{A} \cos \lambda; \quad \mathrm{A}_y = \mathrm{A} \cos \mu; \quad \mathrm{A}_z = \mathrm{A} \cos \nu.$$

Décomposons également le couple non équilibré qui agit sur le corps en trois composantes rectangulaires représentées par

$$M_x. \quad M_y, \quad M_z;$$

nous aurons alors

$$\frac{dA_x}{dt} = M_x; \quad \frac{dA_y}{dt} = M_y; \quad \frac{dA_z}{dt} = M_z. \qquad (1)$$

Ces trois équations donnent les relations entre le couple non équilibré et le taux de la variation du moment de la quantité de mouvement. Ces relations peuvent être mises sous une autre forme : soit ψ l'angle que fait l'axe du couple non équilibré avec l'axe du moment de la quantité de mouvement, alors le couple peut être décomposé en deux composantes

$$M \cos \psi \quad \text{et} \quad M \sin \psi,$$

dont la première produit une *variation dans la grandeur* du moment de la quantité de mouvement, et la seconde, une *déviation de l'axe* du moment de la quantité de mouvement, conformément aux lois suivantes :

$$\frac{dA}{dt} = M \cos \psi; \quad A \frac{d\chi}{dt} = M \sin \psi. \qquad (2)$$

Dans la dernière de ces équations $d\chi$ représente l'angle dont l'axe du moment de la quantité de mouvement dévie pendant l'intervalle de temps dt, dans le plan qui contient cet axe et l'axe du couple M, en se rapprochant de ce dernier axe. Nous nous sommes servi de cette équation de déviation du moment de la quantité de mouvement au n° 592 pour trouver le couple de déviation nécessaire pour donner la fixité à l'axe de rotation, quand cet axe diffère de l'axe du moment de la quantité de mouvement.

Les équations 1 ou leurs équivalentes 2 ne suffisent pas à elles seules pour déterminer les variations de mouvement d'un corps qui tourne sans que l'axe soit fixe; car pour un pareil corps, le moment de la quantité de mouvement peut changer par suite d'un changement *dans la direction de son axe par rapport au corps*, aussi bien que par un changement de grandeur, ou une déviation de son axe en direction absolue. On exprime ceci en remplaçant le moment de la quantité de mouvement par sa valeur en fonction des moments d'inertie et de déviation par rapport à l'axe instantané, c'est-à-dire en posant $A = \dfrac{a\sqrt{I^2 + K^2}}{g}$: les équations 1 prennent alors la forme

$$gM_x = \frac{d\left(a\cos\lambda\sqrt{I^2 + K^2}\right)}{dt}. \tag{3}$$

On aurait des équations analogues pour gM_y et gM_z.

Quant aux équations 2, elles deviennent

$$\left. \begin{aligned} gM\cos\psi &= \frac{d\left(a\sqrt{I^2 + K^2}\right)}{dt}; \\ gM\sin\psi &= a\sqrt{I^2 + K^2}\,\frac{d\chi}{dt}. \end{aligned} \right\} \tag{4}$$

Il est donc nécessaire d'avoir une autre équation pour pouvoir résoudre complétement le problème ; cette équation est donnée par la loi de la *conservation de l'énergie*, en vertu de laquelle l'énergie actuelle emmagasinée ou restituée par le corps qui tourne est égale à l'énergie exercée ou consommée par le couple non équilibré, suivant qu'il agit dans le sens de la rotation ou en sens contraire.

Si l'on représente par φ l'angle que l'axe du couple non équilibré fait avec l'axe instantané de rotation, cette équation prend la forme

$$Ma\cos\varphi = \frac{1}{2g}\,\frac{d\cdot a^2 I}{dt}. \tag{5}$$

Les équations 3 ou 4 et l'équation 5, et les relations entre les positions des axes de rotation et du moment de la quantité de mouvement démontrées dans les deux sections qui précèdent, permettent de résoudre le problème du mouvement de rotation varié dans toute sa généralité et donnent lieu à quelques recherches mathématiques très-complexes. Nous nous contenterons ici de donner la solution de quelques cas des plus simples.

595. Mouvement de rotation varié autour d'un axe fixe. Lorsqu'un corps tourne autour d'un axe fixe passant par son centre de gravité, et est sollicité par un couple M, dont l'axe fait un angle φ avec l'axe de rotation, on peut décomposer ce couple en un *couple direct*, M cos φ, autour de l'axe de rotation, qui est un couple accélérateur ou retardateur suivant qu'il agit dans le sens du mouvement ou en sens contraire, et en un *couple latéral*, M sin φ, qui tend

40

à faire dévier l'axe de rotation, mais qui est détruit par la résistance des coussinets. La grandeur totale du couple auquel les coussinets font équilibre à un instant quelconque est la résultante de ce couple latéral et du couple centrifuge (592) dû à la déviation (si elle existe) de l'axe du moment de la quantité de mouvement.

La loi de la conservation de l'énergie permettra de trouver l'effet qu'a le couple direct dans la variation de la vitesse angulaire; on remarquera pour cela que I dans ce cas est constant; on a ainsi

$$\text{M}a \cos \varphi = \frac{a\text{I}da}{gdt}. \tag{1}$$

Si l'on divise cette équation par a, et si l'on remarque que $adt = di$, di étant un angle quelconque de rotation infiniment petit, elle prendra la forme suivante

$$\text{M} \cos \varphi = \frac{\text{I}da}{gdt} = \frac{\text{I}}{g}\frac{d^2i}{dt^2} = \frac{\text{I}ada}{gdi}. \tag{2}$$

On voit ainsi que le couple direct est égal en même temps à *la variation du moment de la quantité de mouvement autour de l'axe fixe divisée par le temps*, et à *la variation de l'énergie actuelle divisée par le mouvement angulaire*.

596. Analogie entre les mouvements variés de rotation et de translation. Lorsque l'on compare l'équation du n° 554 avec l'équation 2 du n° 595, on voit que ces équations présentent entre elles une analogie complète, et que la première se transforme dans la seconde, à la condition de substituer respectivement à

$$\begin{array}{cccc} \text{P}, & \text{W}, & s, & v, \\ \text{M} \cos \varphi, & \text{I}, & i, & a, \end{array}$$

c'est-à-dire, de substituer un couple direct à une force directe, un moment d'inertie à un poids, un mouvement angulaire à un mouvement linéaire et une vitesse angulaire à une vitesse linéaire.

A la condition de faire ces substitutions, toute équation relative à un mouvement de translation varié produit par une force directe, peut être transformée en une équation correspondante relative à un mouvement de rotation varié d'un corps autour d'un axe fixe passant par son centre de gravité, produit par un couple direct. Nous

donnons des exemples de ce principe dans les deux numéros suivants.

597. Un couple constant produit une **variation uniforme**
de vitesse angulaire, et l'on a alors un cas analogue au mouvement
vertical d'un corps pesant. (Voir le n° 533.) Dans ce numéro, g est le
rapport entre la force mouvante et la masse du corps. Soit M le
couple, et soit $\varphi = 0$, c'est-à-dire, supposons que le couple agisse
complètement autour de l'axe de rotation. Il faudra alors remplacer g par

$$\frac{g\mathrm{M}}{\mathrm{I}},$$

que l'on regardera comme positif, quand il agit dans la direction de
la vitesse angulaire initiale a_0; et l'on remplacera h par i. Les équations 1 et 3 du n° 533 transformées donnent alors pour la vitesse
angulaire et pour le mouvement angulaire total à la fin du temps
donné t, les expressions

$$\left. \begin{aligned} a &= a_0 + \frac{\mathrm{M}gt}{\mathrm{I}}; \\ i &= a_0 t + \frac{\mathrm{M}gt^2}{2\mathrm{I}}. \end{aligned} \right\} \tag{1}$$

L'équation 4 donne

$$\mathrm{M}i = \frac{(a^2 - a_0^2)\mathrm{I}}{2g}, \tag{2}$$

que l'on obtient également en appliquant au cas présent la loi de la
conservation de l'énergie, le premier membre de l'équation étant
l'énergie potentielle exercée, et le second membre l'énergie actuelle
emmagasinée.

Pour trouver l'angle qu'un corps parcourra avant de s'arrêter en
se déplaçant contre une résistance constante, désignons par a_0 sa
vitesse angulaire initiale et remarquons que si R est la résistance,
et l sa distance à l'axe fixe, le couple résistant est

$$\mathrm{M} = -\mathrm{R}l,$$

et qu'il faut faire $a = 0$; l'équation 2 donne alors

$$\mathrm{R}li = \frac{a_0^2 \mathrm{I}}{2g}. \tag{3}$$

598. Un mouvement de giration autour d'un axe fixe, ou une **oscillation angulaire**, est un mouvement de rotation alternatif de part et d'autre d'une position moyenne. Imaginons que l'on trace une ligne droite perpendiculaire à l'axe du corps qui oscille, pour servir d'index; représentons sa position moyenne par O, et son déplacement angulaire à partir de cette position par i, déplacement qui sera positif ou négatif suivant qu'il sera d'un côté ou de l'autre de l'index, et soit i_1 la *demi-amplitude* d'oscillation ou le déplacement extrême. Pour que le corps ait un mouvement de giration, il faut qu'il soit sollicité par un couple dirigé vers la position moyenne, c'est-à-dire, agissant en sens inverse du déplacement i. Dans la plupart des cas, le couple est ou exactement ou presque proportionnel au déplacement. Supposons qu'il lui soit exactement proportionnel, et soit M_1 sa *grandeur* extrême *indépendamment du signe*, on a alors

$$M = -\frac{M_1 i}{i_1};\qquad(1)$$

le signe — indiquant que le couple est de sens contraire au déplacement et qu'il tend à ramener le corps à sa position moyenne.

On voit facilement par cette équation que l'oscillation angulaire est analogue à l'*oscillation rectiligne* décrite au n° 542 et qu'il faudra pour transformer les équations de ce dernier numéro substituer aux quantités

$$r,\quad x,\quad Q,\quad \frac{Wa^2}{g},\quad Q_x,\quad \frac{dx}{dt},\quad a^2,$$

respectivement les quantités

$$i_1,\quad i,\quad M_1,\quad \frac{M_1}{i_1},\quad M,\quad a,\quad \frac{gM_1}{i_1 I}.$$

Si, pour simplifier, nous posons la quantité que l'on substitue à a^2

$$\frac{gM_1}{i_1 I} = k^2,\qquad(2)$$

nous trouvons en transformant l'équation 4 du n° 542 que le *nombre d'oscillations angulaires doubles par seconde* est

$$n = \frac{k}{2\pi},\qquad(3)$$

qui est indépendant de la demi-amplitude i_1 tant que M_1 est proportionnel à i_1, et que I est constant. Ce fait constitue l'*isochronisme*. C'est cette propriété que l'on met à profit dans les balanciers des montres, où I est le moment d'inertie du balancier, et où le couple résulte de l'élasticité du ressort du balancier.

Les équations 2 et 3 transformées donnent pour l'angle et pour la vitesse angulaire de déplacement à un instant quelconque,

$$\left. \begin{aligned} i &= i_1 \cos kt; \\ a &= \frac{di}{dt} = - ki_1 \sin kt; \end{aligned} \right\} \tag{4}$$

et le couple maximum M_1, en fonction du nombre n d'oscillations doubles par seconde, est donné par l'équation

$$M_1 = \frac{k^2 i_1 I}{g} = \frac{4 \pi^2 n^2 i_1 I}{g}. \tag{5}$$

599. Une **force unique** appliquée à un corps ayant un axe fixe, détermine une pression égale, opposée et parallèle de la part des coussinets; de telle sorte que si la ligne d'action de la force passe par l'axe fixe, cette force est détruite; sinon, il se produit un couple dont le moment est le produit de la force par sa distance à l'axe, et dont les effets sont ceux que nous avons déjà décrits.

SECTION 4. — *Combinaison de mouvements de rotation et de translation variés.*

600. Principes généraux. On peut regarder tout mouvement de rotation d'un corps autour d'un axe fixe ou instantané, qui ne passe pas par son centre de gravité, comme composé d'un mouvement de rotation autour d'un axe parallèle passant par le centre de gravité et d'un mouvement de translation du centre de gravité avec une vitesse égale au produit de la vitesse angulaire par la distance du centre de gravité à l'axe actuel de rotation.

Tout changement dans le mouvement d'un corps, qui consiste dans la variation de la vitesse angulaire autour d'un axe fixe ou instantané, qui ne passe pas par le centre de gravité, doit donc être considéré comme produisant un changement dans *la quantité de mouvement*, laquelle est le produit de la masse du corps entier par la vitesse de son centre de gravité, et un changement simultané *dans le moment de la quantité de mouvement* dû à la rotation du corps avec la vitesse angulaire donnée autour d'un axe mené par son centre de gravité parallèlement à l'axe actuel de rotation ; et la force, nécessaire pour produire la variation de mouvement donnée, sera la résultante de la force nécessaire pour produire le changement de la quantité de mouvement, appliquée au centre de gravité, et du couple nécessaire pour produire le changement du moment de la quantité de mouvement.

601. Propriétés du centre de percussion. Dans la *fig.* 239, n° 581, G est le centre de gravité d'un solide dont le poids est W, XX est l'axe autour duquel se produit, dans l'intervalle de temps dt, un changement de vitesse angulaire représenté par da, et $\overline{GC} = r_0$ est la distance du centre de gravité à cet axe. La force agissant perpendiculairement au plan de XX et de GC, qu'il faut appliquer en G pour produire le changement de la quantité de mouvement, est

$$F = \frac{W r_0 \, da}{g \, dt}. \qquad (1)$$

et le couple nécessaire pour produire le changement du moment de la quantité de mouvement dû à la variation da de vitesse angulaire autour de l'axe GD parallèle à XX est

$$M = \frac{I_0 \, da}{g \, dt} : \qquad (2)$$

la résultante de cette force et de ce couple (41) est une force agissant dans le même plan qu'eux, parallèle et égale à F et ayant la même direction qu'elle, mais passant par un point dont la distance à G, dans une direction opposée à GC, est

$$\frac{M}{F} = \frac{I_0}{W r_0} = \frac{\rho_0^2}{r_0} = \overline{GB}, \qquad (3)$$

c'est-à-dire que la résultante de la force et du couple est une *force unique* F *qui agit au centre de percussion* B *correspondant à l'axe donné* (581, équation 4).

Supposons maintenant, comme au n° 581, que le poids du corps soit réparti en deux masses reliées d'une façon rigide, concentrées l'une en C et l'autre en B, et ayant pour centre de gravité commun le point G. Lorsque la variation da de vitesse angulaire autour de l'axe XCX a lieu, la quantité de mouvement de C n'est pas modifiée, tandis que le changement produit pour celle de B est

$$\mathrm{B}\,\overline{\mathrm{BC}}\,\frac{da}{g} = \mathrm{W}r_0\,\frac{da}{g};$$

c'est exactement le changement dans la quantité de mouvement qui a été déjà donné dans l'équation 1; c'est, du reste, une conséquence de ce fait que le centre de gravité n'est pas modifié par la concentration des masses en B et en C; et pour produire ce changement de quantité de mouvement dans l'intervalle dt, il faut que B soit sollicité par la force que nous avons déjà trouvée; d'où l'on conclut:

Théorème I. *Si l'on imagine que l'on concentre la masse d'un corps en deux points reliés d'une façon rigide, l'un sur un axe donné et l'autre au centre de percussion correspondant, et de telle sorte que la position du centre de gravité du corps ne soit pas changée, la force qui est nécessaire pour produire un changement donné dans la vitesse angulaire du corps autour de l'axe donné est la même en grandeur, en direction et en ligne d'action, que celle qui est nécessaire pour produire le changement de mouvement correspondant de la partie de la masse que l'on suppose être concentrée au centre de percussion.*

On aurait pu arriver à cette proposition par la considération suivante:

Théorème II. *Si un corps tourne autour d'un axe donné qui ne passe pas par son centre de gravité, et que l'on imagine que la masse de ce corps soit concentrée sur l'axe de rotation et au centre de percussion, de telle façon que le centre de gravité ne soit pas modifié, la quantité de mouvement, le moment de la quantité de mouvement et l'énergie actuelle du corps ne sont pas modifiés par cette répartition de la masse.*

En effet, par suite de ce que le centre de gravité n'est pas modifié, la quantité de mouvement n'est pas changée; et comme, en vertu de la définition du centre de percussion, le moment d'inertie autour de l'axe de rotation n'est pas modifié, le moment de la quantité de mouvement et l'énergie ne sont pas modifiés. — Q. E. D.

Corollaire. Il résulte du théorème I et de l'équation 5 du n° 581, que l'action d'une impulsion sur un corps libre, en l'un ou l'autre des points B ou C, produit une rotation autour d'un axe qui passe par l'autre point.

602. **Axe fixe**. Si l'on fixe l'axe de rotation XX, une impulsion

appliquée au centre de percussion B, dans une direction perpendiculaire au plan BXX, change simplement la vitesse angulaire, ainsi que nous l'avons expliqué dans le dernier numéro, sans déterminer une pression additionnelle quelconque entre l'axe et ses coussinets. Mais si la force qui donne l'impulsion ne passait pas par le centre de percussion, ou passait par ce point, mais dans une direction différente, on pourrait la décomposer, d'après les principes de statique, en deux composantes dont l'une passerait par le centre de percussion dans la direction demandée et dont l'autre rencontrerait l'axe de rotation; la première produirait alors un changement de mouvement et la seconde serait détruite par la résistance des coussinets.

603. **La force déviatrice** d'un corps qui tourne autour d'un axe fixe qui ne passe pas par son centre de gravité est la résultante de la force déviatrice due à la révolution de la masse totale supposée concentrée en son centre de gravité, et que l'on trouvera, comme au n° 540, combinée avec le couple de déviation dû à la rotation du corps avec la même vitesse angulaire autour d'un axe parallèle passant par le centre de gravité, et que l'on trouvera comme au n° 592. Cette force déviatrice résultante est fournie par la résistance des coussinets, et l'axe exerce contre les coussinets une force centrifuge égale et opposée.

604. **Un pendule composé** est un corps qui est supporté au moyen d'un axe horizontal fixe autour duquel il est libre d'osciller sous l'action de son propre poids, son centre de gravité n'étant pas sur l'axe.

On voit, en se reportant au théorème II, n° 601, que la quantité de mouvement et le moment de la quantité de mouvement du corps sont les mêmes, à un instant quelconque, que si toute la masse du corps était concentrée sur l'axe et au centre de percussion dans le rapport donné par les équations 4 et 6 du n° 581; en vertu de la définition du centre de percussion, le moment statique du poids du corps relativement à l'axe, qui est le couple qui produit le mouvement, est pour toutes les positions le même que si la masse était concentrée de la façon indiquée; le mouvement du corps est donc absolument le même que si les masses étaient ainsi concentrées, c'est-à-dire qu'il oscillera dans le même temps et d'après les mêmes lois qu'un pendule simple (voir la définition du n° 544) qui aurait pour longueur la distance du centre de percussion B à l'axe XCX, donnée par l'équation 3 du n° 581:

$$\overline{BG} = \frac{\rho_0^2}{r_0} + r_0. \qquad\qquad (1)$$

Un pareil pendule simple porte le nom de *pendule simple équivalent*.

On voit facilement que pour un corps donné qui oscillerait autour de tous les axes possibles parallèles à une direction donnée du corps, le pendule simple équivalent le plus court est celui qui aurait pour longueur la valeur minimum de $\overline{BG}$ donnée par l'équation ci-dessus. Cette longueur minimum correspond à la condition

d'où
$$\left.\begin{array}{c} \rho_0 = r_0, \\[4pt] \text{minimum de } \overline{BG} = 2\rho_0, \end{array}\right\} \qquad (2)$$

c'est-à-dire, que la plus petite période d'oscillation d'un pendule composé a lieu lorsque la distance de son centre de gravité à l'axe est égale au rayon de giration autour d'un axe parallèle passant par le centre de gravité, et la longueur du pendule simple équivalent est double de celle de ce rayon de giration.

Si, pour une direction donnée de l'axe, deux points sont tels que chacun est le centre de percussion correspondant à un axe mené par l'autre dans la direction donnée (voir l'équation 5 du n° 581), la période d'oscillation est la même pour l'un et l'autre axe.

Les propriétés du centre de percussion que nous venons d'indiquer font quelquefois donner à ce point le nom de CENTRE D'OSCILLATION.

605. Pendule conique composé. Pour ne pas compliquer la théorie du pendule conique composé, nous supposerons que le corps dont il s'agit soit tel que la ligne droite CGB (*fig.* 239) qui passe par le point de suspension C et par le centre de gravité G soit un des axes d'inertie, et que les moments d'inertie autour des deux autres axes soient égaux. Le rayon de giration sera alors le même pour tout axe passant par le centre de gravité perpendiculairement à CGB, et par conséquent le centre de percussion sera le même pour tout axe passant par le point de suspension C et perpendiculaire à CGB; et le corps se déplacera exactement comme un pendule conique simple ayant comme longueur CB et comme hauteur $\overline{CB}\cos\theta$, si θ est l'angle qu'il fait avec la verticale.

Il faut remarquer que pour qu'un pendule puisse tourner suivant la loi ci-dessus, il ne doit être animé *d'aucun mouvement de rotation* autour de son axe longitudinal BGC, mais qu'il doit se déplacer comme s'il était suspendu au moyen d'une double joint universel en C (492).

606. **Un pendule qui tourne** (*fig.* 242) est un corps CG qui est

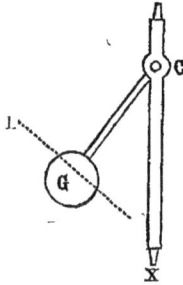

suspendu par un point C, lequel ne se trouve pas en son centre de gravité, et qui tourne autour d'un axe vertical CX qui passe par le point de suspension. Pour simplifier l'étude, nous supposerons, comme ci-dessus, que les deux lignes CG et EG, qui sont perpendiculaires entre elles dans le plan vertical de CG et de CX, soient deux des axes d'inertie du pendule. Soient I_1 son moment d'inertie autour de GE, I_2 son moment d'inertie autour de GC, et ρ_1, ρ_2, les rayons de giration correspondants. Posons l'angle $XCG = \alpha$, $CG = r_0$, et désignons par W le poids du pendule. a étant la vitesse angulaire de rotation autour de l'axe vertical, on voit alors, en se reportant aux n°s 586 et 592, que le couple de déviation dû à une rotation autour d'un axe vertical passant par G est

$$\frac{a^2}{g}(I_1 - I_2)\cos\alpha\sin\alpha = \frac{Wa^2}{g}(\rho_1^2 - \rho_2^2)\cos\alpha\sin\alpha,$$

auquel il faut ajouter le couple dû à la force déviatrice de W tournant avec le centre de gravité G, et au bras de levier $r_0\cos\alpha$, qui représente la hauteur de C au-dessus de G; c'est-à-dire,

$$\frac{Wa^2}{g}r_0^2\sin\alpha\cos\alpha,$$

ce qui donne pour le couple entier de déviation

$$\frac{Wa^2}{g}(\rho_1^2 - \rho_2^2 + r_0^2)\cos\alpha\sin\alpha;$$

et ce couple doit être fourni par le poids du pendule agissant avec le bras de levier $r_0\sin\alpha$, c'est-à-dire, qu'il doit être égal à

$$Wr_0\sin\alpha.$$

Si nous divisons par cette quantité, nous trouvons

$$\frac{a^2}{g}\left(\frac{\rho_1^2 - \rho_2^2}{r_0} + r_0\right)\cos\alpha = 1, \qquad (1)$$

et si nous remplaçons a^2 par sa valeur $4\pi^2T^2$, T étant le nombre de

Fig. 242.

tours par seconde, nous obtenons à l'équation

$$\left(\frac{\rho_1^2 - \rho_2^2}{r_0} + r_0\right) \cos \alpha = \frac{g}{4\pi^2 T^2} = h, \qquad (2)$$

h étant la *hauteur du pendule conique simple équivalent*, donnée par l'équation 2 du nº 539.

Lorsque ρ_2, rayon de giration autour de CG, est très-petit relativement à ρ_1, rayon de giration autour de GE, h devient égal à la hauteur du pendule simple équivalant au pendule de la figure, quand il tourne sans avoir de mouvement de rotation autour de CG, comme dans le dernier numéro. Lorsque $\rho_2 = \rho_1$, la hauteur devient simplement $r_0 \cos \alpha$, et est la même que si la masse totale était concentrée au centre de gravité. C'est à peu près le cas des pendules employés comme GOUVERNEURS (GOVERNORS) pour les moteurs, et qui consistent en général en grosses sphères très-pesantes soutenues par des tiges minces.

607. Le **pendule balistique** sert à mesurer la quantité de mouvement des projectiles et l'impulsion due à la force explosive de la poudre. Pour mesurer la quantité de mouvement d'un projectile, une balle de fusil par exemple, le pendule dont on se sert consiste en un corps dans lequel la balle peut se loger, tel qu'un morceau de bois ou une sorte de boîte remplie d'argile détrempée, et supporté au moyen de tiges par un axe horizontal. Supposons que le poids de la balle soit b, et qu'elle se meuve avec une vitesse v, suivant une trajectoire dont la distance à l'axe de suspension est r'. Le moment de la quantité de mouvement de la balle, par rapport à l'axe de suspension, sera alors

$$\frac{bvr'}{g}, \qquad (1)$$

et comme la balle vient se loger dans le pendule, ce moment de la quantité de mouvement se communique tout entier à l'ensemble de la balle et du pendule, qui oscille en entraînant avec lui un index qui reste en place et indique sur une échelle graduée le déplacement extrême. Représentons ce dernier par i, et soit l la longueur du pendule simple équivalent de cette masse, longueur que l'on peut trouver au moyen de l'équation 1 du nº 544, d'après le nombre d'oscillations dans un temps donné. Soient W le poids total du pendule et de la balle, et r_0 la distance de leur centre de gravité commun à l'axe; la partie du poids total que l'on devra considérer comme concentrée au centre d'oscillation sera

$$B = \frac{W r_0}{l}. \qquad (2)$$

Soit V la vitesse du centre d'oscillation au point le plus bas de l'arc qu'il parcourt; c'est la vitesse due à la hauteur $l(1 - \cos i)$, c'est-à-dire, que

$$V = \sqrt{2gl(1-\cos i)} = 2\sin\frac{i}{2}\sqrt{gl}; \qquad (3)$$

et le moment de la quantité de mouvement correspondant de la masse combinée est $\frac{BVl}{g}$; si on l'égale au moment de la quantité de mouvement 1 de la balle avant le choc, on a l'équation

$$b v r' = BVl; \qquad \cdot \quad (4)$$

d'où l'on tire pour la vitesse la quantité de mouvement, et l'énergie actuelle de la balle,

$$v = \frac{BVl}{br'}; \quad \frac{bv}{g} = \frac{BVl}{gr'}; \quad \frac{bv^2}{2g} = \frac{B^2 V^2 l^2}{2g b r'^2}. \qquad (5)$$

L'énergie de la masse combinée après le choc n'étant plus que $\frac{BV^2}{2g}$, et étant moindre que celle de la balle avant le choc dans le rapport de br'^2 à Bl^2, on voit qu'il disparaît une quantité d'énergie représentée par

$$\frac{bv^2}{2g}\left(1 - \frac{br'^2}{Bl^2}\right), \qquad (6)$$

laquelle donne lieu à une production de chaleur et de mouvements moléculaires dans la balle et dans le corps mou où elle s'est logée.

Pour mesurer l'impulsion produite par la force explosive de la poudre, le canon sur lequel on expérimente est fixé sur le pendule, de façon à faire corps avec lui, et on le charge d'un projectile.

Les gaz produits par l'inflammation de la poudre exercent des pressions égales pendant le même temps, c'est-à-dire des impulsions égales, d'arrière en avant sur le projectile, et d'avant en arrière sur le canon, et le pendule oscille en arrière en parcourant un angle qui est enregistré par un index, comme ci-dessus, et dont la connaissance va permettre de trouver la vitesse maximum du centre de percussion du pendule comme ci-dessus, au moyen de l'équation 3. Soient r' la distance de l'axe de suspension à l'axe du canon, et P la pression exercée par les gaz à un instant quelconque ; l'impulsion totale exercée par les gaz est $\int Pdt$; et l'impulsion angulaire est $r'\int Pdt$; si l'on égale cette quantité au moment de la quantité de mouvement produit dans le pendule. on obtient

$$r'\int Pdt = \frac{BVl}{g}; \qquad (7)$$

nous ferons remarquer que, dans cette formule, B ne comprend pas le poids de la balle. L'impulsion exercée par la poudre est donc

$$\int Pdt = \frac{BVl}{gr'}, \qquad (8)$$

et la vitesse du projectile b, au moment où il quitte le canon, est par conséquent

$$v = \frac{g\int Pdt}{b} = \frac{BVl}{br'}. \qquad (9)$$

L'*énergie* exercée par la poudre est

$$\int Pds = \frac{bv^2}{2g} + \frac{BV^2}{2g}. \qquad (10)$$

Les portions qui sont communiquées à la balle et au pendule sont indiquées par chacun des termes du second membre ; ces deux quantités sont entre elles dans le rapport

$$\frac{bv^2}{BV^2} = \frac{Bl^2}{br'^2}. \qquad (11)$$

Dans les calculs qui précèdent, nous n'avons pas considéré la quantité de mouvement et l'énergie qui se produisent dans les gaz eux-mêmes ; mais on peut se demander si les hypothèses que l'on sera obligé de faire sur leurs grandeurs ajouteraient à l'exactitude du résultat pratique que l'on cherche. Voici ce que l'on pourrait indiquer comme approximation probable : Soit w le poids de la poudre employée. Divisons-le en deux parties proportionnelles à b et à B, et qui seront

$$\frac{bw}{b+B} \quad \text{et} \quad \frac{Bw}{b+B}.$$

Supposons que la plus petite partie se meuve avec la moitié de la vitesse de B, et la plus grande avec la moitié de la vitesse de b; il faudra alors, dans les équations 7, 8 et 9, remplacer

$$\text{B par}\quad \text{B} + \frac{bw}{2(b+\text{B})}; \quad b \text{ par } b + \frac{\text{B}w}{2(b+\text{B})}. \quad (12)$$

L'équation 10, sous la forme que nous lui avons donnée, donnera encore l'énergie actuelle du pendule et du projectile et leur somme; mais cette somme ne *comprendra pas* l'énergie exercée pour donner le mouvement aux gaz de la poudre.

On est redevable du pendule balistique à Robin, que ses recherches en balistique ont rendu célèbre.

CHAPITRE IV.

MOUVEMENTS DES CORPS FLEXIBLES.

---

608. Nature du sujet. Vibrations. Le mouvement de chacune des molécules d'un corps flexible peut toujours être décomposé en trois composantes qui sont : le mouvement qu'elle possède en commun avec le centre de gravité du corps, qui est le mouvement dû à la translation du corps entier; celui qu'elle a autour du centre de gravité du corps et qui est le mouvement dû à la rotation du corps entier, et une troisième composante qui est le mouvement dû à des changements dans le volume et la figure du corps et de ses parties : c'est cette troisième composante seule que nous considérerons dans le présent chapitre.

Toute la partie de *cinématique* de ce sujet, c'est-à-dire la partie qui comprend les relations entre les déplacements des molécules à partir de leurs positions libres dans un solide soumis à des déformations, et les changements de figure qui en résultent pour ces parties, a été étudiée d'une façon générale dans les n°⁵ 248, 249, 250, 260 et 261. Les déformations dues à la flexion ont été décrites dans les n°⁵ 293, 300, 301, 303, 304, 307, 309, 312 et 319; les déformations dues à la torsion , dans les n°⁵ 321 et 322; puis nous sommes revenu sur les déformations dues à la flexion dans le n° 340.

Nous avons déjà parlé, au n° 244, de la partie de *dynamique* du sujet, et nous avons défini le *ressort;* dans le n° 252, nous avons dit ce qu'était *l'énergie potentielle d'élasticité* (*).

. (*) Nous avons dit au n° 252 que cette fonction avait été employée pour la première fois par M. Green, mais il est juste d'ajouter que M. Clapeyron s'en est servi sans connaître les travaux du géomètre anglais.

Les nᵒˢ 266 et 269 étaient relatifs *au ressort d'vne barre tendue* et aux effets d'une *tension brusque*. Nous avons décrit, dans le nᵒ 305 le ressort *d'une poutre*, dans le nᵒ 306 l'effet d'une *charge transversale appliquée d'une façon brusque*, et dans le nᵒ 323 le *ressort d'un essieu*.

Les mouvements dus à des déformations entre les molécules des corps flexibles, étant tous d'une grandeur très-petite et consistant dans le déplacement de chacune des molécules à partir de la position d'équilibre, déplacement qui est d'étendue limitée et généralement petit, se rapportent à ce que l'on appelle DES VIBRATIONS, et sont plus ou moins analogues aux oscillations que nous avons décrites dans les nᵒˢ 542 et 543.

La théorie complète des vibrations comprend tous les phénomènes de production et de transmission du son et les phénomènes de propagation de la lumière, aussi bien que ceux des vibrations visibles et tangibles des corps ; la plupart des sujets qu'elle traite sont étrangers à l'objet de ce livre ; nous allons donc nous contenter, dans ce chapitre, d'esquisser les principes généraux de la théorie des vibrations et de les appliquer à quelques cas de la mécanique pratique.

609. On appelle **vibrations isochrones** d'un corps élastique des vibrations telles que chacune des molécules du corps effectue une oscillation complète dans la même période de temps : toutes les molécules reviennent à leurs positions relatives à la fin de chacune de ces périodes, et cela quelle que soit l'amplitude d'oscillation. Les vibrations isochrones, en se transmettant à l'oreille, produisent la sensation d'un son dont la hauteur ou le ton musical est uniforme. Pour que des masses égales puissent effectuer dans le même temps des oscillations d'amplitudes différentes, il faut évidemment que les forces qui les sollicitent soient *proportionnelles* et *directement opposées à leurs déplacements à chaque instant*. C'est là la CONDITION D'ISOCHRONISME, et nous en avons donné des exemples dans les nᵒˢ 542, 543, 544, 545 et 557, exemple III, dans le cas d'une molécule unique sollicitée par une force unique, et au nᵒ 598, dans le cas analogue d'un solide animé d'un mouvement de giration, en substituant alors le déplacement angulaire au déplacement linéaire et un couple à une force. Pour exprimer cette condition par une équation, dans l'étude de pareilles questions, nous désignerons par $\dfrac{W}{g}$ la masse d'une molécule, par δ son déplacement à partir de sa position d'équilibre à un instant quelconque, par F la force non équilibrée qui tend à la

ramener directement à cette position, et par a^2 une constante numérique mise sous forme de carré pour des raisons à donner plus tard ; la condition d'isochronisme est alors exprimée par l'équation

$$F = -\frac{Wa^2\delta}{g}, \qquad (1)$$

laquelle est identique à l'équation 1 du n° 542 ; l'équation 4 du même numéro montre que le nombre d'oscillations doubles par seconde a pour expression

$$n = \frac{a}{2\pi},$$

et que la période d'une oscillation double est $\qquad\qquad$ (2)

$$\frac{1}{n} = \frac{2\pi}{a}..$$

On pourra se servir, dans le cas présent, des équations des n°ˢ 542 et 557, exemple III, en substituant respectivement à

$$Q \text{ ou } Q_1, \qquad Q_x, \qquad r \text{ ou } x_1, \qquad x,$$
$$F_1, \qquad F, \qquad \delta_1, \qquad \delta,$$

F_1 représentant la force maximum qui correspond à δ_1, déplacement maximum ou demi-amplitude d'oscillation. Si donc, pour donner plus de généralité aux formules, nous représentons par t_0 un instant quelconque pour lequel la molécule finit son oscillation, nous aurons

$$\delta = \delta_1 \cos a\,(t - t_0); \qquad \frac{d\delta}{dt} = -a\delta_1 \sin a\,(t - t_0). \qquad (3)$$

Lorsque l'on connaît la force ramenante (restoring) qui correspond à un déplacement donné, la constante a^2 est déterminée par la relation

$$a^2 = \frac{-gF}{W\delta}, \qquad (4)$$

le signe — indiquant que l'on doit changer le signe du quotient de F par δ, ce quotient étant négatif puisque la force F agit en sens contraire de δ.

Les équations 2 et 4 montrent que *le carré du nombre d'oscillations en une seconde est en raison inverse de la masse de la molécule, et directe ment proportionnel au rapport entre la force qui ramène et le déplacement.*

610. **Vibrations d'une masse supportée par un ressort léger.** Nous avons donné au n° 303 la flèche d'un ressort rectiligne ou d'une poutre élastique sous l'action d'une charge quelconque, dans le cas où elle est sensiblement proportionnelle à la charge.

La position d'équilibre du ressort, s'il n'est pas affecté par une charge latérale transversale (par exemple s'il est placé verticalement) peut être rectiligne, ou bien s'il y a une charge transversale permanente, le ressort s'écartera plus ou moins de cette position. Dans l'un et l'autre cas, une flèche indépendante δ du point pour lequel les flèches sont données par les formules, laquelle flèche se produira d'un côté ou de l'autre de la position d'équilibre, donnera naissance dans le ressort, pourvu que la limite d'élasticité parfaite ne soit pas dépassée, à une force ramenante F, dont on trouvera la valeur au moyen de l'équation 4 du n° 303; on aura donc

$$\delta = -\frac{n'''Fc^3}{n'Ebh^3}, \quad \text{d'où} \quad F = -\frac{n'Ebh^3}{n'''c^3}\delta = -f\delta, \text{ pour simplifier,} \quad (1)$$

f étant ce que l'on peut appeler *la raideur* du ressort.

Supposons maintenant que l'on ait attaché au point du ressort pour lequel on a calculé δ, une masse $\dfrac{W}{g}$ relativement à laquelle la masse du ressort est négligeable. Si cette masse est tirée d'un côté ou de l'autre de la position d'équilibre et qu'on l'abandonne à elle-même, le ressort la fera vibrer, ainsi que nous l'avons dit au n° 609; la constante a a alors la valeur

$$a = \sqrt{\frac{fg}{W}}. \qquad (2)$$

Si la masse a un mouvement de giration autour d'un axe fixe qui passe par son centre de gravité, nous représenterons par l la distance à l'axe du point sur lequel le ressort agit; alors dans les équations du mouvement il faudra faire les substitutions conformément aux principes du n° 598, et l'équation ci-dessus deviendra

$$k = \sqrt{\frac{flg}{I}}. \qquad (3)$$

Si la masse oscille autour d'un axe fixe qui ne passe pas par son centre de gravité, l'équation ci-dessus est encore applicable à la condition de remplacer le moment d'inertie I par la valeur qui lui convient.

Le *couple ramenant* F*l* pour un corps ayant un mouvement de giration peut résulter de la résistance d'une tige ou d'un fil à la torsion; dans ce cas, *fl* représente le rapport entre le moment de torsion et l'angle de torsion, lequel a été donné pour une tige ou un fil cylindriques au n° 322, cas n° 2, équation 4,

$$fl = \frac{M}{i} = \frac{\pi C d^4}{32x},\qquad(4)$$

x étant la longueur, *d* le diamètre de la tige ou du fil, et C le coefficient d'élasticité transversale de la matière.

On pourra déterminer les coefficients d'élasticité C et E au moyen des principes indiqués ci-dessus, en cherchant le nombre d'oscillations par seconde que font des ressorts ou des fils chargés de masses qui sont très-grandes par rapport à la leur.

611. Superposition de petits mouvements. Si la force ramenante d'une molécule pour des vibrations dans une direction donnée est opposée et proportionnelle au déplacement, et s'il en est de même pour une ou plusieurs autres directions de vibration, alors pour un déplacement qui est la résultante de deux ou plusieurs déplacements dans les directions données, la force qui agira sur la molécule sera évidemment la résultante des forces individuelles correspondant aux déplacements composants, et la vitesse de cette molécule sera la résultante des vitesses composantes.

C'est ce qu'on appelle le principe de SUPERPOSITION DES PETITS MOUVEMENTS.

Si le coefficient *a* du n° 609 est le même pour les différentes directions des déplacements composants, les vibrations composantes seront non-seulement isochrones en elles-mêmes, mais encore isochrones entre elles, ou *simultanées*, et il en sera de même de la vibration résultante. Nous en avons donné des exemples aux n°ˢ 542 et 543, où nous avons considéré les oscillations circulaires et elliptiques comme composées de deux oscillations rectilignes perpendiculaires entre elles. Telle est, par exemple, l'oscillation d'une masse placée à l'extrémité d'un ressort dont la raideur est la même pour toutes les directions de la déviation.

Si le coefficient *a* a des valeurs différentes pour les différentes directions des vibrations composantes, elles ne seront plus isochrones entre elles ; la force ramenante résultante ne sera pas dirigée à chaque instant vers la position d'équilibre, et la vibration résultante s'effectuera suivant une courbe qui peut avoir des formes très-variées.

Supposons par exemple qu'une masse $\dfrac{W}{g}$ soit fixée à l'extrémité d'un ressort dont la section transversale est un rectangle de dimensions inégales, de telle sorte que sa raideur est différente pour des déplacements dirigés suivant deux axes rectangulaires, représentés par x et y. Soient f_x, f_y, les deux valeurs de la raideur du ressort pour ces deux directions de déplacement, et soient ξ et η les déplacements composants respectivement dans ces deux directions, et ξ_1 et η_1 leurs valeurs maxima ou leurs demi-amplitudes. Les équations du mouvement de la masse seront alors

$$\xi = \xi_1 \cos a_x (t - t_{0_1 x}); \qquad \eta = \eta_1 \cos a_y (t - t_{0_1 y}): \qquad (1)$$

dans lesquelles

$$a_x = \sqrt{\frac{f_x g}{W}}; \qquad a_y = \sqrt{\frac{f_y g}{W}}, \qquad (2)$$

$t_{0_1 x}$ et $t_{0_1 y}$ étant d'ailleurs deux constantes arbitraires. Les nombres par seconde des deux séries de vibrations composantes,

$$n_x = \frac{a_x}{2\pi}, \qquad n_y = \frac{a_y}{2\pi}, \qquad (3)$$

sont ainsi proportionnels aux racines carrées de la raideur du ressort dans les directions des deux axes rectangulaires, c'est-à-dire qu'ils sont proportionnels respectivement à ses dimensions suivant ces deux directions.

Si n_x et n_y sont commensurables, la trajectoire de la masse qui vibre est une courbe fermée ; par exemple, pour prendre le cas le plus simple, si $n_x = 2n_y$, la trajectoire est une courbe telle que celle représentée dans la *fig.* 243. Si n_x et n_y sont incommensurables, la trajectoire a une longueur indéfinie ; mais, dans tous les cas, elle est inscrite dans le rectangle qui a pour côtés les amplitudes $2\xi_1$ et $2\eta_1$ des vibrations composantes.

Fig. 243.

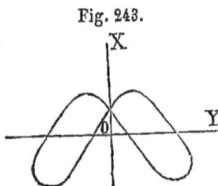

612. On peut représenter mathématiquement les **vibrations non isochrones** en concevant qu'elles sont composées d'un certain

nombre de vibrations superposées, chacune d'elles étant isochrone en elle-même, mais ne l'étant pas avec les autres, comme dans le dernier exemple du numéro qui précède. On doit imaginer de même que les forces qui produisent ces vibrations sont décomposées en forces composantes, chacune de ces dernières étant proportionnelle à une composante parallèle du déplacement. Le mode de décomposition des déplacements d'une espèce quelconque en composantes, dont chacune satisfait séparément à la condition d'isochronisme, est du domaine des mathématiques, et nous ne nous y arrêterons pas.

613. **Vibrations d'un corps élastique en général.** On trouvera les équations générales de la vibration d'un corps élastique au moyen du théorème de d'Alembert (568), en imaginant que le corps soit divisé en éléments ayant soit la forme d'un parallélipipède, soit toute autre forme régulière, et en égalant les composantes du taux de la variation de la quantité de mouvement de chaque molécule aux composantes correspondantes de la force ramenante résultant des forces moléculaires intérieures, *laquelle force ramenante, pour chaque molécule, est à chaque instant égale et opposée à la partie relative à cette molécule, d'une charge extérieure répartie qui produirait, dans l'état d'équilibre, la déformation du corps à l'instant considéré.* On exprimera la condition d'isochronisme en écrivant que chaque force qui ramène est proportionnelle et opposée au déplacement de la molécule à laquelle elle est appliquée; et les déplacements, les vitesses, et les forces, pour des vibrations qui ne sont pas isochrones, sont exprimés par des sommes de séries de quantités correspondantes pour des vibrations isochrones.

En appliquant le théorème de d'Alembert, on transformera toutes les équations qui concernent l'équilibre d'un corps élastique soumis à l'action de forces extérieures réparties sur ses molécules en équations correspondantes relatives à son mouvement de vibration.

EXEMPLE I. *Équations différentielles générales.* Nous avons donné au n° 116 (voir la *fig.* 58 correspondante) les équations 2 d'équilibre intérieur d'un corps solide élastique pour une molécule prismatique $dxdydz$, qui expriment les trois composantes de la force extérieure *par unité de volume* de cette molécule en fonction des composantes égales et opposées des forces intérieures qui proviennent des variations des six résultantes d'actions moléculaires élémentaires, les tensions étant considérées comme positives et les pressions comme négatives.

On transformera ces équations dans les équations générales de vibration de la même molécule en substituant respectivement dans les seconds membres des trois équations

$$\text{les quantités} \quad \begin{matrix} 0, & 0, & w, \\ \dfrac{w}{g}\dfrac{d^2\xi}{dt^2}, & \dfrac{w}{g}\dfrac{d^2\eta}{dt^2}, & \dfrac{w}{g}\dfrac{d^2\zeta}{dt^2}; \end{matrix} \quad \bigg\} \qquad (1)$$

$\dfrac{w}{g}$ étant la *masse par unité de volume*, et ξ, η, ζ, les trois composantes du déplacement de la molécule *à partir de sa position d'équilibre*.

Pour faire usage des trois équations ainsi obtenues, il faut exprimer chacune des six résultantes d'actions moléculaires élémentaires en fonction des six déformations élémentaires multipliées par les coefficients convenables d'élasticité de la substance (253); on exprimera alors chacune des six déformations élémentaires, comme au n° 250, au moyen des coefficients différentiels des trois déplacements composants ξ, η, ζ, et les trois premières équations seront ainsi ramenées à *trois équations différentielles linéaires du second ordre* en ξ, η et ζ, et l'intégration de ces équations, en ayant égard aux circonstances de chaque cas particulier, pemettra de résoudre les questions relatives à la vibration. Il n'est pas nécessaire d'entrer ici dans des détails sur ces intégrations. On trouvera dans les *Leçons sur l'élasticité des corps solides* de M. Lamé, les procédés mathématiques que ces intégrations comportent, et les résultats auxquels elles conduisent.

EXEMPLE II. *Cas d'un axe de vibration.* Dans les *fig.* 244 et 245, SS et les lignes parallèles représentent une sére de plans parallèles

Fig. 244.

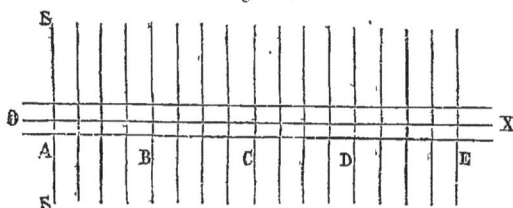

Fig. 245.

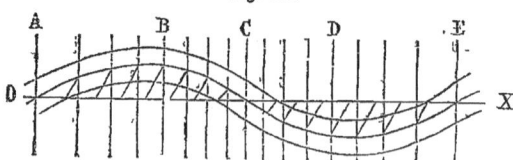

entre eux; nous supposerons que le mode de vibration des molécules du corps soit tel, que toutes les molécules contenues dans un
quelconque de ces plans aient au même instant des déplacements
égaux dans des directions parallèles. Une ligne droite OX perpendiculaire à toutes ces surfaces peut être désignée par le nom d'*axe de
vibration*. Supposons que le déplacement de chacune des molécules,
représenté à un instant quelconque par δ, ait lieu dans une direction
qui fait un angle θ avec OX, dans le plan des *xy*; ses déplacements
composants seront alors

$$\left.\begin{array}{l} \xi = \delta \cos \theta, \\ \eta = \delta \sin \theta. \end{array}\right\} \qquad (2)$$

Imaginons dans la condition d'équilibre un parallélipipède rectangle
qui s'étende suivant l'axe OX, comme dans la *fig.* 224, et qui soit
divisé en éléments parallélipipédiques, ayant chacun pour volume
$dx\,dy\,dz$, et pour masse $\dfrac{w}{g}\,dx\,dy\,dz$. Nous supposerons qu'à un instant donné dans l'état de vibration, ces volumes élémentaires se
soient déplacés comme le montre la *fig.* 245, le déplacement de
chacun des points de chacun d'eux dépendant, suivant une loi à déterminer, du laps de temps et de la distance, quand le volume est
à l'état d'équilibre, qui existe entre le plan d'égal déplacement qui
le contient et le point O, distance que nous représenterons par *x*;
c'est-à-dire, que nous aurons

$$\delta = f(t, x). \qquad (3)$$

Il est évident alors que chaque volume, primitivement parallélipipédique, se déforme directement et éprouve une distorsion; la déformation directe suivant l'axe des *x* (allongement si elle est positive)
étant représentée à un instant quelconque par

$$\alpha = \frac{d\xi}{dx} = \frac{d\delta}{dx}\cos\theta; \qquad (4)$$

et la distorsion, dans le plan des *xy*, par

$$\nu = \frac{d\eta}{dx} = \frac{d\delta}{dx}\sin\theta. \qquad (5)$$

Nous supposerons que la substance qui vibre soit *isotrope* au point
de vue de l'élasticité, conformément à la définition que nous avons

donnée au n° 256, A étant son élasticité directe, et C son élasticité transversale. Alors, pour un plan donné d'égal déplacement et à un instant donné, il existe des actions moléculaires directes (les tensions étant positives) qui ont pour intensité

$$p_{xx} = A\alpha = A\frac{|d\xi}{dx} = A\frac{d\delta}{dx}\cos\theta; \qquad (6)$$

et des actions moléculaires tangentielles dont l'intensité est

$$p_{xy} = C\nu = C\frac{d\eta}{dx} = C\frac{d\delta}{dx}\sin\theta. \qquad (7)$$

En appliquant à ces quantités le raisonnement de l'exemple précédent, nous trouvons que les composantes de la force mouvante, par unité de volume, qui agit sur une molécule donnée, sont :

$$\left. \begin{array}{l} \text{composante longitudinale, } Q_x = A\frac{d^2\xi}{dx^2} = A\frac{d^2\delta}{dx^2}\cos\theta; \\[2mm] \text{\textguillemotright\quad transversale, } Q_y = A\frac{d^2\eta}{dx^2} = C\frac{d^2\delta}{dx^2}\sin\theta; \end{array} \right\} \quad (8)$$

de telle façon que si nous posons

$$\frac{gA}{w} = a^2; \quad \frac{gC}{w} = c^2, \qquad (9)$$

nous trouvons pour les équations de la vibration,

$$\text{vibration longitudinale, } \frac{d^2\xi}{dt^2} = a^2\frac{d^2\xi}{dx^2}, \qquad (10)$$

$$\text{\textguillemotright\quad transversale, } \frac{d^2\eta}{dt^2} = c^2\frac{d^2\eta}{dx^2}. \qquad (11)$$

L'intégrale générale de ces équations est donnée par les deux équations

$$\xi = \varphi(at+x) + \psi(at-x); \quad \eta = \chi(ct+x) + \omega(ct-x), \quad (12)$$

$\varphi, \psi, \chi, \omega$, représentant *des fonctions quelconques*. Mais pour obtenir des résultats définis, dont on puisse faire usage dans les calculs, nous appliquerons les conditions d'isochronisme; elles nous conduiront aux conséquences suivantes :

Premièrement, pour que les vibrations puissent être isochrones, il faut que la force ramenante agisse suivant la direction de la vibration, c'est-à-dire que nous devons avoir

$$\frac{Q_x}{Q_y} = \frac{\cos\theta}{\sin\theta}, \qquad (13)$$

et comme pour toutes les substances connues, A et C sont inégaux, cette condition ne peut être remplie que si $\cos\theta$ ou $\sin\theta$ est nul; c'est-à-dire que *dans une substance isotrope, les vibrations isochrones sont ou complétement longitudinales, ou complétement transversales.*

Deuxièmement, la force mouvante qui agit sur une molécule doit être proportionnelle et opposée à son déplacement; cette condition sera exprimée pour des vibrations longitudinales et transversales respectivement, par

$$\frac{d^2\xi}{dt^2} = a^2\,\frac{d^2\xi}{dx^2} = -b^2\xi, \qquad (14)$$

$$\frac{d^2\eta}{dt^2} = c^2\,\frac{d^2\eta}{dx^2} = -b'^2\eta, \qquad (15)$$

b^2 et b'^2 étant deux constantes positives arbitraires. Il convient, pour des raisons que nous donnerons plus tard, de représenter ces constantes par

$$b = \frac{2\pi}{\lambda}; \qquad b' = \frac{2\pi}{\lambda'};$$

λ et λ' étant des *longueurs arbitraires.* On voit alors facilement que, pour satisfaire aux équations 14 et 15, les déplacements doivent être exprimés par

$$\xi = \xi_1 \cos\frac{2\pi}{\lambda}\,(x-x_0)\cos\frac{2\pi a}{\lambda}\,(t-t_0); \qquad (16)$$

$$\eta = \eta_1 \cos\frac{2\pi}{\lambda'}\,(x-x'_0)\cos\frac{2\pi c}{\lambda'}\,(t-t'_0), \qquad (17)$$

ξ_1, η_1, λ, λ', x_0, x'_0, t_0, t'_0 étant des constantes arbitraires, dont les valeurs dépendent des circonstances de chaque cas particulier. Ces constantes ont la signification suivante :

ξ_1 et η_1 sont les *demi-amplitudes maxima* de vibration;

$\dfrac{\lambda}{2\pi a}$ et $\dfrac{\lambda'}{2\pi c}$ sont les *temps périodiques* d'une oscillation complète.

λ et λ' sont les distances (pour les vibrations longitudinales et transversales respectivement) entre deux plans dans lesquels les molécules sont dans la même *phase* de vibration au même instant, tels que les plans A et E des *fig.* 244 et 245.

Les plans nodaux sont des plans dans lesquels les molécules n'ont aucun déplacement, $x - x_0$, ou $x - x'_0$, étant un multiple impair de $\frac{\lambda}{4}$ ou de $\frac{\lambda'}{4}$. La distance qui les sépare est $\frac{\lambda}{2}$ ou $\frac{\lambda'}{2}$ (A, C et E dans les *fig.* ci-dessus).

Les plans ventraux sont ceux de déplacement maximum, $x - x_0$ ou $x - x'_0$, étant un multiple de $\frac{\lambda}{2}$ ou de $\frac{\lambda'}{2}$ (B et D dans les figures). Ils se trouvent à égale distance des plans nodaux.

On déduit des équations 16 et 17 les quantités suivantes pour les vibrations isochrones :

Pour des vibrations longitudinales,

$$\left.\begin{aligned}
\text{Vitesse d'une molécule,} \quad \frac{d\xi}{dt} &= -\frac{2\pi a}{\lambda}\,\xi_1 \cos \frac{2\pi}{\lambda}(x - x_0) \sin \frac{2\pi a}{\lambda}(t - t_0); \\
\text{Déformation directe,} \quad \frac{d\xi}{dx} &= -\frac{2\pi}{\lambda}\,\xi_1 \sin \frac{2\pi}{\lambda}(x - x_0) \cos \frac{2\pi a}{\lambda}(t - t_0);
\end{aligned}\right\} \quad (18)$$

Pour des vibrations transversales,

$$\left.\begin{aligned}
\text{Vitesse d'une molécule,} \quad \frac{d\eta}{dt} &= -\frac{2\pi c}{\lambda'}\,\eta_1 \cos \frac{2\pi}{\lambda}(x - x'_0) \sin \frac{2\pi c}{\lambda'}(t - t'_0); \\
\text{Distorsion,} \quad \frac{d\eta}{dx} &= -\frac{2\pi}{\lambda'}\,\eta_1 \sin \frac{2\pi}{\lambda}(x - x'_0) \cos \frac{2\pi c}{\lambda'}(t - t'_0).
\end{aligned}\right\} \quad (19)$$

Il peut exister des vibrations pour lesquelles les déplacements, les déformations, les vitesses et les forces soient les résultantes de combinaisons de vibrations isochrones, ayant un certain nombre de systèmes différents de constantes arbitraires, et n'ayant de communs que les coefficients a et c.

Les résultats des recherches qui précèdent, en tant qu'elles sont relatives aux vibrations longitudinales, s'appliquent aussi bien aux fluides qu'aux solides. Les vibrations transversales sont impossibles dans les fluides, ceux-ci étant dépourvus d'élasticité transversale.

614. Les ondulations vibratoires consistent dans la transmission d'un état de vibration de molécule à molécule au travers d'un corps. Soit OX la direction suivant laquelle l'état de vibration est transmis ; c'est, comme dans le dernier numéro et dans les figures correspondantes, *un axe de vibration*, ou une ligne perpendiculaire à une série de surfaces de déplacement simultané et égal, lesquelles surfaces ne restent pas stationnaires, mais se déplacent de molécule à molécule avec un vitesse que l'on appelle la *vitesse de transmission* ou *de propagation*. Nous avons, en parlant du mouvement ondulatoire en général au n° 416, dit que la condition de mouvement d'une molécule quelconque, dont la distance à l'origine est x, est exprimée par une fonction de $at-x$, t étant le temps écoulé à partir d'un moment donné, et a, la *vitesse de transmission*. Si nous appliquons cette remarque aux déplacements dans les vibrations longitudinales et transversales respectivement, nous obtenons les équations

$$\xi = \varphi\,(at-x); \quad \eta = \psi\,(ct-x); \qquad (1)$$

a et c étant les vitesses de transmission des vibrations longitudinales et transversales respectivement. Nous avons fait voir au n° 613 que les équations 1 sont des formes des intégrales des équations générales du mouvement vibratoire, a et c ayant les valeurs qui ont été données alors, à savoir

$$a = \sqrt{\frac{g\,\mathrm{A}}{w}}; \quad c = \sqrt{\frac{g\,\mathrm{C}}{w}}; \qquad (2)$$

ce sont par conséquent les vitesses respectives de transmission des ondulations de vibration longitudinale et transversale dans un milieu dont le poids par unité de volume est w, et dont les élasticités directe et transversale sont A et C. Dans un fluide, pour lequel $C = 0$, la transmission des ondes de vibration transversale est impossible.

On peut faire remarquer qu'il est essentiel, pour l'exactitude des valeurs données ci-dessus pour les vitesses de la transmission des ondulations, que les *surfaces de déplacement simultané* (appelées quelquefois *surfaces de l'onde*) soient également des surfaces d'*égale amplitude de vibration*. Si l'amplitude varie aux différents points de la même surface de l'onde, la vitesse de transmission est moindre que celle donnée par l'équation 2; elle a lieu suivant une loi que nous ne développerons pas ici.

615. Vitesse du son. Les vibrations longitudinales qui peuvent être transmises au travers de toutes les substances solides et fluides servent ordinairement à transmettre le son, de telle sorte que la vitesse du son dans un milieu donné est le coefficient a des équations 2 du n° 614 ; c'est la vitesse qu'un corps acquerrait en tombant de la hauteur $\frac{A}{2w}$, c'est-à-dire d'une hauteur égale à la moitié de la longueur d'un prisme de la substance qui aurait pour base l'unité et dont le poids serait égal au coefficient d'élasticité longitudinale.

La vitesse du son donnée par l'expérience est

dans l'eau, à 16°,1 C. 1435^m
dans l'air sec, à 0° C. 332^m,83.

Dans l'air et dans les autres gaz, la vitesse du son dépend de la pression, de la densité et de la température, ainsi que nous allons l'indiquer. Lorsque la densité d'un gaz presque parfait change, et qu'il est maintenu à une température constante, la pression varie à très-peu près proportionnellement à la densité. Mais pour tout changement dans la densité, tel que le gaz ne puisse ni gagner ni perdre de chaleur par conductibilité, la variation de la température dépendant du changement de densité est telle que la pression, au lieu de varier simplement comme la densité, varie suivant une puissance de la densité supérieure à la première. Représentons par γ l'exposant de cette puissance, par p la pression, et par w la densité du gaz.

$$p \text{ est proportionnel à } w^\gamma ; \qquad (1)$$

de telle façon que le coefficient d'élasticité A a pour valeur

$$A = \frac{dp}{dw} = \frac{\gamma p}{w}. \qquad (2)$$

La valeur de l'exposant γ est pour l'air

$$\gamma = 1,408 ; \qquad (3)$$

elle est à peu près la même pour l'oxygène, l'hydrogène, l'oxyde de carbone et les autres gaz qui sont presque des gaz parfaits ; mais elle est plus faible pour l'acide carbonique, l'acide sulfureux et les autres gaz qui sont plus éloignés d'être des gaz parfaits.

Si p représente la pression en kilogrammes par mètre carré et w le poids en kilogrammes par mètre cube, et si T est la température de l'air en degrés centigrades (122),

$$\frac{p}{w} = 7989 \frac{273 + T}{273}; \qquad (4)$$

et pour des gaz presque parfaits en général, si p_0 représente le poids d'une atmosphère, c'est-à-dire 10.330 kilog. par mètre carré, et w_0 le poids d'un mètre cube d'air à 0° C., mesuré sous cette pression,

$$\frac{p}{w} = \frac{p_0}{w_0} \frac{273 + T}{273} \text{ à très-peu près.} \qquad (5)$$

Il en résulte que la vitesse du son dans un gaz à peu près parfait est

$$a = \sqrt{\frac{g\gamma p}{w}} = \sqrt{\frac{g\gamma p_0 (273 + T)}{273 w_0}} \qquad (6)$$

et dans l'air

$$a = 332,83 \sqrt{\frac{T + 273}{273}}. \qquad (7)$$

616. Choc et pression. Battage des pieux. — Le choc ou le coup donné par un corps qui a acquis de la quantité de mouvement par l'action d'une certaine force pendant un certain temps, est employé pour vaincre une plus grande force pendant un temps moindre; c'est ainsi que le mouton d'une machine à battre les pieux, ayant acquis de la quantité de mouvement sous l'action de son poids pendant un intervalle de temps très-petit, mais appréciable, peut vaincre la résistance à l'enfoncement d'un pieu, résistance qui est beaucoup plus grande que le poids du bélier, et qui s'exerce pendant un intervalle de temps trop court pour pouvoir être mesuré.

Si l'on connaissait le rapport entre les temps, on pourrait en déduire le rapport entre les forces; mais comme l'un de ces temps est toujours excessivement petit, il faut estimer le rapport entre les forces au *moyen des espaces* pendant lesquels elles agissent, en considérant comment l'*énergie* du coup se répartit.

Soient W le poids du mouton, h la hauteur dont il tombe.

$$Wh$$

sera alors l'énergie du coup.

Cette énergie est employée :

1° A comprimer le mouton ;

2° A comprimer le pieu ;

3° A donner l'énergie actuelle au mouton et au pieu ;

4° A chasser le pieu en sens inverse de la résistance du sol.

La compression du mouton est inappréciable dans la pratique ; il en est de même des vitesses du mouton et du pieu après le choc. Nous n'aurons donc à considérer que la dépense d'énergie résultant des n°ˢ 2 et 4.

Soit R la résistance *effective* du sol, c'est-à-dire sa résistance totale, moins les poids du pieu et du mouton. Soient R l'aire de la surface de la tête du pieu, et P la pression qui s'exerce à un instant quelconque entre le pieu et le mouton. P est d'abord nul ; puis il augmente, à mesure que le pieu se comprime, de façon à devenir finalement R ; à ce moment la compression du pieu cesse ; il commence à pénétrer dans le sol, et ce mouvement continue jusqu'à ce que l'énergie du coup soit totalement dépensée. La valeur moyenne de P est $\frac{R}{2}$. La distance pendant laquelle cette pression est vaincue pour comprimer le pieu est la compression due à sa valeur maximum, c'est-à-dire, $\frac{RL}{ES}$, E étant le module d'élasticité du pieu, et L la longueur d'un poteau qui, s'il était uniformément comprimé sur toute sa longueur, se raccourcirait autant que le pieu. Si nous remarquons que le pieu est retenu en grande partie par le frottement qui s'exerce contre ses faces, on peut prendre pour L la *moitié* de sa longueur.

Le travail effectué dans la compression du pieu est alors $\frac{R^2L}{2ES}$, et le travail effectué pour chasser ce pieu plus profondément est Rx, x étant la hauteur qu'il parcourt par coup ; si nous égalons la somme de ces deux travaux à l'énergie du coup, nous trouverons

$$W h = \frac{R^2 L}{2ES} + Rx. \qquad (1)$$

Lorsque x a été déterminé par l'observation, R est donné par la ésolution d'une équation du second degré

$$R = \sqrt{\frac{2ESWh}{L} + \frac{E^2S^2x^2}{L^2}} - \frac{ESx}{L}. \qquad (2)$$

On bat les pieux, en général, jusqu'à ce que R atteigne de $1^k,4$ à $2^k,1$ par millimètre carré de l'aire de la surface de la tête S. La charge qu'on leur fait supporter varie de $0^k,14$ à $0^k,7$ par millimètre carré, de telle sorte que le coefficient de sécurité est compris entre 10 et 3.

L'exemple que nous venons de donner et qui est extrait, avec de légères modifications, d'un chapitre du *Traité de mécanique*, du docteur Whewel, rédigé par M. Airy, montre comment on peut, dans des cas analogues, au moyen de coups, vaincre une résistance quelconque.

CHAPITRE V.

MOÙVEMENTS DES FLUIDES.

617. Division du sujet. — Nous avons donné dans le chapitre des mouvements vibratoires les principes de dynamique qui s'appliquent aux fluides, en tant qu'il s'agit de changements rapides et très-faibles de leur densité. Or les changements de densité qui se produisent dans l'écoulement des *liquides* sont petits et rapides, de telle sorte que dans le présent chapitre nous ne considérerons que les mouvements des liquides pour lesquels la densité est constante : les principes de cinématique qui régissent ces mouvements ont été donnés dans la 3ᵉ partie, chapitre III, section 2. Dans les mouvements des *gaz* il se produit des variations importantes et continues dans la densité, et la section 3, que nous venons de rappeler, traite de tous les principes de cinématique qui concernent ces variations de densité ; et nous aurons à considérer les lois de la dynamique qui régissent de pareils mouvements. On pourra, d'après cela, diviser l'hydrodynamique en deux parties, suivant qu'il s'agit des mouvements des liquides ou fluides à densité constante, et des mouvements des gaz.

On peut encore introduire une autre division dans cette étude et considérer le cas où le frottement affecte ou non d'une façon sensible l'écoulement des fluides. Les mouvements des fluides qui ne sont pas affectés sensiblement par le frottement et qui résultent seulement de la pression et du poids se font suivant des lois qui sont parfaitement connues, et les difficultés auxquelles ils donnent naissance sont du domaine des mathématiques pures. D'autre part, les lois du frottement ne sont connues que d'une façon grossière et tout à fait empirique, et l'on ne sait pas encore bien comment la force due au frottement agit sur les molécules d'un fluide; aussi la solution de chaque problème dépend-elle plutôt d'expériences d'un ordre spécial appliquées à la question que l'on a à traiter que de principes généraux résultant des expériences faites.

Nous considérerons séparément les lois des pressions mutuelles qui s'exercent entre des masses fluides et des surfaces solides.

Nous diviserons les matières de ce chapitre en cinq sections :

I. Mouvements des liquides sous la seule action de la gravité et de la pression.

II. Mouvements des gaz sous la seule action de la gravité et de la pression.

III. Mouvements des fluides, en tenant compte du frottement.

IV. Mouvements des gaz, en tenant compte du frottement.

V. Pressions mutuelles de masses fluides et de surfaces solides.

SECTION I. — *Mouvements de liquides sans frottement.*

618. Équations générales. — Nous avons donné dans les n° 414 et 415 les trois équations générales qui expriment les taux de la variation des composantes de la vitesse d'une molécule individuelle de liquide en fonction de ceux de la vitesse en un point fixe donné, et au n° 412 l'équation de *continuité* qui relie les composantes de cette dernière vitesse entre elles. Pour obtenir les équations générales de dynamique du mouvement d'un liquide, nous transformerons les trois premières équations de façon à avoir les taux de la variation des composantes de la *quantité de mouvement* d'une molécule, et nous égalerons les résultats obtenus aux forces non équilibrées qui la sollicitent.

Soient $dx\,dy\,dz$ le volume d'un parallélipipède rectangle élémentaire, et p l'intensité de la pression du liquide en un point qui a pour coordonnées x, y, z. Supposons que z soit vertical et positif étant compté de haut en bas. w servant à représenter une des composantes de la vitesse en un point, nous emploierons le symbole ρ pour représenter le *poids de l'unité de volume*. Les forces que sollicitent le volume élémentaire sont alors

$$\left.\begin{array}{l} \text{suivant l'axe des } x,\; -\dfrac{dp}{dx}\,dx\,dy\,dz;\;\; \text{suivant l'axe des } y,\; -\dfrac{dp}{dy}\,dx\,dy\,dz;\\[2mm] \text{suivant l'axe des } z,\;\left(\rho - \dfrac{dp}{dz}\right)dx\,dy\,dz. \end{array}\right\} \quad (1)$$

Nous trouverons les taux de la variation des composantes de la quantité de mouvement de l'élément de volume en multipliant les trois taux de la variation des composantes de la vitesse donnés au n° 415, équations 2, chacun par $\rho\,\dfrac{dxdydz}{g}$; si nous égalons alors ces trois quantités respectivement aux trois forces de l'équation 1 ci-dessus, et si nous divisons par $dxdydz$, de façon à ramener les équations à l'unité de volume, puis par ρ de façon à les ramener à l'unité de poids, nous aurons finalement

$$\left.\begin{aligned}
-\frac{dp}{\rho dx} &= \frac{1}{g}\frac{d^2\xi}{dt^2} = \frac{1}{g}\left(\frac{du}{dt}+u\frac{du}{dx}+v\frac{du}{dy}+w\frac{du}{dz}\right);\\
-\frac{dp}{\rho dy} &= \frac{1}{g}\frac{d^2\eta}{dt^2} = \frac{1}{g}\left(\frac{dv}{dt}+u\frac{dv}{dx}+v\frac{dv}{dy}+w\frac{dv}{dz}\right);\\
1-\frac{dp}{\rho dz} &= \frac{1}{g}\frac{d^2\zeta}{dt^2} = \frac{1}{g}\left(\frac{dw}{dt}+u\frac{dw}{dx}+v\frac{dw}{dy}+w\frac{dw}{dz}\right).
\end{aligned}\right\} \quad (2)$$

Si nous combinons ces trois équations avec l'équation de continuité, qui est

$$\frac{du}{dx}+\frac{dv}{dy}+\frac{dw}{dz}=0, \qquad (3)$$

nous aurons les éléments pour résoudre toutes les questions de dynamique relatives aux liquides sans frottement.

L'hypothèse d'un *mouvement permanent* donnera les conditions

$$\frac{du}{dt}=\frac{dv}{dt}=\frac{dw}{dt}=0, \qquad (4)$$

comme au n° 413.

619. Charge dynamique. Le quotient $\dfrac{p}{\rho}$ est appelé *la hauteur, ou la charge, due à la pression*, c'est-à-dire que c'est la hauteur d'une colonne de liquide de densité uniforme ρ, dont le poids par unité de base serait égal à la pression p. Maintenant comme la coordonnée verticale z est mesurée *positivement de haut en bas* à partir d'un plan horizontal donné, ρz est la hauteur d'une colonne de liquide ayant pour base l'unité qui s'étendrait de ce plan à une molécule considérée; $p-\rho z$ est la différence entre les intensités de la pression actuelle sur cette molécule et de la pression due à sa profondeur au-dessous du

, plan horizontal donné; et

$$\frac{p}{\rho} - z = h \qquad (1)$$

.est la *hauteur* ou *la charge due à cette différence d'intensités;* c'est ce qu'on appelle la *charge dynamique.* Lorsque z est mesuré *positivement de bas en haut* à partir d'un plan horizontal donné, il faut en changer le signe; la charge dynamique dans ce cas a pour expression

$$\frac{p}{\rho} + z = h. \qquad (2)$$

620. Équations générales de dynamique en fonction de la charge dynamique. Si l'on substitue aux taux de la variation de la pression dans les équations du n° 618, leurs valeurs en fonction de la charge dynamique, ces équations deviennent :

$$\left.\begin{aligned}
-\frac{dh}{dx} &= \frac{1}{g}\frac{d^2\xi}{dt^2} = \frac{1}{g}\left(\frac{du}{dt} + u\frac{du}{dx} + v\frac{du}{dy} + w\frac{du}{dz}\right); \\
-\frac{dh}{dy} &= \frac{1}{g}\frac{d^2\eta}{dt^2} = \frac{1}{g}\left(\frac{dv}{dt} + u\frac{dv}{dx} + v\frac{dv}{dy} + w\frac{dv}{dz}\right); \\
-\frac{dh}{dz} &= \frac{1}{g}\frac{d^2\zeta}{dt^2} = \frac{1}{g}\left(\frac{dw}{dt} + u\frac{dw}{dx} + v\frac{dw}{dy} + w\frac{dw}{dz}\right).
\end{aligned}\right\} \quad (1)$$

621. Loi de la charge dynamique pour le mouvement permanent. Dans le cas d'un mouvement permanent pour lequel il n'y a de variation dans la charge dynamique pour une molécule que celle qui résulte de son changement de position, on déduit des équations ci-dessus les résultats suivants.

Soit V la vitesse d'une molécule donnée. Sa valeur en fonction de ses composantes rectangulaires est donnée par l'équation

$$V^2 = \frac{d\xi^2}{dt^2} + \frac{d\eta^2}{dt^2} + \frac{d\zeta^2}{dt^2}. \qquad (1)$$

Cette équation divisée par $2g$ donne la hauteur due à la vitesse, de telle sorte que la variation de cette hauteur dans un élément de temps a pour expression

$$\left.\begin{aligned}
d\frac{V^2}{2g} &= \frac{1}{g}\left(\frac{d\xi}{dt}\frac{d^2\xi}{dt^2} + \frac{d\eta}{dt}\frac{d^2\eta}{dt^2} + \frac{d\zeta}{dt}\frac{d^2\zeta}{dt^2}\right)dt \\
&= -\left(\frac{dh}{dx}\frac{d\xi}{dt} + \frac{dh}{dy}\frac{d\eta}{dt} + \frac{dh}{dz}\frac{d\zeta}{dt}\right)dt = -dh.
\end{aligned}\right\} \quad (2)$$

On peut énoncer ce principe autrement : *Dans le cas du mouvement permanent, la somme de la hauteur due à la vitesse d'une molécule et de sa charge dynamique est constante*, ou sous forme de symbole,

$$\frac{V^2}{2g} + h = \text{constante.} \qquad (3)$$

Cette équation s'applique aux molécules qui viennent successivement occuper la position du même point fixe, aussi bien qu'à chaque molécule individuelle.

622. **L'énergie totale** d'une molécule d'un liquide en mouvement sans frottement s'obtient en multipliant l'expression de l'équation 3 du numéro précédent par le poids de la molécule W; c'est donc

$$\frac{WV^2}{2g} + Wh ; \qquad (1)$$

dans cette expression $\frac{WV^2}{2g}$ est *l'énergie actuelle* de la molécule, et Wh son *énergie potentielle*. On voit en effet, d'après le dernier numéro, que si Wh diminue, $\frac{WV^2}{2g}$ peut augmenter d'une quantité égale, et réciproquement, de telle sorte que *la charge dynamique d'une molécule est son énergie potentielle par unité de poids*. Dans le cas *d'un mouvement permanent*, l'énergie totale de chaque molécule est constante, et l'énergie totale de chacune des molécules égales qui viennent successivement occuper la même position est la même.

Dans le cas où le mouvement d'une masse liquide n'est pas permanent, l'énergie intérieure totale de la masse entière est constante; c'est-à-dire que, si l'on prend soit le centre de gravité de la masse, soit un point qui est ou fixe ou animé d'un mouvement uniforme par rapport à ce centre de gravité, comme étant le point fixe auquel on rapporte les mouvements de toutes les molécules, l'équation suivante est satisfaite :

$$\Sigma W\left(\frac{V^2}{2g} + h\right) \quad \text{ou} \quad \iiint\left(\frac{V^2}{2g} + h\right)\rho\, dx\, dy\, dz = \text{constante.} \quad (2)$$

623. **La surface libre** d'une masse liquide en mouvement est celle qui la sépare de l'air; elle est caractérisée par ce fait que la pression y est uniforme en tout point et égale à la pression atmo-

sphérique. Soient p_1 la pression atmosphérique, z_1 la coordonnée verticale, mesuré *positivement de bas en haut* à partir d'un plan horizontal donné, d'un point quelconque de la surface libre du liquide, et h_1 la charge dynamique au même point; l'équation 2 du n° 619 montre que l'on a pour cette surface

$$h_1 - z_1 = \frac{p_1}{\rho} = \text{constante.} \qquad (1)$$

624. Une surface d'égale pression est caractérisée par une équation analogue

$$h - z = \frac{p}{\rho} = \text{constante,} \qquad (1)$$

et toutes les surfaces d'égale pression satisfont à l'équation différentielle

$$dh = dz, \qquad (2)$$

qui devient, dans le cas d'un *mouvement permanent*,

$$dz = dh = - d\, \frac{\mathrm{V}^2}{2g}; \qquad (3)$$

elle exprime que les variations de l'énergie actuelle sont dues simplement aux variations de niveau.

625. Le mouvement par tranches planes se trouve réalisé exactement ou à très-peu près dans la plupart des cas du mouvement d'un liquide. En admettant que l'écoulement se fasse de cette façon, on a une première approximation dans la solution de différentes questions d'hydraulique.

Ce mouvement consiste en ce que toutes les molécules qui sont dans un même plan se meuvent parallèlement entre elles, perpendiculairement au plan, et ont la même vitesse.

Les trois *fig.* 246, 247 et 248 représentent un réservoir rempli de liquide à une hauteur $\overline{\mathrm{OZ}_1} = z_1$ au-dessus d'un plan donné, et laissant écouler ce liquide par un orifice A_0 à un niveau inférieur situé à une hauteur $\overline{\mathrm{OZ}_0} = z_0$. Le liquide se meut par tranches planes ou à très-peu près à la surface supérieure A_1 et à l'orifice A_0. Nous représenterons par ces deux lettres les aires de la surface supérieure et du filet qui s'écoule.

Soient Q la dépense, v_1 la vitesse de descente du liquide à la sur-

Fig. 246.

Fig. 247.

Fig. 248.

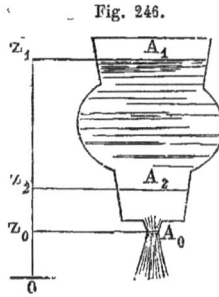

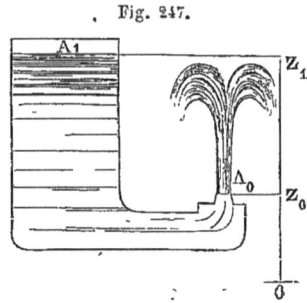

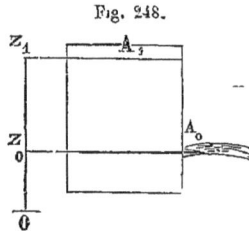

face supérieure, v_0 sa vitesse d'écoulement par l'orifice; l'équation de continuité sera, d'après le n° 405,

$$\bar{v_1}A_1 = v_0 A_0 = Q;$$
ou
$$v_1 = \frac{Q}{A_1}; \quad v_0 = \frac{Q}{A_0}. \qquad \Big\} \qquad (1)$$

Les pressions à la surface supérieure et à l'orifice sont respectivement égales à la pression atmosphérique; la différence de charge dynamique est par conséquent simplement la différence de hauteur: c'est-à-dire, qu'on a

$$h_1 - h_0 = z_1 - z_0;$$

on aura donc, d'après le n° 621, équations 2 et 3,

$$\frac{v_0^2 - v_1^2}{2g} = \frac{v_0^2}{2g}\left(1 - \frac{A_0^2}{A_1^2}\right) = z_1 - z_0;$$

ce qui donne pour la vitesse d'écoulement,

$$v_0 = \sqrt{\frac{2g(z_1 - z_0)}{1 - \dfrac{A_0^2}{A_1^2}}}, \qquad (3)$$

d'où l'on déduira la dépense au moyen de l'équation 1.

L'équation générale du mouvement dans toutes les parties du vase ou du canal pour lesquelles le mouvement se fait par tranches planes, est, d'après le n° 621, équation 3,

$$\frac{v^2}{2g} + h = \text{constante} = \frac{v_0^2}{2g} + h_0 = \frac{v_0^2}{2g} + z_0 + \frac{p}{\rho}. \quad (4).$$

On peut considérer le mouvement comme se faisant par tranches planes dans toutes les parties du canal dont les parois sont à peu près rectilignes et parallèles, telles que A_2 (*fig.* 246), dont la hauteur au-dessus du plan donné est z_2. Pour trouver la charge dynamique et, par suite, la pression en cette partie intermédiaire du canal, on évaluera la vitesse au travers de cette section par la formule

$$v_2 = \frac{Q}{A_2} = \frac{v_0 A_0}{A_2}; \quad (5)$$

la charge dynamique relativement au plan donné O sera alors donnée par l'équation

$$h_2 = h_0 + \frac{v_0^2 - v_2^2}{2g}, \quad (6)$$

et par suite la pression par la formule,

$$p_2 = \rho (h_2 - z_2). \quad (7)$$

Lorsqu'un vase de grandes dimensions est percé d'un petit orifice, la fraction $\frac{A_0^2}{A_1^2}$, qui est très-petite, peut être négligée dans les équations 2 et 3.

626. **Veine contractée.** — Lorsqu'un fluide s'écoule par un orifice en mince paroi, le jet présente à une petite distance de cet orifice une section d'un diamètre plus petit, par suite de la contraction spontanée que le jet subit après avoir traversé l'orifice.

L'aire de la section contractée de la veine est celle qu'il faut considérer comme étant la *section d'écoulement réelle*, et c'est elle qu'il faudra prendre pour A_0 dans les équations du numéro précédent.

Le rapport entre l'aire de la veine contractée ou orifice effectif et celle de l'orifice réel porte le nom de *coefficient de contraction*. Pour des orifices à bords tranchants en mince paroi, il présente des valeurs différentes suivant les formes et les proportions de l'orifice; ces valeurs varient entre 0,58 et 0,7 et donnent comme moyenne $\frac{5}{8}$.

Il diminue un peu pour des pressions un peu fortes, et l'on peut le prendre égal à 0,6 pour des charges dynamiques de $1^m,80$ et au-dessus. La table la plus complète de ces coefficients de contraction a été donnée par Poncelet et Lesbros.

Pour des orifices dont les bords ne sont ni tranchants ni minces, le débit est modifié d'une façon sensible par le frottement.

627. Dans le cas d'**orifices verticaux** dont les dimensions verticales sont assez grandes relativement à leurs distances à la surface supérieure du réservoir, on admet que la vitesse moyenne d'écoulement par la veine contractée est due à *la valeur moyenne de la racine carrée de la charge dynamique* pour les différentes parties de l'orifice. Supposons par exemple que y soit la largeur horizontale d'un orifice à une hauteur donnée quelconque z au-dessus du plan horizontal donné, z', la hauteur du bord inférieur, et z'', celle du bord supérieur de l'orifice au-dessus de ce plan, de telle sorte que

$$A_0 = c \int_{z'}^{z''} y \, dz \qquad (1)$$

soit l'aire effective de l'orifice, c étant le coefficient de contraction. On traitera alors cet orifice comme si sa profondeur au-dessous de la surface supérieure A_1 était

$$z_1 - z_0 = \left\{ \frac{\int_{z'}^{z''} y \sqrt{z_1 - z} \, dz}{\int_{z'}^{z''} y \, dz} \right\}^2, \qquad (2)$$

et l'on appliquera les formules du n° 625. Dans le cas d'un orifice rectangulaire pour lequel y est constant, on a alors

$$\sqrt{z_1 - z_0} = \frac{2}{3} \frac{(z_1 - z')^{\frac{3}{2}} - (z_1 - z'')^{\frac{3}{2}}}{z'' - z'}, \qquad (3)$$

et dans le cas où cet orifice est une *échancrure*, ou un orifice rectangulaire qui s'étend jusqu'à la surface supérieure, comme $z'' = z_1$, la formule ci-dessus se réduit à

$$\sqrt{z_1 - z_0} = \frac{2}{3} \sqrt{z_1 - z'}. \qquad (4)$$

628. **Les surfaces d'égale charge** qui, dans le cas d'un régime permanent, sont également des SURFACES D'ÉGALE VITESSE, sont des surfaces idéales passant au travers d'une masse fluide,

pour chacune desquelles la charge dynamique est uniforme. On a, entre leurs positions, la direction, la courbure et la variation de vitesse du mouvement du fluide les relations suivantes.

Dans la *fig.* 249, H_1H_1, H_2H_2 représentent deux de ces surfaces très-rapprochées l'une de l'autre, la distance normale qui les sépare mesurée de H_1 vers H_2 étant dn, et la différence des charges dynamiques pour chacune d'elles étant dh. AB est une portion du fluide en mouvement; elle constitue un filet élémentaire dont la vitesse est V, le rayon de courbure r, le diamètre $d'r$, et la variation de vitesse dV; les vitesses de A vers B étant regardées comme positives, et la courbure étant positive quand la trajectoire tourne sa convacité vers H_2.

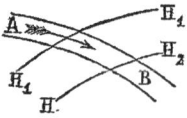

Les équations 2 et 3 du n° 621 donnent alors, comme ci-dessus :

$$\frac{VdV}{g} = -dh; \quad \text{ou} \quad \frac{V^2}{2g} + h = \text{constante}; \qquad (1)$$

pour que la variation de la charge puisse donner lieu à la force déviatrice nécessaire pour produire la courbure du filet AB, il faut que le rayon de courbure soit dans un plan perpendiculaire aux surfaces d'égale charge, et que l'équation ci-dessous soit satisfaite :

$$\left. \begin{array}{l} \dfrac{V^2 dr}{gr} = -\dfrac{dh}{dn}\, dr \cos \widehat{nr}; \\[2mm] \dfrac{V^2}{gr} = -\dfrac{dh}{dn} \cos \widehat{nr}. \end{array} \right\} \qquad (2)$$

ou

629. Dans le cas d'un **courant rayonnant** qui a lieu, soit en se dirigeant vers un axe, soit en s'éloignant (voir n° 407), les surfaces d'égale charge dynamique et d'égale vitesse sont des cylindres décrits autour de l'axe. L'équation de continuité 1 du n° 407, si l'on remplace h par b pour représenter la profondeur parallèlement à l'axe de l'espace cylindrique dans lequel le courant s'écoule, donne pour la vitesse la formule

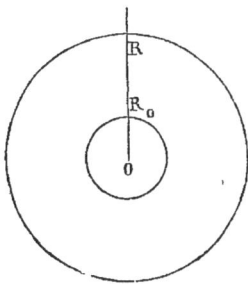

$$v = \frac{Q}{2\pi br} = \frac{v_0 r_0}{r}; \qquad (1)$$

r_0 étant le rayon de la surface cylindrique

R_0, *fig.* 250, à laquelle la partie rayonnante du courant commence ou cesse, suivant que l'écoulement a lieu du dedans au dehors ou inversement. Le courant rayonnant peut s'étendre indéfiniment dans toutes les directions au delà de cette surface; et la vitesse en un point quelconque varie en raison inverse de la distance à l'axe O. Supposons que h_0 soit la charge dynamique en R_0; nous aurons pour une autre surface cylindrique de rayon $\overline{OR} = r$, l'expression suivante pour la charge dynamique,

$$h = h_0 + \frac{v_0^2}{2g} - \frac{v^2}{2g} = h_0 + \frac{v_0^2}{2g}\left(1 - \frac{r_0^2}{r^2}\right). \qquad (2)$$

Soit h_1 la limite dont s'approche la charge dynamique à mesure que la distance à l'axe augmente indéfiniment, on a alors

$$\left. \begin{aligned} h_1 &= h_0 + \frac{v_0^2}{2g} = h + \frac{v^2}{2g}; \\ h &= h_1 - \frac{v^2}{2g} = h_1 - \frac{v_0^2 r_0^2}{2g r^2}. \end{aligned} \right\} \qquad (3)$$

630. Tourbillon circulaire libre. — Supposons que dans l'espace cylindrique de la *fig.* 250, situé au delà de la surface R_0, les molécules du fluide tournent suivant un courant circulaire autour de l'axe O, et que la vitesse de chaque courant circulaire soit telle que si, par suite d'un mouvement rayonnant lent, les molécules passaient d'un courant circulaire à un autre, elles prendraient librement les vitesses des divers courants dans lesquels elles entreraient sans qu'il y eût d'autres forces agissantes que leur poids et la pression du fluide. Avec cette dernière condition, on a ce qu'on appelle un *tourbillon libre;* un tourbillon qui n'est pas sollicité par des forces extérieures tend à remplir cette condition par suite de la tendance qu'ont à se mêler les molécules de courants circulaires contigus. Elle est exprimée mathématiquement par la relation :

$$h + \frac{v^2}{2g} = h_1 = \text{constante.} \qquad (1)$$

Nous donnerons à h_1 le nom de *charge maximum.*

Imaginons une portion d'un mince courant circulaire de rayon moyen r, qui serait contenue entre deux surfaces cylindriques distantes de la quantité infiniment petite dr, et qui aurait pour aire l'*unité*, le courant ayant la vitesse v. La force centrifuge de cette portion du courant est

$$\frac{v^2 \rho dr}{gr},$$

qui est égale et opposée à la force déviatrice

$$\rho dh\,;$$

on a donc

$$\frac{dh}{dr} = \frac{v^2}{gr}. \tag{2}$$

Mais, en vertu de la condition de liberté de l'équation 1, nous avons $\dfrac{v^2}{g} = 2(h_1 - h)$; si l'on substitue cette valeur dans l'équation 2, on obtient

$$\frac{dh}{dr} = \frac{2(h_1 - h)}{r},$$

d'où

$$h_1 - h = \frac{v^2}{2g} \text{ est prop. à } \frac{1}{r^2}, \tag{3}$$

ce qui montre que *la vitesse est en raison inverse de la distance à l'axe*, absolument comme dans le cas d'un courant rayonnant. Si v_0 est alors la vitesse de révolution, et h_0 la charge dynamique, à la limite intérieure R_0 du tourbillon, nous aurons entre les charges dynamiques et les vitesses en tous les points les équations générales

$$\left. \begin{aligned} h_1 &= h_0 + \frac{v_0^2}{2g} = h + \frac{v^2}{2g} = h + \frac{v_0^2}{2g}\frac{r_0^2}{r^2};\\ h &= h_1 - \frac{v^2}{2g} = h_1 - \frac{v_0^2}{2g}\frac{r_0^2}{r^2}. \end{aligned} \right\} \tag{4}$$

631. Tourbillon spiral libre. — Les équations du mouvement d'un tourbillon circulaire libre étant les mêmes que celles d'un courant rayonnant, il en résulte qu'elles s'appliquent également à un tourbillon dont le mouvement résulte de ces deux mouvements dans des rapports quelconques, *tant que la vitesse est en raison inverse de la distance à l'axe.* Pour que cette condition soit remplie, les courants de liquide doivent être en chaque point également inclinés sur le rayon mené par l'axe; c'est là une propriété de la spirale logarithmique.

Soient v la vitesse du courant d'un tourbillon spiral libre en un point quelconque, et θ l'inclinaison constante du courant sur le rayon vecteur, la composante du mouvement qui a pour vitesse $v \cos \theta$ est alors analogue au mouvement d'un courant rayonnant, et la composante qui a pour vitesse $v \sin \theta$ est analogue au mouvement d'un tourbillon circulaire libre.

632. On donne le nom de **tourbillon forcé** à un tourbillon dont la vitesse de révolution des molécules suit une loi quelconque différente de celle d'un tourbillon libre; le genre de tourbillon forcé que l'on considère le plus habituellement est celui dont les molécules sont animées de vitesses angulaires égales, comme si elles faisaient partie d'un corps solide animé d'un mouvement de rotation, de telle sorte que si r_0 est le rayon de la limite *extérieure* du tourbillon où la vitesse est v_0, on a

$$v = \frac{v_0 r}{r_0}. \qquad (1)$$

L'équation de la force déviatrice 2 du n° 630 est applicable à tous les tourbillons, qu'ils soient forcés ou libres. Si nous substituons dans cette équation la valeur de v tirée de l'équation ci-dessus, nous trouverons

$$\frac{dh}{dr} = \frac{v_0^2 r}{g r_0^2}. \qquad (2)$$

Si l'on intègre cette équation, en remarquant que la charge dynamique est comptée par rapport à l'axe du tourbillon, on obtient

$$h = \frac{v_0^2 r^2}{2 g r_0^2} = \frac{v^2}{2g}; \quad h_0 = \frac{v_0^2}{2g}. \qquad (3)$$

On voit par conséquent que, dans un tourbillon animé d'un mouvement de rotation, la *charge dynamique en un point quelconque est la hauteur due à la vitesse, et que l'énergie d'une molécule quelconque est moitié actuelle et moitié potentielle.*

633. Un **tourbillon composé** consiste en un tourbillon libre situé au dehors d'une surface cylindrique donnée, telle que R_0 dans la *fig*. 250, et en un tourbillon forcé situé à l'intérieur de cette même surface. Pour qu'une telle combinaison puisse exister, il faut que la vitesse v_0 et la charge dynamique h_0, à la surface de jonction, soient les mêmes pour les deux tourbillons; et comme la charge dyna-

mique du tourbillon forcé est égale à la hauteur due à sa vitesse, et que la somme de ces hauteurs pour la surface de jonction est égale à la *charge maximum* h_1 du tourbillon libre, nous pouvons dire que *dans un tourbillon composé, la charge dynamique maximum est double de la charge dynamique à la surface de jonction, chacune étant mesurée par rapport à l'axe du tourbillon*, ou sous forme symbolique :

$$h_1 = 2h_0 = \frac{v_0^2}{g}. \tag{1}$$

Pour en donner une interprétation géométrique, nous supposerons un tourbillon composé qui tourne autour d'un axe vertical OZ_0Z_1, *fig*, 251, la surface supérieure du liquide étant libre et représentée en coupe par DBOBD.

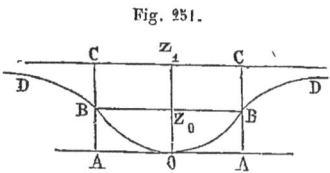

Fig. 251.

Supposons que AB, AB, soit la surface cylindrique de jonction entre le tourbillon libre et le tourbillon forcé. Soit AOA un plan horizontal tangent à la surface supérieure à son point le plus bas qui est sur l'axe et supposons que les coordonnées verticales soient mesurées à partir de ce plan. La pression atmosphérique étant égale en tous points, on peut ne pas s'en occuper ; de telle sorte que si z est la hauteur d'un point quelconque de la surface du tourbillon au-dessus de AOA, nous aurons simplement

$$z = h. \tag{2}$$

Nous aurons alors pour le tourbillon forcé,

$$z = \frac{v_0^2 r^2}{2 g r_0^2}; \tag{3}$$

ce qui montre que BOB est un paraboloïde de révolution ayant pour sommet le point O.

Faisons $\overline{AC} = 2\overline{AB} = 2z_0$; cette quantité représentera h_1, la charge dynamique maximum ; nous aurons alors pour le tourbillon libre

$$z = h - \frac{v_0^2 r_0^2}{2 g r^2} = h_1 - \frac{z_0 \, r_0^2}{r^2}; \tag{4}$$

et DB, DB, est un hyperboloïde du second ordre engendré par la révolution autour de l'axe vertical d'une hyperbole du second ordre dont la coordonnée $h_1 - z$, mesurée *de haut en bas* à partir de CZ_1C, est en raison inverse du carré de la distance à l'axe. Les deux sur-faces ont une tangente commune en BB, où elles se rejoignent.

La vitesse d'une molécule quelconque dans le tourbillon libre est celle qui est due à sa profondeur au-dessous de CC; celle d'une molé-cule quelconque dans le tourbillon forcé est celle qui est due à sa hauteur au-dessus de AA; et le point B où les vitesses sont égales se trouve à égale distance de CC et de AA.

La turbine du professeur James Thomson, de Belfast, est une ap-plication de la théorie des tourbillons combinés.

634. Révolution dans un plan vertical. Lorsqu'une masse de liquide tourne dans un plan vertical autour d'un axe horizontal (tel est le cas de l'eau contenue dans l'auget d'une roue en dessus), sa surface supérieure n'est pas horizontale, mais prend une forme qui dépend de la force dévatrice résultant de son mouvement de révolution.

Dans la *fig.* 252, C représente un axe horizontal, et B, un auget qui tourne autour de cet axe suivant une trajectoire circulaire de rayon $\overline{BC}$, avec la vitesse angulaire a. Soit W le poids du liquide contenu dans l'auget.

Fig. 252.

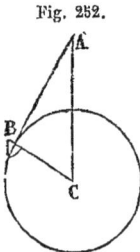

La force déviatrice est donnée par la formule

$$\frac{Wa^2}{g}\,\overline{BC}.$$

Prenons le rayon $\overline{BC}$ lui-même pour représenter la force déviatrice, et la longueur verticale $\overline{CA}$ comptée de bas en haut à partir de l'axe pour représenter le poids: la hauteur $\overline{CA}$ est donnée par la relation

$$\frac{\overline{CA}}{\overline{BC}} = \frac{W}{\dfrac{Wa^2}{g}\,\overline{BC}};$$

d'où

$$\overline{CA} = \frac{g}{a^2} = \frac{g}{4\pi^2 n^2}; \qquad (1)$$

n étant le nombre de tours par seconde.

$\overline{AC}$ représentant le poids, et $\overline{CB}$ la force centrifuge, *égale et opposée à la force déviatrice*, la *condition intérieure* du liquide dans l'auget, d'après le théorème de d'Alembert, est la même que s'il était sollicité par une force représentée par $\overline{AB}$, résultante de ces deux forces ; la surface du liquide est donc perpendiculaire à $\overline{AB}$.

L'équation 1 fait voir que la hauteur de A au-dessus de C est indépendante du rayon de la roue et ne dépend que du temps de la révolution ; c'est, par le fait, la hauteur d'un pendule conique qui fait une révolution dans le même temps que la roue. (Voir le n° 539). Le point A est donc le même pour tous les augets de la roue et pour tous les points de la surface du liquide dans le même auget, qu'ils soient plus ou moins éloignés de l'axe C ; la surface supérieure du liquide dans chaque auget est donc une partie de surface cylindrique décrite autour d'un axe horizontal passant par A et parallèle à C.

634 A. Mouvement de l'eau dans les ondes. I. *Ondes roulantes.* Dans le cas où les ondes ne sont pas accompagnées d'un mouvement de translation permanent des molécules liquides, l'observation fait reconnaître que ces molécules parcourent des orbites situées dans des plans verticaux qui sont perpendiculaires aux crêtes et aux creux des vagues et parallèles à leur direction de progression ; on sait également que chaque molécule animée d'un mouvement de révolution se meut en avant lorsqu'elle est sur le sommet d'une vague, de haut en bas quand elle est sur la pente d'arrière, d'avant en arrière quand elle est dans le creux, et de bas en haut quand elle est sur la pente d'avant. La *longueur* d'une onde est la distance suivant la direction de progression comprise entre deux crêtes ; la *hauteur* est égale au diamètre vertical de l'orbite d'une molécule de la surface. Chaque molécule fait une révolution pendant que l'onde avance d'une longueur d'onde ; l'intervalle de temps correspondant est appelé *la période.* Soient L la longueur de l'onde, T la période, a la vitesse de progression, on a alors $a = \dfrac{L}{T}$, et la vitesse moyenne de révolution d'une molécule est égale à la longueur de l'orbite divisée par T.

Les orbites des molécules sont à très-peu près des ellipses ayant leur grand axe horizontal. Si l'on va de la surface vers le fond, on trouve que les dimensions des orbites diminuent, l'axe vertical diminuant plus rapidement que l'axe horizontal. Sur le fond les molécules oscillent suivant une ligne droite.

Plus l'eau est profonde relativement à la longueur d'une onde, plus les deux axes de l'orbite d'une molécule de la surface tendent à être égaux, et dans le cas où la profondeur est égale à une demi-longueur d'onde et au-dessus, ces deux axes sont sensiblement égaux, et l'orbite d'une molécule de la surface sensiblement circulaire.

II. *Relation entre la figure de la surface et la vitesse de progression.* Soient, dans la *fig.* 252, C le centre, et CB le rayon de l'orbite circulaire d'une molécule. Prenons de bas en haut sur la verticale à partir du centre une longueur $\overline{CA}$ égale à celle du *pendule équivalent* (c'est-à-dire du pendule dont la période est T), à savoir,

$$\overline{CA} = \frac{g\mathrm{T}^2}{4\pi^2}. \tag{1}$$

Nous avons alors

$$\frac{\text{gravité}}{\text{force centrifuge}} = \frac{\overline{AC}}{\overline{CB}},$$

et $\overline{AB}$ représente (comme dans le n° 634, page 670) la résultante de la gravité et de la force centrifuge, de telle sorte qu'une *surface de pression uniforme* passant par B est normale à AB. La surface supérieure de la vague est une surface de ce genre, et pour que cette condition soit remplie, elle doit avoir pour profil *une cycloïde raccourcie décrite par le point* B, *tandis qu'un cercle de rayon* CA *roule sur le côté inférieur d'une horizontale menée par* A. *La longueur* d'une pareille onde et *sa vitesse de progression* sont données par les équations

$$L = 2\pi \overline{CA} = \frac{g\mathrm{T}^2}{2\pi}, \tag{2}$$

$$a = \frac{L}{T} = \frac{g\mathrm{T}}{2\pi}. \tag{3}$$

Lorsque les orbites des molécules de la surface sont elliptiques, soit *m* le rapport entre l'axe vertical et l'axe horizontal. Il est bien évident que, pour que la surface de l'onde puisse encore être en tous ses points normale à la résultante de la gravité et de la réaction, on doit avoir

$$L = \frac{mg\mathrm{T}^2}{2\pi}, \tag{4}$$

$$a = \frac{mg\mathrm{T}}{2\pi}. \tag{5}$$

III. *Relation entre la vitesse de progression et la profondeur d'agitation uniforme.* Soit *h* la hauteur d'une vague, c'est-à-dire le diamètre vertical de l'orbite d'une molécule de la surface. Dans un intervalle de temps élémentaire, la pente d'avant de l'onde parcourt la distance adt, et le volume de l'eau compris entre les deux positions successives de la pente d'avant, par unité de largeur, est égal à $hadt$. Dans le même temps il passe dans l'espace qui se trouve au-dessous de la pente d'avant, par unité de largeur, le volume d'eau $2ucdt$, u étant la vitesse en avant d'une molécule de la surface à la crête, — u la vitesse égale en arrière d'une molécule de la surface dans le creux, et c une profondeur à laquelle on peut donner le nom de *profondeur d'agitation uniforme*, parce qu'elle est égale à la profondeur moyenne d'un canal dans lequel le volume d'eau déplacé par seconde serait égal à celui déplacé par seconde dans l'onde actuelle, si la vitesse horizontale d'agitation était la même de la surface au fond. Si nous égalons les deux volumes indiqués, nous aurons $ha = 2uc$; mais on voit facilement que $u = \dfrac{ah}{2a}$; on a donc $c = \dfrac{a^2}{g}$. Par suite la vitesse de progression d'une onde d'une figure quelconque, pour laquelle le volume déplacé horizontalement par seconde est équivalent à celui dû à une vitesse horizontale d'agitation égale à la vitesse de la surface jusqu'à la profondeur c, est donnée par l'équation

$$a = \sqrt{gc}. \qquad (6)$$

Dans le cas d'ondes roulantes dans des eaux profondes, sans l'intervention de forces extérieures, on peut montrer que les diamètres des orbites des molécules, à différentes profondeurs, varient proportionnellement à $e^{-\frac{z}{c}}$, z étant la profondeur du centre de l'orbite de la molécule en question au-dessous du centre de l'orbite d'une molécule de la surface.

Dans une eau dont la profondeur est k, posons $\dfrac{L}{2\pi} = b$; on peut faire voir alors qu'à la surface, $m = \dfrac{\left(e^{\frac{k}{b}} - e^{-\frac{k}{b}}\right)}{\left(e^{\frac{k}{b}} + e^{-\frac{k}{b}}\right)}$; que $c = mb$, et que les dimensions horizontale et verticale d'une orbite varient respectivement comme $e^{\frac{k-z}{b}} + e^{\frac{z-k}{b}}$, et comme $e^{\frac{k-z}{b}} - e^{\frac{z-k}{b}}$. Dans des eaux très-profondes on a sensiblement $m = 1$, et $c = b$.

Dans des eaux peu profondes, l'agitation horizontale est sensible

43

ment uniforme de la surface au fond, de telle sorte que *c* représente la profondeur actuelle ; et l'agitation verticale est sensiblement proportionnelle à la hauteur au-dessus du fond.

IV. *Les ondes de translation* sont celles qui sont accompagnées d'un mouvement permanent des molécules d'eau, et l'on dit qu'elles sont positives ou négatives suivant que ce déplacement a lieu en avant ou en arrière. On peut, pour représenter leurs mouvements, prendre deux quantités différentes, u' et $- u''$, qui désigneront respectivement la vitesse en avant d'une molécule à la crête de la vague et la vitesse en arrière d'une molécule dans le creux ; la vitesse de progression sera alors donnée par la formule

$$a + \frac{1}{2}\,(u' - u'').\qquad(7)$$

V. auteurs à consulter sur les ondes : *Wellenlehre* de Weber ; *Reports of the British Association*, 1844, Scott Russel ; *On Tides and Waves, Airy ; Cambridge Transactions*, 1842, 1850, Stokes ; *ibid.*, 1845, Earnshaw ; *Trans. of the Institution of Naval Architects*, 1862, Froude ; *Philosoph. Trans.*, 1863, Rankine ; *Phil. Mag.*, novembre 1864, Rankine ; *Proceedings of the Royal Society*, 1868, Rankine ; *On Shipbuilding*, Watts, Rankine, Napier et Barnes ; *On Harbours*, Thomas Stevenson ; Journal de Liouville, juin et juillet 1866, Caligny ; *Sul moto ondoso del mare*, Cialdi.

SECTION 2. — *Mouvements des gaz sans frottement.*

635. Charge dynamique dans les gaz. Les équations de la dynamique du mouvement d'un gaz sont les mêmes que celles déjà données au n° 618, équation 2 ; on remarquera, pour leur intégration, que la densité ρ n'a plus une valeur constante, mais qu'elle dépend de la pression. Nous avons donné les équations de continuité aux n°s 419 à 423.

Pour trouver la CHARGE DYNAMIQUE pour une molécule de gaz, il faudra prendre $\int_0^p \dfrac{dp}{\rho}$ au lieu de $\dfrac{p}{\rho}$, comme on le voit facilement par les équations générales du mouvement d'un fluide que nous venons de rappeler. La charge dynamique, pour une molécule de gaz, à une hauteur donnée z au-dessus d'un plan horizontal fixe, est relativement à ce plan,

$$h = \int_0^p \frac{dp}{\rho} + z; \qquad (1)$$

si l'on substitue cette valeur à h dans toutes les *équations de la dyna-mique* relatives aux liquides, on aura les équations correspondantes du mouvement des gaz.

Dans la majeure partie des problèmes de la pratique relatifs à l'écoulement des gaz, les différences de niveau des différents points de la masse gazeuse n'ont qu'une influence très-faible sur le mouvement, de telle sorte qu'on néglige souvent la quantité z dans la formule précédente.

Pour déterminer la valeur de l'intégrale dans cette formule, il faut remarquer que presque tous les changements dans la vitesse des gaz se produisent assez rapidement pour que les molécules n'aient pas le temps de recevoir ou d'émettre de la chaleur d'une façon sensible; par suite la pression et la densité de chaque molécule sont reliées l'une à l'autre par la loi que nous avons indiquée en traitant de la vitesse du son, c'est-à-dire que

$$p \text{ est proportionnel à } \rho^\gamma, \qquad (2)$$

l'exposant γ ayant les valeurs que nous avons données, dont la plus importante à considérer est $1{,}408$ dans le cas de l'air. Nous avons alors pour la valeur de l'intégrale dans l'équation 1,

$$h - z = \int_0^p \frac{dp}{\rho} = \frac{\gamma}{\gamma - 1} \frac{p}{\rho}. \qquad (3)$$

Le coefficient $\dfrac{\gamma}{\gamma - 1}$ a pour valeur, dans le cas de l'air :

$$\frac{\gamma}{\gamma - 1} = \frac{1{,}408}{0{,}408} = 3{,}451. \qquad (4)$$

Posons

$$\tau = T + 273° \qquad (5)$$

pour représenter la *température absolue* du gaz, T étant sa température évaluée en degrés centigrades, et

$$\tau_0 = 273° \qquad (6)$$

représentant la température absolue de la glace fondante. On a alors pour des gaz sensiblement parfaits,

$$\frac{p}{\rho} = \frac{p_0 \tau}{\rho_0 \tau_0};\qquad(7)$$

d'où, pour la valeur de l'intégrale en fonction de la température,

$$h - z = \int_0^p \frac{dp}{\rho} = \frac{\gamma}{\gamma - 1} \frac{p_0}{\rho_0} \frac{\tau}{\tau_0};\qquad(8)$$

elle est donc *simplement proportionnelle à la température absolue.*

On sait, par la science de la thermodynamique, que l'expression ci-dessus est équivalente à

$$E c' \tau,\qquad(9)$$

dans laquelle c' est *la capacité calorifique du gaz* à pression constante, et E *l'équivalent mécanique de la chaleur*, ou la hauteur de laquelle doit tomber un poids donné, pour produire par le frottement la quantité de chaleur qui est nécessaire pour élever la température d'un égal poids d'eau de un degré. Dans l'échelle centigrade,

$$E = 423 \text{ mètres.}\qquad(10)$$

Voici les valeurs de $\dfrac{p_0}{\rho_0}$ et de c' pour quelques gaz et vapeurs :

	$\dfrac{p_0}{\rho_0}$.	c'.
Air.	7.989	0,238
Oxygène.	7.189	
Hydrogène.	115.290	
Vapeur.	12.845 (*)	0,480
Vapeur d'éther.	3.082	0,481
Vapeur de sulfure de carbone.	3.018	0,1575
Acide carbonique supposé gaz parfait.	5.242	
Acide carbonique réel.	5.206	0,217

Les variations de pression, de volume et de température absolue d'un gaz pendant des changements de mouvement rapides sont

---

(*) Ce chiffre est un résultat idéal auquel on est conduit, non par une expérience directe, mais par des calculs basés sur la composition chimique de la vapeur.

reliées entre elles de la manière suivante :

$$\tau \text{ proportionnel à } \rho^{\gamma-1}, \text{ proportionnel à } p^{\frac{\gamma-1}{\gamma}}. \quad (11)$$

Les équations que nous venons de donner correspondent à des gaz parfaits. Les gaz réels s'écartent plus ou moins des gaz parfaits; mais dans la plupart des questions pratiques de l'hydrodynamique on peut leur appliquer sans erreur importante les équations qui sont relatives aux gaz parfaits.

636. L'équation de continuité pour un mouvement permanent de gaz prend la forme suivante, lorsque l'on prend en considération les lois établies dans le numéro précédent. La première équation donnée au n° 421 étant équivalente à

$$Q\rho = Av\rho = \text{constante}, \quad (1)$$

nous remarquerons qu'en vertu des relations du dernier numéro, on a

$$\rho \text{ prop. à } p^{\frac{1}{\gamma}}, \text{ prop. à } \tau^{\frac{1}{\gamma-1}}, \text{ prop. à } (h-z)^{\frac{1}{\gamma-1}}; \quad (2)$$

les exposants ayant pour valeurs, dans le cas de l'air,

$$\frac{1}{\gamma} = 0{,}71; \quad \frac{1}{\gamma-1} = 2{,}451. \quad (3)$$

L'équation de continuité en fonction de la pression, de la température absolue, et de la charge dynamique, prendra donc les formes suivantes

$$Qp^{\frac{1}{\gamma}} = Avp^{\frac{1}{\gamma}} = \text{constante}; \quad (4)$$

$$Q\tau^{\frac{1}{\gamma-1}} = Av\tau^{\frac{1}{\gamma-1}} = \text{constante}; \quad (5)$$

$$Q(h-z)^{\frac{1}{\gamma-1}} = Av(h-z)^{\frac{1}{\gamma-1}} = \text{constante}. \quad (6)$$

637. Écoulement d'un gaz par un orifice. Désignons par p, et p_2 respectivement la pression d'un gaz à l'intérieur et à l'extérieur d'un récipient, par A l'aire *effective* d'un orifice en mince paroi, c'est-à-dire le produit de l'aire réelle par un *coefficient de contraction*, dont la valeur est

0,6 environ.

Supposons que le récipient soit assez grand pour que la vitesse à l'intérieur soit insensible, et représentons par τ_1, ρ_1, la température absolue et la densité du gaz à l'intérieur de ce récipient, et par τ_2, ρ_2, celles du gaz qui s'écoule. Ces dernières ne sont pas les mêmes que celles du gaz extérieur *au repos*, pour des raisons que nous donnerons plus loin. On a alors :

$$\frac{\tau_2}{\tau_1} = \left(\frac{p_2}{p_1}\right)^{\frac{\gamma-1}{\gamma}} \; ; \quad \frac{\rho_2}{\rho_1} = \left(\frac{p_2}{p_1}\right)^{\frac{1}{\gamma}}. \tag{1}$$

L'équation 8 du n° 635 et l'équation 3 du n° 624 nous donneront pour la hauteur due à la vitesse d'écoulement,

$$\frac{v^2}{2g} = h_1 - h_2 = \frac{\gamma}{\gamma-1}\frac{p_0}{\rho_0}\frac{\tau_1-\tau_2}{\tau_0}$$
$$= \frac{\gamma}{\gamma-1}\frac{p_0}{\rho_0}\frac{\tau_1}{\tau_0}\left\{1-\left(\frac{p_2}{p_1}\right)^{\frac{\gamma-1}{\gamma}}\right\}; \tag{2}$$

d'où l'on déduira facilement la vitesse elle-même, et la *dépense en volume* $Q = vA$ à la veine contractée. Pour trouver la *dépense en poids*, il faudra multiplier cette dernière quantité par

$$\rho_2 = \rho_1 \left(\frac{p_2}{p_1}\right)^{\frac{1}{\gamma}} = \frac{\rho_0\tau_0 p_1}{p_0\tau_1}\left(\frac{p_2}{p_1}\right)^{\frac{1}{\gamma}}; \tag{3}$$

ce qui donne les résultats suivants :

$$\rho_2 Q = vA\rho_2 = A p_1 \sqrt{\frac{2g\gamma\rho_0\tau_0}{(\gamma-1)p_0\tau_1}} \sqrt{1-\left(\frac{p_2}{p_1}\right)^{\frac{\gamma-1}{\gamma}}\left(\frac{p_2}{p_1}\right)^{\frac{1}{\gamma}}}. \tag{4}$$

Pour de petites différences de pression, qui sont telles que $\frac{p_2}{p_1}$ est à peu près égal à l'unité, on peut prendre avec une certaine approximation la formule

$$\frac{v^2}{2g} = \frac{p_0}{\rho_0}\frac{\tau_1}{\tau_0}\frac{p_1-p_2}{p_1}. \tag{5}$$

Lorsque le mouvement du jet s'éteint finalement par suite du frottement, il se produit une quantité de chaleur suffisante pour ramener la température absolue à peu près à sa valeur première, τ_1.

637 A. **Dépense maximum de gaz.** Lorsque $\dfrac{p_2}{p_1}$ diminue indéfiniment, la vitesse d'écoulement donnée par l'équation 2 du n° 637 tend vers la limite

$$\sqrt{\frac{2\gamma g p_0 \tau_1}{(\gamma - 1)\rho_0 \tau_0}}, \qquad (1)$$

qui est plus grande que la vitesse du son dans le rapport de $\sqrt{\dfrac{2}{\gamma - 1}}$ à l'unité; ce rapport étant pour l'air égal à 2,21, on a pour la vitesse-limite d'écoulement de l'air

$$735 \text{ mètres } \sqrt{\frac{\tau_1}{\tau_0}}. \qquad (2)$$

La *dépense en poids*, que donne l'équation 4 du n° 637, n'augmente pas d'une façon continue à mesure que $\dfrac{p_2}{p_1}$ diminue indéfiniment, mais atteint un maximum pour la valeur

$$\left.\begin{array}{c} \dfrac{p_2}{p_1} = \left(\dfrac{2}{\gamma + 1}\right)^{\frac{\gamma}{\gamma - 1}}, \\[2em] \dfrac{\rho_2}{\rho_1} = \left(\dfrac{2}{\gamma + 1}\right)^{\frac{1}{\gamma - 1}}; \quad \dfrac{\tau_2}{\tau_1} = \dfrac{2}{\gamma + 1}. \end{array}\right\} \qquad (3)$$

qui correspond à

Ces rapports ont pour valeurs, dans le cas de l'air,

$$\frac{p_2}{p_1} = 0{,}527; \quad \frac{\rho_2}{\rho_1} = 0{,}6345; \quad \frac{\tau_2}{\tau_1} = 0{,}8306; \qquad (4)$$

et la vitesse correspondante d'écoulement est

$$v = \sqrt{\frac{2\gamma g p_0 \tau_1}{(\gamma + 1)\rho_0 \tau_0}}, \qquad (5)$$

qui est inférieure à la vitesse du son dans le rapport $\sqrt{\dfrac{2}{\gamma + 1}}$ à l'unité; ce rapport dans le cas de l'air est égal à 0,912. On a ainsi, dans le cas de la dépense maximum en poids, pour la vitesse de l'air au travers d'un orifice donné, air s'écoulant d'un réservoir où la pression et la température sont données,

$$v = 304 \text{ mètres } \sqrt{\frac{\tau_1}{\tau_0}}. \qquad (6)$$

Il est souvent commode d'exprimer la dépense en poids de la manière suivante : ·

$$\rho_2 Q = \frac{v\rho_2}{\rho_1} A\rho_1. \qquad (7)$$

$\dfrac{v\rho_2}{\rho_1}$ porte le nom de *vitesse réduite;* c'est la vitesse d'un courant dont la densité serait égale à celle du gaz dans le récipient, qui donnerait lieu à une dépense en poids égale à celle du courant réel.

La vitesse réduite maximum correspond à la dépense maximum et a pour expression :

$$\frac{v\rho_2}{\rho_1} = \text{vitesse du son} \times \left(\frac{2}{\gamma+1}\right)^{\frac{\gamma+1}{2(\gamma-1)}}, \qquad (8)$$

dont la valeur est, dans le cas de l'air, égale à

$$\text{la vitesse du son} \times 0,579 = 193 \text{ mètres } \sqrt{\frac{\tau_1}{\tau_0}}. \qquad (9)$$

Les recherches de ce numéro et du précédent sont au fond les mêmes que celles qui ont été communiquées à l'origine à la Société royale, en mai 1856, par les docteurs Joule et Thomson; la légère différence dans les résultats provient principalement de ce que ces auteurs ont pris pour γ 1,41 au lieu de 1,408.

MM. Joule et Thomson ont vérifié le résultat théorique *de la vitesse réduite maximum* donné par l'équation 9, au moyen d'expériences sur l'écoulement de l'air par des orifices pratiqués dans des plaques de cuivre et ayant $0^{mm},74$, $1^{mm},34$, $2^{mm},13$ de diamètre, à la température de $13°,9$ C., pour laquelle $\dfrac{\tau_1}{\tau_0} = \dfrac{286,9}{273}$, et la vitesse réduite maximum calculée est 196 mètres par seconde.

La vitesse réduite maximum trouvée par expérience fut de 165 mètres par seconde ou les 0,84 de celle indiquée par la théorie; mais dans la détermination de la vitesse par l'expérience on se servait de l'aire réelle de l'orifice, de telle sorte que la différence était probablement due à la contraction. La valeur correspondante du rapport $\frac{p_2}{p_1}$ donnée par l'expérience fut 0,375 au lieu de 0,527; cette différence était produite par le frottement.

SECTION 3. — *Mouvements des liquides avec frottement.*

638. Lois générales du frottements des fluides. L'expérience a appris qu'il s'exerce entre un fluide et une surface solide sur laquelle il glisse une résistance à leur mouvement relatif qui est proportionnelle à leur surface de contact et à la densité du fluide, et qui est à peu près proportionnelle au carré de la vitesse du mouvement relatif, c'est-à-dire, que la résistance est à peu près proportionnelle *au poids d'un prisme du fluide, qui aurait pour base la surface de contact, et pour hauteur la hauteur due à la vitesse relative.*

Soient S la surface de contact, v la vitesse, ρ le poids de l'unité de volume du fluide, et f un facteur appelé le *coefficient de frottement;* on a

$$R = f\rho S\, \frac{v^2}{2g}, \qquad\qquad (1)$$

pour la grandeur du frottement sur la surface S.

Le coefficient f n'est pas absolument constant avec la vitesse. On a l'habitude en pratique, où la vitesse est une des inconnues qu'il faut déterminer, de chercher une valeur approchée de la vitesse en partant de la valeur *moyenne de f*, puis on détermine la valeur de f qui correspond à cette vitesse approchée, et l'on s'en sert pour déterminer la vitesse avec une plus grande approximation.

Voici, d'après différents auteurs, quelques-unes des valeurs des coefficients de frottement pour des cours d'EAU glissant sur diverses surfaces; v étant la *vitesse moyenne du cours d'eau* exprimée en mètres.

Tuyaux en fonte (Darcy). d est le diamètre du tuyau en mètres;

$$f = 0{,}0043 \left(1 + \frac{0{,}0338}{d}\right) + \frac{0{,}000304}{v}\left(1 + \frac{0{,}0169}{d}\right),$$

ou, pour des vitesses qui ne sont pas très-petites,

$$f = 0{,}005 \left(1 + \frac{0{,}0253}{d}\right)$$

Tuyaux en fonte, valeur de f comme première approximation. . . . . } 0,0064

Lits de rivières (Weisbach), $f = a + \dfrac{b}{v}$; $a = 0,0074$ $b = 0,00007$.

Lits de rivières, valeur de f comme première approximation. . . . . } 0.0076

On trouvera dans les ouvrages de M. Neville sur l'hydraulique de nombreuses formules pour le frottement des fluides, proposées par différents auteurs, avec des tables des résultats des meilleures formules. Les formules des différents auteurs, quoique différentes en apparence, sont basées ou à très-peu près sur les mêmes données expérimentales, qui sont principalement celles dues à Dubuat, lesquelles ont été modifiées par différents expérimentateurs, et leurs résultats pratiques ne diffèrent pas sensiblement. Les deux formules ci-dessus données sur l'autorité de Darcy, pour les tuyaux en fonte, sont basées sur des expériences qui sont relatées dans son traité du *Mouvement de l'eau dans les tuyaux.*

639. Frottement intérieur des fluides. Quoique les molécules des fluides soient dépourvues d'élasticité transversale, c'est-à-dire, bien qu'elles n'aient aucune tendance à revenir à une certaine figure après avoir subi une distorsion, il est certain qu'elles donnent lieu à des résistances, quand elles glissent les unes sur les autres et qu'il se fait une communication de mouvement des unes aux autres, c'est-à-dire, que les molécules qui se meuvent côte à côte suivant des lignes parallèles ont une certaine tendance à prendre la même vitesse. Les lois de cette communication latérale de mouvement, ou du frottement intérieur des fluides, ne sont pas exactement connues; mais on en connaît les effets; on sait, par exemple, que l'énergie due aux différences de vitesse, que ce frottement tend à faire disparaître, est remplacée par de la chaleur dans le rapport d'une unité de chaleur par 423 kilogrammètres d'énergie, et que le frottement d'un courant dans un canal a pour effet non-seulement de retarder le mouvement des filets liquides qui sont en contact immédiat avec les parois, mais encore de retarder le mouvement de la masse tout entière et de l'amener à très peu près aux conditions d'un mouvement à tranches planes perpendiculaires à l'axe du canal (625).

640. Frottement dans le cas d'un courant uniforme.

Le dernier fait indiqué rend possible l'existence d'un courant découvert de section, de vitesse et de pente uniformes.

Dans les calculs d'hydraulique relatifs à la résistance d'un pareil
courant ou d'un courant quelconque, la valeur donnée à la vitesse
est sa valeur moyenne dans toute l'étendue d'une section transversale donnée du courant A.

$$v = \frac{Q}{A}. \tag{1}$$

La vitesse maximum dans chaque section transversale existe au
point qui est le plus éloigné de la surface de frottement du canal.
La formule empirique de Prony donne le rapport de cette vitesse
à la vitesse moyenne

$$\frac{v}{V} = \frac{V + 2,37}{V + 3,15}. \tag{2}$$

Dans un courant uniforme, la charge dynamique qui autrement
aurait eu pour résultat d'accroître l'énergie actuelle, est employée
tout entière à vaincre la résistance du frottement. Considérons une
portion du courant dont la longueur est l et la différence de niveau z.
La perte de charge est égale à cette dénivellation de la surface du
courant, d'après ce que l'on a dit au n° 623, et la dépense d'énergie
potentielle par seconde est par conséquent

$$z\rho Q = z\rho v A.$$

Égalons cette quantité au travail effectué par seconde pour vaincre
le frottement, lequel travail est égal à vR, nous trouvons

$$z\rho v A = f\rho S \frac{v^3}{2g};$$

si nous supprimons les facteurs communs et divisons par l'aire de la
section A, nous obtenons pour la valeur de la différence de niveau
en fonction de la vitesse

$$z = f\frac{S}{A}\frac{v^2}{2g}. \tag{3}$$

Désignons par s le *périmètre mouillé* de la section transversale du
courant, c'est-à-dire, la section transversale de la surface de frottement entre le courant et le canal, nous avons

$$S = ls.$$

Si nous divisons les deux membres de l'équation 3 par l, nous trouvons pour la relation entre la pente et la vitesse

$$\sin i = \frac{z}{l} = f \frac{s}{A} \frac{v^2}{2g}. \qquad (4)$$

$\dfrac{A}{s}$ est ce que l'on appelle la PROFONDEUR HYDRAULIQUE MOYENNE du cou-rant, et comme le frottement lui est inversement proportionnel, il est évident que la figure de la section transversale du canal qui donne le moins de frottement, est celle dont la profondeur hydrau-lique moyenne est le plus grande, c'est-à-dire une demi-circonfé-rence. Lorsque la pente des parois du canal est limitée à un certain angle par la stabilité des matériaux, M. Neville a montré que la figure de frottement minimum consiste en deux lignes droites ayant l'inclinaison donnée, réunies à la base par un arc de cercle dont le rayon est égal à la hauteur du liquide au milieu du canal, ou, s'il y a lieu d'employer un fond plat, par une ligne horizontale tan-gente à cet arc. Pour un tel canal, la profondeur hydraulique moyenne est moitié de la hauteur du liquide au milieu du canal.

641. Courant à mouvement varié. Dans un courant dont l'aire de la section transversale est variable et dans lequel par con-séquent la vitesse moyenne varie pour les différentes sections trans-versales, la perte de charge dynamique est la somme de celle qui est dépensée pour vaincre le frottement et de celle qui est dépensée pour produire l'accroissement de vitesse lorsque la vitesse augmente, ou la différence de ces deux quantités lorsque la vitesse diminue, la-quelle différence peut être positive ou négative, et peut représenter soit une perte, soit un gain de charge. La méthode la plus conve-nable pour représenter ce principe d'une façon symbolique dans la pratique est la suivante.

Dans la *fig.* 253, l'origine des coordonnées est au point O. *complé-tement au-dessous* de la partie du courant que l'on considère; les

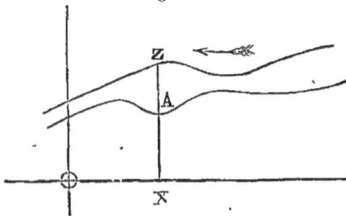

Fig. 253.

abscisses x sont mesurées en sens inverse de la direction du cou-rant, et les coordonnées verticales du courant, z, sont comptées de bas en haut. Considérons une portion infiniment courte du cou-rant, dont la longueur horizontale est dx; en pratique on peut presque toujours admettre que cette longueur est égale à la longueur réelle. La différence de niveau dans cette partie du courant est dz, et l'accélération $-dv$, parce que v est de sens contraire à x. Si nous modifions l'expression de la perte de charge due au frottement dans l'équation 3 du n° 640 pour l'approprier au cas présent, et si nous ajoutons la perte de charge due à l'accélération, nous trouvons

$$dz = -\frac{vdv}{g} + f\frac{sdx}{A}\frac{v^2}{2g}. \qquad (1)$$

Quand on appliquera cette équation différentielle à la solution d'un problème quelconque, il faudra remplacer v par $\frac{Q}{A}$ et A et S par leurs valeurs en fonction de x et de z. On obtiendra ainsi une équation différentielle entre x et z et la quantité constante Q, qui est le débit par seconde. Si Q est connu, il suffira de connaître la valeur de z pour une valeur particulière de x, pour pouvoir trouver l'équation entre z et x. Si Q est inconnu, les valeurs de z pour deux valeurs particulières de x, ou de z et de $\frac{dz}{dx}$ (la pente) pour une valeur particulière de x, sont nécessaires pour la solution du problème, qui comporte la détermination de la valeur de Q.

642. **Le frottement dans un tuyau plein** produit une perte de charge dynamique qui est régie par la même loi que celle due au frottement dans un canal, avec cette différence que là charge dynamique est maintenant la somme de la hauteur du tuyau au-dessus d'un plan horizontal donné, et de la hauteur due à la pression dans le tuyau. L'équation différentielle qui exprime ce fait est la suivante : Soient dl la longueur d'une portion infiniment courte d'un tuyau, mesurée *dans* la direction de l'écoulement, s sa circonférence intérieure, A l'aire de sa section, z sa hauteur au-dessus d'un plan horizontal donné, p la pression intérieure, h la charge dynamique. La perte de charge est alors

$$-dh = -dz - \frac{dp}{\rho} = \frac{vdv}{g} + f\frac{sdl}{A}\frac{v^2}{2g}. \qquad (1)$$

Le rapport $\frac{dh}{dl}$ est appelé la pente *virtuelle* ou *hydraulique;* c'est la pente d'un canal découvert ayant même débit, même section et même profondeur hydraulique moyenne. Ce rapport peut différer de la *pente réelle* du tuyau, $\dfrac{dz}{dl}$.

Lorsque le tuyau a une section uniforme, $dv = o$, et le premier terme du second membre de l'équation 1 disparaît.

Lorsque la section du tuyau varie, s et A sont des fonctions données de l. Si Q est donné, $v = \dfrac{Q}{A}$ est aussi une fonction donnée de l; et pour résoudre complétement l'équation, il est nécessaire d'avoir de plus la valeur de h pour une valeur particulière de l. Si Q n'est pas connu, les valeurs de h pour deux valeurs particulières de l, ou de h et de $\dfrac{dh}{dl}$ pour une valeur particulière de l, sont nécessaires pour la solution, qui comprend la détermination de Q.

643. Résistance des ajutages. Un ajutage est la partie de canal ou de tuyau qui suit immédiatement un réservoir. Le frottement intérieur du fluide en entrant dans un ajutage détermine une perte de charge qui est égale à la hauteur due à la vitesse multipliée par une constante qui dépend de la forme de l'ajutage; les valeurs de cette constante ont été déterminées d'une façon empirique pour certaines figures d'ajutage. Si l'on désigne par $-\Delta h$ la perte de charge, on aura

$$-\Delta h = \frac{f'v^2}{2g}, \qquad (1)$$

f' étant une constante.

Pour un ajutage cylindrique, monté sur la paroi plane d'un réservoir, et faisant l'angle i avec la normale à la paroi du réservoir, on a, d'après Weisbach,

$$f' = 0{,}505 + 0{,}303 \sin i + 0{,}226 \sin^2 i. \qquad (2)$$

644. La résistance des courbes et des coudes dans les tuyaux donne lieu à une perte de charge qui est égale à la hauteur due à la vitesse multipliée par un coefficient dont la valeur, suivant Weisbach, est donnée par les formules suivantes. Pour des *courbes*, soient i l'arc dans la circonférence qui a pour rayon l'unité, r le rayon de courbure de la ligne centrale du tuyau, et d son diamètre; on a, dans le cas d'un tuyau circulaire,

$$f'' = \frac{i}{\pi}\left\{0{,}131 + 1{,}847\left(\frac{d}{2r}\right)^{\frac{7}{2}}\right\}; \qquad (1)$$

et dans le cas d'un tuyau rectangulaire,

$$f'' = \frac{i}{\pi} \left\{ 0,124 + 3,104 \left(\frac{d}{2r} \right)^{\frac{7}{2}} \right\}. \qquad (1)$$

Pour des *coudes*, ou courbes brusques, soit i l'angle que font entre elles les deux parties du tuyau de chaque côté du coude ; on a

$$f'' = 0,9457 \sin^2 \frac{i}{2} + 2,047 \sin^4 \frac{i}{2}. \qquad (2)$$

645. Un élargissement brusque dans un canal où s'écoule un liquide, donne lieu à une diminution brusque de la vitesse moyenne qui est proportionnelle à l'agrandissement de la section. Soient v_1 la vitesse dans la partie la plus étroite du canal, et m le nombre qui exprime le rapport dans lequel le canal s'élargit brusquement : la vitesse dans la partie élargie est $\frac{v_1}{m}$. Il résulte maintenant de l'expérience que l'énergie actuelle due à la vitesse dans la partie étroite *relativement* à la partie large, c'est-à-dire, à la différence $v_1 \left(1 - \frac{1}{m} \right)$, est dépensée à vaincre le frottement intérieur des tourbillons et à produire, par suite, de la chaleur, de telle sorte qu'il y a une *perte de charge totale*, représentée par

$$\frac{v_1^2}{2g} \left(1 - \frac{1}{m} \right)^2. \qquad (1)$$

646. Le problème général de l'écoulement d'un liquide avec frottement peut s'exprimer ainsi : Soient $h_1 + \frac{v_1^2}{2g}$, et $h_2 + \frac{v_2^2}{2g}$ les charges totales au commencement et à la fin du filet respectivement, la perte de charge totale est alors représentée par

$$h_1 - h_2 + \frac{v_1^2 - v_2^2}{2g} = \Sigma \mathrm{F} \frac{v^2}{2g}. \qquad (1)$$

Le second membre de cette équation représente la somme de toutes les pertes de charge dues au frottement dans les différentes parties du canal.

SECTION 4. — *Écoulement des gaz avec frottement.*

647. La loi générale du frottement des gaz est la même que celle du frottement des liquides donnée par l'équation 1, n° 638, la valeur du coefficient *f* étant 0,006 environ pour le frottement contre les parois du tuyau ou du canal. Dans le cas d'un ajutage cylindrique, le coefficient de résistance est 0,83 ; dans le cas d'un ajutage conique dont la grande base est tournée vers le réservoir, 0,38.

Lorsque les pressions au commencement et à la fin d'un courant de gaz diffèrent de moins de $\dfrac{1}{10}$ de leur grandeur moyenne, les problèmes relatifs à l'écoulement peuvent alors être résolus avec une grande approximation, au moyen des données ci-dessus : on le considérera comme un liquide qui aurait pour densité celle qui est due à la plus petite des pressions, comme dans l'équation approchée du n° 637.

Lorsque l'on étudie l'écoulement d'un gaz avec frottement, il est nécessaire de tenir compte de l'effet du frottement ; ce frottement produit de la chaleur et élève la température du gaz au-dessus de ce qu'elle serait s'il n'y avait pas frottement, comme on l'a supposé dans la section 2. Dans l'écoulement d'un gaz parfait avec frottement, si la chaleur résultant du frottement ne se perd pas par conductibilité, le frottement ne donne lieu à aucune perte de charge totale ; de telle sorte que si au commencement et à la fin d'un courant les vitesses d'un gaz parfait sont les mêmes, sa température doit également être la même. Dans le cas d'un gaz imparfait, il y a un petit abaissement de température ; les docteurs Joule et Thomson l'ont mis à profit pour déterminer ou vérifier l'écart qui existe entre la condition de différents gaz et la condition de gaz parfaits.

SECTION 5. — *Pression mutuelle des fluides et des solides.*

648. Pression d'un jet contre une surface fixe. Un jet de fluide A (*fig.* 254) qui vient frapper une surface unie est dévié, et glisse le long de la surface suivant la trajectoire BE qui fait le plus petit angle avec la direction initiale de son mouvement AB, et finalement quitte l'arête E, suivant une direction tangente à la surface. Pour simplifier la question, nous supposerons que la surface soit

Fig. 254.

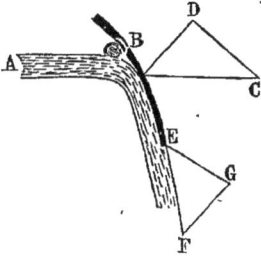

Fig. 255.

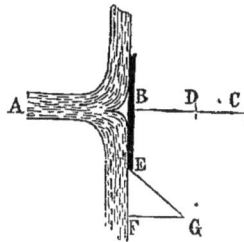

Fig. 256.

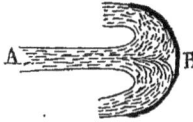

courbée de façon à forcer le jet, lorsqu'il la quitte, à suivre une direction définie. Nous supposerons de plus que le frottement entre le jet et la surface est insignifiant. Ceci étant admis, comme les molécules de fluide en contact avec la surface se meuvent le long de cette surface, et que la seule force sensible qui s'exerce entre elles et la surface est perpendiculaire à la direction de leur mouvement, cette force ne pourra ni accélérer ni retarder le mouvement des molécules, mais seulement le faire dévier. Soient alors v la vitesse des molécules du fluide, Q le débit par seconde, ρ la densité, et β l'angle dont la direction du mouvement se trouve déviée,

$$\rho \frac{Qv}{g}$$

sera alors la quantité de mouvement de la quantité de liquide qui est déviée par seconde. Concevons aussi un triangle isocèle dont les côtés sont égaux tous deux à la vitesse v, et font entre eux l'angle β ; la base de ce triangle, qui a pour valeur

$$2v\sin\frac{\beta}{2},$$

représente alors le changement de vitesse qu'éprouve chaque molécule du fluide, de telle sorte que la variation de la quantité de mouvement par seconde est

$$F = \frac{2\rho Qv}{g} \sin \frac{\beta}{2}; \qquad (1)$$

44

c'est aussi la grandeur de la pression totale qui s'exerce entre le fluide et la surface, suivant une ligne qui est parallèle à la base du triangle isocèle mentionnée ci-dessus, c'est-à-dire, qui fait des angles égaux dans des directions opposées avec la direction initiale du jet et sa nouvelle direction.

La force représentée par F peut être décomposée en deux composantes, F_x et F_y, respectivement parallèle et perpendiculaire à la direction initiale du jet. Il existe entre la résultante et ses composantes les relations

$$\frac{F}{F_x} = \frac{2\sin\frac{\beta}{2}}{1-\cos\beta}; \qquad \frac{F}{F_y} = \frac{2\sin\frac{\beta}{2}}{\sin\beta}; \qquad (2)$$

d'où l'on tire pour les valeurs des composantes :

$$F_x = \frac{\rho Q v}{g}(1-\cos\beta); \qquad F_y = \frac{\rho Q v}{g}\sin\beta. \qquad (3)$$

Si la surface que le jet vient frapper a une figure symétrique autour de la direction initiale du jet considérée comme axe, la quantité de fluide Q qui frappe la surface par seconde, s'étale et glisse suivant différentes directions distribuées symétriquement autour de l'axe et faisant avec lui des angles égaux β, de telle sorte que les forces exercées perpendiculairement à l'axe par les différentes parties du jet qui s'étale se font équilibre, et qu'il ne reste que la somme des composantes parallèles à l'axe, dont la valeur est F_x et est donnée par la première des équations 3.

Si l'on remplace Q par Av, les forces peuvent être exprimées en fonction de l'aire de la section du jet.

Comme cas particulier, supposons que la surface soit plane, comme dans la *fig.* 255. Le jet, en frappant la surface, s'étale et la quitte suivant toutes les directions perpendiculaires à sa direction initiale, de telle sorte que $\beta = 90°$, $\cos\beta = 0$, et

$$F_x = \frac{\rho Q v}{g} = \frac{\rho A v^2}{g}. \qquad (4)$$

Cette force représente le poids d'une colonne de fluide qui aurait pour base l'aire de la section du jet, et une hauteur *double* de la hauteur due à la vitesse. L'expérience confirme ce résultat.

Comme second exemple, nous supposerons que la surface soit un hémisphère creux (*fig.* 256), de telle sorte que le jet s'étale et prend une direction inverse de sa direction initiale. Dans ce cas, $\beta = 180°$, — $\cos\beta = +1$, et

$$F_x = \frac{2\rho Q v}{g} = \frac{2\rho A v^2}{g}.\qquad(5)$$

Elle est égale au poids d'un colonne de fluide qui aurait pour base l'aire de la section du jet et pour hauteur *quatre fois* la hauteur due à la vitesse.

649. La pression d'un jet contre une surface en mouvement peut être déduite des équations du numéro précédent, dans lesquelles on remplacera le mouvement du jet relativement à la terre par son mouvement *par rapport à la surface*. Dans ce cas il y a de l'énergie transmise du jet à la surface solide, ou de la surface solide au jet; et l'évaluation de l'énergie ainsi transmise par seconde constitue une des parties importantes du problème.

1er CAS. *La surface a un mouvement de translation parallèle à la direction initiale du jet.* Désignons par u la vitesse de ce mouvement, positive si elle est dans le sens du mouvement du jet, et négative en sens contraire, et par v_1 la vitesse initiale du jet; $v_1 - u$ sera alors la vitesse du jet par rapport à la surface. La composante qui agit entre le fluide et la surface solide, dans la direction du mouvement de cette dernière, est donc

$$F_x = \frac{\rho Q(v_1 - u)}{g}(1 - \cos\beta);\qquad(1)$$

elle représente également la force égale et opposée qu'il faut appliquer au solide pour que son mouvement soit uniforme; et l'énergie transmise par seconde est

$$F_x u = \frac{\rho Q u(v_1 - u)}{g}(1 - \cos\beta);\qquad(2)$$

qui, si u est positif, est transmise du fluide au solide, et si u est négatif, du solide au fluide.

L'énergie ainsi transmise par seconde est égale à la différence des énergies actuelles du volume Q du fluide avant et après son action sur le solide. Soit v_2 la vitesse du fluide après le choc; cette vitesse étant la résultante de u, et de $v_1 - u$ dans la direction déviée, son carré est donné par l'équation

$$v_2^2 = u^2 + (v_1 - u)^2 + 2u(v_1 - u)\cos\beta = v_1^2 - 2u(v_1 - u)(1 - \cos\beta).\quad(3)$$

Si l'on compare cette équation avec l'équation 2, il est évident que

$$F_x u = \frac{\rho Q\,(v_1^2 - v_2^2)}{2g}, \qquad (4)$$

ainsi que nous l'avons dit.

La transmission maximum d'énergie du fluide au solide, pour une vitesse donnée du jet, est évidemment donnée par la vitesse

$$u = \frac{v_1}{2};$$

d'où

$$F_x = \frac{\rho Q v_1}{2g}\,(1 - \cos\beta)\,; \qquad F_x u = \frac{\rho Q v_1^2}{4g}\,(1 - \cos\beta). \qquad \Bigg\} \qquad (5)$$

Si $\beta = 90°$, comme dans la *fig.* 255, le maximum d'énergie transmise est $\dfrac{\rho Q v_1^2}{4g}$, ou la *moitié* de l'énergie actuelle initiale du fluide. Si $\beta = 180°$, comme dans la *fig.* 256, le maximum d'énergie transmise est $\dfrac{\rho Q v_1^2}{2g}$, ou la *totalité* de l'énergie actuelle initiale du fluide, qui se trouve réduit au repos après le choc.

2e cas. *La surface a un mouvement de translation dans une direction quelconque, avec la vitesse* u. Dans la *fig.* 254, $\overline{BD}$ représente cette direction et cette vitesse, et $\overline{BC}$, la direction initiale et la vitesse initiale v_1 du jet. $\overline{DC}$ représente alors la direction et la vitesse du mouvement initial du jet par rapport à la surface. Menons la ligne $\overline{EF} = \overline{DC}$ tangente à la surface au point E, où le jet quitte cette surface; cette longueur représente la vitesse relative et la direction suivant laquelle le jet quitte la surface. Menons $\overline{FG}$ parallèle et égale à $\overline{BE}$, et joignons $\overline{EG}$; cette dernière ligne représente la direction et la vitesse par rapport à la terre, avec lesquelles le jet quitte la surface, puisqu'elle est la résultante de $\overline{EF}$ et de $\overline{FG}$.

On pourrait déterminer la force totale qui s'exerce entre le fluide et la surface en cherchant la variation de la quantité de mouvement du volume du fluide Q, due soit au changement de direction et de vitesse par rapport à la terre, à savoir, de $\overline{BC}$ à $\overline{EG}$, soit au changement de direction et de vitesse par rapport à la surface, à savoir, de $\overline{DC}$ à $\overline{EF}$. Mais la force qu'il est le plus important de déterminer est celle à laquelle est due l'énergie transmise, c'est-à-dire, la force parallèle à BD, que nous représenterons par F_x. Cette force est égale à la variation dans une seconde de la quantité de mouvement composante du fluide dans la direction BD. Désignons par $\alpha = $ DBC l'angle que fait la direction du jet avec celle du mouvement de translation du corps; la composante, dans la direction BD, de la vitesse initiale du jet est alors

$$v_1 \cos \alpha.$$

Soit $w = \overline{DC}$ la vitesse du jet par rapport à la surface; alors

$$w^2 = u^2 + v_1^2 - 2uv_1 \cos \alpha. \tag{6}$$

Représentons par $\gamma = $ le supplément de l'angle EFG l'angle qu'une tangente à la surface à l'arête où le fluide la quitte fait avec la direction de la translation. La composante, dans la direction BD, de la nouvelle vitesse du jet est alors

$$u + w \cos \gamma;$$

et la variation de la quantité de mouvement dans cette direction pendant une seconde est

$$F_x = \frac{\rho Q}{g} (v_1 \cos \alpha - u - w \cos \gamma), \tag{7}$$

qui donne pour l'énergie transmise par seconde,

$$F_x u = \frac{\rho Q}{g} u (v_1 \cos \alpha - u - w \cos \gamma). \tag{8}$$

v_2 étant la vitesse résultante du fluide après le choc, on a

$$v_2^2 = u^2 + w^2 + 2uw \cos \gamma, \tag{9}$$

et l'on vérifie facilement que

$$F_x u = \frac{\rho Q (v_1^2 - v_2^2)}{2g}. \tag{10}$$

650. Pression d'un tourbillon forcé contre une roue. — Dans le cas d'un tourbillon libre (nᵒˢ 630, 631), comme la vitesse de chaque molécule est inversement proportionnelle à sa distance à l'axe, *le moment de la quantité de mouvement* de toutes les molécules d'égal poids est le même; le moment de la quantité de mouvement d'une molécule qui s'approche ou qui s'éloigne de l'axe du tourbillon restant constant, il n'est pas nécessaire qu'on lui applique de force extérieure pour qu'elle prenne le mouvement de chacune des parties du tourbillon dans laquelle elle arrive.

Si, dans un tourbillon forcé, il y a en même temps un courant rayonnant par lequel le fluide se rapproche ou s'éloigne de l'axe, alors, au moyen de surfaces solides, telles que celles des aubes d'une roue, on devra appliquer au fluide dans le tourbillon un couple suffisant par chaque seconde pour produire le changement du moment de la quantité de mouvement nécessaire dans la quantité de fluide qui s'écoule en *rayonnant* au travers du tourbillon dans une seconde, et le fluide produira, en réagissant sur la roue, un couple égal et opposé.

Représentons par r_0, r_1, les rayons des surfaces cylindriques auxquelles un tourbillon forcé commence et finit, par v_0, v_1, les vitesses du mouvement de révolution à ces deux surfaces; par Q le débit du courant rayonnant; le moment du couple qui s'exerce entre le tourbillon et la roue sera alors

$$M = \frac{\rho Q}{g}(v_0 r_0 - v_1 r_1). \tag{1}$$

Lorsqu'une roue à tourbillon, ou turbine, travaille dans les conditions les plus avantageuses, les aubes, à la partie où le fluide est admis, doivent avoir une vitesse de révolution égale à celle des molécules de fluide en contact avec elles, de sorte que, *par rapport à la roue*, le mouvement du fluide soit d'abord un mouvement rayonnant. Le fluide quitte l'aube à l'autre extrémité; et celle-ci a une figure et une position telles qu'elle laisse le fluide en question ne possédant qu'un mouvement rayonnant par rapport à la terre, de telle sorte que la totalité de l'énergie due à *la révolution* du fluide se trouve transmise à la roue. Si a est la vitesse angulaire de la roue, nous aurons par conséquent

$$v_0 = a r_0; \quad v_1 = 0: \quad M = \frac{\rho Q a r_0^2}{g}; \quad Ma = \frac{\rho Q a^2 r_0^2}{g} = \frac{\rho Q v_0^2}{g}. \tag{2}$$

Cette dernière quantité, Ma, est l'énergie que le fluide transmet à la roue par seconde; cette énergie, dans le cas que nous supposons, est l'énergie totale due au mouvement de révolution et à la pression centrifuge du poids ρQ de fluide dans un tourbillon forcé animé d'un mouvement de rotation, ainsi que nous l'avons montré au n° 632.

Les extrémités des aubes qui reçoivent le fluide devraient être dirigées suivant le rayon, puisque le mouvement du fluide, par rapport à elles, est dirigé suivant le rayon. Les extrémités des aubes, aux points où le fluide les quitte, devraient être inclinées d'avant en arrière, de façon à faire avec les rayons qui les rencontrent un angle θ donné par l'équation suivante : soit $u = \dfrac{Q}{2\pi r_1 b}$ la vitesse du courant rayonnant aux extrémités des aubes dont il s'agit, on aura

$$tg\,\theta = \frac{a r'_1}{u} = \frac{2\pi a r_1'^2 b}{Q}, \tag{3}$$

b étant la hauteur de la roue suivant une direction parallèle à l'axe.

La *fig.* 257 représente une partie de la turbine de Thomson construite d'après ces principes. L'eau arrive à la roue par une enveloppe extérieure de grandes dimensions dans laquelle elle se meut suivant un tourbillon spiral libre; elle est dirigée au moyen de directrices C contre la circonférence extérieure de la roue, où les aubes sont dirigées suivant le rayon, et sort par l'orifice central de la roue, les extrémités intérieures des aubes étant dirigées d'avant en arrière et présentant l'angle θ donné ci-dessus. Les directrices peuvent tourner autour de pivots en A, de façon qu'on puisse faire varier l'angle d'inclinaison du tourbillon spiral libre extérieur, et que

Fig. 257.   Fig. 258.

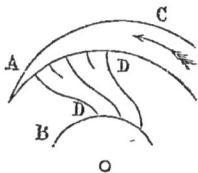

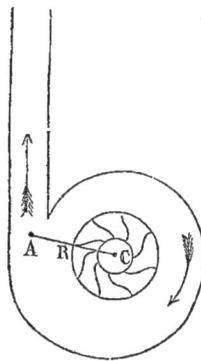

l'on puisse ainsi proportionner le débit Q du courant rayonnant au travail à effectuer.

M. William Gorman, de Glasgow, a appliqué une turbine à la vapeur.

᠎651. **Une pompe centrifuge** consiste essentiellement en une turbine qui communique le mouvement à de l'eau, de façon à la forcer à se mouvoir suivant un tourbillon forcé de rayon $\overline{CR} = r_0$, *fig.* 258. L'eau est fournie par un courant rayonnant qui s'avance d'un orifice central vers la circonférence *extérieure*. Les extrémités intérieures des aubes devraient faire avec les rayons qui les rencontrent l'angle que nous avons représenté par θ dans l'équation 3 du n° 650, de façon à pouvoir *diviser* le fluide à mesure qu'il se meut en rayonnant vers l'extérieur, sans *le frapper*, ce qui entraînerait une certaine agitation et produirait par suite du frottement une perte d'énergie. Les extrémités extérieures des aubes devraient être dirigées suivant le rayon. A l'extérieur de la roue, l'eau forme un tourbillon spiral libre dans l'enveloppe d'où elle sort en A au moyen d'un tuyau. La vitesse à la surface $ar_0 = v_0$ de la roue est réglée par la charge totale qui se compose de la hauteur à laquelle on doit élever l'eau, de la hauteur due à la vitesse avec laquelle elle s'écoule, et de la charge nécessaire pour vaincre le frottement; c'est-à-dire que l'on a, conformément aux principes des n° 630 à 633,

$$\frac{v_0^2}{g} = h_1 = z + \frac{V^2}{2g}(1 + \Sigma f). \tag{1}$$

Dans cette formule z représente la hauteur à laquelle il faut élever l'eau, V la vitesse dans le tuyau de décharge, et Σf la somme des différentes quantités par lesquelles il faut multiplier la hauteur due à cette vitesse pour avoir la perte de charge qui résulte du frottement. Le rapport de $\overline{CA}$ à $\overline{CR} = r_0$ est déterminé par ce principe que, dans un tourbillon libre, la vitesse est en raison inverse du rayon; c'est-à-dire qu'on a

$$\overline{CA} = \frac{r_0 v_0}{V}. \tag{2}$$

Les directrices employées dans les turbines ne sont pas nécessaires ici.

Un ventilateur est une pompe centrifuge appliquée à l'air.

652. **La pression d'un courant** sur un corps solide flottant ou immergé devrait être égale dans toutes les directions et avoir une résultante nulle, si les fluides se déplaçaient sans frottement. Mais comme l'énergie des différents filets qui s'écartent du corps se dépense en frottement du fluide, la pression est moins intense à

l'arrière qu'à l'avant; et à la pression résultante qui se produit ainsi dans la direction du courant il faut ajouter la résultante du frottement direct du fluide contre la surface du corps solide.

Nous ne connaissons guère que d'une façon empirique les lois qui régissent la force qui s'exerce entre un courant et un corps solide.

On sait que cette force peut être exprimée d'une façon approchée par la formule :

$$F = k\rho A \frac{v^2}{2g}; \qquad (1)$$

c'est le produit de la hauteur due à la vitesse du courant, par l'aire A de la plus grande section transversale du corps solide, par le poids ρ de l'unité de volume du fluide, et par un coefficient k qui dépend de la figure du corps. On a déterminé expérimentalement les valeurs de ce coefficient pour un petit nombre de figures. Voici, d'après Duchemin, les valeurs de ce coefficient pour des prismes rectangulaires et cylindriques, dont l'axe est dirigé suivant le courant.

Soient L la longueur du prisme ou du cylindre, A l'aire de la section transversale, b et d ses dimensions transversales, si c'est un prisme rectangulaire, ou ses axes si c'est un cylindre. Alors pour

$\frac{L}{\sqrt{bd}} =$	0,	1,	2,	3
$k =$	1,864,	1,477,	1,347,	1,328.

La valeur qui correspond à 0 s'applique à des plaques très-minces.

653. **La résistance des fluides** au mouvement de corps flottants ou immergés donne lieu aux remarques que nous avons faites à propos de la pression de courants contre des corps solides. On peut aussi, dans bien des cas, la représenter par la formule

$$R = k\rho A \frac{v^2}{2g}. \qquad (1)$$

Le coefficient k est moindre pour un solide qui se meut dans un fluide que pour un fluide qui se meut par rapport au même solide. Nous donnons les valeurs suivantes du coefficient k, sur l'autorité de Duchemin. Pour des prismes et des cylindres qui se meuvent dans la direction de leurs axes, les symboles ayant la même signification qu'au numéro précédent,

$$\frac{L}{\sqrt{bd}}= \quad 0, \qquad 1, \qquad 2, \qquad 3; \qquad \text{moyenne au-dessus de 3.}$$

$$k= \quad 1{,}254, \quad 1{,}282, \quad 1{,}306, \quad 2{,}330, \qquad \qquad 1{,}4$$

Ces résultats sont aussi donnés par la formule empirique

$$k = 1{,}254 \left(1 + \frac{0{,}227 L}{9\sqrt{bd} + L} \right); \qquad\qquad (2)$$

k, pour un cylindre qui se meut obliquement, environ   0,77;

pour une sphère,   »   »   »   0,51;

pour un hémisphère creux, mince, se mouvant la partie

creuse en avant, environ. 2,00;

pour un prisme, les extrémités en forme de coins = la

valeur de k pour le même prisme avec extrémités

planes $\times (1 - \cos \beta)$, β étant le $\frac{1}{2}$ angle du coin (dou-

teux).

Les résultats suivants sont déduits des expériences de M. Bashforth sur des projectiles oblongs à des vitesses de 396 à 457 mètres par seconde (voir *Proceedings of the Royal Society*, février 1868);

$$R = \frac{cAv^3}{g};$$

où A est exprimé en mètres carré et v en mètres, et c a les valeurs suivantes, suivant la forme de la partie antérieure du projectile : hémisphérique, 0,00134; ovale et ogiforme, de 0,00104 à 0,00111.

Il y a tout lieu de croire, d'après les résultats de l'observation de la puissance des machines à vapeur appliquées à des navires de différentes formes et marchant à des vitesses différentes, que lorsque les navires sont construits de telle sorte que l'eau contourne leur surface sans produire de lames ou de grands tourbillons, la portion principale, sinon la portion seule appréciable, de la résistance, est due au frottement direct qui s'exerce entre l'eau et le fond du navire. Des expériences ont confirmé cette idée que l'on avait que dans le cas où les navires étaient assez effilés on pouvait admettre que la résistance au mouvement était due presque entièrement au frottement. Le coefficient de frottement entre l'eau et le fond d'un navire en fer est à peu près le même que celui du frottement de l'eau dans des tuyaux en fonte. Le frottement varie à peu près comme le carré de la vitesse

de frottement entre l'eau et le fond du navire. Cette vitesse n'est pas
la même aux différents points du fond d'un navire, et le rapport entre cette vitesse et la vitesse du navire en chaque point dépend de la
forme du navire et de la position de ce point. La vitesse moyenne de
frottement est supérieure à la vitesse du navire; et l'excès est d'autant plus grand que le navire a une forme moins élancée. Ainsi,
quoiqu'un navire long et effilé présente une plus grande surface de
frottement qu'un navire court et moins élancé de même volume,
la vitesse moyenne de frottement est moindre pour le navire long à la
même vitesse; de telle sorte que pour une vitesse et un volume
donné il y a un certain degré d'acuité qui donne la résistance la
plus faible. On ne peut pas encore préciser actuellement quel doit
être ce degré d'acuité, mais en général il ne diffère pas beaucoup de
celui que l'on obtient en prenant pour la somme des longueurs d'a-
vant et d'arrière environ sept fois la plus grande largeur.

La formule qui suit s'accorde assez bien avec les expériences sur
la résistance des navires.

Soient G le périmètre moyen immergé; L la longueur de la ligne
de flottaison; s^2 la moyenne des carrés des sinus des angles d'obliquité des *lignes de courant* (*stream lines*) ou des lignes que les molécules d'eau suivent en glissant sur le fond du navire; v la vitesse du
navire en mètres par seconde, et f un coefficient qui, dans le cas où
le fond d'un navire en fer est peint et propre, est égal à 0,067 environ; on a pour la résistance, à très-peu près,

$$R = \frac{fv^2}{2g} LG (1 + 4s^2 + s^4). \qquad (3)$$

Le facteur $LG (1 + 4s^2 + s^4)$ est appelé la « *surface augmentée* ».
(Voir : *Civil Engineer* et *Architect's Journal*, octobre 1861; *Phil.
Trans.*, 1862, 1863; *Trans. of the Institution of Naval Architects*,
1864; et *Shipbuilding theoretical and practical*, par Watts, Rankine,
Napier et Barnes.)

M. Scott Russel a démontré que lorsque le rapport entre la longueur d'un navire et celle de l'onde, qui naturellement se propage
avec la même vitesse, est inférieur à une quantité donnée, il y a une
résistance additionnelle qui augmente rapidement. La plus petite
longueur en mètres pour une vitesse donnée est à peu près 1,3
du carré de la vitesse exprimée en mètres. (Voir, pour les ondes, le
n° 634 A.)

654. Stabilité des corps flottants. — Nous avons démontré au n° 120 que pour qu'un corps flottant dans un liquide soit en équilibre, il faut que le poids du liquide déplacé soit égal au poids du corps flottant, et que le centre de poussée soit situé sur la verticale qui passe par le centre de gravité.

Pour que l'équilibre d'un corps flottant soit *stable*, il faut qu'un déplacement angulaire du corps, à partir de la position d'équilibre, donne naissance *à une déviation du centre de poussée, par rapport à une ligne verticale menée par le centre de gravité, qui soit dirigée dans le sens suivant lequel tourne le corps flottant*, de telle sorte que le poids du corps qui agit au centre de gravité et la pression égale et opposée du liquide qui agit au centre de poussée constituent un *couple de rétablissement ou de redressement* qui tende à ramener le corps à la position d'équilibre. Si la déviation relative du centre de poussée avait lieu dans une direction opposée, il en résulterait un couple qui tendrait à faire chavirer le corps, et l'équilibre serait instable; si le centre de poussée continuait à se trouver sur la même verticale que le centre de gravité, le corps serait encore en équilibre dans sa nouvelle position, et l'équilibre serait indifférent.

La *fig.* 259 représente la section transversale d'un navire; G est le centre de gravité; AB, la ligne de flottaison, et C le centre de poussée dans la position d'équilibre. Supposons que le navire tourne d'un

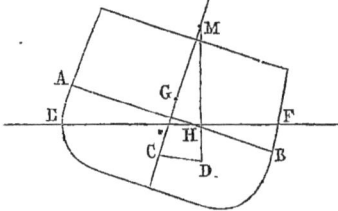
Fig. 259.

angle θ, et soient EF la nouvelle ligne de flottaison, et D le nouveau centre de poussée; et supposons que le navire soit maintenu dans cette position par un couple dont le moment est connu. Soient W le poids du navire et S le volume d'eau qu'il déplace, de sorte que $W = \rho S$ (ρ étant le poids d'un mètre cube d'eau). Menons par D la verticale DM qui rencontre en M la ligne CG primitivement verticale. La force du couple de rétablissement est W, et son bras de levier est la distance horizontale du point G à la ligne DM; c'est-à-dire $\overline{GM} \sin θ$; le *moment du couple de redressement*, qui est égal et opposé au moment du couple de renversement, est donc

$$W\,\overline{GM}\cdot\sin θ. \qquad (1)$$

La *stabilité comparative* d'un navire est proportionnelle au bras de levier du couple de redressement pour le même angle de rotation ; et ce bras est proportionnel à $\overline{GM}$, dont la longueur sert par conséquent de mesure à la stabilité du navire. On désigne sous le nom de MÉTACENTRE le point M qui correspond à un angle infiniment petit de rotation ; il peut être le même ou avoir des valeurs différentes pour des angles finis. Lorsque la position du point M varie, l'angle de rotation qu'il faudra prendre pour le déterminer est le plus grand angle qui pourra se produire dans les circonstances ordinaires ; il varie pour les différents navires de 6° à 20°.

Si le métacentre est au-dessus du centre de gravité, l'équilibre est stable ; s'il coïncide avec le centre de gravité, l'équilibre est indifférent ; s'il est au-dessous du centre de gravité, l'équilibre est instable.

Soit H la ligne d'intersection des plans des lignes de flottaison AB, EF. La déviation CD du centre de poussée est la même que celle du centre de gravité de la masse d'eau déplacée, qui résulterait du transport du coin AHE dans la position FHB. Soient s le volume de ce coin, ρ sa densité, et l la distance entre les centres de gravité de ses deux positions, AHE et FHB. Menons la ligne CD parallèle à la ligne qui joint ces deux centres de gravité, et prenons, d'après le principe du n° 77,

$$\overline{CD} = \frac{l\rho s}{W} = \frac{ls}{S}. \tag{2}$$

D sera alors le nouveau centre de poussée.

L'angle que CD fait avec l'horizontale est en général ou exactement ou à très-peu près $= \frac{\theta}{2}$, de sorte que $\overline{CD} = \overline{MC}\,2\sin\frac{\theta}{2}$, approximativement. Le volume s est également en général, soit exactement, soit à peu près, proportionnel à $2\sin\frac{\theta}{2}$; de sorte que, si c est un volume constant qui dépend de la figure de la ligne de flottaison, on a approximativement $s = c\,2\sin\frac{\theta}{2}$. Nous aurons donc, pour déterminer *la hauteur* $\overline{MC}$ *du point* M *au-dessus du centre de poussée, et sa hauteur* $\overline{MG}$ *au-dessus du centre de gravité*, les formules approchées :

$$\left.\begin{aligned}
\overline{MC} &= \frac{\overline{CD}}{2\sin\frac{\theta}{2}} = \frac{lc}{S}; \\[2mm]
\overline{MG} &= \frac{lc}{S} \mp \overline{GC}.
\end{aligned}\right\} \tag{3}$$

Le signe $\mp$ indique qu'il faudra retrancher ou ajouter $\overline{GC}$, suivant que G est au-dessus ou au-dessous de C. Voici comment on pourra trouver approximativement le produit lc, dans le cas où les lignes de flottaison AB et EB sont des figures sensiblement égales, de telle sorte que la ligne H, où leurs plans se rencontrent, passe par le centre de gravité de chacune de ces figures, et que les coins AHE, FHB sont égaux.

Le produit $ls = lc\, 2 \sin \dfrac{\theta}{2}$ est le double du moment statique de l'un des coins par rapport à la ligne H, en supposant que la densité soit égale à l'unité. Représentons par x les distances mesurées dans le sens de la longueur sur la ligne H; par y la distance à la ligne H d'un point quelconque d'un plan de flottaison qui partage l'angle AHE en deux parties égales, et soit $z = y\, 2 \sin \dfrac{\theta}{2}$ l'épaisseur du coin au point dont les coordonnées sont x et y. Nous aurons alors

$$\left. \begin{array}{c} s = 2 \sin \dfrac{\theta}{2} \iint y\,dy\,dx; \quad c = \iint y\,dy\,dx; \quad ls = 4 \sin \dfrac{\theta}{2} \iint y^2 dy\,dx, \\[2mm] \text{et par conséquent} \\[2mm] lc = 2 \iint y^2 dy\,dx. \end{array} \right\} \quad (4)$$

C'est le m ment d'inertie du plan de la ligne de flottaison autour de l'axe H. Po r mettre cette expression sous une forme commode, désignons par l la largeur du navire à la ligne de flottaison, à une distance donnée x, mesurée dans le sens de la longueur à partir d'une origine convenue. Nous aurons alors

$$2 \int y^2 dy = \frac{b^3}{12}, \quad \text{et} \quad lc = \frac{1}{12} \int b^3 dx. \qquad (5)$$

(Voir pour les moments d'inertie des figures planes le n° 95.) L'équation 3 devient alors

$$\overline{MG} = \int \frac{b^3 dx}{12S} \mp \overline{CG}. \qquad (6)$$

La théorie de la stabilité des navires a été pour la première fois étudiée par Bossut, puis développée par Atwood. Les travaux récents les plus importants sur ce sujet sont un mémoire de Dupin sur la *stabilité des corps flottants*, un mémoire du chanoine Moseley dans les *Philosophical Transactions* de 1850 et divers autres travaux de Rawson, Froude, Merrifield, Barnes et autres.

655. Oscillations des corps flottants. Bossut et d'autres mathématiciens avaient étudié la théorie des oscillations des navires, mais c'est Moseley qui la présenta le premier d'une manière complète dans le mémoire indiqué ci-dessus. Elle est très-complexe; aussi nous nous contenterons d'en donner les traits principaux et les résultats auxquels elle conduit dans les cas les plus simples.

L'oscillation d'un navire peut se décomposer en un mouvement de roulis ou de giration autour d'un axe longitudinal, en un mouvement de tangage, ou de giration autour d'un axe transversal, et en un mouvement d'oscillation vertical en vertu duquel le navire dépasse alternativement sa position d'équilibre. Le point le plus important à considérer en pratique est le *temps d'oscillation dans le mouvement de roulis*. Si ce temps est trop long, le navire manque de stabilité; s'il est trop court, ses mouvements sont brusques et tendent à le briser.

Si un navire a une forme telle que lorsqu'il roule dans une nouvelle position d'équilibre sous l'action d'un couple, son centre de gravité reste dans le même plan horizontal, ses mouvements de roulis se font alors autour d'un axe longitudinal permanent qui passe par son centre de gravité et ne sont pas accompagnés d'oscillations verticales, et son moment d'inertie reste le même pendant le roulis. Cette condition est remplie lorsque tous les plans des lignes de flottaison, tels que AB et EF, sont tangents à une sphère décrite autour du point G. Nous supposerons dans ce qui suit que cette condition soit satisfaite et de plus que la position du point M dans le navire soit sensiblement constante.

D'après le n° 654, équation 1, le *couple de redressement* pour un angle donné de rotation θ est

$$\mathrm{W}\overline{\mathrm{GM}} \sin θ \,;$$

mais nous pouvons, en vue d'une solution approchée, remplacer sin θ par θ. Soit I le moment d'inertie du navire autour de son axe de roulis, les équations 2 et 3 du n° 598 donneront alors la valeur suivante, pour le temps d'un mouvement de giration double,

$$\frac{2\pi}{k} = 2\pi \sqrt{\frac{\mathrm{I}}{g\mathrm{W}\,\overline{\mathrm{GM}}}} = \frac{2\pi\mathrm{R}}{\sqrt{g\,\overline{\mathrm{GM}}}}, \qquad (1)$$

R étant le rayon de giration du navire. Ce temps est le même que celui d'une oscillation double d'un pendule simple qui aurait pour longueur $\dfrac{R^2}{GM}$.

Les recherches de M. William Froude, communiquées d'abord à l'Association britannique en juillet 1860, puis développées devant l'Institut des architectes de la marine, ont montré : 1° que les mêmes forces qui tendent à maintenir un navire vertical dans des eaux tranquilles tendent à l'amener à être perpendiculaire à la surface de l'eau quand il y a des vagues, et ainsi à accroître le roulis ; 2° que la principale cause d'un roulis excessif tient à ce qu'il y a presque coïncidence entre le temps périodique du roulis et celui de l'action des ondes successives, et 3° que la méthode la plus efficace pour empêcher un roulis excessif consiste à relier entre eux les moments d'inertie et la stabilité du navire de telle façon que le temps périodique du roulis soit plus long que la période des vagues qu'il peut rencontrer, à la condition de donner en même temps une stabilité suffisante pour que le navire ne chavire pas, ou qu'il ne se renverse pas trop sous l'action d'un vent de côté. (Voir *Trans. of the Institution of Naval Architects*, passim, et *Shipbuilding*, par Watts, Rankine, Napier et Barne.)

656. Nous avons déjà considéré d'une façon générale au n° 517 **l'action qui s'exerce entre un fluide et un piston**, action qui consiste dans la transmission d'énergie de l'un à l'autre. Nous allons maintenant entrer dans quelques détails.

Dans les *fig.* 260 et 261, les abscisses mesurées parallèlement à la

Fig. 260.	Fig. 261.

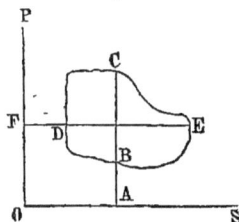 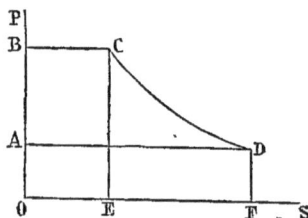

ligne OS représentent les espaces qu'un fluide occupe successivement dans un cylindre pourvu d'un piston ; nous désignerons cet espace par *s*. Les ordonnées mesurées parallèlement à la ligne OP, perpendiculaires à OS, représentent les intensités de la pression exercée par le fluide contre le piston ; *p* désignera cette intensité.

Supposons qu'un poids donné d'une substance gazeuse passe par une succession de changements arbitraires de pression et de volume, de façon à se trouver à la fin dans les conditions où il était à l'origine. On donne le nom de *cycle* à cette succession de changements; elle est représentée par une *courbe fermée*, telle que DCEB, *fig.* 260, et l'*aire* limitée par cette courbe représente l'*énergie transmise* durant le cycle. Si les changements ont lieu dans l'ordre DCEB, c'est-à-dire si les pressions qui s'exercent pendant la détente de la substance sont plus grandes que celles qui s'exercent pendant sa compression, c'est le gaz qui transmet de l'énergie au piston; si les changements ont lieu dans l'ordre DBEC, c'est-à-dire si les pressions sont plus grandes pendant la compression que pendant la détente, c'est au contraire le piston qui transmet de l'énergie au gaz.

La grandeur de l'énergie ainsi transmise peut être exprimée de deux manières. Premièrement pour un volume donné quelconque $\overline{OA} = s$, soient $\overline{AC} = p_1$ et $\overline{AB} = p_2$ la plus grande et la plus petite pression, on a alors

$$\text{énergie transmise} = \int (p_1 - p_2)ds; \qquad (1)$$

deuxièmement, pour une pression donnée quelconque $\overline{OF} = p$, soient $\overline{FE} = s_1$ et $\overline{FD} = s_2$ le plus grand et le plus petit espace qu'occupe le fluide, on a alors

$$\text{énergie transmise} = \int (s_1 - s_2)dp. \qquad (2)$$

Nous obtenons ainsi une autre expression de la même quantité.

La *fig.* 261 représente le cas dans lequel un poids donné d'une substance élastique occupant l'espace $\overline{OE} = s_1$ à la pression $OB = p_1$ est introduit dans un cylindre et agit pour pousser un piston; elle se détend, son volume devenant $\overline{OF} = s_2$, et sa pression tombant à $\overline{FD} = p_2$, suivant une loi que représente la courbe CD; et elle est finalement expulsée du cylindre à la pression finale. Dans ce cas, l'énergie transmise par la substance élastique au piston est représentée par

$$\text{aire ABCD} = \int_{p_2}^{p_1} s\,dp = W \int_{p_2}^{p_1} \frac{dp}{\rho}; \qquad (3)$$

elle est, comme le montre la dernière expression, égale au poids de la substance élastique employé W, multipliée par sa perte de *charge dynamique.*

La même équation donne l'énergie transmise du piston à la substance élastique, lorsque cette dernière est introduite dans le cylindre à la pression la plus faible et expulsée à la pression la plus grande.

Dans le cas d'un gaz parfait (635), cette expression devient

$$\int_{p_2}^{p_1} s\,dp = \frac{\gamma}{\gamma-1}\, s_1 p_1 \left(1 - \left(\frac{s_1}{s_2}\right)^{\gamma-1} \right). \tag{4}$$

Si le fluide sort du cylindre à une pression p_3 moindre que celle à laquelle la détente se termine, il faut ajouter à l'expression précédente le terme

$$s_2\,(p_2 - p_3). \tag{5}$$

Si le fluide qui agit sur le piston est introduit à l'état de vapeur saturée, il sort à l'état de vapeur saturée à une pression moindre mélangée avec plus ou moins de liquide. Dans ce cas, on emploiera les équations suivantes qui sont du domaine de la thermodynamique. Soient p la pression de saturation d'une vapeur, et τ le point d'ébullition correspondant de son liquide en degrés comptés à partir du zéro absolu — 273° C. On a alors

$$\log p = A - \frac{B}{\tau} - \frac{C}{\tau^2}: \quad \frac{1}{\tau} = \sqrt{\frac{A - \log p}{C} + \frac{B^2}{4C^2}} - \frac{B}{2c}. \tag{6}$$

(Voir *Edin. Philos. Journ.*, juillet 1849; *Edin. Transact.*, XX; *Philos. Mag.*, décembre, 1854; *Nichol's Cyclopædia*, art. « Heat, mechanical Action of ».) Voici les valeurs de quelques-unes des constantes des formules ci-dessus, tirées d'un tableau du *Philos. Magazine* de décembre 1854, p étant la pression en kilogrammes par mètre carré, et τ la température en degrés centigrades

	A	$\log$B	$\log$C	$\dfrac{B}{2c}$	$\dfrac{B^2}{4c^2}$
Eau. . . .	8,9477	3,18114	5,08819	0,0061934	0,00003858
Ether. . .	8,2618	3,05965	4,70631	0,011275	0,00012712

Soient L la valeur, en kilogrammètres d'énergie, de la chaleur latente d'évaporation, à la température absolue τ, de la quantité de fluide qui remplit un mètre cube de plus à l'état de vapeur qu'à l'état de liquide, D le poids de ce fluide, H la valeur, en kilo-grammètres d'énergie, de la chaleur latente d'évaporation d'un kilo-gramme du fluide à la température absolue τ, et E l'équivalent en ki-logrammètres d'une calorie, ou 423; alors

$$L = \tau \frac{dp}{d\tau} = p \left(\frac{B}{\tau} + \frac{2C}{\tau^2}\right) \log \text{hyp. } 10,$$
$$(\log \text{hyp. } 10 = 2{,}3026)...,$$
$$H = H_0 - E(c-b)(\tau - \tau_0),$$
$$(\text{pour l'eau, } c - b = 0{,}7),$$
$$D = \frac{L}{H};$$
(pour l'eau à la température de
la glace fondante, $H_0 = 256{,}340$). \hfill (7)

(Ec représente la valeur en kilogrammètres de la chaleur spécifique du liquide, qui pour l'eau est 423, et pour l'éther, 232.)

Représentons par les suffixes 1, 2 et 3 respectivement les pressions et les températures, de l'introduction de la vapeur, de la fin de sa détente, de son évacuation finale et des quantités qui leur corres-pondent; par s_1 et s_2, comme ci-dessus, les espaces qu'occupe cette vapeur au commencement et à la fin de sa détente. On aura alors :

$$\text{taux de la détente, } \frac{s_2}{s_1} = \frac{\tau_2}{L_2}\left(\frac{L_1}{\tau_1} + EcD_1 \log \text{hyp. } \frac{\tau_1}{\tau_2}\right); \quad (8)$$

$$\text{énergie transmise, } U = \int_{p_2}^{p_1} s\,dp + s_2(p_2 - p_3)$$
$$= s_2(p_2 - p_3) + s_1\left\{\frac{L(\tau_1 - \tau_2)}{\tau_1} + EcD_1\left(\tau_1 - \tau_2(1 + \log. \text{ hyp. } \frac{\tau_1}{\tau_2})\right)\right\}; \quad (9)$$

$$\text{chaleur dépensée en kilogrammètres, } H = s_1\left\{L_1 + EcD_1(\tau_1 - \tau_3)\right\} \quad (10)$$

Ces formules sont démontrées dans un mémoire sur la thermodyna-mique dans les *Philos. Transactions* de 1854.

La complication des formules précédentes rend leur emploi incommode, à moins que l'on ait des tables des quantités p, L et D, pour différents points d'ébullition. Quand ces tables font défaut, les formules suivantes donnent des résultats approchés pour la vapeur, dans le cas où la pression d'admission p_1 varie de une à douze atmo-sphères,

$$\frac{s_2}{s_1} = \left(\frac{p_1}{p_2}\right)^{\frac{9}{10}}; \quad \frac{p_1}{p_2} = \left(\frac{s_2}{s_1}\right)^{\frac{10}{9}}. \tag{11}$$

$$\text{énergie transmise, } U = \int_{p_2}^{p_1} sdp + s_2\,(p_2 - p_3)$$
$$= p_1 s_1 10 \left\{ 1 - \left(\frac{s_1}{s_2}\right)^{\frac{1}{9}} \right\} + s_2\,(p_2 - p_3) \tag{12}$$
$$= p_2 s_2 \left\{ 10 \left(\frac{s_2}{s_1}\right)^{\frac{1}{9}} - 9 - \frac{p_3}{p_2} \right\}.$$

On peut évaluer grossièrement, à $\frac{1}{100}$ près, la dépense de chaleur en kilogrammètres, lorsque l'eau d'alimentation de la chaudière est à la température de 37° environ, par la formule

$$H = \int_{p_2}^{p_1} .sdp + np_2 s_2, \tag{13}$$

dans laquelle n est un coefficient qui a pour valeur, dans le cas de machines à condensation, 16, et dans le cas de machine sans condensation, 15.

Les équations 11 et 12 sont applicables à des cylindres non conducteurs sans enveloppe de vapeur. Pour des cylindres avec enveloppe de vapeur agissant de façon à maintenir la vapeur sèche, il est plus exact de prendre 16 au lieu de 9, 17 au lieu de 10, et $\frac{16}{17}$, $\frac{17}{16}$, et $\frac{1}{16}$, au lieu de $\frac{9}{10}$, $\frac{10}{9}$ et $\frac{1}{9}$, respectivement dans toutes les équations 11 et 12.

Pour la théorie exacte de ce cas, voir *A Manual of the Steam Engine and other prime Movers*, ainsi que les *Philosophical Transactions*, 1859, première partie.

On se sert ordinairement des formules suivantes qui donnent une approximation suffisante quand la vapeur est légèrement humide,

$$\frac{s_2}{s_1} = \frac{p_1}{p_2}; \tag{14}$$

$$U = p_1 s_1 \log \text{hyp.} \frac{s_2}{s_1} + s_2\,(p_2 - p_3). \tag{15}$$

La formule approchée 13 est applicable dans tous les cas.

SIXIÈME PARTIE.

THÉORIE DES MACHINES.

---

657. Nature et division du sujet. Dans cette sixième partie, nous considérerons les machines au point de vue non-seulement des modifications qu'elles apportent au mouvement, mais encore des modifications de la force et de la transmission de l'énergie d'un corps à un autre. La théorie des machines consiste principalement dans l'application des principes de la dynamique aux trains de mécanismes; nous aurons donc souvent occasion de nous reporter, dans ce qui suit, à la 4ᵉ et la 5ᵉ partie du traité.

On doit considérer les machines à deux points de vue essentiellement différents, que nous allons examiner, de façon à pouvoir juger complétement leur travail.

I. Et d'abord on se rendra compte de l'action de la machine pendant une certaine période de temps, en vue de déterminer son RENDEMENT, c'est-à-dire, le rapport de la partie *utile* de son travail à la dépense totale d'énergie. Le mouvement des machines dont on a à s'occuper est ou uniforme ou périodique. Il en résulte, ainsi que nous l'avons fait voir au n° 553, que le principe de l'égalité de l'énergie et du travail, exprimé au n° 518, est satisfait soit d'une façon constante, soit périodiquement à la fin de chacune des périodes ou de chaque cycle du mouvement de la machine.

II. Puis il y a lieu de considérer l'action de la machine pendant un intervalle de temps moindre que sa période ou son cycle, si le mouvement est périodique, afin de pouvoir déterminer la loi des changements périodiques dans les mouvements des pièces dont la machine se compose, et des forces périodiques ou alternatives, qui produisent de pareils changements (556).

Dans le premier chapitre, nous allons examiner le travail des machines qui se meuvent d'une façon uniforme ou d'une façon périodique, et dans le second, les variations du mouvement et de la force dans les machines. Dans un troisième chapitre, nous exposerons d'une façon succincte les principes généraux de l'action des *moteurs* les plus importants. Nous ne pouvons pas, pour ces derniers, entrer dans de grands détails, vu que le plus important d'entre eux, la machine à vapeur, est basé sur les lois des phénomènes de la chaleur qui seraient à elles seules l'objet d'un traité spécial.

CHAPITRE I.

TRAVAIL DES MACHINES A MOUVEMENT UNIFORME OU PÉRIODIQUE

SECTION 1. — *Principes généraux.*

658. Travail utile et travail perdu. Le travail total effectué par une machine se décompose en deux parties, l'une, le travail *utile*, qui est celle qui produit l'effet pour lequel la machine est projetée; l'autre, le travail *perdu*, qui produit d'autres effets.

659. Les résistances utiles et nuisibles sont vaincues au moyen du travail utile et du travail perdu respectivement.

660. Le **rendement** d'une machine est une fraction qui exprime le rapport entre le travail utile et le travail total effectué lequel est égal à l'énergie dépensée. Le rendement d'une machine a pour limite l'*unité;* ce chiffre représente le rendement d'une machine parfaite pour laquelle il n'y aurait pas de travail perdu. Toutes les améliorations apportées aux machines ont pour but d'accroître leur rendement.

661. Force et effet; Force en chevaux. La *force* d'une machine est l'énergie exercée, et son *effet*, le travail utile effectué, dans un intervalle de temps déterminé.

L'unité de force, désignée sous le nom de *force d'un cheval*, est de 75 kilogrammètres par seconde ou de 4.500 kilogrammètres par minute, ou de 270.000 kilogrammètres à l'heure. L'effet est égal à la force multipliée par le rendement.

662. Point menant; Train; Point travaillant. Le point menant est celui où agit l'effort résultant du moteur. Le train est la série des pièces qui transmettent le mouvement ainsi que la force du point menant au point travaillant, par lequel passe la résultante de la résistance du travail utile.

663. Les points de résistance sont les points d'un train de mécanismes par lesquels passent les résultantes des résistances nuisibles.

664. Rendements des pièces d'un train de mécanismes. Le travail utile d'une pièce intermédiaire d'un train de mécanismes consiste à mener la pièce qui la suit; il est inférieur à l'énergie qui s'exerce sur elle de la quantité de travail qui est perdue pour vaincre son propre frottement. Le rendement d'une pareille pièce intermédiaire est donc le rapport entre le travail qu'elle effectue pour mener la pièce suivante et l'énergie que lui transmet la pièce qui la précède; il est bien évident que *le rendement d'une machine est le produit des rendements de la série des pièces en mouvement qui transmettent l'énergie entre le point menant et le point travaillant.* Le même principe est applicable à un train *de machines successives*, dont chacune mènerait celle qui la suit.

665. Efforts et résistances moyens. Nous avons dit au n° 515 que l'énergie exercée par un effort variable qui a pour grandeur P à un instant quelconque, a pour expresion $\int P ds$, et qu'une expression correspondante $\int R ds$ représente le travail effectué pour vaincre une résistance variable. Dans le cas où une machine a un mouvement uniforme, nous supposerons que ces expressions se rapportent à un intervalle de temps quelconque; dans le cas où le mouvement est périodique, nous supposerons que ces expressions concernent soit une période, soit un nombre entier de périodes; si s est l'espace décrit par le point d'application de l'effort ou de la résistance dans l'intervalle en question, $\dfrac{\int P ds}{s}$ ou $\dfrac{\int R ds}{s}$ est alors *l'effort moyen* ou *la résistance moyenne*, suivant les cas. Les *variations* des efforts et des résistances de part et d'autre de leurs valeurs moyennes ne concernent que les variations de vitesse dans une machine; aussi, dans le reste de ce chapitre, nous nous servirons des symboles P et R pour représenter ces valeurs moyennes; de sorte que l'énergie exercée et le travail effectué, que les forces soient constantes ou variables, seront respectivement représentés par Ps et Rs. On voit, en se reportant aux n°⁵ 517 et 593, que les deux facteurs d'une quantité d'énergie peuvent être, en outre d'une force et d'une longueur comme ci-dessus, soit des actions moléculaire et un volume, soit un couple et un angle; c'est ce que montre le tableau suivant :

Energie ou travail en kilogrammètres $\Big\} = \Big\{$

- Force en kilogrammes $\times$ distance en mètres;
- Couple en kilogrammètres $\times$ mouvement angulaire dans la circonférence qui a pour rayon l'unité;
- Pression en kilogrammes par mètre carré $\times$ volume engendré par un piston en mètres cubes.

666. On obtiendra **les équations générales** du travail uniforme ou périodique d'une machine en introduisant la distinction entre le travail utile et le travail perdu dans les équations de la conservation de l'énergie. Ainsi, si P représente l'effort moyen au point qui mène, s, l'espace qu'il parcourt dans un intervalle de temps donné lequel comporte un nombre entier de périodes ou de révolutions, R_1, la résistance utile moyenne, s_1, l'espace suivant lequel la résistance est vaincue dans le même intervalle, R_2, une quelconque des résistances nuisibles, s_2, l'espace qui lui correspond, on a

$$Ps = R_1 s_1 + \Sigma R_2 s_2. \tag{1}$$

Le rendement de la machine est exprimé par

$$\frac{R_1 s_1}{Ps} = \frac{R_1 s_1}{R_1 s_1 + \Sigma R_2 s_2}. \tag{2}$$

667. **Équations en fonction des mouvements comparés.**
Soient $\dfrac{s_1}{s} = n_1$, $\dfrac{s_2}{s} = n_2$, etc., les *rapports* entre les espaces parcourus pendant un nombre entier de périodes par le point qui travaille et les divers points de résistance, et l'espace parcouru pendant le même temps par le point menant; l'équation 1 du n° 666 prendra la forme suivante, qui exprime « le principe des vitesses virtuelles » (519) appliqué aux machines :

$$P = n_1 R_1 + \Sigma n_2 R_2. \tag{1}$$

Ainsi *l'effort moyen* au point qui mène est exprimé simplement en fonction des différentes résistances moyennes, et des *mouvements com-parés*, lesquels mouvements peuvent être déduits de la construction de la machine au moyen des principes de la théorie des mécanismes, de sorte que toutes les propositions de la 4ᵉ partie, qui sont rela-tives aux mouvements comparés des points d'une machine, peuvent être facilement transformées en propositions relatives à l'effort et aux résistances moyens, et que l'on peut déterminer l'effort moyen né-cessaire pour mener la machine si les résistances sont connues.

668. Réduction des forces et des couples. Il est souvent commode, dans les calculs, de remplacer une force appliquée en un point donné, ou un couple appliqué à une pièce donnée, par la force ou le couple *équivalents* appliqués à un autre point ou à une autre pièce, c'est-à-dire, par la force ou le couple qui, s'ils étaient appliqués à l'autre point ou à l'autre pièce, exerceraient une énergie égale, ou emploieraient un travail égal. Cette réduction est basée sur ce prin-cipe que le rapport entre la force donnée et la force équivalente est l'inverse du rapport entre les vitesses de leurs points d'application, et que le rapport entre le couple donné et le couple équivalent est l'inverse du rapport entre les vitesses angulaires des pièces auxquelles ils sont appliqués.

SECTION 2. — *Frottement des machines.*

669. Coefficients de frottement. Nous avons exposé aux nᵒˢ 189, 190, 191 et 192 la nature et les lois du frottement des sur-faces solides, et la signification des coefficients de frottement et de l'angle de frottement. Le tableau suivant donne l'angle de frotte-ment φ, le coefficient de frottement $f = \operatorname{tg}\varphi$, et son inverse $\dfrac{1}{f}$, pour les substances qui constituent les mécanismes; ces chiffres sont extraits des tableaux donnés par le général Morin et autres auteurs; nous les avons groupés et classés. Les valeurs de ces constantes sont relatives au *frottement pendant le mouvement*. Nous renvoyons au nᵒ 204 pour la différence entre le frottement pendant le mouvement et le frottement au repos.

NUMÉ-ROS.	SURFACES.	φ	f	$\dfrac{1}{f}$
1	Bois sur bois, à sec.	14° à 26° 1/2	0,25 à 0,5	4 à 2
2	— savonné.	11° 1/2	0,2	5
3	Métaux sur chêne, à sec.	26° 1/2 à 31°	0,5 à 0,6	2 à 1,67
4	— mouillé..	13° 1/2 à 14° 1/2	0,24 à 0,26	4,17 à 3,85
5	— savonné.	11° 1/2	0,2	5
6	Méta x sur orme, à sec.	11° 1/2 à 14°	0,2 à 0,25	5 à 4
7	Chanvre sur chêne, à sec.	28°	0,53	1,89
8	— mouillé.	18° 1/2	0,33	3
9	Cuir sur chêne.	15° à 19° 1/2	0,27 à 0,38	3,7 à 2,86
10	Cuir sur métaux, à sec.	29° 1/2	0,56	1,79
11	—' mouillé.	20°	0,36	2,78
12	— · graissé.	13°	0,23	4,35
13	— huilé	8° 1/2	0,15	6,67
14	Métaux sur métaux, à sec.	8° 1/2 à 11° 1/2	0,15 à 0,2	6,67 à 5
15	— mouillé.	16° 1/2	0,3	3,33
16	Surfaces unies, graissées par intervalles. .	4° à 4° 1/2	0,07 à 0,08	14,3 à 12,5
17	— continuellement.	3°	0,05	20
18	Surfaces unies, graissées continuellement, les meilleurs résultats.	1° 3/4 à 2°	0.03 à 0,036	33,3 à 27,6

670. Graissage. Les trois derniers résultats du tableau précédent, 16, 17 et 18, sont relatifs aux surfaces solides unies de nature quelconque graissées ou lubrifiées à un tel point que le frottement dépend presque exclusivement de l'alimentation continuelle de graisse et à peine de la nature des surfaces solides; et c'est ce qu'on doit toujours chercher à réaliser dans une machine. Les matières employées au graissage devraient être assez épaisse pour des fortes pressions, de façon à être moins facilement chassées, et assez fluides pour des pressions faibles, de façon que leur viscosité n'ajoutât pas à la résistance.

671. Limite de la pression entre les surfaces frottantes. La loi de proportionnalité du frottement à la pression (190) n'est vraie pour des surfaces sèches que lorsque la pression n'est pas suffisante pour abîmer et écraser les surfaces, et elle ne l'est pour des surfaces graissées que lorsque la pression n'est pas assez intense pour chasser la graisse des points de contact où elle est maintenue par une attraction capillaire. Si la limite qui convient pour l'intensité de la pression est dépassée, le frottement croît plus rapidement que proportionnellement à la pression. Cette limite diminue à mesure que la vitesse du frottement augmente, suivant une loi que l'on ne connaît pas exactement. Voici quelques valeurs de cette limite, déduites d'expériences :

Essieux des wagons.	Limite de la pression par millimètre carré.
Vitesse de frottement $0^m,30$.	$0^k,28$
» $0^m,76$.	$0^k,16$
» $1^m,50$.	$0^k,1$
Chantiers en bois pour lancer les navires.	$0^k,04$

L'inclinaison donnée à ces chantiers varie de $\frac{1}{10}$ pour les plus petits navires, à $\frac{1}{20}$ environ pour les plus grands. Le coefficient de frottement, lorsqu'ils sont bien lubrifiés avec de la graisse ou du savon mou, est probablement compris entre 0,03 et 0,04.

672. Frottement d'une pièce qui glisse. Dans la *fig.* 262,

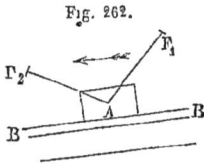
Fig. 262.

A représente une pièce qui glisse et qui se meut uniformément le long du guide rectiligne BB dans la direction de la flèche sous l'action de deux forces qui peuvent être directes ou obliques, mais qui, pour plus de généralité, sont représentées ici comme obliques. La force F_2 opposée au mouvement est la résultante de la *résistance utile* ou de la force que A exerce sur la pièce voisine du train, et du poids de A lui-même, et nous l'appellerons *la force donnée*. Représentons par i_2 l'angle qu'elle fait avec le guide BB. La force F_1 est celle qui mène la pièce ; on suppose connu l'angle i_1 que sa direction fait avec le guide BB ; il reste à déterminer sa grandeur ainsi que le frottement qu'elle a à vaincre en sus de la résistance utile. Représentons par Q la pression normale de A contre BB, fQ représentera alors le frottement. Nous aurons les deux équations d'équilibre

$$\left.\begin{array}{l} Q = F_1 \sin i_1 + F_2 \sin i_2 \\ F_1 \cos i_1 = F_2 \cos i_2 + fQ \\ \quad = F_1 f \sin i_1 + F_2 (\cos i_2 + f \sin i_2); \end{array}\right\} \quad (1)$$

d'où l'on déduit facilement les équations suivantes, qui donnent la solution du problème :

$$F_1 = F_2 \frac{\cos i_2 + f \sin i_2}{\cos i_1 - f \sin i_1}; \quad fQ = F_2 \frac{f \sin(i_1 + i_2)}{\cos i_1 - f \sin i_1}. \quad (2)$$

673. Le moment de frottement d'une pièce animée d'un mouvement de rotation est le moment statique du frottement par rapport à l'axe de rotation de la pièce; c'est le moment d'un couple qui se compose du frottement et d'une composante égale et opposée de la pression que les supports de la pièce exercent contre son arbre. On obtiendra le travail perdu par le frottement dans un temps donné en multipliant le moment de frottement par le mouvement angulaire pendant ce temps.

674. Frottement d'un arbre sur ses coussinets. Lorsqu'un arbre cylindrique a été pendant un certain temps en contact avec ses coussinets, ceux-ci deviennent légèrement plus grands que lui, de sorte que le point de la pression la plus intense, qui est également le point de résistance par lequel passe la résultante du frottement, prend une certaine position en rapport avec la direction de la pression latérale.

Dans la *fig.* 263, AAA représente une section transversale de l'arbre cylindrique d'une pièce animée d'un mouvement de rotation, C, son

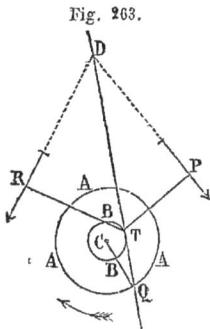
Fig. 263.

axe de rotation, et R, la direction et la grandeur de ce que nous appellerons la *force donnée*, c'est-à-dire, la résultante de la résistance utile et du poids de la pièce que l'on considère. Représentons par P l'effort nécessaire pour mener la pièce; la ligne d'action de cette force est connue, et il reste seulement à en déterminer la grandeur. Soient D le point où les directions de P et R se rencontrent, et DQ la ligne d'action de leur résultante, laquelle résultante est égale et opposée à Q, qui est la pression exercée par le coussinet contre l'arbre, et qui est par conséquent inclinée sur le rayon CQ d'un angle CQD = φ, l'angle de frottement, de façon à résister à la rotation dont le sens est indiquée par la flèche.

Il suffira évidemment, pour trouver la ligne de pression DQ, de décrire autour du centre C une circonférence BB ayant pour rayon

$$\overline{\text{CT}} = r\sin\varphi = \frac{fr}{\sqrt{1+f^2}}, \qquad (1)$$

$r = \overline{\text{CQ}}$ étant le rayon de l'arbre, et de mener par le point connu D une ligne DTQ tangente à cette circonférence en T. Le côté de la circonférence sur lequel se trouve ce point de contact est tel qu'une force dirigée de Q vers T s'oppose à la rotation.

Menons par T, TR perpendiculaire à R, et TP perpendiculaire à P. La grandeur de l'effort P est alors donnée par l'équation

$$P = R\,\frac{\overline{TR}}{\overline{TP}}, \tag{2}$$

et celle de la pression Q par l'équation

$$Q^2 = P^2 + R^2 + 2PR \cos PDR,$$

(le dernier terme de cette équation devient négatif quand l'angle PDR est obtus). Le frottement sera alors

$$Q \sin \varphi = \frac{fQ}{\sqrt{1+f^2}}; \tag{4}$$

et son moment aura pour expression

$$Qr \sin \varphi = Q\,\overline{CT}. \tag{5}$$

Lorsque les forces P et R sont parallèles entre elles, Q est égal à leur différence ou à leur somme, suivant qu'elles agissent d'un même côté ou de côtés différents de l'axe, et QT leur est parallèle, de sorte que RT, TP et CT se trouvent en ligne droite; les équations 2, 4 et 5 sont encore applicables à ce cas.

Pour réduire le plus possible la pression latérale Q et le frottement qui en résulte, on devrait disposer le mécanisme de telle sorte que P et R agissent parallèlement l'un à l'autre d'un même côté de l'axe.

Dans la plupart des cas de la pratique, la différence entre $\sin \varphi = \dfrac{f}{\sqrt{1+f^2}}$, et $\tan \varphi = f$ n'est pas assez grande pour qu'il y ait lieu d'en tenir compte.

Les coussinets des arbres doivent être faits avec des matériaux qui, tout en étant assez durs pour pouvoir résister au frottement sans trop d'usure, soient moins durs cependant que l'arbre lui-même. C'est pour cela que, dans le cas d'arbres en fer, on emploie habituellement le bronze pour les coussinets. On s'est servi également avec avantage de coussinets en fonte, en carton dur et en bois dur, tel que de l'orme, le fil étant dans le sens du rayon.

675. Frottement d'un pivot. On appelle pivot l'extrémité d'un axe qui vient presser par la *pointe* contre un coussinet appelé crapaudine. Les pivots doivent être très-durs et on les fait habituellement en acier.

Un *pivot plat* est un cylindre d'acier de petite longueur terminé par une surface de frottement plane. Si la pression Q est répartie également sur cette surface, dont nous représenterons le rayon par r, on trouve facilement par une intégration que le moment du frottement est égal à

$$\frac{2}{3}frQ. \tag{1}$$

Dans le cas de pivots plats, on limite généralement à $1^k,6$ l'intensité de la pression par millimètre carré; cette intensité est d'ailleurs donnée par la relation

$$p = \frac{Q}{\pi r^2}. \tag{2}$$

Dans le cas d'un pivot avec *coupe et boule*, les extrémités de l'arbre et du support présentent deux parties en retraite se faisant face, dans lesquelles sont ajustées deux coupes peu profondes en acier ou en bronze durs. Entre les deux surfaces sphériques concaves de ces coupes on interpose soit une boule d'acier, qui est une sphère complète, soit une lentille dont les rayons des surfaces convexes sont légèrement plus petits que ceux des coupes. Le moment du frottement d'un pareil pivot est presque inappréciable au début, par suite de l'extrême petitesse du rayon des cercles de contact de la boule et de la coupe; mais au fur et à mesure de l'usure, ce rayon et le moment de frottement vont en augmentant.

676. **Frottement d'un collier.** Lorsque l'on ne peut pas faire porter sur un pivot la pression qui agit sur un arbre, on la supporte au moyen d'un ou plusieurs *colliers* ou bagues formant saillie sur l'arbre, qui pressent contre des coussinets d'une forme analogue; dans le cas de propulseurs à hélice, le meilleur coussinet de ce genre qu'on ait trouvé consistait en bois dur, les fibres étant disposées dans le sens de la longueur de l'arbre. Si l'on désigne par r le rayon extérieur et par r' le rayon intérieur du collier, son moment de frottement, pour une pression Q, est donné par la formule

$$\frac{2}{3}fQ\frac{r^3 - r'^3}{r^2 - r'^2}. \tag{1}$$

677. Frottement des dents d'engrenage. Si l'on représente par P la pression qui s'exerce entre chaque couple de dents qui entre en action, par s la distance qui correspond au glissement de deux dents l'une sur l'autre (voir les n° 453, 455, 458 et 462 A), et par n le nombre de couples de dents qui passent par la ligne des centres dans un intervalle de temps donné, le travail perdu par suite du frottement des dents dans cet intervalle est égal à

$$fnsP. \qquad (1)$$

678. Frottement d'un lien. Un lien flexible, tel qu'une corde, un câble, une courroie ou une lame flexible, peut être employé pour exercer soit un effort, soit une résistance sur un tambour ou sur une poulie autour desquels il s'enroule. Dans chacun de ces deux cas, la force tangentielle, que ce soit un effort ou une résistance qui s'exerce entre le lien et la poulie, est leur frottement mutuel, lequel résulte de la pression normale qui s'exerce entre eux et lui est proportionnel.

Dans la *fig.* 264, C représente l'axe d'une poulie AB, qui est entourée sur une partie de sa circonférence par un lien T_1ABT_2; la flèche extérieure indique le sens dans lequel le lien glisse ou tend à glisser par rapport à la poulie, et la flèche intérieure, le sens dans lequel la poulie glisse ou tend à glisser par rapport au lien.

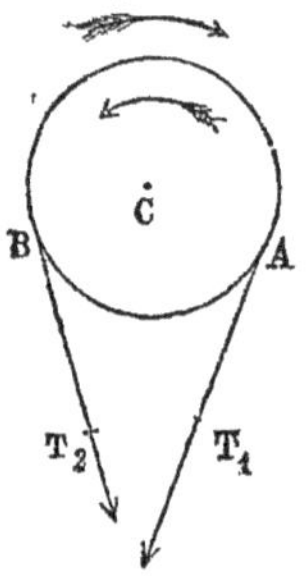

Soient T_1 la tension de la partie libre du lien du côté *vers lequel* il

Fig. 264.

tend à entraîner la poulie, ou *à partir duquel* la poulie tend à l'entraîner, T_2 la tension de la partie libre située de l'autre côté, T la tension du lien en un point quelconque de l'arc de contact du lien avec la poulie, θ le rapport entre la longueur de cet arc et le rayon de la poulie, $d\theta$ le rapport d'un élément de cet arc au rayon, $R = T_1 - T_2$ le frottement total entre le lien et la poulie, dR la portion élémentaire de ce frottement, qui est due à l'arc élémentaire $d\theta$, f le coefficient de frottement entre les substances qui constituent le lien et la poulie.

Il résulte du principe établi aux n° 179 et 271, que la pression normale pour l'arc élémentaire $d\theta$ est

$$Td\theta:$$

T étant la tension moyenne du lien pour cet arc élémentaire; le frottement sur cet arc sera par conséquent

$$dR = fT d\theta.$$

Or ce frottement est égal à la différence entre les tensions du lien aux deux extrémités de l'arc élémentaire,

d'où
$$dT = dR = fT d\theta.$$

Si l'on intégre cette équation pour l'arc de contact tout entier, on trouve la formule suivante :

$$\left. \begin{array}{l} L \dfrac{T_1}{T_2} = f\theta; \quad \text{d'où} \quad \dfrac{T_1}{T_2} = e^{f\theta}; \\[2mm] R = T_1 - T_2 = T_1\left(1 - e^{-f\theta}\right) = T_2\left(e^{f\theta} - 1\right); \end{array} \right\} \quad (1)$$

$L \dfrac{T_1}{T_2}$ représente dans cette formule le log. hyp. de $\dfrac{T_1}{T_2}$.

Lorsque les tensions des deux brins d'une courroie qui réunit deux poulies sont égales au début, ces poulies étant en repos, et qu'on met ces poulies en mouvement de telle sorte que l'une mène l'autre au moyen de la courroie, on trouve que le brin qui avance est aussi tendu que le brin qui revient est détendu, de telle sorte que la tension *moyenne* n'est pas changée. Sa valeur est donnée par la formule

$$\frac{T_1 + T_2}{2R} = \frac{e^{f\theta} + 1}{2\left(e^{f\theta} - 1\right)}, \qquad (2)$$

qui sert habituellement à déterminer la tension initiale que doit avoir une courroie pour pouvoir transmettre une force donnée entre deux poulies.

Si l'on désigne par n l'arc de contact entre le lien et la poulie, exprimé en tours et fractions de tours,

$$\theta = 2\pi n; \quad e^{f\theta} = 10^{2,7288 fn}. \qquad (3)$$

Lorsque le lien sert à empêcher le mouvement de la poulie, il constitue une sorte de frein *à lame flexible*. Dans ce cas, les surfaces de frottement du lien et de la poulie peuvent être ou toutes deux en fer, ou toutes deux revêtues de pièces de bois que l'on renouvelle à mesure qu'elles s'usent.

679. Dans l'engrenage par frottement, décrit au n° 445, on trouve, lorsque l'angle des cannelures est égal à 40°, et lorsque

46

leurs surfaces sont unies, propres et sèches, que la force tangentielle transmise entre les roues est égale à une fois et demie la force avec laquelle leurs axes sont pressés l'un contre l'autre. Ce chiffre est beaucoup plus élevé que celui qui est dû au frottement ordinaire et doit tenir en partie à l'adhérence.

680. **Les accouplements par frottement** servent à transmettre un mouvement de rotation entre des pièces qui ont même axe, toutes les fois qu'il se produit des changements brusques dans la force ou dans la vitesse; et ils sont disposés de façon à maintenir la force transmise dans les limites qui donnent toute sécurité. Les systèmes de cette espèce sont très-nombreux; l'un des plus communs et des plus usités se compose de deux cônes de frottement. L'angle que font les génératrices des cônes avec l'axe ne devrait pas être inférieur à l'angle de frottement.

681. **Raideur des cordages.** On éprouve de la résistance quand on veut courber un cordage et quand, une fois qu'il est courbé, on veut le redresser. Cette résistance provient du frottement mutuel des fibres; elle croît avec l'aire de la section transversale du cordage et est en raison inverse du rayon de courbure qu'on veut produire.

Le *travail perdu*, pour tendre une longueur donnée de cordage sur une poulie, s'obtient en multipliant la longueur du cordage en mètres par sa raideur en kilogrammes; cette raideur est l'excès de la tension du brin qui mène sur celle du brin qui est mené, lequel excès est nécessaire pour faire prendre au cordage la courbure de la poulie, puis pour le redresser de nouveau.

Les formules empiriques suivantes, pour la raideur des cordages en chanvre, sont celles que le général Morin a déduites des expériences de Coulomb.

Soient R la raideur en kilogrammes;

d le diamètre du cordage, en mètres;

$n = 48\,d^2$ pour des câbles blancs, $35\,d^2$ pour des câbles goudronnés;

r le rayon effectif de la poulie, en mètres:

T la tension en kilogrammes;

on a :

Pour des cordages blancs, $R = \dfrac{n}{r}\left\{\,0{,}023 + 30{,}1\,n + 0{,}047\,T\,\right\}$

Pour des cordages goudronnés, $R = \dfrac{n}{r}\left\{\,0{,}012 + 40{,}7\,n + 0{,}065\,T\,\right\}$

$$\left. \right\} \quad (1)$$

682. Résistance au roulement de surfaces unies. Lorsque deux surfaces roulent l'une sur l'autre sans glissement, il se produit une résistance que l'on appelle le frottement de roulement. Cette résistance est analogue à *un couple* qui s'oppose à la rotation; et l'on trouve son *moment* en multipliant la pression normale entre les deux surfaces qui roulent par un *bras de levier* dont la longueur dépend de la nature de ces surfaces; et le travail perdu dans l'unité de temps pour vaincre cette résistance est le produit de son moment par la *vitesse angulaire* des surfaces qui roulent l'une par rapport à l'autre. Voici des valeurs approchées du bras de levier :

Chêne sur chêne.	0,0018 (Coulomb)
Gaïac sur chêne.	0,0012
Fonte sur fonte.	0,0006 (Tredgold)

683. La résistance des voitures sur les routes se compose d'une quantité constante et d'une quantité qui augmente avec la vitesse. D'après le général Morin, elle peut être représentée approximativement par la formule

$$R = \frac{Q}{r}\left\{ a + b(v-1,1) \right\} \qquad (1)$$

dans laquelle Q est la grosse charge, r le rayon des roues en mètres, v la vitesse en mètres par seconde, et a et b deux constantes qui ont pour valeurs :

	a.	*b.*
pour des routes empierrées en bon état. . . .	0,01 à 0,014	0,0019 à 0,002
pour des routes pavées. .	0,007	0,005
pour le pavé de Paris. .	0,009	0,002

Sur une route en graviers, la résistance est le double de la résistance sur de bonnes routes empierrées; dans le cas d'un sol peu résistant, composé de graviers et de sable, elle est cinq fois plus considérable.

684. Résistance des trains de chemins de fer. Dans les formules empiriques qui suivent,

E représente le poids de la machine;

T   id.   la grosse charge qu'elle traîne;

V   id.   la vitesse en kilomètres à l'heure;

r représente le rayon de courbure de la voie en mètres;

R   id.   la résistance en kilogrammes;

f id.   un coefficient de frottement;

c id.   un coefficient pour la résistance due à la courbe.

Pour des wagons ordinaires, avec roues cylindriques, marchant à des vitesses supérieures à 20 kilomètres à l'heure, nous avons trouvé à la suite d'expériences faites avec le lieutenant David Rankine :

$$R = f\left(1 + \frac{c}{r}\right)T; \qquad (1)$$

dans cette formule $f = 0,002$, et $c = 483$. (Voir *Experimental Inquiry on the Use of cylindrical Wheels on Railways*, 1842.)

Dans le cas d'une machine avec ses wagons, nous indiquerons la formule empirique suivante, qui résulte des expériences de divers auteurs

$$R = f(T + E)\left(1 + \frac{V^2}{3700}\right)\left(1 + \frac{c}{r}\right), \qquad (2)$$

dans laquelle f est compris entre 0,0027 et 0,004 suivant l'état de la voie et des wagons, et c entre 483 et 160. (Voir le *Manual of civil Engineering* de Rankine.)

685. Chaleur du frottement. Il se produit une calorie par chaque quantité de 423 kilogrammètres de travail perdue par suite du frottement.

On empêche l'échauffement excessif des organes par un graissage constant et abondant de bonne qualité.

CHAPITRE II.

MOUVEMENTS VARIÉS DES MACHINES.

686. Les **forces et couples centrifuges** que les différentes pièces d'une machine animées de mouvements de rotation exercent contre leurs coussinets peuvent être évalués au moyen des principes des nᵒˢ 540, 592 et 603 ; il faudra en tenir compte lorsque l'on voudra déterminer les pressions latérales qui causent le frottement, ainsi que la résistance des axes et du bâti. Comme ces forces et ces couples centrifuges déterminent un frottement et des actions moléculaires excessives, et donnent lieu aussi, par suite de leurs changements de direction continuels, à des vibrations dangereuses, on doit chercher à les réduire autant que possible. Dans ce but, à moins qu'il n'y ait des raisons de faire autrement, les axes de rotation des pièces qui tournent rapidement devraient passer par leurs centres de gravité, de façon que la force centrifuge résultante fût nulle, et devraient être des axes d'inertie, ce qui réduirait à zéro le couple centrifuge. (Voir pour les axes d'inertie le nᵒ 584.)

687. **Énergie actuelle d'une machine.** Pour pouvoir déterminer l'énergie actuelle entière d'une machine à un instant donné, il faut connaître :

(1) Le poids de chacune des pièces animées d'un mouvement de translation : soit W l'un de ces poids ;

(2) La vitesse de translation de chacune de ces pièces à cet instant : soit v l'une de ces vitesses ;

(3) Le moment d'inertie de chacune des pièces possédant un mouvement de rotation : soit I l'un de ces moments ;

(4) La vitesse angulaire de chacune de ces pièces à l'instant donné : soit a l'une de ces vitesses.

Ces quantités étant données, l'énergie actuelle de la machine est

$$\varepsilon = \frac{1}{2g}\,(\Sigma \mathrm{W}v^2 + \Sigma \mathrm{I}a^2); \qquad (1)$$

et si le moment d'inertie de chacune des pièces qui tournent est mis sous la forme $\mathrm{I} = \mathrm{W}'\rho^2$, W' représentant son poids et ρ son rayon de giration, l'expression ci-dessus peut être mise sous la forme

$$\varepsilon = \frac{1}{2g}\,(\Sigma \mathrm{W}v^2 + \Sigma \mathrm{W}'\rho^2 a^2). \qquad (2)$$

688. Inertie ramenée au point décrivant. Les figures, les dimensions et la liaison des pièces d'une machine étant connues, les principes de la théorie des mécanismes (quatrième partie) permettent de déterminer les mouvements comparés de tous ses points et, en particulier, les rapports de leurs vitesses à celle du point qui mène à un instant quelconque. Soit V la vitesse du point qui mène, et pour une pièce donnée de la machine dont le poids est W, représentons par n le rapport $\dfrac{v}{\mathrm{V}}$ dans le cas où la pièce a un mouvement de translation, ou le rapport $\dfrac{\rho a}{\mathrm{V}}$ dans le cas où la pièce a un mouvement de rotation. La somme

$$\Sigma \mathrm{W}n^2 \qquad (1)$$

représente alors *le poids qui, s'il était concentré au point qui mène, possèderait la même énergie actuelle que la machine entière*. On a donné à cette quantité le nom d'*inertie ramenée au point décrivant*. M. Moseley, qui en a le premier introduit la considération en mécanique, l'a appelée le « coefficient de permanence ».

Nous pourrons alors représenter l'énergie actuelle de la machine à un instant quelconque par l'expression

$$\varepsilon = \frac{\mathrm{V}^2 \Sigma \mathrm{W}n^2}{2g}. \qquad (2)$$

On peut encore exprimer l'inertie par rapport *à l'axe qui mène*. Désignons par A la vitesse angulaire, à un instant quelconque, de l'axe de la pièce qui reçoit la première la force motrice, et posons $\dfrac{v}{\mathrm{A}} = l$, dans le cas d'une pièce animée d'un mouvement de translation, et $\dfrac{a}{A} = n$, dans le cas d'une pièce animée d'un mouvement de rotation. Le *moment d'inertie ramené à l'axe* sera alors

$$\Sigma W l^2 + \Sigma I n^2; \qquad (3)$$

et l'énergie actuelle à un instant quelconque sera

$$\varepsilon = \frac{A^2}{2g} (\Sigma W l^2 + \Sigma I n^2). \qquad (4)$$

689. **Les variations dans la vitesse** d'une machine résultent de ce qu'il y a alternativement excès de l'énergie reçue sur le travail effectué, et du travail effectué sur l'énergie reçue, d'où une augmentation, puis une diminution de l'énergie actuelle, conformément à la loi de la conservation de l'énergie que nous avons exposée au n° 552.

Pour déterminer les plus grandes variations de vitesse d'une machine ayant un mouvement périodique, nous prendrons la ligne ABC, *fig.* 265, pour représenter le mouvement du point qui mène pendant une période, et nous figurerons à chaque instant l'effort D du moteur principal par l'ordonnée de la courbe DGEIF; nous désignerons par R la somme des résistances, ramenées au point qui mène, à chaque instant, comme au n° 668, et nous la représenterons par l'ordonnée de la courbe DHEKF, laquelle rencontre la première en des points qui ont pour ordonnées AD, BE, CF. L'intégrale

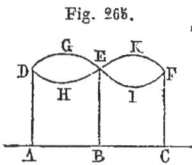

$$\int (P - R) ds$$

étant prise pour une partie quelconque du mouvement, représente alors, comme au n° 549, l'excès ou le manque d'énergie, selon qu'elle est positive ou négative. Pour la période entière ABC, cette intégrale est nulle. Pour AB, elle représente *un excès dans l'énergie reçue*, lequel est représenté par l'aire DGEH, et pour BC, un excès *dans le travail effectué*, lequel est égal au précédent et est représenté par l'aire égale EKFI. Représentons par $\Delta\varepsilon$ ces deux quantités égales. L'énergie actuelle de la machine atteint alors son maximum en B, et son minimum en A et C, et $\Delta\varepsilon$ est la différence de ces valeurs.

Désignons maintenant par V_0 la vitesse moyenne, par V_1 la plus

grande vitesse, et par V_2 la plus petite vitesse, du point qui mène ;
alors

$$\frac{V_1^2 - V_2^2}{2g}\, \Sigma W n^2 = \Delta\varepsilon ; \qquad (1)$$

si l'on divise cette quantité par le double de *l'énergie actuelle moyenne*

$$\frac{V_0^2}{2g}\, \Sigma W n^2 = \varepsilon_0,$$

on obtient

$$\frac{V_1 - V_2}{V_0} = \frac{\Delta\varepsilon}{2\varepsilon_0} = \frac{g\Delta\varepsilon}{V_0^2 \Sigma W n^2}; \qquad (2)$$

on peut donner à ce rapport le nom de *coefficient de variation de la vitesse*.

Le général Morin a déterminé le rapport de l'excès et du défaut périodiques d'énergie $\Delta\varepsilon$ à l'énergie totale produite dans une période ou dans une révolution, $\int P ds$, pour des machines à vapeur dans différentes circonstances, et a trouvé qu'il était compris entre $\frac{1}{10}$ et $\frac{1}{4}$ pour des machines à un seul cylindre. Pour des machines à deux cylindres actionnant le même arbre, avec manivelles à angle droit l'une sur l'autre, la valeur de ce rapport est environ le quart de ce qu'il est dans le cas de machines à cylindre unique.

690. Un **volant** est une roue dont la jante est pesante, et dont le moment d'inertie très-considérable ramène le coefficient de variation de la vitesse à une certaine grandeur qui est d'environ $\frac{1}{32}$, dans le cas de machines ordinaires, et $\frac{1}{50}$ ou $\frac{1}{60}$, dans le cas de machines pour des travaux soignés.

Soient $\frac{1}{m}$ la valeur projetée du coefficient de variation de la vitesse et $\Delta\varepsilon$, comme ci-dessus, la variation d'énergie ; si cette dernière est réglée par le moment d'inertie I du volant seul, a_0 étant sa vitesse moyenne, l'équation 2 du n° 689 reviendra à la suivante

$$\frac{1}{m} = \frac{g\Delta\varepsilon}{a_0^2 I}; \quad I = \frac{mg\Delta\varepsilon}{a_0^2}. \qquad (1)$$

— La seconde de ces équations donne le moment d'inertie cherché du volant.

691. Mise en mouvement et arrêt. Freins. La *mise en mouvement* d'une machine consiste à la faire sortir de l'état de repos et à l'amener à sa vitesse moyenne. Cette opération exige, en sus de l'énergie nécessaire pour vaincre la résistance de la machine, une quantité d'énergie additionnelle égale à l'énergie actuelle quand elle se meut avec sa vitesse moyenne, ainsi qu'elle a été déterminée d'après les principes du n° 687.

Si, pour *arrêter* une machine, on se contente de suspendre l'effort du moteur, la machine continuera à marcher jusqu'à ce qu'elle ait effectué pour vaincre les résistances un travail égal à l'énergie qu'elle possédait en vertu de sa vitesse au moment où l'on a suspendu l'effort du moteur.

Pour arrêter la machine dans un temps moindre, il faudra accroître la résistance artificiellement au moyen d'un *frein*, lequel peut consister en une lame mince flexible, comme au n° 678, ou en un bloc qui vient presser contre la jante d'une roue, ou encore en un secteur cannelé qui vient presser contre une roue cannelée, comme dans le cas de l'engrenage par frottement (445, 679).

Soient R_1 la résistance ordinaire de la machine, *ramenée à la surface de frottement* (668), R_2 le frottement produit par le frein, v la vitesse de la surface sur laquelle il agit à l'instant où l'on commence à l'appliquer, s la distance que la surface qui frotte doit parcourir pour amener l'arrêt de la machine, t le temps correspondant, ε l'énergie actuelle de la machine au moment où le frein commence à agir. Alors

$$s = \frac{\varepsilon}{R_1 + R_2}; \qquad (1)$$

et comme la vitesse moyenne du frottement durant l'opération de l'arrêt est $\dfrac{v}{2}$,

$$t = \frac{2s}{v} = \frac{2\varepsilon}{v(R_1 + R_2)}. \qquad (2)$$

CHAPITRE III.

MOTEURS.

---

692. Un **moteur** est une machine, ou une combinaison de pièces en mouvement, qui sert à transporter l'énergie des corps qui la développent d'après les lois du monde naturel à d'autres corps qui permettront de l'employer, et à transformer de l'énergie d'une certaine forme, que ce soit de l'affinité chimique, de la chaleur ou de l'électricité, en énergie mécanique, ou énergie de force et de mouvement. Le mécanisme d'un moteur comprend toutes les parties qui servent à régler ses opérations.

Le *travail utile* d'un moteur est l'énergie qu'il transmet à une machine quelconque qu'il actionne, et son *rendement* est le rapport du travail utile à l'énergie totale qu'il a reçue d'une source d'énergie naturelle.

L'*effet* d'un moteur est son travail utile dans une certaine unité de temps, seconde, minute, heure ou jour.

693. Le **régulateur** (*) d'un moteur est une pièce qui permet de faire varier le taux de l'énergie qu'il reçoit d'une source d'énergie; telle est la vanne qui change les dimensions de l'orifice pour l'eau qui fait mouvoir une roue hydraulique, ou encore l'appareil qui fait varier la surface d'action du vent dans un moulin à vent, ou la valve d'une machine à vapeur. Dans les moteurs dont on doit faire varier la vitesse et la force à volonté, tels que les locomotives et les ma-

---

(*) Nous emploierons le mot *régulateur* pour désigner la pièce qui règle, conformément à la locution anglaise; et nous désignerons par le mot *gouverneur* ce que l'on appelle en France le régulateur. (*Note du traducteur.*)

chines d'extraction de mines, le régulateur est manœuvré par le mécanicien. Dans les autres cas, il est en relation avec un appareil automatique appelé **gouverneur** (GOVERNOR), lequel consiste habituellement en deux pendules animés d'un mouvement de rotation, et dont l'angle que forment les pendules avec l'axe dépend de la vitesse (606).

694. On peut **classer** les **moteurs** d'après les formes que possède tout d'abord l'énergie. Ce sont :

      I   La force musculaire;
     II   Le mouvement des fluides;
    III La chaleur;
    IV L'électricité et le magnétisme.

695. **Force musculaire.** L'*effet journalier* exercé par la force musculaire d'un homme ou d'un animal est le produit de trois quantités, qui sont : la résistance utile, la vitesse avec laquelle cette résistance est vaincue, et le nombre d'unités de temps par jour pendant lesquelles ce travail a lieu. On sait que pour chaque homme ou pour chaque animal il existe pour ces trois quantités des valeurs telles que leur produit est un maximum, d'où résulte une plus grande économie dans le travail, et que si l'on s'écarte de ces valeurs, l'effet journalier diminue.

Nous donnons, d'après Poncelet, le général Morin et d'autres auteurs, les effets de la force de l'homme et du cheval dans différentes circonstances :

		R	V par seconde.	$\frac{T}{3600}=$ heures par jour.	RV	RVT
	Homme.					
1	Élevant son propre poids en montant un escalier ou une échelle.	65	0,15	8	9,75	280.800
2	*Id.* *id.* *id.*	...	...	10	...	352 000
3	(Agissant sur une roue à chevilles, voir 1.).	»	»	»	»	»
4	Élevant des poids avec une corde.	18	0.22	6	4	86.400
5	Élevant des poids en les soulevant avec la main.	20	0,17	6	3,4	73.440
6	Élevant des poids en montant un escalier.	65	0,04	6	2,6	56.160
7	Jetant de la terre à la pelle à une hauteur de 1m,60.	2,70	0,40	10	1,08	38.880
8	Brouettant des terres sur une rampe de $\frac{1}{12,5}$, avec une vitesse horizontale de 0m,27 (retour à vide)..	60	0,023	10	1,38	49.680
9	Poussant ou tirant horizontalement (un cabestan ou une rame). . .	12	0,61	8	7,3	210.240
10	Tournant une manivelle.	{ 5,7 8,2 9	1,50 0,76 4,4	? 8 (t minimum)	8,55 6,2 39.6	178.560
11	Pompant.	6	0,76	10	4,56	164.160
12	Forgeant.	6,80	?	8?	?	55.310
	Cheval.					
13	Trottant et galopant doucement en tirant une voiture légère sur une voie ferrée (pur sang). . . .	(Minim. 10,2) Moyenne 14 (Maxim. 26,7)	4,37	4	61,2	881.280
14	Traînant une voiture ou un bateau, allant au pas (cheval de trait).	54	1.1	8	59,4	1.712.320

696. Une machine à pression d'eau se compose essentiellement d'un cylindre travaillant, dans lequel l'eau fait mouvoir un piston de la façon indiquée au n° 499, 2e cas. Soient h la *chute virtuelle* (*virtual*), c'est-à-dire, l'excès de la charge dynamique de l'eau qui entre dans le cylindre sur celle de l'eau qui en sort, Q le volume de l'eau qui est fournie par seconde, ρ son poids par unité de volume, $1 - k$ le rendement de la machine; alors

$$(1 - k)\rho Q h$$

représentera son effet par seconde. Dans les machines à pression d'eau bien construites, le coefficient $1 - k$ varie entre 0,66 et 0,80.

697. Roues hydrauliques en général. L'eau peut agir sur une roue soit par son *poids* et par sa pression, soit par sa *vitesse,* c'est-à-dire, par son *énergie potentielle* ou par son *énergie actuelle*. (Voir n° 622.)

Désignons par ρQ le poids de l'eau *en kilogrammes* que la roue reçoit par seconde, par h la différence entre les charges dynamiques de l'eau avant et après son action sur la roue; par v_1 la vitesse de l'eau au moment où elle commence à presser sur la roue, ou sa *vitesse d'arrivée*, et par v_2 la vitesse de l'eau au moment où elle cesse d'agir, ou sa *vitesse de sortie*. On aura alors :

pour l'énergie totale de l'eau (622),

$$\rho Q\left(h + \frac{v_1^2}{2g}\right);$$

pour l'énergie de l'eau en quittant la roue,

$$\rho Q\,\frac{v_2^2}{2g};$$

pour la puissance totale de la roue,

$$\rho Q\left(h + \frac{v_1^2 - v_2^2}{2g}\right); \qquad (1)$$

pour le rendement théorique maximum,

$$\frac{h + \dfrac{v_1^2 - v_2^2}{2g}}{h + \dfrac{v_1^2}{2g}}. \qquad (2)$$

La quantité

$$h_1 = h + \frac{v_1^2}{2g}, \qquad (3)$$

peut être appelée [la *chute ou la charge théoriques*. Le rendement utile d'une roue hydraulique s'écarte un peu du rendement théorique maximum, principalement pour les deux motifs suivants : 1. La résistance du canal et des orifices d'arrivée qui fait que la hauteur réelle dont l'eau doit descendre pour acquérir la vitesse d'arrivée v_1 est plus grande que $\dfrac{v_1^2}{2g}$. Pour exprimer l'effet de cette résistance, il faudra substituer à *la chute réelle* la quantité

$$H = h + (1 + \Sigma f)\,\frac{v_1^2}{2g}; \qquad (4)$$

Σf étant le coefficient de résistance du canal et des orifices d'arrivée déterminé d'après les principes des n°s 638 à 642; 2. L'échappement d'une partie de l'eau avant qu'elle ait complétement agi sur la roue; 3. L'agitation et le frottement mutuel des molécules d'eau qui agissent sur la roue; 4. Le frottement de la roue. On obtiendra l'effet des trois dernières causes en multipliant la force totale et le rendement théorique de la roue par un coefficient k plus petit que l'unité, déterminé par l'expérience; le travail utile sera alors représenté par

et le *rendement utile* par

$$\left.\begin{array}{c} (1-k)\rho Q h_1\,; \\[2mm] \dfrac{(1-k)h_1}{H}\,. \end{array}\right\} \qquad (5)$$

698. Différentes espèces de roues hydrauliques. On distingue les roues hydrauliques en *roues en dessus, roues de côté, roues en dessous,* et *turbines.*

699. Roues en dessus et roues de côté. Ces roues reçoivent l'eau soit à leur partie supérieure, soit à un niveau inférieur, et cette eau agit complétement ou en partie en vertu de son poids, à mesure qu'elle descend dans les augets (634). Les augets étaient d'abord complétement clos sur leurs faces intérieures, mais M. Fairbairn a eu l'idée d'y pratiquer des ouvertures pour l'échappement et la rentrée de l'air. Une roue de côté diffère d'une roue en dessus principalement en ce que l'eau arrive dans les augets à un niveau inférieur à celui de la partie supérieure de la roue, et en ce qu'elle tourne à l'intérieur d'un *coursier* en forme d'arc de cercle, lequel s'étend depuis la vanne qui sert à régler le débit jusqu'au niveau du bief d'aval. Ce coursier a pour effet d'empêcher que l'eau ne sorte des augets avant d'avoir atteint le bief d'aval. La vitesse à la circonférence des roues de côté de grande taille et des roues en dessus varie de 0^m,90 à 1^m,80 par seconde, et leur rendement utile, lorsqu'elles sont bien conçues et bien construites, est compris entre 0,7 et 0,8.

700. Les roues en dessous sont mues par l'impulsion de l'eau, qui s'écoule d'un orifice placé à la base du réservoir avec la vitesse que la chute produit, contre des *palettes* ou aubes (649). Une roue de ce genre possède une certaine *vitesse de rendement maximum,* laquelle ne diffère jamais beaucoup de la demi-vitesse de l'eau qui vient la frapper. Dans les roues en dessous de construction ancienne, les aubes sont des planches planes dirigées suivant les rayons de la roue, et leur rendement théorique maximum est $\frac{1}{2}$. Leur rendement utile est environ 0,3. Poncelet a apporté à leur construction un perfectionnement important en donnant aux aubes une forme concave et en les plaçant et les traçant de façon que l'eau d'alimentation y entre sans choc et les quitte en arrivant au bief inférieur sans posséder de vitesse horizontale. Le rendement utile de ces roues est environ 0,6.

701. Une **turbine** est une roue horizontale à axe vertical, qui reçoit l'eau et la laisse écouler dans toutes les directions autour de cet axe, c'est-à-dire que c'est une roue qui est menée par un tourbillon; son rendement est compris entre 0,6 et 0,8 (650).

702. Les **moulins à vent** reçoivent la pression de l'air qui vient frapper des surfaces obliques appelées *voiles*, lesquelles tournent dans une direction perpendiculaire à la direction du vent.

Voici, d'après Smeaton, la forme et les proportions qui conviennent le mieux pour les voiles des moulins à vent : longueur de la voile, $\frac{5}{6}$ du bras ou de la distance de l'extrémité de la voile à l'axe ; largeur à l'extrémité la plus rapprochée de l'axe, $\frac{1}{5}$ du bras : à l'extrémité opposée, $\frac{1}{3}$ du bras ; angles que fait la surface de la voile avec le plan de rotation; à l'extrémité la plus rapprochée de l'axe, 18° : à l'autre extrémité, 7°. Le rendement d'un bon moulin à vent est 0,29. (Voir Smeaton, *on Windmill*, dans les *Hydraulics Tracts* de Tredgold.)

703. **Le rendement d'une machine thermique** se rapporte à une branche particulière de la science : la *thermodynamique;* nous nous contenterons d'indiquer les principes dont il dépend.

Si l'on multiplie par 425 kilogrammètres, qui est l'équivalent mécanique de la chaleur, le nombre de degrés centigrades de chaleur que développe la combustion d'un kilogramme de combustible d'une espèce donnée, on obtient comme résultat la *chaleur totale de combustion* du combustible en question exprimée en kilogrammètres. Pour différentes espèces de combustibles, cette quantité varie de 1.659.000 à 829.500 kilogrammètres. Cette chaleur totale produit, dans une machine donnée, les effets suivants, dont la somme est égale à la chaleur qui se trouve ainsi dépensée :

1. La *perte de chaleur du foyer*, qui varie entre 0,15 et 0,6 de la chaleur totale, suivant la construction du foyer et le soin que l'on met à régler la combustion.

2. La *chaleur qui est nécessairement rejetée par la machine* et qui est égale au produit de $\dfrac{t_2}{t_1}$ par la chaleur que reçoit le fluide élastique ; t_1 et t_2 représentant respectivement les limites supérieure et inférieure de la température *absolue*, laquelle se mesure à partir du zéro absolu, qui se trouve à 273° C. au-dessous du point de fusion de la glace.

3. La *chaleur perdue par la machine*, soit par conductibilité, soit parce que les conditions du maximum de rendement ne sont pas remplies.

4. *Le travail des résistances passives de la machine*, lequel est employé à vaincre le frottement et autres résistances nuisibles.

5. *Le travail utile*. On augmente le rendement d'une machine thermique en diminuant autant que possible les quatre effets précédents, de façon à accroître le cinquième.

Le rendement d'une machine thermique est le produit de trois facteurs, qui sont : le rendement du foyer, c'est-à-dire le rapport de la chaleur transmise au fluide élastique à la chaleur totale de combustion ; le rendement du fluide, c'est-à-dire la fraction de chaleur reçue qu'il transforme en énergie mécanique ; et le rendement des mécanismes, c'est-à-dire la fraction de cette énergie qui est employée à actionner les machines. Le rendement maximum du fluide entre des limites données de température absolue est représenté par

$$\frac{t_1 - t_2}{t_1} . \tag{1}$$

(Voir, pour l'action mécanique d'un fluide élastique sur un piston, le n° 656.)

704. **Machines à vapeur.** Nous avons donné au n° 656, équations 6 à 13, les formules exactes et approchées qui sont relatives à l'action mécanique de la vapeur sur un piston.

Le rendement de la vapeur est compris entre les limites 0,02 et 0,2 dans les cas extrêmes, et 0,04 et 0,1 dans les cas ordinaires.

Les détails de la construction et du travail des machines à vapeur ne peuvent être donnés que dans un traité spécial.

Le *service* (*duty*) d'une machine est le travail que produit une quantité donnée de combustible, un kilogramme par exemple. Le service d'un kilogramme de charbon varie dans les différentes classes de machines de 138.250 à 262.675 kilogrammètres. Ce sont là des résultats extrêmes au point de vue de la perte d'une part et de l'économie de l'autre. Dans les bonnes machines ordinaires, ce service varie de 276-500 à 1.107.700.

705. Les **machines électro-dynamiques**, quoique étant capables de donner un plus grand rendement que les machines thermiques, ne sont pas aussi économiques au point de vue de la dépense en argent, par suite du prix plus considérable des substances qui y sont consommées. Leur rendement théorique, d'après une loi démontrée par M. Joule, est donné par la formule

$$\frac{\gamma_1 - \gamma_2}{\gamma_1}, \qquad (1)$$

dans laquelle γ_1 est la force qu'aurait le courant électrique si la machine ne produisait aucun travail mécanique, et γ_2 la force réelle du courant.

Cette loi et celle du rendement maximum des machines thermiques ne sont que des cas particuliers d'une loi générale qui règle toutes les transformations de l'énergie, et qui est la base de la branche de la science relative à l'énergie (*) (*Energetics*).

(*) *Edinburg Philosophical journal*, juillet 1875; *Proceedings of the Philosophical Society of Glasgow*, 1853-55.

APPENDICE.

I.

MATÉRIAUX.	TÉNACITÉ ou résistance à la rupture en kilogrammes par millim. carré.	MODULE d'elasticité ou résistance à l'allongement en kilogrammes par millim. carré.
PIERRES NATURELLES ET ARTIFICIELLES :		
Ardoise.	6,8 à 9	9,2×10⁹ 11 ×10⁹
Brique.		
Ciment.	0,20 à 0,21	
Mortier ordinaire.	0,04	
Verre.	6,6	5,6×10⁹
MÉTAUX :		
Acier, barreaux.	70,4 à 91,5	20,4×10⁹ à 29,6×10⁹
Acier, tôles, moyenne.	56,3	
Bronze ou métal des canons (8 de cuivre, 1 d'étain).	25,3	
Cuivre fondu.	13,4	
— en feuilles.	21	
— en boulons.	25,3	
— en fils.	42	12 ×10⁹
Étain fondu.	3,2	
Fer, tôles	36	
— tôles à double ligne de rivets.	25	
— tôles à ligne de rivets unique.	20	
— barres et boulons.	42 à 49,3	20,4×10⁹
— bague, très-bonne qualité.	45,1	
— fil.	49,3 70,4	17,8×10⁹
— câbles en fils.	63,4	10,6×10⁹
Fonte, de différentes qualités.	9,4 à 20,4	9,9×10⁹ à 16,1×10⁹
— moyenne.	11,6	12 ×10⁹
Laiton fondu.	12,7	6,5×10⁹

MATÉRIAUX.	TÉNACITÉ ou résistance à la rupture en kilogrammes par millim. carré.	MODULE d'élasticité ou resistance à l'allongement en kilogrammes par mètre carré.
Laiton en fils	34,5	10×10^9
Plomb, feuille.	2,3	$0,5 \times 10^9$
Zinc.	4,9 à 5,6	

BOIS ET AUTRES MATIÈRES ORGANIQUES :

MATÉRIAUX.	TÉNACITÉ	MODULE
Acajou (*Swietenia Mahagoni*).	5,6 à 15,3	$0,9 \times 10^9$
Bambou (*Bambusa arundinacea*)	4,4	
Baleine.	5,4	
Bouleau (*Betula alba*).	11	$1,2 \times 10^9$
Buis (*Buxus sempervirens*).	14	
Câbles en chanvre.	8,4 à 11,3	
Cèdre du Liban (*Cedrus Libani*).	8	$0,3 \times 10^9$
Charme (*Carpinus betulus*).	14	
Châtaignier (*Castanea vesca*).	7 à 9,2	$0,8 \times 10^9$
Chêne d'Europe (*Quercus sessiliflora* et *Quercus pedunculata*).	7 à 14	$0,8 \times 10^9$ à $1,2 \times 10^9$
Chêne rouge d'Amérique (*Quercus rubra*). .	7,2	$1,4 \times 10^9$
Coudrier (*Corylus avellana*).	13	
Cuir de bœuf.	3	$0,017 \times 10^9$
Érable (*Acer campestris*).	7,5	
Faux acacia (*Robinia pseudo-acacia*).	11,3	
Frêne (*Fraxinus excelsior*).	12	$1,1 \times 10^9$
Gaïac (*Guaiacum officinale*).	8,3	
Guatteria virgata.	16	
Hêtre (*Fagus sylvatica*).	8,1	1×10^9
If (*Taxus baccota*).	5,6	
Orme (*Ulmus campestris*).	10	$0,5 \times 10^9$ à $0,9 \times 10^9$
Peau de bœuf, brute.	4,4	
Pin : pin rouge (*Pinus sylvestris*).	8,4 à 10	1×10^9 à $1,3 \times 10^9$
— Sapin (*Abies excelso*).	8,7	1×10^9 $1,3 \times 10^9$
— Mélèze (*Larix Europæa*).	6,3 à 7	$0,6 \times 10^9$ à $0,9 \times 10^9$
Soie, fil.	36,6	$0,9 \times 10^9$
Sycomore (*Acer pseudo-platanus*).	9,2	$0,7 \times 10^9$
Teck Indien (*Tectona grandis*).	11	$1,7 \times 10^9$
— d'Afrique (?).	15	$1,6 \times 10^9$

II.

TABLEAU DE LA RÉSISTANCE DE MATÉRIAUX AU CISAILLEMENT ET A LA DISTORSION.

MATÉRIAUX.	Résistance au cisaillement en kilogrammes par millim. carré.	Élasticité transversale ou résistance à la distorsion en kilogrammes par mètre carré.
MÉTAUX :		
Cuivre.		$4,4 \times 10^9$
Fer.	35,2	6×10^9 à 7×10^9
Fonte.	19,5	2×10^9
Laiton étiré.		3.8×10^9
BOIS :		
Chêne.	1,6	$0,06 \times 10^9$
Frêne et Orme.	1	$0,05 \times 10^9$
Pin : Pin rouge.	0,4 à 0,6	$0,04 \times 10^9$ $0,7 \times 10^9$
— Sapin.	0,4	
— Mélèze.	0,7 à 1,2	

III.

TABLEAU DE LA RÉSISTANCE DE MATÉRIAUX A L'ÉCRASEMENT PAR COMPRESSION DIRECTE.

MATÉRIAUX.	RÉSISTANCE à l'écrasement en kilogrammes par millim. carré.
PIERRES NATURELLES ET ARTIFICIELLES :	
Brique, rouge pâle.	0,4 à 0,5
— rouge foncé.	0,7
— réfractaire.	1,2
Calcaire, marbre.	4
— à texture granulaire.	2,8 à 3,2
Craie.	0,2
Granite.	3,9 à 7
Grès, résistant.	4
— ordinaire.	2,3 à 3,1
— peu solide.	1,5
Maçonnerie de blocage, environ les quatre cinquièmes de celle de la pierre taillée.	

MATÉRIAUX	RÉSISTANCE à l'écrasement en kilogrammes par millim. carré.
MÉTAUX :	
Fer, environ.............................	23 à 28,2
Fonte, différentes qualités..................	58 à 102
— moyenne........................	78
Laiton, fondu............................	7,3
BOIS *, sec écrasé dans le sens des fibres :	
Acajou.................................	5,8
Achras sideroxylon.......................	9,9
Bouleau................................	4,5
Buis...................................	7,3
Cèdre du Liban..........................	4,1
Charme................................	5,1
Chêne, d'Angleterre.......................	7
— de Dantzig......................	5,4
— rouge d'Amérique................	4,2
Ébénier, Inde occidentale (*Brya Ebenus*).......	13,4
Eucalyptus globulus.......................	6,2
Frêne..................................	6,3
Hêtre..................................	6,6
Gaïac..................................	7
Gomme (*Tristania nerifolia*).................	7,7
Murier (*Mora excelsa*).....................	7
Orme..................................	7,3
Pin : Pin rouge..........................	3,08 à 4,4
— Pin rouge d'Amérique (*Pinus variabilis*).......	3,8
— Mélèze.............................	3,9
Teck indien.............................	8,4

IV.

TABLEAU DE LA RÉSISTANCE DE MATÉRIAUX A LA RUPTURE PAR FLEXION.

MATÉRIAUX.	RÉSISTANCE à la rupture par flexion, ou module de rupture en kilogrammes par millimètre carré.
PIERRES :	
Ardoise................................	3,5
Grès...................................	0,7 à 1,6

(*) Les résistances sont celles du bois *sec*. Le bois vert est beaucoup moins résistant ; sa résistance n'est souvent que moitié de celle du bois sec à l'écrasement.

MATÉRIAUX.	RÉSISTANCE à la rupture par flexion ou module de rupture en kilogrammes par millimètre carré.

MÉTAUX :

Fer, poutres en tôle.	30
Fonte, poutres à claire-voie, moyenne.	12
— barres à section rectangulaire pleine, de diverses qual.	23 à 31
— — — moyenne.	28

BOIS :

Acajou, Honduras.	8,1
— d'Espagne.	5,4
Achras Sideroxylon.	11,2 à 15,5
Bouleau.	8,2
Cèdre du Liban.	5,2
Châtaignier.	7,5
Chêne, d'Angleterre et de Russie.	7 à 9,6
— de Dantzig.	6,1
— rouge d'Amérique.	7,5
Dammara australis.	7,7
Ébénier des Indes occidentales.	19
Eucalyptus.	11.3 à 14,1
Faux acacia.	7,9
Frêne.	8,4 à 9,9
Gaïac.	8,4
Nectandra Rodixi.	11,6 à 19,4
Hêtre.	6,3 à 8,4
Murier.	15,5
Orme.	4,2 à 6,8
Pin : Pin rouge.	5 à 6,7
— Sapin.	7 à 8,7
— Mélèze.	3,5 à 7
Saule (*Salix*, différentes espèces).	4,6
Sycomore.	6,5
Teck des Indes.	8,4 à 13,4
— d'Afrique.	9,5
Tonka (*Dipteryx odorata*).	15,5

		Log.	Log.		
Grains (*grains*) dans un gramme.	15,43235	1,188432	$\bar{2}$,811568	0,064799	Grammes dans un grain.
Livres avoirdupois (*Pounds avoird.*) dans un kilogramme.	2,20462	0,343334	$\bar{1}$,656666	0,453593	Kilogr. dans une livre avoird. (*p. a.*).
Tonne (*Ton*) dans une tonne.	0,984206	$\bar{1}$,993086	0,006914	1,01605	Tonnes dans une tonne (*ton*).
Pieds (*feet*) dans un mètre.	3,2808693	0.515989	$\bar{1}$,484011	0,30479721	Mètres dans un pied (*foot*).
Pouce (*inch*) dans un millimètre. . . .	0,03937043	$\bar{2}$,595170	1,404830	25,39977	Millimètres dans un pouce (*inch*).
Mille (*mile*) dans un kilomètre.	0,621377	$\bar{1}$,793355	0,206645	1,60933	Kilomètres dans un mille (*mile*).
Pieds carrés (*square f.*) dans un mètre carré.	10,7641	1,031978	$\bar{2}$,968022	0,0929013	Mètre carré dans un pied carré (*sq. f.*).
Pouce carré (*square i.*) dans un millimètre carré.	0,00155003	$\bar{3}$,190340	2,809660	645,148	Millimètres carrés dans un pouce carré (*s. i.*).
Pieds cubes (*cubic f.*) dans un mètre cube.	35,3156	1,547967	$\bar{2}$,452033	0,0283161	Mètre cube dans un pied cube (*c. f.*).
Livres-pieds (*Foot-pounds*) dans un kilogrammètre.	7,23308	0,859323	$\bar{1}$,140677	0,138254	Kilogrammètre dans une livre-pied (*f. p.*).
Livre par pied (*p. to the f.*) dans un kilogramme par mètre.	0,671963	$\bar{1}$,827845	0,172655	1,48818	Kilogrammes par mètre dans une livre par pied (*p. to the f.*).
Livre par pied carré (*p. to the s. f.*) dans un kilogramme par mètre carré. . . .	0,204813	$\bar{1}$,311356	0,688644	4,88252	Kilogrammes par mètre carré dans une livre par pied carré (*p. to the s. f.*).
Livres par pouce carré (*p. to the s. f.*) dans un kilogramme par millimètre carré.	1422,31	3,152994	$\bar{4}$,847006	0,000703083	Kilogramme par millimètre carré dans une livre par pouce carré (*p. to the s. i.*).
Livre par pied cube (*p. to the c. f.*) dans un kilogramme par mètre cube. . . .	0,062426	$\bar{2}$,795367	1,204633	16,019	Kilogrammes par mètre cube dans une livre par pied cube (*p. to the c. f.*).
Degrés Fahrenheit dans un degré centigrade.	1,8	0,255273	$\bar{1}$,744727	0,55555	Degrés centigrades dans un degré Fahrenheit.
Calories anglaises dans une calorie française.	3,96832	0,598607	$\bar{1}$,401393	0,251996	Calories françaises dans une calorie anglaise.

VI.

TABLEAU DE POIDS SPÉCIFIQUE DES MATÉRIAUX.

Gaz, à 0° C. et sous la pression d'une atmosphère :	POIDS du mètre cube en kilogrammes.
Acide carbonique.	1,984
Air.	1,293
Azote.	1,2577
Gaz oléfiant.	1,274
Hydrogène.	0,0896
Oxygène.	1,437
Vapeur (poids idéal).	0,80447
— d'éther (poids idéal).	3,35278
— de bisulfure de carbone (poids idéal).	3,42316

Liquides à 0° C. (excepté l'eau, qui est prise à 4°,1 C.) :	POIDS SPÉCIFIQUE, celui de l'eau pure =1.
Alcool pur.	0,791
— esprit d'épreuve.	0,916
Eau pure à 4°,1 C.	1,000
— de mer, ordinaire.	1,026
Éther.	0,716
Huile de lin.	0,940
— de naphte.	0,848
— d'olive.	0,915
— de baleine.	0,923
— de térébenthine.	0,870
Mercure.	13,596
Pétrole.	0,878

Substances minérales solides, non métalliques :

Ardoise.	2,8 à 2,9
Argile.	1,92
Basalte.	3
Boue.	1,63
Briques.	2 à 2,167
Briquetage.	1,8
Calcaire (marbre compris).	2,7 à 2,8
— magnésien.	2,86
Charbon, anthracite.	1,602
— bitumineux.	1,24 à 1,44
Coke.	1,00 à 1,66
Craie.	1,87 à 2,78
Feldspath.	2,6
Flint.	2,63
Granite.	2,63 à 2,76
Grès, moyenne.	2,3
— diverses espèces.	2,08 à 2,52

	POIDS SPÉCIFIQUE, celui de l'eau pure = 1.
Gypse.	2,3
Maçonnerie.	1,85 à 2,3
Marne.	1,6 à 1,9
Mortier.	1,75
Phyllade.	2,6
Quartz.	2,65
Sable (humide).	1,9
— sec.	1,42
Trapp.	2,72
Verre, crown, moyenne.	2,5
— flint.	3,0
— vert.	2,7
— en feuilles.	2,7

MÉTAUX, solides :

Acier.	7,8 à 7,9
Argent.	10,5
Bronze. [.	8,4
Cuivre, fondu.	8,6
— en feuilles.	8,8
— martelé.	8,9
Étain.	7,3 à 7,5
Fer.	7,6 à 7,8
— moyenne.	7,69
Fonte.	6,95 à 7,3
— moyenne.	7,11
Laiton, fondu.	7,8 à 8,4
— en fil.	8,54
Or.	19 à 19,6
Platine.	21 à 22
Plomb.	11,4
Zinc.	6,8 à 7,2

BOIS (*) :

Acajou de Honduras.	0,56
— d'Espagne.	0,85
Aubépine.	0,91
Bambou.	0,4
Bouleau.	0,711
Buis.	0,96
Cèdre du Liban.	0,486
Charme.	0,76
Châtaignier.	0,535
Chêne d'Europe.	0,69 à 0,99
— rouge d'Amérique.	0,87
Coudrier.	0,86

(*) Le bois est dans chaque cas supposé sec.

	POIDS SPÉCIFIQUE, celui de l'eau pure = 1.
Dammara australis.	0,579
Ébénier, des Indes occidentales.	1,193
Érable.	0,79
Eucalyptus.	0,843
Faux acacia.	0,71
Faux ébénier.	0,92
Frêne.	0,753
Gaïac.	0,65 à 1,33
Hêtre.	0,69
Houx.	0,76
If.	0,8
Murier.	0,92
Nectandra Rodiæi.	1,001
Orme.	0,544
Pin : Pin rouge.	0,48 à 0,7
— Sapin.	0,48 à 0,7
— Pin jaune d'Amérique.	0,46
— Mélèze.	0,5 à 0,56
Prunier.	1,046
Saule.	0,4
Sycomore.	0,59
Teck, des Indes.	0,66 à 0,88
— d'Afrique.	0,98

VII.

DIMENSIONS ET STABILITÉ DE LA GRANDE CHEMINÉE DE SAINT-ROLLOX.

PORTIONS de la cheminée.	HAUTEUR au-dessus du sol.	DIAMÈTRES extérieurs.	ÉPAISSEURS.	PLUS GRANDE pression du vent dans la limite de la sécurité, en kilogrammes par mètre carré.
V	132^m,74	4^m,11		
	106^m,83	5^m,10	0^m,355	376
IV			0^m,457	269*
	64^m,16	7^m,31		
III			0^m,569	278
	34^m,90	9^m,29		
II			0^m,69	208
	16^m,61	10^m,66		
I			0^m,80	347
	0^m	12^m,20		

* Joint de plus petite stabilité.

FONDATION.	PROFONDEUR au-dessous du sol.	DIAMÈTRE extérieur.	EPAISSEUR	
			totale.	en briques.
I	0^m	$15^m,24$	$1^m,524$	$0^m,914$
II	$2^m,44$	$15^m,24$	$1^m,42$	$0^m,914$
III	$4^m,27$	$15^m,24$	$7^m,62$	$3^m,66$
	$6^m,10$	$15^m,24$		0^m

La hauteur totale de la cheminée, depuis de la fondation jusqu'au sommet, est de $138^m,84$.

FIN.

TABLE DES MATIÈRES.

CHAPITRE VI. — DE L'ÉQUILIBRE STABLE ET INSTABLE.

DEUXIÈME PARTIE. — THÉORIE DES CONSTRUCTIONS.

CHAPITRE I. — DÉFINITIONS ET PRINCIPES GÉNÉRAUX.

CHAPITRE II. — STABILITÉ.

Chapitre III. — Résistance et raideur.

TROISIÈME PARTIE.
PRINCIPES DE LA CINÉMATIQUE OU DE LA COMPARAISON DES MOUVEMENTS.

CHAPITRE I. — MOUVEMENTS DE POINTS.

CHAPITRE II. — MOUVEMENTS DES SOLIDES INVARIABLES.

CHAPITRE III. — MOUVEMENTS DES CORPS FLEXIBLES ET DES FLUIDES.

QUATRIÈME PARTIE. — THÉORIE DES MÉCANISMES.

CHAPITRE I. — DÉFINITIONS ET PRINCIPES GÉNÉRAUX.

CHAPITRE II. — COMBINAISONS ÉLÉMENTAIRES ET TRAINS DE MÉCANISMES.

CINQUIÈME PARTIE. — PRINCIPES DE DYNAMIQUE.

CHAPITRE I. — MOUVEMENT UNIFORME SOUS L'ACTION DE FORCES SE FAISANT ÉQUILIBRE.

CHAPITRE II. — MOUVEMENT DE TRANSLATION VARIÉ DE POINTS ET DE SOLIDES INVARIABLES.

CHAPITRE III. — ROTATION DES SOLIDES INVARIABLES.

CHAPITRE IV. — MOUVEMENTS DES CORPS FLEXIBLES.

CHAPITRE V. — MOUVEMENTS DES FLUIDES. — HYDRODYNAMIQUE.

SIXIÈME PARTIE. — THÉORIE DES MACHINES.

CHAPITRE I. — TRAVAIL DES MACHINES A MOUVEMENT UNIFORME OU PÉRIODIQUE.

CHAPITRE II. — MOUVEMENTS VARIÉS DES MACHINES.

CHAPITRE III. — MOTEURS.

APPENDICE.

TABLE ALPHABÉTIQUE DES MATIÈRES.

FIN.

3549. Paris. — Imprimerie Arnous de Rivière et Cⁱᵉ, rue Racine, 26.

www.ingramcontent.com/pod-product-compliance
Lightning Source LLC
Chambersburg PA
CBHW030012220326
41599CB00014B/1789